普通高等医学院校药学类专业第二轮教材

分析化学

（第2版）

（供药学类专业用）

主　编　丁立新　吴　红

副主编　白慧云　李云兰　张梦军　杨冬芝　高先娟

编　者（以姓氏笔画为序）

丁立新（佳木斯大学）
王海波（辽宁中医药大学）
白慧云（长治医学院）
任　强（济宁医学院）
杨冬芝（徐州医科大学）
李　赞（佳木斯大学）
李云兰（山西医科大学）
吴　红（空军军医大学）
张梦军（陆军军医大学）
洪　霞（承德医学院）
高先娟（齐鲁医药学院）
高赛男（哈尔滨医科大学）

中国健康传媒集团
中国医药科技出版社

内容提要

本教材系“普通高等医学院校药学类专业第二轮教材”之一，系根据本套教材的编写指导思想和原则要求，结合专业培养目标和本课程的教学目标、内容与任务编写而成。本教材专业针对性强，紧密结合新时代行业要求和社会用人需求。全书共分二十一章，内容涵盖了化学分析和仪器分析两大部分。本教材为书网融合教材，即纸质教材有机融合电子教材、教学配套资源（PPT、微课、题库、视频等），丰富多样化、立体化教学资源，促进师生互动，满足教学需求。

本教材主要供全国普通高等医学院校药学类、中药学类及相关专业师生教学使用，也可作为科研单位从事相关工作的技术人员参阅。

图书在版编目（CIP）数据

分析化学／丁立新，吴红主编. —2版. —北京：中国医药科技出版社，2021.7
普通高等医学院校药学类专业第二轮教材
ISBN 978-7-5214-2460-7

Ⅰ. ①分…　Ⅱ. ①丁…②吴…　Ⅲ. ①分析化学-医学院校-教材　Ⅳ. ①O65

中国版本图书馆 CIP 数据核字（2021）第 123011 号

美术编辑　陈君杞
版式设计　易维鑫

出版　**中国健康传媒集团**丨中国医药科技出版社
地址　北京市海淀区文慧园北路甲 22 号
邮编　100082
电话　发行：010-62227427　邮购：010-62236938
网址　www.cmstp.com
规格　889×1194mm　1/16
印张　26
字数　824 千字
初版　2016 年 1 月第 1 版
版次　2021 年 7 月第 2 版
印次　2023 年 8 月第 3 次印刷
印刷　三河市万龙印装有限公司
经销　全国各地新华书店
书号　ISBN 978-7-5214-2460-7
定价　59.00 元

出版说明

全国普通高等医学院校药学类专业“十三五”规划教材，由中国医药科技出版社于2016年初出版，自出版以来受到各院校师生的欢迎和好评。为适应学科发展和药品监管等新要求，进一步提升教材质量，更好地满足教学需求，同时为了落实中共中央、国务院《“健康中国2030”规划纲要》《中国教育现代化2035》等文件精神，在充分的院校调研的基础上，针对全国医学院校药学类专业教育教学需求和应用型药学人才培养目标要求，在教育部、国家药品监督管理局的领导下，中国医药科技出版社于2020年对该套教材启动修订工作，编写出版“普通高等医学院校药学类专业第二轮教材”。

本套理论教材35种，实验指导9种，教材定位清晰、特色鲜明，主要体现在以下方面。

一、培养高素质应用型人才，引领教材建设

本套教材建设坚持体现《中国教育现代化2035》“加强创新型、应用型、技能型人才培养规模”的高等教育教学改革精神，切实满足“药品生产、检验、经营与管理和药学服务等应用型人才”的培养需求，按照《“健康中国2030”规划纲要》要求培养满足健康中国战略的药学人才，坚持理论与实践、药学与医学相结合，强化培养具有创新能力、实践能力的应用型人才。

二、体现立德树人，融入课程思政

教材编写将价值塑造、知识传授和能力培养三者融为一体，实现“润物无声”的目的。公共基础课程注重体现提高大学生思想道德修养、人文素质、科学精神、法治意识和认知能力，提升学生综合素质；专业基础课程根据药学专业的特色和优势，深度挖掘提炼专业知识体系中所蕴含的思想价值和精神内涵，科学合理拓展专业课程的广度、深度和温度，增加课程的知识性、人文性，提升引领性、时代性和开放性；专业核心课程注重学思结合、知行统一，增强学生勇于探索的创新精神、善于解决问题的实践能力。

三、适应行业发展，构建教材内容

教材建设根据行业发展要求调整结构、更新内容。构建教材内容紧密结合当前国家药品监督管理法规标准、法规要求、现行版《中华人民共和国药典》内容，体现全国卫生类（药学）专业技术资格考试、国家执业药师职业资格考试的有关新精神、新动向和新要求，保证药学教育教学适应医药卫生事业发展要求。

四、创新编写模式，提升学生能力

在不影响教材主体内容基础上注重优化“案例解析”内容，同时保持“学习导引”“知识链接”“知识拓展”“练习题”或“思考题”模块的先进性。注重培养学生理论联系实际，以及分析问题和解决问题的能力，包括药品生产、检验、经营与管理、药学服务等的实际操作能力、创新思维能力和综合分析能力；其他编写模块注重增强教材的可读性和趣味性，培养学生学习的自觉性和主动性。

五、建设书网融合教材，丰富教学资源

搭建与教材配套的“医药大学堂”在线学习平台（包括数字教材、教学课件、图片、视频、动画及练习题等），丰富多样化、立体化教学资源，并提升教学手段，促进师生互动，满足教学管理需要，为提高教育教学水平和质量提供支撑。

普通高等医学院校药学类专业第二轮教材建设评审委员会

数字化教材编委会

主　编　丁立新　吴　红

副主编　白慧云　李云兰　张梦军　杨冬芝　高先娟

编　者（以姓氏笔画为序）

丁立新（佳木斯大学）　王海波（辽宁中医药大学）

白慧云（长治医学院）　任　强（济宁医学院）

杨冬芝（徐州医科大学）　李　赞（佳木斯大学）

李云兰（山西医科大学）　吴　红（空军军医大学）

张梦军（陆军军医大学）　洪　霞（承德医学院）

高先娟（齐鲁医药学院）　高赛男（哈尔滨医科大学）

前言

本教材系“普通高等医学院校药学类专业第二轮教材”之一，系根据全国普通高等院校药学类专业培养目标，按照本套教材编写指导思想和原则要求，结合本课程教学大纲，由全国11所从事分析化学教学工作的高校一线教师悉心编写而成。

本教材系药学类相关专业的专业基础课教材，学习本课程后为学习后续的药物分析、中药分析等课程及从事医药行业奠定理论基础。全书共有二十一章，主要包括误差与分析数据处理、酸碱滴定法、配位滴定法、氧化还原滴定法、沉淀滴定法、重量分析法、电位分析法和永停滴定法、紫外-可见分光光度法、荧光分析法、红外吸收光谱法、核磁共振波谱法、质谱法、原子吸收分光光度法、气相色谱法、经典液相色谱法、高效液相色谱法、毛细管电泳法等。内容简明扼要、重点突出，每章设置的学习导引、案例解析、课堂互动和知识链接等模块，注重培养学生理论联系实际，充分了解学科的发展趋势，不断提高学生分析问题和解决问题的能力。章末附有本章小结和练习题，便于学生复习与练习。

为了适应药学专业教育教学的需求，更好地培养复合型药学人才，本版教材对上版教材的编写内容进行了修订完善。如对第一章、第二章、第三章及第五章的内容框架结构进行了调整，对部分不合理的内容进行修改并完善，强化了分析化学教材的基础知识、基本理论和基本技能的三大特性。为了体现教材的先进性和启发性，增添了与时俱进的案例，通过“案例解析”引导学生思考。为了促进学生综合素质的发展，对分析化学的学习提出了更高的要求，在每章开头设置的“学习导引”部分，除了第一版的原有知识要求和能力要求外，还增加了素质要求，将知识传授、能力培养和价值塑造三者相互融合。章末设有“本章小结”，以思维导图的形式呈现，帮助学生梳理本章的重点和难点内容。为了提高读者分析问题和解决问题的能力，结合药学等专业的特点及实际的应用情况，对编入内容、例题等进行了精选。本教材为书网融合教材，即纸质教材与电子教材、教学配套资源和数字化教学服务有机融合，使教与学更便捷、更轻松，可以更好地满足数字时代读者的阅读需求，可作为全国普通高等医学院校药学类、中药学类、药物分析、制药工程及相关专业学生使用，也可供相关科研单位技术人员参阅。

本教材由丁立新、吴红担任主编，负责全书的统稿、定稿工作。编写分工如下：丁立新负责第一章，李赞负责第二章、第三章，王海波负责第四章、第五章，高赛男负责第六章、第九章，张梦军负责第七章、第八章、第二十一章，高先娟负责第十章、第十一章，洪霞负责第十二章、第十六章，白慧云负责第十三章，任强负责第十四章，吴红负责第十五章，杨冬芝负责第十七章、第十八章，李云兰负责第十九章、第二十章。

本教材的编写工作得到了各编者所在院校的大力支持，在此表示最诚挚的感谢。同时，本教材的全体编者对第一版编者们所付出的辛勤工作致以深切的谢意。由于受编者学识所限，本教材难免存在疏漏与不足之处，请广大师生和各位读者批评指正，以便及时更正和修订完善。

编　者

2021年3月

目录

第一章

绪　论

学习导引

知识要求

1. **掌握**　分析化学的定义、任务及分类方法。
2. **熟悉**　分析化学的分析过程。
3. **了解**　分析化学的发展趋势。

能力要求

在掌握分析化学的任务和分类的基础上，熟悉分析化学的研究内容及其应用。

素质要求

明确分析化学知识体系的构架，培养自主学习的意识，达到知识、能力和素质的全面提升。

第一节　分析化学的任务与作用

PPT　微课

案例解析

【案例】 阿司匹林是一种药理作用非常广泛的药物，它与地西泮和青霉素并列为药学史上的三大经典药物，具有解热镇痛、抗炎、抗风湿和抗血小板聚集等作用，还可用于预防和治疗缺血性心脏病、脑卒中。

【问题】 如何对阿司匹林进行分析?

【解析】

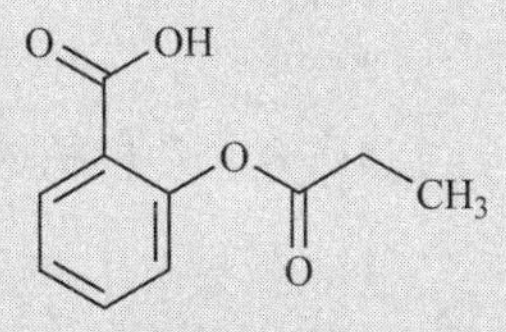

阿司匹林为水杨酸的乙酰化物，其分子结构中含有苯环、酯基和羧基，可根据其结构进行定性和定量分析。《中国药典》(2020 年版) 采用光谱分析法中的红外光谱法进行鉴别；杂质检查和游离水杨酸的测定采用高效液相色谱法 (HPLC)；原料药的含量测定采用酸碱滴定法，但阿司匹林片、肠溶片、泡腾片、栓剂等制剂的含量测定采用高效液相色谱法。

分析化学 (analytical chemistry) 是研究物质的化学组成、含量、结构和形态等化学信息的分析方法及相关理论的一门科学。欧洲化学联合会分析化学部将分析化学定义为："发展和应用各种方法、仪器和策略以获取有关物质在空间和时间方面的组成和性质的信息的一门科学。"分析化学是以物质所特有的物理性质或化学性质为基础，广泛吸收融合物理学、生物学、计算机学等学科知识，解决科学与技术所提出的各种分析问题。因此，分析化学被称为科学技术的眼睛。

分析化学的主要任务是通过各种分析手段，获取图像、数据等相关信息来鉴定物质的化学组成、研究与表征物质的结构与形态和测定其中有关成分的含量。它们分别隶属于定性分析（qualitative analysis）、结构分析（structural analysis）、形态分析（morphological analysis）和定量分析（quantitative analysis）。

分析化学是一门应用性学科，是以化学基本理论和实验技术为基础，广泛汲取数学、计算机学、物理学、生物学等学科的知识。作为一种检测手段，在诸多领域中占有重要地位。随着社会的发展和科技的进步，分析化学不仅对化学学科本身的发展起着重要作用，而且在国民经济、医药卫生和教育等方面都起着十分重要的作用。

在化学学科发展中，从元素到各种化学基本定律（如质量守恒定律、定比定律等）的发现、原子论和分子论创立、元素周期律的建立及元素特征谱线的发现等各种化学现象的揭示，都与分析化学的卓越贡献密不可分。

在国民经济建设中，分析化学具有很重要的实际意义。如在现代化工业中，工业原料和成品的检验，新技术、新工艺的探索和推广，生产过程的现代化管理与控制等常以分析结果作为重要依据；在现代化农业中，土壤改良、科学施肥、农药分析和优良育种技术的开展等都广泛地应用到分析化学的理论和技术；在现代化科学技术中，分析化学已渗透到新兴的环境科学、材料科学、生命科学和宇宙科学等领域。任何涉及化学现象的科学技术中，分析化学是不可缺少的研究方法。

在医药卫生事业中，分析化学也具有相当重要的作用。在医学领域如病因调查和体内代谢的考查等都需要分析化学来实现。在药学领域如原料药的合成、药品检验（杂质检查和含量测定）、药物代谢与利用、药效关系研究、中药有效成分、药物稳定性和有效性的研究等，分析化学不仅用于发现问题，而且参与实际问题地解决。在卫生领域如突发公共卫生事件的处理、食品添加剂、农药残留、空气污染物、室内污染物、水体污染物和土壤污染物等的监测等都与分析化学有着相当密切的关系。

在学校教育方面，通过学习分析化学，不仅可以掌握该学科的基本理论和实验技能、树立实事求是的科学态度和一丝不苟的工作作风，还能培养学生自主获取知识的能力，树立终身学习的理念，具有专业发展意识，具备一定的创新意识和初步的科学研究能力以及综合运用理论知识解决实际问题的能力。

总之，现代分析化学已成为由很多密切相关的分支学科交织起来的一个体系，它不仅影响着人们的物质文明和社会财富的创造，而且还影响着人类生存的环境生态和政治决策（如资源、能源开发等）的重大社会问题，分析化学的理论和实践必将直接或间接地影响着各学科的发展。

第二节　分析化学的分类

PPT

分析化学的内容十分丰富，为了便于学习和研究，常根据分析任务、分析原理、分析对象、试样用量及工作性质等进行分类。

课堂互动

举例说明分析化学的各种分类方法之间的联系。

一、根据分析任务分类

根据分析化学任务的不同，分析化学常分为定性分析（qualitative analysis）、结构分析（structural analysis）、形态分析（morphological analysis）和定量分析（quantitative analysis）等。定性分析的任务是鉴定物质由哪些元素、离子、官能团或化合物所组成，回答物质是什么。结构分析的任务是研究物质的分子结构或晶体结构，解释物质的构造。形态分析的任务是研究物质的价态、晶态和结合态存在的状态及其含量。定量分析的任务是测定物质中有关成分的含量，回答某组分或某物质有多少。

目前，随着现代分析技术的不断进步，特别是计算机与联用技术的出现、信息学的普及与发展，常可实现同时定性、定量、结构和形态分析。

二、根据分析原理分类

根据分析原理的不同，分析化学分为化学分析（chemical analysis）和仪器分析（instrumental analysis）。

以试样的化学反应为基础的分析方法称为化学分析。化学分析历史悠久，故又称为经典分析（classical analysis）。经典分析包括化学定性分析（qualitative chemical analysis）和化学定量分析（quantitative chemical analysis）。化学定性分析主要有干法分析（dry analysis）和湿法分析（wet analysis）；化学定量分析主要有重量分析（gravimetric analysis）和滴定分析（titrimetric analysis）。

化学分析是分析化学的基础，所用仪器简单、操作简便、结果准确、应用广泛。但化学分析只适用于常量分析，灵敏度较低。

以试样的物理或物理化学性质为基础的分析方法称为仪器分析。仪器分析的方法很多，主要包括电化学分析（electrochemical analysis）、光学分析（optical analysis）、色谱分析（chromatography analysis）和质谱分析（mass spectrometry）等。

仪器分析方法灵敏、快速、检测限低，适用于微量分析和痕量分析，但设备较复杂，有的设备价格昂贵。现在仪器分析已日益广泛地应用到科学研究和生产部门中，成为分析化学发展的方向。

三、根据分析对象分类

根据分析对象的不同，分析化学可分为无机分析（inorganic analysis）和有机分析（organic analysis）两大类。前者的分析对象是无机物，后者的分析对象是有机物。由于分析对象的不同，因而在分析要求和方法上各有不同。无机物所含的价态复杂、种类繁多，通常要求分析结果以元素、离子、化合物的种类及相对含量表示。而有机物则不同，组成的元素种类虽较少，主要由碳、氢、氧、硫、氮和卤素等组成，但异构体较多，形成的有机物多达数百万种，且大多结构复杂，所以对有机物不仅需要进行元素分析，更重要的是进行基团分析和结构分析。

按照分析对象的不同，分析化学的方法还可分为：食品分析（food analysis）、水质分析（water quality analysis）、岩石分析（petrographic analysis）、钢铁分析（steel analysis）、药物分析（pharmaceutical analysis）、环境分析（environmental analysis）和临床分析（clinical analysis）等。

四、根据试样用量分类

根据试样的用量不同，分析方法常分为常量分析（macro analysis）、半微量分析（semimicro analysis）、微量分析（micro analysis）和超微量分析（ultramicro analysis）。各种分析方法的试样用量，见表 1-1。

表 1-1 根据试样用量分类表

分析方法	固体试样用量/mg	液体试样用量/ml
常量分析	>100	>10
半微量分析	10～100	1～10
微量分析	0.1～10	0.01～1
超微量分析	<0.1	<0.01

由于试样用量的不同，上述各种分析方法所使用的仪器及操作也各不相同。应当指出，上述划分不是绝对的，并且各行各业划分的情况也不一致。

五、根据组分含量分类

根据试样中被测组分含量的不同，分析化学可分为常量组分分析（macro component analysis）、微量组分分析（micro component analysis）和痕量组分分析（trace component analysis）。各种分析方法被测组分含量见表1-2。

表1-2　根据组分含量分类表

分析方法	试样含量/%
常量组分分析	>1
微量组分分析	0.01~1
痕量组分分析	<0.01

六、根据工作性质分类

根据工作性质不同，分析化学还可分为常规分析（general analysis）和仲裁分析（arbitration analysis）等。常规分析是指一般实验室中日常进行的例行分析。仲裁分析是指对某一分析结果发生争议时，委托有关单位用指定的方法对同一试样进行分析，以裁判原分析结果是否正确，显然这种分析要求分析方法和分析结果有较高的准确度。

第三节　分析过程和步骤

PPT

分析过程实际就是获取物质化学信息的过程。因此，分析过程一般包括明确任务和制订计划、取样、试样的制备、测定、结果的处理和表达等。

一、明确分析任务和制订计划

首先要明确所需解决的问题，即要完成的任务；然后根据任务制订研究计划，包括选择分析方法的准确度和灵敏度等，还包括实验条件、仪器设备和试剂等。

二、取样

取样要具有代表性和典型性。代表性指样品必须能充分代表被测总体的性质。典型性指能充分说明分析目的的典型样品的性质。

三、试样的制备

采集后的样品一般不能直接用于测定。试样进行分析时，一般先要将试样制成溶液（溶解或分解），分离除去干扰组分。这一过程是分析工作的重要步骤之一。

四、测定

根据待测组分的性质，按制订的研究计划选择的分析方法（化学分析法或仪器分析方法）进行测定，过程中需要对实验条件进行优化，建立最优方案，以保证获取最准确的信息（数据）。实验前必须对所有使用的仪器（或测量系统）进行校正，一些测量的计量器具和仪器都要定时经过权威机构的校验。分析方法要经过认证（准确度、精密度、线性范围和定量限等）或采用法定的分析方法，以确保结果的准确性。

五、结果的处理和表达

运用统计学的方法对分析测定所提供的信息进行合理、有效地处理，给出正确的分析结果的平均值、测量次数、相对标准偏差、置信度和置信区间及有效数字等（这些内容将在第二章学习）。

第四节　分析化学的发展趋势

PPT

分析化学是在不断地实践与认识的过程中逐步形成和发展的，就近代分析化学而言，一般认为分析化学学科的发展经历了三次巨大变革。

第一次变革是在 20 世纪 30 年代，由于物理化学溶液理论的发展，为分析化学提供了理论基础，使分析化学从一种技术演变成为一门科学。

第二次变革是在 20 世纪 40—60 年代，由于物理学和电子学的发展，改变了经典的以化学分析为主的局面，促进了以物质的物理和物理化学性质为基础的分析方法的建立，出现了以光谱分析等为代表的仪器分析的蓬勃发展。

第三次变革是在 20 世纪 70 年代开始，由于生命科学、环境科学、新材料科学等发展的要求，生物学、信息科学，计算机技术的引入，向分析化学提出更严峻的挑战，现代分析化学的任务已不只局限于测定物质的组成和含量，而是要确定物质的存在形态（价态、配位态、结晶态等），实现微区、薄层和无损分析，对化学活性和生物活性等做出瞬时追踪和过程控制等。因此，现代分析化学已发展成为获取物质尽可能全面的信息、进一步认识自然、改造自然的科学。

进入 21 世纪，现代科学技术的飞速发展给分析化学提出了越来越高的要求，明确了分析化学的发展方向，即向高灵敏度、高选择性、高信息量、原位、经济、快速和简便、仪器的自动化和微型化发展，并向智能化和信息化纵深扩展。诸多相关领域的快速发展为分析化学提供了广阔的发展空间，学科间的融合、联用技术与联用仪器的常态化使用，不断建立的新分析方法、发展新的技术、研究新的理论，使分析化学得以解决更新、更复杂的课题，为社会的发展和科技的进步作出更大的贡献。

第五节　分析化学的学习方法

PPT

分析化学是一门综合性和实用性的学科，是药学类专业的重要专业基础课程。其内容涉及无机化学、有机化学、物理化学、数理统计、计算机等诸多学科，其研究对象涵盖生命、食品、环境、能源等诸多领域，同时又对药物分析学、天然药物化学等课程的学习有着承上启下的作用，因此，面临信息量大、知识点多的分析化学课程，如何学好分析化学，掌握学习方法至关重要。

一、明确分析化学知识体系的构架

分析化学为药学类专业的核心课程，其知识体系的构架为化学分析和仪器分析两部分。

在化学分析阶段，需要学习的内容依次为：基础知识—分析方法原理—指示剂的选择—标准溶液的配制—应用。

在仪器分析阶段，需要学习的内容依次为：分析方法原理—仪器工作原理—分析条件控制—应用。

二、学习方法

（一）建立课前、课上和课后一体化的学习模式

课前预习，能够提出问题；课上专注，解开疑惑，积极参与讨论；课后自主或合作学习，完成延伸性课堂任务和拓展训练，整合知识点，明确知识主线和逻辑关系。掌握每一个理论的产生、发展过程及实际应用的范围，不断分析归纳和反思。从而完成知识的输入、内化和巩固的全过程。

（二）充分利用网络平台和现代化的教学资源

随着互联网信息技术的发展与普及，慕课、微课等网络教学模式应运而生，对求学者个性化的学习要求提供了无限的资源。

分析化学是一门实践性较强的学科，除需要掌握大量的理论知识外，实验技能也占有很大的比重。在网络平台上的教学资源中有大量的仿真实验和实验教学模块，其制作精美、标准，规范了仪器的操作，学生可以通过线上可视化的学习，减少实验中不必要的失误，提高对实验的重视程度和主动参与欲望。同时还可以在网络平台中搜集和研习与专业相关的学习资料，自主规划学习内容、学习节奏和学习方式，不断激发学习兴趣。

通过分析化学的理论学习和实验技能的训练，能够使求学者建立准确的“量”的概念，培养严谨的工作作风和科学研究素质，具有一定的从业能力，适应社会的发展，并为未来更高层次的研究及发展打下坚实的基础。

本章小结

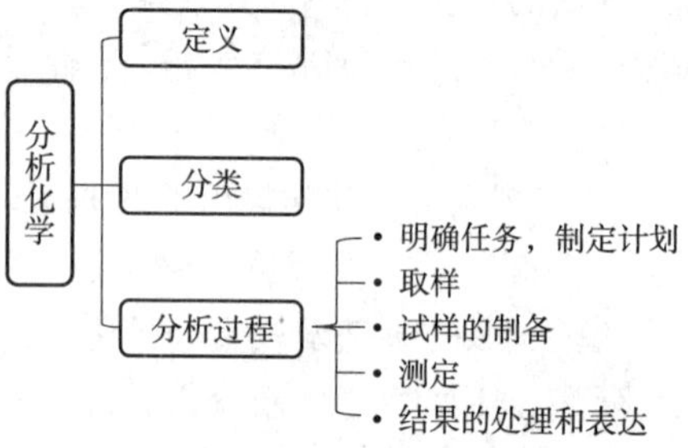

练习题

题库

1. 什么是分析化学？分析化学的任务有哪些？
2. 按测定原理分析化学可分为哪几类？按试样用量又可分为哪几类？
3. 化学分析与仪器分析各有何特点？二者有何区别与联系？
4. 微量分析与微量组分分析有何不同？
5. 定量分析的一般过程是什么？最关键的是哪一步？应注意些什么？
6. 请上网查找与分析化学相关的事件，做成 PPT 形式上交。

（丁立新）

第二章

误差与分析数据处理

学习导引

知识要求

1. **掌握** 误差的产生、分类及其减小方法；准确度与精密度的表示方法及相互关系；有效数字及其运算规则。

2. **熟悉** 偶然误差的分布；置信区间的定义及表示方法；可疑数据的取舍；显著性检验的方法。

3. **了解** 误差的传递规律；相关分析与回归分析。

能力要求

初步学会实验数据的统计处理方法和提高分析结果准确度的方法。培养学生正确评价和表达分析结果的能力。

素质要求

通过分析测量误差及产生的原因，科学客观地进行数据可靠性检验，将理论知识与学习目标有效结合，进一步明确分析数据处理方法的重要性及分析中涉及的社会责任感。

定量分析的任务是测定试样中有关组分的相对含量。不准确的分析结果可能导致生产损失，资源浪费，甚至在科学上得出错误结论。但是，在分析过程中，即使是技术很娴熟的分析人员，对某一试样用同一种方法进行多次测定，得到的分析结果也不可能完全一致，也会产生一定的误差。由此可见，分析过程中的误差不可避免、客观存在。因此，在进行定量分析时，不仅要对试样认真分析，对测量结果做出相对准确的估计，还要对分析过程中的每一个环节仔细研究，掌握误差产生的原因及其规律，采取有效措施减小误差，使分析结果尽可能接近真值。

第一节 测量值的准确度和精密度

PPT

分析误差根据性质和来源，可分为系统误差（systematic error）和偶然误差（accidental error）两类。

一、系统误差和偶然误差

（一）系统误差

系统误差是由分析过程中某些确定的原因引起的，其特点是具有重现性、可测性和单向性。即：在同一条件下测定时，会重复出现，使测定结果总是偏高或偏低。因此也称为可测误差。根据系统误差的来源，可分为仪器误差、试剂误差、操作误差及方法误差。

1. 仪器误差（instrumental error） 由于仪器未经校准或不够准确所引起的误差。如天平两臂不等长、滴定管刻度不准确等。

2. 试剂误差（reagent error） 由于试剂、溶剂的不纯所引起的误差。如试剂中含有微量被测组分。

3. 操作误差（operating error） 由于分析者的主观因素造成的误差。如在滴定分析中对终点颜色判断总是偏深或偏浅，读取滴定剂体积时总是偏高或偏低。

4. 方法误差（methodical error） 由于分析方法本身不完善所引起的误差。如在重量分析中沉淀的溶解损失，干扰物共沉淀、滴定终点与化学计量点不符等。

以上四种误差，在测定过程中可能同时存在、共同影响结果。根据系统误差的特点，可以通过校正的方法予以减少或消除。

（二）偶然误差

偶然误差是由于某些偶然因素所引起的误差。如环境温度、气压、湿度及电压的偶然变化等。由于这些变化是随机产生的，因此偶然误差又称为随机误差。尽管偶然误差的产生难以找出确定的原因，其误差的大小和方向都不固定。但研究表明，在进行多次测定时，偶然误差的分布服从正态分布规律，即大误差出现的概率小，小误差出现的概率大，大小相近的正误差和负误差出现的概率大致相等。

虽然系统误差和偶然误差的性质不同，但在分析过程中两者同时存在，有时难以区分。例如，在滴定分析中对终点总是偏深或偏浅，产生系统误差中的操作误差。但在多次测定中，观察滴定终点的深浅程度又不可能完全一致，因而产生偶然误差。当然，终点颜色的判断习惯偏深，主要是操作误差。应根据具体情况具体分析。

此外，分析过程中还存在着因分析者操作不当而引起的过失或错误，称为过失误差。如看错砝码、加错试剂、记录及计算错误等。这些“过失”是一种错误，不属于上述讨论的误差范畴。如果发现确实因过失引起的错误，则应将其从分析结果中舍弃。

课堂互动

请根据所学的系统误差和偶然误差的知识，判断下列情况属于哪一类。

（1）称量时使用的砝码锈蚀。（2）天平的零点稍有变动。（3）移液管、滴定管、容量瓶刻度未经校正。（4）滴定管读数最后一位多次估读不一致。（5）滴定管读数最后一位估读习惯性偏高。（6）滴定终点颜色判断习惯性偏深。

二、准确度和精密度

微课

（一）准确度与误差

准确度（accuracy）是指测量值与真实值的接近程度。它说明了结果的正确性。测量值与真实值越接近，测量结果越准确。准确度可用误差来衡量。误差的绝对值越小，说明测量值与真值越接近，准确度越高。误差可用绝对误差（absolute error）和相对误差（relative error）表示。

1. 绝对误差（δ） 指测得值（x）与真值（μ）之差。

$$\delta = x - \mu \qquad (2-1)$$

例 2-1 用分析天平称得两物体的质量分别为 2.0132 和 0.2011g，若二者真实质量分别为 2.0134 和 0.2013g，求二者称量的绝对误差。

解： $\delta_1 = x_1 - \mu_1 = 2.0132 - 2.0134 = -0.0002\text{g}$

$\delta_2 = x_2 - \mu_2 = 0.2011 - 0.2013 = -0.0002\text{g}$

绝对误差与测量值的单位相同，当测量值小于真实值，误差为负值，表示测定结果偏低。反之，误差为正值，表示测定结果偏高。

2. 相对误差（E_r） 指绝对误差（δ）在真值（μ）中所占的比例，常以百分数表示。其数值可正、可负，但无单位。

$$E_r = \frac{\delta}{\mu} \times 100\% \tag{2-2}$$

例 2-2　求例 2-1 中，二者称量的相对误差。

解：$E_{r1} = \frac{\delta_1}{\mu_1} \times 100\% = \frac{-0.0002}{2.0134} \times 100\% = -0.01\%$

$E_{r2} = \frac{\delta_2}{\mu_2} \times 100\% = \frac{-0.0002}{0.2013} \times 100\% = -0.1\%$

由此可知，两次称量的绝对误差相同，但相对误差不同，因此，在实际分析工作中常用相对误差来衡量分析结果的准确度。

例 2-3　某一试样的五次分析数据分别为 0.03824、0.03826、0.03823、0.03825 和 0.03828，已知该分析方法的绝对误差为 0.00041，求相对误差为多少？

解：$\bar{x} = \frac{1}{n}\sum x_i = \frac{x_1 + x_2 + x_3 + x_4 + x_5}{5}$

$= \frac{0.03824+0.03826+0.03823+0.03825+0.03828}{5} = 0.03825$

$E_r = \frac{\delta}{\bar{x}} \times 100\% = \frac{0.00041}{0.03825} \times 100\% = 1.1\%$

在实际分析工作中，真值往往是不知道的，只知道绝对误差，在这种情况下，常以多次测量结果的平均值代替真值来计算结果的相对误差值。

（二）精密度与偏差

精密度（precision）是指在相同条件下，单次测量值与测量平均值相互接近的程度，即指各测量值之间相互接近的程度。精密度的高低常用偏差来衡量。偏差表示数据的分散程度，偏差越小，数据越集中，说明各测量值之间越接近，精密度越高。偏差的表示方法如下。

1. 绝对偏差（absolute deviation；d）　单次测量值（x_i）与多次测定结果平均值（$\bar{x}$）之差。其单位与测量值相同，其数值有正有负。

$$d_i = x_i - \bar{x} \tag{2-3}$$

2. 平均偏差（average deviation；$\bar{d}$）　各绝对偏差的绝对值的平均值。其单位与测量值相同，平均偏差为正值。

$$\bar{d} = \frac{\sum_{i=1}^{n} |d_i|}{n} = \frac{\sum_{i=1}^{n} |x_i - \bar{x}|}{n} \tag{2-4}$$

式中，n 为平行测量次数。

3. 相对平均偏差（relative average deviation；$\bar{d}_r$）　平均偏差与测定结果平均值的比值。常以百分率表示，无单位。

$$\bar{d}_r = \frac{\bar{d}}{\bar{x}} \times 100\% \tag{2-5}$$

例 2-4　测定芒硝中的水分含量时，三次结果分别为：52.36%、52.47% 和 52.43%，试计算测定结果的平均偏差和相对平均偏差。

解：$\bar{x} = \frac{1}{n}\sum_{i=1}^{n} x_i = \frac{52.36\% + 52.47\% + 52.43\%}{3} = 52.42\%$

$d_1 = x_1 - \bar{x} = 52.36\% - 52.42\% = -0.06\%$

$d_2 = x_2 - \bar{x} = 52.47\% - 52.42\% = +0.05\%$

$d_3 = x_3 - \bar{x} = 52.43\% - 52.42\% = +0.01\%$

$$\bar{d}=\frac{1}{n}\sum_{i=1}^{n}|d_i|=\frac{|-0.06\%|+|0.05\%|+|0.01\%|}{3}=0.04\%$$

$$\bar{d}_r=\frac{\bar{d}}{\bar{x}}=\frac{0.04\%}{52.42\%}=0.0008=0.08\%$$

用平均偏差和相对平均偏差来表示精密度比较简单、方便，一般常规分析中经常采用。但是在一组测定结果中，通常小偏差占多数，大偏差占少数，这样，用测定次数去除绝对偏差绝对值之和所得到的平均偏差必然偏小，不能够将大偏差的影响显著地反映出来。因此，分析化学中常采用标准偏差和相对标准偏差表示。

4. 标准偏差（standard deviation；*S*） 各绝对偏差的平方和与自由度的比值的平方根。其单位与测量值相同。

$$S=\sqrt{\frac{\sum_{i=1}^{n}d_i^2}{n-1}}=\sqrt{\frac{\sum_{i=1}^{n}(x_i-\bar{x})^2}{n-1}} \tag{2-6}$$

式（2-6）中，$n-1$ 称为自由度，常用 f 表示。

5. 相对标准偏差（relative standard deviation；*RSD*） 标准偏差在平均值中所占的比例，又称变异系数（coefficient of variation，*CV*）。

$$RSD(\%)=\frac{S}{\bar{x}}\times100\% \tag{2-7}$$

例 2-5 测定某患者血清钙时，得到下列两组数据：

第 1 组：122、123、118、119、118mg/L；

第 2 组：125、120、119、116、120mg/L。求其相对平均偏差和相对标准偏差。

解：

（1）平均值

$$\bar{x}_1=\frac{\sum_{i=1}^{n}x_{1i}}{n}=\frac{122+123+118+119+118}{5}=120\text{mg/L}$$

$$\bar{x}_2=\frac{\sum_{i=1}^{n}x_{2i}}{n}=\frac{125+120+119+116+120}{5}=120\text{mg/L}$$

（2）绝对偏差　按式（2-3），求得其绝对偏差分别为：

第 1 组：+2、+3、-2、-1、-2mg/L

第 2 组：+5、0、-1、-4、0mg/L

（3）平均偏差与相对平均偏差

$$\bar{d}_1=\frac{\sum_{i=1}^{n}|d_{1i}|}{n}=\frac{2+3+2+1+2}{5}=2.0\text{mg/L}$$

$$\bar{d}_2=\frac{\sum_{i=1}^{n}|d_{2i}|}{n}=\frac{5+0+1+4+0}{5}=2.0\text{mg/L}$$

$$\bar{d}_{r1}=\frac{\bar{d}_1}{\bar{x}_1}=\frac{2.0}{120}=1.7\%$$

$$\bar{d}_{r2}=\frac{\bar{d}_2}{\bar{x}_2}=\frac{2.0}{120}=1.7\%$$

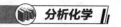

（4）标准偏差与相对标准偏差：

$$S_1=\sqrt{\frac{\sum_{i=1}^{n}d_{1i}^2}{n-1}}=\sqrt{\frac{2^2+3^2+2^2+1^2+2^2}{5-1}}=2.4\text{mg/L}$$

$$S_2=\sqrt{\frac{\sum_{i=1}^{n}d_{2i}^2}{n-1}}=\sqrt{\frac{5^2+0+1^2+4^2+0}{5-1}}=3.3\text{mg/L}$$

$$RSD_1(\%)=\frac{S_1}{\bar{x}}\times100\%=\frac{2.4}{120}\times100\%=2.0\%$$

$$RSD_2(\%)=\frac{S_2}{\bar{x}}\times100\%=\frac{3.3}{120}\times100\%=2.8\%$$

通过上述计算可知，两组数据的平均偏差和相对平均偏差都相同，而两组数据的标准偏差和相对标准偏差却有明显的差别，说明用标准偏差和相对标准偏差能够更好地反映出两组数据分散程度上的差异。因此，在实际工作中多用 S 或 RSD 表示分析结果的精密度。

（三）准确度与精密度的关系

评价测量结果的优劣，需同时衡量其准确度和精密度。现举例说明两者的关系。有甲、乙、丙、丁四人，对某试样的含氯量进行测定时，每人测定六次，已知样品的真实值为 20.0，测定结果如图 2-1 所示。由图 2-1 可知：

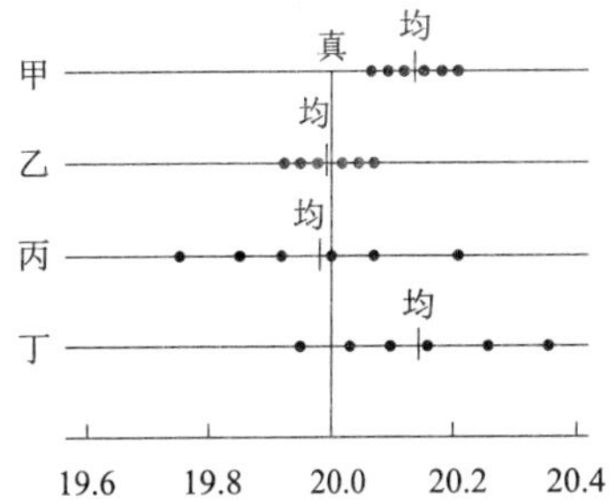

图 2-1　准确度与精密度关系示意图
（·表示测量结果，| 表示平均值）

（1）甲的结果虽然精密度较高，但准确度较差，说明实验过程中虽然偶然误差较小，但存在较大的系统误差。

（2）乙的结果精密度高，准确度也高，说明偶然误差和系统误差都很小，是一组既可靠又准确的数据。

（3）丙的结果精密度很差，但平均值与真实值很接近，造成这种结果的原因是由于正负误差恰好相互抵消所产生的，这是巧合，其结果不可靠。

（4）丁的结果精密度和准确度均较差，说明偶然误差和系统误差都很大。

由此可见：要得到好的实验结果，精密度高是准确度高的前提，精密度是准确度的先决条件。精密度高，准确度不一定高，因为可能存在系统误差；只有在消除系统误差的前提下，精密度高，才能保证准确度高。因此，在评价分析结果的优劣时，必须将精密度和准确度综合考虑。

三、误差的传递

定量分析结果的获得，首先要对试样进行一系列测量，并将测量所得的结果按一定公式计算出来。由于每一测量都存在着不同程度的误差，这些误差都要通过一定的公式计算最终传递到分析结果中，对分析结果的准确度产生影响，使分析结果带有一定的误差（即结果误差），这便涉及误差的传递（propagation of error）。

由于产生误差的原因不同，所以系统误差和偶然误差的传递规律也有所不同。

（一）系统误差的传递

如果定量分析中各步测量误差是可定的，则误差的传递属于系统误差的传递。传递规律如表 2-1 中第二栏所示，可以表述为：①和、差的绝对误差等于各测量值绝对误差的和、差；②积、商的相对误差等于各测量值相对误差的和、差。

表 2-1　测量误差对计算结果的影响

运算式	系统误差	偶然误差	
		极值误差法	标准偏差法
1. $R=x+y-z$	$E_R=E_x+E_y-E_z$	$\Delta R=\|\Delta_x\|+\|\Delta_y\|+\|\Delta_z\|$	$S_R^2=S_x^2+S_y^2+S_z^2$
2. $R=x\cdot y/z$	$\frac{E_R}{R}=\frac{E_x}{x}+\frac{E_y}{y}-\frac{E_z}{z}$	$\frac{\Delta R}{R}=\left\|\frac{\Delta_x}{x}\right\|+\left\|\frac{\Delta_y}{y}\right\|+\left\|\frac{\Delta_z}{z}\right\|$	$\left(\frac{S_R}{R}\right)^2=\left(\frac{S_x}{x}\right)^2+\left(\frac{S_y}{y}\right)^2+\left(\frac{S_z}{z}\right)^2$

例 2-6　配制 0. 1013mol/L NaCl 标准溶液 500ml，过程如下：减重法称取 NaCl 基准物质 2. 9629g，用蒸馏水溶解后完全转移至 500ml 容量瓶中定容。已知减重前称量误差为-0. 2mg，减重后的称量误差为+0. 3mg，容量瓶的真实容积为 499. 94ml。请计算 NaCl 标准溶液浓度的相对误差、绝对误差和实际浓度。

解：

$$m_{NaCl}=m_{前}-m_{后}$$

$$c_{NaCl}=\frac{m_{NaCl}}{M_{NaCl}\cdot V}$$

所引入的误差均为系统误差，根据系统误差的传递规律：

$$\delta_{m_{NaCl}}=\delta_{m_{前}}-\delta_{m_{后}}=-0.2\text{mg}-0.3\text{mg}=-0.5\text{mg}=-0.0005\text{g}$$

$$m_{NaCl}=2.9629-(-0.0005)=2.9634\text{g}$$

$$\frac{\delta_{c_{NaCl}}}{c_{NaCl}}=\frac{\delta_{m_{NaCl}}}{m_{NaCl}}-\frac{\delta_{M_{NaCl}}}{M_{NaCl}}-\frac{\delta_V}{V}$$

摩尔质量 M_{NaCl} 为约定真值，故 $\delta_{M_{NaCl}}=0$；$\delta_V=500.00-499.94=0.06\text{ml}$；于是：

$$\frac{\delta_{c_{NaCl}}}{c_{NaCl}}=\frac{\delta_{m_{NaCl}}}{m_{NaCl}}-\frac{\delta_V}{V}=\frac{-0.0005}{2.9634}-\frac{0.06}{499.94}=-0.000289\approx-0.03\%$$

$$\delta_{c_{NaCl}}=-0.03\%\times0.1013=-0.00003\text{mol/L}$$

$$c_{NaCl}=0.1013-(-0.00003)=0.10133\text{mol/L}\approx0.1013\text{mol/L}$$

经过计算，保留四位有效数字后，NaCl 标准溶液的实际浓度与理论值相同，即本例中由称量及容量瓶引入的误差对结果影响不大。

（二）偶然误差的传递

如果每步测量产生的误差均为偶然误差，由于其不确定性使我们无法知道它们对最终计算结果的影响程度。可以用极差误差法和标准偏差法对其影响进行推断和估计。

1. 极值误差法　极值误差法认为各步测量值所引入的误差既是最大又是叠加的（即假设各步误差都具有相同的方向，不能相互抵消）。这样计算所得的结果误差最大，故称为极值误差。显然，极值误差法是一种最不乐观的估计，其计算方法见表 2-1 中第三栏。在实际工作中，出现这种最不乐观测量结果的情况是极少见的，但是由于各步测量值的最大误差通常是已知的，计算极值误差，因此常用于对最差情况的估计。例如，用万分之一天平每次达到平衡点所引入的绝对误差为±0. 0001g，用此天平进行减重法称量时，由于要达到两次平衡点，所以称量的最大误差为±0. 0002g。

又如，滴定分析法中测定某药物含量时，其质量百分含量为：

$$\omega_B(\%)=\frac{\frac{b}{t}c_TV_TM_B}{m_s}\times100\%$$

式中，c_T 为标准溶液的浓度；V_T 为所消耗标准溶液的体积；M_B 为待测组分的摩尔质量；$\frac{b}{t}$ 为标准溶液与待测组分的反应计量比；m_s 为待测试样质量。上式中 $\frac{b}{t}$ 和 M_B 可以认为没有误差，c_T、V_T 和 m_s 的最大误

差分别为 Δc_T、ΔV_T 和 Δm_s，则：

$$\frac{\Delta \omega_B}{\omega_B}=\left|\frac{\Delta_{c_T}}{c_T}\right|+\left|\frac{\Delta_{V_T}}{V_T}\right|+\left|\frac{\Delta_{m_s}}{m_s}\right|$$

如果测量 c_T、V_T 和 m_s 的最大相对误差都是 1‰，则该药物质量百分含量的极值相对误差应该为 3‰。

2. 标准偏差法　根据偶然误差的性质，无法知道它在每个测量值中的大小和方向，但是在多次测量中偶然误差的出现（大小、方向）符合统计学规律。因此，可以利用偶然误差的统计学传递规律来估计测量结果的偶然误差，这种估计方法称为标准偏差法。计算方法见表 2-1 中第四栏。该传递规律为：①和、差结果的标准偏差的平方，等于各测量值的标准偏差的平方和；②积、商结果的相对标准偏差的平方，等于各测量值的相对标准偏差的平方和。

例 2-7　设电子天平在称量时的标准偏差 $S=0.10$mg，求称量试样时的标准偏差 S_m。

解：称量样品时，无论是使用减重法还是去皮法，都需要达到两次平衡点，读两次数。所称取的试样重量 $m=m_1-m_2$ 或 $m=m_2-m_1$。这样：

$$S_m^2=S_{m_1}^2+S_{m_2}^2 \Rightarrow S_m=\sqrt{S_{m_1}^2+S_{m_2}^2}=0.1414\text{mg}\approx 0.15\text{mg}$$

通过误差的传递规律，我们知道具有较大误差的测量值对最后结果的准确度影响较大。因此，在实际工作中要尽量避免出现较大误差的测量值，应使各测定环节的误差（或偏差）相近或保持相同的数量级。

第二节　提高分析结果准确度的方法

PPT

要提高分析结果的准确程度，必须设法减免分析过程中的各种误差。下面简要介绍减免分析误差的几种方法。

一、选择合适的分析方法

选择合适的分析方法是减免分析误差的最有效的方法之一，选择时应熟悉各种分析方法的灵敏度和准确度。如：化学分析法灵敏度不高，对于微量或痕量组分无法准确测定，但是在常量组分的测定中可以给出比较准确的分析结果（相对误差≤0.2%）。仪器分析法灵敏度较高，常用于微量和痕量组分的测定，虽然其相对误差较大，但可以达到微量或痕量组分测定时的要求。因此，化学分析法主要用于常量组分的分析，而仪器分析法主要用于微量和痕量组分的分析。当然，在选择分析方法时，除了要考虑待测组分的含量外，还要考虑干扰物质的干扰问题等。总之，选择分析方法时，要根据分析对象、存在环境与状态以及对分析结果的要求等进行选择。

二、减小测量误差

想要获得具有较高准确度的分析结果，必须尽量减小分析过程中各实验环节的测量误差。例如，在称量环节中，万分之一天平称量的绝对误差为±0.0001g，一次称量需达到两次天平平衡点，引入的最大误差为±0.0002g，为使称量的相对误差≤0.1%，则称量试样的重量应≥0.2g；在滴定分析环节中，50ml 滴定管读数的绝对误差为±0.01ml，一次滴定所消耗的体积需要两次读数，引入的最大误差±0.02ml，为使滴定的相对误差≤0.1%，则滴定剂消耗的体积应≥20ml。

应该指出，不同的分析方法对测量的准确度的要求不同，应根据具体情况控制各测量环节的误差，使测量的准确度与分析方法的准确度相适应。

三、消除测量中系统误差的方法

1. 校准仪器　对天平、砝码、滴定管等计量及测量仪器进行校准，可以减免仪器误差。由于计量及测量仪器的状态可能会随时间、环境等条件的变化而变化，因此需定期校准仪器。

2. 空白试验 是指用溶剂代替试样，按照与测定试样相同的条件所进行的平行试验。通过空白试验可得到空白值，从试样分析结果中扣除空白值，以减免试剂、蒸馏水和容器中含有被测组分或干扰杂质的影响，从而提高分析结果的准确度。空白值不宜过大，否则应通过提纯试剂、使用合格的试剂等途经使其减少。

3. 对照试验 很多系统误差都可用对照试验进行校正，它是检验系统误差的有效方法。对照试验是指用纯品或标准试样代替试样，按照与试样相同的条件所进行的平行试验。此外，还可用标准方法及其他可靠的方法与现用方法进行对照分析，也可由不同人员，不同单位进行对照分析，根据对照试验的结果判断分析结果中有无系统误差，并加以校正。

4. 回收试验 在无法进行对照试验时，为了消除方法误差，可以用回收试验加以校正。回收试验的步骤是：于已知被测组分含量的试样中再精密加入一定量的被测组分对照品，用相同的方法测定。用实测值与试样中已知含量之差，除以加入对照品量计算回收率。

$$\text{回收率}(\%)=\frac{C-A}{B}\times100\%$$

式中，C 为加入对照品后的实测值；A 为加入对照品前的测得量；B 为对照品的加入量。回收率越接近100%，系统误差越小，分析方法的准确度越高。

四、减小偶然误差的方法

根据偶然误差的分布规律，在减免系统误差的前提下，平行测定次数越多，则测得值的平均值越接近于真值。因此，增加平行测定次数可以减小偶然误差对分析结果的影响。在一般定量分析实验中，对于同一试样，平行测定3~5次即可；当要求分析结果的准确度较高时，可适当增加测定次数至10次左右，但增加更多的测定次数，不仅费时费事，而且效果也并不显著。

第三节　有效数字及其运算规则

PPT

在分析测量中，为了得到准确的分析结果，不仅需要准确测量，而且还要正确记录测量数据，只有在正确记录测量值的前提下，依据正确的计算规则才能获得令人信服的分析结果。

一、有效数字

（一）有效数字

有效数字（significant figure）是指在分析工作中实际上能测量得到的、有实际意义的数字。有效数字由全部准确数字和最后一位可疑数字组成，有效数字不仅能表示测量数值的大小，而且还能反应测量数据的准确程度。因此记录时必须与使用的方法、仪器的准确度相适应，任意增加或减少所记录有效数字的位数都是错误的。

例如，用分析天平读出某物体的质量为0.4960g，在这一数据中，0.496是准确的，最后一位0是欠准的，有±1个单位的误差，即表示其物体的实际质量为0.4960±0.0001g，为四位有效数字，此时称量的绝对误差为±0.0001g。如果将上述数字记录为0.496g，则表示该物体的质量为0.496±0.001g，此时称量的绝对误差为±0.001g；如果将上述数据记录为0.49600g，此时称量的绝对误差为±0.00001g。由此可知，记录时少写一位或多写一位“0”，对其数值没有多大影响，但测量准确度却被缩小或增大了10倍。又如，用50ml量筒量取25ml溶液时，由于该规格量筒有±1ml的误差，因此应记录为25ml，即两位有效数字；而用50ml滴定管量取25ml溶液时，由于滴定管能准确量至±0.01ml，因此应记录为25.00ml，为四位有效数字。

由此可见，有效数字的位数反映了测量和结果的准确程度，绝不能随意增加或减少。

（二）有效数字的位数

1. “0”的作用　数据中有“0”时，它可能是有效数字，也可能不是有效数字，应具体分析。例如，某物体在分析天平上称得其质量为0.5080g，此数据中5、8中间的0和数字8后面的0都是有效数字，而数字5前面的一个0则不是有效数字。因为如果以“mg”为单位，则其质量应记为508.0mg，5前面的0就不存在了，故此0只起定位作用，而8后面的0仍为有效数字，不能任意舍去，故该数字仍为四位有效数字。如果以“kg”为单位，则此质量应记为0.0005080kg，5前面的四个0都不是有效数字，只起定位作用。为了避免有效的“0”与定位的“0”相混淆，常将定位用的“0”以指数形式表示，并且习惯上将小数点前只留一位有效数字。这样，0.5080g可记为5.080×10^{-4}kg或5.080×10^{2}mg。值得注意的是，有效数字位数在指数表示形式中并未改变，变换单位时有效数字的位数也必须保持不变。

2. 测定次数、倍数或分数的位数　因为测定次数、倍数或分数非测量所得，故它们的有效数字位数不受限制，可以认为是无穷多位。

3. 常数（如π，e等）的位数　常数的有效数字位数可视为无穷多位，在计算中需要几位就可以取几位。

4. 对数的位数　如pH、pK、pM、lg$c$、lg$K$等对数的有效数字位数只取决于小数部分的位数，其整数部分只代表原值的幂次。例如，pH＝4.36，其有效数字的位数为二位，而不是三位，因为其$[H^+]=4.4\times10^{-5}$mol/L为两位有效数字。

课堂互动

请判断下面各数的有效数字位数：

43.283	10.82	1.00	pH＝5.26	0.05
0.53472	2.163×10^{-3}	0.324	0.0020	2×10^{5}

二、有效数字的修约规则

在处理数据过程中，各测量值的有效数字位数可能不同，即各测量值的准确度不同。根据误差的传递规律可知，计算结果的有效数字位数受到引入最大误差的测量值的影响更为显著。如果能将有效数字位数较多（误差较小）的测量值按一定规则舍弃多余的数字，这样既可以简化计算，又不会影响计算结果的准确度。这种舍弃多余数字的过程称为数字修约。过去人们习惯采取“四舍五入”的修约规则，见“五”就入，这样必然会使修约后的数据系统性偏高。现在多采用“四舍六入五留双”的修约规则，可以使由“五”本身引起的舍入误差自相抵消。

（一）“四舍六入五留双”规则

数据中被修约的那个数等于或小于4时，应将该数舍去；数据中被修约的那个数等于或大于6时，应将该数进位；数据中被修约的那个数等于5时，若其后还有不为0的任何数，则该5应进位；若其后的数均为0时，则看其5前是奇数还是偶数，如果是奇数就把5向前进位，如果是偶数，则将5舍去。

课堂互动

请将下列数据修约为四位有效数字，6.2344；2.03482；39.04503；0.74556；0.0310850；10.305；1.03549。

（二）一次性修约

对要进行修约的数据采取一次性修约，不能分次修约。例如，将数据2.3456修约到两位有效数字，应一次性修约为 2.3；不能先修约到 2.346，再修约到 2.35，最后修约为 2.4。

（三）标准偏差及相对标准偏差的修约

修约标准偏差及相对标准偏差时，只进不舍。例如，某计算结果的标准偏差为 0.1523，修约成两位有效数字应为 0.16；如果修约为 0.15，则意味着提高了精密度，这是不正确的，通常标准偏差的修约应使结果的精密度降低。根据计算公式所得到的标准偏差及相对标准偏差，一般保留 1~2 位有效数字。

（四）修约时多保留一位有效数字进行计算

在大量计算时，为提高计算速度，防止修约误差累积，可将参与运算的各个数据的有效数字位数修约到比误差最大的数据多一位，运算完成后，再将结果修约到应有的位数。如在计算 3.452、1.1 和 4.56 三位数的和时，按照加减法规则，计算结果保留一位小数。但在计算过程中应多保留一位有效数字，故而计算和修约过程为：

$$3.452+1.1+4.56=3.45+1.1+4.56=9.11=9.1$$

三、有效数字的运算规则

在计算分析结果时，不是保留的位数越多越准确，必须按照一定的计算规则进行，合理地取舍各数据的有效数字位数。这样，既能正确地反映测量的准确度，又可节省时间，还能避免因计算麻烦引起的差错。

（一）加减法

当几个数相加减时，其和或差的有效数字位数的保留，应以引入绝对误差最大的那个数据为依据，即以小数点后数字位数最少为依据进行修约。例如，求 10.375、31.34、0.0217 三数之和。根据有效数字最后一位是欠准的可知：它们的绝对误差分别为±0.001、±0.01 和±0.0001，它们小数点后的位数分别为 3、2、4。这说明小数点后位数最少的，其绝对误差最大。因此，在求算过程中，先以小数点后 2 位为依据进行修约。然后进行计算，计算的结果其小数点后也保留两位。

$$10.375+31.34+0.022=41.737=41.74$$

由结果 41.74 可知，该数值的绝对误差为±0.01，与 31.34 的绝对误差相一致。如果不考虑各数据的准确度，一律相加，将其和算成 41.7367 而不进行修约，则其绝对误差为±0.0001，该误差与实际误差不符。

（二）乘除法

当几个数据相乘除时，积或商的有效数字位数的保留应以引入相对误差最大的那个数据为依据，即以有效数字位数最少为依据进行修约。例如，求 10.375、31.34、0.0217 三个数相乘之积。它们的相对误差分别为：±1/10375、±1/3134 和±1/217，它们有效数字的位数分别为五位、四位和三位，因有效数字的位数最少，相对误差最大。因此，计算时应以三位有效数字为依据，将其余两个数据先修约，然后计算，计算的结果仍按三位有效数字进行保留。即：$10.38\times31.34\times0.0217=7.06$

其最终结果的相对误差为 1‰，与相对误差最大的 0.0217 的相对误差数量级相一致，若计算值为 7.05920964，最后不取舍是错误的。

（三）分析结果百分数的表示

当组分含量≥10%，一般要求保留四位有效数字；当组分含量在 1%~10%之间，通常要求保留三位有效数字；当组分含量<1%，只要求两位有效数字即可。

（四）注意事项

（1）在乘除运算过程中，如果数据中第一位（最高位）有效数字是 8 或 9 时，则其有效数字的位数可多记一位。例如，数据 8.46，其相对误差约为 1‰，与 10.48、11.06 等四位有效数字数据的相对误差相近，故 8.46 可按四位有效数字看待。

（2）在运算过程中，为了提高计算结果的可靠性，对相对原子质量、相对分子质量或换算因数等可暂时多保留一位有效数字，但其结果的位数仍应按规则保留。

（3）加减法最终结果的小数点后位数要与小数点后位数最少的数据相一致，乘除法最终结果的有效数字位数要与有效数字位数最少的数据相一致。

（4）在实际工作中，如果每个测量数据都正确地反映了该实验环节的准确度，则可直接代入数据用计算器进行计算，然后根据运算规则对结果进行一次性修约，使最后的计算结果能够正确表达其应有的准确度，切不可照抄计算器上显示的过多或过少数字。

第四节　有限量测量数据的统计处理

PPT

一、偶然误差的正态分布

偶然误差的大小及方向难以预测，且难以找到确定的原因。但是，对同一试样在相同条件下进行无限次测定时，就会发现偶然误差的分布符合正态分布规律。正态分布又称高斯分布，其数学表达式为：

$$y=f(x)=\frac{1}{\sigma\sqrt{2\pi}}\cdot e^{-\frac{(x-\mu)^2}{2\sigma^2}} \qquad (2-8)$$

式（2-8）中，y 代表测量值出现的频率（概率密度），它是 x 的函数；x 代表测量值；μ 代表总体平均值；σ 代表总体标准偏差；$x-\mu$ 代表偶然误差。以 x 为横坐标，y 为纵坐标，就得到测量值（或误差）的正态分布曲线；以 $x-\mu$ 为横坐标，y 为纵坐标，就得到误差的正态分布曲线，见图 2-2。

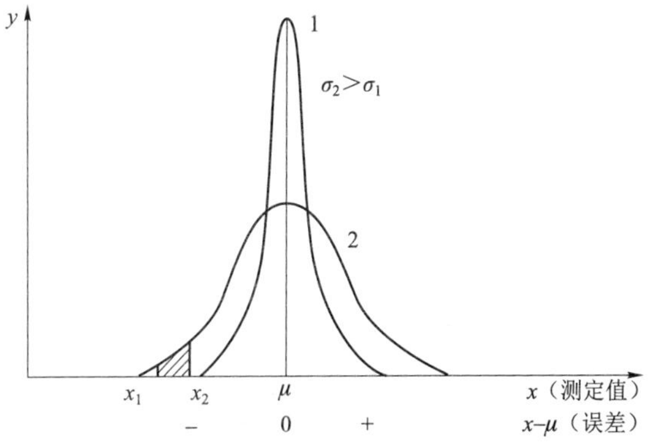

图 2-2　测定值或误差的正态分布曲线

正态分布曲线由 μ 和 σ 两个基本参数决定。μ 为指定条件下，对试样进行无限次测量所得测量数据集合体的均值，称为总体平均值（population mean），是正态分布曲线的最高点所对应的横坐标，表明大多数测量值都出现在 μ 值附近，若消除系统误差，μ 可视为真值；σ 为总体标准偏差（population standard deviation），代表数据的离散程度，σ 越大，分析数据落在 μ 附近的概率越小，测定的精密度越差，正态分布曲线越平坦。测定的精密度高，σ 值小，分布曲线高而锐（图 2-2 曲线 1）；测定的精密度差，σ 值大，分布曲线低而钝（图 2-2 曲线 2）。μ 决定了曲线的位置，σ 决定了曲线的形状，故通常只要知道总体平均值 μ 和总体标准偏差 σ 就可以将正态分布曲线确定下来。

正态分布曲线随 μ 和 σ 的不同而不同，应用不方便，若将横坐标改用 u 表示：

令
$$u=\frac{x-\mu}{\sigma} \qquad (2-9)$$

则高斯方程转化为

$$y=\phi(u)=\frac{1}{\sigma\sqrt{2\pi}}e^{-\frac{u^2}{2}} \qquad (2-10)$$

曲线的横坐标变为 u，即是以 σ 为单位的 $x-\mu$，纵坐标为概率密度，用 u 与概率密度表示的正态分布曲线称为标准正态分布曲线，如图 2-3 所示。

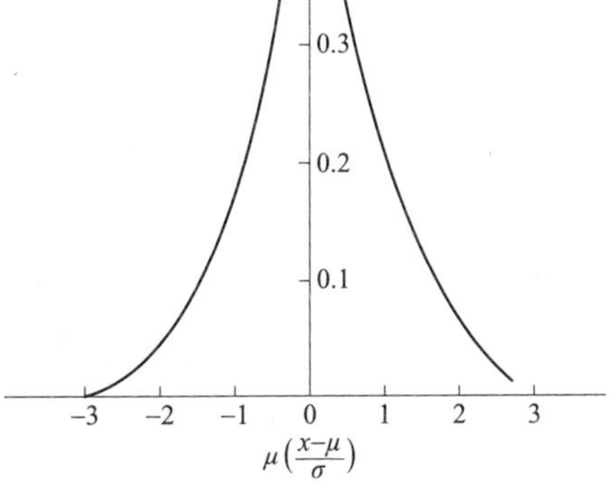

图 2-3　标准正态分布曲线

这样，对于不同的总体平均值 m 及总体标准偏差 σ 的分析数据，标准正态分布曲线都是适用的，即把所有的正态分布曲线全部变换成了一条曲线（标准正态分布曲线）。

二、t 分布

正态分布曲线为分析数据处理提供了理论依据，但它只适用于无限次测定的情况。而在实际分析工作中，提供的分析数据都是通过有限次测量得到的，无法得到总体平均值 m 和总体标准偏差 σ。为了解决这个矛盾，英国统计学家戈塞特（Gosset）提出用有限次测量的标准偏差 S 替代 σ，用 t 替代 u，于是：

$$t=\frac{x-\mu}{S} \tag{2-11}$$

这样，戈塞特通过提出 t 分布曲线，从而圆满地解决了少量分析数据的统计处理问题。t 分布曲线如图 2-4 所示。

知识链接

1908 年，戈塞特（William Sealey Gosset，1876—1937）以笔名“student”在《Biometrics》杂志上发表论文，首次提出 t 分布概念，开创了小样本统计推断的新纪元，被认为是统计学发展史上的里程碑之一。

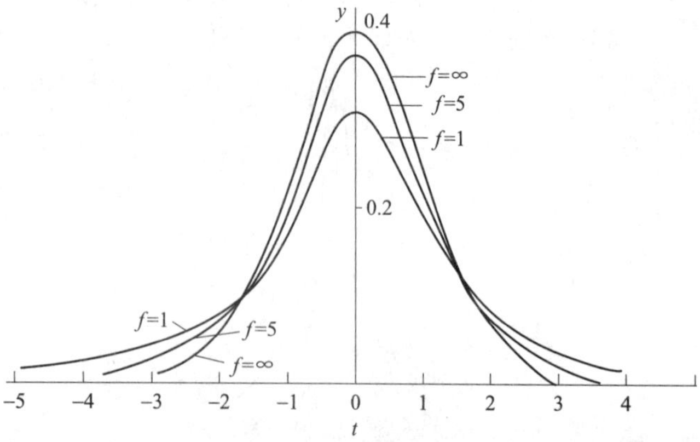

图 2-4　t 分布曲线

在 t 分布曲线中，纵坐标仍为概率密度，横坐标为统计量 t。由图 2-4 可见，t 分布曲线与标准正态分布曲线相似，只是由于测量次数少，数据的离散程度较大，分布曲线的形状将变得低而钝。t 分布曲线随自由度 f（$f=n-1$）而改变。当 f 趋近 ∞ 时，t 分布曲线就趋于标准正态分布曲线。与正态分布曲线一样，t 分布曲线下面一定范围内的面积，也反映了在该范围内测量值 x 出现的概率。不同的是，当标准正态分布曲线的 u 值一定时，相应的概率一定；但是，当 t 分布曲线的 t 一定时，由于 f 不同，x 出现的概率也不同，即曲线包括的面积不同。在某一 t 值时，测量值 x 落在 $\mu \pm tS$ 范围内的概率称为置信水平（confidence level）或置信度（confidence coefficient），用 P 表示；测量值 x 落在 $W_{1/2}=2.355\sigma$ 范围之外的概率称为显著性水平（significance level），用 α（$\alpha=1-P$）表示。由于 t 值与自由度 f 及置信度 P 或显著性水平 α 有关，故引用时常加下角标说明，通常用符号 t_{Pf} 或 $t_{\alpha,f}$ 表示。不同 α、f 所对应的 t 值，已由统计学家算出，表 2-2 列出了最常用的部分 t 值。

表 2-2　不同显著性水平和自由度下的 t 值表

双侧检验	α=0.10	0.05	0.01	双侧检验	α=0.10	0.05	0.01
单侧检验	α=0.05	0.025	0.005	单侧检验	α=0.05	0.025	0.005
f=1	6.31	12.71	63.66	f=10	1.81	2.23	3.17
2	2.92	4.30	9.92	11	1.80	2.20	3.11
3	2.35	3.18	5.84	12	1.78	2.18	3.05
4	2.13	2.78	4.60	13	1.77	2.16	3.01
5	2.02	2.57	4.03	14	1.76	2.14	2.98
6	1.94	2.54	3.71	15	1.75	2.13	2.95

续表

双侧检验	α=0.10	0.05	0.01	双侧检验	α=0.10	0.05	0.01
7	1.90	2.36	3.50	20	1.72	2.09	2.84
8	1.86	2.31	3.36	30	1.70	2.04	2.75
9	1.83	2.26	3.25	∞	1.64	1.96	2.58

由表可见，t 值随测量次数的增大而减小。测定 20 次与测定无限多次时的 t 值已十分接近，说明测定次数超过 20 次对提高测定的准确度的意义不大。

三、平均值的精密度和置信区间

（一）平均值的精密度

平均值的精密度（precision of mean）可用平均值的标准偏差 $S_{\bar{x}}$ 表示。而平均值的标准偏差与测量次数 n 的平方根成反比：

$$S_{\bar{x}}=\frac{S_x}{\sqrt{n}} \tag{2-12}$$

上式表明，n 次测量平均值的标准偏差是单次测量标准偏差的 $\frac{1}{\sqrt{n}}$ 倍，即 n 次测量的可靠性是单次测量的 $\sqrt{n}$ 倍。简单推算，4 次测量的可靠性是 1 次测量的 2 倍，9 次测量的可靠性是 1 次测量的 3 倍，25 次测量的可靠性是 1 次测量的 5 倍；可见一味地增加测量次数，可靠性提高的效果并不显著。因此，在实际定量分析工作中，一般平行测量 3~4 次即可；对精密度要求较高时，可平行测量 5~9 次。

（二）平均值的置信区间

在有限次测量中，只能求得样本平均值（有限次测量结果），而不可能求得总体平均值（无限次测量结果）。通常在对少量的分析数据进行统计处理后，再根据在一定置信水平下的样本平均值来估计总体平均值（在消除系统误差的前提下，即为真值）可能存在的范围。其计算式为：

$$\mu=\bar{x}\pm t\cdot S_{\bar{x}} \tag{2-13}$$

$$\mu=\bar{x}\pm\frac{t\cdot S}{\sqrt{n}} \tag{2-14}$$

式（2-14）表明了总体平均值 μ 与样本平均值 $\bar{x}$ 的关系，即表示在有限次测量中，消除了系统误差后，分析数据的真值落在以样本平均值为中心的可靠范围。在一定的置信水平时，以样本平均值为中心，包括总体平均值在内的可信范围，称为平均值的置信区间（confidence interval of mean）。此式在样品平均值 $\bar{x}$ 的两端各定出了一个界限，称为置信限（confidence limit），上限值为 $\bar{x}+\frac{tS}{\sqrt{n}}$，用 X_U 表示；下限值为 $\bar{x}-\frac{tS}{\sqrt{n}}$，用 X_L 表示；置信限为 $\frac{tS}{\sqrt{n}}$。置信区间分为双侧置信区间和单侧置信区间，双侧置信区间是指同时存在大于和小于总体平均值的置信范围，即在一定置信水平下，$X_L<\mu<X_U$；而单侧置信区间是指 $\mu<X_U$ 或 $\mu>X_L$ 的范围。除指定求算一定置信水平下总体平均值大于或小于某值外，一般都是求算双侧置信区间。

在实际工作中，先求出样本平均值和有限次测量的标准偏差 S，再根据所要求的置信水平及自由度，由表 2-2 中查出相应的 $t_{\alpha,f}$ 值，然后按式 2-14 计算平均值的置信区间。

例 2-8 利用高效液相色谱法测定维生素 C 咀嚼片中 V_C 含量（克/片），5 次测定的数据分别为 0.209、0.210、0.212、0.206、0.208（克/片），当置信水平为 95% 和 99% 时，试估计真值所在的区间范围。

解： 此例求真值所在的区间范围，即计算平均值的置信区间，为双侧置信区间。查表 2-2 中双侧检验的 α 对应的 t 值。

（1）当 $P=95\%$ 时：$\alpha=1-0.95=0.05$，$f=5-1=4$，查表 2-2 得到 $t_{0.05,4}=2.78$

$\bar{x}=0.209$（克/片），$S=0.00224$（克/片），代入式 2-14，得：

$$\mu=\bar{x}\pm\frac{t_{0.05,4}\cdot S}{\sqrt{n}}=0.209\pm\frac{2.78\times0.00224}{\sqrt{5}}=0.209\pm0.003\text{（克/片）}$$

（2）当 $P=99\%$ 时：$\alpha=1-0.99=0.01$，$f=5-1=4$，查表 2-3 得到 $t_{0.01,4}=4.60$

$\bar{x}=0.209$（克/片），$S=0.00224$（克/片），代入式 2-14，得：

$$\mu=\bar{x}\pm\frac{t_{0.01,4}\cdot S}{\sqrt{n}}=0.209\pm\frac{4.60\times0.00224}{\sqrt{5}}=0.209\pm0.005\text{（克/片）}$$

由上可知，对于同一体系，置信水平越高，某一范围包括真值在内的可能性越大，置信区间越宽；相反，置信水平越低，某一范围包括真值在内的可能性越小，置信区间越窄。

在实际工作中，置信水平不能定得过高或过低。置信水平定得过高，会使置信区间过宽，数值范围过大，而失去实际应用价值；置信水平定得过低，会使判断的可靠性无法保证。分析化学中作统计推算时，若没有特殊规定，置信水平数值通常取 95%。

四、可疑数据的取舍

在分析工作中，当重复多次测定时，常常会发现有个别数据与大多数的数据相差较远，这种明显的偏离其他测量值的数据称为可疑数据（suspect value），又称离群值或逸出值（outlier）。可疑数据对测定的精密度和准确度均有很大的影响。

对可疑数据的取舍，首先应分析可疑值是由“过失”操作还是由偶然误差引起的，如果确定是由于实验中发生过失造成的，则应舍去，否则，就要以偶然误差分布规律为依据，用统计学的方法进行处理，以决定可疑数据是取是舍。通常采用的舍弃商法（Q 检验法）和 G 检验法（Grubbs 法）来检验可疑数据。

（一）舍弃商法（Q 检验法）

当测定的次数为 3~10 次时，根据统计学家制定的不同置信度下 Q 值表（表 2-3），按照下列方法进行可疑数据的取舍。

表 2-3 不同置信度下的 Q 值表

测定次数 n	置信度 P		
	90%	95%	99%
3	0.90	0.97	0.99
4	0.76	0.84	0.93
5	0.64	0.73	0.82
6	0.56	0.64	0.74
7	0.51	0.59	0.68
8	0.47	0.54	0.63
9	0.44	0.51	0.60
10	0.41	0.49	0.57

（1）将分析数据由小到大进行排列：x_1、x_2、x_3、……x_n，可疑数据将在序列的开头（x_1）或末尾（x_n）出现。

（2）算出最大值与最小值的差值（极差）：x_n-x_1。

（3）算出可疑数据 x_1 或 x_n 与其临近值之差：x_2-x_1 或 x_n-x_{n-1}。

（4）用可疑数据与邻近值之差的绝对值除以极差，得到舍弃商 Q（rejection quotient）。

$$Q=\frac{x_2-x_1}{x_n-x_1}\text{或}Q=\frac{x_n-x_{n-1}}{x_n-x_1}\tag{2-15}$$

（5）比较舍弃商，根据置信度 P 和测量次数 n，通过表 2-3 查出 Q 的临界值 $Q_{P,n}$，如果计算的舍弃商 $Q \geqslant Q_{P,n}$，则应将可疑数据舍弃；反之，则应被保留。

例 2-9　在一组平行测定中，测得试样中氯的含量分别为 13.93%、14.27%、13.98%、13.02%、14.31%和 14.22%，试用 Q 检验法判断在 90%置信水平时是否有可疑值应被舍弃，平均值应报多少？

解：数据由小到大排列：13.02%、13.93%、13.98%、14.22%、14.27%、14.31%。

选择邻差更大的 13.02%作为可疑数据，计算舍弃商 Q：

$$Q=\frac{x_2-x_1}{x_n-x_1}=\frac{13.93\%-13.02\%}{14.31\%-13.02\%}=0.71$$

当 $P=90\%$，$n=6$ 时；查表 2-3，得到 $Q_{90\%,6}=0.56$，由于计算得到的舍弃商 $Q>Q_{90\%,6}$，所以数据 13.02%应舍弃。

舍弃 13.02%后，$n=5$，由小到大排列：13.93%、13.98%、14.22%、14.27%、14.31%；选择邻差更大的 13.93%作为可疑数据，计算舍弃商 Q：

$$Q=\frac{x_2-x_1}{x_n-x_1}=\frac{13.98\%-13.93\%}{14.31\%-13.93\%}=0.13$$

当 $P=90\%$，$n=5$ 时；查表 2-3，得到 $Q_{90\%,5}=0.64$，由于计算得到的舍弃商 $Q<Q_{90\%,5}$，所以数据 13.93%应保留。

$$\bar{x}=\frac{13.93\%+13.98\%+14.22\%+14.27\%+14.31\%}{5}=14.14\%$$

可疑数据 13.02%应舍弃，平均值应报 14.14%。

（二）G 检验法

G 检验法（Grubbs test）又称格鲁布斯检验法，其适用范围较 Q 检验法更广，且在检验过程中引入了两个样本统计量 $\bar{x}$ 和 S，准确度更高。根据统计学家制定的不同置信度下的 G 值表（见表 2-4），按照下列步骤决定可疑数据的取舍。

（1）算出包括可疑数据在内的平均值 $\bar{x}$。

（2）算出可疑数据 x_q 与平均值之差的绝对值：$|x_q-\bar{x}|$。

（3）算出包括可疑数据在内的标准偏差 S。

（4）用可疑数据与平均值之差的绝对值除以标准偏差，得到统计量 G 值：

$$G=\frac{|x_q-\bar{x}|}{S} \tag{2-16}$$

（5）根据置信度 P 和测量次数 n，从表 2-4 中查出 G 的临界值 $G_{P,n}$。若计算出的 $G \geqslant G_{P,n}$，则应将可疑数据舍弃；反之，则应被保留。

表 2-4　不同置信度下的 G 值表

测定次数 n	置信度 P 95%	置信度 P 99%	测定次数 n	置信度 P 95%	置信度 P 99%
3	1.15	1.15	12	2.29	2.55
4	1.46	1.49	13	2.33	2.61
5	1.67	1.75	14	2.37	2.66
6	1.82	1.94	15	2.41	2.71
7	1.94	2.10	16	2.44	2.75
8	2.03	2.22	17	2.47	2.79
9	2.11	2.32	18	2.50	2.82
10	2.18	2.41	19	2.53	2.85
11	2.23	2.48	20	2.56	2.88

例 2-10 利用酸碱滴定法测定某盐酸溶液的浓度，共平行测定 6 次，结果分别为：0.1154，0.1168，0.1172，0.1178，0.1182，0.1202mol/L，用 G 检验法判断在置信度为 95% 时有无舍弃的数据，平均值应报多少？

解： $\bar{x}=\dfrac{0.1154+0.1168+0.1172+0.1178+0.1182+0.1202}{6}=0.1176\text{mol/L}$

$$S=\sqrt{\frac{0.0022^2+0.0008^2+0.0004^2+0.0002^2+0.0006^2+0.0026^2}{6-1}}=0.0016\text{mol/L}$$

选择距离平均值更远的数据 0.1202 作为可疑数据，则：

$$G=\frac{|x_q-\bar{x}|}{S}=\frac{|0.1202-0.1176|}{0.0016}=1.6$$

查表 2-4，$n=6$，$P=95\%$ 时，$G_{95\%,6}=1.82$；$G<G_{95\%,6}$，所以数据 0.1202 应保留，平均值应报 0.1176mol/L。

值得注意的是，若有可疑数据需要舍弃，则应将舍弃可疑值后的数据重新计算 Q 或 G 值并重新做判断，直到无可疑数据要舍弃。

五、显著性检验

定量分析工作中，在对可疑数据的取舍做出判断之后，需要进一步对两组分析结果的精密度或准确度是否存在显著性差异做出判断（即显著性检验），统计检验的方法很多，其中最常用的是 F 检验和 t 检验，它们分别用于检验两组分析结果是否存在显著性的偶然误差和系统误差等。

（一）F 检验

F 检验法是针对两组数据的精密度进行的显著性检验，即判断两组数据的精密度之间是否存在显著性差异。该检验法通过比较两组数据的方差 S^2，以确定两组数据间存在的偶然误差是否具有显著性差异。

进行 F 检验时，首先需要计算出两组数据的方差 S_1^2 和 S_2^2，然后计算方差比（F）：

$$F=\frac{S_1^2}{S_2^2}\quad (S_1>S_2) \tag{2-17}$$

计算时，规定将大的方差作为分子，小的作为分母，即 $F>1$。求出 F 值后，与表 2-5 中的方差比单侧临界值（F_{α,f_1,f_2}）进行比较。若 $F\geqslant F_{\alpha,f_1,f_2}$，则说明两组数据之间存在的偶然误差具有显著性差异，即它们的精密度之间存在显著性差异；反之，则说明两组数据的精密度之间不存在显著性差异。

表 2-5 95%置信水平时（$\alpha=0.05$）单侧检验 F_{α,f_1,f_2} 值（部分）

f_2 \ f_1	2	3	4	5	6	7	8	9	10	∞
2	19.00	19.16	19.25	19.30	19.33	19.36	19.37	19.38	19.39	19.50
3	9.55	9.28	9.12	9.01	8.94	8.89	8.85	8.81	8.79	8.53
4	6.94	6.59	6.39	6.26	6.16	6.09	6.04	6.00	5.96	5.63
5	5.79	5.41	5.19	5.05	4.95	4.88	4.82	4.78	4.74	4.36
6	5.14	4.76	4.53	4.39	4.28	4.21	4.15	4.10	4.06	3.67
7	4.74	4.35	4.12	3.97	3.87	3.79	3.73	3.68	3.64	3.23
8	4.46	4.07	3.84	3.69	3.58	3.50	3.44	3.39	3.35	2.93
9	4.26	3.86	3.63	3.48	3.37	3.29	3.23	3.18	3.14	2.71
10	4.10	3.71	3.48	3.33	3.22	3.14	3.07	3.02	2.98	2.54
∞	3.00	2.60	2.37	2.21	2.10	2.01	1.94	1.88	1.83	1.00

注：f_1 为大方差数据的自由度，f_2 为小方差数据的自由度。

例 2-11　分别用两种分析方法测定同一样品中某组分的含量。第一种方法，共测定 6 次，标准偏差为 0.048；第二种方法，共测定 5 次，标准偏差为 0.031。试问在 95% 置信水平时，这两种分析方法的精密度有无显著性差异。

解：规定将大的方差作为分子，小的作为分母，则：

$$F=\frac{S_1^2}{S_2^2}=\frac{0.048^2}{0.031^2}=2.40$$

$P=95\%$，$f_1=6-1=5$，$f_2=5-1=4$，查表 2-5，得到 $F_{\alpha,f_1,f_2}=F_{0.05,5,4}=6.26$。

由于 $F<F_{0.05,5,4}$，所以这两种分析方法的精密度无显著性差异。

（二）*t* 检验

t 检验主要用于分析样本平均值与真值（或标准值）之间以及两组有限次测量的样本平均值之间是否存在显著性差异，判断某一分析方法或操作过程中是否存在较大的系统误差。

1. 样本平均值 $\bar{x}$ 与真值 μ（或标准值）的 *t* 检验　用基准物质、理论真值或标准试剂来评价分析方法或分析结果时，就涉及样本平均值与真值的比较问题。若样本平均值 $\bar{x}$ 的置信区间（$\bar{x}\pm tS/\sqrt{n}$）能将真值 μ（或标准值）包括在内，即可做出 $\bar{x}$ 与 μ 之间不存在显著性差异的结论。因为符合 *t* 分布规律，就说明 $\bar{x}$ 与 μ 之间的差异应属于偶然误差，而不属于系统误差。式 2-14 可改写成：

$$t=\frac{|\bar{x}-\mu|}{S}\sqrt{n} \tag{2-18}$$

进行 *t* 检验时，先将 $\bar{x}$、μ、S 及 n 代入上式，求出 *t* 值，然后与表 2-2 中相应的 $t_{\alpha,f}$ 值比较，若计算得到的 $t\geq t_{\alpha,f}$，则说明 $\bar{x}$ 与 μ 之间的差值（$\pm tS/\sqrt{n}$）已经超出偶然误差的界限，该误差的产生由系统误差引起，两者之间存在显著性差异；反之，则说明 $\bar{x}$ 与 μ 之间不存在显著性差异。由此可对分析结果是否正确，新分析方法是否可行等进行判断。

例 2-12　某药厂生产的某药物制剂中要求含锌量为 2.600%，现从该药厂生产的某一批号产品中抽取一个样品进行检验，共进行 5 次测量，测试结果为：2.586%，2.613%，2.609%，2.592%，2.590%。试问在 95% 置信水平下该样品是否合格？

解：检验药品中某组分含量是否合格，应检验药品中目标组分的含量与理论含量之间是否存在显著性差异，如果两者存在显著性差异（包括显著高于或显著低于理论值，应该用双侧检验），则说明该药品不合格；反之，则说明该药品合格。

经计算得到：$\bar{x}=2.598\%$，$S=0.013\%$；且已知 $\mu=2.600\%$，$n=5$；则

$$t=\frac{|\bar{x}-\mu|}{S}\sqrt{n}=\frac{0.002\%}{0.013\%}\times\sqrt{5}=0.34$$

置信水平为 95%（$\alpha=0.05$），$f=5-1=4$ 时，查表 2-2，得到 $t_{\alpha,f}=t_{0.05,4}=2.78$。由于 $t<t_{\alpha,f}$，所以样品含锌量与要求值之间无显著性差异，该样品合格。

2. 两个样本平均值的 *t* 检验　两个样本平均值之间的 *t* 检验主要用于检验两个操作者、两种分析方法或两台仪器对相同试样的分析结果是否存在显著性差异；不同分析时间，样品是否存在显著性变化；两个样品中某成分的含量是否存在显著性差异等。

两个样本平均值的 *t* 检验步骤：

（1）计算两组数据的平均值 $\bar{x}_1$、$\bar{x}_2$ 及标准偏差 S_1 与 S_2；

（2）计算合并标准偏差（S_R）；设 n_1，n_2 分别为两组数据的测定次数，若 S_1 与 S_2 大小没有统计意义上的显著差别时，按式（2-19）计算 S_R：

$$S_R=\sqrt{\frac{(n_1-1)S_1^2+(n_2-1)S_2^2}{(n_1-1)+(n_2-1)}} \tag{2-19a}$$

或由两组数据的平均值计算 S_R：

$$S_R=\sqrt{\frac{\sum_{i=1}^{n_1}(x_{1i}-\bar{x}_1)^2+\sum_{i=1}^{n_2}(x_{2i}-\bar{x}_2)^2}{(n_1-1)+(n_2-1)}} \quad (2-19b)$$

（3）将 S_R、n_1、n_2、$\bar{x}_1$、$\bar{x}_2$ 代入式（2-18），计算出 t 值；

$$t=\frac{|\bar{x}_1-\bar{x}_2|}{S_R}\sqrt{\frac{n_1n_2}{n_1+n_2}} \quad (2-20)$$

（4）根据要求的显著性水平 α 和自由度 $f\,[f=f_1+f_2=(n_1-1)+(n_2-1)]$，从表 2-2 中查出 $t_{\alpha,f}$。

若计算的 $t \geq t_{\alpha,f}$，说明两组数据平均值之间存在显著性差异，两组数据间可能存在系统误差；若 $t<t_{\alpha,f}$，则说明两组数据的平均值不存在显著性差异，可以认为两个平均值属于同一总体，即 $\mu_1=\mu_2$，两组数据平均值的不同是由偶然误差引起的。

例 2-13 用同一种分析方法抽样检测两个批号药品中的 Fe 含量，每个批号中抽 3 个样品进行检测，批号 1 的检测结果为：1.54%，1.55%，1.58%；批号 2 的检测结果为：1.45%，1.47%，1.48%。试问在 95% 的置信水平时，两个批号药品中的 Fe 含量是否存在显著性差异。

解： 先进行 F 检验，判断两组数据的精密度是否存在显著性差异，若不存在显著性差异，再进行 t 检验，判断两批号药品中的 Fe 含量是否存在显著性差异。

（1）F 检验

$$\bar{x}_1=\frac{1.54\%+1.55\%+1.58\%}{3}=1.56\%$$

$$\bar{x}_2=\frac{1.45\%+1.47\%+1.48\%}{3}=1.47\%$$

$$S_1=\sqrt{\frac{(0.02\%)^2+(0.01\%)^2+(0.02\%)^2}{3-1}}=0.022\%$$

$$S_2=\sqrt{\frac{(0.02\%)^2+0+(0.01\%)^2}{3-1}}=0.016\%$$

由于 $S_1>S_2$，所以 $F=\frac{S_1^2}{S_2^2}=\frac{(0.022\%)^2}{(0.016\%)^2}=1.89$，$P=95\%$，$f_1=f_2=2$，查表 2-5，得到 $F_{\alpha,f_1,f_2}=F_{0.05,2,2}=19.00$。由于 $F<F_{0.05,2,2}$，所以这两组数据的精密度无显著性差异。

（2）t 检验

$\bar{x}_1=1.56\%$，$\bar{x}_2=1.47\%$，S_1 与 S_2 没有显著性差别，$n_1=n_2=3$，

$$S_R=\sqrt{\frac{(n_1-1)S_1^2+(n_2-1)S_2^2}{(n_1-1)+(n_2-1)}}=\sqrt{\frac{2\times(0.022\%)^2+2\times(0.016\%)^2}{4}}=0.020\%$$

$$t=\frac{|\bar{x}_1-\bar{x}_2|}{S_R}\sqrt{\frac{n_1n_2}{n_1+n_2}}=\frac{0.09\%}{0.020\%}\sqrt{\frac{3\times3}{3+3}}=5.5$$

$$f=f_1+f_2=(n_1-1)+(n_2-1)=4$$

当 $P=95\%$，$f=4$ 时；查表 2-2 得到 $t_{\alpha,f}=t_{0.05,4}=2.78$。由于 $t>t_{0.05,4}$，所以两个批号药品中 Fe 含量存在显著性差异。

（三）注意事项

1. 显著性检验的顺序 先进行 F 检验，确定两组数据的精密度（或偶然误差）无显著性差异后，才能进行 t 检验，判断两组数据的平均值或平均值与真值（或标准值）之间是否存在显著性差异。因为只有当两组数据的精密度（或偶然误差）无显著性差异时，进行准确度（或系统误差）的显著性检验才有意义。

2. 单侧检验与双侧检验 对于 t 检验来说，检验两个分析结果之间是否存在显著性差异时，使用双侧检验；若检验某分析结果是否显著高于（或小于）某值时，使用单侧检验；t 检验多使用双侧检验。

对于 F 检验来说，规定了 $F>1$，只有 S_1 显著高于 S_2，才能证明两组精密度之间存在显著性差异，所以 F 检验一般使用单侧检验。

应当指出，对测量数据进行统计处理的基本步骤是：首先进行可疑数据的取舍（Q 检验或 G 检验），然后进行精密度显著性检验（F 检验），最后进行准确度显著性检验（t 检验）。

例 2-14　分别用永停滴定法和紫外分光光度法测定同一盐酸普鲁卡因注射液含量。采用永停滴定法测定 7 次，结果为：96.55%，96.87%，96.91%，97.12%，97.14%，97.24%，97.36%；采用紫外分光光度法测定 8 次，结果为：96.61%，96.81%，96.88%，96.95%，96.98%，97.14%，97.22%，97.34%。试用 G 检验法检验在置信度为 95% 时，两组测量值中是否有数据需要舍弃；并用统计检验方法判断两种方法的精密度和准确度是否存在显著性差异。

解：1. G 检验

（1）永停滴定法：$n_1=7$，$\bar{x}_1=97.03\%$，$S_1=0.28\%$；

永停滴定法可疑值：96.55%；$G=\dfrac{|96.55\%-97.03\%|}{0.28\%}=1.7$，查表 2-4，$P=95\%$，$n=7$，$G_{95\%,7}=1.94$。由于 $G<G_{95\%,7}$，故 96.55% 应该保留。

（2）紫外分光光度法：$n_2=8$，$\bar{x}_2=96.99\%$，$S_2=0.24\%$；

紫外分光光度法可疑值：96.61%；$G=\dfrac{|96.61\%-96.99\%|}{0.24\%}=1.6$，查表 2-4，$P=95\%$，$n=8$，$G_{95\%,8}=2.03$。由于 $G<G_{95\%,8}$，故 96.61% 应该保留。

2. F 检验

由于 $S_1>S_2$，所以 $F=\dfrac{S_1^2}{S_2^2}=\dfrac{(0.28\%)^2}{(0.24\%)^2}=1.4$，$P=95\%$ 时（$\alpha=0.05$），$f_1=7-1=6$，$f_2=8-1=7$，查表 2-5，$F_{0.05,6,7}=3.87$。$F<F_{0.05,6,7}$，说明 S_1 不明显高于 S_2，两种方法的精密度无显著性差异，可进行 t 检验。

3. t 检验

$$S_R=\sqrt{\frac{(n_1-1)S_1^2+(n_2-1)S_2^2}{(n_1-1)+(n_2-1)}}=\sqrt{\frac{(7-1)\times(0.28\%)^2+(8-1)\times(0.24\%)^2}{(7-1)+(8-1)}}=0.26\%$$

$$t=\frac{|\bar{x}_1-\bar{x}_2|}{S_R}\sqrt{\frac{n_1n_2}{n_1+n_2}}=\frac{0.04\%}{0.26\%}\sqrt{\frac{7\times8}{7+8}}=0.30$$

$$f=f_1+f_2=(n_1-1)+(n_2-1)=13$$

当 $P=95\%$（$\alpha=0.05$），$f=13$ 时；查表 2-2 得到 $t_{\alpha,f}=t_{0.05,13}=2.16$。由于 $t<t_{0.05,13}$，所以两种方法的平均值之间无显著性差异。因此，用永停滴定法和紫外分光光度法测定盐酸普鲁卡因注射液含量时，两种方法无显著性差异。

最后必须指出，运用统计方法进行分析数据处理，只是根据偶然误差的分布规律，估计偶然误差对分析结果影响的大小，对分析结果的可靠性和精密程度做出正确的表述，对分析结果做出正确的科学评价，而不能消除误差本身，只有严密细致地实验，才能有效提高分析结果的精密度和准确度。

六、相关分析和回归分析

相关分析（correlation analysis）和回归分析（regression analysis）是研究变量之间关系的两种常用统计方法。相关分析主要用相关系数来评价两变量之间的相关程度，回归分析用于建立并求解直线或曲线的数学方程式，从而求得变量之间的一般关系值。

（一）相关分析

统计学中常用相关系数 r（correlation coefficient）对两个变量的线性相关程度进行定量描述。设两个变量 x、y 的 n 次测量值为（x_1，y_1），（x_2，y_2），（x_3，y_3），…，（x_n，y_n）；相关系数 r 的计算式为：

$$r=\frac{\sum_{i=1}^{n}(x_i-\bar{x})(y_i-\bar{y})}{\sqrt{\sum_{i=1}^{n}(x_i-\bar{x})^2\cdot\sum_{i=1}^{n}(y_i-\bar{y})^2}} \tag{2-21}$$

相关系数 r 是一个介于-1 和+1 之间的数值，即 $0\leqslant|r|\leqslant1$。当 $|r|=1$ 时，各对测量值所描述的点都处于一条直线上，即点 (x_1, y_1)，(x_2, y_2)，(x_3, y_3)，…，(x_n, y_n) 共线，x 和 y 为完全线性相关。当 $r=0$ 时，点 (x_1, y_1)，(x_2, y_2)，(x_3, y_3)，…，(x_n, y_n) 排列杂乱无章，x 和 y 为非线性相关。可见，$|r|$越接近于 1，则说明两个变量的线性相关性越好；$|r|$越接近于 0，则说明两个变量的线性相关性越差。$r>0$ 时，称为正相关；$r<0$ 时，称为负相关。

（二）回归分析

回归分析就是要找出 y 的平均值 $\bar{y}$ 与 x 之间的关系，建立表达 x 与 $\bar{y}$ 之间相关关系的数学关系式，即回归方程。如果 x 与 $\bar{y}$ 之间具有线性相关关系，就可以用最小二乘法解出回归系数 a（截距）与 b（斜率），如下式：

$$a=\frac{\sum_{i=1}^{n}y_i-b\sum_{i=1}^{n}x_i}{n} \text{ 及 } b=\frac{n\sum_{i=1}^{n}x_iy_i-\sum_{i=1}^{n}x_i\cdot\sum_{i=1}^{n}y_i}{n\sum_{i=1}^{n}x_i^2-\left(\sum_{i=1}^{n}x_i\right)^2} \tag{2-22}$$

将实验数据代入式 2-22，即可求出回归系数 a 与 b，由此确定回归方程：

$$\bar{y}=a+bx \tag{2-23}$$

在定量分析中，经常使用的标准曲线法（或称工作曲线法）就属于线性回归分析。

知识拓展

利用 excel 软件，求回归方程和相关系数非常简便，现举例说明求算过程。

利用分光光度法测定 $KMnO_4$ 溶液浓度，在 525nm 处测定标准溶液和待测试样溶液的吸光度 A，所测得的数据如下：

c_{KMnO_4}：	1.00	1.50	2.00	2.50	3.00	3.50	（$\times10^{-5}$mol/L）
A：	0.241	0.364	0.488	0.614	0.733	0.852	

待测试样的吸光度 $A_x=0.681$，求待测 $KMnO_4$ 溶液的浓度 c_x。操作步骤如下。

1. 将实验数据 c_{KMnO_4}和 A 分别输入 excel 表格中的两列。

2. 将这两列数据选中，并点击“插入”中的“图表”选项，然后选择 XY 散点图，并点击完成，得到散点图，其中浓度 c 为横坐标，吸光度 A 为纵坐标。

3. 将鼠标移至数据点后右键，选择“添加趋势线”，并在“类型”中选择“线性”。

4. 在“选项”中，勾选“显示公式”和“显示 R 平方值”，并点击“确定”，得到回归方程：$y=0.245x-0.0026$，$R^2=0.9999$。

R^2 被称为判定系数或拟合优度，该统计量越接近于 1，模型的拟合优度越高。在一元线性回归中，R^2 就是相关系数的平方。由此，得到 $r=0.9999$，说明在测定范围内吸光度 A 与浓度 c 呈良好的直线关系（$A=0.245c-0.0026$，其中浓度 c 的单位为 10^{-5}mol/L）。将 $A_x=0.681$ 代入方程，得到 $c_x=2.79\times10^{-5}$mol/L。

本章小结

- 误差与分析数据处理
  - 准确度和精密度
    - 准确度和误差
    - 精密度和偏差
    - 准确度和精密度的关系
  - 有效数字
    - 有效数字定义
    - 有效数字的修约规则
    - 有效数字的运算规则
  - 分析数据的统计处理
    - 可疑数据取舍：Q检验、G检验
    - 分析结果的表示方法
    - 显著性检验：t检验、F检验

练习题

题库

1. 什么是系统误差？什么是偶然误差？简述它们各自的特点及减免办法。

2. 说明误差、偏差、准确度与精密度的区别与联系。

3. 与平均偏差、相对平均偏差相比，为什么说标准偏差、相对标准偏差能够更好地反映一组数据的分散程度？

4. 在实际测量中，为什么偶然误差主要影响精密度而系统误差主要影响准确度？

5. 对实验数据进行统计检验时，正确的顺序是什么？请说明原因。

6. 请判断下列数据的有效数字位数

（1）0.2400　（2）1.60×10^{3}　（3）2.450×10^{-3}　（4）pH＝4.61　（5）$pK_a=3.45$

7. 请将下列数据修约成两位有效数字

（1）6.0501　（2）7148.2　（3）52.6　（4）7.9503　（5）375　（6）28.5

8. 进行计算，并对结果保留正确的有效数字。

（1）$3.1\times10^{-3}\times124.2$　（2）$7.502\times2.51-2.3+10.28\times1.24$　（3）$\dfrac{6.11\times152.04\times11.34}{7.326}$

（4）$\dfrac{3.14\times6.12\times10^{-2}-7.633\times10^{-3}}{0.02304}$　（5）pH＝4.00，求［H^+］。

9. 两组平行实验的数据如下：

（1）53.9，53.4，53.2，53.8，53.7，53.6；

（2）53.6，54.0，53.0，53.7，53.6，53.7；

试计算平均偏差，相对平均偏差，标准偏差，相对标准偏差；并说明哪组实验数据的精密度更高。

10. 一组平行测定中，测得试样中Cu（Ⅱ）的含量分别为：10.83%、11.07%、11.13%、11.19%、11.21%和11.24%，试用Q检验法判断在90%置信水平时是否有可疑值应被舍弃，平均值应报多少？

11. 测定血清氯时，7次平行测定的数据以NaCl计分别为：5958、5987、5945、5947、5960、5940、5951mg/L；当置信度为95%时，用G检验法检验是否有数据应该舍弃？平均值应报多少？计算平均值的置信区间。

12. 为检验一种测定Fe（Ⅱ）的新方法，取一标准试样，已知其真实含量是5.28%。用新方法测量该试样5次，测得平均含量为5.11%，其标准偏差为0.11%。试问在95%置信水平时，该新方法的测定

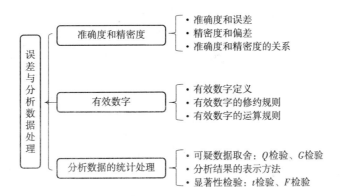

结果与真实值之间是否存在显著性差异？

13. 用化学法和高效液相色谱法（HPLC）测定同一复方乙酰水杨酸片剂中乙酰水杨酸的含量，测量数据如下：

化学法：97.8%，97.7%，98.1%，96.7%，97.3%，97.5%；

HPLC 法：97.2%，98.1%，99.3%，98.6%，97.3%，98.4%；

试判断在置信度为95%时，两种方法的精密度和平均值之间是否存在显著性差异，HPLC 方法是否可以替代化学法进行该项分析？

14. 分别用卡氏库仑法和气相色谱法测定同一冰醋酸中的微量水分。测得数据如下：

卡氏库仑法：0.682%，0.697%，0.675%，0.691%，0.679%，0.684%；

气相色谱法：0.678%，0.671%，0.698%，0.694%，0.688%，0.686%；

试用 G 检验法检验在置信度为95%时，两组测量值中是否有数据需要舍弃；并用统计检验方法判断两种方法的精密度和准确度是否存在显著性差异。

15. 用紫外分光光度法测定维生素 B_{12}溶液浓度。在波长为 361nm 处，测定标准溶液和待测试样溶液的吸光度 A，所测得的数据如下：

$c_{VB_{12}}$：	10.0	20.0	30.0	40.0	50.0	60.0（μg/ml）
A：	0.231	0.454	0.655	0.876	1.033	1.252

待测试样的吸光度 $A_x=0.583$，请利用线性回归方法求出回归方程，并求出待测维生素 B_{12}溶液的浓度 c_x。

（李　赞）

第三章

滴定分析法概论

学习导引

知识要求

1. **掌握** 滴定分析法中的常用术语；滴定方式；标准溶液的配制与标定方法；滴定度的概念及其计算；滴定分析法的基本计算。

2. **熟悉** 滴定分析法的分类及其对滴定反应的要求。

3. **了解** 滴定分析的特点和滴定方式。

能力要求

熟练掌握滴定分析的一般操作过程；学会应用“一个依据，两个基本公式”完成滴定分析法的基本计算。

素质要求

滴定分析法是分析化学中很重要的一类定量分析方法，应用广泛，在生产和科研中具有重要的实用价值，因此一定要熟练掌握滴定分析的方法，在科学研究和实际工作中能够精准地运用滴定分析的规律，提高分析问题和解决问题的能力。

第一节 滴定分析法和滴定方式

PPT

一、滴定分析法及其特点

滴定分析法（titrimetric analysis）是一种将已知准确浓度的试剂溶液装入滴定管，由滴定管将其滴加到被测的试样溶液中，直到加入的试剂溶液与被测组分刚好完全反应，然后根据试剂溶液的浓度及所消耗的体积来计算被测组分含量的分析方法。它是经典的定量分析方法之一。通常将已知准确浓度的试剂溶液称为标准溶液（standard solution）或滴定剂（titrant）；将标准溶液从滴定管滴加到试样溶液中的操作过程称为滴定（titration）；当滴入标准溶液的量与被测组分的量恰好按一定的化学计量关系作用完全时，称反应到达了化学计量点（stoichiometric point），简称计量点，用 sp 表示。在化学计量点时，溶液可能没有直观的外部特征变化，因此需要适宜的方法指示化学计量点的到达。在化学滴定分析方法中，常在试样溶液中加入一种辅助试剂，借助于它的颜色变化作为计量点到达的指示信号，这种能在计量点附近发生颜色变化的试剂称为指示剂（indicator）。在滴定过程中，根据指示剂发生颜色变化时停止滴定，这个点称为滴定终点（titration end point），简称终点（end point），用 ep 表示。滴定终点与化学计量点往往不能完全一致，由此引起的误差称为滴定终点误差（titration end point error），简称终点误差（end point error），又称滴定误差（titration error），用 TE 表示，是滴定分析误差的主要来源之一。

滴定分析具有设备简单、结果准确、操作简便、测定快速和应用广泛的特点。通常用于常量组分的测定，其准确度可达到99.9%，滴定的相对误差可小于0.1%；有时也可用于一些含量较低组分的测定，它是分析化学中最基本的方法之一，在生产实践和科学实验中具有重要实用价值。

案例解析

【案例】2015年8月12日，天津滨海新区某危险品仓库发生特别重大火灾爆炸事故，事故现场存放了大量剧毒物质氰化钠，引发对氰化钠的关注。

【问题】如何测定氰化钠的含量？

【解析】根据国家标准《GB/T 23765—2009 氰化钠和氰化钾产品测定方法》，对于氰化钠的含量测定可在氨性介质中，利用银离子与氰根离子定量反应生成配合物，用硝酸银标准溶液滴定氰根离子，过量的银离子与碘化钾生成微黄色沉淀，用以指示滴定终点，然后根据硝酸银标准溶液的消耗量及浓度计算氰化钠的含量。

二、滴定分析法的分类

滴定分析法按标准溶液与被测组分之间所发生的化学反应的类型不同，可分为下列四类。

（一）酸碱滴定法

酸碱滴定法（acid-base titration）是以质子转移反应为基础的滴定分析方法。例如，用NaOH标准溶液测定醋酸时，其主要反应如下式：

$$OH^- + HAc \rightleftharpoons Ac^- + H_2O$$

（二）配位滴定法

配位滴定法（complexometric titration）是以配位反应为基础的滴定分析方法。例如，用EDTA标准溶液测定Mg^{2+}时，其主要反应如下式：

$$Mg^{2+} + Y^{4-} \rightleftharpoons MgY^{2-}$$

（三）氧化还原滴定法

氧化还原滴定法（oxidation-reduction titration）是以氧化还原反应为基础的滴定分析方法。例如，用$KMnO_4$标准溶液测定Fe^{2+}时，其主要反应如下式：

$$MnO_4^- + 5Fe^{2+} + 8H^+ \rightleftharpoons Mn^{2+} + 5Fe^{3+} + 4H_2O$$

（四）沉淀滴定法

沉淀滴定法（precipitation titration）是以沉淀反应为基础的滴定分析方法。例如，用$AgNO_3$标准溶液测定Cl^-时，其主要反应如下式：

$$Ag^+ + Cl^- \rightleftharpoons AgCl\downarrow$$

上述四种类型方法是滴定分析的基本方法，是今后学习的重点，将分别在第四、五、六、七章中讨论。本章讨论滴定分析法的共性问题。

课堂互动

上述四种类型的所有化学反应都能用于滴定分析吗？

三、滴定分析法对滴定反应的要求

各种类型的化学反应虽然很多，但不一定都能直接用于滴定分析，凡适用于滴定分析的化学反应必须符合下列基本要求。

1. 反应必须定量完成　要求被测组分与滴定剂之间的反应必须按确定的反应方程式进行即符合一定的化学计量关系，且无副反应发生，反应必须接近完全，通常要求反应的完全程度达到99.9%以上，反应越完全，对滴定越有利，这是保证分析准确性的前提。

2. 反应速度要快　要求滴定剂与待测物质间的反应在瞬间完成。对于反应速度较慢的化学反应，可采取适当的措施（加热、加入催化剂等方法）来加快反应速度。

3. 有合适的方法确定终点　必须有合适的指示剂或其他简便可靠的方法确定滴定终点。

四、滴定方式

微课

滴定分析法的滴定方式可分为以下四种。

（一）直接滴定法

凡能满足上述三个基本要求的化学反应都可用滴定剂直接测定被测物质。直接滴定法（direct titration）是滴定分析中最常用和最基本的滴定方式，该法简便、快速，引入误差小等。如以HCl为滴定剂滴定NaOH，以$KMnO_4$为滴定剂滴定Fe^{2+}等都属于直接滴定。当滴定反应不符合直接滴定的要求时，可选择下述方式进行滴定。

（二）返滴定法

返滴定法（back titration）也称回滴定法或剩余滴定法，当试样溶液中被测组分与滴定剂反应速度较慢时，或反应物为固体时，或没有适当的指示剂指示滴定终点时，可先向待测溶液中加入定量过量的A标准溶液（$n_{A总}$），使其与试样中被测组分进行反应，待反应完全后，再用另一种适当的标准溶液T滴定反应剩余的A标准溶液，通过（$n_{A总}-n_{A剩余}$）即可求出参与反应的标准溶液A，进而求得待测组分的含量。

例如，测定某试样中的$CaCO_3$含量时，由于待测组分$CaCO_3$难溶于水，不宜用盐酸标准溶液直接滴定，所以应该采用返滴定方式进行测定。即：先在$CaCO_3$中加入定量过量的HCl标准溶液（$n_{HCl总}$），待$CaCO_3$与HCl定量反应完全后，用NaOH标准溶液滴定剩余的HCl，根据（$n_{HCl总}-n_{HCl剩余}$）与$CaCO_3$的反应计量关系，从而求出$CaCO_3$的含量。其主要的反应如下：

$$CaCO_3+2HCl(定量过量) \rightleftharpoons CaCl_2+CO_2\uparrow+H_2O$$

$$HCl(剩余)+NaOH \rightleftharpoons NaCl+H_2O$$

（三）置换滴定法

对于不能按一定反应方程式进行或伴有副反应发生的反应，可先用过量的某试剂S与试样中被测组分B充分发生反应，将待测组分定量置换为某生成物A，然后用适当的标准溶液T滴定此生成物A，进而求得被测组分B的含量，这种滴定方式称为置换滴定法（replacement titration）。

例如，利用$Na_2S_2O_3$标准溶液测定某试样中$K_2Cr_2O_7$的含量时，由于强氧化剂$K_2Cr_2O_7$在酸性溶液中能够将$S_2O_3^{2-}$氧化成$S_4O_6^{2-}$及SO_4^{2-}等的混合物，而$K_2Cr_2O_7$与$S_2O_3^{2-}$之间没有确定的化学计量关系，所以不能采用直接滴定方式进行测定。但是，$K_2Cr_2O_7$在酸性溶液中能与KI发生定量反应，这样在加入过量的KI后（不需要定量），KI可与待测的$K_2Cr_2O_7$定量地生成I_2而被置换，然后用$Na_2S_2O_3$标准溶液直接滴定生成的I_2，从而计算出$K_2Cr_2O_7$的含量。其主要反应式如下：

$$Cr_2O_7^{2-}+6I^-(过量)+14H^+ \rightleftharpoons 2Cr^{3+}+3I_2+7H_2O$$

$$I_2+2S_2O_3^{2-} \rightleftharpoons 2I^-+S_4O_6^{2-}$$

（四）间接滴定法

当被测组分不能与标准溶液直接反应时，可将试样通过一定的试剂处理后，将待测组分转化为可用标准溶液直接滴定的形式，这种滴定方式称为间接滴定法（indirect titration）。例如，利用$KMnO_4$标准溶液测定某试样中Ca^{2+}的含量时，由于Ca^{2+}在溶液中没有可变的价态，无法直接与$KMnO_4$标准溶液发生氧化还原反应。可先加入过量$(NH_4)_2C_2O_4$，使Ca^{2+}定量沉淀为CaC_2O_4，然后用H_2SO_4溶解，再用$KMnO_4$标准溶液滴定与Ca^{2+}结合的$C_2O_4^{2-}$，从而可间接计算出Ca^{2+}的含量。其主要反应如下：

$$Ca^{2+}+C_2O_4^{2-}\text{（过量）}\rightleftharpoons CaC_2O_4\downarrow \qquad CaC_2O_4+2H^+\rightleftharpoons H_2C_2O_4+Ca^{2+}$$

$$2MnO_4^-+5H_2C_2O_4+6H^+\rightleftharpoons 2Mn^{2+}+10CO_2\uparrow+8H_2O$$

在滴定分析中由于采用了剩余滴定法、置换滴定法和间接滴定法等滴定方式，从而扩大了滴定分析的应用范围，使滴定分析的应用更加广泛。

第二节　标准溶液

PPT

滴定分析法要通过标准溶液的浓度和体积，计算待测物质的含量。因此，正确地配制与标定、妥善地保管标准溶液，对提高滴定分析结果的准确度具有十分重要的意义。

一、标准溶液浓度的表示方法

标准溶液是已知准确浓度的溶液，其浓度的表示方法，通常有以下两种。

（一）物质的量浓度

物质的量浓度（amount of substance concentration）是指单位体积溶液中所含溶质的物质的量。即

$$c=\frac{n}{V} \tag{3-1}$$

式（3-1）中，V为溶液的体积（L或ml）；n为溶液中溶质的物质的量（mol或mmol）；c为物质的量浓度（mol/L或mmol/L），简称浓度。

若物质的质量为m（g），其摩尔质量为M（g/mol），则溶质的物质的量n与质量为m的关系为：

$$n=\frac{m}{M} \tag{3-2}$$

将式（3-2）代入式（3-1）中可得：

$$c=\frac{m}{M\cdot V} \tag{3-3}$$

例3-1　称取草酸（$H_2C_2O_4\cdot 2H_2O$）3.152g溶于水并稀释至500.0ml，求该草酸溶液的浓度。（$M_{H_2C_2O_4\cdot 2H_2O}=126.07$g/mol）

解：根据式（3-3），可得：

$$c_{H_2C_2O_4\cdot 2H_2O}=\frac{m_{H_2C_2O_4\cdot 2H_2O}}{M_{H_2C_2O_4\cdot 2H_2O}\cdot V}=\frac{3.152\times 1000}{126.07\times 500.0}=0.05000\text{mol/L}$$

（二）滴定度

滴定度（titer）是指每毫升标准溶液相当于被测组分的质量，常以$T_{T/B}$表示，单位为g/ml。

$$T_{T/B}=\frac{m_B}{V_T} \tag{3-4}$$

式（3-4）中，下角标中T为标准溶液的化学式；下角标B为被测物质的化学式。

例3-2　某$KMnO_4$标准溶液对Fe^{2+}的滴定度为：$T_{KMnO_4/Fe^{2+}}=0.005687$g/ml。若用该$KMnO_4$标准溶液测定某一含铁试样时，已知用去该标准溶液的体积为22.04ml，则试样中含铁（Fe^{2+}）的质量应为多少？

解：$T_{KMnO_4/Fe^{2+}}=0.005687$g/ml的含义为每毫升$KMnO_4$标准溶液恰好能与0.005687g Fe^{2+}完全作用，则22.04ml该标准溶液能够恰好完全反应的Fe^{2+}质量应为：

$$m_{Fe^{2+}}=T_{KMnO_4/Fe^{2+}}\cdot V_{KMnO_4}=0.005687\times 22.04=0.1254\text{g}$$

由此可见，在常规分析中，可直接用滴定度计算待测物质的质量。使用滴定度较为方便。

二、标准溶液的配制方法

（一）基准物质

1. 基准物质的条件　基准物质（primary substance）是指能用来直接配制标准溶液或标定标准溶液浓度的物质。作为基准物质必须具备下列条件。

（1）纯度高　所含杂质的量应不影响滴定分析结果的准确度，一般要求纯度在99.9%以上。

（2）组成固定且与化学式完全相符　若含结晶水，如草酸 $H_2C_2O_4 \cdot 2H_2O$、硼砂 $Na_2B_4O_7 \cdot 10H_2O$ 等，其结晶水的含量也应与化学式相符。

（3）性质稳定　在保存或称量过程中组成与质量应不变，即见光、加热、干燥时不分解，不易吸收空气中的水分和 CO_2，不易被空气氧化等。

（4）具有较大的摩尔质量　相同物质的量条件下，需要称量的质量更大，可以减少称量时的相对误差。

2. 常用的基准物质　基准物质必须以适宜方法进行干燥处理并妥善保存，常用基准物质及其干燥方法和应用范围见表3-1。

表3-1　常用基准物质及其干燥方法和应用范围

基准物质		干燥后的组成	干燥或保存方法	标定对象
名　称	化学式			
无水碳酸钠	Na_2CO_3	Na_2CO_3	270~300℃	酸
硼砂	$Na_2B_4O_7 \cdot 10H_2O$	$Na_2B_4O_7 \cdot 10H_2O$	有NaCl和蔗糖饱和溶液的干燥器中	酸
二水合草酸	$H_2C_2O_4 \cdot 2H_2O$	$H_2C_2O_4 \cdot 2H_2O$	室温空气干燥	碱或 $KMnO_4$
邻苯二甲酸氢钾	$KHC_8H_4O_4$	$KHC_8H_4O_4$	105~110℃	碱或 $HClO_4$
草酸钠	$Na_2C_2O_4$	$Na_2C_2O_4$	130℃	氧化剂
三氧化二砷	As_2O_3	As_2O_3	室温（干燥器中保存）	氧化剂
重铬酸钾	$K_2Cr_2O_7$	$K_2Cr_2O_7$	140~150℃	还原剂
溴酸钾	$KBrO_3$	$KBrO_3$	150℃	还原剂
碘酸钾	KIO_3	KIO_3	130℃	还原剂
锌	Zn	Zn	室温（干燥器中保存）	EDTA
氧化锌	ZnO	ZnO	800℃	EDTA
氯化钠	NaCl	NaCl	500~600℃	$AgNO_3$
硝酸银	$AgNO_3$	$AgNO_3$	280~290℃	NaCl

（二）标准溶液的配制方法

标准溶液的配制通常有下列两种方法，即直接法和间接法。

1. 直接法　凡符合基准物质条件的试剂，均可用直接法配制标准溶液。直接法配制标准溶液的一般过程为：首先准确称取一定质量的基准物质，然后用适量溶剂溶解，完全转移至容量瓶中，定容后摇匀。根据被称取试剂的质量、摩尔质量和溶液的体积，即可计算出该标准溶液的准确浓度（物质的量浓度）。

例3-3　准确称取基准物质 $K_2Cr_2O_7$ 1.4710g，溶解后定量转移至250.0ml容量瓶中。问这样配制的

$K_2Cr_2O_7$ 标准溶液的浓度是多少？（$M_{K_2Cr_2O_7}=294.19g/mol$）

解： $c_{K_2Cr_2O_7}=\dfrac{m_{K_2Cr_2O_7}}{M_{K_2Cr_2O_7}\cdot V_{K_2Cr_2O_7}}=\dfrac{1.4710\times1000}{294.19\times250.0}=0.02000mol/L$

2. 间接法 对于不符合基准物质条件的试剂，如 HCl、NaOH 等，可用间接法配制其标准溶液。配制过程为：先配成近似一定浓度的试剂溶液，然后再用基准物质或其他标准溶液来确定它的准确浓度。这种用基准物质或其他标准溶液来确定某溶液准确浓度的操作过程称为标定（standardization）。

三、标准溶液的标定方法

（一）用基准物质标定

准确称取一定质量的基准物质，溶解后用待标定的溶液进行滴定，然后根据基准物质的质量、摩尔质量、化学反应计量关系及待标定溶液所消耗的体积，计算出被标定溶液的准确浓度。

例 3-4 用 0.2036g 无水 Na_2CO_3 作基准物质，以甲基橙为指示剂，标定 HCl 溶液时，用去 HCl 溶液 36.06ml，试计算 HCl 溶液的浓度。（$M_{Na_2CO_3}=105.99g/mol$）

解： 甲基橙的变色范围是 3.1~4.4，达到其变色时，Na_2CO_3 与 HCl 的反应计量关系为 1∶2，反应方程式如下：

$$Na_2CO_3+2HCl \rightleftharpoons 2NaCl+H_2O+CO_2\uparrow$$

$$n_{Na_2CO_3}:n_{HCl}=1:2,\text{即}:n_{HCl}=2n_{Na_2CO_3}$$

$$c_{HCl}\cdot V_{HCl}=2\times\frac{m_{Na_2CO_3}}{M_{Na_2CO_3}}$$

$$c_{HCl}=\frac{2\times m_{Na_2CO_3}}{M_{Na_2CO_3}\cdot V_{HCl}}=\frac{2\times0.2036\times1000}{105.99\times36.06}=0.1065mol/L$$

（二）与其他标准溶液进行比较

准确吸取一定量的某标准溶液，用待标定的溶液进行滴定；也可以准确吸取一定量的待标定溶液，用某标准溶液进行滴定。根据两种溶液用去的体积、某标准溶液的浓度和两者化学反应计量关系，求出待标定溶液的准确浓度。

例 3-5 用 0.09904mol/L H_2SO_4 标准溶液，滴定 20.00ml NaOH 溶液，达到甲基橙变色时用去硫酸 22.40ml，试计算该 NaOH 溶液的浓度。

解： H_2SO_4 与 NaOH 的反应方程式如下：

$$H_2SO_4+2NaOH \rightleftharpoons Na_2SO_4+2H_2O,$$

$$n_{H_2SO_4}:n_{NaOH}=1:2,\text{即}:n_{NaOH}=2n_{H_2SO_4};$$

$$c_{NaOH}\cdot V_{NaOH}=2\times c_{H_2SO_4}\cdot V_{H_2SO_4}$$

$$c_{NaOH}=\frac{2\times c_{H_2SO_4}\cdot V_{H_2SO_4}}{V_{NaOH}}=\frac{2\times0.09904\times22.40}{20.00}=0.2218mol/L$$

标定时，无论采用哪种方法，一般规定要平行测定 3~4 次，相对平均偏差不大于 0.2%。标定好的标准溶液要妥善保存，对不稳定的溶液还要定期进行标定。例如，对见光易分解的 $AgNO_3$、$KMnO_4$ 等标准溶液储存在棕色瓶中，并放置暗处；对 NaOH、$Na_2S_2O_3$ 等不稳定的标准溶液放置 2~3 个月后，应重新标定。

综上所述，凡是基准物质均可用直接法配制标准溶液，凡不是基准物质均应采用间接法配制标准溶液。

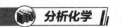

第三节　滴定分析中的计算

PPT

在滴定分析中，掌握正确的计算方法很重要。滴定分析计算涉及面较广，包括溶液的配制与标定、浓度的换算及分析结果的计算等。

一、滴定分析的计算基础

在滴定分析中，当滴定剂与待测组分反应完全达到化学计量点时，两者物质的量之间的关系应符合化学反应式的化学计量关系，这是滴定分析计算的依据。根据滴定剂的浓度、消耗的体积及与待测物质的计量关系计算待测物质的含量。

若滴定剂 T 与待测组分 B 的滴定反应通式为：

$$tT + bB \rightleftharpoons cC + dD$$

反应达到化学计量点时，t mol 的滴定剂 T 恰好与 b mol 的待测组分 B 完全作用，生成 c mol 的 C 物质和 d mol 的 D 物质，则化学计量点时，滴定剂 T 与待测组分 B 的物质的量有下列基本关系：

$$n_T : n_B = t : b$$

则

$$n_B = \frac{b}{t} n_T \tag{3-5}$$

式（3-5）为滴定剂与待测物质之间化学计量的基本关系式。

二、计算公式及应用示例

（一）物质的量浓度与滴定度的关系

根据滴定度定义，将 $V_T = 1ml$，$T_{T/B} = m_B$ 代入式（3-5）得

$$T_{T/B} = \frac{b}{t} \cdot \frac{c_T \cdot M_B}{1000} \tag{3-6}$$

例 3-6　试计算 0. 2500mol/L HCl 溶液对 Na_2CO_3（$M_{Na_2CO_3} = 105.99g/mol$）的滴定度。（以甲基橙为指示剂）

解：$\because Na_2CO_3 + 2HCl \rightleftharpoons 2NaCl + H_2O + CO_2 \uparrow$

$\therefore n_{Na_2CO_3} : n_{HCl} = 1 : 2$，即：$n_{HCl} = 2n_{Na_2CO_3}$；

又$\because n_{HCl} = c_{HCl} \cdot V_{HCl}$，$n_{Na_2CO_3} = \frac{m_{Na_2CO_3}}{M_{Na_2CO_3}}$；

$\therefore c_{HCl} \cdot V_{HCl} = 2 \times \frac{m_{Na_2CO_3}}{M_{Na_2CO_3}}$

$$T_{HCl/Na_2CO_3} = \frac{m_{Na_2CO_3}}{V_{HCl}} = \frac{c_{HCl} \cdot M_{Na_2CO_3}}{2 \times 1000} = 0.01325g/ml$$

（二）待测物含量的计算

若试样的质量为 m_S，待测组分 B 物质的质量为 m_B，则待测组分在试样中的百分含量 ω_B 为：

$$\omega_B = \frac{m_B}{m_S} \times 100\% \tag{3-7}$$

式（3-7）为滴定分析中计算待测物质百分含量的一般通式。

例 3-7　称取碳酸氢钠试样 0. 4671g，溶解后，用 0. 1870mol/L HCl 标准溶液滴定，终点时用去 20. 36ml，求试样中 $NaHCO_3$ 的含量。（$M_{NaHCO_3} = 84.00g/mol$）

解：∵ $NaHCO_3+HCl \rightleftharpoons NaCl+H_2O+CO_2\uparrow$

$n_{NaHCO_3}:n_{HCl}=1:1$，即 $n_{NaHCO_3}=n_{HCl}$；

$$\therefore c_{HCl}\cdot V_{HCl}=\frac{m_{NaHCO_3}}{M_{NaHCO_3}} \Rightarrow m_{NaHCO_3}=c_{HCl}\cdot V_{HCl}\cdot M_{NaHCO_3}$$

$$\omega_{NaHCO_3}=\frac{m_{NaHCO_3}}{m_S}=\frac{c_{HCl}\cdot V_{HCl}\cdot M_{NaHCO_3}}{m_S}=\frac{0.1870\times 20.36\times 84.00}{1000\times 0.4671}=68.47\%$$

例 3-8 称取含有 $CaCO_3$ 的试样 0.2501g，用 25.00ml 准确浓度为 0.2102mol/L 的 HCl 标准溶液溶解，剩余的 HCl 用 0.1450mol/L 的 NaOH 标准溶液进行返滴定，消耗 16.52ml，求试样中 $CaCO_3$ 的含量。（$M_{CaCO_3}=100.09g/mol$）

解：∵ $CaCO_3+2HCl \rightleftharpoons CaCl_2+H_2O+CO_2\uparrow$

HCl（剩余）$+NaOH \rightleftharpoons NaCl+H_2O$

$n_{CaCO_3}:n_{HCl}=1:2$；$n_{NaOH}:n_{HCl}$(剩余)$=1:1$；n_{HCl}(总量)$=n_{HCl}+n_{HCl}$(剩余)；

$n_{HCl}=c_{HCl}\cdot V_{HCl}$(总量)$-c_{HCl}\cdot V_{HCl}$(剩余)$=c_{HCl}\cdot V_{HCl}$(总量)$-c_{NaOH}\cdot V_{NaOH}$

$$\therefore m_{CaCO_3}=\frac{n_{HCl}\cdot M_{CaCO_3}}{2}=\frac{[c_{HCl}\cdot V_{HCl}(\text{总量})-c_{NaOH}\cdot V_{NaOH}]\cdot M_{CaCO_3}}{2}$$

$$=\frac{(0.2102\times 25.00-0.1450\times 16.52)\times 100.09}{2\times 1000}=0.1431g$$

$$w_{CaCO_3}=\frac{m_{CaCO_3}}{m_S}=\frac{0.1431}{0.2501}=0.5722=57.22\%$$

在滴定分析计算中，都可以利用“一个关系”和“两个基本公式”进行处理。“一个关系”为化学反应计量关系，“两个基本公式”为求算物质的量公式和求算质量分数（含量）公式。

本章小结

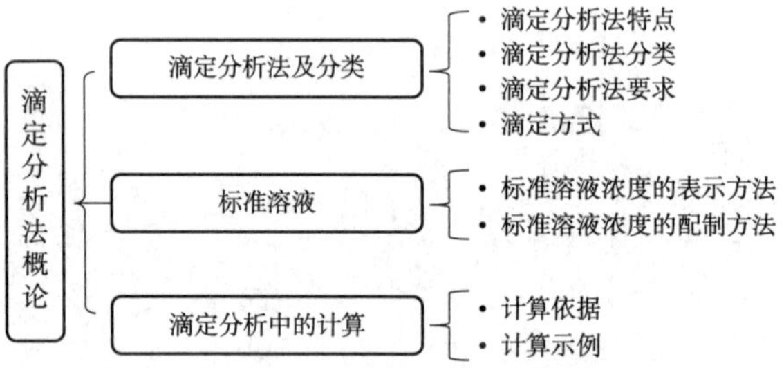

练习题

题库

1. 名词解释：滴定分析法、滴定、标准溶液、化学计量点、滴定终点、滴定终点误差、指示剂、标定、滴定度。

2. 能用于直接滴定的化学反应必须具备哪些条件？基准物质应具备哪些条件？

3. 下列物质中哪些可用直接法配制其标准溶液？哪些只能用间接法配制？为什么？

$NaOH$、H_2SO_4、HCl、$KMnO_4$、$K_2Cr_2O_7$、$AgNO_3$、$NaCl$、$Na_2S_2O_3$、$Na_2C_2O_4$、$Na_2B_4O_7\cdot 10H_2O$

4. 滴定度 $T_{T/B}$ 的含义是什么？

5. 基准物质 $H_2C_2O_4\cdot 2H_2O$ 和 $Na_2B_4O_7\cdot 12H_2O$ 因保存不当而失去了部分结晶水，分别用它们标定

NaOH 和 HCl 溶液浓度，对测定结果会产生何种影响？

6. 已知浓硫酸的相对密度为 1.84（g/ml），其中含 H_2SO_4（$M_{H_2SO_4}=98.080g/mol$）为 98%，试计算其物质的量浓度。现预配制浓度约为 0.5mol/L 的 H_2SO_4 溶液 1L，应取此浓硫酸多少毫升？

7. 用硼砂 $Na_2B_4O_7 \cdot 10H_2O$（$M_{Na_2B_4O_7 \cdot 10H_2O}=381.37g/mol$）标定 HCl 溶液时，称取基准物质硼砂 0.4568g，完全溶解后用 HCl 溶液滴定，达到终点时消耗 HCl 溶液体积 22.64ml，试计算 HCl 溶液的浓度。

8. 试计算 $K_2Cr_2O_7$ 标准溶液（0.02000mol/L）对 FeO，Fe_2O_3 和 Fe_3O_4 的滴定度。（$M_{FeO}=71.844g/mol$，$M_{Fe_2O_3}=159.69g/mol$，$M_{Fe_3O_4}=231.54g/mol$）

9. 现有 500.0ml 准确浓度为 0.1922mol/L 的 HCl 溶液，欲将其配制成对 $CaCO_3$ 的滴定度为 $T_{HCl/CaCO_3}=0.005000g/ml$ 的标准溶液，需要加水多少毫升？（$M_{CaCO_3}=100.09g/mol$）

10. 称取某含铝试样 0.2465g，将其完全溶解后加入 0.05106mol/L 的 EDTA 标准溶液 50.00ml，控制条件使 Al^{3+} 与 EDTA 反应完全。然后再用 0.02082mol/L $ZnSO_4$ 标准溶液对剩余的 EDTA 进行反滴定，消耗 $ZnSO_4$ 标准溶液 26.24ml，试计算试样中 Al_2O_3（$M_{Al_2O_3}=101.96g/mol$）的含量。

（李　赞）

第四章

酸碱滴定法

学习导引

知识要求

1. **掌握** 分布系数及其计算；酸碱溶液 pH 值最简式计算方法；滴定曲线、滴定突跃及影响因素；指示剂选择原则；弱酸（碱）准确滴定的判定条件；非水溶液中碱的滴定。

2. **熟悉** 酸碱的离解平衡及平衡常数；共轭酸碱对；质子条件式；酸碱指示剂的变色原理、变色范围及应用；溶剂分类及选择原则；滴定终点误差的计算。

3. **了解** 酸碱质子理论；物料平衡和电荷平衡；标准溶液的配制、标定及应用。

能力要求

能够根据酸碱滴定基本原理，推断某酸（碱）能否在水溶液中准确滴定。选择合适指示剂指示滴定终点，并推测终点颜色变化的方法和能力。进行酸碱滴定结果分析的计算技能，将所学知识应用于解决酸碱滴定分析的一般问题。

素质要求

增强学生自主学习能力，掌握酸碱滴定原理、方法与应用知识，能够结合药物中酸碱成分分析等实际问题进行应用，培养科学探究精神，探索在相关专业领域应用，培养专业素养与社会使命感。

酸碱滴定法是以质子转移反应为基础的滴定分析方法。一般的酸、碱以及能与酸、碱直接或间接发生反应的，都可以用酸碱滴定法测定，在药品、食品质量控制中广泛应用。酸碱滴定法简便、快速，是一种重要滴定分析方法。

第一节 酸碱平衡与氢离子浓度的计算

PPT

一、酸碱平衡的理论基础

（一）酸碱质子理论

酸碱质子理论认为：凡是能给出质子（H^+）的物质是酸，凡是能接受质子的物质是碱。如 HA 能给出质子，它是酸，A^-能接受质子，则是相应的碱。

$$\underset{\text{酸}}{HA} \rightleftharpoons \underset{\text{质子}}{H^+} + \underset{\text{碱}}{A^-}$$

这种以获得质子和给出质子而相互依存的关系称为酸碱共轭关系。这一酸碱（HA 和 A^-）称为共轭酸碱对。在酸碱质子理论中，酸和碱可以是中性分子、阳离子或阴离子，如 HAc、NH_4^+、CO_3^{2-}。

此外，将既能接受质子又能给出质子的物质称为两性物质，如 H_2O、HCO_3^-、$H_2PO_4^-$ 等。

（二）酸碱反应实质

H^+半径很小，电荷密度高，不能在溶液中单独存在，它常与极性溶剂结合成溶剂合质子。水合质子H_3O^+是质子H^+在溶剂H_2O中的存在形式。为书写方便，通常将水合质子H_3O^+简写成H^+。但这并不表示质子能单独存在。

酸和碱反应的实质是质子转移，质子转移是通过溶剂合质子来实现的。例如HAc与NH_3在水中的酸碱反应，其反应过程首先是HAc离解出H^+，H^+与溶剂H_2O形成水合质子H_3O^+，水合质子再把质子转移给NH_3，形成NH_4^+。反应式可分别表示为：

$$HAc+H_2O \rightleftharpoons H_3O^++Ac^-$$

$$H_3O^++NH_3 \rightleftharpoons NH_4^++H_2O$$

$$HAc+NH_3 \rightleftharpoons NH_4^++Ac^-$$

因此，酸碱反应实质是两个共轭酸碱对共同作用的结果，通过溶剂合质子实现质子转移。酸碱反应总是由较强酸（碱）向生成较弱碱（酸）的方向进行。

（三）水的质子自递反应

从酸碱反应过程可见，溶剂H_2O是一种两性物质。而且，在H_2O分子之间也发生质子转移反应，即一个H_2O分子作为碱接受另一个H_2O分子的质子，生成H_2O自身的共轭酸（H_3O^+）和共轭碱（OH^-）。

$$H_2O+H_2O \rightleftharpoons H_3O^++OH^-$$

这种发生在溶剂分子之间的质子转移反应，称为溶剂的质子自递反应。反应的平衡常数称为溶剂的质子自递常数，以K_S表示。水的K_S又可以用水的离子积常数K_W表示：

$$K_S^{H_2O}=K_W=[H_3O^+][OH^-]=1.0\times10^{-14}(25℃) \qquad (4-1)$$

即

$$pK_w=pH+pOH=14$$

（四）共轭酸碱对离解常数的关系

物质酸碱性的强弱取决于其给出质子或接受质子能力的强弱，物质给出（接受）质子的能力越强，酸性（碱性）就越强。酸碱的强度可用离解常数K_a和K_b表示，K_a（K_b）越大，则酸（碱）强度越大。

共轭酸碱对的离解常数K_a和K_b之间存在着一定的关系。以弱酸HA在水溶液中为例说明两者的关系：

$$HA+H_2O \rightleftharpoons H_3O^++A^- \qquad K_a=\frac{[H_3O^+][A^-]}{[HA]}$$

$$A^-+H_2O \rightleftharpoons HA+OH^- \qquad K_b=\frac{[HA][OH^-]}{[A^-]}$$

$$K_a \cdot K_b=\frac{[H_3O^+][A^-]}{[HA]}\times\frac{[HA][OH^-]}{[A^-]}=[H_3O^+][OH^-]=K_s^{H_2O}$$

即

$$K_a \cdot K_b=K_s^{H_2O}=K_W \qquad (4-2)$$

$$pK_a+pK_b=14\ (25℃)$$

可见，酸越强（pK_a值越小），其共轭碱越弱（pK_b越大）。反之，碱越强，共轭酸越弱。只要已知某酸或碱的离解常数，即可计算共轭碱或共轭酸的离解常数。例如，25℃时，HAc在水中的离解常数K_a为1.8×10^{-5}，其共轭碱Ac^-的离解常数K_b可由式（4-2）求得：

$$K_b=\frac{[K_s^{H_2O}]}{[K_{a(HAC)}]}=\frac{1.0\times10^{-14}}{1.8\times10^{-5}}=5.6\times10^{-10}$$

因此，可以统一地用pK_a值表示酸碱的强度（参见附录三　常用酸碱在水溶液中的离解常数表）。

对于多元酸、碱，在水溶液中逐级离解，存在各级离解常数。同理可推导出二元酸每一个共轭酸碱对的关系：

$$K_{a_1} \cdot K_{b_2}=K_{a_2} \cdot K_{b_1}=K_W$$

对于三元酸，则有下述关系：

$$K_{a_1}\cdot K_{b_3}=K_{a_2}\cdot K_{b_2}=K_{a_3}\cdot K_{b_1}=K_W$$

二、溶液中酸碱组分的分布

（一）酸的分析浓度、平衡浓度与酸度

在酸碱平衡体系中，一种溶质往往以多种型体存在于溶液中。其分析浓度（analytical concentration）是溶液中各种存在型体浓度的总和，用符号 c 表示，单位为 mol/L。平衡浓度（equilibrium molarity）或型体浓度是指在平衡状态时，溶液中溶质各型体的浓度，以符号［］表示。酸度是指溶液中氢离子的浓度或者活度，常用 $[H^+]$、α_H 和 pH 等表示，它的大小与酸的种类及浓度有关。

例如，0.10mol/L 的 HAc 水溶液，HAc 部分解离，溶液中存在两种型体 HAc 和 Ac^-。在平衡状态下，平衡浓度分别为［HAc］和 $[Ac^-]$，二者之和为分析浓度，即 $c_{HAc}=[HAc]+[Ac^-]$，$[H^+]=[Ac^-]=0.0013mol/L$，pH=2.89。

（二）酸碱的分布系数

溶液中，某一存在型体的平衡浓度占溶质总浓度的分数，称为该型体的分布系数（distribution fraction），以 δ_i 表示，下标 i 用以说明它所属型体。

即：

$$\delta_i=\frac{[i]}{c}$$

在弱酸（碱）平衡体系中，某种型体的分布系数决定于该酸碱的性质、溶液的酸度，与总浓度无关。酸碱各存在型体的分布系数 δ 与溶液 pH 之间的关系曲线，称为分布曲线（δ_i-pH 曲线）。讨论分布曲线有助于理解酸度对弱酸（碱）各种型体分布的影响，酸碱滴定过程中 pH 值变化等。

1. 一元弱酸（碱）溶液中各型体的分布系数 以 HAc 为例，设它的分析浓度为 c。溶液中以 HAc 和 Ac^- 两种型体存在，它们的平衡浓度分别为［HAc］和 $[Ac^-]$，则 $c_{HAc}=[HAc]+[Ac^-]$。

$$HAc=H^++Ac^- \qquad K_a=\frac{[H^+][Ac^-]}{[HAc]}$$

HAc 和 Ac^- 的分数系数 δ_{HAc}、δ_{Ac^-} 计算如下：

$$\delta_{HAc}=\frac{[HAc]}{c_{HAc}}=\frac{[HAc]}{[HAc]+[Ac^-]}=\frac{1}{1+\frac{[Ac^-]}{[HAc]}}=\frac{1}{1+\frac{K_a}{[H^+]}}=\frac{[H^+]}{[H^+]+K_a}$$

即

$$\delta_{HAc}=\frac{[H^+]}{[H^+]+K_a} \tag{4-3}$$

同理得，

$$\delta_{Ac^-}=\frac{K_a}{[H^+]+K_a}$$

各种型体分布系数之和等于 1，即 $\delta_{HAc}+\delta_{Ac^-}=1$。根据分析浓度和分布系数，可计算某一酸度的溶液中一元弱酸两种存在型体的平衡浓度。

例 4-1 计算 pH=5.00 时，0.10mol/L HAc 溶液中各型体的分布系数和平衡浓度。

解： $K_{a(HAc)}=1.8\times10^{-5}$，$[H^+]=1.0\times10^{-5}mol/L$，$c_{HAc}=0.10mol/L$

则：$\delta_{HAc}=\frac{[H^+]}{[H^+]+K_a}=\frac{1.0\times10^{-5}}{1.0\times10^{-5}+1.8\times10^{-5}}=0.36$

$\delta_{Ac^-}=1-\delta_{HAc}=0.64$

$[HAc]=\delta_{HAc}\cdot c_{HAc}=0.36\times0.10=0.036(mol/L)$

$[Ac^-]=\delta_{Ac^-}\cdot c_{HAc}=0.64\times0.10=0.064(mol/L)$

式（4-3）可知，在平衡状态下，一元弱酸两种型体的分布系数的大小与酸本身的强弱（K_a 的大小）有关；对某一种酸而言，在一定温度下其 K_a 一定，所以各组分的分布系数是 $[H^+]$ 的函数。

如图 4-1 所示，δ_{HAc} 随 pH 值增高而减小，δ_{Ac^-} 随 pH 值增高而增大。当 $pH=pK_a=4.74$ 时，两曲线相

交于 $\delta_{HAc}=\delta_{Ac^-}=0.5$，即溶液中 HAc 与 Ac^- 两种型体各占 50%；当 $pH<pK_a$ 时，$\delta_{HAc}>\delta_{Ac^-}$，即溶液中 HAc 为主要的存在形式；当 $pH>pK_a$ 时，$\delta_{HAc}<\delta_{Ac^-}$，即溶液中 Ac^- 为主要的存在形式。

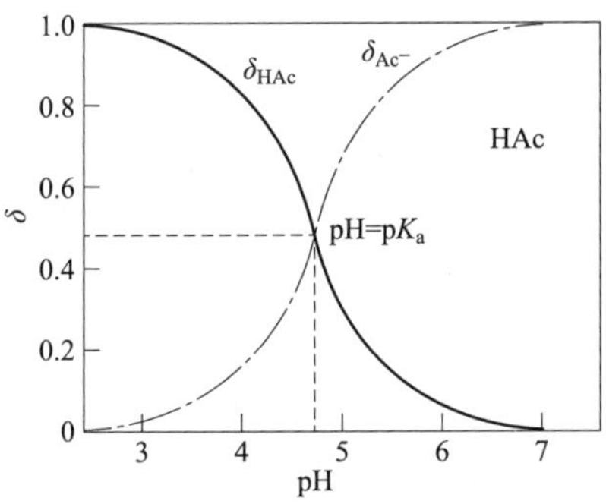

图 4-1　HAc 各型体 δ_i-pH 曲线

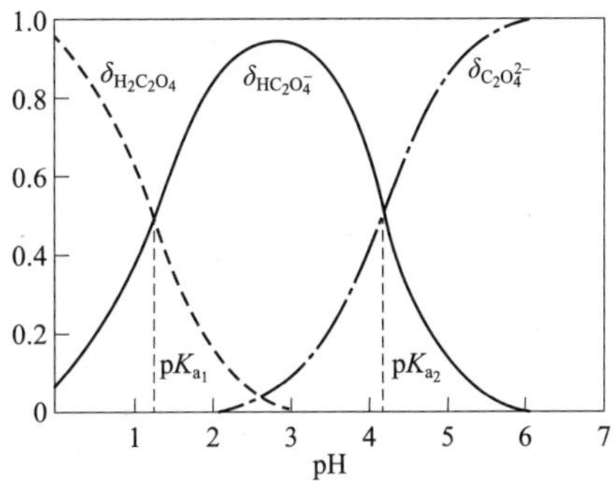

图 4-2　草酸溶液中各型体的 δ_i-pH 曲线

2. 多元弱酸（碱）溶液中各型体的分布系数　以二元弱酸草酸为例，在水溶液存在 $H_2C_2O_4$、$HC_2O_4^-$ 和 $C_2O_4^{2-}$ 三种型体。其分析浓度 c 应为上述三种型体平衡浓度之和，则：

$$c_{H_2C_2O_4}=[H_2C_2O_4]+[HC_2O_4^-]+[C_2O_4^{2-}]$$

$$\delta_{H_2C_2O_4}=\frac{[H_2C_2O_4]}{c_{H_2C_2O_4}}=\frac{1}{1+\frac{[HC_2O_4^-]}{[H_2C_2O_4]}+\frac{[C_2O_4^{2-}]}{[H_2C_2O_4]}}$$

分别将相应的离解常数 K_{a_1}、K_{a_2} 代入分布系数表达式，则：

$$\delta_{H_2C_2O_4}=\frac{[H^+]^2}{[H^+]^2+[H^+]K_{a_1}+K_{a_1}K_{a_2}} \tag{4-4}$$

同理：

$$\delta_{HC_2O_4^-}=\frac{[H^+]K_{a_1}}{[H^+]^2+[H^+]K_{a_1}+K_{a_1}K_{a_2}} \tag{4-5}$$

$$\delta_{C_2O_4^{2-}}=\frac{K_{a_1}K_{a_2}}{[H^+]^2+[H^+]K_{a_1}+K_{a_1}K_{a_2}} \tag{4-6}$$

$$\delta_{H_2C_2O_4}+\delta_{HC_2O_4^-}+\delta_{C_2O_4^{2-}}=1$$

由式（4-4）、式（4-5）、式（4-6）可知，二元酸（H_2A）的三种存在形式（H_2A、HA^-、A^{2-}）的分布系数也是［H^+］的函数。计算不同 pH 值时，各存在型体的 δ 值，可得到二元酸的分布曲线，每一共轭酸碱对分布曲线的交点对应的 pH 分别对应于二元酸的 pK_{a_1} 或 pK_{a_2}。草酸各型体的分布曲线如图 4-2 所示。当 $pH<pK_{a_1}$ 时，$\delta_{H_2C_2O_4}>\delta_{HC_2O_4^-}$，溶液中 $H_2C_2O_4$ 为主要的存在形式；当 $pH=pK_{a_1}$（1.23）时，$\delta_{H_2C_2O_4}=\delta_{HC_2O_4^-}$；当 $pK_{a_1}<pH<pK_{a_2}$ 时，溶液中 $HC_2O_4^-$ 为主要的存在形式 $pH>pK_{a_2}$（4.19）时，溶液中 $C_2O_4^{2-}$ 为主要的存在形式。

了解酸度对溶液中酸碱组分各存在型体的分布系数的影响规律，对控制反应条件具有重要的指导意义。例如用 $C_2O_4^{2-}$ 沉淀 Ca^{2+}，为使沉淀完全，应选择 $\delta_{C_2O_4^{2-}}$ 较大的 pH 条件（$C_2O_4^{2-}$ 为主要存在型体）。

对于三元酸，例如 H_3PO_4，四种型体 H_3PO_4、$H_2PO_4^-$、HPO_4^{2-} 和 PO_4^{3-} 的分布系数，可参照二元酸分布系数的推导方法，得到各型体分布系数的计算公式如下：

$$\delta_{H_3PO_4}=\frac{[H_3PO_4]}{c}=\frac{[H^+]^3}{[H^+]^3+K_{a_1}[H^+]^2+K_{a_1}K_{a_2}[H^+]+K_{a_1}K_{a_2}K_{a_3}}$$

$$\delta_{H_2PO_4^-}=\frac{[H_2PO_4^-]}{c}=\frac{K_{a_1}[H^+]^2}{[H^+]^3+K_{a_1}[H^+]^2+K_{a_1}K_{a_2}[H^+]+K_{a_1}K_{a_2}K_{a_3}}$$

$$\delta_{HPO_4^{2-}}=\frac{[HPO_4^{2-}]}{c}=\frac{K_{a_1}K_{a_2}[H^+]}{[H^+]^3+K_{a_1}[H^+]^2+K_{a_1}K_{a_2}[H^+]+K_{a_1}K_{a_2}K_{a_3}}$$

$$\delta_{PO_4^{3-}}=\frac{[PO_4^{3-}]}{c}=\frac{K_{a_1}K_{a_2}K_{a_3}}{[H^+]^3+K_{a_1}[H^+]^2+K_{a_1}K_{a_2}[H^+]+K_{a_1}K_{a_2}K_{a_3}}$$

磷酸各型体的分布曲线如图 4-3 所示。

当 pH 在 pK_{a_1}（2.16）~ pK_{a_2}（7.20）范围内，溶液以 $H_2PO_4^-$ 为主；在 $pH=\frac{1}{2}(pK_{a_1}+pK_{a_2})=4.64$ 时，$H_2PO_4^-$ 浓度达到最大，其他型体的浓度极小，而且 $H_2PO_4^-$ 占优势的区域也宽，因此用 NaOH 滴定时，就可以将 H_3PO_4 滴定到 $H_2PO_4^-$。同理，在 pK_{a_2}（7.20）~ pK_{a_3}（12.32）范围内，型体以 HPO_4^{2-} 为主，NaOH 滴定时也可以将 $H_2PO_4^-$ 中和到 HPO_4^{2-}。H_3PO_4 的主要型体在较大 pH 范围内占绝对优势，这是能够实现分步滴定磷酸的基础。

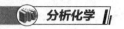

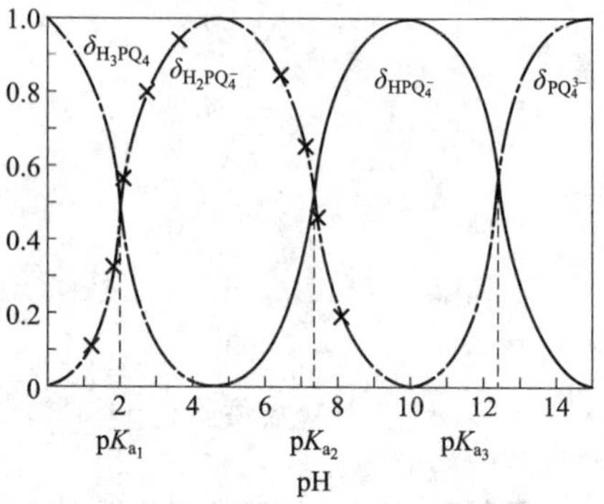

图 4-3　磷酸溶液中各种存在型体的 δ_i-pH 曲线

δ_0 ~ δ_3 分别为 H_3PO_4 ~ PO_4^{3-} 分布系数

（三）质子条件式

当酸碱反应达到平衡时，酸失去的质子总数与碱得到的质子数相等，这种关系称为质子平衡。酸碱之间质子转移的这种平衡关系式称为质子平衡式或质子条件式（proton balance equation，PBE）。根据质子条件式，可得到溶液中 H^+浓度与有关组分浓度的关系式，这是处理酸碱平衡计算的基本关系式。

质子条件式的步骤是：首先选择酸碱平衡体系中大量存在并且参加质子转移的物质作为参考水准（零水准），然后根据零水准判断得失质子产物，并根据得失质子数相等原则列出质子条件式。

例如：在弱酸（HA）的水溶液中选择溶质 HA 和溶剂 H_2O 作为参考水准，其质子转移反应为：

得质子产物	零水准	失质子产物
	$HA \longrightarrow$	A^-
$H_3O^+ \xleftarrow{H^+ +}$	H_2O	OH^-

将得到质子后产物 H_3O^+（H^+）写在等式左边，失去质子后的产物 OH^-、A^-写在等式右边，得到 HA 水溶液中的质子条件式：

$$[H^+]=[A^-]+[OH^-]$$

在处理多元酸碱时，要注意平衡浓度前的系数（零水准组分失去或得到的质子数）。例如，$Na(NH_4)HPO_4$ 水溶液的质子条件式为：

$$[H^+]+[H_2PO_4^-]+2[H_3PO_4]=[NH_3]+[PO_4^{3-}]+[OH^-]$$

也可以通过溶液中各存在型体的质量平衡（某组分的总浓度等于其各型体平衡浓度之和）与电荷平衡（溶液中正离子的总电荷数等于负离子的总电荷数，以维持溶液的电中性）得出质子条件式。以 Na_2CO_3 水溶液为例，设其总浓度为 c mol/L。

物料平衡：
$$[Na^+]=2c \quad (1)$$
$$[H_2CO_3]+[HCO_3^-]+[CO_3^{2-}]=c \quad (2)$$

电荷平衡：
$$[H^+]+[Na^+]=[HCO_3^-]+2[CO_3^{2-}]+[OH^-] \quad (3)$$

将式（1）、式（2）代入式（3）进行整理，得质子条件式：

$$[H^+]+2[H_2CO_3]+[HCO_3^-]=[OH^-]$$

例 4-2　写出 Na_2HPO_4 水溶液的质子条件式。

解：根据参考水准的选择标准，确定 H_2O 和 HPO_4^{2-} 为参考水准，溶液中质子转移反应有：

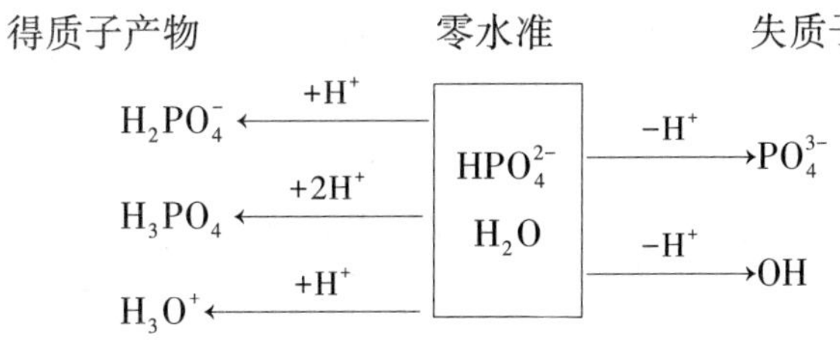
得质子产物
零水准
失质子产物
$H_2PO_4^-$
+H⁺
+2H⁺
H_3PO_4
+H⁺
H_3O^+
HPO_4^{2-}
H_2O
-H⁺
PO_4^{3-}
-H⁺
OH

质子条件为：$[H^+]+[H_2PO_4^-]+2[H_3PO_4]=[PO_4^{3-}]+[OH^-]$

三、溶液中氢离子浓度的计算

质子条件式反映了酸碱平衡体系中得失质子的量的关系，故在计算各类酸碱溶液中［H^+］时最为常用。将质子条件式与有关平衡常数相结合，即可求算酸碱溶液中［H^+］的精确式。在运算过程中再根据具体情况进行合理的近似处理，通过最简式或近似式进行计算。

（一）一元酸（碱）溶液的氢离子计算

浓度为 $c_a$mol/L 一元酸 HA 溶液，其质子条件式为：

$$[H^+]=[A^-]+[OH^-] \tag{4-7}$$

1. 强酸（碱）溶液的氢离子浓度计算

由于强酸在溶液中完全离解，所以　$[H^+]=c_a+K_w/[H^+]$

或　$[H^+]^2-c_a[H^+]-K_w/[H^+]=0$

解一元二次方程，得一元强酸溶液$[H^+]$精确计算式：

$$[H^+]=\frac{c_a+\sqrt{c_a^2+4K_w}}{2} \tag{4-8a}$$

当 $c_a \geqslant 10^{-6}$mol/L 时，可忽略水的离解，由式（4-8a）得最简式

$$[H^+]=[A^-]=c_a \tag{4-8b}$$

或　$pH=-lg[H^+]=lgc_a$

对于一元强碱溶液，采用同样方法处理，得精确式：

$$[OH^+]=\frac{c_b+\sqrt{c_b^2+4K_w}}{2} \tag{4-9a}$$

当 $c_b \geqslant 10^{-6}$mol/L 时，得最简式

$$[OH^-]=c_b \quad 或 \quad OH=-lg[OH^-]=-lgc_b \tag{4-9b}$$

2. 一元弱酸（碱）溶液的氢离子浓度计算

由分布系数公式 $\delta_{A^-}=\frac{[A^-]}{c_a}=\frac{K_a}{[H^+]+K_a}$可得出$[A^-]=\frac{c_aK_a}{[H^+]+K_a}$

由式（4-2）可得出$[OH^-]=\frac{K_w}{[H^+]}$

将［A^-］和［OH^-］代入式（4-7），可得一元弱酸溶液［H^+］计算精确式：

$$[H^+]=\frac{c_aK_a}{[H^+]+K_a}+\frac{K_W}{[H^+]} \tag{4-10}$$

或　$$[H^+]^3+K_a[H^+]^2-(c_aK_a+K_W)[H^+]-K_aK_W=0 \tag{4-11}$$

在实际工作中，常常不需要精确计算，对式（4-11）可根据具体情况进行近似处理。

（1）当 $c_aK_a \geqslant 20K_W$，$c_a/K_a<500$ 时，水的离解项（K_W）可忽略，但酸的离解不能忽略，由式（4-11）可得一元弱酸溶液$[H^+]$计算的近似式：

$$[H^+]=\frac{-K_a+\sqrt{K_a^2+4K_ac_a}}{2} \tag{4-11a}$$

（2）当 $c_aK_a<20K_W$，$c_a/K_a\geqslant 500$ 时，水的离解不能忽略，但酸的离解可忽略，由式（4-11）可得一元弱酸溶液$[H^+]$计算的近似式：

$$[H^+]=\sqrt{K_ac_a+K_W} \tag{4-11b}$$

（3）当 $c_aK_a\geqslant 20K_W$，$c_a/K_a\geqslant 500$ 时，水的离解和酸的离解皆可忽略，由式（4-11）可得一元弱酸溶液$[H^+]$计算的最简式：

$$[H^+]=\sqrt{K_ac_a} \tag{4-11c}$$

同理可得到一元弱碱的近似式和最简式。

例 4-3　计算 0.10mol/L 的 HAc 水溶液的 pH 值。已知 $K_a=1.8\times10^{-5}$。

解：（1）用条件式判断：$c_aK_a\geqslant 20K_W$，$c_a/K_a>500$

（2）用式（4-15）最简式计算：

$$[H^+]=\sqrt{K_ac_a}=\sqrt{1.8\times10^{-5}\times0.10}=1.3\times10^{-3}(\text{mol/L})$$

$$pH=-\lg[H^+]=2.89$$

例 4-4　计算 0.10mol/L 的 NH_4Cl 水溶液的 pH 值。

解：此为一元弱酸（NH_4^+）的水溶液，$K_a=5.6\times10^{-10}$。$c_aK_a>20K_W$，$c_a/K_a>500$；可用最简式计算：

$$[H^+]=\sqrt{K_ac_a}=\sqrt{5.6\times10^{-10}\times0.10}=7.5\times10^{-6}(\text{mol/L})$$

$$pH=-\lg[H^+]=5.12$$

（二）多元酸（碱）溶液的氢离子浓度计算

多元酸在溶液中分步离解，是一种复杂的酸碱平衡体系。以二元弱酸（H_2A）为例，$c_a$mol/L 的水溶液，质子条件式为：$[H^+]=[HA^-]+2[A^{2-}]+[OH^-]$

当 $K_{a_1}\gg K_{a_2}$时，且$\dfrac{2K_{a_2}}{[H^+]}\approx\dfrac{2K_{a_2}}{\sqrt{K_{a_1}c_a}}\leqslant 0.05$，则 H_2A 第二步离解的［H^+］可忽略，此时，可将二元弱酸按一元弱酸近似处理，得到计算 H_2A 的近似式和最简式。

（1）当 $c_aK_{a_1}\geqslant 20K_W$，$c_a/K_{a_1}<500$ 时，得近似式：

$$[H^+]=\frac{-K_{a_1}+\sqrt{K_{a_1}^2+4K_{a_1}c_a}}{2} \tag{4-12a}$$

（2）当 $c_aK_{a_1}<20K_W$，$c_a/K_{a_1}\geqslant 500$ 时，得近似式：

$$[H^+]=\sqrt{K_{a_1}c_a+K_W} \tag{4-12b}$$

（3）当 $c_aK_{a_1}\geqslant 20K_W$，$c_a/K_{a_1}\geqslant 500$ 时，得最简式：

$$[H^+]=\sqrt{K_{a_1}c_a} \tag{4-12c}$$

可采用同样方法处理，得到多元碱［OH^-］计算的近似式和最简式。

例 4-5　计算 0.10mol/L 的抗坏血酸水溶液的 pH 值。

解：抗坏血酸 $K_{a_1}=5.0\times10^{-5}$，$K_{a_2}=1.5\times10^{-10}$，$c_a=0.10$mol/L

因为 $c_aK_{a_1}\geqslant 20K_w$，$\dfrac{2K_{a_2}}{\sqrt{K_{a_1}c_a}}<0.05$，$c_a/K_{a_1}>500$，可用式（4-12c）最简式计算：

$$[H^+]=\sqrt{K_{a_1}c_a}=\sqrt{5.0\times10^{-5}\times0.10}=2.2\times10^{-3}(\text{mol/L})$$

$$pH=2.66$$

例 4-6　计算 0.10mol/L 的 $Na_2C_2O_4$ 水溶液的 pH 值。

解：$Na_2C_2O_4$ 水溶液的$K_{b_1}=\dfrac{1.0\times10^{-14}}{1.5\times10^{-4}}=6.7\times10^{-11}$

$$K_{b_2}=\frac{1.0\times10^{-14}}{5.6\times10^{-2}}=1.8\times10^{-13}$$

$c_bK_{b_1}\geqslant 20K_w$，$\dfrac{2K_{b_2}}{\sqrt{K_{b_1}c_b}}<0.05$，$c_b/K_{b_1}>500$，所以可用最简式计算：

$$[OH^-]=\sqrt{K_{b_1}c_b}=\sqrt{6.7\times10^{-11}\times0.10}=2.6\times10^{-6}(mol/L)$$

$$pOH=5.58\qquad pH=14.00-5.58=8.42$$

（三）两性物质溶液的氢离子浓度计算

两性物质酸碱平衡较为复杂。在计算［H^+］时需要从具体情况出发，作合理简化处理，便于运算。以 $c$mol/L 的 NaHA 水溶液为例，计算氢离子浓度。

其质子条件式为：$[H^+]+[H_2A]=[OH^-]+[A^{2-}]$

分别将 K_{a_1}、K_{a_2}和 K_w的离解表达式代入上式，得：

$$[H^+]+\frac{[H^+][HA^-]}{K_{a_1}}=\frac{K_w}{[H^+]}+\frac{K_{a_2}[HA^-]}{[H^+]}$$

整理可得：
$$[H^+]=\sqrt{\frac{K_{a_1}(K_{a_2}[HA^-]+K_w)}{K_{a_1}+[HA^-]}} \tag{4-13}$$

式（4-13）为两性物质溶液中计算$[H^+]$的精确式。一般情况下，HA^-给出和接受质子的能力都比较弱，即$[HA^-]\approx c$；当 $cK_{a_2}\geqslant 20K_w$时，水的离解项可忽略；若同时 $c\geqslant 20K_{a_1}$，则 $K_{a_1}+c\approx c$，可得到两性物质溶液$[H^+]$的最简式：

$$[H^+]=\sqrt{K_{a_1}K_{a_2}} \tag{4-14}$$

或
$$pH=1/2(pK_{a_1}+pK_{a_2})$$

例 4-7　计算 0.05mol/L $NaHCO_3$ 水溶液的 pH 值。

解：H_2CO_3 的 $K_{a_1}=4.2\times10^{-7}$，$K_{a_2}=5.6\times10^{-11}$，$c_a=0.05$mol/L

因为 $cK_{a_2}\geqslant 20K_w$，$c\geqslant 20K_{a_1}$，可用式（4-14）最简式计算：

$$[H^+]=\sqrt{K_{a_1}K_{a_2}}=\sqrt{4.2\times10^{-7}\times5.6\times10^{-11}}=4.8\times10^{-9}(mol/L)$$

$$pH=8.32$$

（四）缓冲溶液的氢离子浓度计算

缓冲溶液（buffer solution）是一种能对溶液的酸度起稳定作用的溶液，一般由弱酸及其共轭碱、弱碱及其共轭酸或强酸强碱与两性物质组成，如 HAc-NaAc，$NH_3\cdot H_2O-NH_4Cl$，Tris-HCl。当将溶液稍加稀释或在缓冲溶液中加入少量酸（或碱），溶液的酸度不发生显著变化。

一般控制酸度用的缓冲溶液，可用近似方法计算 pH。常用的 HAc-NaAc 缓冲溶液，$c_a$mol/L 的 HAc 与 $c_b$mol/L 的 NaAc 组成，其质子条件式为：

$$[H^+]=[OH^-]+[A^-]-c_b\text{或}[H^+]=c_a+[OH^-]-[HAc]$$

再分别将 K_{a_1}、K_{a_2}和 K_w的离解表达式代入上式，得：

$$[H^+]=\frac{K_a[HAc]}{[A^-]}=K_a\frac{c_a-[H^+]+[OH^-]}{c_b+[H^+]-[OH^-]}$$

通常，c_a、c_b远大于［H^+］、［OH^-］，可忽略［H^+］及［OH^-］，整理得到一元弱酸及其共轭碱组成的缓冲溶液［H^+］计算最简式：

$$[H^+]=K_a\frac{c_a}{c_b} \tag{4-15a}$$

求负对数，则有：
$$pH=pK_a+\lg\frac{c_b}{c_a} \tag{4-15b}$$

例 4-8　计算 0.20mol/L NH_3 与 0.30mol/L NH_4Cl 水溶液的 pH 值。（NH_4^+ 的 $pK_a=9.26$）

解：NH_4OH-NH_4Cl 的缓冲体系呈碱性，且 c_{NH_3}、$c_{NH_4^+}$均较大，由式（4-15b）最简式计算。

$$[H^+]=K_a\frac{c_a}{c_b}\qquad pH=pK_a+\lg\frac{c_b}{c_a}=9.26+\lg\frac{0.2}{0.3}=9.08$$

第二节　酸碱指示剂

PPT

一、酸碱指示剂的变色原理和变色范围

酸碱指示剂一般是有机弱酸或弱碱，它们的共轭酸碱对具有不同结构而呈现不同颜色。当溶液的 pH 改变时，指示剂得到或失去质子，由碱式或酸式转变为相应的共轭酸式或碱式，其结构转变从而引起颜色的变化。

例如酚酞（phenolphthalein，PP）为有机弱酸，其 $K_a=6.0\times10^{-10}$，在水溶液中的离解平衡及相应颜色变化为：

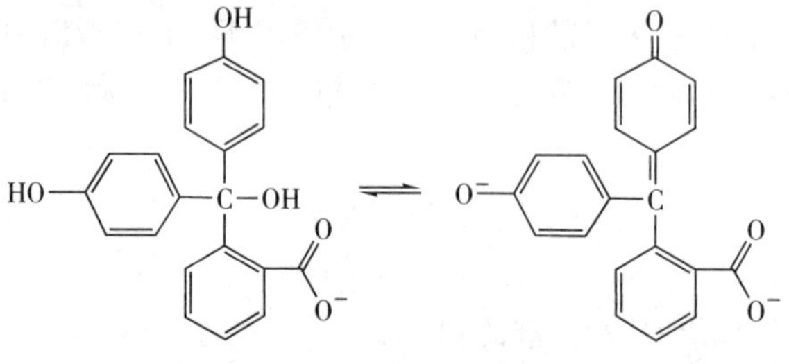

酸式（无色）　　　　碱式（红色）

当 pH≤8 时，酚酞主要以酸式结构存在，溶液呈无色；当 pH≥10 时，酚酞主要以碱式（醌式）结构存在，溶液呈无色。因只有一种型体有颜色，所以酚酞为单色指示剂。

甲基橙（methyl orange，MO）是一种有机弱碱，其 $K_a=3.5\times10^{-4}$（$pK_a=3.45$），在水溶液中的离解平衡及相应颜色变化为：

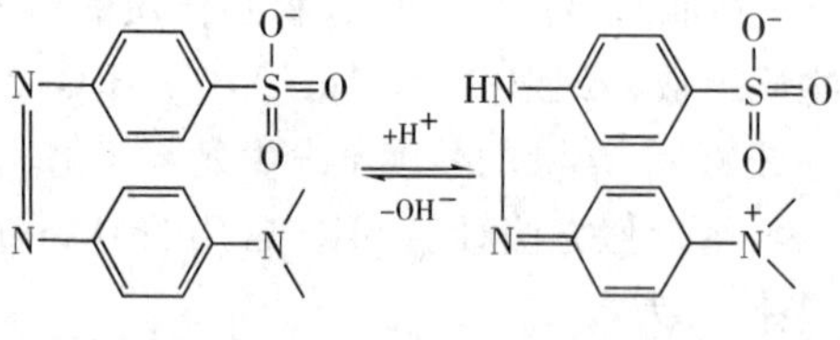

碱式（黄色）　　　　酸式（红色）

当 pH≤3.1 时，甲基橙主要以酸式结构存在，溶液呈红色；当 pH≥4.4 时，甲基橙主要以碱式（偶氮）结构存在，溶液呈黄色。因有两种型体有颜色，所以甲基橙为双色指示剂。

由此可见，酸碱指示剂的变色与溶液的 pH 值有关。下面以 HIn 代表指示剂的酸式型体，其产生的颜色为酸式色；以 In^-代表指示剂的碱式型体，其产生的颜色为碱式色。指示剂在溶液中存在如下的离解平衡：

$$HIn \rightleftharpoons H^++In^-$$

$$K_{HIn}=\frac{[H^+][In^-]}{[HIn]}\quad 即\quad \frac{K_{HIn}}{[H^+]}=\frac{[In^-]}{[HIn]}\tag{4-16}$$

式（4-16）中，K_{HIn}为离解平衡常数，称为指示剂常数（indicator constant），在一定温度下为常数。溶液中同时存在两种型体，二者的比值决定了指示剂的颜色。式（4-16）可知，其比值由 K_{HIn} 和$[H^+]$决定。因此，在一定条件下，K_{HIn}为常数，指示剂在溶液中的颜色取决于溶液的$[H^+]$。

通常，当两种颜色的浓度之比在 10 倍或以上时，只能看到浓度较大的那种型体的颜色。

当$[In^-]/[HIn]\geqslant 10$时，溶液呈$[In^-]$颜色，$pH\geqslant pK_{HIn}+1$，如甲基橙为黄色，酚酞为红色。

当$[In^-]/[HIn]\leqslant 1/10$时，溶液呈$[HIn]$颜色，$pH\leqslant pK_{HIn}-1$，如甲基橙为红色，酚酞为无色。

当$[In^-]/[HIn]$介于 1/10~10 之间时，溶液呈两种颜色的混合色。

$pK_{HIn}-1<pH<pK_{HIn}+1$，指示剂从酸色转变到碱色。

当$pH=pK_{HIn}\pm 1$时，称为指示剂的理论变色范围。

当$pH=pK_{HIn}$时，酸色与碱色浓度相等，溶液呈过渡颜色，这是指示剂变色的灵敏点，称为指示剂的理论变色点。

由于人眼对各种颜色的敏感程度不同，大多数指示剂实际的变色范围与理论变色范围不同。但理论变色范围表达式$pH=pK_{HIn}\pm 1$，对估计指示剂的变色范围具有一定的指导意义。

二、常用的酸碱指示剂

各种指示剂由于K_{HIn}不同，变色范围也不同。常用酸碱指示剂及其变色范围见表 4-1。

表 4-1　几种常用的酸碱指示剂

指示剂	变色范围 pH	颜色变化 酸式　碱式	pK_{HIn}	浓度	用量 滴/10ml
百里酚兰	1.2~2.8	红 ~ 黄	1.7	0.1%的 20%乙醇溶液	1~2
甲基黄	2.9~4.0	红 ~ 黄	3.3	0.1%的 90%乙醇溶液	1
甲基橙	3.1~4.4	红 ~ 黄	3.4	0.05%的水溶液	1
溴酚蓝	3.0~4.6	黄 ~ 紫	4.1	0.1%的 20%乙醇或其钠盐水溶液	1
溴甲酚绿	3.8~5.4	黄 ~ 蓝	4.9	0.1%的 20%乙醇或其钠盐水溶液	1~3
甲基红	4.4~6.2	红 ~ 黄	5.1	0.1%的 60%乙醇或其钠盐水溶液	1
溴百里酚蓝	6.2~7.6	黄 ~ 蓝	7.3	0.1%的 20%乙醇或其钠盐水溶液	1
中性红	6.8~8.0	红 ~ 黄橙	7.4	0.1%的 60%乙醇溶液	1
酚红			8.0	0.1%的 60%乙醇或其钠盐水溶液	1
6.7~8.4	黄 ~ 红		9.1	0.5%的 90%乙醇溶液	1~3
8.0~10.0	无 ~ 红	无 ~ 蓝	10.0	0.1%的 90%乙醇溶液	1~2

三、影响酸碱指示剂变色范围的因素

影响酸碱指示剂变色范围的因素主要来自两方面：一方面是影响指示剂常数K_{HIn}的因素，如温度、溶剂、溶液的离子强度等，其中温度的影响较大。另一方面是影响实测变色范围宽度的因素，如指示剂用量、滴定程序等。

（一）温度

温度改变时，指示剂常数K_{HIn}和K_w均有改变，指示剂的变色范围也随之发生改变。如，18℃时，甲基橙的变色范围为 3.1~4.4，而在 100℃时，变为 2.5~3.7。因此，滴定宜在室温下进行。如必须加热，应该将溶液冷却后再进行滴定。

（二）溶剂

指示剂在不同溶剂中pK_{HIn}值不同，变色范围也不同。例如，甲基橙在水溶液中$pK_{HIn}=3.4$，在甲醇中$pK_{HIn}=3.8$。

（三）中性电解质

中性电解质的存在增大了溶液的离子强度，使pK_{HIn}改变，影响指示剂变化。此外，某些电解质还可能吸收不同颜色光波，会引起指示剂颜色深度、色调及变色灵敏度的改变。所以在滴定溶液中不宜有大量盐类存在。

（四）指示剂用量

对于双色指示剂，溶液的颜色取决于$[In^-]/[HIn]$的比值，理论上指示剂的用量（浓度）不会影响指示剂的变色范围。但事实上指示剂的用量会影响变色灵敏程度，指示剂本身也要消耗滴定剂或被测物质，使滴定误差增大。因此，指示剂用量一般少一些为宜，只要达到变色灵敏度，用量越少越好。

对于单色指示剂（如酚酞、百里酚酞），指示剂的用量对变色范围有较大影响。指示剂变色的平衡关系：

$$HIn \rightleftharpoons H^+ + In^-$$

设指示剂总浓度为c，人眼观察到红色碱型的最低浓度为一固定值a，代入平衡式，则

$$\frac{K_{HIn}}{[H^+]}=\frac{[In^-]}{[HIn]}=\frac{a}{c-a} \tag{4-17}$$

式（4-17）中K_{HIn}和a都是定值，如果c增大了，则$[H^+]$会相应增大，酚酞指示剂将在较低pH值变色。例如，在50~100ml溶液中加入2~3滴0.1%酚酞，在pH≈9时出现为红色；而在同样条件下，如加入15~20滴酚酞，在pH≈8时就会出现为红色。因此，对单色指示剂须严格控制指示剂用量。

（五）滴定程序

滴定程序应使溶液颜色由浅色变化到深色，以便于观察终点颜色变化。例如，用酚酞作指示剂，滴定程序一般为用碱滴定酸，终点由无色变为红色，容易辨别。而用甲基橙作指示剂，一般用酸滴定碱，终点由黄色变为红色，易于辨认。

四、混合酸碱指示剂

某些酸碱滴定中pH突跃范围很窄，要准确判断滴定终点，需要使指示剂的变色范围变窄，变色敏锐，使终点观测明显、准确。这时可采用混合指示剂。混合指示剂主要是利用颜色的互补作用，使指示剂的变色范围变窄，终点颜色变色敏锐。

混合指示剂有两种配制方法：一种是由两种或两种以上的指示剂混合而成；另一种是在某种指示剂中加入一种惰性染料。如溴甲酚绿（$pK_{HIn}=4.9$，pH 4.0→5.6，黄→绿→蓝）和甲基红（$pK_{HIn}=5.1$，pH 4.4→6.2，红→橙→黄）两种指示剂配比组成的混合指示剂，两种颜色叠加后，颜色变化为酒红→浅灰→绿色变色点$pK_{HIn}=5.1$，变色范围5.0~5.2，与单色指示剂相比，变色范围更窄，变色十分敏锐。常用的混合指示剂见表4-2。

表4-2　常用酸碱混合指示剂

指示剂	变色点 pH	颜色变化		备注
		酸色	碱色	
一份0.1%的甲基黄乙醇溶液 一份0.1%的亚甲基蓝乙醇溶液	3.25	蓝紫	绿	pH3.4绿色，3.2蓝紫色
一份0.1%的甲基橙水溶液 一份0.25%的靛蓝二磺酸钠水溶液	4.1	紫	黄绿	
三份0.1%的溴甲酚绿乙醇溶液 一份0.2%的甲基红乙醇溶液	5.1	酒红	绿	
一份0.1%的中性红乙醇溶液 一份0.1%的亚甲基蓝乙醇溶液	7.0	蓝紫	绿	pH7.0蓝紫
一份0.1%的甲酚红钠盐水溶液 三份0.1%的百里酚蓝钠盐水溶液	8.3	黄	紫	pH8.2玫瑰色，pH8.4紫色

第三节　酸碱滴定曲线

PPT　　微课

以 pH 为纵坐标，加入标准溶液的体积（或体积百分比）为横坐标所绘制的曲线称为酸碱滴定曲线（pH-V 曲线）。了解滴定过程中溶液的 pH 值的变化规律，尤其是化学计量点前后溶液 pH 值的变化情况，可以确定滴定突跃范围，从而选择适宜的指示剂指示终点和判断滴定分析的可行性等。

一、强酸（碱）的滴定

强酸、强碱滴定的基本反应为：

$$H^+ + OH^- \rightleftharpoons H_2O$$

（一）滴定曲线

现以 0.1000mol/L NaOH 溶液滴定 20.00ml 0.1000mol/L HCl 溶液为例，讨论滴定过程中溶液 pH 值变化过程。滴定过程可分为以下四个阶段。

1. 滴定前　溶液中仅有 HCl 存在，且 HCl 完全离解。所以溶液的 pH 取决于 HCl 溶液的原始浓度，即

$$[H^+]=0.1000(\text{mol/L}) \qquad pH=1.00$$

2. 滴定开始至化学计量点前　滴加 NaOH 溶液后，部分 HCl 被中和，溶液 pH 取决于剩余 HCl 的浓度。例如，当加入 19.98ml NaOH 溶液时（19.98/20.00 × 100% = 99.9%），剩余 0.02ml HCl 溶液（-0.1%）未被中和。溶液[H^+]为：

$$[H^+]=\frac{0.1000\times(20.00-19.98)}{20.00+19.98}=5.00\times10^{-5}(\text{mol/L})$$

即

$$pH=4.30$$

3. 化学计量点时　当加入 20.00ml NaOH 溶液时，HCl 被全部中和。

$$pH=7.00$$

4. 化学计量点后　化学计量点，再加入 NaOH 溶液，构成 NaOH-NaCl 溶液，其 pH 取决于过量的 NaOH 的浓度。例如，加入 NaOH 溶液 20.02ml（20.02/20.00×100% = 100.1%，NaOH 过量 0.1%）。溶液中过量的［OH^-］为：

$$[OH^-]=\frac{0.1000\times(20.02-20.00)}{20.00+20.02}=5.00\times10^{-5}(\text{mol/L})$$

则

$$pOH=4.30 \quad pH=9.70$$

如此逐一计算滴定过程中各点的 pH 值，所得计算结果见表 4-3。以加入的滴定剂 NaOH 溶液的体积为横坐标，对应的溶液 pH 为纵坐标，绘制 pH-V 关系曲线，即得滴定曲线。

表 4-3　0.1000mol/L NaOH 滴定 0.1000mol/L 20.00ml HCl 溶液的 pH 值变化

加入的 NaOH		剩余的 HCl		[H^+] mol/L	pH
%	ml	%	ml		
0.0	0.00	100.0	20.00	1.00×10^{-1}	1.00
90.0	18.00	10.0	2.00	5.26×10^{-3}	2.28
99.0	19.80	1.0	0.20	5.03×10^{-4}	3.30
99.9	19.98	0.1	0.02	5.00×10^{-5}	4.30
100.0	20.00	0.0	0.00	1.00×10^{-7}	7.00

续表

加入的 NaOH		剩余的 HCl		$[H^+]$ mol/L	pH
%	ml	%	ml		
		过量的 NaOH		$[OH^-]$	
100.1	20.02	0.1	0.02	5.00×10^{-5}	9.70
101.0	20.20	1.0	0.20	4.98×10^{-4}	10.70

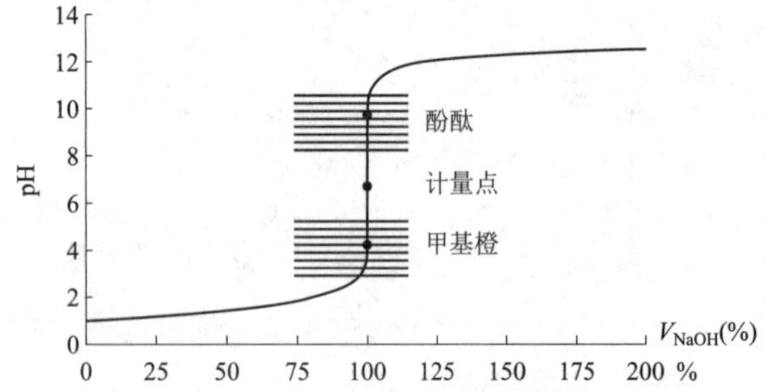

图 4-4　0.1000mol/L NaOH 溶液滴定 20.00ml 0.1000mol/L HCl 的滴定曲线

由表 4-3 和图 4-4 可知，滴定开始时，由于溶液中存在着较多的 HCl，使 pH 升高十分缓慢。随着滴定的不断进行，溶液中 HCl 含量的减少，pH 的升高逐渐增快。滴定接近化学计量点时，溶液中剩余的 HCl 已极少，pH 升高极快。当加入 NaOH 溶液从 19.98ml（化学计量点前 0.1%）增加至 20.02ml（化学计量点后 0.1%）时，体积差仅为 0.04ml（约为 1 滴溶液），溶液的 pH 值从 4.30 突然升高到 9.70，增加了 5.40 个 pH 单位，溶液由酸性突变为碱性。这种化学计量点前后 pH 值的突变称为滴定突跃。突跃所在范围称为滴定突跃范围。继续加入 NaOH 溶液，溶液 pH 值变化逐渐减小，曲线趋于平坦。

滴定突跃是选择指示剂的重要依据，也是衡量酸碱滴定是否可行的依据。在化学计量点附近变色的指示剂如酚酞、甲基红、甲基橙等都可以用来指示滴定终点，因为化学计量点正处于指示剂的变色范围内。例如用甲基橙作指示剂，当滴定到甲基橙由红色突然变为黄色时，溶液的 pH 约为 4.4，这时距离化学计量点不到半滴，终点误差不超过-0.1%，符合滴定分析要求。如果用酚酞作指示剂，当酚酞变微红色时，pH 略大于 8.0，此时超过化学计量点也不到半滴，终点误差不超过 0.1%，符合滴定分析要求。因此，酸碱滴定中，指示剂的选择原则是：凡是变色范围全部或部分落在滴定突跃范围内的指示剂都可以用来指示滴定终点。

（二）影响滴定突跃范围的因素

pH 滴定突跃范围的大小与滴定剂和被测物的浓度有关。若用 0.01mol/L、0.1mol/L、1.0mol/L 三种浓度的 NaOH 标准溶液分别滴定相应浓度的 HCl 溶液时，它们的突跃范围 pH 值分别为 5.3～8.7、4.3～9.7、3.3～10.7。如图 4-5 所示。

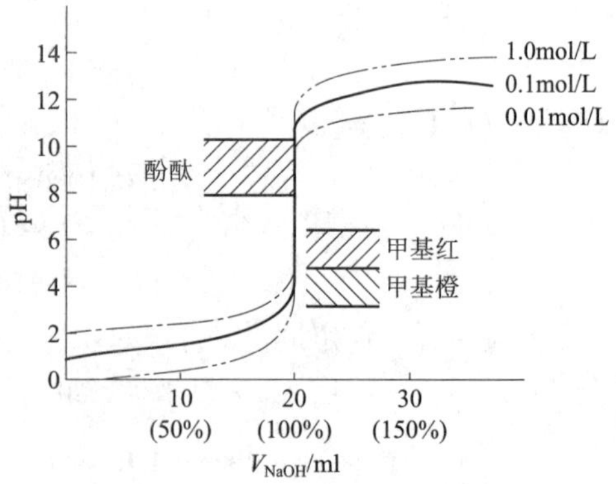

图 4-5　不同浓度 NaOH 溶液滴定不同浓度 HCl 的滴定曲线

由此可见，溶液浓度越大，则滴定突跃范围越大，可供选择的指示剂越多；反之，指示剂的选择受到限制。当用 0.01mol/L NaOH 溶液滴定 0.01mol/L HCl 溶液时，甲基红和酚酞仍可用作指示剂，但甲基橙就不能应用，其误差可达 1.0%以上。此外，滴定剂和被测物的浓度应适宜，既不能太高也不能太低，否则会产生较大的误差，因此，在实际的滴定分析中，多使用 0.01～1mol/L 的溶液，常用浓度为 0.1mol/L。

二、一元弱酸（碱）的滴定

（一）强碱滴定弱酸

以 0.1000mol/L NaOH 溶液滴定 0.1000mol/L 20.00ml HAc 溶液为例进行讨论。滴定反应为：

$$HAc+OH^- \rightleftharpoons Ac^- +H_2O$$

与强碱滴定强酸相似，整个滴定过程按照不同的溶液组成情况，分为四个阶段分别计算各点 pH。

1. 滴定前　溶液的组成为 HAc。溶液中的 H^+ 主要来自 HAc 的离解，由于 $c_aK_a>20K_W$，$c_a/K_a>500$，按最简式计算。

$$[H^+]=\sqrt{K_ac_a}=\sqrt{1.8\times10^{-5}\times0.1000}=1.30\times10^{-3}(mol/L)$$

$$pH=2.89$$

2. 滴定开始至化学计量点前　溶液的组成为 HAc-NaAc 缓冲体系。根据缓冲溶液 pH 的计算公式，可求得各点的 pH。

$$[H^+]=K_a\frac{c_a}{c_b}\qquad pH=pK_a+\lg\frac{c_b}{c_a}$$

例如：当加入 NaOH 溶液 19.98ml（19.98/20.00×100%＝99.9%）时，剩余 0.02ml（－0.1%）HAc 溶液未被中和：

$$[HAc]=\frac{0.1000\times(20.00-19.98)}{20.00+19.98}=5.00\times10^{-5}(mol/L)$$

$$[Ac^-]=\frac{0.1000\times19.98}{20.00+19.98}=5.00\times10^{-2}(mol/L)$$

$$pH=pK_a+\lg\frac{c_b}{c_a}=4.74+\lg\frac{5.00\times10^{-2}}{5.00\times10^{-5}}=7.74$$

3. 化学计量点时　溶液的组成为 NaAc，按一元弱碱求得离解的［OH^-］。

$$[OH^-]=\sqrt{K_bc_b}=\sqrt{\frac{1.0\times10^{-14}}{1.7\times10^{-5}}\times0.05000}=5.4\times10^{-6}(mol/L)$$

$$pOH=5.27\qquad pH=8.73$$

4. 化学计量点后　溶液的组成为 NaOH-NaAc，溶液的 pH 取决于过量的 NaOH 浓度。例如，加入 NaOH 溶液 20.02ml（20.02/20.00×100%＝100.1%）时：

$$pOH=4.30\qquad pH=9.70$$

同上方法计算滴定过程中各点的 pH 值，绘制滴定曲线，可参见图 4-6。可以看出强碱滴定弱酸有如下特点。

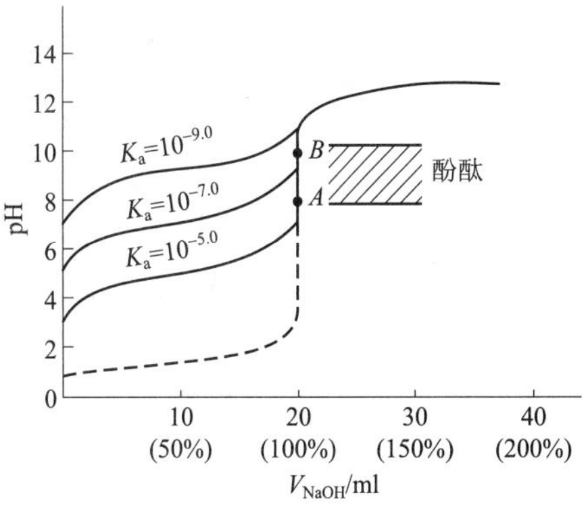

图 4-6　0.1000mol/L NaOH 溶液滴定不同浓度强度酸的滴定曲线

（1）起点高，pH 值较大　HAc 是弱酸，部分离解，滴定开始前溶液中［H^+］较低，pH 值较滴定 HCl 时高。

（2）pH 变化呈现“快～慢～快”的变化过程　滴定开始后 pH 升高较快，是由于生成的少量 Ac^- 产生同离子效应，抑制了 HAc 离解，［H^+］较快地降低。继续滴入 NaOH 溶液后，在溶液中形成 $HAc-Ac^-$ 的缓冲体系，pH 增加缓慢，曲线较为平坦。当滴定接近化学计量点时，剩余 HAc 已很少，溶液的缓冲能力显著减弱，溶液的 pH 变化逐渐加快。

（3）突跃范围处于碱性区域　到达化学计量点时处于碱性范围内，出现一个较小的滴定突跃（pH 7.74～9.70）。这是由于化学计量点时溶液中存在的 NaAc 显弱碱性。

（4）选择碱性区域变色的指示剂指示终点　根据化学计量点附近滴定突跃范围，用酚酞或百里酚蓝指示终点是合适的，也可以用百里酚酞指示终点。但在酸性溶液中变色的指示剂，如甲基橙之类则完全不适用。

（二）影响滴定突跃范围的因素

影响强碱滴定弱酸滴定突跃范围的因素有两个：一个是弱酸的强度（pK_a 值的大小），一个是溶液的

浓度 c_a。

1. pK_a的影响 用 NaOH 溶液（0.1000mol/L）滴定不同浓度强度酸的滴定曲线见图 4-6，从中可以看出，K_a越大，滴定突跃范围越大。醋酸的 $K_a = 1.8\times10^{-5}$，突跃范围约是 2 个 pH 单位。如果滴定 K_a为 10^{-7}左右的弱酸（如 H_2CO_3），则滴定突跃范围变小。如果被滴定的酸更弱（如 H_3BO_3，K_a约为 10^{-9}），则几乎没有滴定突跃，已无法用一般的酸碱指示剂来指示滴定终点。

2. 溶液浓度 c_a的影响 与强酸强碱滴定类似，浓度 c_a越大，滴定突跃范围越大。用较浓的标准溶液滴定较浓的试液，可使滴定突跃适当增大，滴定终点较易判断。

（三）一元弱酸准确滴定条件

当弱酸溶液的浓度和弱酸的离解常数的乘积 $c_aK_a \geq 10^{-8}$时，一般可出现≥0.3pH 单位的滴定突跃，这时人眼能够借助指示剂的颜色改变准确判断终点，滴定就可以直接进行，而终点误差也在允许的±0.1%以内。

例如苯胺（$C_6H_5NH_2$）pK_b = 9.34，属极弱的碱，但是它的共轭酸 $C_6H_5NH_2H^+$（pK_a = 4.66）是较强的弱酸，能满足 $c_aK_a \geq 10^{-8}$的要求，因此可以用碱标准溶液直接滴定盐酸苯胺。对于较强碱的共轭酸，如 NH_4Cl，由于 NH_4^+ 的 pK_a = 9.26，很难满足 $c_aK_a \geq 10^{-8}$的要求，所以不能用碱标准溶液直接滴定。

三、多元酸（碱）的滴定

由于多元酸（碱）在溶液分步离解，滴定过程复杂，因此，需要考虑两个问题：一是能否准确滴定多元酸（碱）分步离解的 H^+（OH^-）；二是能否分步滴定及指示剂的选择问题等。

（一）多元酸的滴定

判断多元酸是否能准确和分步滴定，通常需要满足以下条件。

（1）$c_{a_i}K_{a_i} \geq 10^{-8}$，则第 i 级离解的 H^+能被准确滴定。

（2）$K_{a(i)}/K_{a(i+1)} \geq 10^4$，可判断 i+1 级离解的 H^+不干扰上一级（i 级）离解的 H^+测定，即可判断 i 级离解 H^+在滴定时产生一个突跃，可被分步滴定。

以 0.1000mol/L NaOH 溶液滴定 0.1000mol/L H_3PO_4 溶液为例进行讨论。H_3PO_4 是三元酸，分三级离解，$K_{a_1} = 6.9\times10^{-3}$，$K_{a_2} = 6.3\times10^{-8}$，$K_{a_3} = 4.8\times10^{-13}$

用 NaOH 溶液滴定 H_3PO_4 溶液时，滴定反应也是分步进行的：

$$H_3PO_4+NaOH \rightleftharpoons H_2O+NaH_2PO_4$$
$$NaH_2PO_4+NaOH \rightleftharpoons H_2O+Na_2HPO_4$$
$$Na_2HPO_4+NaOH \rightleftharpoons H_2O+Na_3PO_4$$

H_3PO_4 的 $c_{a_1}K_{a_1}$和 $c_{a_2}K_{a_2} \geq 10^{-8}$，所以这两级离解的 H^+能被准确滴定。但 $c_{a_3}K_{a_3} < 10^{-8}$，不能直接滴定。而且，K_{a_1}/K_{a_2}和 $K_{a_1}/K_{a_2} \geq 10^4$，可判断第 1、2 级离解的 H^+在滴定时分别产生一个突跃，均可被分步滴定。因此，如图 4-7 所示，H_3PO_4 能够进行分步滴定，滴定曲线上有两个突跃。

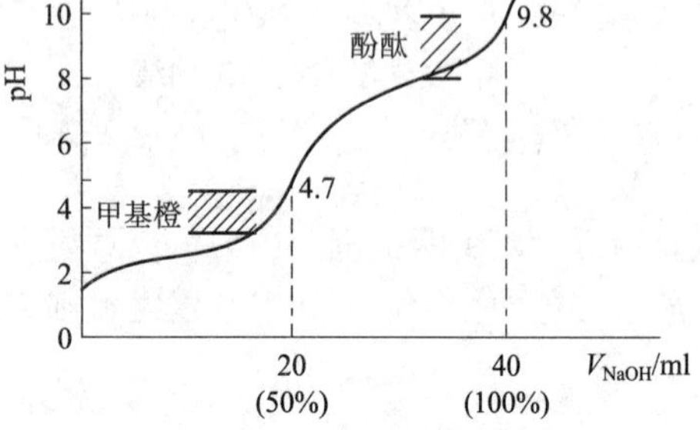

图 4-7 以 NaOH 溶液滴定 H_3PO_4 溶液的滴定曲线

若需测定某一多元酸的总量，则应考虑强度最弱的那一级酸的强度，在允许的终点误差和滴定突跃≥0.3 pH 单位的情况下，滴定可行性的条件与一元弱酸相同，即应满足：$c_aK_{a(i)} \geq 10^{-8}$。例如，草酸 K_{a_1}为 5.9×10^{-2}，K_{a_2}为 6.4×10^{-5}，$c_{a_1}K_{a_1}$和 $c_{a_2}K_{a_2} \geq 10^{-8}$，能被准确滴定。但 $K_{a_1}/K_{a_2} \approx 1\times10^3$，不能进行分步滴定，可按二元酸一步滴定进行分析。滴定时只有一个较大突跃。

多元酸的滴定曲线上各点 pH 值计算比较复杂。在实际工作中，为了选择合适的指示剂，只需计算化学计量点时的 pH 值，然后选择在此 pH 值附近变色的指示剂指示滴定终点。化学计量点计算用最简式计算即可。

如 0.1000mol/L NaOH 溶液滴定 0.1000mol/L H_3PO_4 溶液，第一化学计量点处，滴定产物是 NaH_2PO_4，浓度为 0.05mol/L，其 pH 值可用下式近似计算得出：

$$[H^+]=\sqrt{K_{a_1}K_{a_2}}$$

$$pH=\frac{1}{2}(pK_{a_1}+pK_{a_2})=\frac{1}{2}(2.16+7.20)=4.68$$

第二化学计量点时，滴定产物是 Na_2HPO_4

$$[H^+]=\sqrt{K_{a_2}K_{a_3}}$$

$$pH=\frac{1}{2}(pK_{a_2}+pK_{a_3})=\frac{1}{2}(7.20+12.32)=9.76$$

由于两步酸碱反应交叉进行，化学计量点附近曲线倾斜，滴定突跃范围较小。两个滴定终点可分别选用甲基橙、酚酞指示，但指示剂变色不明显，较难判断滴定终点，终点误差较大。为提高准确度，可选用溴甲酚绿-甲基橙（变色时 pH 值 4.3）、酚酞-百里酚酞（变色时 pH 值 9.9）混合指示剂，再采用较浓试液和标准溶液，使滴定误差减小。

（二）多元碱的滴定

滴定多元碱与滴定多元酸类似，判断多元碱能否准确滴定的条件如下。

（1）$c_bK_b \geq 10^{-8}$，判断能否被准确滴定。

（2）$K_{b(n)}/K_{b(n+1)} \geq 10^4$，判断能否分步滴定。

以 HCl 标准溶液滴定 Na_2CO_3 为例讨论如下：

Na_2CO_3 在水溶液中 $K_{b_1}=K_W/K_{a_2}=1.8\times10^{-4}$，$K_{b_2}=K_W/K_{a_1}=2.4\times10^{-8}$，$K_{b_1}/K_{b_2}\approx10^4$，可以分步滴定。滴定曲线见图 4-8。

以 HCl 溶液（0.1000mol/L）滴定 Na_2CO_3 溶液（0.1000mol/L）时，滴定到第一化学计量点处，滴定产物是 $NaHCO_3$，为两性物质，其 pH 值可用近似式计算得出：

$$[H^+]=\sqrt{K_{a_1}K_{a_2}}$$

$$pH=\frac{1}{2}(pK_{a_1}+pK_{a_2})=\frac{1}{2}(6.38+10.25)=8.31$$

可选择酚酞做指示剂，但其分步突跃不太明显。选用甲酚红-百里酚酞的混合指示剂，可获得较好结果。

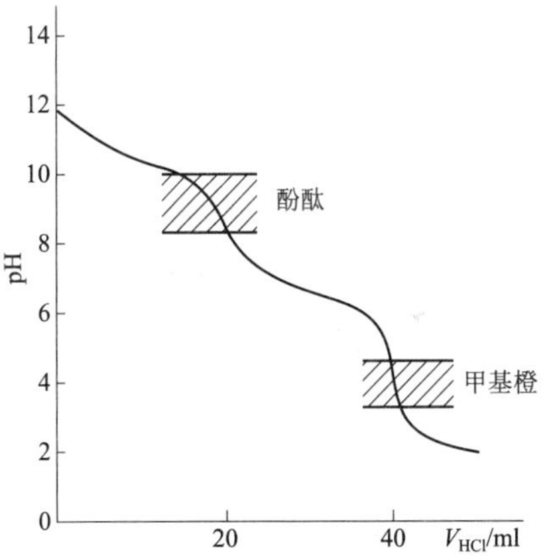

图 4-8 0.1mol/L HCl 溶液滴定 0.1mol/L Na_2CO_3 溶液的滴定曲线

第二化学计量点时，滴定产物是 H_2CO_3，溶液 pH 值计算只需考虑其一级离解即可，H_2CO_3 饱和浓度约为 0.04mol/L。

$$[H^+]=\sqrt{c_aK_{a_1}}=\sqrt{0.04\times4.2\times10^{-7}}=1.3\times10^{-4}\text{mol/L} \qquad pH=3.89$$

可选择甲基橙作指示剂。

HCl 溶液滴定 Na_2CO_3 溶液的滴定曲线可看到，第一化学计量点的滴定突跃不明显，其原因是 K_{b_1} 与 K_{b_2} 之比稍小于 10^4，两步反应略有交叉进行。在第二化学计量点有一稍大的滴定突跃。

Na_2CO_3 滴定中应注意的是，由于接近第二计量点时易形成 CO_2 过饱和溶液，而使溶液酸度稍稍增大，终点稍提前。因此，在接近终点时应剧烈振摇溶液或将溶液煮沸以除去 CO_2，冷却后再滴定。

四、滴定误差

滴定终点误差又称为滴定误差，是因滴定终点和化学计量点不相符引起的相对误差，用 TE 表示。其大小由被测溶液中剩余酸（或碱）或多加碱（或酸）的量所决定。通常以百分数表示。

$$TE(\%)=\frac{n_{(\text{终点时过量或不足的滴定剂})}}{n_{(\text{终点时应加入的滴定剂})}}\times100\% \tag{4-18}$$

（一）强酸（碱）的滴定误差

现以 NaOH 滴定 HCl 为例，滴定误差为：

$$TE\% = \frac{(c_{NaOH} - c_{HCl})V_{ep}}{c_{sp}V_{sp}} \times 100\% \tag{4-19a}$$

式（4-19a）中 V_{ep} 表示滴定终点时溶液体积，c_{sp}、V_{sp} 表示化学计量点时被测酸液的浓度和体积。因 $V_{ep} \approx V_{sp}$，则上式可简化为：

$$TE\% = \frac{(c_{NaOH} - c_{HCl})}{c_{sp}} \times 100\% \tag{4-19b}$$

强酸强碱滴定过程中溶液的质子条件式为：

$$[H^+] + c_{NaOH} = [OH^-] + c_{HCl}$$

$$c_{NaOH} - c_{HCl} = [OH^-] - [H^+]$$

若 $c_{NaOH} = c_{HCl}$，TE% =0，终点与计量点一致；$c_{NaOH} > c_{HCl}$，终点位于计量点之后，TE% >0，终点误差为正值；$c_{NaOH} < c_{HCl}$，终点位于计量点之前，TE% <0，终点误差为负值。

代入上式，得滴定误差公式为：

$$TE\% = \frac{[OH^-] - [H^+]}{c_{sp}} \times 100\% \tag{4-20}$$

式（4-20）中，$[H^+]$、$[OH^-]$ 表示滴定终点时 H^+ 和 OH^- 的平衡浓度，c_{sp} 为被测物化学计量点时的浓度。

如用 HCl 滴定 NaOH，则

$$TE\% = \frac{[H^+] - [OH^-]}{c_{sp}} \times 100\% \tag{4-21}$$

例 4-9 计算以 0. 1000mol/L NaOH 溶液滴定 0. 1000mol/L HCl 至甲基橙指示终点（pH = 4. 0）和酚酞指示终点（pH = 9. 0）的滴定终点误差。

解： $c_{sp} = 0.05000$（mol/L）

（1）终点为 pH = 4. 0 时，$[H^+] = 1 \times 10^{-4.0}$（mol/L），$[OH^-] = 1 \times 10^{-10.0}$（mol/L）

$$TE\% = \frac{10^{-10.0} - 10^{-4.0}}{0.05000} \times 100\% = -0.20\%$$

（2）终点为 pH = 9. 0 时，$[H^+] = 1 \times 10^{-9.0}$（mol/L），$[OH^-] = 1 \times 10^{-5.0}$（mol/L）

$$TE\% = \frac{10^{-5.0} - 10^{-9.0}}{0.05000} \times 100\% = 0.020\%$$

结果表明，用酚酞指示剂（滴定至 pH = 9. 0）比用甲基橙指示剂确定终点（滴定至 pH = 4. 0）的误差小。

例 4-10 计算以 0. 01000mol/L HCl 溶液滴定 0. 01000mol/L NaOH，求甲基橙指示终点（pH = 4. 0）和酚酞指示终点（pH = 9. 0）的滴定终点误差。

解： $c_{sp} = 0.005000$mol/L

（1）终点为 pH = 4. 0 时，$[H^+] = 1 \times 10^{-4.0}$（mol/L），$[OH^-] = 1 \times 10^{-10.0}$（mol/L）

$$TE\% = \frac{10^{-4.0} - 10^{-10.0}}{0.005000} \times 100\% = 2\%$$

（2）终点为 pH = 9. 0 时，$[H^+] = 1 \times 10^{-9.0}$（mol/L），$[OH^-] = 1 \times 10^{-5.0}$（mol/L）

$$TE\% = \frac{10^{-9.0} - 10^{-5.0}}{0.05000} \times 100\% = -0.20\%$$

例 4-9、例 4-10 比较表明，由于被滴定物质的溶液浓度减小 10 倍，导致滴定误差增大了 10 倍。甲基橙已不适于 0. 01000mol/L NaOH（HCl）溶液滴定的指示剂。若从指示剂选择依据分析，由于溶液浓度变稀，突跃范围减小，甲基橙变色范围未落在滴定突跃范围内。

（二）弱酸（碱）的滴定终点误差

设以 NaOH 滴定弱酸 HA，滴定终点时质子条件式为：

$$[H^+]+c_{NaOH}=[OH^-]+[A^-]=[OH^-]+c_{HA}-[HA]$$

以强碱滴定弱酸，终点附近溶液呈碱性，故［H^+］可忽略。整理得：

$$c_{NaOH}-c_{HA}=[OH^-]-[HA]$$

$$TE\%=\frac{(c_{NaOH}-c_{HA})}{c_{sp}}\times 100\%=\frac{([OH^-]-[HA])}{c_{sp}}\times 100\%$$

终点时，一元弱酸 HA 的平衡浓度［HA］可由其分布系数求得，代入一元弱酸滴定误差公式，得：

$$TE\%=\left(\frac{[OH^-]}{c_{sp}}-\delta_{HA}\right)\times 100\% \tag{4-22}$$

同理，推得一元弱碱的滴定误差计算式如下：

$$TE\%=\left(\frac{[OH^-]}{c_{sp}}-\delta_{B}\right)\times 100\% \tag{4-23}$$

例 4-11　用 0.1000mol/L 的 NaOH 溶液滴定 20.00ml 0.1000mol/L 的 HAc 溶液，用酚酞指示终点，分别滴定至 pH＝8.0 和 9.0 为终点，计算两种情况的滴定误差。

解： $c_{sp}=0.05000mol/L$

（1）终点为 pH＝8.0 时，$[H^+]=1\times 10^{-8}$（mol/L），$[OH^-]=1\times 10^{-6}$（mol/L）

$$TE\%=\left(\frac{[OH^-]}{c_{sp}}-\frac{[H^+]}{[H^+]+K_a}\right)\times 100\%$$

$$=\left(\frac{1\times 10^{-6}}{0.05000}-\frac{1.0\times 10^{-8}}{1.0\times 10^{-8}+1.8\times 10^{-5}}\right)\times 100\%=-0.054\%$$

pH＝8.0 时，滴定终点未到化学计量点，存在负误差；

（2）pH＝9.0，存在负误差：$[H^+]=1\times 10^{-9}$（mol/L），$[OH^-]=1\times 10^{-5}$（mol/L）

$$TE\%=\left(\frac{1\times 10^{-5}}{0.05000}-\frac{1.0\times 10^{-9}}{1.0\times 10^{-9}+1.8\times 10^{-5}}\right)\times 100\%=0.014\%$$

pH＝9.0，滴定终点超过化学计量点，存在正误差。

第四节　标准溶液的配制和标定

PPT

酸碱滴定法中最常用的标准溶液是 HCl 和 NaOH 溶液，有时也可用 H_2SO_4、HNO_3 溶液。标准溶液的浓度在 0.01～1.0mol/L 之间，最常用的浓度是 0.1mol/L。常采用间接法配制。

一、酸标准溶液的配制和标定

（一）HCl 标准溶液的配制

HCl 标准溶液一般用浓 HCl 溶液配制成近似所需浓度的溶液，再用基准物进行标定。常用基准物有无水碳酸钠和硼砂，也可以用 NaOH 标准溶液来标定。

（二）HCl 标准溶液的标定

1. 无水碳酸钠（Na_2CO_3）标定　其优点是容易获得纯品，价格低廉。但由于 Na_2CO_3 吸湿性强，易吸收空气中的水分，因此使用前应在 270～300℃ 干燥至恒重，然后密封于瓶内，保存于干燥器中备用。

称量时动作要快，以免吸收空气中的水分而引入误差。其标定反应为：

$$Na_2CO_3+2HCl \longrightarrow 2NaCl+H_2O+CO_2\uparrow$$

化学计量点时溶液 pH 值为 3.89，常选用甲基红-溴甲酚绿混合指示剂，也可用甲基橙指示剂指示滴定终点。

2. 硼砂（$Na_2B_4O_7 \cdot 10H_2O$）标定 其优点是容易制得纯品、不易吸水，摩尔质量较大，由于称量而造成的误差较小。缺点是在空气中易风化失去结晶水，因此应把它保存在相对湿度为 60% 的密闭容器中备用。其标定反应为：

$$Na_2B_4O_7+2HCl+5H_2O \longrightarrow 4H_3BO_3+2NaCl$$

化学计量点时溶液 pH 值为 5.1，可用甲基红指示终点。

3. 标准溶液标定 如以 NaOH 标准溶液标定，酚酞为指示剂指示滴定终点。

二、碱标准溶液的配制和标定

（一）NaOH 标准溶液的配制

碱标准溶液一般用 NaOH 配制，最常用浓度为 0.1mol/L。NaOH 易吸潮，也易吸收空气中的 CO_2 生成 Na_2CO_3，且 NaOH 中还可能含有硫酸盐、硅酸盐、氯化物等杂质，因此采用间接法配制。先配制 NaOH 饱和溶液，取上清液用不含 CO_2 的蒸馏水稀释至近似浓度，再加以标定。

（二）NaOH 标准溶液的标定

标定 NaOH 溶液，最常用的是邻苯二甲酸氢钾（KHP，$KHC_8H_4O_4$）基准物进行标定，也可用 $H_2C_2O_4 \cdot 2H_2O$、KHC_2O_4、苯甲酸等基准物进行标定，或用 HCl 标准溶液标定。邻苯二甲酸氢钾易制得纯品，且不含结晶水，不吸潮，摩尔质量大，标定时由于称量而造成的误差较小，是一种良好的基准物质。其标定反应如下：

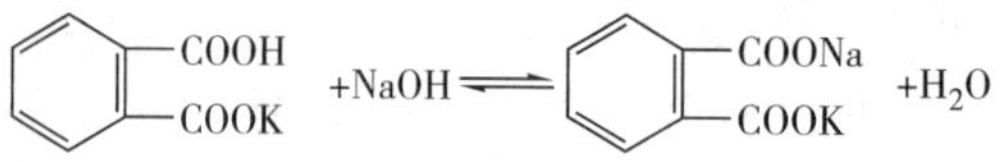

化学计量点时产物为弱酸盐，水溶液显碱性，可选用酚酞为指示剂。

第五节　酸碱滴定法应用示例

PPT

一、药用氢氧化钠的滴定

氢氧化钠易吸收空气中的 CO_2，使部分 NaOH 变成 Na_2CO_3，形成混合碱。测定 NaOH 和 Na_2CO_3 的含量，有如下两种滴定方法。

（一）连续滴定法（双指示剂法）

准确称取一定量样品溶解后，以酚酞为指示剂，用 HCl 标准溶液滴定至红色消失，记录用去的 HCl 溶液体积（V_1）。这时，NaOH 全部被中和，而 Na_2CO_3 被中和至 $NaHCO_3$。再向溶液中加入甲基橙指示剂，继续用 HCl 标准溶液滴定至橙色，记录用去的 HCl 溶液体积（V_2）。V_2 则是滴定 $NaHCO_3$ 所消耗的体积。

Na_2CO_3 被滴定至 $NaHCO_3$ 与 $NaHCO_3$ 被滴定至终点所消耗的 HCl 的物质的量相等。因此，与 NaOH 反应所消耗的 HCl 体积为 V_1-V_2。可得：

$$\omega_{Na_2CO_3}=\frac{c_{HCl}\times V_2\times M_{Na_2CO_3}}{1000\times m_s}\times 100\%$$

$$\omega_{NaOH}=\frac{c_{HCl}\times (V_1-V_2)\times M_{NaOH}}{1000\times m_s}\times 100\%$$

（二）分别滴定法（氯化钡法）

准确称取一定量样品溶解后。先取一定体积试样溶液，以甲基橙为指示剂，用 HCl 标准溶液滴至橙色。此时，NaOH 和 Na_2CO_3 都被滴定，消耗 HCl 的体积为 V_1（ml）。

另取一份等体积试样溶液，加入过量的 $BaCl_2$ 溶液，使 Na_2CO_3 变成 $BaCO_3$ 沉淀析出，沉淀滤出后，以酚酞为指示剂，用 HCl 标准溶液滴定至红色褪去，记录 HCl 的体积为 V_2（ml），为滴定混合物中 NaOH 所消耗的体积。可得：

$$\omega_{NaOH}=\frac{c_{HCl}\times V_2\times M_{NaOH}}{1000\times m_s}\times 100\%$$

$$\omega_{Na_2CO_3}=\frac{c_{HCl}\times (V_1-V_2)\times M_{Na_2CO_3}}{2\times 1000\times m_s}\times 100\%$$

二、铵盐和有机氮的测定

（一）铵盐中氮的测定（甲醛法）

NH_4Cl、$(NH_4)_2SO_4$ 等无机铵盐，NH_4^+ 的 K_a 值为 5.7×10^{-10}，不能直接滴定分析。可采用甲醛法，先将铵盐与甲醛作用，生成质子化六次甲基四铵和 H^+：

$$4NH_4^+ + 6HCHO \longrightarrow (CH_2)_6N_4H^+ + 3H^+ + 6H_2O$$

再以酚酞为指示剂，用 NaOH 标准溶液滴定至为红色。按下式计算氮的含量：

$$\omega_N=\frac{4\times (c\times V)_{NaOH}\times M_N}{3\times 1000\times m_s}\times 100\%$$

（二）含氮有机物中氮的测定

氨基酸、生物碱、蛋白质等含氮有机物常采用凯氏定氮法测定含氮量。将试样与浓硫酸共煮，常加入 $CuSO_4$ 作催化剂，加入 K_2SO_4 提高沸点，促进样品中氮消解转变为 NH_4^+：

$$C_mH_nN \xrightarrow{CuSO_4(H_2SO_4)} CO_2 + H_2O + NH_4^+$$

在试样中加入过量的饱和 NaOH 溶液，加热将 NH_3 蒸馏出来。NH_3 用 2%～4% 的硼酸溶液吸收，再用盐酸标准溶液滴定。也可以用定量的过量的 HCl 标准溶液吸收，再以甲基橙或甲基红作指示剂，用 NaOH 标准溶液回滴定过量的 HCl。硼酸溶液吸收固氮方法的反应过程如下：

$$NH_3 + H_3BO_3 \longrightarrow NH_4BO_2 + H_2O$$

$$NH_4BO_2 + HCl + H_2O \longrightarrow NH_4Cl + H_3BO_3$$

用来固定氮的 H_3BO_3 酸性极弱，不会对滴定结果产生干扰。

三、硼酸的滴定

硼酸是极弱酸，$K_{a_1}=5.8\times 10^{-10}$，不能用 NaOH 标准溶液直接滴定。硼酸需要与多元醇（乙二醇、丙三醇、甘露醇等）配位后能增加酸度，即可用 NaOH 标准溶液直接滴定。

第六节　非水溶液中酸碱滴定

PPT

案例解析

【案例】某些能量饮料含有食品添加剂—咖啡因。然而，一些国家禁止咖啡因含量高的能量饮料入境与销售。

【问题】禁止咖啡因含量高的能量饮料入境与销售的原因是什么？咖啡因含量测定的方法是什么？

【解析】咖啡因时一种黄嘌呤生物碱化合物，是一种中枢神经兴奋剂，能够暂时兴奋，驱走睡意并恢复精力。但饮料中含有过多的咖啡因，长期过量饮用可能引发高血压和心脏病。因咖啡因是一种极弱碱，其含量在水溶液中难以测定，可以采用非水滴定法进行测定。

咖啡因的含量测定《中国药典》（2020 年版）：取样品约 0.15g，精密称定，加醋酐-冰醋酸（5∶1）的混合液 25ml，微温使溶解，放冷，加结晶紫指示液 1 滴，用高氯酸滴定液（0.1mol/L）滴定至溶液显黄色，将滴定的结果用空白试验校正。每 1ml 高氯酸滴定液（0.1mol/L）相当于 19.42mg 的 $C_8H_{10}N_4O_2$。

酸碱滴定一般都在水溶液中进行。但是许多有机试样难溶于水，滴定困难。强度较接近的多元酸、多元碱，混合酸或碱，也难于在水溶液中分别滴定。一些弱酸（弱碱），当它们的 c_aK_a（c_bK_b）小于 10^{-8} 时，由于没有明显的滴定突跃而不能直接滴定。如果采用非水酸碱滴定法（nonagueous acid-base titration），即在非水溶剂中进行酸碱滴定分析，则有可能改变物质的酸（碱）性质或增大溶解度，获得准确滴定结果。以非水溶剂为介质的滴定称为非水滴定。非水滴定使在水中不能进行完全的滴定反应也能够顺利进行，扩大了酸碱滴定法的应用范围，为各国药典和其他常规分析所采用，在药物分析中应用较为广泛。本节主要介绍非水酸碱滴定法。

一、非水溶液中酸碱滴定的原理

（一）溶剂的分类

非水滴定中常用的溶剂种类很多。根据酸碱质子理论，按溶剂的酸碱性可以分为两大类。

1. 质子溶剂　能给出质子或接受质子的溶剂称为质子溶剂（protonic solvent）。这类溶剂的特点是在溶剂分子间有质子转移。根据接受质子能力大小，又可分为如下三类。

（1）两性溶剂（amphoteric solvent）　这类溶剂既能给出质子，也能接受质子，酸碱性与水相似。大多数醇类属于两性溶剂，如甲醇、乙醇、异丙醇等。两性溶剂适合作为不太弱的酸、碱滴定的介质。

（2）酸性溶剂（acid solvent）　这类溶剂给出质子能力较强，是疏质子溶剂。如冰醋酸、丙酸、甲酸属于这一类溶剂，具有一定的两性，但其酸性显著地较水强，适于作为滴定弱碱性物质的介质。

（3）碱性溶剂（basic solvent）　这类溶剂接受质子能力较强，是亲质子溶剂。如乙二胺、丁胺、乙醇胺属于这一类溶剂，其碱性较水强，对质子的亲和力比水大，碱性溶剂适于作为滴定弱酸性物质的介质。

2. 非质子溶剂　分子中无转移性质子的溶剂称为非质子溶剂（aprotic solvent）。非质子溶剂的分子间不能发生质子自递反应，但具有接受质子的能力。根据接受质子能力的不同，非质子溶剂可分为如下两类。

（1）偶极亲质子溶剂　溶剂分子中无可转移性质子，但有较弱的接受质子倾向和一定的形成氢键能力。如酮类、腈类、吡啶类、酰胺类等。

（2）惰性溶剂　几乎没有接受质子和形成氢键的能力，如苯、四氯化碳、三氯甲烷、正己烷等。

为改善样品溶解性能，增大滴定突跃，使终点指示剂变色敏锐，还经常将质子性溶剂与惰性溶剂混合使用。如可用于弱碱性物质滴定的冰醋酸-醋酐、冰醋酸-苯等混合溶剂，可用于羧酸类物质滴定的甲醇-苯，用于有机酸盐、生物碱类物质滴定的二醇类-烃类。

（二）溶剂的性质

酸碱的离解过程必须结合溶剂分子的作用来考虑。如水溶液中质子的传递过程都是通过水分子来实现的，酸碱离解常数的大小和水分子的作用有关。就是说物质的酸碱性，不但和物质的本质有关，也和溶剂的性质有关。

1. 溶剂的离解性　许多非水溶剂与水一样具有质子自递作用，均有一定的离解性。如甲醇、乙醇、甲酸、乙二胺等溶剂，都存在下列平衡：

$$SH+SH \rightleftharpoons SH_2^+ + S^-$$

$$K_S=\frac{[SH_2^+][SH^-]}{[SH]^2}=K_a^{SH}\times K_b^{SH} \tag{4-24}$$

式（4-24）中，K_a^{SH} 为溶剂的固有酸度常数，反应溶剂给出质子的能力。K_b^{SH} 为溶剂的固有碱度常数，反应溶剂接受质子的能力。K_s为溶剂的自身离解常数，又称为质子自递常数，在一定温度下，各种溶剂的 K_s值不同。表 4-5 中列出几种常见溶剂的 pK_S值。

表 4-5　常用溶剂的自身离解常数及介电常数

溶剂	pK_s	ε	溶剂	pK_s	ε	溶剂	pK_s	ε
水	14.0	78.5	甲醇	16.7	31.5	苯	—	2.3
甲酸	6.2	58.5（16℃）	乙醇	19.1	24.0	三氯甲烷	—	4.81
冰醋酸	14.45	6.13	乙腈	28.5	36.6	吡啶	—	12.3
醋酐	14.5	20.5	甲基异丁酮	30	13.1	二甲基甲酰胺	—	36.7
乙二胺	15.3	14.2	二氧六环	—	2.21			

自身离解常数 K_s是非水溶剂的重要特性，对滴定突跃范围具有较大影响。由 K_s可以了解酸碱滴定反应的完全程度和混合酸连续滴定的可能性。

分别以水和乙醇为溶剂，以 0.1000mol/L NaOH 标准溶液滴定一元强酸。在水溶液中，滴定至化学计量点前$[H^+]=1.0\times10^{-4}$mol/L，pH=4；至 NaOH 溶液过量，$[OH^-]=1.0\times10^{-4}$mol/L 时，pH=10；pH 变化范围是 4~10，共 6 个 pH 单位。在乙醇溶剂中，以 C_2H_5ONa 滴定酸，则滴定至$[C_2H_5OH_2^+]=1.0\times10^{-4}$mol/L，$pH^*=4$（为方便表示，以 pH^* 代表 $pC_2H_5OH_2$）；滴定至 C_2H_5ONa 溶液过量比例相同，$[C_2H_5O^-]=1.0\times10^{-4}$mol/L 时，$pH^*=19.1-4=15.1$；$pH^*$ 变化范围是 4~15.1，共 11.1 个 pH^* 单位，突跃范围扩大很多。

2. 溶液的酸碱性　物质的酸碱性不仅与物质自身固有酸碱度，即给出或接受质子的能力大小有关，还与溶剂接受或给出质子能力的大小有关。酸的表观酸强度决定于酸的固有酸度和溶剂的碱度。同一种酸，溶解在不同的溶剂中时，它将表现出不同的强度。例如苯甲酸在水中是较弱的酸，苯酚在水中是极弱的酸，但当使用碱性溶剂（如乙二胺）代替水时，苯甲酸和苯酚表现出的酸强度都有所增强。

同理，吡啶、胺类、生物碱以及 Ac^- 等在水溶液中是强度不同的弱碱，但在酸性溶剂中，它们则表现出较强的碱性。即碱的表观碱强度决定于碱的固有碱度和溶剂的酸度。

此外，溶质的酸碱性不仅与溶剂的酸碱性有关，而且也与溶剂的介电常数有关。溶剂的介电常数能反映溶剂极性的强弱。同一物质在介电常数不同的溶剂中离解的难易程度不同，酸碱性也会存在差异。滴定分析时，所选溶剂的介电常数 ε 值不宜太大，否则滴定产物离解度增大，滴定反应不易进行完全，终点时突跃不明显。根据需要可用极性强弱不同的溶剂按不同比例调配成介电常数适当的混合溶剂，这样，既有利于样品的溶解，又可获得明显的滴定突跃。

3. 均化效应和区分效应 $HClO_4$、H_2SO_4、HCl 和 HNO_3 四种强酸，水中稀溶液的酸强度几乎相同。这是由于水是两性溶剂，具有一定碱性，对质子有一定的亲和力，水分子接受了这些强酸稀溶液的全部质子。即强酸质子全部离解转化为水合质子（H_3O^+），而 H_3O^+ 是水溶液中酸的最强形式，从而使这四种强酸的酸度全部被拉平到 H_3O^+ 的强度水平。这种能将各种不同强度的酸（或碱）均化到溶剂化质子（或溶剂合阴离子）水平的效应叫作均化效应（leveling effect），具有这种均化效应的溶剂称为均化性溶剂。在水溶液中，能够存在的最强酸是 H_3O^+，更强的酸都被拉平到 H_3O^+ 的水平；能够存在的最强碱是 OH^-，比 OH^- 强的碱被拉平到 OH^- 的水平。

但若将上述四种强酸溶解在醋酸溶液中，由于醋酸是酸性溶剂，对质子的亲和力较弱，这四种强酸就不能将其质子全部转移给 HAc 分子，显示出质子转移程度上的差别：$HClO_4 > H_2SO_4 > HCl > HNO_3$。$HClO_4$ 的质子转移过程最为完全，其余三种酸的质子转移程度依次减弱。由于溶剂醋酸的碱性比水弱，四种酸转移质子程度上有差别，酸强度就得以区分。这种能区分酸（或碱）强度的效应叫作区分效应（differentiating effect），具有区分效应的溶剂称为区分性溶剂。

均化效应和区分效应是相对的。一般来讲，碱性溶剂对于酸具有均化效应，对于碱就具有区分效应。酸性溶剂对酸具有区分效应，但对碱却具有拉平效应。水把四种强酸拉平，但它却能使四种强酸与醋酸区分开；而在碱性溶剂液氨中，醋酸也将被拉平到和四种强酸相同的强度。在非水滴定中，利用溶剂的均化效应可以测定各种酸或碱的总浓度；利用溶剂的区分效应，可以分别测定各种酸或碱的含量。

非质子溶剂没有明显的酸碱性，不参加质子转移反应，没有均化效应，可作为区分性溶剂。例如，高氯酸、盐酸、水杨酸、醋酸、苯酚 5 种混合酸的区分滴定，常以甲基异丁酮为溶剂，用氢氧化四丁基铵的异丙醇溶液为滴定剂。在滴定曲线上存在的 5 种酸的转折点，能明显区分开 5 种酸。

4. 溶剂的选择 在非水滴定中，溶剂的选择十分重要，需要全面考虑溶剂的性质。首先要考虑溶剂的酸碱性，因为它对滴定反应能否进行完全、终点是否明显起决定性作用。选择的溶剂应能增强试样的酸性或碱性，弱酸类物质的滴定通常用碱性溶剂或偶极亲质子溶剂；弱碱类物质的滴定通常选用酸性溶剂或惰性溶剂。混合酸（碱）的分步滴定，可选择酸（碱）性弱的溶剂，通常选择惰性溶剂及 pK_s 大的溶剂，能提高终点的敏锐性。甲基异丁基酮中对高氯酸、盐酸、水杨酸、醋酸、苯酚 5 种混合酸的区分滴定即是一例。

选择溶剂时，应考虑所选溶剂是否有利于滴定反应完全，终点明显，又不引起副反应。如某些伯胺或仲胺（如哌嗪），由于能与醋酐发生乙酰化反应，就不能选用醋酐作为溶剂。所选溶剂应有一定的纯度，黏度小、挥发性低，安全。溶剂还应能溶解试样及滴定反应产物，滴定产物若不能溶解，则产物应是晶形沉淀，如是胶状沉淀，则终点将不太敏锐，结果往往偏低。通常，极性物质较易溶于极性溶剂，非极性物质较易溶于非极性溶剂。溶剂中的水严重干扰滴定终点，应采取精制或加入能和水作用的试剂等方法除去。

二、非水溶液中酸和碱的滴定

（一）碱的滴定

1. 溶剂的选择 在非水酸碱滴定中，应选择对碱有均化效应的酸性溶剂，以增强弱碱的碱性，使滴定突跃明显。最常用的溶剂是冰醋酸。再选用酸标准溶液滴定。

2. 标准溶液 在非水滴定中测定碱，常用 $HClO_4$ 的冰醋酸溶液作标准酸溶液。

（1）标准溶液的配制 由于 $HClO_4$ 和冰醋酸均含有水分，而水分的存在常影响质子转移过程和滴定终点的观察，减小滴定突跃范围，使指示剂变色不敏锐。需加入一定量的醋酐以除去水分。水与醋酐反应式如下：

$$(CH_3CO)_2O+H_2O \rightarrow 2CH_3COOH$$

若冰醋酸含水量为0.2%（相对密度1.05），除去1000ml冰醋酸的水，需加比重为1.08含量97.0%的醋酐的体积为：

$$V=\frac{102.1\times1000\times1.05\times0.2\%}{18.02\times1.08\times97.0\%}=11.36\text{ml}$$

市售 $HClO_4$ 溶液中 $HClO_4$ 的浓度通常为70%~72%，相对密度为1.75。含有的水分也同样采用加入醋酐的方法除去。

配制高氯酸的冰醋酸溶液时，应先用无水冰醋酸将高氯酸稀释，再在不断搅拌的条件下，缓缓加入醋酐。而不能把醋酐直接加到高氯酸溶液中，因为高氯酸与醋酐混合时发生剧烈反应，放出大量的热。

测定芳香族伯胺或仲胺时，醋酐过量会导致乙酰化，影响测定结果。测定其他一般样品时，醋酐稍过量则没有明显影响。

（2）标准溶液标定与滴定终点的确定 $HClO_4$ 的冰醋酸溶液，可用邻苯二甲酸氢钾作基准物，在冰醋酸溶液中进行标定，用甲基紫指示终点。也可以用水杨酸钠、碳酸钠等为基准物质，采用喹哪啶红或α-萘酚苯甲醇为指示剂。

反应式为：

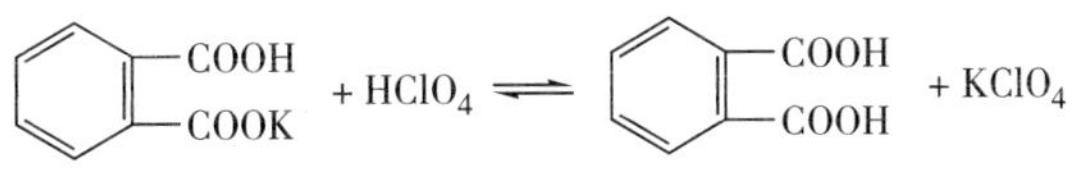

非水酸碱滴定确定滴定终点方法的可用两种。一种是电位法，一种是指示剂法。电位法是非水滴定确定终点的基本方法。许多物质的测定，在选择指示剂和确定终点颜色时都需要以电位滴定法作参照。非水滴定中指示剂的选用通常是由实验方法来确定，即在电位滴定的同时，观察指示剂颜色的变化，选取与电位滴定终点相符的指示剂。如结晶紫在不同酸度下变色较复杂，由碱式色到酸式色的变化依次为紫、蓝、蓝绿、黄绿、黄。在滴定较强碱时，应用蓝色或蓝绿为终点；滴定弱碱时，以蓝绿色或黄绿色为终点。滴定时最好做空白试验以减少滴定终点误差。

（3）温度校正 多数有机溶剂的体膨胀系数较大，如冰醋酸的体膨胀系数为 1.1×10^{-3}/℃，体积随温度变化较大。所以高氯酸的冰醋酸溶液滴定和标定时的温度若有差别，则应按下式将标准溶液的浓度加以校正：

$$c_1=\frac{c_0}{1+0.0011(t_1-t_0)} \tag{4-25}$$

式（4-25）中，c_1 为滴定样品时的浓度，c_0 为标定时的浓度，t_1 为滴定时的温度；t_0 为标定时的温度。

3. 应用范围 具有碱性基团的化合物，如胺类、氨基酸类、含氮杂环类化合物、某些有机碱盐以及弱酸盐等，大都可以用高氯酸标准溶液进行滴定。许多药品的含量测定都采用高氯酸-冰醋酸溶液的非水滴定方法，应用类型有以下几种。

（1）有机弱碱 有机弱碱如胺类、生物碱类，只要它们在水中 K_b 值大于 1.0×10^{-10}，都能被高氯酸的醋酸溶液滴定。若极弱碱，K_b 值小于 1.0×10^{-12}，需要使用冰醋酸-醋酐的混合溶液为溶剂。因为醋酐离解生成的醋酐合乙酰阳离子比醋酸的醋酸合质子的酸性更强，可使极弱碱的表观碱性增强，滴定突跃更为明显。

（2）有机酸的碱金属盐 有机酸的碱金属盐，如邻苯二甲酸氢钾、苯甲酸钠、水杨酸钠、醋酸钠、乳酸钠、枸橼酸钠等，在冰醋酸溶液中离解后，有机弱酸的共轭碱在冰醋酸中碱性较强，能被高氯酸的醋酸溶液滴定。

例4-12 萘普生钠的含量测定《中国药典》（2020年版）

取本品约0.2g，精密称定，加冰醋酸30ml溶解后，加结晶紫指示液一滴，用高氯酸滴定液（0.1mol/L）滴定至溶液显蓝绿色，并将滴定的结果用空白试验校正。每1ml高氯酸滴定液（0.1mol/L）相当于25.22mg的 $C_{14}H_{13}NaO_3$。

（3）有机碱的氢卤酸盐 盐酸麻黄碱、氢溴酸东莨菪碱等有机碱难溶于水，常将其与氢卤酸成盐后做药品用，以 B · HX 表示。在用高氯酸滴定氢卤酸盐时，须消除 HX 的干扰。常加入过量的醋酸汞冰醋酸溶液形成难电离的卤化汞，氢卤酸盐转变为可测定的醋酸盐，再用高氯酸的冰醋酸溶液滴定。选择结晶紫或其他指示剂指示终点。

例 4-13　盐酸麻黄碱的含量测定《中国药典》（2020 年版）

取本品约 0.15g，精密称定，加冰醋酸 10ml，加热溶解后，加醋酸汞试液 4ml 与结晶紫指示液一滴，用高氯酸滴定液（0.1mol/L）滴定至溶液显翠绿色，并将滴定的结果用空白试验校正。每 1ml 高氯酸滴定液（0.1mol/L）相当于 20.17mg 的 $C_{10}H_{15}NO \cdot HCl$。

（4）有机碱的有机酸盐　马来酸氯苯那敏、重酒石酸去甲肾上腺素、枸橼酸喷托维林等盐类成分，在冰醋酸或冰醋酸-醋酐混合溶剂中碱性增强，可用高氯酸滴定，以结晶紫指示终点。

（二）酸的滴定

1. 溶剂的选择　在非水酸碱滴定中，选择比水碱性更强的溶剂可使待测弱酸的表观酸性增强，获得更明显的滴定突跃和准确的结果。滴定酸性稍弱的羧酸类物质常用甲醇、乙醇等醇类作溶剂；对弱酸和极弱酸的滴定，则选择乙二胺、二甲基甲酰胺等碱性溶剂。混合酸的区分滴定常以甲基异丁酮为溶剂。此外，苯-甲醇、甲醇-丙酮等混合溶剂也有使用。

2. 标准碱溶液　在非水滴定中测定酸，常用甲醇钠（CH_3ONa）的苯-甲醇溶液滴定的碱标准溶液。此外，碱金属氢氧化物的醇溶液、氨基乙醇钠以及氢氧化四丁基铵的苯-甲醇溶液也都可用作标准溶液。

（1）0.1mol/L 甲醇钠标准溶液的配制取　无水甲醇（含水量小于 0.2%）150ml，置于冷却的容器中，分多次加入新切的金属钠 2.5g，完全溶解后加适量的无水苯（含水量小于 0.2%），使成 1000ml，即得。

碱标准溶液在贮存过程中，要防止溶剂挥发，并避免吸收二氧化碳及水分。有机溶剂的体积膨胀系数较大，因此当温度改变时，要注意校正溶液的浓度。

（2）标准溶液标定与滴定终点的确定　碱标准溶液可用苯甲酸作基准物进行标定。标定甲醇钠的反应式为：

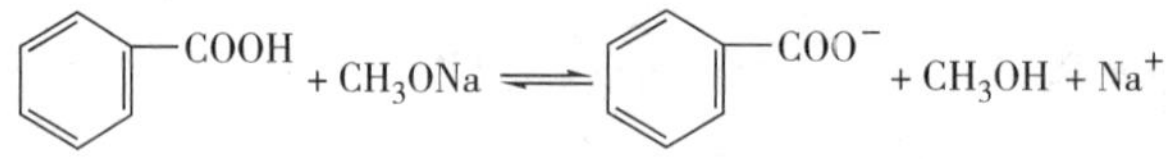

标定碱标准溶液或滴定酸时，最常用的指示剂是百里酚蓝，其碱式色为蓝色，酸式色为黄色。在碱性溶剂或偶极亲质子溶剂中滴定羧酸、磺胺类、巴比妥类，用溴酚蓝作指示剂，碱式色为蓝色，酸式色为红色。

3. 应用范围　由于采用不同性质的非水溶剂，使一些弱酸（碱）的强度得到增强，也增加了反应的完全程度，满足了直接滴定的条件。因而利用非水滴定可以测定磺酸、羧酸、酚类、酰胺等酸类物质，和某些含氮化物和不同的含硫化物。

（1）羧酸类　无法在水中滴定的水杨酸等一些羧酸类化合物，可在中性稀乙醇、苯-甲醇的溶剂中用甲醇钠滴定。

（2）酚类　苯酚在乙二胺溶剂中，可用氨基乙醇钠的标准溶液滴定。若在苯酚的邻位或对位存在 $—NO_2$、—CHO、—Cl、—Br 等取代基，可在二甲基甲酰胺溶剂中以甲醇钠溶液滴定。可选择偶氮紫为指示剂。

（3）磺酰胺类及其他　磺酰胺类化合物可在碱性溶剂中滴定。如磺胺嘧啶、磺胺噻唑，可用甲醇-丙酮或甲醇-苯做溶剂，甲醇钠标准溶液滴定，以百里酚蓝为指示剂。而酸性较弱的磺胺，则需溶解在碱性较强的丁胺等溶剂中，以甲醇钠标准溶液滴定，选择偶氮紫为指示剂。

此外，巴比妥酸、氨基酸及某些铵盐，可在碱性溶剂中用标准酸溶液滴定。

如磺胺异噁唑的含量测定《中国药典》（2020 年版）。

本章小结

- 酸碱滴定法
  - 酸碱理论
    - 酸碱质子理论
    - 质子平衡：质子条件式；$[H^+]$近似式、最简式
    - 分布曲线pH-δ
  - 滴定分析
    - 滴定曲线
      - 滴定突跃
      - 指示剂选择
      - 准确滴定条件
        - $c \cdot K \geqslant 10^{-8}$
        - $K_n/K_{n+1} \geqslant 10^4$
    - 滴定误差TE%
  - 标准溶液
    - 配制：间接法
    - 标定
  - 应用
  - 非水滴定
    - 溶剂
      - 分类
      - 离解性、酸碱性、均化和区分效应
      - 选择
    - 应用

练习题

题库

1. 从质子理论来看下面物质哪些是酸？哪些是碱？哪些是两性物质？为什么？试按酸碱性强弱顺序分别把它们排列起来。

HAc，Ac^-；NH_3，NH_4^+；HCN，CN^-；HF，F^-；$H_2C_2O_4$，$H_2C_2O_4^-$；HCO_3^-，CO_3^{2-}；H_3PO_4，$H_2PO_4^-$。

2. 写出下列各酸碱物质水溶液的质子条件式：

NH_3；NH_4Ac；NH_4HCO_3；NaH_2PO_4；NH_3；HAc+NaAc

3. 试述酸碱指示剂的变色原理、变色范围及指示剂的选择原则。

4. 用NaOH溶液滴定下列各种多元酸（0.1mol/L）时会出现几个pH突跃？分别选用什么指示剂？

H_3PO_4；H_2SO_4；H_2SO_3；$H_2C_2O_4$；H_2CO_3

5. 长期放置的NaOH标准溶液，当用于滴定强酸、弱酸时，对滴定结果有何影响？

6. 试用酸碱质子理论解释水分对非水溶液滴定酸或碱的影响。

7. 用非水滴定法测定下列物质时，哪些宜选择酸性溶剂？哪些宜选择碱性溶剂？为什么？

醋酸钠；苯甲酸；吡啶；苯酚；枸橼酸钠；生物碱

8. 试设计HCl-HAc、Na_3PO_4-Na_2HPO_4、$NH_3 \cdot H_2O$-NH_4Cl几种混合组分的测定方法。简要列出操作步骤、所选指示剂及结果计算公式。

9. 用0.1000mol/L NaOH溶液滴定0.1000mol/L HAc溶液时，（1）用中性红为指示剂，滴定到pH=7.0为终点；（2）用百里酚酞为指示剂，滴定到pH=10.0为终点，分别计算两种情况的终点误差。

10. 某含有$NaHCO_3$、Na_2CO_3及不与酸反应杂质的试样0.3010g，以酚酞为指示剂，用0.1060mol/L的HCl滴定耗去20.10ml，继而用甲基橙为指示剂，继续用HCl滴定，用去27.60ml，求各组分的含量。

11. 有一含有Na_2CO_3的NaOH药品0.6000g，用0.3000mol/L的HCl滴定，以酚酞为指示剂时，滴定至终点消耗HCl 24.08ml，继续滴定至甲基橙终点，又消耗HCl 12.04ml，计算Na_2CO_3和NaOH的质量分数。

12. 称取某磷酸盐样品（可能成分Na_3PO_4、Na_2HPO_4、NaH_2PO_4）0.8136g，用水溶解后，加入酚酞指示剂，用0.2020mol/L HCl滴定至终点时消耗19.82ml。同质量的试样，以甲基橙为指示剂，滴定至终

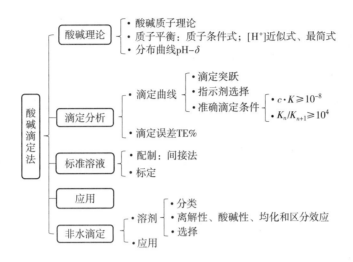

点时消耗41.62ml。试计算各组分的质量分数。（$M_{Na_3PO_4}=163.9g/mol$；$M_{Na_2HPO_4}=142.0g/mol$；$M_{NaH_2PO_4}=120.0g/mol$）

13. 已知水的离子积常数 $K_w=K_s=10^{-14}$，乙醇的离子积常数 $K_s=10^{-19.1}$，试求（1）纯水的pH和乙醇的 $pC_2H_5OH_2$ 各为多少？（2）0.0100mol/L $HClO_4$ 水溶液和乙醇溶液的pH、$pC_2H_5OH_2$ 及pOH、pC_2H_5O 各为多少？（假设 $HClO_4$ 全部离解）

14. 称取盐酸麻黄碱（$C_{10}H_{15}NO \cdot HCl$）0.1631g，加冰醋酸10ml，加热溶解后，加醋酸汞4ml，结晶紫指示剂一滴，用0.1024mol/L $HClO_4$ 标准溶液滴定，消耗8.12ml到达终点，空白溶液消耗0.14ml。计算盐酸麻黄碱的百分含量。（$M_{C_{10}H_{15}NO \cdot HCl}=201.70g/mol$）

（王海波）

第五章

配位滴定法

学习导引

知识要求

1. **掌握** 配位滴定法的基本原理；条件稳定常数，副反应系数；配位滴定条件的选择；金属指示剂的作用原理。

2. **熟悉** 化学计量点时金属离子浓度；EDTA 标准溶液配制、标定与应用；常用金属指示剂的变色范围和使用条件。

3. **了解** 间接滴定法、返滴定法和置换滴定法在配位滴定中的应用。

能力要求

能够以化学计量点时金属离子浓度（pM′）计算为主线，明确 pM′与条件稳定常数和副反应系数的联系，了解各种副反应影响主反应的程度，掌握配位滴定条件选择、结果计算及误差评价技能，具有金属离子配位测定的理论分析能力。

素质要求

配位滴定法是滴定分析中难度较大的一章，公式多且难以理解。随着学习难度的加大，需要及时调整学习方式，不断培养逻辑思维的能力，梳理知识的脉络。探索在生命科学、环境科学、材料科学等国际前沿科学的应用，将经典的分析化学与前沿科学有机结合，培养科学探究精神，与时俱进，迎接新的挑战。

配位滴定法（complexometric titration）是以配位反应为基础的滴定分析方法，又称络合滴定法。配位反应广泛存在，但并不是所有的配位反应均可用于滴定分析，必须满足滴定分析的要求（详见第三章第一节）。配位滴定法常用于测定金属离子或间接测定其他离子，广泛应用于医药工业、化学工业、地质和冶金等各个领域。

配位滴定法通常根据金属离子与配位剂形成配合物的配位反应过程进行滴定分析。配位滴定中常见的配位剂有两类，无机配位剂和有机配位剂。

无机配位剂与金属离子常形成逐级配合物，稳定性较差，且各级配合物的稳定常数相差较小，没有明显的突跃，无法判断终点。所以无机配位剂一般难以满足滴定分析的要求，较少用于滴定分析。

有机配位剂一般含有两个或两个以上可供配位的电子对，是多基配位体。它与金属离子形成具有环状结构的配合物，称为螯合物，稳定性高。有机配位剂克服了无机配位剂的缺点，得到了广泛的应用，极大地推动了配位滴定法的迅速发展。目前，应用最广泛的有机配位剂是氨羧类配位剂。

氨羧配位剂是一类以氨基二乙酸［$—N(CH_2COOH)_2$］为基体的配位剂。其分子中以 N、O 为配位原子，与金属离子配位生成具有环状结构的螯合物。氨羧配位剂有数十种，常用的有乙二胺四乙酸（ethylene diamine tetraacetic acid，EDTA）、乙二醇二乙醚二胺四乙酸（EGTA）、环己烷二胺四乙酸（DCTA）、乙二胺四丙酸（EDTP）等，其中应用最广泛的是 EDTA。本章主要讨论以 EDTA 为配位剂的配位滴定法，简称 EDTA 滴定法。

第一节 EDTA 的性质与配位特点

PPT

乙二胺四乙酸（EDTA）是四元酸，常用 H_4Y 表示。Schwarzenbach 提出，EDTA 具有双偶极离子结构，其中两个可离解的 H^+ 为强酸性，另外两个羧基上的氢可以转移到氮原子上，与氮原子结合，不易释放 H^+，其结构如下：

$$HOOCH_2C, \, ^-OOCH_2C \quad NH^+-CH_2-CH_2-NH^+ \quad CH_2COO^-, \, CH_2COOH$$

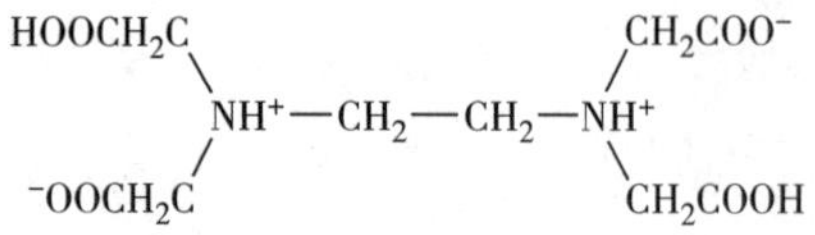

当 H_4Y 溶于酸度较高的溶液时，其羧酸根还可以再接受两个 H^+ 形成六元酸 H_6Y^{2+}，在水溶液中存在六级离解平衡。

一、EDTA 在水溶液中的离解平衡

$$H_6Y^{2+} \rightleftharpoons H_5Y^+ + H^+ \qquad K_{a_1} = \frac{[H_5Y^+][H^+]}{[H_6Y^{2+}]} = 1 \times 10^{-0.9}$$

$$H_5Y^+ \rightleftharpoons H_4Y^+ H^+ \qquad K_{a_2} = \frac{[H_4Y][H^+]}{[H_5Y^+]} = 1 \times 10^{-1.6}$$

$$H_4Y \rightleftharpoons H_3Y^- + H^+ \qquad K_{a_3} = \frac{[H_3Y^-][H^+]}{[H_4Y]} = 1 \times 10^{-2.0}$$

$$H_3Y^- \rightleftharpoons H_2Y^{2-} + H^+ \qquad K_{a_4} = \frac{[H_2Y^{2-}][H^+]}{[H_3Y^-]} = 1 \times 10^{-2.67}$$

$$H_2Y^{2-} \rightleftharpoons HY^{3-} + H^+ \qquad K_{a_5} = \frac{[HY^{3-}][H^+]}{[H_2Y^{2-}]} = 1 \times 10^{-6.16}$$

$$HY^{3-} \rightleftharpoons Y^{4-} + H^+ \qquad K_{a_6} = \frac{[Y^{4-}][H^+]}{[HY^{3-}]} = 1 \times 10^{-10.26}$$

由此可见，EDTA 在水溶液中以 H_6Y^{2+}、H_5Y^+、H_4Y、H_3Y^-、H_2Y^{2-}、HY^{3-} 和 Y^{4-} 七种型体存在。它们的分布系数与 pH 有关，EDTA 各种存在型体在不同 pH 时的分布曲线如图 5-1 所示。

可以看出，在 pH<1 的强酸性溶液中，EDTA 主要以 H_6Y^{2+} 型体存在；pH>10.26 的碱性溶液中，主要以 Y^{4-} 型体存在。在这七种型体中，以 Y^{4-} 离子与金属离子形成的配合物最稳定。

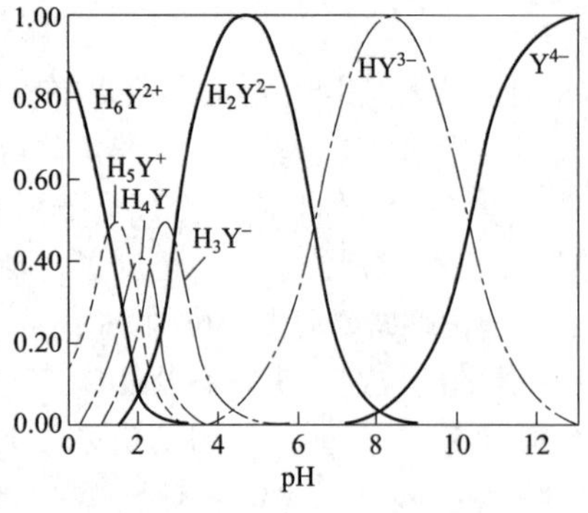

图 5-1 EDTA 各种存在型体在不同 pH 时的分布曲线

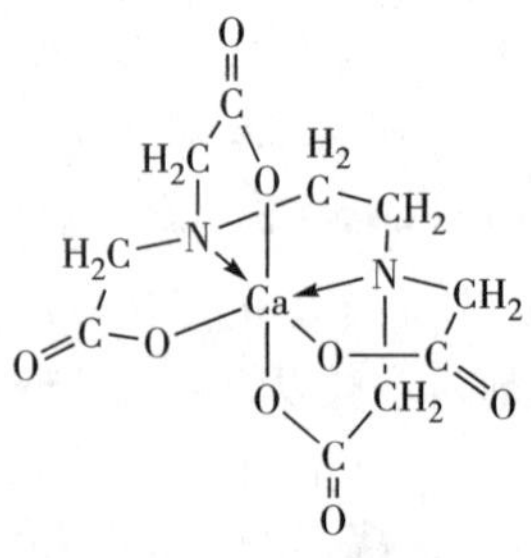

图 5-2 EDTA-Ca 配合物立体结构

二、EDTA 配位特点

由于 EDTA 有六个可配位的配位原子（氨基上的两个 N 和羧基上的四个 O），可与金属离子同时配位，形成具有多个五元环的螯合物，如图 5-2 所示（CaY^{2-}配合物）。EDTA 与多种金属离子形成的配合物具有如下特点：①稳定性高；②配位简单，EDTA 与多数金属离子反应的配比为 1∶1；③配合物大多带电荷，水溶性好；④配合物颜色，EDTA 与无色金属离子生成的配合物仍为无色，与有色金属离子形成颜色更深的配合物。

第二节　配位平衡

PPT

一、配位平衡常数

（一）ML 型（1∶1）配合物

EDTA（简以 Y^{4-}表示）与大多数金属离子 M^{n+}形成 1∶1 的配合物 ML。配位剂 L 此时为 EDTA，为方便讨论，省去电荷，将配位反应式简写成：

$$M + Y \rightleftharpoons MY$$

反应的平衡常数表达式为：

$$K_{MY}=\frac{[MY]}{[M][Y]} \tag{5-1}$$

K_{MY}为配位反应平衡常数，也可用 $\lg K_{MY}$表示，体现配合物的 MY 的稳定性，而且在无副反应干扰的情况下获取的数据，所以又称为绝对稳定常数。该值越大，配合物越稳定。根据 K_{MY}或 $\lg K_{MY}$的大小可判断配位反应进行的完全程度，也可判断金属离子是否能直接滴定。一些常见金属离子与 EDTA 配合物的稳定常数见表 5-1。

表 5-1　EDTA-金属离子配合物稳定常数表

金属离子	$\lg K_{MY}$	金属离子	$\lg K_{MY}$	金属离子	$\lg K_{MY}$
Na^{+}	1.66	Fe^{2+}	14.3	Cu^{2+}	18.80
Li^{+}	2.79	Al^{3+}	16.30	Hg^{2+}	21.80
Ag^{+}	7.32	Co^{2+}	16.31	Sn^{2+}	22.10
Ba^{2+}	7.78	Cd^{2+}	16.46	Cr^{3+}	23.40
Mg^{2+}	8.69	Zn^{2+}	16.50	Fe^{3+}	25.10
Ca^{2+}	10.69	Pb^{2+}	18.04	Bi^{3+}	27.94
Mn^{2+}	13.87	Ni^{2+}	18.60	Co^{3+}	36.00

由表 5-1 可见，EDTA 与不同金属离子形成配合物的稳定性差别较大。碱金属离子的配合物最不稳定；碱土金属离子配合物 $\lg K_{MY}$在 8~11 之间；过渡元素、稀土元素、Al^{3+}的配合物 $\lg K_{MY}$在 15~19 之间；其他三价、四价金属离子和 Hg^{2+}的配合物 $\lg K_{MY}$>20。配合物的稳定性的差异主要取决于金属离子的电荷、半径和电子层结构。

（二）MLn 型（1∶n）配合物

金属离子 M 还能与其他配位剂 L 发生逐级配位反应，形成 ML*n* 型配合物，逐级配位平衡及稳定常数如下：

$$M + L \rightleftharpoons ML \qquad K_1=\frac{[ML]}{[M][L]}$$

$$ML + L \rightleftharpoons ML_2 \qquad K_2=\frac{[ML_2]}{[ML][L]}$$

$$\vdots \qquad \vdots$$

$$ML_{n-1} + L \rightleftharpoons ML_n \qquad K_n=\frac{[ML_n]}{[ML_{n-1}][L]}$$

将各级稳定常数依次相乘，可得到各级累积稳定常数 β_n（cumulative stability constant）。配位滴定平衡的计算中，常使用累积稳定常数 β_n 表示逐级配位平衡稳定性：

第一级累积稳定常数 $$\beta_1=K_1=\frac{[ML]}{[M][L]}$$

第二级累积稳定常数 $$\beta_2=K_1\cdot K_2=\frac{[ML_2]}{[M][L]^2}$$

$\vdots$

第 n 级累积稳定常数 $$\beta_n=K_1\cdot K_2\cdots K_n=\frac{[ML_n]}{[M][L]^n} \tag{5-2}$$

则：

$$[ML]=\beta_1[M][L]$$

$$[ML_2]=\beta_2[M][L]^2$$

$$\vdots$$

$$[ML_n]=\beta_n[M][L]^n \tag{5-3}$$

式（5-3）中，$[ML_n]$为各级配合物在平衡时的浓度，$[M]$、$[L]$分别为平衡时金属离子的浓度和配位剂的浓度。

二、配位反应的副反应系数

在配位反应体系中，所涉及的化学平衡比较复杂，除了被测金属离子 M 与滴定剂 Y 之间的主反应外，还存在各种副反应，从而影响主反应的进行。整个反应体系的平衡关系可表示如下。

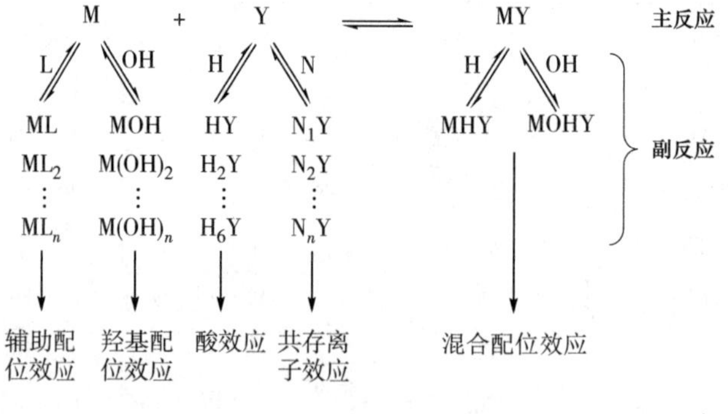

除了反应产物 MY 的副反应有利于主反应，其他副反应都将对主反应产生不利的影响。为了定量表示副反应进行的程度，引入副反应系数 α。下面分别讨论各种副反应对主反应的影响。

（一）配位剂 Y 的副反应及副反应系数

配位剂 Y 的副反应用 α_Y表示：

$$\alpha_Y=\frac{[Y']}{[Y]} \tag{5-4}$$

式（5-4）中，$[Y']$表示在平衡体系中参加主反应之外的 Y(EDTA)的总浓度，即在溶液中未与金属离子 M 配位的 Y 各种型体浓度之和；$[Y]$表示 Y^{4-}离子的平衡浓度。α_Y越大，说明 Y 副反应越严重，对主反应进行的影响越大。

配位剂 Y 的副反应主要包括酸效应和共存离子效应两种，其副反应系数分别称为酸效应系数 $\alpha_{Y(H)}$ 和共存离子效应系数 $\alpha_{Y(N)}$。

1. 酸效应系数 $\alpha_{Y(H)}$　由于 H^+ 的存在，使 Y 参加主反应能力降低的现象称为酸效应（acid effect）。酸效应系数用 $\alpha_{Y(H)}$ 表示。

$$\alpha_{Y(H)}=\frac{[Y']}{[Y]} \tag{5-5}$$

$\alpha_{Y(H)}$ 表示未参加配位反应的 EDTA 总浓度是游离 Y^{4-} 平衡浓度[Y]的倍数。$\alpha_{Y(H)}$ 越大，表示酸效应越强。可以根据 EDTA 离解常数代入 $\alpha_{Y(H)}$ 计算式，求得：

$$\begin{aligned}\alpha_{Y(H)}&=\frac{[Y']}{[Y]}=\frac{[Y]+[HY]+[H_2Y]+[H_3Y]+[H_4Y]+[H_5Y]+[H_6Y]}{[Y]}\\&=1+\frac{[H^+]}{K_{a_6}}+\frac{[H^+]^2}{K_{a_6}K_{a_5}}+\frac{[H^+]^3}{K_{a_6}K_{a_5}K_{a_4}}+\frac{[H^+]^4}{K_{a_6}K_{a_5}K_{a_4}K_{a_3}}+\frac{[H^+]^5}{K_{a_6}K_{a_5}K_{a_4}K_{a_3}K_{a_2}}+\frac{[H^+]^6}{K_{a_6}K_{a_5}K_{a_4}K_{a_3}K_{a_2}K_{a_1}}\end{aligned} \tag{5-6}$$

由式（5-6）可知，$\alpha_{Y(H)}$ 是 $[H^+]$ 的函数，$[H^+]$ 越大，$\alpha_{Y(H)}$ 越大，说明副反应越严重。当 $\alpha_{Y(H)}=1$ 时，$[Y']=[Y]$，表示 EDTA 未与 $[H^+]$ 发生副反应，即未与 M 配位的 EDTA 全部以 Y^{4-} 形式存在。

根据式（5-6）可计算出不同酸度下的 $\alpha_{Y(H)}$。不同 pH 时 EDTA 的 $\lg\alpha_{Y(H)}$ 见表 5-2。

表 5-2　EDTA 在各种 pH 时的 $\lg\alpha_{Y(H)}$ 值

pH	$\lg\alpha_{Y(H)}$	pH	$\lg\alpha_{Y(H)}$	pH	$\lg\alpha_{Y(H)}$
0.0	23.64	5.0	6.45	9.0	1.29
1.0	18.01	5.5	5.51	9.5	0.83
2.0	13.79	6.0	4.65	10.0	0.45
2.5	11.11	6.5	3.92	10.5	0.20
3.0	10.63	7.0	3.32	11.0	0.07
3.5	9.48	7.5	2.78	11.5	0.02
4.0	8.44	8.0	2.26	12.0	0.01
4.5	7.44	8.5	1.77	13.0	0.00

表 5-2 显示，$\lg\alpha_{Y(H)}$ 随着 pH 的增大而减小，酸效应越不显著，当 pH 增大至一定程度时，可忽略 EDTA 酸效应的影响。

例 5-1　计算 pH=9.00 时 EDTA 的酸效应系数。

解：pH=9.00 时，$[H^+]=1.0\times10^{-9.00}$mol/L

$$\begin{aligned}\alpha_{Y(H)}&=1+\frac{[H^+]}{K_{a_6}}+\frac{[H^+]^2}{K_{a_6}K_{a_5}}+\frac{[H^+]^3}{K_{a_6}K_{a_5}K_{a_4}}+\frac{[H^+]^4}{K_{a_6}K_{a_5}K_{a_4}K_{a_3}}+\frac{[H^+]^5}{K_{a_6}K_{a_5}K_{a_4}K_{a_3}K_{a_2}}+\frac{[H^+]^6}{K_{a_6}K_{a_5}K_{a_4}K_{a_3}K_{a_2}K_{a_1}}\\&=1+\frac{10^{-9.00}}{10^{-10.26}}+\frac{10^{-18.00}}{10^{-16.42}}+\frac{10^{-27.00}}{10^{-19.09}}+\frac{10^{-36.00}}{10^{-21.09}}+\frac{10^{-45.00}}{10^{-22.69}}+\frac{10^{-54.00}}{10^{-23.59}}=1\times10^{1.29}\end{aligned}$$

$$\alpha_{Y(H)}=1.29$$

2. 共存离子效应系数 $\alpha_{Y(N)}$　当 Y 滴定 M 时，若溶液中存在其他金属离子 N，将与 Y 形成配合物 NY，使得 Y 参加主反应的能力降低，这种现象称为共存离子效应。其影响程度用 $\alpha_{Y(N)}$ 表示。只考虑共存离子 N 的影响时，则：

$$\alpha_{Y(N)}=\frac{[Y']}{[Y]}=\frac{[Y]+[NY]}{[Y]}=1+[N]K_{NY} \tag{5-7}$$

由式（5-7）可知，$\alpha_{Y(N)}$ 与共存离子 N 的浓度和共存离子配合物 NY 的稳定常数 K_{NY} 有关。

3. 配位剂 Y 的总副反应系数 α_Y　配位反应平衡体系中既有酸效应，又有共存离子 N 的影响时，

EDTA 总副反应系数应为：

$$\alpha_Y=\frac{[Y']}{[Y]}=\frac{[Y]+[HY]+[H_2Y]+[H_3Y]+[H_4Y]+[H_5Y]+[H_6Y]+[NY]}{[Y]}$$

$$=\frac{[Y]+[HY]+[H_2Y]+[H_3Y]+[H_4Y]+[H_5Y]+[H_6Y]}{[Y]}+\frac{[NY]+[Y]}{[Y]}-\frac{[Y]}{[Y]}$$

整理，得：

$$\alpha_Y=\alpha_{Y(H)}+\alpha_{Y(N)}-1 \qquad (5-8)$$

在实际应用时，如果 $\alpha_{Y(H)}$ 和 $\alpha_{Y(N)}$ 相差 2 个数量级或以上时，可以只考虑一项而忽略另一项。例如，$\alpha_{Y(H)}=1\times10^{6.45}$，$\alpha_{Y(N)}=1\times10^{3}$，此时只考虑酸效应系数，即 $\alpha_Y\approx\alpha_{Y(H)}$。

（二）金属离子 M 的副反应及副反应系数 α_M

1. 配位效应系数 $\alpha_{M(L)}$ 在实际滴定过程中，溶液中还存在着其他配位剂 L，配位剂 L 与金属离子 M 也会发生配位反应。这种由于其他配位剂存在，使金属离子 M 参加主反应能力降低的现象，称为配位效应（complex effect）。配位效应的大小用 $\alpha_{M(L)}$ 表示。

配位效应系数 $\alpha_{M(L)}$ 表示未参加主反应的金属离子 M 的总浓度［M′］是游离金属离子 M 平衡浓度［M］的倍数。则：

$$a_{M(L)}=\frac{[M']}{[M]}=\frac{[M]+[ML]+[ML_2Y]+\cdots+[ML_n]}{[M]}$$

$$\alpha_{M(L)}=1+\beta_1[L]+\beta_2[L]^2+\cdots+\beta_n[L]^n \qquad (5-9)$$

式（5-9）可知，$\alpha_{M(L)}$ 是配位剂 L 平衡浓度［L］的函数，$\alpha_{M(L)}$ 越大，说明由配位剂 L 引起的副反应程度越大。$\alpha_{M(L)}=1$ 时，表示金属离子 M 未发生配位效应。

2. 羟基配位效应系数 $\alpha_{M(OH)}$ 在 pH 较高的溶液中滴定时，金属离子因水解而形成各种羟基配合物，由此引起的副反应称为羟基配位效应。配位效应的大小用 $\alpha_{M(OH)}$ 表示。

$$\alpha_{M(OH)}=\frac{[M]+[M(OH)]+[M(OH)_2]+\cdots+[M(OH)_n]}{[M]}$$

$$\alpha_{M(OH)}=1+\beta_1[OH]+\beta_2[OH]^2+\cdots+\beta_n[OH]^n \qquad (5-10)$$

3. 金属离子的总副反应系数 α_M 配位反应平衡体系中既有辅助配位效应，又有羟基配位效应的影响时，金属离子 M 的总副反应系数应为：

$$\alpha_M=\alpha_{M(L)}+\alpha_{M(OH)}-1 \qquad (5-11)$$

同理，若溶液中存在多种配位剂，如与缓冲溶液中 NH_3、掩蔽剂 F^- 以及 OH^- 等配位剂发生副反应。设有 n 种配位剂与金属离子发生副反应，则

$$\alpha_M=\alpha_{M(L_1)}+\alpha_{M(L_2)}+\alpha_{M(L_n)}+\cdots-(n-1) \qquad (5-12)$$

例 5-2 在 $NH_3\cdot H_2O-NH_4Cl$ 的缓冲溶液中，当 $[NH_3]=0.1$mol/L，pH=11.00 时，计算 α_{Zn} 值。

解： 从附表 4-1 查得，$Zn(NH_3)_4^{2+}$ 的 $\lg\beta_1\sim\lg\beta_4$ 分别是 2.27、4.61、7.01、9.06。

$$\alpha_{Zn(NH_3)}=1+\beta_1[NH_3]+\beta_2[NH_3]^2+\beta_3[NH_3]^3+\beta_4[NH_3]^4$$

$$=1+10^{2.27}\times0.1+10^{4.61}\times10^{-2}+10^{7.01}\times10^{-3}+10^{9.06}\times10^{-4}$$

$$=1\times10^{5.1}$$

从附表 4-3 查得，pH=11 时，$\lg\alpha_{Zn(OH)}=5.4$；

故 $\alpha_{Zn}=\alpha_{Zn(NH_3)}+\alpha_{Zn(OH)}-1=1\times10^{5.1}+1\times10^{5.4}-1\approx1\times10^{5.6}$

（三）配合物 MY 的副反应系数 α_{MY}

配合物 MY 的副反应主要与溶液的 pH 有关。溶液中 pH 值较低时，MY 能与 H^+ 发生副反应，生成酸式配合物 MHY，副反应系数 $\alpha_{MHY}=1+K_{MHY}[H^+]$。若溶液中 pH 值较高，MY 能与 OH^- 发生副反应，生成碱式配合物 MOHY，副反应系数为：$\alpha_{MOHY}=1+K_{MOHY}[OH^-]$。

实际滴定过程中，MHY 和 MOHY 大多不稳定，一般计算时可以忽略不计。

三、EDTA 配合物的条件稳定常数

微课

由于实际反应中存在诸多副反应，对配位主反应有着不同程度的影响，当配位反应达到平衡时，溶液中参与主反应的金属离子总浓度[M′]≠[M]，EDTA 总浓度[Y′]≠[Y]。因此，将配合物的稳定常数进行修正为：

$$K'_{MY}=\frac{[MY']}{[M'][Y']} \tag{5-13}$$

由于 $$[M']=\alpha_M[M],\ [Y']=\alpha_Y[Y],\ [MY']=\alpha_Y[MY]$$

所以 $$K'_{MY}=\frac{\alpha_{MY}[MY]}{\alpha_M[M]\alpha_Y[Y]}=K_{MY}\frac{\alpha_{MY}}{\alpha_M\alpha_Y}$$

两边取对数可得：

$$\lg K'_{MY}=\lg K_{MY}-\lg\alpha_M-\lg\alpha_Y+\lg\alpha_{MY} \tag{5-14}$$

K'_{MY}是考虑了副反应效应后 EDTA 与金属离子配合物的稳定常数，称为条件稳定常数。

实际分析中，配合物 MY 的副反应通常可忽略，即 $\alpha_{MY}=1$ 时则有：

$$\lg K'_{MY}=\lg K_{MY}-\lg\alpha_M-\lg\alpha_Y \tag{5-15}$$

K'_{MY}表示在一定条件下，有副反应发生时主反应进行的程度。$\lg K'_{MY}$是判断一定条件下配合物稳定性的重要数据，该值越大，说明该条件下配合物越稳定。

例 5-3　计算 pH=2.0 和 11.0 时的 $\lg K'_{ZnY}$值。

解：从表 5-1 查得，$\lg K_{ZnY}=16.5$

从表 5-2 和附表 4-3 查得，pH=2.0 时，$\lg\alpha_{Y(H)}=13.79$，$\lg\alpha_{Zn(OH)}=0$

按式（5-15）计算

$$\lg K'_{ZnY}=\lg K_{ZnY}-\lg\alpha_{Zn}-\lg\alpha_{Y(H)}=16.5-0-13.79=2.71$$

同理，pH=11.0 时，$\lg\alpha_{Y(H)}=0.07$，$\lg\alpha_{Zn(OH)}=5.4$

$$\lg K'_{ZnY}=\lg K_{ZnY}-\lg\alpha_{Zn}-\lg\alpha_{Y(H)}=16.5-5.4-0.07=11.03$$

由计算结果可知，ZnY 在 pH=10.0 的溶液中，比在 pH=2.0 的溶液中稳定。

例 5-4　计算 pH=11.0，$[NH_3]=0.1$mol/L 时，$\lg K'_{ZnY}$值。

解：从表 5-1 查得，$\lg K_{ZnY}=16.5$

从表 5-2 查得，pH=11.0 时，$\lg\alpha_{Y(H)}=0.07$；

由例 5-2 知：$\alpha_{Zn(NH_3)}=1\times10^{5.6}$，则 $\alpha_{Zn}=\alpha_{Zn(NH_3)}+\alpha_{Zn(OH)}-1\approx10^{5.6}$

$$\lg K'_{ZnY}=\lg K_{ZnY}-\lg\alpha_{Zn}-\lg\alpha_{Y(H)}=16.5-5.6-0.07=10.83$$

第三节　配位滴定法的基本原理

PPT

本节主要讨论 EDTA 滴定剂与金属离子配位的滴定曲线及滴定条件。

一、滴定曲线

在配位滴定中，被滴定的金属离子浓度随着滴定剂 EDTA 的不断加入而减小，在化学计量点附近时，溶液的 pM′发生突变，产生滴定突跃。以滴定剂 EDTA 的加入量为横坐标，pM′为纵坐标，可绘制出配位滴定曲线。

（一）滴定曲线的计算

现以 0.01000mol/L 的 EDTA 标准溶液滴定 20.00ml 0.01000mol/L Ca^{2+}溶液为例，计算 pH=10.0 时的 pCa 值。

已知 $\lg K_{MY}=10.69$，pH=10.0 时，$\lg\alpha_{Y(H)}=0.45$

所以 $\lg K'_{CaY}=\lg K_{CaY}-\lg\alpha_{Y(H)}=10.69-0.45=10.24$，$K'_{CaY}=1.7\times10^{10}$

将滴定过程分为以下四个过程进行讨论：

1. 滴定前 $[Ca^{2+}]=0.01000mol/L$

$$pCa=-\lg0.01000=2.00$$

2. 化学计量点前 在此阶段，溶液中尚有剩余的 Ca^{+}，则可根据剩余 Ca^{2+} 的量和溶液的体积来计算 $[Ca^{2+}]$。例如，当加入 19.98ml EDTA 溶液时：

$$[Ca^{2+}]=\frac{0.01000\times20.00-0.01000\times19.98}{20.00+19.98}=5.0\times10^{-6}mol/L$$

$$pCa=-\lg5.0\times10^{-6}=5.30$$

3. 化学计量点时 此时 Ca^{2+} 与 EDTA 几乎完全生成 CaY^{2-}，则可根据 CaY^{2-} 的 K_{CaY} 计算 $[Ca^{2+}]$。

即 $$[CaY^{2-}]=0.01000\times\frac{20.00}{20.00+20.00}=5.0\times10^{-3}mol/L$$

此时 $[Ca^{2+}]=[Y^{4-}]$，则

$$\frac{[CaY^{2-}]}{[Ca^{2+}][Y^{4-}]}=\frac{[CaY^{2-}]}{[Ca^{2+}]^2}=K'_{CaY}=1.7\times10^{10}$$

故 $$[Ca^{2+}]=\sqrt{\frac{[CaY^{2-}]}{K'_{CaY}}}=\sqrt{\frac{5.0\times10^{-3}}{1.7\times10^{10}}}=5.4\times10^{-7}mol/L$$

$$pCa=-\lg5.4\times10^{-7}=6.27$$

4. 化学计量点后 设加入 EDTA 22.02ml，此时 EDTA 过量 0.02ml，则有

$$[CaY^{2-}]=\frac{0.01000\times20.00}{20.00+20.00}=5.0\times10^{-3}mol/L$$

$$[Y^{4-}]=\frac{0.01000\times20.02-0.01000\times20.00}{20.00+20.02}=5.0\times10^{-6}mol/L$$

$$[Ca^{2+}]=\frac{[CaY^{2-}]}{[Y^{4-}]\ K'_{MY}}=\frac{5.0\times10^{-3}}{5.0\times10^{-6}\times1.7\times10^{10}}=5.9\times10^{-8}mol/L$$

$$pCa=-\lg5.9\times10^{-8}=7.23$$

根据以上的计算方法，将计算所得结果列于表 5-3，绘制滴定曲线如图 5-3 所示。

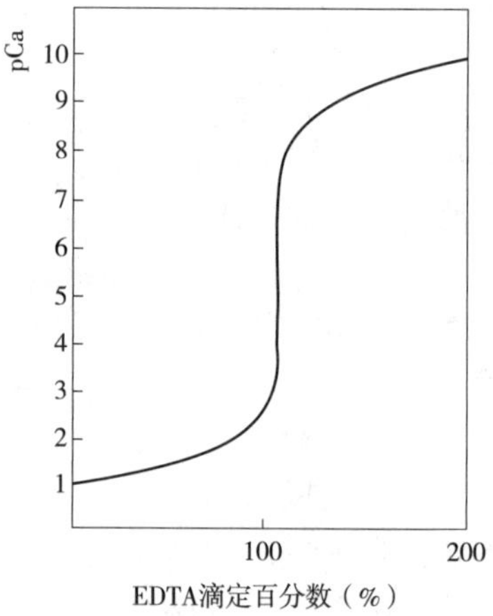

图 5-3 用 0.01000mol/L EDTA 滴定 0.01000mol/L Ca^{2+} 的滴定曲线

表 5-3 0.01000mol/L EDTA 滴定 20.00ml 0.01000mol/L Ca^{2+} 时 pCa 的变化情况

V_{EDTA}/ml	EDTA%	pCa
0.00	0.0	2.00
18.00	90.0	3.28
19.80	99.0	4.30
19.98	99.9	5.30
20.00	100.0	6.27
20.02	100.1	7.23
20.20	101.0	8.23
22.00	110.0	9.23
40.00	200.0	10.23

（二）化学计量点 pM′的计算

配位滴定中化学计量点 pM′是选择指示剂的依据。

因配合物 MY 的副反应一般忽略不计，所以有 $[MY']=[MY]$

若忽略配合物 MY 的副反应，化学计量点时，$[M']_{sp}=[Y']_{sp}$

若形成的配合物比较稳定，$[MY']=c_{M(sp)}-[M']_{sp}\approx c_{M(sp)}$

由 $K'_{MY}=\dfrac{[MY']}{[M'][Y']}$，整理得：

$$[M']_{sp}=\sqrt{\frac{c_{M(sp)}}{K'_{MY}}}$$

$$pM'_{sp}=\frac{1}{2}(pc_{M(sp)}+\lg K'_{ZnY}) \tag{5-16}$$

式（5-16）中，$c_{M(sp)}$为化学计量点时金属离子 M 的总浓度。若滴定剂与被滴定物浓度相同，$c_{M(sp)}$则为金属离子初始浓度的一半。

例 5-5　用 EDTA 溶液（0.02mol/L）滴定相同浓度的 Zn^{2+}，$[NH_3]$初始为 0.2mol/L，缓冲溶液 pH = 11.0，计算化学计量点时的 pZn'_{sp}。

解：化学计量点时，$c_{Zn(sp)}=0.02/2=0.01$mol/L，$pZn_{(sp)}=2.00$

从表 5-1 查得，$\lg K_{ZnY}=16.50$

从表 5-2 和附表 4-3 查得，pH = 11.0，$\lg\alpha_{Y(H)}=0.07$；$\lg\alpha_{Zn(OH)}=5.4$；

$[NH_3]=\frac{1}{2}\times0.20=0.10$mol/L；

从附表 4-1 查得，$Zn(NH_3)_4^{2+}$ 的 $\lg\beta_1\sim\lg\beta_4$ 分别是 2.27、4.61、7.01、9.06。

$$\begin{aligned}\alpha_{Zn(NH_3)}&=1+\beta_1[NH_3]+\beta_2[NH_3]^2+\beta_3[NH_3]^3+\beta_4[NH_3]^4\\&=1+10^{2.27}\times10^{-1}+10^{4.61}\times10^{-2}+10^{7.01}\times10^{-3}+10^{9.06}\times10^{-4}\\&=1\times10^{5.10}\end{aligned}$$

$$\alpha_{Zn}=\alpha_{Zn(NH_3)}+\alpha_{Zn(OH)}-1\approx10^{5.6}$$

$$\lg K'_{ZnY}=\lg K_{ZnY}-\lg\alpha_{Zn}-\lg\alpha_{Y(H)}=16.5-5.6-0.07=10.83$$

$$pZn'_{sp}=\frac{1}{2}(pc_{Zn(sp)}+\lg K'_{ZnY})=\frac{1}{2}(2.00+10.83)=6.41$$

（三）影响滴定突跃大小的因素

图 5-4、图 5-5 分别为不同金属离子浓度 c_M 及不同 K'_{MY} 时的滴定曲线，由图可知，影响配位滴定突跃范围大小的主要因素是 c_M 和 K'_{MY}。

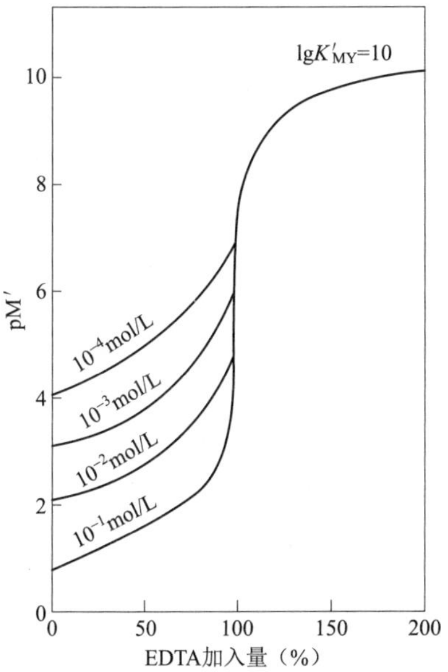

图 5-4　不同 c_M 时的 EDTA 滴定曲线

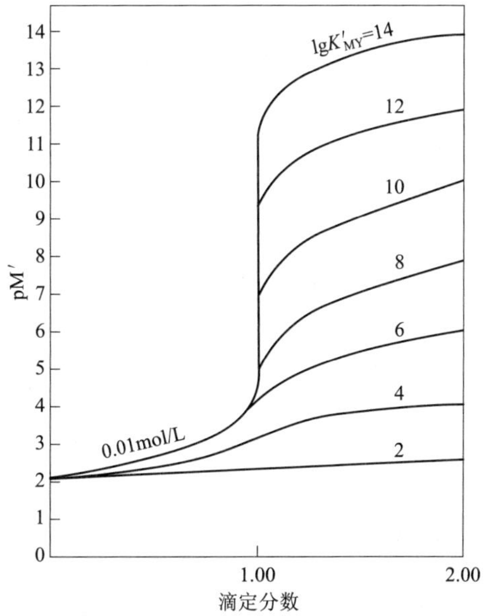

图 5-5　不同 K'_{MY} 时的 EDTA 滴定曲线

1. 金属离子浓度对滴定突跃的影响 由图 5-4 可知，在 K'_{MY}一定的条件下，c_M越大，滴定曲线的起点越低，突跃范围越大；反之突跃就越小。

2. 条件稳定常数对滴定突跃的影响 由图 5-5 可知，在浓度一定的条件下，K'_{MY}越大，滴定突跃范围越大。K'_{MY}是影响滴定突跃的重要因素，而 K'_{MY}的大小主要取决于稳定常数、酸效应和配位效应。

课堂互动

影响配位滴定突跃范围的因素是什么？与酸碱滴定法的影响因素有何异同？

二、金属指示剂

配位滴定中，常用一种能与金属离子生成有色配合物的显色剂来指示滴定过程中金属离子浓度的变化，这种显色剂称为金属离子指示剂，简称为金属指示剂（metallochrome indicator）。

（一）金属指示剂的作用原理

1. 作用原理 金属指示剂一般为具有配位性质的有机弱酸或弱碱，在不同 pH 条件下具有不同的颜色。

配位滴定时，首先，部分被测金属离子 M 与指示剂 In 配位，生成与指示剂本身颜色不同的配合物 MIn。随着 EDTA 的滴入，溶液中的金属离子 M 与 EDTA(Y)生成配合物 MY，滴定至近化学计量点时，EDTA 将置换出 MIn 中的 In，溶液显示游离指示剂的颜色，指示终点的到达。

现以 In 代表指示剂，其具体反应过程如下：

滴定前 $M + In \rightleftharpoons MIn$

　　　　A 色　B 色

终点前 $M + Y \rightleftharpoons MY$

终点时 $MIn + Y \rightleftharpoons MY + In$

　　　B 色　　　A 色

如常用的金属指示剂铬黑 T（EBT），在 pH7～10 的溶液中呈蓝色，而与 Ca^{2+}、Mg^{2+}、Zn^{2+}等金属离子的配合物呈红色。

2. 具备的条件 根据金属指示剂的作用原理可看出，金属指示剂应具备以下条件。

（1）在滴定的 pH 范围内，MIn 与 In 的颜色应显著不同。因颜色显著不同才能使终点时溶液颜色变化明显，且显色反应灵敏、迅速，有良好的变色可逆性。

（2）MIn 的稳定性要适当。MIn 既要有足够的稳定性（$K_{MY}>10^4$），又要比 MY 配合物的稳定性小，要求 $K_{MY}/K_{MIn}>10^2$。如果 MIn 的稳定性太低，则在近计量点时，会由于 MIn 的离解，游离出 In，而使终点提前到达。如果 MIn 的稳定性太高，则到达终点时，Y 将难以从 MIn 中夺取 M，而使终点推迟，甚至不发生颜色改变。

（3）MIn 应易溶于水。MIn 不能为胶体溶液或沉淀，否则会使终点时置换速度减慢或颜色变化不明显。

3. 指示剂的封闭和僵化现象

（1）封闭现象 在配位滴定中，有时当滴定到计量点后，虽滴入过量的 EDTA 也不能从金属指示剂配合物中置换出指示剂，颜色变化不敏锐或无变化。这种现象称为封闭现象。

封闭现象产生的主要原因：指示剂与某些金属离子生成极稳定的配合物，其稳定性超过了 MY 配合物的稳定性，使其在终点时不发生颜色变化或变化不敏锐。解决的方法是：如果封闭现象是由被测定离子本身引起的，则可采用剩余滴定的方式滴定被测离子；如果封闭现象是因为溶液中有其他金属离子的存在引起的，就需要根据不同的情况，加入适当的掩蔽剂（表 5-3 和表 5-4）来掩蔽这些离子，以消除封闭现象。

（2）僵化现象 在配位滴定中，若金属指示剂与金属离子形成的配合物为胶体或沉淀状态，则在用 EDTA 滴定时，就会在终点时使 EDTA 置换指示剂的作用缓慢，引起终点拖长，这种现象称为指示剂的僵化现象。消除僵化现象的方法是可加入有机溶剂或加热增大 MIn 的溶解性，加快 EDTA 置换指示剂的速度。

（二）金属指示剂颜色转变点 pM_t'的计算

金属离子与指示剂生成配合物存在下列平衡：

$$MIn \rightleftharpoons M+In$$

条件稳定常数

$$K'_{MIn}=\frac{[MIn']}{[M'][I'_n]}$$

$$\lg K'_{MIn}=pM'+\lg\frac{[MI'_n]}{[I'_n]}$$

当$[MIn']=[In']$时，指示剂颜色突变，即为金属指示剂的变色点，用pM_t表示。

则
$$pM_t=\lg K'_{MIn}=\lg K_{MIn}-\lg\alpha_M-\lg\alpha_{In(H)} \tag{5-17}$$

因此，知道金属离子指示剂配合物的稳定常数 $\lg K_{MIn}$，再计算得到一定 pH 条件下指示剂的酸效应系数 $\alpha_{In(H)}$和 α_M，就可以求出指示剂转变点pM_t值。

例 5-6　EBT 与 Mg^{2+}的配位化合物的 $\lg K_{MIn}$为 7.0，EBT 作为弱酸的二级离解常数为 $K_{a_1}=1.0\times10^{-6.3}$，$K_{a_2}=1.0\times10^{-11.6}$，试计算 pH=10 时 pMg_t值。

解：

$$\alpha_{In(H)}=1+\frac{[H^+]}{K_{a_2}}+\frac{[H^+]^2}{K_{a_2}K_{a_1}}=1+\frac{10^{-10}}{10^{-11.6}}+\frac{10^{-20}}{10^{-17.9}}=1\times10^{1.6}$$

$$pH=10,\ \lg\alpha_{Mg(OH)_2}=0$$

$$pMg_t=\lg K_{MgIn}-\lg\alpha_{In(H)}=7.0-1.6=5.4$$

课堂互动

金属指示剂的作用原理是什么？金属指示剂与酸碱指示剂作用原理相对比，有何异同？

（三）常用金属指示剂

一些常用金属指示剂有 EBT、二甲酚橙（xylene orange，XO）、1-(2-吡啶-偶氮)-2-萘酚[1-(2-pyridylazo)-2-naphthol，PAN]、磺基水杨酸（2-hydroxy-5-sulfobenzoic acid）和钙指示剂（calcon-carboxylic acid，NN）等，具体见表 5-4。

表 5-4　常见的金属指示剂

指示剂	适用 pH 范围	颜色变化		直接滴定的离子	配制事项	封闭离子	掩蔽剂
		In	MIn				
EBT	7~10	蓝	红	Mg^{2+}、Zn^{2+}、Cd^{2+}、Pb^{2+}、Hg^{2+}、Mn^{2+}	1∶100NaCl（固体）；0.2g：15ml 三乙醇胺（液体）	Fe^{3+}、Fe^{2+}、Al^{3+}、Cu^{2+}、Co^{2+}、Ni^{2+}	三乙醇胺，KCN，NH_4F
XO	<6	亮黄	红紫	pH<1，ZrO^{2+}；pH=1~3.5，Bi^{3+}、Th^{4+}；pH=5~6，Zn^{2+}、Pb^{2+}、Cd^{2+}、Hg^{2+}、稀土元素离子	5g/L 水溶液	Fe^{3+}、Al^{3+}、Ni^{2+}、Cu^{2+}、Co^{2+}	NH_4F
PAN	2~12	黄	红	pH=2~3，Th^{4+}、Bi^{3+}；pH=4~5，Cu^{2+}、Ni^{2+}、Cd^{2+}、Zn^{2+}	1g/L 乙醇溶液		为防止 PAN 僵化，滴定时需加热
磺基水杨酸	1.5~3	无色	紫红	Fe^{3+}	10% 水溶液		
NN	12~13	蓝	紫红	Ca^{2+}	1∶100NaCl（固体）	Fe^{3+}、Fe^{2+}、Al^{3+}、Cu^{2+}、Co^{2+}、Ni^{2+}	三乙醇胺，KCN

知识链接

利用铬黑T形成树脂分离贵金属元素

用铬黑T（EBT）与其他材料制成铬黑T形成树脂，可用于分离和富集铂、铑、钌等贵金属元素。其原理是利用铬黑T对贵金属离子的选择性吸附，实现金属离子与基体分离，再经脱吸附过程使金属离子从铬黑T吸附剂上脱离下来，从而实现对贵金属离子分离、富集。

三、EDTA标准溶液配制和标定

（一）EDTA溶液的配制

通常应用的EDTA标准溶液的浓度是0.01～0.05mol/L。由于EDTA在水中溶解度小，所以常用其二钠盐（$Na_2H_2Y \cdot 2H_2O$）制备EDTA标准溶液。一般常采用间接法制备EDTA标准溶液。配制的标准溶液应储存在聚乙烯瓶或硬质玻璃瓶中，以防止溶解软质玻璃中的钙离子形成CaY，影响滴定分析的结果。

（二）EDTA溶液的标定

标定EDTA标准溶液的基准物质有金属Zn、ZnO、$CaCO_3$、$ZnSO_4 \cdot 7H_2O$等。一般多采用Zn或ZnO为基准物质，EDTA溶液既能在pH=9～10 NH_3-NH_4Cl缓冲溶液中，用铬黑T作指示剂进行标定；又能在pH=5～6的HAc-NaAc缓冲溶液中用二甲酚橙为指示剂进行标定，终点均很敏锐。

第四节　提高配位滴定的选择性

PPT

实际分析工作中，多数金属离子同时存在时，会产生副反应干扰待测离子的测定。如何消除干扰离子的影响，准确滴定分析一种或几种金属离子，即提高配位滴定选择性是需要解决的重要问题。

一、滴定误差及金属离子滴定的条件

配位滴定中由于滴定终点和化学计量点不一致引起的误差，称为滴定终点误差或是滴定误差（titration error，TE），计算公式为：

$$TE\% = \frac{[Y']_{ep} - [M']_{ep}}{c_{M(sp)}} \times 100\% \qquad (5-18)$$

式（5-18）中，$[Y']_{ep}$为滴定终点时EDTA的总浓度，$[M']_{ep}$为滴定终点时金属离子的总浓度，$c_{M(sp)}$为化学计量点时金属离子的总浓度。

设滴定终点与化学计量点的pM′值之差为ΔpM′，即$\Delta pM' = pM'_{ep} - pM'_{sp}$。推导可得林邦终点误差公式：

$$TE\% = \frac{10^{\Delta pM'} - 10^{-\Delta pM'}}{\sqrt{c_{M(sp)} \cdot K'_{MY}}} \times 100\% \qquad (5-19)$$

配位滴定中，常采用指示剂指示滴定终点。由于人眼判断颜色的局限性，即使化学计量点与指示剂变色点完全一致，仍然可能造成ΔpM′有±0.2～0.5的误差。假设ΔpM′为±0.2，用等浓度的EDTA溶液滴定金属离子M，若要求终点误差≤±0.1%，林邦终点误差公式可得：

$$cK'_{MY} \geq 10^6，即 \lg cK'_{MY} \geq 6 \qquad (5-20)$$

因此，式（5-20）可作为金属离子能被EDTA准确滴定的条件。

例5-7　在pH=5.0时，可否用EDTA滴定2.0×10^{-2}mol/L的Ca^{2+}或Zn^{2+}？已知$\lg K_{CaY}=10.69$，

$\lg K_{ZnY}=16.50$。

解： pH=5.0 时，$\lg\alpha_{Y(H)}=6.45$

$$\lg cK'_{CaY}=\lg c_{Ca(sp)}+\lg K_{CaY}-\lg\alpha_{Y(H)}=-2.0+10.70-6.45=2.24$$

$\lg cK'_{CaY}<6$，故 Ca^{2+} 不能准确滴定

$$\lg cK'_{ZnY}=\lg c_{Zn(sp)}+\lg K_{ZnY}-\lg\alpha_{Y(H)}=-2.0+16.50-6.45=8.05$$

$\lg cK'_{ZnY}>6$，故 Zn^{2+} 能准确滴定

二、干扰离子影响下的滴定条件

若溶液中同时存在 M 和 N 两种金属离子，准确滴定 M 而使 N 离子不产生干扰（TE≤0.1%），需要同时满足三个条件。

（一）M 离子准确滴定的条件

$$\lg cK'_{MY}\geqslant 6$$

（二）N 离子不干扰 M 滴定反应的条件

$$\Delta\lg cK'\geqslant 5\ (\text{TE}\leqslant 0.3\%,\ c_M=c_N)$$

或
$$\Delta\lg cK'=\lg c_M K'_{MY}-\lg c_N K'_{NY}\geqslant 6\ (\text{TE}\leqslant 0.1\%,\ c_M=c_N) \tag{5-21}$$

（三）N 不干扰 In 显色的条件

$$\lg cK'_{NIn}\leqslant -1 \tag{5-22}$$

例 5-8　在 pH=9.0 时，以铬黑 T 为指示剂，用 1.0×10^{-2}mol/L 的 EDTA 滴定 1.0×10^{-2}mol/L 的 Zn^{2+}，试问试液中共存的 1.0×10^{-4}mol/L 的 Mg^{2+} 和 1.0×10^{-4}mol/L 的 Ca^{2+} 是否干扰上述滴定？（TE≤0.1%）

解： 查有关数据可知：

$$\lg K_{ZnY}=16.50\quad \lg K_{MgY}=8.69\quad \lg K_{CaY}=10.69$$

$$\lg\alpha_{Y(H)}=1.29\quad \lg K'_{MgIn}=4.95\quad \lg K'_{CaIn}=2.85$$

（1）
$$\lg cK'_{ZnY}=16.50-2.00-1.29=13.21>6$$

所以 Zn^{2+} 可以用 EDTA 准确滴定。

$$\Delta\lg cK'=\lg c_{Zn}K'_{ZnY}-\lg c_{Mg}K'_{MgY}=\lg K_{ZnY}-\lg K_{MgY}+\lg\frac{c_{Zn}}{c_{Mg}}$$

$$=16.50-8.69+\lg\frac{10^{-2}}{10^{-4}}=9.81>6$$

所以 Mg^{2+} 不干扰 EDTA 对 Zn^{2+} 的滴定。

采用铬黑 T 作指示剂时：　$\lg c_{Mg}K'_{MgIn}=4.95-4.00=0.95>-1$

所以 Mg^{2+} 对指示剂显色有干扰。

（2）
$$\Delta\lg cK'=\lg c_{Zn}K'_{ZnY}-\lg c_{Ca}K'_{CaY}=\lg K_{ZnY}-\lg K_{CaY}+\lg\frac{c_{Zn}}{c_{Ca}}$$

$$=16.50-10.69+\lg\frac{10^{-2}}{10^{-4}}=7.81>6$$

$$\lg c_{Ca}K'_{CaIn}=-4.00+2.85=-1.15<-1$$

所以共存的 Ca^{2+} 不干扰 EDTA 对 Zn^{2+} 的滴定。

三、提高配位滴定选择性的措施

（一）控制酸度

在配位滴定中，由于酸度对金属离子、EDTA 和指示剂都可能产生影响，所以酸度控制在配位滴定条件选择中尤为重要。

1. 配位滴定中的最高酸度和最低酸度 溶液 pH 主要是由 EDTA 的酸效应和金属离子的羟基配位效应决定。根据酸效应可确定允许的最低 pH，根据羟基配位效应可大致估计滴定允许的最高 pH，结合指示剂从而得出适宜滴定的 pH 范围。

（1）最高酸度 由式（5-20）可知，金属离子能被 EDTA 准确滴定的条件是 $\lg cK'_{MY} \geqslant 6$，若只考虑酸效应，则 $\lg K'_{MY} = \lg K_{MY} - \lg\alpha_{Y(H)} \geqslant 6 - \lg c_M$

或
$$\lg\alpha_{Y(H)} \leqslant \lg K_{MY} + \lg c_M - 6 \tag{5-23}$$

若
$$c_M = 1.0\times10^{-2}\text{mol/L，则 } \lg\alpha_{Y(H)} \leqslant \lg K_{MY} - 8 \tag{5-24}$$

因此，在配位滴定时溶液的酸度应有一个最高限度，若超过这一酸度值将使滴定不能准确进行。根据式（5-23）或式（5-24）可求出 $\lg\alpha_{Y(H)}$，再查表 4-2 即可得到配位滴定允许的最高酸度。

（2）最低酸度 若酸度过低，金属离子将发生水解形成一系列羟基配合物，甚至析出 $M(OH)_n$ 沉淀，影响配位滴定的进行。因此，配位滴定还应考虑最低酸度。一般是以金属离子的水解酸度作为配位滴定的最低允许酸度，可直接由 $M(OH)_n$ 的溶度积求得：

$$[OH^-] \leqslant \sqrt[n]{\frac{K_{sp}}{c_M}} \tag{5-25}$$

配位滴定应控制在最高酸度和最低酸度之间进行，此酸度范围称为配位滴定的适宜酸度范围。

例 5-9 试计算用 0.01mol/L EDTA 滴定 0.01mol/L Fe^{3+} 溶液适宜 pH 范围。（TE = 0.1%）已知：$\lg K_{FeY} = 25.1$，$K_{sp[(FeOH)_3]} = 10^{-37.4}$

解：（1）最高酸度：由式（5-23）得 $\lg\alpha_{Y(H)} = \lg K_{MY} - 8 = 25.1 - 8 = 17.1$

查表 5-2 并通过内插法计算可得 pH = 1.2，故最高酸度应控制在 pH 1.2。

（2）最低酸度：$[OH^-] = \sqrt[3]{\frac{K_{sp}}{c_{Fe^{3+}}}} = \sqrt[3]{\frac{10^{-37.4}}{1.0\times10^{-2}}} = 10^{-11.9}$，pOH = 11.8，pH = 2.2；

故滴定 Fe^{3+} 的适宜酸度范围为 pH = 2.1～2.2。

上述酸度范围是从 EDTA 酸效应和金属离子羟基配位效应角度考虑的。此外，由于指示剂也存在酸效应，其变色点同样也与酸度有关，因此在配位滴定中还需要考虑指示剂的颜色变化对 pH 的要求。选择指示剂时希望指示剂的变色点与化学计量点基本一致，此时的酸度称为最佳酸度。在求最佳酸度时，可在估计的 pH 范围内选取一些 pH 数值计算 $\Delta pM'$，误差最小时的 pH 即为最佳酸度。

2. 缓冲溶液的作用 在以 EDTA 二钠（$Na_2H_2Y \cdot 2H_2O$）为滴定剂与金属离子配位时，发生下列反应：

$$M + H_2Y \rightleftharpoons MY + 2H^+$$

随着滴定的进行，不断有 H^+ 释放，使溶液酸度不断增大，导致酸效应增强，K'_{MY} 降低；另外，金属指示剂的 K'_{MIn} 也随之减小，颜色变化受到影响。因此，配位滴定中常需加入缓冲溶液以维持滴定体系的酸度基本恒定。若在弱酸性溶液中滴定，常用醋酸-醋酸盐缓冲溶液；弱碱性溶液常用氨性缓冲溶液。

例 5-10 用 0.01mol/L EDTA 滴定浓度均为 0.01mol/L 的 Bi^{3+}、Pb^{2+} 混合溶液，若要在 Pb^{2+} 存在时选择滴定 Bi^{3+}，应如何控制酸度。

解：首先判断能否选择滴定 Bi^{3+}：

$c_{Bi} = c_{Pb}$，故 $\Delta\lg K' = \lg K'_{BiY} - \lg K'_{PbY} = 27.94 - 18.04 = 9.9 > 5$

可选择滴定 Bi^{3+}。

要准确滴定 Bi^{3+}，应使 $\lg K'_{BiY} = \lg K_{BiY} - \lg a_Y \geqslant 8$。

最高酸度时，$\alpha_{Y(H)} \gg \alpha_{Y(N)}$，$\alpha_Y \approx \alpha_{Y(H)}$，则应有：

$$\lg\alpha_{Y(H)} \leqslant \lg K_{BiY} - 8 = 27.94 - 8 = 19.94$$

此时，对应的 pH 约为 0.7。即滴定 Bi^{3+} 酸度应控制 pH 大于 0.7。

控制 N 离子干扰的最高酸度，则应有：

$$\alpha_{Y(H)} \approx \alpha_{Y(N)} = \alpha_{Y(Pb)} = 1 + K_{Pb}[Pb^{2+}] = 10^{18.30}\times10^{-2.0} = 10^{16.30}$$

此时，对应的 pH 约为 1.4。

所以，控制 pH 在 0.7~1.4，则 $\alpha_{Y(N)}<\alpha_{Y(H)}$，就可以消除 Pb^{2+} 的干扰。考虑 Bi^{3+} 水解，控制酸度在 pH=1.0，$\lg K'_{BiY}=9.6$，可准确滴定。

pH 确定需要综合考虑滴定条件、指示剂的变色、共存离子等情况后确定，而且实际滴定时选取的 pH 范围一般比求得的适宜 pH 范围更小些。

（二）掩蔽干扰离子

若被测金属离子 M、干扰离子 N 与 EDTA 配合物的稳定常数相差不大（$\Delta\lg K<6$），就不能用控制酸度的方法实现选择性滴定 M 离子。因此，通常采用向被测溶液中加入某种试剂，使之与干扰离子 N 作用，降低溶液中游离的干扰离子的浓度，从而消除共存离子 N 的干扰，实现选择性滴定 M 离子。这种方法称为掩蔽法，所加的试剂称为掩蔽剂。常用的掩蔽法有配位掩蔽法、沉淀掩蔽法和氧化还原掩蔽法等。其中配位掩蔽法是实际工作中应用最广泛、最常用的一种掩蔽方法。

1. 配位掩蔽法　这种方法是基于干扰离子与掩蔽剂形成稳定配合物，在被滴定溶液中加入某种配位剂，使其与干扰离子生成更稳定的配合物，从而消除其干扰。例如，测定 Ca^{2+} 或 Mg^{2+} 的含量时，加入少量三乙醇胺掩蔽试样中的 Fe^{3+}、Al^{3+} 和 Mn^{2+}，使之生成更稳定的配合物，消除干扰。又如，在 Al^{3+} 与 Zn^{2+} 两种离子共存时，加入 NH_4F 掩蔽 Al^{3+}，使其生成稳定的 AlF_6^{3-} 离子配合物，从而消除 Al^{3+} 对 Zn^{2+} 测定的干扰，再用 EDTA 溶液滴定 Zn^{2+}。

常用的配位掩蔽剂见表 5-5。

表 5-5　常用的配位掩蔽剂

名称	使用 pH 范围	被掩蔽离子
酒石酸	1.2	Sb^{3+}、Sn^{4+}、Fe^{3+}
	2	Sn^{4+}、Fe^{3+}、Mn^{2+}
	5.5	Sn^{4+}、Al^{3+}、Fe^{3+}、Ca^{2+}
	6~7.5	Mg^{2+}、Cu^{2+}、Fe^{3+}、Mo^{4+}、Al^{3+}、Sb^{3+}
	10	Al^{3+}、Sn^{4+}
草酸	2	Sn^{4+}、Cu^{2+}
	5.5	Fe^{3+}、Fe^{2+}、Al^{3+}、Zr^{4+}
氟化铵	4~6	Al^{3+}、Zn^{2+}、Zr^{4+}
	10	Al^{3+}、Ag^{+}、Sr^{2+}、Ba^{2+}
乙酰丙酮	5~6	Fe^{3+}、Al^{3+}
氰化钾*	>8	Co^{2+}、Ni^{2+}、Cu^{2+}、Zn^{2+}、Hg^{2+}、Cd^{2+}、Ag^{+}
	6	Cu^{2+}、Co^{2+}、Ni^{2+}、
三乙醇胺**	10	Al^{3+}、Sn^{4+}、Fe^{3+}
	11~12	Fe^{3+}、Al^{3+}
硫脲	弱酸	Hg^{2+}、Cu^{2+}
2，3-二硫基丙醇	10	Zn^{2+}、Pb^{2+}、Bi^{3+}、Hg^{2+}、Ca^{2+}、Ag^{+}、As^{3+}、Sn^{4+}

注：* 氰化钾是剧毒物，使用必须注意。** 掩蔽 Fe^{3}、Al^{3+} 等的三乙醇胺，必须在酸性溶液中加入，然后再碱化至所需碱性，否则金属离子易水解生成氢氧化物沉淀，配位掩蔽效果不好。

使用掩蔽剂时应注意适用的 pH 范围、性质和被测定离子性质，以保证掩蔽效果。

2. 沉淀掩蔽法　加入沉淀剂，使干扰离子形成沉淀而降低溶液中游离干扰离子的浓度［N］，在不分离的情况下直接滴定，这种方法称为沉淀掩蔽法。

例如，在强碱性溶液中用 EDTA 选择滴定 Ca^{2+}，加入 NaOH 溶液，使 pH>12，则 Mg^{2+} 生成 $Mg(OH)_2$ 沉淀而不干扰 Ca^{2+} 测定，此时的 OH^- 就是 Mg^{2+} 的沉淀剂。

使用沉淀掩蔽法时，要求生成的沉淀物溶解度小、反应完全，生成的沉淀物应是无色或浅色致密的，吸附现象弱。但在实际应用时，较难完全满足上述条件，故沉淀掩蔽法不是一种理想的掩蔽方法。

3. 氧化还原掩蔽法　当某种价态的共存离子对滴定有干扰，利用氧化还原反应改变干扰离子 N 的价态，降低其与 EDTA 配合物的条件稳定常数 K'_{NY}，从而消除干扰的方法，称为氧化还原掩蔽法。

例如，Fe^{3+} 与 Sn^{4+} 等离子 $\lg K_{MY}$ 相近（$\lg K_{Fe(Ⅲ)Y}=25.1$、$\lg K_{SnY}=22.1$），共存时，无法选择性滴定 Sn^{4+}。可以通过加入还原剂抗坏血酸将 Fe^{3+} 还原成 Fe^{2+}（$\lg K_{Fe(Ⅱ)Y}=14.33$），使 $\Delta\lg cK$ 增大，达到选择滴定的目的。

（三）预先分离干扰离子

若用控制溶液酸度和使用掩蔽法仍不能消除共存离子的干扰，则需预先分离干扰离子，再测定被测离子。常用的分离方法有沉淀分离法、萃取分离法、离子交换分离法和色谱分离法等。

（四）其他配位剂

除 EDTA 外，其他氨羧类配位剂也能与金属离子形成稳定的配合物，而其稳定性与 EDTA 配合物的稳定性相比有时差别较大，因此，可以选择其他氨羧类配位剂进行滴定，以提高某些金属离子滴定的选择性。

例如 EDTA 与 Ca^{2+}、Mg^{2+} 形成的配合物的稳定性接近（$\lg K_{MgY}=8.7$，$\lg K_{CaY}=10.7$），而 EGTA 与 Ca^{2+}、Mg^{2+} 形成的配合物的稳定性相差较大（$\lg K_{Mg\text{-}EGTA}=5.2$，$\lg K_{Ca\text{-}EGTA}=11.0$），故可以在 Ca^{2+}、Mg^{2+} 共存时，用 EGTA 直接滴定 Ca^{2+}。EDTP 与 Cu^{2+} 的配合物较稳定，而与 Zn^{2+}、Cd^{2+}、Mn^{2+} 及 Mg^{2+} 等离子的配合物稳定性就差很多，故可在 Zn^{2+}、Cd^{2+}、Mn^{2+} 及 Mg^{2+} 等多种离子共同存在下用 EDTP。

第五节　配位滴定方式及其应用

PPT

在配位滴定中，采用不同的滴定方式不仅可以扩大配位滴定的应用范围，而且可以提高配位滴定的选择性。

一、配位滴定方式

（一）直接滴定法

直接滴定法是配位中最基本、最常用的分析方法。如果金属离子与 EDTA 的反应满足滴定分析要求，则可以用 EDTA 标准溶液直接滴定待测金属离子。直接滴定法操作简单、快速、引入的误差较小。在适宜的条件下，大多数金属离子都可以采用 EDTA 直接滴定。例如：在 pH = 1 时，可以直接滴定 Bi^{3+}；pH = 1.5～2.5，可以直接滴定 Fe^{3+}；pH = 2.5～3.5，可以直接滴定 Th^{4+}；pH = 5～6，可以直接滴定 Zn^{2+}、Pb^{2+}、Cd^{2+} 或稀土金属离子；pH = 9～10，可以直接滴定 Zn^{2+}、Mn^{2+}、Cd^{2+} 或稀土离子；pH = 10，可以直接滴定 Mg^{2+}；pH = 12～13，可以直接滴定 Ca^{2+}。

（二）返滴定法

当待测金属离子与 EDTA 配位速率很慢、易水解、存在封闭指示剂（如 Al^{3+}、Cr^{3+}）或者缺少变色敏锐的指示剂（如 Ba^{2+}、Sr^{2+} 等）时，可采用返滴定法。在试液中先定量加入过量的 EDTA 标准溶液，使待测离子与 EDTA 配位反应完全后，再用其他金属离子的标准溶液回滴定过量的 EDTA 标准溶液，根据两种标准溶液的浓度和用量，求得被测物质的含量。

例如测定 Ba^{2+} 时没有变色敏锐的指示剂，可加入过量 EDTA 标准溶液，与 Ba^{2+} 配位完全后，用 EBT 作指示剂，再用 Mg^{2+} 标准溶液返滴定过量的 EDTA 溶液。

（三）置换滴定

置换滴定法是利用置换反应，置换出相应数量的金属离子或 EDTA，然后用标准溶液滴定被置换出的金属离子或 EDTA。置换滴定的方式主要有两种。

1. 置换出金属离子 若被测金属离子 M 与 EDTA 反应不完全或所形成的配合物不够稳定时，可用 M 定量置换出另一种配合物（NL）中的金属离子 N，然后用 EDTA 滴定 N，即可间接求得 M 含量。

例如，Ag^+与 EDTA 的配合物不稳定（$\lg K_{AgY}=7.32$），不能用 EDTA 标准溶液直接滴定，但可使 Ag^+与 $Ni(CN)_4^{2-}$ 反应，置换出 Ni^{2+}。置换反应式为：

$$2Ag^+ + Ni(CN)_4^{2-} \rightleftharpoons 2Ag(CN)_2^- + Ni^{2+}$$

在 pH=10 的氨性溶液中，以紫脲酸胺作指示剂，用 EDTA 溶液滴定置换出的 Ni^{2+}，即可间接求得 Ag^+的含量。

2. 置换出 EDTA 将 EDTA 与被测离子 M 及干扰离子全部配位，加入对被测离子 M 选择性更高的配位剂 L，生成 ML 并置换出 EDTA。待反应完全后，用另一种金属离子标准溶液滴定释放出来的 EDTA，即可求得 M 的含量。

例如，铜中的 Al 和水处理剂 $AlCl_3$ 的测定都是在试液中加入过量的 EDTA 溶液，使 Al 配位完全后，用 Zn^{2+}标准溶液滴定过量的 EDTA，然后加 NaF 或 KF，置换出与 Al 配位的 EDTA，再以 Zn^{2+}标准溶液滴定。

（四）间接滴定

有些金属离子或非金属离子不与 EDTA 形成配合物或者形成的配合物不稳定，可采用间接滴定法。即向待测物质溶液中定量加入一种沉淀剂使待测离子生成沉淀，再滴定过量沉淀剂或将沉淀分离、溶解后，再用 EDTA 滴定其中的金属离子。

例如，测定咖啡因含量时，可在 pH=1.2～1.5 的条件下，先加入过量碘化铋钾于咖啡因生成沉淀，再用 EDTA 标准溶液滴定剩余铋离子。

该方法可用于 Na^+、PO_4^{3-}、SO_4^{2-}、$C_2O_4^{2-}$ 等离子含量的测定。间接滴定方式操作较繁，引入误差的概率也较大，不是一种理想的分析方法，故应尽量避免采用该法。

二、应用示例

配位滴定法广泛应用于药物分析、环境卫生、医学检验、地质和冶金等领域。如无机盐类药物蒙脱石、枸橼酸铋钾、十一烯酸锌、盐酸乙胺丁醇，含金属离子的有机药物葡萄糖酸钙、胶体果胶铋，中药明矾、胆矾，以及药物中无机离子限量检查等，都可以用 EDTA 滴定法测定。

（一）水的硬度测定

硬度是水质的重要指标，水的硬度是指溶解于水中钙盐和镁盐的总含量。含量越高，表示水的硬度越大。测定水的硬度，就是测定水中钙、镁离子的总量。

水硬度的表示法，我国常以 $CaCO_3$（mg/L）或 CaO（mg/L）等为单位表示水的硬度。

在测定时，可准确吸取一定量的水样，用 NH_3-NH_4Cl 缓冲液调节 pH 值到 10，以铬黑 T 为指示剂，用 EDTA 标准溶液滴至溶液由酒红色变为蓝色即为终点。

（二）明矾的测定

明矾化学式为 $KAl(SO_4)_2 \cdot 12H_2O$，一般测定其组成中铝的含量，再换算成明矾的含量。

由于 Al^{3+}能与 EDTA 形成比较稳定的配合物，但反应速度较慢，且 Al^{3+}对指示剂有封闭作用，因此不能直接用 EDTA 直接滴定而要采用返滴定法，即在试样溶液中加入准确过量的 EDTA 标准溶液，加热 Al^{3+}与 EDTA 反应完全，冷却后调 pH=5～6，以二甲酚橙为指示剂，再用 $ZnSO_4$ 标准溶液滴定剩余的 EDTA。

本章小结

- 配位滴定法
  - 配位反应
    - $M + Y \rightleftharpoons MY$
    - 条件稳定常数 $\lg K'_{MY} = \lg K_{MY} - \lg\alpha_Y - \lg\alpha_M$
    - 化学计量点 $pM' = \frac{1}{2}(pc_{M(sp)} + \lg K'_{MY})$
    - 滴定终点 $pM'_t = \lg K_{MIn} - \lg a_{In(H)} - \lg a_M$
    - 金属离子指示剂
  - 滴定条件
    - 滴定误差 $TE\% = \frac{10^{\Delta pM'} - 10^{-\Delta pM'}}{\sqrt{c_{M(sp)} K'_{MY}}} \times 100\%$
    - 准确滴定条件 $\begin{cases} \lg c_{M(sp)} K'_{MY} \geqslant 6 \\ \lg c_M K'_{MY} - \lg c_N K'_{NY} \geqslant 6 \end{cases}$
    - 酸度控制
    - 配位掩蔽法
  - 应用方式

练 习 题

题库

1. 举例说明金属指示剂的作用原理及应具备的条件。

2. 什么是指示剂的封闭现象？怎样消除？

3. 影响配位滴定突跃范围的因素是什么？

4. 在两种离子（M、N）共存的溶液中，要准确滴定 M 而 N 无干扰，需满足什么条件？

5. 测定多种金属离子时，如何控制合适的酸度以提高选择性？除控制酸度外，还可以采取什么措施提高选择性？

6. 称取基准纯 $CaCO_3$ 0.2000g，加盐酸溶解，煮沸除去 CO_2，转移至 250ml 容量瓶中，稀释至刻度。取该溶液 25.00ml，在 pH = 12.0 时用 EDTA 滴定，消耗 EDTA 溶液 22.60ml，计算该 EDTA 溶液浓度。（M_{CaCO_3} = 100.09g/mol）

7. 溶液中含有 Zn^{2+}、Ag^+ 两种离子，用 $NH_3 \cdot H_2O-NH_4Cl$ 缓冲溶液控制 pH = 10.0 且 $[NH_3]$ = 0.10mol/L，问 Zn^{2+} 能否被 EDTA 准确滴定？Ag^+ 是否干扰测定？（$K_{ZnY} = 10^{16.5}$，$K_{AgY} = 10^{7.32}$，锌氨配合物 $\beta_{1\sim4}$：$10^{2.27}$、$10^{4.61}$、$10^{7.01}$、$10^{9.06}$。银氨合物 $\beta_{1\sim2}$：$10^{3.32}$、$10^{7.23}$）

8. pH = 5.5 时，用 0.020mol/L EDTA 滴定 0.020mol/L Mg^{2+} 和 0.020mol/L Zn^{2+} 混合溶液中的 Zn^{2+}，Mg^{2+} 是否干扰滴定？计量点时锌离子浓度为多少？（$K_{MgY} = 10^{8.70}$，$K_{ZnY} = 10^{16.5}$）

9. Fe^{3+} 溶液及 EDTA 溶液浓度均为 0.010mol/L，已知 $\lg K_{FeY}$ 为 $10^{25.1}$，$K_{sp}[Fe(OH)_3]$ 为 3.5×10^{-38}，试计算 EDTA 滴定 Fe^{3+} 的适宜酸度范围？

10. 取含 Al^{3+} 和 Fe^{3+} 试液 50.00ml，在 pH = 2 时，以磺基水杨酸为指示剂，用 0.03504mol/L EDTA 溶液滴定，消耗 32.11ml，在此溶液中再加入 EDTA 溶液 50.00ml，煮沸，调 pH = 5.0，用 0.04110mol/L Fe^{3+} 溶液返滴过量部分 EDTA，消耗 Fe^{3+} 溶液 15.14ml，计算试液中 Fe^{3+}、Al^{3+} 的浓度。

11. 精密称取葡萄糖酸钙（$C_{12}H_{22}O_{14}Ca \cdot H_2O$）试样 0.5237g，溶于适量水中，加入钙指示剂，用 0.05272mol/L EDTA 滴定至终点，用去滴定液 22.06ml。计算样品中葡萄糖酸钙含量。（$M_{C_{12}H_{22}O_{14}Ca \cdot H_2O}$ 为 448.40）

12. 取水试样 100.0ml，调节溶液的 pH = 10.0，以 0.0100mol/L EDTA 溶液滴定至计量点，消耗 25.00ml。计算水样以 ppm 表示的 $CaCO_3$ 的硬度。（M_{CaCO_3} = 100.0g/mol）

13. 在 pH = 10 的氨性溶液中，以铬黑 T 为指示剂，用 0.020mol/L EDTA 滴定 0.020mol/L Zn^{2+}，终点时，$[NH_3]$ 为 0.020mol/L。计算终点误差。

（王海波）

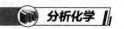

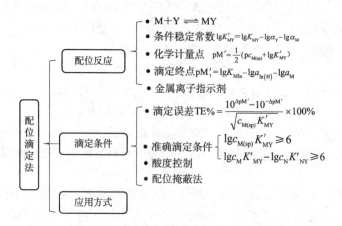

第六章

氧化还原滴定法

学习导引

知识要求

1. **掌握** 氧化还原滴定法的基本原理，氧化还原平衡及相关知识；掌握碘量法原理、特点及应用。
2. **熟悉** 各种氧化还原滴定法的定量计算，氧化还原指示剂的原理及选择依据。
3. **了解** 其他氧化还原滴定法的原理、特点和应用等。

能力要求

熟练掌握碘量法、高锰酸钾法等常用氧化还原滴定法的原理、特点及应用，学会应用各种氧化还原滴定法进行有关物质含量的测定。

素质要求

氧化还原滴定法与已讲授的酸碱滴定和配位滴定法相比，既有区别又有联系。采用类比分析法，进行知识的纵向比较，明确知识体系的框架结构及内涵。强化举一反三的能力，不断梳理知识体系，整合知识主线，加强逻辑思维能力的训练。同时，以生活中的实例说明所学的知识与生活息息相关，激发学生学习的兴趣，进一步明确氧化还原滴定法的规律，加强学科的融合，不断拓展知识的视野。

案例解析

【案例】 日常生活中许多蔬菜、水果中都含有丰富的维生素C，维生素C具有提高免疫力，预防癌症、心脏病、中风，保护牙齿和牙龈等作用。另外，坚持按时服用维生素C还可以使皮肤黑色素沉着减少，从而减少黑斑和雀斑的出现，使皮肤白皙。

【问题】 维生素C的含量测定有哪些方法?

【解析】 维生素C又叫L-抗坏血酸，许多食物如花菜、青辣椒、橙子、葡萄汁、西红柿等都含有丰富的维生素C。其含量测定通常采用氧化还原滴定法，原因是由于维生素C分子中的烯二醇基具有较强的还原性，它能被I_2定量地氧化成二酮基。

氧化还原滴定法（oxidation-reduction titration）是以氧化还原反应为基础的滴定分析法。氧化还原反应的实质是电子的转移，其反应机制比较复杂，反应速度较慢，常伴有副反应。因此，必须控制适宜条件，使副反应影响较小，确保反应迅速定量完成，满足滴定分析的基本要求。根据滴定过程中使用的滴定剂不同，可将氧化还原滴定法分为碘量法（iodimetry method）、高锰酸钾法（potassium permanganate method）、铈量法（cerium sulphate method）、亚硝酸钠法（sodium nitrite method）、溴酸钾法（potassium bromated method）、重铬酸钾法（postassium dichromate method）等。氧化还原滴定法应用广泛，不仅可以直接测定具有氧化性或还原性的物质，也能间接测定本身没有氧化性或还原性但能与氧化剂或还原剂定量反应的物质。测定的对象可以是无机物和有机物，是滴定分析中十分重要的分析方法。

PPT

第一节 氧化还原反应平衡

一、条件电位及其影响因素

（一）条件电位

物质的氧化还原能力强弱可以用电对的电极电位（electrode potential）来表征。电对的电极电位越高，其氧化态的氧化能力越强；电对的电极电位越低，其还原态的还原能力越强。故可根据电对电极电位的大小，判断反应进行的方向和程度。

对于一个可逆的氧化还原电对 Ox/Red，其半电池反应为：$Ox+ne \rightleftharpoons Red$，它的电极电位满足能斯特（Nernst）方程式：

$$\varphi_{Ox/Red}=\varphi^{\ominus}_{Ox/Red}+\frac{2.303RT}{nF}\lg\frac{a_{Ox}}{a_{Red}} \tag{6-1}$$

$$=\varphi^{\ominus}_{Ox/Red}+\frac{0.059}{n}\lg\frac{a_{Ox}}{a_{Red}}\quad(25℃)$$

式（6-1）中，$\varphi_{Ox/Red}$为电对的电位，简写成 φ；$\varphi^{\ominus}_{Ox/Red}$为电对的标准电极电位（standard electrode potential），简写成 $\varphi^{\ominus}$；R 为气体常数，8.314J/(K·mol)；T 为热力学温度，273.15+t℃；F 为法拉第常数，96484C/mol；n 表示电子转移的数目；a_{Ox}和 a_{Red}分别代表氧化态和还原态的活度，单位为 mol/L。

实际上，通常只知道反应物的浓度。当溶液的离子强度较大时，或者发生副反应时，如：酸效应、配位效应和沉淀的生成等，溶液的浓度会发生变化，进而引起电位的改变。当用分析浓度代替活度进行计算时，必须对上述各种因素进行校正，引入相应的活度系数 γ 和副反应系数 α。

因为 $a_{Ox}=\gamma_{Ox}[Ox]=\gamma_{Ox}\times\frac{c_{Ox}}{\alpha_{Ox}}$ $\quad a_{Red}=\gamma_{Red}[Red]=\gamma_{Red}\times\frac{c_{Red}}{\alpha_{Red}}$

$$\varphi_{Ox/Red}=\varphi^{\ominus}+\frac{0.059}{n}\lg\frac{a_{Ox}}{a_{Red}}$$

$$=\varphi^{\ominus}+\frac{0.059}{n}\lg\frac{\gamma_{Ox}[Ox]}{\gamma_{Red}[Red]}$$

$$=\varphi^{\ominus}+\frac{0.059}{n}\lg\frac{\gamma_{Ox}c_{Ox}\alpha_{Red}}{\gamma_{Red}c_{Red}\alpha_{Ox}}$$

设
$$\varphi^{\ominus\prime}=\varphi^{\ominus}+\frac{0.059}{n}\lg\frac{\gamma_{Ox}\alpha_{Red}}{\gamma_{Red}\alpha_{Ox}} \tag{6-2}$$

则
$$\varphi=\varphi^{\ominus\prime}+\frac{0.059}{n}\lg\frac{c_{Ox}}{c_{Red}} \tag{6-3}$$

$\varphi^{\ominus\prime}$称为条件电位（conditional potential），它是在一定条件下，当氧化态和还原态的分析浓度都是 1mol/L 或它们的浓度比值为 1 时的电极电位，是校正了离子强度和副反应影响的实际电位。因求算活度系数和副反应系数繁琐，故一般情况下，条件电位值都是通过实验测得的。

对于同一个电对，它的标准电位是定值，与反应条件无关，而条件电位却随介质的种类和浓度的变化而变化。例如，Fe^{3+}/Fe^{2+}电对的标准电位 $\varphi^{\ominus}=0.77V$，在 0.5mol/L 盐酸溶液中，$\varphi^{\ominus\prime}=0.71V$；在 5mol/L 盐酸溶液中，$\varphi^{\ominus\prime}=0.64V$；在 2mol/L 磷酸溶液 $\varphi^{\ominus\prime}=0.46V$。显然，根据条件电位判断电对的氧

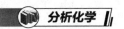

化还原能力，处理问题比较简单，更有实际意义。若没有相同条件下的条件电位值时，可借用该电对在相同介质、相近浓度下的条件电位值；对尚无条件电位值的电对，可以采用它的标准电位值和副反应系数进行估算。

课堂互动

请根据条件电位的定义，推出 MnO_4^-/Mn^{2+} 电对的条件电位的表达式。

（二）影响条件电位的因素

条件电位的大小不仅与标准电极电位有关，而且与电对物质的活度系数及副反应系数有关，凡影响活度系数及副反应系数的因素都会影响条件电位。下面是影响条件电位的几个因素。

1. 盐效应　电解质浓度的变化会改变溶液中的离子强度，从而改变氧化态和还原态的活度系数。溶液中电解质浓度对电位的影响作用称为盐效应（salt effect）。单纯盐效应对条件电位的影响可按下式计算：

$$\varphi^{\ominus\prime}=\varphi^{\ominus}+\frac{0.059}{n}\lg\frac{\gamma_{Ox}}{\gamma_{Red}}(25℃) \tag{6-4}$$

在讨论各种副反应对条件电位的影响时，由于各种副反应对条件电位的影响远大于盐效应的影响，所以，估算条件电位时可将盐效应的影响忽略（即假定离子活度系数 $\gamma=1$），此时，能斯特方程式可简化为：

$$\varphi_{Ox/Red}=\varphi^{\ominus}+\frac{0.059}{n}\lg\frac{[Ox]}{[Red]} \tag{6-5}$$

2. 生成沉淀　当加入一种可与电对的氧化态或还原态生成沉淀的沉淀剂时，电对的条件电位会发生改变。氧化态生成沉淀，电对的条件电位降低；还原态生成沉淀，电对的条件电位增高。

例 6-1　计算 25℃，KI 浓度为 1mol/L 时，电对 Cu^{2+}/Cu^+ 的条件电极电位（忽略离子强度的影响）。

解：已知半电池反应为：

$$Cu^{2+}+e \rightleftharpoons Cu^+ \qquad \varphi^{\ominus}_{Cu^{2+}/Cu^+}=0.16V$$

$$I_2+2e \rightleftharpoons 2I^- \qquad \varphi^{\ominus}_{I_2/2I^-}=0.54V$$

在 $[I^-]=1mol/L$ 的条件下，Cu^{2+} 没有发生副反应，$\alpha_{Cu^{2+}}\approx1$，$[Cu^{2+}]=c_{Cu^{2+}}$；Cu^+ 与 I^- 形成 CuI 沉淀：$Cu^++I^- \rightleftharpoons CuI\downarrow$，$K_{sp(CuI)}=[Cu^+][I^-]=1.1\times10^{-12}$

$$\varphi_{Cu^{2+}/Cu^+}=\varphi^{\ominus}_{Cu^{2+}/Cu^+}+0.059\lg\frac{[Cu^{2+}]}{[Cu^+]}$$

$$=\varphi^{\ominus}_{Cu^{2+}/Cu^+}+0.059\lg\frac{[Cu^{2+}]}{K_{sp}/[I^-]}$$

$$=\varphi^{\ominus}_{Cu^{2+}/Cu^+}+0.059\lg\frac{[I^-]}{K_{sp}}+0.059\lg[Cu^{2+}]$$

$$=\varphi^{\ominus}_{Cu^{2+}/Cu^+}+0.059\lg\frac{[I^-]}{K_{sp}}+0.059\lg c_{Cu^{2+}}$$

$$\varphi^{\ominus\prime}_{Cu^{2+}/Cu^+}=\varphi^{\ominus}_{Cu^{2+}/Cu^+}+0.059\lg\frac{[I^-]}{\alpha_{Cu^{2+}}\cdot K_{sp(CuI)}}$$

$$=0.16+0.059\lg\frac{1}{1\times(1.1\times10^{-12})}=0.87V$$

从以上计算可知，由于 CuI 沉淀的生成，使得 $\varphi^{\ominus\prime}_{Cu^{2+}/Cu}>\varphi^{\ominus}_{I_2/I^-}$，$Cu^{2+}$ 可以氧化 I^-，发生的反应为：$2Cu^{2+}+4I^- \rightleftharpoons 2CuI\downarrow+I_2$。

3. 生成配合物 若溶液中金属离子的氧化态或还原态可与溶液中各种阴离子形成稳定性不同的配合物，则会改变电对的条件电位。如果氧化态形成的配合物更稳定，电对的条件电位降低；如果还原态形成的配合物更稳定，条件电位升高。常通过加入掩蔽剂与干扰离子形成配合物，来消除氧化还原滴定中干扰离子的干扰。

例 6-2 计算 25℃下，pH 为 3.0，NaF 浓度为 0.10mol/L 时，Fe^{3+}/Fe^{2+}电对的条件电极电位。已知 $\varphi^{\ominus}_{Fe^{3+}/Fe^{2+}}=0.771V$，$FeF_3$的 $\lg\beta_1$、$\lg\beta_2$ 和 $\lg\beta_3$ 分别为 5.2、9.2 和 11.9，HF 的 $K_a=6.3\times10^{-4}$。

解：pH=3.0 时，$[F^-]=\delta_{F^-}\cdot c_{NaF}=\dfrac{K_a\cdot c_{NaF}}{[H^+]+K_a}=\dfrac{6.3\times10^{-4}\times0.10}{10^{-3.0}+6.3\times10^{-4}}=10^{-1.41}$mol/L

$$\begin{aligned}\alpha_{Fe^{3+}(F^-)}&=1+\beta_1[F^-]+\beta_2[F^-]^2+\beta_3[F^-]^3\\&=1+10^{5.2}\times10^{-1.41}+10^{9.2}\times(10^{-1.41})^2+10^{11.9}\times(10^{-1.41})^3\\&=1+10^{3.79}+10^{6.36}+10^{7.67}\approx10^{7.69}\end{aligned}$$

Fe^{2+}无副反应发生，$\alpha_{Fe^{2+}(F^-)}=1$

$$\begin{aligned}\varphi^{\ominus}_{Fe^{3+}/Fe^{2+}}&=\varphi^{\ominus}+0.059\lg\frac{[Fe^{3+}]}{[Fe^{2+}]}\\&=\varphi^{\ominus}+0.059\lg\frac{c_{Fe^{3+}}/\alpha_{Fe^{3+}}}{c_{Fe^{2+}}/\alpha_{Fe^{2+}}}=\varphi^{\ominus}+0.059\lg\frac{\alpha_{Fe^{2+}}}{\alpha_{Fe^{3+}}}+0.059\lg\frac{c_{Fe^{3+}}}{c_{Fe^{2+}}}\end{aligned}$$

Fe^{3+}/Fe^{2+}电对的条件电位：$\varphi^{\ominus\prime}_{Fe^{3+}/Fe^{2+}}=\varphi^{\ominus}+0.059\lg\dfrac{\alpha_{Fe^{2+}}}{\alpha_{Fe^{3+}}}=0.317V$

此时 $\varphi^{\ominus\prime}_{Fe^{3+}/Fe^{2+}}<\varphi^{\ominus}_{I_2/2I^-}$，因此 Fe^{3+}不能氧化 I^-，不会干扰 Cu^{2+}的测定。

4. 酸效应 凡是有 OH^-或 H^+直接参加的氧化还原反应，或物质的还原态或氧化态是弱酸或弱碱时，由于弱酸弱碱的存在型体分布受溶液酸度的影响，电对的条件电位受酸度的影响较大。

例 6-3 计算 25℃时，当 $[H^+]$ = 5mol/L 或 pH8.0 时，电对 $H_3AsO_4/HAsO_2$的条件电位，并判断以上两种条件下，下列反应进行的方向。

$$HAsO_2+I_2+2H_2O\rightleftharpoons H_3AsO_4+2I^-+2H^+$$

解：已知半电池反应：

$$H_3AsO_4+2H^++2e\rightleftharpoons HAsO_2+2H_2O,\varphi^{\ominus}=0.56V$$

$$I_2+2e\rightleftharpoons 2I^-,\varphi^{\ominus\prime}_{I_2/2I^-}\approx\varphi^{\ominus}_{I_2/2I^-}=0.54V$$

忽略离子强度的影响，依据式（6-5）可得：

$$\begin{aligned}\varphi_{H_3AsO_4/HAsO_2}&=\varphi^{\ominus}+\frac{0.059}{2}\lg\frac{[H_3AsO_4][H^+]^2}{[HAsO_2]}\\&=\varphi^{\ominus}+\frac{0.059}{2}\lg\frac{c_{H_3AsO_4}/\alpha_{H_3AsO_4}\cdot[H^+]^2}{c_{HAsO_2}/\alpha_{HAsO_2}}\end{aligned}$$

$$\varphi^{\ominus\prime}=\varphi^{\ominus}+\frac{0.059}{2}\lg\frac{\alpha_{HAsO_2}[H^+]^2}{\alpha_{H_3AsO_4}}$$

$$\alpha_{H_3AsO_4}=\frac{1}{\delta_0}=\frac{[H^+]^3+K_{a_1}[H^+]^2+K_{a_1}K_{a_2}[H^+]+K_{a_1}K_{a_2}K_{a_3}}{[H^+]^3}$$

$$\alpha_{HAsO_2}=\frac{1}{\delta_0}=\frac{[H^+]+K_a}{[H^+]}$$

$HAsO_2$的 K_a为 5.1×10^{-10}；H_3AsO_4的 K_{a1}、K_{a2}和 K_{a3}分别为 5.5×10^{-3}、1.7×10^{-7}和 5.1×10^{-12}。

（1）当$[H^+]$=5mol/L 时，$\alpha_{HAsO_2}=1.0$，$\alpha_{H_3AsO_4}=1.0$，$\varphi^{\ominus\prime}_{H_3AsO_4/HAsO_2}=0.60V$，$\varphi^{\ominus\prime}_{H_3AsO_4/HAsO_2}>\varphi^{\ominus\prime}_{I_2/2I^-}$，反应向左进行，可用间接碘量法在强酸性溶液中测定 H_3AsO_4。

（2）当 pH=8.0 时 $\alpha_{HAsO_2}=1.0$，$\alpha_{H_3AsO_4}=1.0\times10^7$，$\varphi^{\ominus\prime}_{H_3AsO_4/HAsO_2}=-0.12V$，$\varphi^{\ominus\prime}_{H_3AsO_4/HAsO_2}<\varphi^{\ominus\prime}_{I_2/2I^-}$，反应向右

进行。据此反应，可用 As_2O_3 在弱碱性溶液中标定 I_2 标准溶液。

二、氧化还原反应进行的程度

（一）条件平衡常数与条件电位的关系

氧化还原反应进行的程度可用条件平衡常数 K' 衡量，K' 是综合考虑溶液中离子强度和各种副反应后，衡量主反应实际进行程度的参数。K' 数值越大，表明主反应进行越完全。

对于任意一个对称电对的氧化还原反应：$a\mathrm{Ox}_1+b\mathrm{Red}_2 \rightleftharpoons c\mathrm{Red}_1+d\mathrm{Ox}_2$

对应的半反应为：

$$\mathrm{Ox}_1+n_1\mathrm{e} \rightleftharpoons \mathrm{Red}_1 \qquad \mathrm{Red}_2 \rightleftharpoons \mathrm{Ox}_2+n_2\mathrm{e}$$

氧化剂和还原剂两个电对的电极电位分别为：

$$\varphi_1=\varphi_1^{\ominus\prime}+\frac{0.059}{n_1}\lg\frac{c_{\mathrm{Ox}_1}}{c_{\mathrm{Red}_1}}$$

$$\varphi_2=\varphi_2^{\ominus\prime}+\frac{0.059}{n_2}\lg\frac{c_{\mathrm{Ox}_2}}{c_{\mathrm{Red}_2}}$$

n_1 和 n_2 分别表示氧化剂和还原剂半反应中的电子转移数，反应达到平衡时，$\varphi_1=\varphi_2$

$$\varphi_1^{\ominus\prime}+\frac{0.059}{n_1}\lg\frac{c_{\mathrm{Ox}_1}}{c_{\mathrm{Red}_1}}=\varphi_2^{\ominus\prime}+\frac{0.059}{n_2}\lg\frac{c_{\mathrm{Ox}_2}}{c_{\mathrm{Red}_2}}$$

设 n 为 n_1 和 n_2 的最小公倍数，$a=n/n_1$，$b=n/n_2$，上式两边同时乘以 n，得：

$$n\varphi_1^{\ominus\prime}+0.059\lg\frac{c_{\mathrm{Ox}_1}^a}{c_{\mathrm{Red}_1}^a}=n\varphi_2^{\ominus\prime}+0.059\lg\frac{c_{\mathrm{Ox}_2}^b}{c_{\mathrm{Red}_2}^b} \tag{6-6}$$

$$\lg K'=\lg\frac{c_{\mathrm{Ox}_1}^a c_{\mathrm{Red}_2}^b}{c_{\mathrm{Red}_1}^a c_{\mathrm{Ox}_2}^b}=\frac{n(\varphi_1^{\ominus\prime}-\varphi_2^{\ominus\prime})}{0.059}=\frac{n\Delta\varphi^{\ominus\prime}}{0.059} \tag{6-7}$$

式（6-7）中，K' 为条件平衡常数，它是以反应物的分析浓度表示的平衡常数。由此可知，两电对的条件电位差 $\Delta\varphi^{\ominus\prime}$ 和转移电子数 n 越大，K' 值就越大，反应进行得越完全。

（二）判断滴定反应完全的依据

根据滴定分析的要求，滴定误差 TE≤0.1%，即反应完全程度达 99.9% 以上，未作用的反应物应小于 0.1%，因此：

$$\lg K'=\lg\frac{c_{\mathrm{Red1}}^a c_{\mathrm{Ox2}}^b}{c_{\mathrm{Ox1}}^a c_{\mathrm{Red2}}^b}=\lg\left[\left(\frac{c_{\mathrm{Red1}}}{c_{\mathrm{Ox1}}}\right)^a\left(\frac{c_{\mathrm{Ox}_2}}{c_{\mathrm{Red}_2}}\right)^b\right] \tag{6-8}$$

$$\geqslant\lg\left[\left(\frac{99.9\%}{0.1\%}\right)^a\left(\frac{99.9\%}{0.1\%}\right)^b\right]=3(a+b)$$

$$\Delta\varphi^{\ominus\prime}=\frac{0.059\lg K'}{n}\geqslant\frac{0.059\times3(a+b)}{n} \tag{6-9}$$

由上推导可知：当 $\lg K'\geqslant3(a+b)$ 或 $\Delta\varphi^{\ominus\prime}\geqslant\frac{0.059\times3(a+b)}{n}$ 时，氧化还原反应可以定量进行。

对于 1∶1 类型的反应，$n_1=n_2=1$，$n=1$，$a=b=1$，反应定量进行，必须满足：$\lg K'\geqslant6$ 或 $\Delta\varphi^{\ominus\prime}\geqslant0.35V$；对于 1∶2 类型的反应，$n_1=1$，$n_2=2$，$n=2$，$a=2$，$b=1$，反应定量进行，必须满足：$\lg K'\geqslant9$ 或 $\Delta\varphi^{\ominus\prime}\geqslant0.27\mathrm{V}$。

不论什么类型的反应，在氧化还原滴定中，若反应电对的 $\Delta\varphi^{\ominus\prime}\geqslant0.40\mathrm{V}$，该反应就能满足定量分析的要求。

应该指出，某些氧化还原反应，虽然满足 $\Delta\varphi^{\ominus\prime}\geqslant0.40\mathrm{V}$ 的要求，但是若没有确切的计量关系，该氧化还原反应仍不能用于滴定分析。例如，$K_2Cr_2O_7$ 与 $Na_2S_2O_3$ 的反应，从 $\Delta\varphi^{\ominus\prime}$ 来看，反应能进行完全，但 $K_2Cr_2O_7$ 除可将 $Na_2S_2O_3$ 氧化成 $S_4O_6^{2-}$ 外，还可能有部分氧化成 SO_4^{2-} 等，化学计量关系不能确定。因此，

以 $K_2Cr_2O_7$ 作基准物质标定 $Na_2S_2O_3$ 溶液时，通常采用间接碘量法。

三、氧化还原反应进行的速度

在氧化还原反应中，条件平衡常数的大小只是表示反应进行的程度，不能说明反应进行的速度。有许多氧化还原反应从反应完全程度上看是可行的，但由于反应速度太慢，不能用于滴定分析。反应进行的速度除了取决于反应物本身的性质外，还与浓度、温度和催化剂等外界因素有关。

（一）反应物浓度

一般来说，增加反应物的浓度，可以加快反应速度。例如，在酸性条件中，$K_2Cr_2O_7$ 与 KI 按下式反应：

$$Cr_2O_7^{2-}+6I^-+14H^+ \rightleftharpoons 2Cr^{3+}+3I_2+7H_2O$$

此反应速率较慢，增大 I^- 的浓度或提高溶液酸度都可加快反应速率。但是酸度不能过高，否则会加速空气中 O_2 对 I^- 的氧化而产生误差，故此反应通常将酸度控制在 0.5mol/L 左右。

（二）温度

升高温度，可以增加分子的平均动能、高能量的活化分子数和反应物之间的碰撞概率，导致大多数反应的速度加快。通常温度每升高 10℃，反应速率增加 2～4 倍。例如，在酸性条件中，$KMnO_4$ 与 $Na_2C_2O_4$ 的反应式如下：

$$5C_2O_4^{2-}+2MnO_4^-+16H^+ \rightleftharpoons 2Mn^{2+}+10CO_2\uparrow+8H_2O$$

此反应速度较慢，若将溶液温度控制在 75～85℃，反应速度将大大加快。

必须注意，不是任何情况下都可以用加热的办法来加快反应速度的。有的物质（如 I_2）易挥发，加热溶液，会引起挥发损失；有的物质（如 Sn^{2+}、Fe^{2+}）易被氧化，加热溶液，会加快被空气中 O_2 氧化的速度，因此必须根据具体情况确定适宜的温度条件。

（三）催化剂

催化反应的机理也很复杂。催化剂只能影响反应速度，但不能改变反应总的平衡状态。

1. 催化作用 在分析化学中，经常利用催化剂来改变反应的速度。正催化剂可加快反应速度；负催化剂减慢反应速度，又称阻化剂。测定 $SnCl_2$ 时，常加入多元醇作负催化剂，阻止空气中 O_2 对 $SnCl_2$ 的氧化。

2. 自身催化 由生成物本身起催化作用的反应，称为自身催化反应。开始时由于没有催化剂存在，反应速度较慢；随着反应的进行，作为催化剂的生成物从无到有，浓度逐渐增大，反应速度也逐渐加快；然后由于反应物的浓度越来越低，反应速度又逐渐降低。例如，MnO_4^- 与 $C_2O_4^{2-}$ 的反应速率较慢，通常在反应开始时，先加几滴 $KMnO_4$，反应褪色后生成的 Mn^{2+} 起到正催化剂的作用，加快了反应进行。

总之，在氧化还原滴定中，为了使反应能按所需方向定量、迅速进行，合理地选择和控制适宜的反应条件是十分重要的。

第二节　氧化还原滴定的基本原理

PPT

一、滴定曲线

（一）滴定曲线的绘制

在氧化还原滴定中，随着滴定剂的加入，被滴定物的氧化态和还原态的浓度发生变化，电对的电位也在相应变化。以反应电对的电位为纵坐标，加入的滴定剂的体积或百分数为横坐标，绘制滴定曲线。

滴定曲线一般通过实验方法测得，对于可以得到条件电位的简单体系，也可根据能斯特方程式从理论上计算得到。

现以25℃时，在1mol/L硫酸溶液中，用0.1000mol/L硫酸铈溶液滴定20.00ml硫酸亚铁溶液（0.1000mol/L）为例，说明滴定过程中可逆的、对称的电对的电位变化情况。可逆电对是指在氧化还原反应的任一瞬间能迅速建立平衡，其电位与Nernst方程式计算值基本相符的电对，如：I_2/I^-，Ce^{4+}/Ce^{2+}；对称电对是指半反应中氧化态和还原态系数相同的电对，如：$Fe^{3+}+e^- \rightleftharpoons Fe^{2+}$。滴定反应如下式：

$$Ce^{4+}+Fe^{2+} \rightleftharpoons Ce^{3+}+Fe^{3+}$$

因为　$\Delta\varphi^{\ominus\prime}=\varphi^{\ominus\prime}_{Ce^{4+}/Ce^{3+}}-\varphi^{\ominus\prime}_{Fe^{3+}/Fe^{2+}}=1.44-0.68=0.76>0.40V$

故该反应能进行完全，滴定过程中电位变化的四个阶段可计算如下。

1. 滴定前　滴定前，溶液中可能有痕量的Fe^{2+}被氧化，组成Fe^{3+}/Fe^{2+}电对，由于不能准确知道$c_{Fe^{3+}}$，此时的电位无法计算。

2. 滴定开始后至化学计量点前　滴定开始后，随着Ce^{4+}的加入，部分Fe^{2+}被氧化成为Fe^{3+}。溶液中同时存在Fe^{3+}/Fe^{2+}和Ce^{4+}/Ce^{3+}两种电对。根据氧化还原反应平衡的性质可知，在滴定过程中的任一时刻，反应达平衡后，两电对的电位相等，可根据任一电对来计算溶液的电位。在这一阶段，由于$c_{Ce^{4+}}$不易求得，故采用Fe^{3+}/Fe^{2+}电对的浓度比来计算电位。

$$\varphi=\varphi^{\ominus\prime}_{Fe^{3+}/Fe^{2+}}+0.059\lg\frac{c_{Fe^{3+}}}{c_{Fe^{2+}}}$$

例如，滴入Ce^{4+}液19.98ml时，即化学计量点前0.1%时，有99.9%的Fe^{2+}转化为Fe^{3+}，其电位为：

$$\varphi=\varphi^{\ominus\prime}_{Fe^{3+}/Fe^{2+}}+0.059\lg\frac{c_{Fe^{3+}}}{c_{Fe^{2+}}}=0.68+0.059\lg\frac{99.9\%}{0.1\%}=0.68+0.059\times3=0.86V$$

3. 化学计量点时　Fe^{2+}和Ce^{4+}被定量转为Fe^{3+}和Ce^{3+}，没有反应的Fe^{2+}和Ce^{4+}微乎其微，不能按照某一电对计算计量点的电位φ_{sp}，必须由两个电对的能斯特方程联立求算。

$$\varphi_{sp}=\varphi^{\ominus\prime}_{Ce^{4+}/Ce^{3+}}+0.059\lg\frac{c_{Ce^{4+}}}{c_{Ce^{3+}}}$$

$$\varphi_{sp}=\varphi^{\ominus\prime}_{Fe^{3+}/Fe^{2+}}+0.059\lg\frac{c_{Fe^{3+}}}{c_{Fe^{2+}}}$$

将上二式相加，得：

$$2\varphi_{sp}=\varphi^{\ominus\prime}_{Ce^{4+}/Ce^{3+}}+\varphi^{\ominus\prime}_{Fe^{3+}/Fe^{2+}}+0.059\lg\frac{c_{Ce^{4+}}c_{Fe^{3+}}}{c_{Ce^{3+}}c_{Fe^{2+}}}$$

因化学计量点时，$c_{Ce^{3+}}=c_{Fe^{3+}}$；$c_{Fe^{2+}}=c_{Ce^{4+}}$，故：

$$\varphi_{sp}=\frac{\varphi^{\ominus\prime}_{Ce^{4+}/Ce^{3+}}+\varphi^{\ominus\prime}_{Fe^{3+}/Fe^{2+}}}{2}=\frac{1.44+0.68}{2}=1.06V$$

4. 化学计量点后　加入的Ce^{4+}溶液过量时，Fe^{2+}几乎都转变为Fe^{3+}，可根据Ce^{4+}/Ce^{3+}电对的浓度比计算其电位。

$$\varphi_{sp}=\varphi^{\ominus\prime}_{Ce^{4+}/Ce^{3+}}+0.059\lg\frac{c_{Ce^{4+}}}{c_{Ce^{3+}}}$$

例如，滴入Ce^{4+}液20.02ml时，Ce^{4+}过量0.1%，其电位为：

$$\varphi_{sp}=\varphi^{\ominus\prime}_{Ce^{4+}/Ce^{3+}}+0.059\lg\frac{c_{Ce^{4+}}}{c_{Ce^{3+}}}=1.44+0.059\lg\frac{0.1\%}{100\%}$$

$$=1.44-0.059\times3=1.26V$$

用同样的方法可计算化学计量点前后各点的电位，见表6-1，以电位为纵坐标，滴入硫酸铈标准溶液的体积百分数为横坐标作滴定曲线，见图6-1。

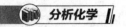

表 6-1　在 1mol/L 硫酸溶液中硫酸铈标准溶液滴定硫酸亚铁溶液的电位变化

滴入 Ce^{4+} 的体积/ml	滴入百分数/%	φ /V
0.00	0	—
18.20	91	0.74
19.80	99	0.80
19.98	99.9	0.86
20.00	100	1.06
20.02	100.1	1.26
20.20	101	1.32
22.00	110	1.38
40.00	200	1.44

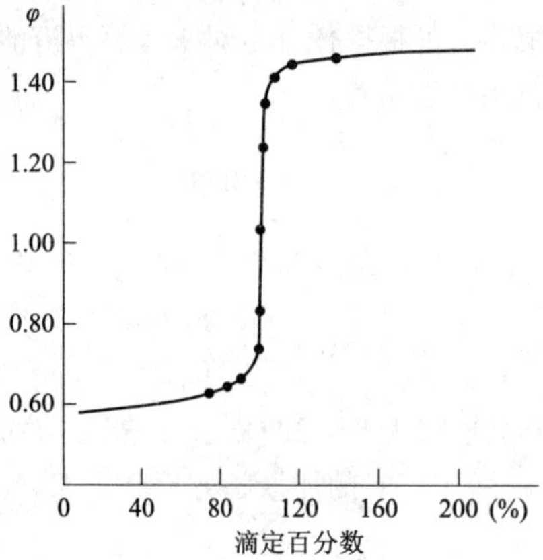

图 6-1　在硫酸溶液（1mol/L）中，Ce^{4+} 溶液滴定 Fe^{2+} 溶液的滴定曲线

（二）滴定曲线特点

1. 滴定突跃范围　化学计量点前后±0.1%误差时溶液的电位变化，称为滴定突跃。通过以上的讨论可得，氧化还原滴定曲线突跃范围的通式：

$$\varphi_2^{\ominus\prime}+\frac{0.059\times3}{n_2}\longrightarrow\varphi_1^{\ominus\prime}-\frac{0.059\times3}{n_1}\tag{6-10}$$

对于可逆的、对称电对的氧化还原滴定来说，滴定突跃范围与电子转移的数量和条件电位差 $\Delta\varphi^{\ominus\prime}$ 有关，与反应物浓度无关。

对于不可逆的、不对称电对来说，比如 $KMnO_4$ 滴定 $Na_2C_2O_4$ 来说，突跃范围除了与条件电位差 $\Delta\varphi^{\ominus\prime}$ 和电子转移的数量有关外，还与溶液的酸度有关。

但是滴定突跃范围的主要影响因素是两电对的条件电位差 $\Delta\varphi^{\ominus\prime}$。$\Delta\varphi^{\ominus\prime}$ 越大，滴定突跃范围越大，可选择的指示剂的品种越多，变色越敏锐，越易准确滴定。选择氧化还原指示剂时，应使指示剂的变色点尽量靠近化学计量点。实践证明，$\Delta\varphi^{\ominus\prime}\geqslant0.4V$，用氧化还原指示剂可得比较满意的滴定终点。

2. 化学计量点的电位 φ_{sp}　根据前面的滴定曲线的绘制过程可知，化学计量点处的电极电位 φ_{sp} 为：

$$\varphi_{sp}=\frac{n_1\varphi_1^{\ominus\prime}+n_2\varphi_2^{\ominus\prime}}{n_1+n_1}\tag{6-11}$$

对于对称电对来说，没有 H^+ 或 OH^- 参与反应的氧化还原反应，φ_{sp} 只与氧化剂和还原剂的条件电位和转移的电子数有关；但是如果有 H^+ 或 OH^- 参与反应，φ_{sp} 除了与前面两个因素有关以外，还受到溶液酸度的影响。如果是不对称电对，化学计量点的电位大小除了以上相应的影响因素以外，还与电对的浓度有关。

课堂互动

请根据氧化还原反应基本原理，推证可逆的、对称电对的化学计量点的电位 φ_{sp} 表达式和滴定曲线突跃范围的通式。

二、指示剂

在氧化还原滴定法中，常用指示剂有五类：氧化还原指示剂、自身指示剂、特殊指示剂、外指示剂和不可逆指示剂。

（一）氧化还原指示剂

1. 氧化还原指示剂的变色原理和变色点　氧化还原指示剂（oxidation-reduction indicator）是一类本身具有氧化还原性质的有机试剂，其氧化态 In（O_x）与还原态 In（Red）具有不同的颜色，在滴定中，因被氧化或被还原而发生颜色改变来指示滴定终点。例如，用 $K_2Cr_2O_7$溶液滴定 Fe^{2+}时，常用的指示剂是二苯胺磺酸钠，微过量的 $K_2Cr_2O_7$将无色的还原态二苯胺磺酸钠氧化为紫色的氧化态，指示滴定终点的到达。

$$In(O_x)+ne \rightleftharpoons In(Red)$$

$$\varphi=\varphi^{\ominus\prime}_{In(O_x)/In(Red)}+\frac{0.059}{n}\lg\frac{c_{In(O_x)}}{c_{In(Red)}}\quad (25℃) \tag{6-12}$$

式（6-12）中，$\varphi^{\ominus\prime}_{In}$为指示剂在一定条件下的条件电位。

当 $c_{In(O_x)}/c_{In(Red)}>10$ 时，溶液呈现氧化态的颜色；当 $c_{In(O_x)}/c_{In(Red)}<1/10$ 时，溶液呈现还原态的颜色；当 $c_{In(O_x)}/c_{In(Red)}$ 从 1/10 变到 10 时，指示剂将从还原态颜色转为氧化态颜色。理论变色范围为：

$$\Delta\varphi=\varphi^{\ominus\prime}_{In(O_x)/In(Red)}\pm\frac{0.059}{n} \tag{6-13}$$

当 $c_{In(O_x)}/c_{In(Red)}=1$ 时，$\varphi=\varphi^{\ominus\prime}_{In(O_x)/In(Red)}$，这个电位数值为氧化还原指示剂的理论变色点。常用的氧化还原指示剂列于表 6-2。

表 6-2　常用的氧化还原指示剂

指示剂	$\varphi^{\ominus\prime}_{In}$/V (pH=0)	颜色变化	
		还原态	氧化态
亚甲蓝	0.36	无色	绿蓝
次甲基蓝	0.53	无色	蓝色
二苯胺	0.76	无色	紫色
二苯胺磺酸钠	0.84	无色	红紫
邻苯氨基苯磺酸	0.89	无色	红紫
邻二氮菲亚铁	1.06	红色	淡蓝
硝基邻二氮菲亚铁	1.25	红色	淡蓝

2. 选择氧化还原指示剂的原则　氧化还原指示剂是氧化还原滴定的通用指示剂，指示剂选择的原则是：指示剂的颜色变化电位范围应在滴定的电位突跃范围（化学计量点前后 0.1%）之内，并尽量使 $\varphi^{\ominus\prime}_{In(O_x)/In(Red)}$ 与化学计量点电位 φ_{sp}一致，减少终点误差。由于氧化还原指示剂本身具有氧化还原作用，也要消耗一定量的标准溶液。当标准溶液浓度较大时，其影响可以忽略不计，但在较精确测定或标准溶液的浓度小于 0.01mol/L 时，需做空白试验以校正指示剂误差。

（二）自身指示剂

有些滴定剂（标准溶液）本身具有很深的颜色而滴定产物无色或颜色很浅，滴定时无需再加指示剂，根据滴定剂自身的颜色变化就可判断滴定终点的到达，称为自身滴定剂（self indicator）。例如：$KMnO_4$标准溶液在酸性溶液中滴定无色或浅色的样品溶液时，微过量的$KMnO_4$可使溶液呈粉红色以指示滴定终点。碘液也可作自身指示剂使用，当碘液浓度达到10^{-5}mol/L时，即呈明显的浅黄色。

（三）特殊指示剂

特殊指示剂（specific indicator）是本身没有氧化还原性质，但可与氧化剂或还原剂发生可逆的显色反应，指示滴定终点。例如：碘量法的常用指示剂为淀粉指示剂，淀粉可与I_2发生吸附反应生成深蓝色的配合物。

（四）外指示剂

外指示剂（outside indicator）可与滴定剂或待测试样发生氧化还原反应，所以不能加入到反应液中，只能在化学计量点附近，随时取出一滴反应液在点滴盘与滴加的指示剂反应，或用玻棒蘸取反应液至试纸上，根据颜色变化判断滴定终点。例如，亚硝酸钠法用的指示剂就是KI-淀粉外指示剂。

（五）不可逆指示剂

不可逆指示剂是在微过量标准溶液作用下，发生不可逆的颜色变化，从而指示滴定终点。比如溴酸钾法中，由于过量的溴酸钾在酸性溶液中析出溴，溴破坏了甲基橙或甲基红指示剂的显色结构，滴定终点到达。

知识链接

屠呦呦（1930—），女，药学家，突出贡献是创制新型抗疟药青蒿素和双氢青蒿素。1972年从中药青蒿中分离得到抗疟有效单体青蒿素。2011年9月，因发现用于治疗疟疾的药物青蒿素，挽救了全球特别是发展中国家的数百万人的生命获得拉斯克奖和葛兰素史克中国研发中心“生命科学杰出成就奖”。2015年10月获得诺贝尔生理学或医学奖，成为首获科学类诺贝尔奖的中国人。

鉴别青蒿素时，可以使用特殊指示剂。《中国药典》（2020年版）规定：取本品约5mg，加无水乙醇0.5ml溶解后，加碘化钾试液0.4ml，稀硫酸2.5ml与淀粉指示剂4滴，立即显紫色。

三、滴定前的试样预处理

在氧化还原滴定之前，常常需要将试样中被测组分转变为一定价态（氧化为高价态或还原为低价态），此操作步骤称为滴定前的试样预处理。预处理所选用的预氧化剂或预还原剂必须符合以下条件。

（1）在定量地氧化或还原被测组分时，要求反应速度快。

（2）反应具有一定的选择性。

（3）易于除去过量的氧化剂或还原剂。

预处理常用的氧化剂有$(NH_4)_2S_2O_8$、$KMnO_4$、H_2O_2、KIO_4、$HClO_4$等；还原剂有$SnCl_2$、SO_2、$TiCl_3$、金属还原剂（锌、铝、铁等）。

例如，测定Mn^{2+}时，没有合适的氧化性滴定剂，通常需在H_2SO_4介质中及催化剂Ag^+存在下，用$(NH_4)_2S_2O_8$将Mn^{2+}氧化为MnO_4^-，煮沸除去过量的$(NH_4)_2S_2O_8$后，再用$(NH_4)_2Fe(SO_4)_2$标准溶液滴定生成的MnO_4^-。

又如，当Fe^{3+}与Fe^{2+}共存时，可用还原剂金属锌或锌汞齐，将Fe^{3+}还原成Fe^{2+}，除去过量金属还原剂后，用$K_2Cr_2O_7$标准溶液滴定Fe^{2+}，求得总Fe含量。

第三节　高锰酸钾法

PPT

案例解析

【案例】普通人尤其中老年人，不要盲目补钙。否则摄入过多的钙离子，会打破体内的钙离子平衡，主要影响神经信号的传导，引起老年痴呆。如果血液中 Ca^{2+} 含量常年较高，会引起动脉硬化、高血压等问题。

【问题】如何采用高锰酸钾法，对血液中的 Ca^{2+} 含量进行测定？

【解析】可以采用间接法进行测定。移取一定体积的血液，稀释适当倍数后，加入过量的 $Na_2C_2O_4$ 溶液，使钙离子完全转化成草酸钙沉淀。过滤并洗净沉淀后溶于硫酸溶液中，用 $KMnO_4$ 标准溶液滴定至溶液呈现微红色，滴定终点到达。

一、基本原理

高锰酸钾法（potassium permanganate method）是以高锰酸钾为滴定剂的氧化还原滴定法。$KMnO_4$是一种强氧化剂，其氧化能力与溶液的酸度有关。

在强酸性溶液中表现为强氧化剂：

$$MnO_4^- + 8H^+ + 5e^- \rightleftharpoons Mn^{2+} + 4H_2O \qquad \varphi^\ominus = 1.51V$$

在中性或碱性溶液中：

$$MnO_4^- + 2H_2O + 3e^- \rightleftharpoons MnO_2\downarrow + 4OH^- \qquad \varphi^\ominus = 0.59V$$

在强碱性溶液中，是较弱的氧化剂：

$$MnO_4^- + e^- \rightleftharpoons MnO_4^{2-} \qquad \varphi^\ominus = 0.56V$$

通常，高锰酸钾法在强酸性溶液中进行。常用硫酸调节溶液酸度，不能用盐酸和硝酸。盐酸中 Cl^- 具有还原性与高锰酸钾反应；硝酸具有氧化性，可与还原性待测物质发生反应。$KMnO_4$溶液本身颜色为紫红色，滴定终点产物是无色的 Mn^{2+}，所以在滴定中，可选用 $KMnO_4$为自身指示剂，指示滴定终点的到达。

二、高锰酸钾标准溶液的配制与标定

市售高锰酸钾中常含有二氧化锰等杂质，蒸馏水中也常含有少量还原性物质，在热、光、酸或碱等条件下能促使 $KMnO_4$分解，生成的产物 MnO_2能加速 $KMnO_4$分解，因此需用间接法配制高锰酸钾标准溶液。

（一）高锰酸钾标准溶液的配制

称取多于理论量的 $KMnO_4$，溶解后将溶液煮沸约 1 小时，加速与还原性物质反应完全，溶液冷却后置于棕色试剂瓶中，放置 2～3 天后，用垂熔玻璃漏斗过滤，除去析出的 MnO_2沉淀后，密闭保存，待标定。

（二）高锰酸钾标准溶液的标定

标定高锰酸钾溶液的基准物质有草酸钠、草酸、硫酸亚铁铵、三氧化二砷和纯铁丝等。草酸钠易精制，不含结晶水，吸湿性小和热稳定性好，在100℃左右烘干后即可使用，是最常用的基准物质。标定反应如下式：

$$2MnO_4^- + 16H^+ + 5C_2O_4^{2-} \rightleftharpoons 2Mn^{2+} + 10CO_2\uparrow + 8H_2O$$

计算公式：

$$c_{KMnO_4} = \frac{2m_{Na_2C_2O_4}}{5\times\frac{V_{KMnO_4}}{1000}\times M_{Na_2C_2O_4}},\quad M_{Na_2C_2O_4} = 134.0\text{g/mol}$$

标定时需注意以下几个问题。

1. 温度 在室温下反应较慢，常将反应液加热至75～85℃进行滴定。温度不易太高，超过90℃，会引起酸性环境下草酸分解。

2. 酸度 一般在0.5～1mol/L硫酸介质中进行。酸度过低易生成MnO_2沉淀，酸度过高又会促使$H_2C_2O_4$分解。

$$C_2O_4^{2-} + 2H^+ \rightleftharpoons H_2O + CO_2\uparrow + CO\uparrow$$

3. 滴定速度 控制滴定速度为慢-快-慢。滴定开始时，MnO_4^-和$C_2O_4^{2-}$的反应速度慢，可以先加几滴MnO_4^-。待红色褪去后，由于具有催化作用的Mn^{2+}生成，反应速度较快，可以适当增加滴定速度，但不宜过快，否则来不及与$C_2O_4^{2-}$反应的MnO_4^-就在热的酸性溶液中自身分解了。临近终点时，要放慢滴定速度，以防因滴定过量，使MnO_4^-标定浓度偏小。

4. 终点判断 因空气中的还原性气体和尘埃均能使$KMnO_4$缓慢分解而褪色，故滴定至溶液显微红色并保持30秒不褪色即为滴定终点。

三、应用示例

高锰酸钾法应用广泛，在酸性溶液中可以直接滴定具有还原性的物质，如：H_2O_2、Fe^{2+}、$C_2O_4^{2-}$等。用间接法可以测定无氧化还原性的物质，如Ca^{2+}的含量测定。还可以用返滴定法，首先加入过量的$FeSO_4$或$Na_2C_2O_4$标准溶液与一些强氧化性的物质充分反应，如：MnO_2、PbO_2、ClO_3^-、CrO_4^{2-}、BrO_3^-等，再用$KMnO_4$标准溶液标定剩余的$FeSO_4$或$Na_2C_2O_4$标准溶液。

例6-4 双氧水中H_2O_2含量的测定 H_2O_2在实际生产中主要用作氧化剂，它可作皮革、毛发、绒布的漂白剂。其稀溶液在医药上可用于洗伤口和作含嗽剂。在某些情况下，它又是还原剂，可被$KMnO_4$氧化。

在酸性介质中，用$KMnO_4$直接滴定H_2O_2，反应式为：

$$2MnO_4^- + 5H_2O_2 + 6H^+ \rightleftharpoons 2Mn^{2+} + 5O_2\uparrow + 8H_2O$$

市售H_2O_2的浓度为30%以上，需稀释后在H_2SO_4介质中进行滴定。反应在室温下进行，不能加热，否则H_2O_2会分解生成水和氧气，使测定结果偏小。滴定开始时反应速度较慢，待有Mn^{2+}生成后，反应速度加快。

例6-5 钙的含量测定 某些金属离子Ba^{2+}、Sr^{2+}、Ca^{2+}、Mg^{2+}、Pb^{2+}、Cd^{2+}等，能与$C_2O_4^{2-}$生成难溶的草酸盐沉淀。草酸盐沉淀用H_2SO_4稀溶液溶解，再用$KMnO_4$标准溶液返滴$C_2O_4^{2-}$，就可以间接测定金属离子的含量。采用此法可以测定钙离子的含量，反应如下：

$$Ca^{2+} + C_2O_4^{2-} \rightleftharpoons CaC_2O_4\downarrow$$

$$CaC_2O_4 + H_2SO_4 \rightleftharpoons CaSO_4 + H_2C_2O_4$$

$$2MnO_4^- + 5C_2O_4^{2-} + 16H^+ \rightleftharpoons 2Mn^{2+} + 10CO_2\uparrow + 8H_2O$$

第四节　碘　量　法

PPT

一、碘量法原理与分类

（一）基本原理

碘量法（iodimetry）是利用I_2的氧化性或I^-的还原性进行滴定分析的一种方法。其半电池反应为：

$$I_2+2e \rightleftharpoons 2I^- \qquad \varphi^{\ominus}_{I_2/I^-}=0.5345V$$

I_2在水中的溶解度很小（25℃为0.0018mol/L），为增大其溶解度和防止I_2的挥发，通常将I_2溶解在KI溶液中，使I_2以I_3^-配离子形式存在，其半电池反应式为：

$$I_3^-+2e \rightleftharpoons 3I^- \qquad \varphi^{\ominus}_{I_3^-/I^-}=0.5355V$$

由于$\varphi^{\ominus}_{I_2/I^-}$和$\varphi^{\ominus}_{I_3^-/I^-}$相差很小，为简便起见，习惯上仍以前者表示。

（二）碘量法的分类

由I_2/I^-电对的标准电位数值可知，I_2是较弱的氧化剂，I^-是中等强度的还原剂。因此，碘量法可以测定还原性或氧化性的物质。常用的测量方法有直接碘量法和间接碘量法两种。

1. 直接碘量法（碘滴定法） 凡是标准电位或条件电位比碘电对低的还原性物质，又满足直接滴定条件者，都可以用碘标准溶液直接滴定，如：S^{2-}，Sn(Ⅱ)，$S_2O_3^{2-}$，SO_3^{2-}等。直接碘量法应在酸性、中性或弱碱性溶液中进行。强酸性条件下，I^-发生氧化导致终点滞后和淀粉水解成糊精导致终点不敏锐。如果溶液的pH>9，I_2会发生歧化反应：

$$3I_2+6OH^- \rightleftharpoons IO_3^-+5I^-+3H_2O$$

2. 间接碘量法（滴定碘法） 间接碘量法是以碘和$Na_2S_2O_3$发生如下反应为基础的氧化还原滴定分析方法。

$$I_2+2S_2O_3^{2-} \rightleftharpoons 2I^-+S_4O_6^{2-}$$

（1）电位高于$\varphi^{\ominus}_{I_2/I^-}$的电对的氧化性物质，可将$I^-$氧化为$I_2$，再用$Na_2S_2O_3$标准溶液滴定置换出来的$I_2$，这种滴定方法称为置换碘量法。

（2）电位低于$\varphi^{\ominus}_{I_2/I^-}$的电对的还原性物质，其还原态与$I_2$反应速度慢，可先与定量过量的$I_2$标准溶液作用，待反应完全后，再用$Na_2S_2O_3$标准溶液滴定剩余的$I_2$。这种滴定方法叫作剩余碘量法或回滴碘量法。

以上两种碘量法统称间接碘量法，又称滴定碘法。

间接碘量法必须在中性或弱酸性溶液中进行。若在碱性溶液中滴定，会发生如下副反应：

$$S_2O_3^{2-}+4I_2+10OH^- \rightleftharpoons 2SO_4^{2-}+8I^-+5H_2O$$

若在强酸溶液中，$S_2O_3^{2-}$易分解，I^-也易被空气中的氧气缓慢氧化：

$$S_2O_3^{2-}+2H^+ \rightleftharpoons S\downarrow+SO_2\uparrow+H_2O$$

$$4I^-+O_2+4H^+ \rightleftharpoons 2I_2+2H_2O$$

（三）碘量法的误差来源

碘量法的误差主要来源于I_2的挥发和I^-被空气中的O_2氧化，应采取以下方法予以减免。

1. 防止I_2挥发应采取的措施有 ①加入比理论量大2~3倍的KI，促使I_2形成溶解度较大的I_3^-离子；②反应在室温下进行；③最好在带塞的碘量瓶中进行，快滴慢摇。

2. 防止I^-被空气中的O_2氧化的方法 ①滴定在室温下进行，除去加速I^-氧化的Cu^{2+}、NO_2^-等催化剂；②降低酸度，减慢I^-氧化的速度，如反应需在较高的酸度下进行，则在滴定前应稀释溶液；③密塞避光放置，防止光照加速 O_2氧化 I^-。析出 I_2后立即用 $Na_2S_2O_3$滴定，快滴慢摇。

课堂互动

请比较直接碘量法和间接碘量法的异同。

二、碘量法中的指示剂

（一）I_2自身指示剂

I_2可作为自身指示剂来使用。I_2在四氯化碳等有机溶剂中的溶解度比水中大很多，并且呈鲜明的紫红色，所以加一些与被测水溶液不相溶的有机溶剂，边滴边振摇，待有机层中紫红色出现或消失，即可指示终点到达。

I_2作为自身指示剂的缺点是灵敏度低，操作麻烦、费时，因此在碘量法中常用淀粉指示剂。

（二）淀粉指示剂

淀粉溶液遇 I_2显深蓝色，反应可逆并且灵敏，即使在 10^{-5} ~ 10^{-6} mol/L 的 I_2溶液中亦能看出明显的蓝色，可根据其蓝色的出现或消失指示终点。使用淀粉指示剂时应注意以下问题。

（1）滴定应在室温下进行，温度升高可使淀粉指示剂的灵敏度降低。

（2）使用可溶性的直链淀粉配制淀粉指示剂，支链淀粉只能蓬松地吸附 I_2形成一种红紫色产物，不能用作碘量法的指示剂。

（3）溶液应在弱酸性溶液中进行，因为淀粉与碘在此环境下最为灵敏。

（4）淀粉指示剂最好现配现用。因为久放的淀粉溶液易变质，灵敏度降低。

（5）指示剂加入时间。直接碘量法在滴定前加入，以蓝色出现为滴定终点；间接碘量法在近终点时加入（当溶液中有大量碘存在时，碘被淀粉表面牢固地吸附，不易与 $Na_2S_2O_3$立即作用，致使终点“迟钝”），以蓝色消失为滴定终点。

在酸性较强或含醇量较高不宜使用淀粉指示剂的情况下，可直接观察碘的黄色出现或消失以判定终点。

三、碘量法标准溶液

（一）I_2标准溶液的配制与标定

1. I_2标准溶液的配制 虽然可用升华法制得纯碘，但碘具有挥发性和腐蚀性，不宜在分析天平上称量，故采用间接法配制。配制方法为：用烧杯在托盘天平上称取一定量的固体碘，加入 KI 浓溶液，振摇使碘充分溶解，加入少量盐酸，加水稀释到一定体积，用垂熔玻璃漏斗过滤后存于带玻璃塞的棕色试剂瓶中，置于阴凉处，待标定。

配制碘标准溶液，加入少量的盐酸，是为了中和配制硫代硫酸钠溶液中作稳定剂的碳酸钠，去掉碘中微量 KIO_3杂质，防止碘在碱性溶液中发生歧化反应。

2. I_2标准溶液的标定 I_2标准溶液的标定可用硫代硫酸钠标准溶液标定。

$$I_2+2S_2O_3^{2-} \rightleftharpoons 2I^-+S_4O_6^{2-}$$

也可用基准物质三氧化二砷标定。三氧化二砷难溶于水，可加入 NaOH 溶液使其生成亚砷酸钠：

$$As_2O_3+6OH^- \rightleftharpoons 2AsO_3^{3-}+3H_2O$$

过量的碱用 HCl 中和，加入 $NaHCO_3$使溶液呈弱碱性（pH ≈8），反应如下：

$$AsO_3^{3-}+I_2+2HCO_3^- \rightleftharpoons AsO_4^{3-}+2I^-+2CO_2\uparrow+3H_2O$$

（二）$Na_2S_2O_3$标准溶液的配制和标定

课堂互动

I_2与$Na_2S_2O_3$比较法标定时，能否用I_2滴定液直接滴定$Na_2S_2O_3$？终点现象有何不同？

1. $Na_2S_2O_3$标准溶液的配制　$Na_2S_2O_3 \cdot 5H_2O$晶体易风化或潮解，且含有少量杂质，只能用间接法配制。硫代硫酸钠溶液不稳定，容易分解，原因如下。

（1）与溶解在水中的CO_2作用：$2S_2O_3^{2-}+2CO_2+H_2O \rightleftharpoons S\downarrow+2HSO_3^-+HCO_3^-$

（2）被水中溶解的O_2氧化而分解：$2S_2O_3^{2-}+O_2 \rightleftharpoons 2S\downarrow+2SO_4^{2-}$

（3）与水中的嗜硫细菌等微生物作用：$S_2O_3^{2-} \rightleftharpoons S\downarrow+SO_3^{2-}$

因此，配制$Na_2S_2O_3$标准溶液时，需称取比计算用量稍多的$Na_2S_2O_3 \cdot 5H_2O$，溶于新煮沸（除去水中的CO_2和O_2，并灭菌）已冷却的蒸馏水中，加入少量Na_2CO_3保持弱碱性以抑制微生物的生长。为防止光照分解，应于棕色瓶中放置7~10天，待浓度稳定后再标定其浓度。

2. $Na_2S_2O_3$标准溶液的标定　标定硫代硫酸钠的基准物质很多，如$K_2Cr_2O_7$、$K_3[Fe(CN)_6]$、KIO_3、$KBrO_3$等。常用$K_2Cr_2O_7$为基准物质。标定方法为：精密称取一定量的$K_2Cr_2O_7$，在酸性溶液中加入过量的KI，生成的I_2用待标定的硫代硫酸钠滴定。反应如下：

$$Cr_2O_7^{2-}+6I^-+14H^+ \rightleftharpoons 2Cr^{3+}+3I_2+7H_2O$$

$$I_2+2S_2O_3^{2-} \rightleftharpoons 2I^-+S_4O_6^{2-}$$

$$Cr_2O_7^{2-} \sim 6I^- \sim 3I_2 \sim 6S_2O_3^{2-}$$

$$c_{Na_2S_2O_3}=\frac{6}{1}\times\frac{1000m_{K_2Cr_2O_7}}{V_{Na_2S_2O_3}\times M_{K_2Cr_2O_7}}$$

标定时应注意以下几个问题。

（1）加入过量的KI　可提高$K_2Cr_2O_7$与KI的反应速度，但反应速度仍然较慢，应将其置于碘量瓶中，水封，暗处放置10分钟后，再用待标定的$Na_2S_2O_3$液滴定。

（2）控制溶液的酸度和温度　提高溶液的酸度和温度，可加快反应速度，但酸度和温度太高，I^-容易被空气氧化。一般酸度在0.5mol/L，温度在20℃以下为宜。

（3）滴定前需将溶液稀释　可降低溶液酸度，减慢I^-被空气中O_2氧化的速度，减弱$Na_2S_2O_3$的分解，降低Cr^{3+}的浓度，使其亮绿色变浅，便于终点观察。

（4）正确判断滴定终点　为防止大量碘被淀粉吸附，使标定结果偏低，应滴定至近终点、溶液呈浅黄绿色时，再加入淀粉指示剂，以深蓝色消失为滴定终点。

（5）正确判断回蓝现象　若滴定至终点后，溶液迅速回蓝，表明$Cr_2O_7^{2-}$与I^-反应不完全，应重新标定；若滴定至终点经5分钟后回蓝，则是由于I^-被空气中的O_2氧化引起，不影响标定结果。

微课

四、应用示例

例6-6　维生素C含量的测定　维生素C又称抗坏血酸，分子式为$C_6H_8O_6$，相对分子质量176.12。维生素C分子中的烯二醇基具有较强的还原性，能被I_2定量地氧化成二酮基，其反应为：

《中国药典》（2020年版）规定：取本品约0.2g，精密称定，加100ml新沸过的冷蒸馏水与稀醋酸

10ml 使溶解，加淀粉指示液 1ml，立即用碘滴定液（0.05mol/L）滴定，至溶液显蓝色并在 30 秒内不褪色。每 1ml 碘滴定液（0.05mol/L）相当于 8.806mg 的 $C_6H_8O_6$。

例 6-7 葡萄糖含量测定 在碱性条件下，定量过量的碘液将葡萄糖中的醛基氧化为羧基，剩余的 I_2 再用 $Na_2S_2O_3$ 标准溶液标定，就能算出葡萄糖的含量。反应机理如下：

$$I_2+2NaOH \Longrightarrow NaIO+NaI+H_2O$$

$$CH_2OH(CHOH)_4CHO+NaIO+NaOH \Longrightarrow CH_2OH(CHOH)_4COONa+NaI+H_2O$$

剩余的 NaIO 在碱性条件下发生歧化反应：

$$3NaIO \Longrightarrow NaIO_3+2NaI$$

溶液酸化后，$NaIO_3$ 和 NaI 发生归中反应，析出 I_2：

$$NaIO_3+5NaI+3H_2SO_4 \Longrightarrow 3Na_2SO_4+3I_2+3H_2O$$

析出的 I_2 用 $Na_2S_2O_3$ 标准溶液滴定：

$$I_2+2S_2O_3^{2-} \Longrightarrow 2I^-+S_4O_6^{2-}$$

测定方法：精密称取 0.1g 的葡萄糖样品于 250ml 碘量瓶中，加入 30ml 蒸馏水使之溶解。精密移取 0.05mol/L 的碘液 25ml 到碘量瓶中，在不断摇动下，慢慢滴加 0.1mol/L 的 NaOH 溶液 40ml 至溶液呈淡黄色。密塞，在暗处放置 10 分钟。加 0.5mol/L 的 H_2SO_4 溶液 6ml，摇匀，用 0.1mol/L 的 $Na_2S_2O_3$ 标准溶液滴定剩余的碘，至近终点时，加淀粉指示液 2ml，继续滴定至蓝色消失，同时做空白试验对结果进行校正。

例 6-8 焦亚硫酸钠的含量测定 焦亚硫酸钠具有较强的还原性，常作药品制剂的抗氧剂，可用剩余碘量法测量其含量。《中国药典》（2020 年版）规定：精密称定本品约 0.15g，置碘量瓶中，精密加碘滴定液（0.05mol/L）50ml，密塞，振摇溶解后，加盐酸 1ml，用硫代硫酸钠滴定液（0.1mol/L）滴定，至近终点时，加淀粉指示液 2ml，继续滴定至蓝色消失并将滴定的结果用空白试验校正。

用空白实验校正，一方面可以消除仪器误差，另一方面又可从空白滴定与回滴定的差数求出焦亚硫酸钠的含量，无须知道碘液的浓度。其反应式和结果计算公式如下：

$$Na_2S_2O_5+2I_2(定量,过量)+3H_2O \Longrightarrow Na_2SO_4+H_2SO_4+4HI$$

$$I_2(剩余)+2Na_2S_2O_3 \Longrightarrow Na_2S_4O_6+2NaI$$

$$Na_2S_2O_5 \sim 2I_2 \sim Na_2S_2O_3$$

$$w_{Na_2S_2O_5}(\%)=\frac{1}{4}\times\frac{[2c_{I_2}V_{I_2(过量)}-c_{Na_2S_2O_3}V_{Na_2S_2O_3}]\times M_{Na_2S_2O_5}}{1000m_s}\times100\%$$

$$=\frac{1}{4}\times\frac{c_{Na_2S_2O_3}[V_{Na_2S_2O_3(空白)}-V_{Na_2S_2O_3(回滴)}]\times M_{Na_2S_2O_5}}{1000m_s}\times100\%$$

例 6-9 药物中微量水分的测定——Karl Fischer 法 Karl Fischer 法是根据碘和二氧化硫在吡啶和甲醇溶液中能与水起定量反应的原理以测定水分。所用仪器应干燥，并能避免空气中水分的侵入；测定操作宜在干燥处进行。Karl Fischer 法的滴定剂称为卡氏试剂，是由碘、二氧化硫和吡啶按一定比例溶于无水甲醇的混合溶液。滴定与试剂水的总反应为：

$$I_2 + SO_3 + 3C_5H_5N + CH_3OH + H_2O \Longrightarrow 2C_5H_5N\underset{I}{\overset{HH}{|}} + C_5H_5N\underset{SO_4CH_3}{\overset{H}{|}}$$

测定方法为：精密称取供试品适量（约消耗费休试液 1～5ml），置干燥的具塞玻璃瓶中，加溶剂适量，在不断振摇（或搅拌）下用费休氏试液滴定至溶液由浅黄色变为红棕色，或用电化学方法如永停滴定法指示终点；另做空白试验。

Karl Fischer 法广泛应用于抗生素等药物，如青霉素 G 钾盐中水分的测定。也可以测定有机试剂如醇类、酸类、酯类中的水分。

第五节　其他氧化还原滴定法

PPT

一、亚硝酸钠法

（一）亚硝酸钠法基本原理

亚硝酸钠法（sodium nitrite method）是在酸性条件中，以亚硝酸钠为标准溶液的氧化还原滴定法。根据测定对象不同，分为重氮化滴定法（diazotization titration）和亚硝基化滴定法（nitrozation titration）两种。

1. 重氮化滴定法　在酸性条件中，应用亚硝酸钠液滴定芳伯胺类化合物的方法称为重氮化滴定法。重氮化法主要用于测定芳伯胺类化合物（如盐酸普鲁卡因、苯佐卡因、盐酸氯普鲁卡因和磺胺类药物等），还可测定水解后具有芳伯胺类的药物（如酞磺胺噻唑等），以及还原后具有芳伯胺类的药物（如氯霉素等）。

$$NaNO_2+2HCl+ArNH_2 \rightleftharpoons NaCl+H_2O+[Ar—\overset{+}{N}\equiv N]Cl^-+2H_2O$$

重氮化滴定法的反应速度和测定结果的准确性与以下几个因素有关。

（1）酸的种类和浓度　重氮化法的反应速度与酸的种类有关。在 HBr 中反应速度最快，其次是 HCl，在 H_2SO_4 或 HNO_3 中的反应速度最慢。因 HBr 较贵，芳伯胺盐酸盐较硫酸盐溶解度大，故常用盐酸。适宜酸度不仅可以加快反应速度，还可以提高重氮盐的稳定性。一般控制酸度在 1mol/L 为宜。酸度过高会阻碍芳伯胺的游离，影响重氮化反应的速度；酸度过低，未被重氮化的芳伯胺会和生成的重氮盐偶合生成重氮氨基化合物，使测定结果偏低。

$$ArNH_2+[Ar—\overset{+}{N}H\equiv NH]Cl^- \rightleftharpoons Ar—N=N—NHAr+HCl$$

（2）滴定速度与温度　提高温度，可以加速反应的进行，但升高温度会促使亚硝酸的逸失和分解以及重氮盐的受热分解。一般规定在 15℃以下进行，此时反应的速度虽然慢，但测定结果较为准确。滴定开始时，采用“快速滴定法”，临近终点，芳伯胺浓度变稀，反应速度减慢，滴定改为缓慢进行。

$$3HNO_2 \rightleftharpoons HNO_3 + H_2O + 2NO\uparrow$$

知识链接

快速滴定法

《中国药典》（2020 年版）规定“快速滴定法”是指在 15~25℃，将滴定管的尖端插入液面下约 2/3 处，用亚硝酸钠标准溶液迅速滴定，随滴随搅拌，至近终点时，将滴定管的尖端提出液面，用少量水淋洗尖端，洗液并入溶液中，继续缓缓滴定至指示剂变色，即为滴定终点。“快速滴定法”可以缩短滴定时间，防止亚硝酸的逸失和分解，得到的测定结果更为准确。

（3）苯环上取代基团的影响　在苯胺环上，特别是在胺的对位上，重氮化反应速度与取代基团性质有关。若取代基为吸电子基团（如—NO_2、—SO_3H、—COOH 等），反应加速；若为斥电子基团（如

—R、—OH、—OR 等），反应减慢。对于反应较慢的反应，可加入适量 KBr 加以催化，提高反应速度。

2. 亚硝基化滴定法　在酸性条件中，应用亚硝酸钠液滴定芳仲胺类化合物的方法称为亚硝基化滴定法。亚硝基化法可用于测定芳仲胺类药物，如磷酸伯胺喹、盐酸丁卡因等。

$$NaNO_2 + HCl + ArNHR \rightleftharpoons NaCl + H_2O + Ar—\underset{\underset{NO}{|}}{N}—R$$

（二）指示滴定终点的方法

1. 外指示剂　常用含氯化锌的碘化钾-淀粉指示液作为亚硝酸钠法的外指示剂。当滴定达到化学计量点后，微过量的亚硝酸钠在酸性环境中与碘化钾反应，生成的 I_2 遇淀粉显蓝色。

$$4H^+ + 2NO_2^- + 2I^- \rightleftharpoons I_2 + 2NO\uparrow + 2H_2O$$

碘化钾-淀粉指示液不能直接加到被滴定的溶液中，因为滴入的亚硝酸钠液在与芳伯胺作用前优先与 KI 作用，使终点无法观察，故只能在化学计量点附近，用玻璃棒蘸取少许溶液在外面与指示剂接触来判断终点。此外指示剂可制成糊状，也可制成试纸使用，其中氯化锌作防腐剂。使用外指示剂时终点难以掌握，操作麻烦，需多次蘸取溶液确定终点，样品溶液损耗，影响测定结果的准确性，而且终点前溶液中强酸亦促使 KI 被空气氧化成 I_2 而使指示剂变色，影响滴定终点的判断。

2. 内指示剂　近年来常用内指示剂确定滴定终点，内指示剂橙黄IV-亚甲蓝用得最多，二苯胺、中性红和亮甲酚蓝也有应用，此法虽说操作简单，但是变色不敏锐，尤其是对于有颜色的重氮化盐来说更难判断终点的到达。

3. 永停滴定法　采用永停滴定法确定滴定终点，操作不繁琐，不受指示剂变色敏锐与否的限制，只需根据电流计指针的突然偏转判断终点的到达，测定结果更直观准确，药典多用此法确定重氮化滴定法的终点。

（三）标准溶液配制

亚硝酸钠标准溶液常用间接法配制。由于亚硝酸钠溶液性质不稳定，久置浓度会显著下降。若在配制时加入少许稳定剂 Na_2CO_3，调节溶液至微碱性（$pH \approx 10$），溶液性质最稳定。

标定亚硝酸钠溶液常用对氨基苯磺酸为基准物质。对氨基苯磺酸不易溶于水，需加入氨试液使之生成铵盐，再加盐酸调节酸度，使其成为对氨基苯磺酸盐酸盐，用 $NaNO_2$ 溶液滴定，反应生成重氮盐。各步反应如下：

$$H_2N——SO_3H + NH_3 \cdot H_2O \rightleftharpoons H_2N——SO_3NH_4 + H_2O$$

$$H_2N——SO_3NH_4 + HCl \rightleftharpoons ClH_3N——SO_3H + NH_3$$

$$HO_3S——NH_3Cl + NaNO_2 + HCl \rightleftharpoons [HO_3S——N\overset{+}{\equiv}N]\ Cl^- + H_2O + NaCl$$

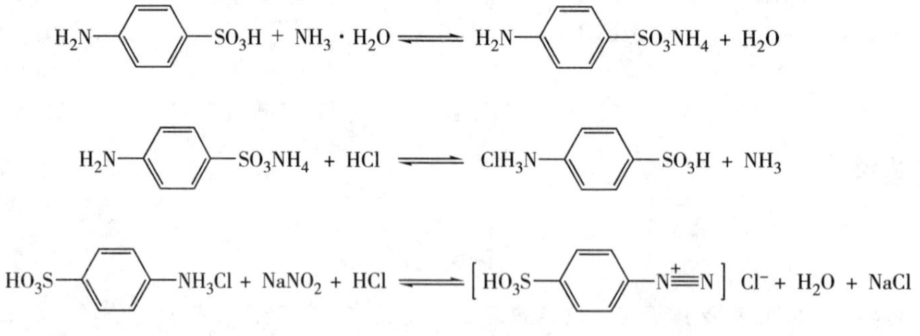

亚硝酸钠溶液遇光易分解，应贮于带玻璃塞的棕色玻璃瓶中，密闭保存。

（四）应用示例

例 6-10　盐酸普鲁卡因溶液的含量测定　芳伯胺类结构，在酸性条件下发生重氮化反应，滴定前加入溴化钾，用以促进重氮化反应迅速进行。用中性红为指示剂，终点时溶液由紫红色变为纯蓝色。其滴定反应如下式。

$$H_2N-\!\!\!\!\bigcirc\!\!\!\!-COOCH_2CH_2N-(C_2H_5)_2 \cdot HCl + NaNO_2 + HCl \Longrightarrow$$

$$\left[N\!\!\equiv\!\!N^+\!\!\!\!\bigcirc\!\!\!\!-COOCH_2CH_2N(C_2H_5)_2 \right] Cl^- + NaCl + 2H_2O$$

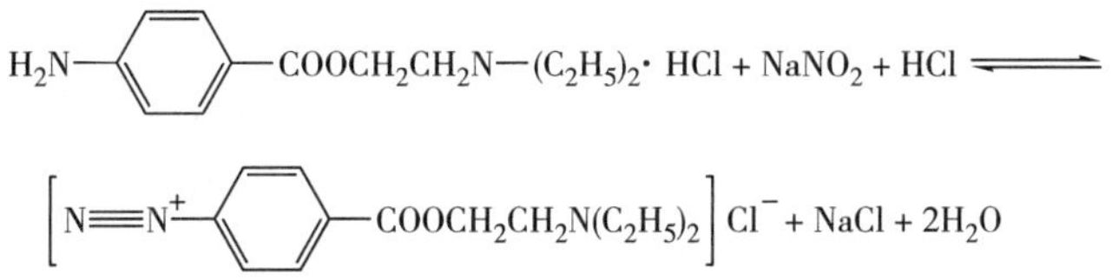

例 6-11 复方氯霉素洗剂中氯霉素的含量测定 氯霉素为硝基苯类化合物，其结构式为：

$$O_2N-\!\!\!\!\bigcirc\!\!\!\!-\overset{\overset{OH}{|}}{\underset{\underset{H}{|}}{C}}-\overset{\overset{H}{|}}{\underset{\underset{NHCOCHCl_2}{|}}{C}}-CH_2OH$$

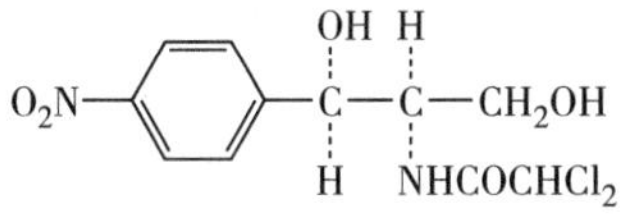

首先加入锌粉、盐酸，在水浴上将其硝基苯类结构还原成芳伯胺类结构，加入溴化钾，在酸性溶液中用亚硝酸钠液滴定，用玻棒蘸取少许溶液，划过碘化钾淀粉试纸即呈蓝色条痕时，终点到达。

二、铈量法

铈量法是以 Ce^{4+} 为氧化剂的滴定方法，由于 Ce^{4+} 易水解，所以反应在酸性溶液中进行。Ce^{4+} 在酸性介质中是强氧化剂，还原产物是 Ce^{3+}，半电池反应式为：

$$Ce^{4+} + e^- \Longrightarrow Ce^{3+} \qquad \varphi^\ominus = 1.61V$$

铈量法的特点如下。

1. Ce^{4+} 的氧化能力强 在 H_2SO_4 介质中 Ce^{4+} 的氧化能力稍弱于 $KMnO_4$，一般能用 $KMnO_4$ 滴定的物质都可用 Ce^{4+} 滴定，甘油、淀粉、葡萄糖等均不干扰测定。

2. 反应简单，副反应少 Ce^{4+} 转为 Ce^{3+} 时，只有一个电子转移，没有中间价态的形成，也不伴随诱导反应。

3. $Ce(SO_4)_2$ 易纯制 由于常用 $Ce(SO_4)_2$ 配制标准溶液，所以铈量法又称为硫酸铈法（cerium sulphate method）。$Ce(SO_4)_2$ 易于精制，可用直接法配制，如需要标定，可在硫酸介质中进行，用草酸钠、硫酸亚铁、纯铁丝等做基准物质。配制好的标准溶液性质稳定，可长期保存，加热不会分解。

4. 有较好的指示剂 由于 Ce^{4+} 呈黄色，Ce^{3+} 呈无色，滴定无色溶液时，Ce^{4+} 可作自身指示剂，但灵敏度较差。邻二氮菲亚铁是铈量法的理想指示剂，变色敏锐，可逆性好。

铈量法的缺点：试剂价格较贵，并且 Ce^{4+} 与某些还原剂的反应速度较慢。Ce^{4+} 易水解，不适于中性及碱性介质中的滴定，F^- 和磷酸对测定有干扰。常用于糖浆剂、片剂中亚铁的含量测定。

例 6-12 硫酸亚铁片含量测定 取本品 10 片，置 200ml 量瓶中，加稀硫酸 60ml 与新沸过的冷水适量，振摇使硫酸亚铁溶解，用新沸过的冷水稀释至刻度，摇匀，用干燥滤纸迅速滤过，精密量取续滤液 30ml，加邻二氮菲指示液数滴，立即用硫酸铈滴定液（0.1mol/L）滴定。每 1ml 硫酸铈滴定液（0.1mol/L）相当于 27.80mg 的 $FeSO_4 \cdot 7H_2O$。

注意：硫酸亚铁药片中硫酸亚铁含量的测定，不能采用高锰酸钾法。因为制剂中的糖浆或淀粉能被 $KMnO_4$ 氧化，使测定结果偏高。

三、溴酸钾法和溴量法

溴酸钾法（potassium bromate method）是以 $KBrO_3$ 作氧化剂的滴定方法。$KBrO_3$ 在酸性溶液中是一个强氧化剂，其半反应式为：

$$BrO_3^- + 6H^+ + 6e^- \Longrightarrow Br^- + 3H_2O \qquad \varphi^\ominus = 1.44V$$

化学计量点后，微过量的 BrO_3^-，与产物 Br^- 反应生成 Br_2，反应式如下：

$$BrO_3^- + 6H^+ + 5Br^- \Longrightarrow 3Br_2 + 3H_2O$$

用甲基橙或甲基红的钠盐水溶液为指示剂，微过量的 BrO_3^- 与产物 Br^- 反应生成的 Br_2，会氧化并破坏指示剂的呈色结构，使指示剂的红色褪去，指示滴定终点到达，这种指示剂称为**不可逆指示剂**。应在近终点时加入指示剂，可避免滴定过程中滴定剂的局部浓度过大，指示剂的结构被提前破坏，而导致终点提前出现。溴酸钾法常用于异烟肼等药物的测定。

$KBrO_3$易从水溶液中重结晶而提纯，在180℃烘干后，可用直接法配制标准溶液。$KBrO_3$溶液的浓度也可用间接碘量法进行标定，一定量的 $KBrO_3$在酸性溶液中与过量 KI 反应从而析出 I_2：

$$BrO_3^-+6H^++6I^- \rightleftharpoons 3I_2+3H_2O+Br^-$$

然后用 $Na_2S_2O_3$标准溶液标定析出的 I_2。

有些物质由于副反应，不能直接与溴酸钾反应，只能与过量的溴定量反应。溴液易挥发且有腐蚀性，常将一定量的溴酸钾与过量的溴化钾配制成“溴液”作为标准溶液，“溴液”的准确浓度用置换碘量法标定。以溴的氧化作用和溴代作用为基础的滴定分析法称为溴量法（bromine method）。测定时，在样品溶液中加入准确过量的溴标准溶液，酸化后，溴液中的 $KBrO_3$与 KBr 发生归中反应生成定量的 Br_2，该 Br_2与有机样品反应，待反应完全后，加入过量的 KI 与剩余的 Br_2反应，最后用 $Na_2S_2O_3$标准溶液标定析出的 I_2，并用空白实验对测定结果进行校正。

$$Br_2+2I^- \rightleftharpoons I_2+2Br^-$$

$$2S_2O_3^{2-}+I_2 \rightleftharpoons S_4O_6^{2-}+2I^-$$

溴量法常用于苯酚、盐酸去氧肾上腺素、重酒石酸间羟胺、依他尼酸等药物的含量测定。

例 6-13 苯酚含量测定《中国药典》（2020 年版）规定：取本品约 0.15g，精密称定，置 100ml 量瓶中，加水适量使溶解并稀释至刻度，摇匀；精密量取 25ml，置碘瓶中，精密加溴滴定液（0.05mol/L）30ml，再加盐酸 5ml，立即密塞，振摇 30 分钟，静置 15 分钟后，注意微开瓶塞，加碘化钾试液 6ml，立即密塞，充分振摇后，加三氯甲烷 1ml，摇匀，用硫代硫酸钠滴定液（0.1mol/L）滴定，至近终点时，加淀粉指示液，继续滴定至蓝色消失，并将滴定的结果用空白试验校正。每 1ml 溴滴定液（0.05mol/L）相当于 1.569mg 的 C_6H_6O。

四、重铬酸钾法

重铬酸钾法（potassium dichromate method）是以重铬酸钾为氧化剂的氧化还原滴定法。重铬酸钾是一种常用的氧化剂，在酸性介质中有较强的氧化能力，其半反应如下：

$$14H^++Cr_2O_7^{2-}+6e^- \rightleftharpoons 7H_2O+2Cr^{3+} \qquad \varphi^{\ominus}=1.33V$$

Cr^{3+}容易水解，反应需在酸性条件下进行。重铬酸钾法的特点如下。

（1）$K_2Cr_2O_7$易提纯，在 140~250℃干燥后可作为基准物质直接配制标准溶液。

（2）$K_2Cr_2O_7$标准溶液非常稳定，可以长期保存。

（3）反应速度较快，可在常温下进行，不需要加催化剂。

（4）选择性高，室温下反应不受 Cl^-干扰，可在 HCl 溶液中滴定 Fe^{2+}。

采用 $K_2Cr_2O_7$标准溶液进行滴定时，常用的氧化还原指示剂是二苯胺硝酸钠、邻苯胺基苯甲酸等。常用于测定盐酸小檗碱、亚甲蓝等药物的含量测定。

例 6-14 盐酸小檗碱含量测定《中国药典》（2020 年版）规定：取本品约 0.3g，精密称定，置烧杯中，加沸水 150ml 使溶解，放冷，移置 250ml 量瓶中，精密加重铬酸钾滴定液（0.01667mol/L）50ml，加水稀释至刻度，振摇 5 分钟，用干燥滤纸滤过，精密量取续滤液 100ml，置 250ml 具塞锥形瓶中，加碘化钾 2g，振摇使溶解，加盐酸溶液（1→2）10ml，密塞，摇匀，在暗处放置 10 分钟，用硫代硫酸钠滴定液（0.1mol/L）滴定，至近终点时，加淀粉指示液 2ml，继续滴定至蓝色消失，溶液显亮绿色，并将滴定的结果用空白试验校正。每 1ml 重铬酸钾滴定液（0.01667mol/L）相当于 12.39mg 的 $C_{20}H_{18}ClNO_4$。

本章小结

- 氧化还原滴定法
  - 氧化还原平衡
    - 条件电位
    - 条件平衡常数与条件电位关系
    - 判断滴定完全程度的依据
  - 滴定曲线和指示剂
    - 滴定突跃的范围及影响因素
    - 化学计量点电极电位的计算
    - 指示剂分类
  - 应用
    - 高锰酸钾法
    - 碘量法
    - 亚硝酸钠法
    - 重铬酸钾法

练习题

题库

1. 电极电位和条件电极电位有什么区别？影响条件电极电位的因素有哪些？

2. 碘量法的主要误差来源有哪些？如何减小误差的产生？

3. 氧化还原反应常用的指示剂有哪些？这些指示剂各有什么特点？

4. 在氧化还原滴定法中，若 $n_1=2$，$n_2=4$，要使反应定量进行，试求：两电对条件电位差值 $\Delta\varphi^{\ominus'}$ 为多少？条件平衡常数 $\lg K'$ 为多少？

5. 计算 pH=1.0，$c_{EDTA}=0.10mol/L$ 时，Fe^{3+}/Fe^{2+} 电对的条件电位（离子强度的影响忽略不计）。并判断此条件下，$2Fe^{3+}+2I^- \rightleftharpoons 2Fe^{2+}+I_2$ 反应能否正向进行。（已知：pH = 1.0 时，$\lg\alpha_{Y(H)}=18.01$，$\varphi^{\ominus}_{Fe^{3+}/Fe^{2+}}=0.771V$，$\varphi^{\ominus}_{I_2/I^-}=0.535V$，$\lg\alpha_{FeY^-}=25.10$，$\lg\alpha_{FeY^{2-}}=14.32$）

6. 将 0.1963g 分析纯 $K_2Cr_2O_7$ 试剂溶于水，酸化后加入过量 KI，析出的 I_2 需用 33.61ml $Na_2S_2O_3$ 溶液滴定，计算 $Na_2S_2O_3$ 溶液的浓度。

7. 工业甲醇中的甲醇含量测定。称取试样 0.1298g，在 H_2SO_4 酸性溶液中加入 25.00ml $K_2Cr_2O_7$ 标准溶液（0.1486mol/L），待反应完成后，以邻苯氨基苯甲酸为指示剂，用 Fe^{2+} 标准溶液（0.1018mol/L）滴定剩余的用去 $K_2Cr_2O_7$，用去 19.50ml，求甲醇含量。（$M_{CH_3OH}=32.04$，$CH_3OH+Cr_2O_7^{2-}+8H^+ \rightleftharpoons 2Cr^{3+}+CO_2\uparrow+6H_2O$）

8. 准确称取对氨基苯磺胺（$NH_2C_6H_4SO_2NH_2$）药品 0.2503g，用稀 HCl 溶解后稀释到 250ml。精密量取 25.00ml 样液，加溴液（$KBrO_3+KBr$）25.00ml 和适量的盐酸，待反应完全后，再加入过量的 KI。用 0.1025mol/L 的 $Na_2S_2O_3$ 溶液标定析出的 I_2，用去 15.10ml。另取 25.00ml 溴液做空白实验，用去相同浓度的 $Na_2S_2O_3$ 溶液 25.23ml。计算样品 $NH_2C_6H_4SO_2NH_2$ 中的质量百分含量。（$M_{对氨基苯磺胺}=172.21g/mol$）

（提示：$NH_2C_6H_4SO_2NH_2+2Br_2 \rightleftharpoons NH_2C_6H_2Br_2SO_2NH_2+2H^++2Br^-$）

9. 称取含有 PbO_2 和 PbO 的混合试样 1.242g，加入 20.00ml 0.2489mol/L 的 $H_2C_2O_4$ 溶液，试样中的 Pb^{4+} 全部转为 Pb^{2+}，加入碱性溶液，使 Pb^{2+} 全部沉淀为 PbC_2O_4。过滤，滤液酸化后需用 10.25ml 0.04010mol/L 的 $KMnO_4$ 溶液滴定至终点。沉淀酸化后，用同样的 $KMnO_4$ 溶液滴定至终点，需要 30.20ml。计算试样中 PbO_2 和 PbO 的质量百分含量。（$M_{PbO}=223.2g/mol$，$M_{PbO_2}=239.2g/mol$）

（高赛男）

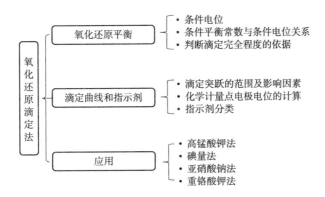

第七章

沉淀滴定法

学习导引

知识要求

1. **掌握** 铬酸钾指示剂法、铁铵矾指示法和吸附指示剂法的基本原理、滴定条件和应用范围。
2. **熟悉** 沉淀滴定法的滴定曲线、标准溶液的配制与标定。
3. **了解** 沉淀滴定法在药学领域中的应用。

能力要求

熟练掌握沉淀滴定法的基本原理，具有相关定量分析计算的能力；学会应用沉淀滴定法的基础理论知识，分析和解决药学领域中相关的定量分析问题。

素质要求

通过对银量法测定氯化钠注射液、盐酸丙卡巴肼肠溶片和碘番酸的含量测定的原理、方法和操作步骤的学习，培养同学们药品质量控制的观念，坚守药学职业道德的重要性。

以沉淀反应为基础的滴定分析方法称为沉淀滴定法。能形成沉淀的反应很多，目前滴定分析中应用较多的沉淀反应是生成难溶性银盐的反应。通式为：

$$Ag^+ + X^- \rightleftharpoons AgX\downarrow \quad (X^-: Cl^-、Br^-、I^-、SCN^-、CN^- 等)$$

以生成银盐沉淀反应为基础的滴定分析法称为银量法（argentimetry），该法可测定含 Cl^-、Br^-、I^-、SCN^-、CN^-和 Ag^+等离子的化合物，也可测定经处理后能定量转化成这些离子的有机物。此外，Ba^{2+}或 Pb^{2+}与 SO_4^{2-}、$K_4[Fe(CN)_6]$与 Zn^{2+}、$NaB(C_6H_5)_4$与 K^+等形成沉淀的反应也可用于沉淀滴定分析。本章主要讨论银量法的基本原理及应用。

第一节 银量法的基本原理

PPT

一、滴定曲线

在银量法的滴定中，随着滴定剂的加入，溶液中被滴定离子的浓度不断发生变化，这种变化可用滴定曲线来描述。下面以 0.1000mol/L 的 $AgNO_3$标准溶液滴定 20.00ml 0.1000mol/L 的 NaCl 溶液为例来讨论。

沉淀反应式： $Ag^+ + Cl^- \rightleftharpoons AgCl \quad K_{sp} = 1.8\times10^{-10}(pK_{sp} = 9.74)$

（1）滴定前，溶液中$[Cl^-] = 0.1000mol/L$，$pCl = 1.00$

（2）滴定开始至化学计量点前，根据溶液中剩余的 $[Cl^-]$ 计算 pCl。当加入 $AgNO_3$溶液 Vml 时，溶液中［Cl^-］为：

$$[Cl^-]=\frac{(20.00-V)\times0.1000}{(20.00+V)}$$

当加入 $AgNO_3$溶液 19.98ml 时，即滴定到化学计量点前 0.1%，溶液中剩余的［Cl^-］为：

$$[Cl^-]=\frac{(20.00-19.98)\times0.1000}{(20.00+19.98)}=5.0\times10^{-5}mol/L$$

$$pCl=4.30\qquad pAg=9.74-4.30=5.44$$

（3）滴定至化学计量点时，溶液为 AgCl 的饱和溶液，

$$[Cl^-]=[Ag^+]=\sqrt{K_{sp}}=\sqrt{1.8\times10^{-10}}=1.34\times10^{-5}mol/L$$

$$pCl=pAg=4.87$$

（4）化学计量点后，当 Ag^+过量，pCl 由过量的［Ag^+］决定。当滴入 $AgNO_3$溶液 20.02ml 时，即滴定到化学计量点后 0.1%，则

$$[Ag^+]=\frac{(20.02-20.00)\times0.1000}{(20.02+20.00)}=5.0\times10^{-5}mol/L$$

$$pAg=4.30\qquad pCl=9.74-4.30=5.44$$

采用上述方法可计算出滴定整个过程中溶液的 pCl，也可计算 $AgNO_3$标准溶液滴定 Br^-或 I^-的 pBr 或 pI 值，见表 7-1。据此表数据绘制滴定曲线见图 7-1。

表 7-1　0.1000mol/L $AgNO_3$滴定 0.1000mol/L（Cl^-、Br^-、I^-）溶液时 pCl、pBr、pI 的变化

加入 $AgNO_3$体积/ml	滴定百分数/%	pCl	pBr	pI
0.00	0.0	1.00	1.00	1.00
18.00	90.0	2.28	2.28	2.28
19.80	99.0	3.30	3.30	3.30
19.98	99.9	4.30	4.30	4.30
20.00	100.0	4.87	6.15	8.04
20.02	100.1	5.44	8.00	11.78
20.20	101.0	6.44	9.00	12.78
22.00	110.0	7.42	10.00	13.78
40.00	200.0	8.26	10.82	14.60

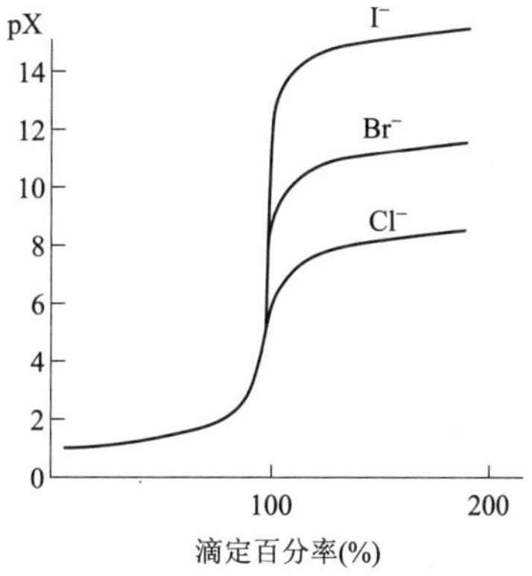

图 7-1　$AgNO_3$滴定 Cl^-、Br^-、I^-溶液的滴定曲线

从图 7-1 中可看出如下两条规律。

（1）沉淀滴定的滴定曲线与酸碱滴定曲线相似。滴定开始后，随着 Ag^+的加入，X^-的浓度改变不大，

曲线比较平坦；近化学计量点时，加入很少量的 Ag^+ 溶液，X^- 的浓度发生很大的变化，从而形成滴定突跃。

（2）突跃范围的大小取决于被滴定离子浓度和生成沉淀的 K_{sp}。反应物的浓度愈大，沉淀的 K_{sp} 愈小，则沉淀滴定的突跃范围愈大。见图 7-1，在浓度相同的 Cl^-、Br^-、I^- 与 Ag^+ 的滴定曲线上，由于 $K_{sp(AgI)} < K_{sp(AgBr)} < K_{sp(AgCl)}$，因此 Ag^+ 滴定 I^- 时突跃范围最大。若滴定同种离子时，其浓度愈小，则其突跃范围也愈小。

课堂互动

影响酸碱滴定、配位滴定和氧化还原滴定的滴定突跃范围大小的因素有哪些？与银量法的滴定突跃范围大小的影响因素有何不同？

二、分步滴定

由图 7-1 可知，浓度相同的 Cl^-、Br^-、I^- 共存时，用 $AgNO_3$ 标准溶液滴定可出现三个不同的滴定突跃。由于 AgI 的 K_{sp} 最小，I^- 最先被滴定，而 AgCl 的 K_{sp} 最大，Cl^- 最后被滴定，因此可利用分步滴定的原理，用 $AgNO_3$ 溶液连续滴定，分别测定 Cl^-、Br^-、I^- 各自的含量。但由于卤化银沉淀的吸附和生成混晶等因素的影响，测定结果误差较大，实际工作中很少应用。

第二节　银　量　法

PPT

银量法根据确定滴定终点的指示剂不同分为以下三种：铬酸钾指示剂法（Mohr method，莫尔法）、铁铵矾指示法（Volhard method，佛尔哈德法）和吸附指示剂法（Fajans method，法扬司法）。

一、铬酸钾指示剂法

微课

铬酸钾指示剂法或莫尔法是以 K_2CrO_4 为指示剂的银量法。

（一）滴定原理

在中性或弱碱性溶液中以 K_2CrO_4 作指示剂，用 $AgNO_3$ 标准溶液直接滴定 Cl^-（或 Br^-），其反应为：

滴定反应：$Ag^+ + Cl^- \rightleftharpoons AgCl\downarrow$（白色）　　　$K_{sp} = 1.8\times10^{-10}$

终点反应：$2Ag^+ + CrO_4^{2-} \rightleftharpoons Ag_2CrO_4\downarrow$（砖红色）　　　$K_{sp} = 1.2\times10^{-12}$

由于 AgCl 的溶解度比 Ag_2CrO_4 的溶解度小，因此在用 $AgNO_3$ 标准溶液滴定时，白色的 AgCl 沉淀先析出，当滴定剂 Ag^+ 与 Cl^- 达到化学计量点时，稍过量的 Ag^+ 与 CrO_4^{2-} 反应析出砖红色的 Ag_2CrO_4 沉淀，指示到达滴定终点。

（二）滴定条件

1. 指示剂的用量　指示剂 K_2CrO_4 的用量直接影响铬酸钾指示剂法的准确度。CrO_4^{2-} 浓度过高，不仅终点提前，且 CrO_4^{2-} 本身的黄色也会影响终点的观察；CrO_4^{2-} 浓度过低，终点滞后。因此要求 Ag_2CrO_4 沉淀应该恰好在滴定反应的化学计量点时出现。

例如：滴定终点时溶液总体积约 50ml，消耗的 $AgNO_3$（0.1000mol/L）溶液约 20ml，若终点时允许有 0.05% 的滴定剂过量，即多加入 0.01ml $AgNO_3$ 溶液，此时过量的 Ag^+ 浓度为：

$$[Ag^+] = \frac{0.1\times0.01}{50} = 2.0\times10^{-5}\text{mol/L}$$

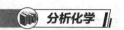

若此时恰能生成Ag_2CrO_4沉淀，CrO_4^{2-}浓度应为：

$$[CrO_4^{2-}]=\frac{K_{sp(Ag_2CrO_4)}}{[Ag^+]^2}=\frac{1.2\times10^{-12}}{(2.0\times10^{-5})^2}=3.0\times10^{-3}mol/L$$

实际滴定中，常在总体积为50～100ml的溶液中加入5%铬酸钾指示剂1～2ml，此时CrO_4^{2-}浓度为2.6×10^{-3}～5.2×10^{-3}mol/L。在滴定氯化物时，当Ag^+浓度达到2.0×10^{-5}mol/L时，此时约有40%的Ag^+来自AgCl沉淀的溶解，故实际滴定剂的过量要比计算量少些，即终点与化学计量点更接近。

在滴定过程中，注意滴定剂的总耗量应适当。若消耗滴定剂体积太小或滴定剂浓度过低，都会因为终点的过量使测定结果的相对误差增大，因此须做指示剂的“空白校正”。校正方法：将1ml指示剂加到50ml水中，或加到无Cl^-但含少许$CaCO_3$的混悬液中，用滴定剂滴定至溶液的颜色与被滴定试样溶液的终点颜色相同，然后从试样滴定所消耗的滴定剂$AgNO_3$的体积中扣除空白消耗的体积。

2. 溶液的酸度 通常Mohr法应在pH 6.5～10.5的中性或弱碱性介质中进行滴定。若在酸性溶液中，H^+与CrO_4^{2-}结合，使CrO_4^{2-}浓度降低，导致Ag_2CrO_4沉淀出现过迟，甚至不会出现沉淀：

$$2H^++2CrO_4^{2-}\rightleftharpoons 2HCrO_4^{2-}\rightleftharpoons Cr_2O_7^{2-}+H_2O$$

若碱性太强，则析出Ag_2O棕黑色沉淀。

$$2Ag^++2OH^-\rightleftharpoons 2AgOH\rightleftharpoons Ag_2O\downarrow+H_2O$$

若试样溶液中有铵盐或其他能与Ag^+生成配合物的物质存在时，要求溶液的pH控制在6.5～7.2范围内。

3. 滴定时应剧烈振摇 剧烈振摇溶液可将AgCl和AgBr沉淀吸附的Cl^-或Br^-释放出来，防止终点提前。

4. 预先分离干扰离子 凡能与CrO_4^{2-}反应生成沉淀的阳离子如Ba^{2+}、Pb^{2+}等，与Ag^+生成沉淀的阴离子如PO_4^{3-}、SO_3^{2-}、CrO_4^{2-}、AsO_4^{3-}、CO_3^{2-}等，大量的有色离子如Cu^{2+}、Co^{2+}、Ni^{2+}等，以及在中性或微碱性溶液中易发生水解的离子如Fe^{3+}、Bi^{3+}、Al^{3+}等均干扰滴定，应预先分离。

（三）应用范围

本法主要用于Cl^-、Br^-和CN^-的测定，不适用于测定I^-和SCN^-。因为AgI和AgSCN沉淀对I^-和SCN^-有较强烈的吸附作用，使终点提前，误差较大。此法也不适用于以NaCl标准溶液直接滴定Ag^+，因为在含Ag^+的试液中加入指示剂K_2CrO_4后，会立即析出砖红色Ag_2CrO_4沉淀，而在滴定过程中，Ag_2CrO_4转化为AgCl的速度很慢，使终点推迟。因此，若用铬酸钾指示剂法测定Ag^+，则需采用返滴定法，即在试液中加入一定量过量的NaCl标准溶液，再加入指示剂，用$AgNO_3$标准溶液返滴定剩余的Cl^-。

二、铁铵矾指示剂法

铁铵矾指示剂法（佛尔哈德法）是以铁铵矾$[NH_4Fe(SO_4)_2\cdot12H_2O]$为指示剂的银量法，分为直接滴定法和返滴定法。

（一）直接滴定法

1. 滴定原理 在含有Ag^+的酸性介质中，以铁铵矾作指示剂，用NH_4SCN或KSCN标准溶液测定Ag^+的含量。

滴定反应：$Ag^++SCN^-\rightleftharpoons AgSCN\downarrow$（白色）　　$K_{sp}=1.1\times10^{-12}$

终点反应：$Fe^{3+}+SCN^-\rightleftharpoons[Fe(SCN)]^{2+}$（红色）　　$K_{sp}=200$

2. 滴定条件

（1）滴定宜在0.1～1mol/L HNO_3介质中进行。酸度过低，Fe^{3+}发生水解，生成颜色较深的$(FeOH)^{2+}$等一系列配合物，影响终点观察。

（2）若终点恰能观察到$[Fe(SCN)]^{2+}$明显的红色，所需$[Fe(SCN)]^{2+}$的最低浓度为6.0×10^{-6}mol/L。为了维持$[Fe(SCN)]^{2+}$的配位平衡，又不使Fe^{3+}的颜色影响到终点的观察，终点时Fe^{3+}的浓度应控制在

0.015mol/L 为宜。

（3）滴定中，由于生成的 AgSCN 沉淀具有强烈吸附 Ag^+ 的作用，使终点过早出现，结果偏低。因此，滴定时须充分振摇溶液，使沉淀吸附降到最低。

3. 应用范围 直接滴定法可测定 Ag^+ 等。

（二）返滴定法

1. 滴定原理 在含有卤素离子的 HNO_3 介质中，加入已知过量的 $AgNO_3$ 标准溶液，再以铁铵矾作指示剂，用 NH_4SCN 标准溶液滴定（回滴）过量的 $AgNO_3$。反应如下：

滴定反应：Ag^+(一定量，过量) $+ X^- \rightleftharpoons AgX\downarrow$

Ag^+(剩余量) $+ SCN^- \rightleftharpoons AgSCN\downarrow$（白色）

终点反应：$SCN^- + Fe^{3+} \rightleftharpoons [Fe(SCN)]^{2+}$（红色）

2. 滴定条件

（1）应在 0.1~1mol/L HNO_3 介质中进行滴定。

（2）强的氧化剂、氮的氧化物及铜盐、汞盐均与 SCN^- 作用而干扰测定，必须事先除去。

（3）返滴定法测定 I^- 时，指示剂必须在加入过量 $AgNO_3$ 溶液之后才能加入，以免发生 $2I^- + 2Fe^{3+} \rightarrow I_2 + 2Fe^{2+}$ 反应，影响分析结果的准确性。

（4）返滴定法测定 Cl^-，由于 AgCl 的溶解度比 AgSCN 大，当剩余的 Ag^+ 被完全滴定后，过量的 SCN^- 会争夺 AgCl 中的 Ag^+，AgCl 沉淀溶解，发生下述沉淀转化反应：

$$AgCl\downarrow + SCN^- \rightleftharpoons AgSCN\downarrow + Cl^-$$

上述反应使得本该产生的 $[Fe(SCN)]^{2+}$ 红色不能及时出现，或已经出现的红色随着溶液的振摇而消失，无法观察到正确的终点。若想得到持久的红色，必须继续滴入 NH_4SCN 直至 SCN^- 与 Cl^- 之间建立以下平衡为止：

$$\frac{[Cl^-]}{[SCN^-]} = \frac{K_{sp(AgCl)}}{K_{sp(AgSCN)}} = \frac{1.8\times10^{-10}}{1.1\times10^{-12}} = 164$$

这样将会引入很大的误差，为了避免上述沉淀转化反应的发生，通常采用下列措施之一：①将已生成的 AgCl 沉淀滤去，滤液中 Ag^+ 再用 NH_4SCN 标准溶液滴定。此法步骤繁琐、费时；②试液中加入一定量过量的 $AgNO_3$ 标准溶液后，加入硝基苯或 1,2 二氯乙烷 1~2ml，用力振摇，使沉淀表面覆盖一层有机溶剂，有效地阻止了 NH_4SCN 与 AgCl 的接触，防止了沉淀转化的发生，此法较为简便，但毒性较大。③提高指示剂 Fe^{3+} 的浓度，以减小终点时所需 SCN^- 的浓度，从而减小误差。实验证明，当溶液中 Fe^{3+} 的浓度为 0.2mol/L，终点误差将小于 0.1%。

用返滴定法测定 Br^- 和 I^- 时，由于 AgBr 和 AgI 的溶解度均比 AgSCN 的溶解度小，故不会发生上述沉淀转化反应。

3. 应用范围 返滴定法可测定 Cl^-、Br^-、I^-、SCN^-、CN^- 等离子。

三、吸附指示剂法

吸附指示剂法或法扬司法是以吸附剂为指示剂的银量法。

（一）滴定原理

吸附指示剂是一类有机染料，在溶液中会发生离解而呈现某种颜色，当它被吸附在胶状沉淀表面后，其结构发生变化从而引起颜色的变化，以此指示滴定终点。吸附指示剂可分为两类：一类是酸性染料，如荧光黄及其衍生物等有机弱酸，离解出指示剂阴离子；另一类是碱性染料，如甲基紫、罗丹明 6G 等有机弱碱，离解出指示剂阳离子。吸附指示剂的种类多，常用的吸附指示剂见表 7-2。

例如，以 $AgNO_3$ 标准溶液滴定 Cl^- 时，用荧光黄（HFIn）吸附指示剂来指示终点。其反应为：

$$HFIn \rightleftharpoons H^+ + FIn^-\text{（黄绿色）}$$

终点前 Cl^- 过量　　　$AgCl\cdot Cl^- + FIn^-$（黄绿色）

终点后 Ag^+ 过量　　　$AgCl \cdot Ag^+ + FIn^- \rightleftharpoons AgCl \cdot Ag^+ \cdot FIn^-$（淡红色）

表 7-2　常用的吸附指示剂

指示剂名称	待测离子	滴定剂	适用的 pH 范围
荧光黄	Cl^-	Ag^+	7~10（常用 7~8）
二氯荧光黄	Cl^-	Ag^+	4~10（常用 4~6）
曙红	Br^-、I^-、SCN^-	Ag^+	2~10（常用 3~9）
甲基紫	SO_4^{2-}、Ag^+	Ba^{2+}、Cl^-	1.5~3.5
溴甲酚氯	SCN^-	Ag^+	4~5
氨基苯磺酸	Cl^-、I^-混合液	Ag^+	微酸性
溴酚蓝	Hg_2^{2+}	Cl^-	1
二甲基二碘荧光黄	I^-	Ag^+	中性

（二）滴定条件

1. 沉淀的比表面积要尽可能的大　由于颜色变化发生在沉淀的表面上，沉淀的比表面积越大，终点变色越明显。故滴定前常加入保护胶体试剂如糊精、淀粉等，防止卤化银沉淀凝聚。

2. 溶液的 pH 值应有利于指示剂显色型体的存在　常用的几种吸附指示剂的 pH 适用范围见表 7-2。

3. 滴定应避免强光照射　因吸附指示剂的卤化银对光很敏感，遇光易分解转变为灰黑色，影响终点观察。

4. 溶液的浓度不能太稀　溶液太稀，沉淀很少，终点观察困难。

5. 沉淀对指示剂离子的吸附能力应略小于对被测离子的吸附能力　沉淀对指示剂吸附能力太强，终点提前；沉淀对指示剂吸附能力太弱，终点推迟。

卤化银对卤离子和几种常用吸附指示剂的吸附能力大小次序为：

$$I^- > 二甲基二碘荧光黄 > Br^- > 曙红 > Cl^- > 荧光黄$$

因此，滴定 Cl^- 时应选荧光黄作指示剂；滴定 Br^- 时则应选曙红作指示剂。

（三）应用范围

吸附指示剂法可用于 Cl^-、Br^-、I^-、SCN^- 和 Ag^+ 等离子的测定。

第三节　银量法中的基准物质和标准溶液

PPT

一、基准物质

银量法常用的基准物质有基准 $AgNO_3$ 或市售的一级纯 $AgNO_3$ 和 NaCl。

（一）$AgNO_3$ 基准物质

市售的有 $AgNO_3$ 基准物和一级纯 $AgNO_3$。若 $AgNO_3$ 纯度不够，可以在稀硝酸中重结晶精制。精制过程中应避光和避免有机物（如滤纸纤维），以免 Ag^+ 被还原。所得结晶于 100℃ 下干燥除去表面水，在 200~250℃ 干燥 15 分钟包埋水，避光密闭保存。

（二）NaCl 基准物质

市售的有 NaCl 基准品试剂，也可用一般试剂级规格的 NaCl 来精制。NaCl 很易吸潮，应放置于干燥器中保存。

二、标准溶液

银量法常用的标准溶液有 $AgNO_3$ 和 NH_4SCN（或 KSCN）。

（一）$AgNO_3$ 标准溶液

精密称取一定量的 $AgNO_3$ 基准物，加水溶解定容制成；也可以用分析纯 $AgNO_3$ 配制，再用 NaCl 基准物进行标定。由于 $AgNO_3$ 见光易分解，其标准溶液应置于棕色瓶中避光保存，且放置一段时间后应重新标定。标定方法最好与样品测定方法相同，以消除方法误差。

（二）NH_4SCN（或 KSCN）标准溶液

由于 NH_4SCN 易吸潮，并常含有杂质，故不能用直接法配制，只能先配成近似浓度，再以铁铵矾为指示剂，用 $AgNO_3$ 标准溶液对其进行标定制成。

第四节　应 用 示 例

PPT

一、无机卤化物和有机氢卤酸盐的测定

（一）氯化钠注射液中氯化物的含量测定（吸附指示剂法）

精密量取本品 10ml，加水 40ml、2% 糊精溶液 5ml、2.5% 硼砂溶液 2ml 与荧光黄指示剂 5～8 滴，用 0.1000mol/L $AgNO_3$ 标准溶液滴定至粉红色为滴定终点。（氯化钠的含量以 g/ml 表示，$M_{NaCl}=58.44g/mol$）

$$\text{NaCl 含量}(g/ml)=\frac{(c\times V)_{AgNO_3}\times M_{NaCl}}{V_{NaCl}\times 1000}$$

《中国药典》（2020 年版）规定该法测定氯化钠注射液含量应在 0.850%～0.950%（g/ml）。

（二）盐酸丙卡巴肼肠溶片的含量测定（铁铵矾指示剂法）

取本品 20 片（50mg 规格）或 40 片（25mg 规格），除去包衣后，精密称定后，研细，精密称取适量粉末 m_sg（约相当于盐酸丙卡巴肼 0.25g），加水 50ml 溶解后，加硝酸 3ml，精密加 0.1000mol/L $AgNO_3$ 标准溶液 20.00ml，再加邻苯二甲酸二丁酯 3ml，强力振摇后，加硫酸铁铵指示液 2ml，用 0.1000mol/L NH_4SCN 标准溶液滴定至红色为滴定终点，并将滴定结果用空白试验校正。每 1ml 0.1000mol/L $AgNO_3$ 标准溶液相当于 25.78mg 的 $C_{12}H_{19}N_3O\cdot HCl$。

$$\text{待测成分的百分含量}=\frac{T\times V_{AgNO_3}}{m_s}\times 100\%$$

$$\text{百分标示量}(\%)=\frac{\text{平均每片待测成分的实测质量}}{\text{每片待测成分的标示量}}\times 100\%$$

《中国药典》（2020 年版）规定该法测定本品含盐酸丙卡巴肼（$C_{12}H_{19}N_3O\cdot HCl$）应为标示量的 93.0%～107.0%。

二、有机卤化物的测定

由于有机卤化物中卤素结合方式不同，大多数不能直接采用银量法进行含量测定，须经过适当的处理后，使有机卤素转变为无机卤素离子才能采用银量法进行含量测定。常用的处理方法有 NaOH 水解法、氧化还原法和氧瓶燃烧法等。

知识链接

药物分析含量测定结果的计算

1. 原料药以实际百分含量表示：百分含量（%）$=\frac{m_{测定量}}{m_{取样量}}\times100\%$

2. 片剂的含量测定结果常用含量占标示量的百分比表示：

$$百分标示量(\%)=\frac{平均每片待测成分的实测质量}{每片待测成分的标示量}\times100\%$$

3. 注射液的含量测定结果一般用实测浓度占标示浓度的百分比表示：

$$百分标示量(\%)=\frac{c_{实测量}}{c_{标示量}}\times100\%$$

（一）NaOH 水解法

本法适用于脂肪族卤化物或卤素结合于侧链上类似脂肪族卤化物的有机化合物，这些卤素较活泼，在 NaOH 溶液中加热会水解，有机卤素即以卤素离子形式进入溶液中。其水解反应如下：

$$R-X+NaOH \xrightarrow{加热} ROH+NaX$$

例如：药用辅料三氯叔丁醇的含量测定。

取本品约 0.1g（m_sg），精密称定，加乙醇 5ml 使溶解，加 20% 氢氧化钠溶液 5ml，加热回流 15 分钟，放冷至室温，加水 20ml 与硝酸 5ml，精密加 0.1000mol/L $AgNO_3$标准溶液 30.00ml，再加邻苯二甲酸二丁酯 5ml，密塞，强力振摇后，加硫酸铁铵指示液 2ml，用 0.1000mol/L NH_4SCN 标准溶液滴定至红色为滴定终点，并将滴定的结果用空白试验校正。每 1ml 0.1000mol/L $AgNO_3$标准溶液相当于 5.915mg 的 $C_4H_7Cl_3O$。

$$三氯叔丁醇\%=\frac{T\times V_{AgNO_3}}{m_s}\times100\%$$

（二）氧化还原法

当卤素结合于芳环上时，因结合较牢固，需在碱性条件下加还原剂回流，使 X-C 键断裂，形成无机卤化物后测定。

案例解析

【案例】 口服碘番酸造影是检查胆囊疾患常用的方法，在慢性胆囊炎、胆囊增生性疾患以及胆石症的诊断上有重要价值。

【问题】 如何来测定碘番酸的含量？

【解析】 碘番酸的化学名为 a-乙基-3-氨基-2，4，6-三碘苯丙酸，从其结构式可知有三个碘原子结合于芳环上，需采用氧化还原法将有机碘转变为无机碘离子才能采用银量法进行含量测定，具体操作步骤如下。

取本品约 0.3g（m_sg），精密称定，加 1mol/L 氢氧化钠试液 30ml 与锌粉 1g，加热回流 30 分钟，放冷，冷凝管用水少量洗涤，滤过，烧瓶与滤器用水洗涤 3 次，每次 15ml，合并滤液与洗液，加冰醋酸 5ml 与曙红钠指示剂 5 滴，用 0.1000mol/L $AgNO_3$ 标准溶液滴定至粉红色。每 1ml 0.1000mol/L $AgNO_3$ 标准溶液相当于 19.03mg 的 $C_{11}H_{12}I_3NO_2$。

$$碘番酸\% = \frac{T \times V_{AgNO_3}}{m_s} \times 100\%$$

《中国药典》（2020 年版）规定该法测定本品，按干燥品计算，含 $C_{11}H_{12}I_3NO_2$ 不得少于 98.5%。

（三）氧瓶燃烧法

先将待测有机物包入滤纸中，然后将滤纸包夹于燃烧瓶中铂丝下部，在瓶内加入适当的吸收液（如 NaOH、H_2O_2 或 NaOH 和 H_2O_2 混合液等），再充入氧气，点燃。待燃烧完全后，充分振摇到瓶内白色烟雾完全吸收为止。有机溴化物和氯化物一般可用银量法测定，而有机碘化物也可用碘量法测定。

本章小结

- 沉淀滴定法
  - 基本原理
    - 滴定曲线
    - 分步滴定
  - 银量法
    - 铬酸钾指示剂法
    - 铁铵矾指示剂法
    - 吸附指示剂法
  - 基准物质
    - $AgNO_3$ 基准物质
    - NaCl 基准物质
  - 标准溶液
    - $AgNO_3$ 标准溶液
    - NH_4SCN（或KSCN）标准溶液

练习题

题库

1. 沉淀滴定法选择沉淀反应应考虑哪些因素？
2. 简述三种银量法的基本原理、滴定条件和应用范围。
3. 用铁铵矾指示法测定 Cl^- 时，为了防止沉淀的转化常采用哪些措施？
4. 在下列情况下，分析结果是偏高、偏低还是无影响？为什么？

（1）在 pH=4 的条件下，用铬酸钾指示剂法测 Cl^-。

（2）用铁铵矾指示法测定 Cl^- 或 Br^-，既未过滤 AgCl 沉淀，也未加硝基苯等有机溶剂。

（3）用吸附指示剂法测 Cl^- 时，用曙红作指示剂。

（4）用铬酸钾指示剂法测定 NaCl、Na_2CO_3 混合溶液中的 NaCl。

5. 35.00ml NH_4SCN 溶液需要 21.55ml 0.1155mol/L 的 $AgNO_3$ 溶液滴定至终点，计算 NH_4SCN 溶液的浓度。

6. 标定 0.1mol/L $AgNO_3$ 溶液时，称取基准物质 NaCl 0.1652g，终点时消耗 $AgNO_3$ 溶液 22.85ml，计

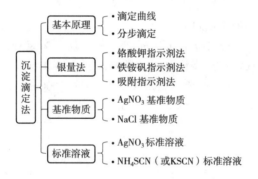

算其准确浓度（$M_{NaCl}=58.44g/mol$）。

7. 称取基准试剂 NaCl（$M=58.44g/mol$）0.1785g，溶解后加入 30.00ml 的 $AgNO_3$溶液，过量的 Ag^+ 需用 4.30ml 的 NH_4SCN 溶液滴定至终点。已知 20.00ml $AgNO_3$与 21.00ml NH_4SCN 溶液完全作用，计算 $AgNO_3$与 NH_4SCN 溶液的浓度各为多少？

8. 有纯 LiCl（$M=42.39g/mol$）和 $BaBr_2$（$M=297.1g/mol$）的混合物试样 0.6545g，加 43.25ml 0.1956mol/L $AgNO_3$标准溶液处理，过量的 $AgNO_3$以铁铵矾作指示剂，用24.12ml 0.1000mol/L NH_4SCN 回滴。计算试样中 LiCl 和 $BaBr_2$的含量。

9. 吸取含氯乙醇（C_2H_4ClOH）（$M=80.51g/mol$）及 HCl 的试液 2.50ml 至锥形瓶中，加入 NaOH，加热使有机氯转化为无机 Cl^-（$M=35.45g/mol$）。在此酸性溶液中加入 35.45ml 0.1169mol/L $AgNO_3$标准溶液。过量 $AgNO_3$消耗 11.20ml 0.1132mol/L NH_4SCN 溶液。另取 2.50ml 试液测定其中无机氯（HCl）时，加入 30.00ml 上述 $AgNO_3$溶液，回滴时需 19.20ml 上述 NH_4SCN 溶液。计算此氯乙醇试液中的总氯量（以 Cl 表示）；无机氯（以 Cl^-表示）和氯乙醇（C_2H_4ClOH）的质量分数（试液的相对密度 1.033）。

（张梦军）

第八章 重量分析法

学习导引

知识要求

1. **掌握** 沉淀重量分析法中的沉淀溶解度及其影响因素；重量分析法的分析结果计算。

2. **熟悉** 沉淀重量分析法对沉淀形式和称量形式的要求；晶形沉淀和无定形沉淀的沉淀条件；沉淀纯度的影响因素；挥发重量分析法和萃取重量法的原理。

3. **了解** 沉淀的类型和形成过程；沉淀重量分析法的基本操作过程。

能力要求

熟练掌握沉淀重量分析法中的沉淀溶解度及其影响因素，具有重量分析法结果的计算能力；学会应用沉淀重量分析法、挥发重量分析法和萃取重量法的基础理论知识和基本方法，分析和解决药学领域中相关的定量分析问题。

素质要求

通过沉淀重量法测定中药芒硝中硫酸钠、挥发重量法测定中药灰分和萃取重量法测定中药材及制剂中生物碱或有机酸含量的原理、方法和操作步骤的学习，培养同学们中药材或制剂质量控制的观念、严谨的科学素养和实事求是的精神。

重量分析法（gravimetric titration）是经典分析方法之一，它是通过称量物质的某种称量形式来确定被测组分含量的方法。在重量分析中，一般采用物理或化学反应将试样中被测组分与其他组分分离，转化为一定的称量形式，然后用称重方法测定该组分的含量。

重量分析法是通过分析天平称量而获得分析结果，不需要与基准物质或标准试样进行比较，也没有容量器皿引入的误差，分析准确度高，对于常量组分的测定，相对误差为0.1%~0.2%。但操作繁琐，费时较长，对微量或痕量组分的测量误差较大。重量分析法常用于常量元素如硅、硫、钨、钼、镍等元素的含量测定和药物的水分、灰分和挥发物等含量测定。

重量分析法包括分离和称量两个过程，根据待测组分的性质不同，采用的分离方法各异。根据分离方法的不同重量分析法可分为沉淀法（precipitation method）、挥发法（volatilization method）和萃取法（extraction method）。

第一节 沉淀重量分析法

PPT

沉淀重量分析法简称为沉淀法，是利用沉淀反应将被测组分生成难溶性化合物，经过滤、洗涤、烘干或灼烧成组成一定的物质后，再称量其质量并计算被测组分的含量。

一、沉淀的制备

利用沉淀重量分析法进行定量分析时，要求待测组分沉淀完全且沉淀要纯净，因此选择适当的沉淀剂将被测组分从试样中沉淀出来是关键。

（一）沉淀剂的选择原则

1. 沉淀剂与待测组分生成的沉淀溶解度要小。

2. 尽量选择具有挥发性或易分解的沉淀剂，过量的沉淀剂便于在干燥或灼烧中去除，可使沉淀更纯净。

3. 沉淀剂本身的溶解度要尽可能大，以减少沉淀对它的吸附。

4. 沉淀剂对待测组分应有良好的选择性。

（二）沉淀形式和称量形式及其要求

沉淀法中，被测组分在溶液中析出的沉淀物质的化学组成称为沉淀形式（precipitation form）。沉淀经处理后，供最后称量的物质的化学组成称为称量形式（weighing form）。沉淀形式和称量形式可以相同，也可以不同。例如，以沉淀法测定 Ba^{2+} 或 SO_4^{2-} 时，沉淀形式和称量形式都是 $BaSO_4$；而用该法测定 Ca^{2+} 时，沉淀形式是 CaC_2O_4，称量形式却为经灼烧后转化成的 CaO。

为获得准确的分析结果，沉淀法对沉淀的要求如下。

1. 对沉淀形式的要求

（1）沉淀的溶解度要小。由沉淀溶解造成的损失量，应不超出分析天平的称量误差范围（±0.2mg）。

（2）沉淀必须纯净，尽量避免其他杂质的玷污。

（3）沉淀形式便于过滤、洗涤。

（4）易于转变为称量形式。

2. 对称量形式的要求

（1）必须有确定的化学组成，否则将失去定量的依据。

（2）必须稳定，不受空气中水分、CO_2 和 O_2 等影响。

（3）摩尔质量要大，减少称量误差，提高分析结果的准确度。

（三）沉淀溶解度的影响因素

微课

影响沉淀溶解度的因素较多，如同离子效应、酸效应、盐效应和配位效应等。此外，温度、溶剂、颗粒大小和水解作用等也对溶解度有影响，现讨论如下。

1. 同离子效应　同离子效应（common ion effect）是沉淀反应达到平衡后，适度增加构晶离子的浓度，使难溶化合物溶解度降低的现象。在重量分析法中，常加入过量的沉淀剂，使沉淀完全。

例 8-1　用沉淀法测定硫酸根离子，以 $BaCl_2$ 为沉淀剂，①加入等物质的量 $BaCl_2$；②加入过量的 $BaCl_2$，使沉淀平衡时的 $[Ba^{2+}]=0.01mol/L$，求 $BaSO_4$ 的溶解度及在 200ml 溶液沉淀过程中 $BaSO_4$ 溶解损失量。已知 25℃ 时 $BaSO_4$（$M=233.4g/mol$）的 $K_{sp}=1.1\times10^{-10}$。

解：①加入等物质的量 $BaCl_2$ 时，

$$S=[Ba^{2+}]=[SO_4^{2-}]=\sqrt{K_{sp}}=\sqrt{1.1\times10^{-10}}=1.0\times10^{-5}mol/L$$

200ml 溶液中 $BaSO_4$ 的溶解损失量为：

$$1.0\times10^{-5}\times200\times233.4=0.47(mg)$$

②当加入过量的 $BaCl_2$，$[Ba^{2+}]=0.01mol/L$ 时，

$$S=[SO_4^{2-}]=\frac{K_{sp}}{[Ba^{2+}]}=\frac{1.1\times10^{-10}}{0.01}=1.1\times10^{-8}mol/L$$

200ml 溶液中 $BaSO_4$ 的溶解损失量为：

$$1.1\times10^{-8}\times200\times233.4=5.1\times10^{-4}\ (\text{mg})$$

由此可见，利用同离子效应可以降低沉淀的溶解度，使沉淀完全。通常沉淀剂过量50%～100%可达到预期目的，若沉淀剂不易挥发，则以过量20%～30%为宜。

2. 酸效应 酸效应（acid effect）是溶液酸度对沉淀溶解度的影响。酸度对沉淀溶解度的影响比较复杂，发生酸效应的原因主要是溶液中 H^+ 对难溶化合物离解平衡的影响。酸效应对弱酸盐沉淀（如 CaC_2O_4、$CaCO_3$、CdS 等）、本身是弱酸的沉淀（如 $SiO_2\cdot nH_2O$、$WO_3\cdot nH_2O$ 等）和许多有机沉淀剂形成的沉淀影响较大。酸效应对强酸盐的难溶化合物则影响较小，一般可忽略。例如，

$$CaC_2O_4 \rightleftharpoons Ca^{2+}+C_2O_4^{2-}$$

$$C_2O_4^{2-}+2H^+ \rightleftharpoons HC_2O_4^-+H^+ \rightleftharpoons H_2C_2O_4$$

当溶液中［H^+］增大，使平衡向生成 $H_2C_2O_4$ 方向移动，使 CaC_2O_4 的沉淀溶解度增大。

课堂互动

CaF_2 沉淀在 pH＝3 的溶液中的溶解度大，还是在 pH＝5 溶液中的溶解度大？

3. 盐效应 盐效应（salt effect）是在难溶化合物的饱和溶液中，加入其他易溶的强电解质后，难溶化合物的溶解度比同温度下在纯水中的溶解度增大的现象。当溶液中强电解质的浓度增大时，其离子强度增大，离子活度系数减小。在一定温度下，活度积是一常数，活度系数与 K_{sp} 成反比，活度系数减小，K_{sp} 增大，溶解度必然增大。构晶离子的电荷越高，其活度系数受离子强度的影响越大，其盐效应也越严重。如果沉淀的溶解度很小，则盐效应的影响非常小，可以忽略不计。只有当沉淀溶解度比较大，并且溶液中的离子强度很高时，才考虑盐效应。

在沉淀法中，由于沉淀剂一般也是强电解质，所以在利用同离子效应保证沉淀完全的同时，还应考虑盐效应的影响。

例如，在 $PbSO_4$ 饱和溶液中加入 Na_2SO_4，同时存在同离子效应和盐效应。而哪种效应起主导作用，则取决于 Na_2SO_4 浓度的大小（表 8-1）。

表 8-1　$PbSO_4$ 在 Na_2SO_4 溶液中的溶解度

Na_2SO_4（mol/L）	0	0.001	0.01	0.02	0.04	0.100	0.200
$PbSO_4$（mol/L）	0.15	0.024	0.016	0.014	0.013	0.016	0.023

从表 8-1 中可以看出，随着 Na_2SO_4 浓度的增大，由于同离子效应的作用使 $PbSO_4$ 溶解度降低，当 Na_2SO_4 浓度增大至 0.04mol/L 时，$PbSO_4$ 溶解度达到最小，表明此时同离子效应最大。当 Na_2SO_4 浓度继续增大时，由于盐效应的作用增强，$PbSO_4$ 溶解度又开始增大。

4. 配位效应 配位效应是当溶液中存在能与构晶离子生成可溶性配合物的配位剂时，使难溶化合物溶解度增大的现象。

例 8-2 计算 AgCl 沉淀在①纯水；②$[NH_3]=0.01$mol/L 溶液中的溶解度。已知构晶离子的活度系数为 1，$K_{sp(AgCl)}=1.8\times10^{-10}$，$Ag(NH_3)_2{}^+$ 的 $\lg\beta_1$、$\lg\beta_2$ 分别为 3.40 和 7.40。

解：①AgCl 沉淀在纯水中的溶解度

$$S=\sqrt{K_{sp}}=\sqrt{1.8\times10^{-10}}=1.34\times10^{-5}\text{mol/L}$$

②AgCl 沉淀在 0.01mol/L NH_3 水溶液中的溶解度

$$S=\sqrt{K'_{sp}}=\sqrt{K_{sp}\alpha_{Ag(NH_3)}}=\sqrt{K_{sp}(1+\beta_1[NH_3]+\beta_2[NH_3]^2)}$$

$$=\sqrt{1.8\times10^{-10}\times(1+10^{3.40}\times10^{-2}+10^{7.40}\times10^{-4})}$$

$$=6.72\times10^{-4}\text{mol/L}$$

可见，AgCl 沉淀在 0.01mol/L 氨溶液中的溶解度是在纯水中溶解度的 50 倍。

在有的沉淀反应中，沉淀剂本身也是配位剂，则反应中既有同离子效应降低沉淀的溶解度，又有配位效应增大沉淀的溶解度。如果沉淀剂适当过量，同离子效应起主导作用，沉淀的溶解度降低；如果沉淀剂过量太多，则配位效应起主导作用，沉淀的溶解度反而增大。AgCl 沉淀在不同浓度的 NaCl 溶液中的溶解度如表 8-2 所示。

表 8-2 AgCl 沉淀在不同浓度的 NaCl 溶液中的溶解度

过量 Cl^- 浓度（mol/L）	AgCl 溶解度（mol/L）	过量 Cl^- 浓度（mol/L）	AgCl 溶解度（mol/L）
0.0	1.3×10^{-5}	8.8×10^{-2}	3.6×10^{-6}
3.9×10^{-3}	7.2×10^{-7}	3.5×10^{-1}	1.7×10^{-5}
3.6×10^{-2}	1.9×10^{-6}	5.0×10^{-1}	2.8×10^{-5}

因此，利用同离子效应降低沉淀溶解度的同时，应考虑盐效应和配位效应的影响，否则沉淀溶解度不仅不能减小反而增加，无法达到预期目的。

5. 其他影响因素 除了上述主要因素外，温度效应、溶剂效应、沉淀颗粒大小和沉淀析出的形态都对沉淀的溶解度有影响，也应加以考虑。

（四）沉淀纯度的影响因素

沉淀法不仅要求沉淀的溶解度小，且要求制备的沉淀要纯净。但当沉淀从溶液中析出时，总是或多或少地夹杂溶液中的其他组分而影响沉淀的纯度，这是沉淀法误差的主要来源。因此，必须了解影响沉淀纯度的因素及其减免办法，以提高测定结果的准确度。

1. 共沉淀 共沉淀（coprecipitation）是难溶化合物沉淀时，溶液中可溶性杂质同时沉淀下来的现象。共沉淀是重量分析法误差的主要来源。共沉淀主要有下面几种。

（1）表面吸附 在沉淀中，构晶离子按一定规律排列。沉淀内部的离子都被带相反电荷的离子所包围，处于静电平衡状态。而沉淀表面上，构晶离子至少有一面没有被包围，由于静电引力，这些离子能吸引带相反电荷离子。沉淀颗粒越小，表面积越大，吸附溶液中异电荷离子的能力越强。表面吸附一般遵循以下规律：①优先吸附溶液中过量的构晶离子形成第一吸附层；②优先吸附与第一吸附层的构晶离子生成溶解度小或离解度小的化合物离子形成第二吸附层；③离子浓度相同时，离子所带电荷越高越容易被吸附。④电荷相同的离子，浓度大的先被吸附。例如：用 Na_2SO_4溶液与过量的 $BaCl_2$作用时，$BaSO_4$沉淀表面优先吸附过量的 Ba^{2+}形成第一吸附层，晶体表面带正电荷。第一吸附层中的 Ba^{2+}又吸附溶液中共存的 Cl^-，$BaCl_2$过量越多，被共沉淀越多。若用 Na_2SO_4溶液与过量的 $BaCl_2$和 $Ba(NO_3)_2$作用，且两者过量的程度相同时，由于 $Ba(NO_3)_2$的溶解度小于 $BaCl_2$的溶解度，NO_3^-优先被吸附形成第二吸附层。

（2）生成混晶 如果杂质离子与沉淀的构晶离子半径相近、电荷相同，形成的晶体结构一致，杂质离子可进入晶格排列引起的共沉淀。混晶的生成使沉淀受到严重玷污。例如，由于 Pb^{2+}与 Ba^{2+}有相同的电荷和相近的离子半径，且 $BaSO_4$和 $PbSO_4$的晶体结构一致，因此，Pb^{2+}就可能混入 $BaSO_4$的晶格中形成混晶而被共沉淀。由混晶引起的共沉淀纯化困难，用洗涤的方法无法纯化，甚至陈化、再沉淀等纯化措施效果也不佳，减少或消除混晶的最好办法是预先将杂质离子分离。

课堂互动

用过量的 H_2SO_4沉淀 Ba^{2+}时，Na^+、K^+均引起共沉淀，问哪种离子共沉淀更严重？已知 Na^+、K^+和 Ba^{2+}的半径分别为 95 pm、133 pm 和 135 pm。

（3）吸留或包埋 在沉淀过程中，由于沉淀形成速度过快，沉淀表面吸附的杂质离子来不及离开，被随后长大的沉淀所覆盖，包藏在沉淀内部引起共沉淀。此类共沉淀不能用洗涤的方法除去，但可通过改变沉淀条件，或采用陈化、重结晶的方法加以消除。

2. 后沉淀 后沉淀（postprecipitation）是溶液中某一组分的沉淀析出后，原本难以析出的另一组分的沉淀，也在沉淀表面逐渐沉积出来的现象。后沉淀的产生是由于沉淀表面吸附作用所引起，常出现在该组分的过饱和溶液中。例如，用草酸盐沉淀分离 Ca^{2+} 和 Mg^{2+} 时，最先析出的 CaC_2O_4 不夹杂 MgC_2O_4，但过饱和溶液长时间放置后，CaC_2O_4 表面上就有 MgC_2O_4 析出，影响分离效果。

后沉淀和共沉淀现象的区别在于：沉淀在试液中放置的时间越长，后沉淀引入杂质的量越多，而共沉淀受此影响较小；后沉淀受温度的影响较大，温度升高，后沉淀越严重。要减少或避免后沉淀的产生，主要是缩短沉淀与母液共置的时间。

（五）沉淀的形成与条件

1. 沉淀的类型 根据沉淀的物理性质不同，沉淀的类型大体可分为晶型沉淀和无定型沉淀（又称非晶型沉淀）两种。晶型沉淀又可分为粗晶型沉淀（如 $MgNH_4PO_4$）和细晶型沉淀（如 $BaSO_4$）；无定型沉淀又可分为凝乳状沉淀（如 AgCl）和胶状沉淀（如 $Fe_2O_3 \cdot nH_2O$）。

经 X 射线检查，这些沉淀的主要差别是沉淀颗粒大小的不同，晶型沉淀的颗粒直径约 0.1~1 μm，无定型沉淀颗粒直径常小于 0.02 μm。晶型沉淀颗粒较大，沉淀致密，易于过滤、洗涤；无定型沉淀颗粒较小，沉淀疏松，不易过滤、洗涤。

在重量分析中生成沉淀是什么类型，主要取决于沉淀的性质，也与沉淀条件和沉淀后的处理密切相关，所以必须了解沉淀的形成过程和沉淀条件对颗粒大小的影响，以便控制沉淀的条件，得到符合重量分析要求的沉淀。

2. 沉淀的形成过程 一般认为沉淀的形成过程包括晶核的生成和沉淀颗粒的生长两个过程，即：

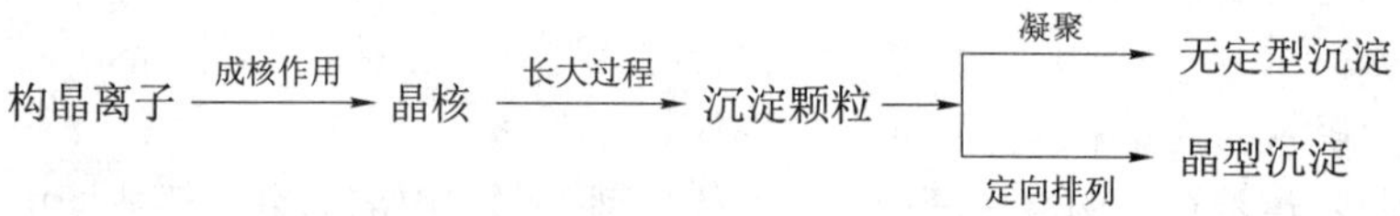

（1）晶核的形成 组成沉淀的离子称为构晶离子，在溶液中构晶离子可以聚集成离子对或离子群等形式的聚集体。聚集体长大到一定大小，便形成晶核。晶核的形成可分为均相成核和异相成核两种情况。均相成核是在构晶离子的过饱和溶液中，通过静电作用而缔合，在溶液中自发地形成晶核。溶液的相对过饱和度越大，均相成核的数目越多。异相成核是在溶液中不可避免地存在固体微粒，这些微粒起着晶核作用诱导构晶离子形成晶核。固体微粒越多，异相成核越多。

（2）晶核长大 溶液中形成晶核后，构晶离子向晶核表面扩散，并在晶核上沉积，晶核逐渐长大，形成沉淀颗粒。

（3）沉淀的形成 由离子聚集成晶核，再积聚成沉淀微粒的速度称为聚集速度。构晶离子在沉淀颗粒上按一定顺序定向排列的速度称为定向速度。在沉淀过程中，若聚集速度大于定向速度，沉淀颗粒聚集形成无定型沉淀；若定向速度大于聚集速度，构晶离子在晶格上定向排列，形成晶型沉淀。

溶液的过饱和度决定沉淀生成的聚集速度 v，它们的关系可以用冯·韦曼（Von Weimarn）经验式来描述。

$$v = K\frac{Q-S}{S} \tag{8-1}$$

式（8-1）中，Q 为加入沉淀剂瞬间生成沉淀物质的浓度，S 为沉淀的溶解度，$Q-S$ 为过饱和度，$(Q-S)/S$ 为相对过饱和度，K 为比例常数，它与沉淀性质、温度和介质等因素有关。

由式（8-1）可知，相对过饱和度愈大，聚集速度愈大，形成无定型沉淀；相对过饱和度愈小，聚集速度愈小，形成晶型沉淀。如沉淀 $BaSO_4$ 时，常在稀 HCl 溶液中进行，其目的是利用酸效应和稀溶液降低生成沉淀物质的总浓度，增大 $BaSO_4$ 的溶解度，以减小溶液的相对过饱和度，从而可以获得颗粒较大的晶型沉淀。但 $BaSO_4$ 在浓溶液（如 0.75~3mol/L）进行沉淀时却会形成无定型沉淀。

定向速度主要决定于沉淀物质的本性。一般极性强、溶解度较大的盐类如 $BaSO_4$、CaC_2O_4 等，具有较大的定向速度易形成晶型沉淀；而高价金属离子的氢氧化物［如 $Fe(OH)_3$、$Al(OH)_3$ 等］一般溶解度较小，沉淀时溶液的相对过饱和度较大，因此氢氧化物沉淀一般均为无定形沉淀。

3. 沉淀条件的选择　在沉淀法中，为了确保分析结果的准确性，要求沉淀完全、纯净、易于过滤和洗涤。因此，根据不同的沉淀类型，应选择适宜的沉淀条件。

（1）晶型沉淀的沉淀条件　①在适当的稀溶液中进行沉淀：在稀溶液中，可减小晶体聚集速度，同时也可减少杂质的吸附。但对溶解度较大的沉淀，必须考虑溶解损失。②在热溶液中进行沉淀：难溶化合物的溶解度常随温度升高而增大，沉淀吸附杂质的量随温度升高而减少。所以宜在热溶液中进行沉淀，也可降低溶液的相对饱和度，以减少成核数量，得到颗粒大的晶形沉淀。另一方面又能减少杂质的吸附，有利于得到纯净的沉淀。有的沉淀在热溶液中溶解度较大，应放冷后再滤过，以减少沉淀的损失。③在不断搅拌下，缓慢加入沉淀剂：这样可防止局部浓度过高，以降低其局部过饱和度，得到颗粒大而纯净的沉淀。④进行陈化：陈化是将沉淀与母液一起放置的过程。由于小颗粒结晶比大颗粒结晶的溶解度大，在陈化过程中小颗粒结晶会不断溶解，并在大颗粒结晶表面沉积，使大颗粒结晶长得更大；同时吸附、吸留和包藏在小晶体内部的杂质重新进入溶液，使沉淀更加纯净；不完整的晶粒转化为更完整的晶粒。一般室温下陈化需数小时，水浴加热和不断搅拌可缩短陈化时间。但如果有后沉淀现象发生，陈化反而会使沉淀纯度降低。

（2）无定型沉淀的沉淀条件　无定型沉淀的溶解度一般很小，溶液的相对过饱和度大，很难通过减小溶液的相对过饱和度来改变沉淀的物理性质。无定型沉淀颗粒小，比表面积大，结构疏松，易胶溶，不仅易吸附杂质且难以过滤和洗涤。因此，对无定型沉淀主要是设法破坏胶体，防止胶溶，加速沉淀的凝聚。①在较浓溶液中进行沉淀，并较快地加入沉淀剂。沉淀反应完后，需加入大量热水稀释并充分搅拌，使大部分吸附在沉淀表面的杂质离开沉淀而转移至溶液中。②在热溶液中进行沉淀：这有利于降低沉淀的含水量，得到结构紧密的沉淀，方便过滤。同时可促进沉淀颗粒的凝聚，防止形成胶体，以及降低沉淀对杂质的吸附。③加入挥发性电解质：电解质可防止胶体形成，降低水化程度，使沉淀凝聚。在洗涤液中加入易挥发性电解质，如盐酸、硝酸和铵盐等，可防止胶溶，也可将吸附在沉淀中的难挥发杂质交换出来，易挥发性电解质也能在灼烧时除去。④不必陈化：沉淀完毕后，趁热过滤，不要陈化。否则无定形沉淀因放置后，将逐渐失去水分而聚集得更紧密，使已经吸附的杂质难以洗去。

二、沉淀的滤过、洗涤、干燥和灼烧

（一）沉淀的滤过

滤过是使沉淀和母液分开，与过量沉淀剂、共存组分或其他杂质分离，从而得到纯净的沉淀。

若后续处理需要灼烧的沉淀，用定量滤纸过滤，这种滤纸已用 HCl 和 HF 处理，大部分无机物已被除去，每张滤纸灼烧后残留灰分小于 0.2mg。根据沉淀的性质，选择疏密程度不同的定量滤纸。

（二）沉淀的洗涤

沉淀的洗涤是为了洗去沉淀表面吸附的杂质和混杂在沉淀中的母液。洗涤时选择合适的洗液，可减少沉淀的溶解损失和避免形成胶体。

（三）沉淀的干燥、灼烧和恒重

为了除去沉淀中的水分和挥发性物质，以及使沉淀分解为组分恒定的称量形式，沉淀需要干燥或灼烧。

知识链接

恒重的定义

在《中国药典》（2020 年版）中的“恒重”，除另有规定外，系指供试品连续两次干燥或灼烧后的重量差异在 0.3mg 以下的重量；干燥至恒重的第二次及以后各次称重均应在规定条件下继续干燥 1 小时后进行；灼烧至恒重的第二次称重应在继续灼烧 30 分钟后进行。

三、分析结果计算

在沉淀法中，多数情况下沉淀的称量形式与被测组分的形式不同，此时需将得到的称量形式质量换算成被测组分质量。换算因数或重量因数是被测组分的摩尔质量和称量形式的摩尔质量之比，用 F 表示。

$$F=\frac{a\times 被测组分的摩尔质量}{b\times 称量形式的摩尔质量} \tag{8-2}$$

式（8-2）中，a 和 b 是使分子分母中所含欲测成分的原子数或分子数相等而乘以的系数。部分待测组分与称量形式间的换算因数见表 8-3。

表 8-3　部分待测组分与称量形式间的换算因数

被测组分	沉淀形式	称量形式	换算因数 F
MgO	$MgNH_4PO_4$	$Mg_2P_2O_7$	$2M_{MgO}/M_{Mg_2P_2O_7}$
Fe	$Fe(OH)_3\cdot nH_2O$	Fe_2O_3	$2M_{Fe}/M_{Fe_2O_3}$
$K_2SO_4\cdot Al_2(SO_4)_3\cdot 24H_2O$	$BaSO_4$	$BaSO_4$	$M_{K_2SO_4\cdot Al_2(SO_4)_3\cdot 24H_2O}/4M_{BaSO_4}$

称得的称量形式的质量 m'，试样的质量 m 和换算因数 F，即可求得被测组分的质量分数。

$$\omega(\%)=\frac{m'\times F}{m}\times 100\% \tag{8-3}$$

例 8-3　称取某试样 0.4125g，用 $MgNH_4PO_4$ 重量法测定其中镁的含量，得 $Mg_2P_2O_7$ 0.7025g，求 $\omega_{MgO}\%$。

解： $F=2M_{MgO}/M_{Mg_2P_2O_7}=80/222$

$$\omega_{MgO}\%=\frac{0.7025\times\frac{80}{222}}{0.4125}\times 100\%=61.37\%$$

四、应用示例

中药芒硝中硫酸钠含量测定

《中国药典》（2020 年版）规定，中药芒硝中硫酸钠的含量测定方法：取本品，置 105℃ 干燥至恒重后，取约 0.3g，精密称定，加水 200ml 溶解后，加盐酸 1ml，煮沸，不断搅拌，并缓缓加入热氯化钡试液（约 20ml），至不再生成沉淀，置水浴上加热 30 分钟，静置 1 小时，用无灰滤纸或称定重量的古氏坩埚滤过，沉淀用水分次洗涤，至洗液不再显氯化物的反应，干燥并灼烧至恒重，精密称定，与 0.6086 相乘，即得供试品中含有硫酸钠的重量。本品按干燥品计算，含硫酸钠不得少于 99.0%。

知识链接

在《中国药典》（2020 年版）中“按干燥品计算”时，除另有规定外，应取未经干燥的供试品进行试验，并将计算中的取用量按检查项下测得的干燥失重扣除。

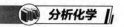

第二节　挥发重量分析法

PPT

挥发重量分析法简称为挥发法，是利用被测组分的挥发性或可转化为挥发性物质的性质进行含量测定的方法。

一、挥发重量法的分类

根据称量对象的不同，挥发重量分析法可分为直接挥发法和间接挥发法。

1. 直接挥发法　是利用加热等方法使挥发性组分逸出，用合适的吸收剂将其全部吸收，根据吸收剂增加的质量来计算被测组分含量的方法。

2. 间接挥发法　是利用加热等方法使试样中挥发性组分逸出后，称量其残渣，由试样减少的质量来计算该挥发组分的含量。

例如，测定晶体物质中结晶水含量。方法一是直接挥发法，即将已知质量的试样加热使水分逸出，用高氯酸镁吸收逸出的水分，由吸收剂增加的质量可计算出试样中结晶水的含量；方法二是间接挥发法，即将已知质量的试样加热挥发水分，由试样质量的减轻来计算水分的含量。

二、挥发重量法的应用

在医药卫生领域中，挥发法常用于干燥失重、灰分等的测定。

（一）干燥失重

《中国药典》（2020年版）的某些药物的纯度检查项目中要求检查干燥失重，即利用挥发法测定药物干燥至恒重后减少的质量，这里药物减少的质量包括吸湿水、结晶水和在干燥条件下能挥发的物质的质量。

由于试样的耐热性及水分的挥发难易程度不同，采用的干燥方法也不同，常用的方法如下。

1. 常压下加热干燥　采用电热干燥箱在105～110℃下加热干燥，适用于性质稳定、受热不易挥发、氧化或分解变质的试样。某些吸湿性强或水分不易挥发的试样，可适当提高温度、延长时间。而某些含结晶水的化合物熔点较低，在加热干燥时未达到干燥温度即成熔融状态，不利于水分的挥发。可先将这种试样置于熔融温度以下或用干燥剂除去大部分结晶水后，再提高干燥温度。如$NaH_2PO_4 \cdot 2H_2O$在60℃时会熔融，因此应先在低于60℃下干燥1小时，待失去1分子水成$NaH_2PO_4 \cdot H_2O$时，再升温至105～110℃下干燥至恒重。

2. 减压加热干燥　采用真空干燥箱，在较低温度（一般60～80℃）干燥至恒重，这适用于高温易变质、熔点低或水分难挥发的试样。减压加热干燥可缩短干燥时间，避免样品长时间受热而分解变质，比常压下的加热干燥效率更高。

3. 干燥剂干燥　干燥剂是一些与水有强结合力，相对蒸汽压低的脱水化合物。干燥剂干燥适用于易升华、受热不稳定、易变质的试样。干燥剂在密闭容器内，吸收空气中水分，使空气的相对湿度降低，从而使试样中水分挥发，并保持干燥器内较低的相对湿度，使试样继续失水，直至达到平衡。该法平衡时间长，很难达到完全干燥的目的，该法较少用。

干燥失重法还被用于样品的处理，为使测定结果正确常将样品干燥至恒重后取样分析，结果以“干燥品”计算。有时为了方便也可取湿品分析，测定湿品干燥失重后再进行换算。

例8-4　测定未经干燥的盐酸小檗碱，含盐酸小檗碱量为86.57%，测得干燥失重为11.23%，则干燥品含量可换算为：

$$\frac{86.57}{100-11.23} \times 100\% = 97.52\%$$

（二）中药灰分的测定

灰分是药物在高温和有氧条件下灰分氧化后，残留的不挥发性物质所占试样的百分率。中药灰分的测定也采用挥发法，这时待测定的是不挥发性无机物和外来杂质，而不是挥发性物质。灰分的测定是药典中控制中草药材质量的检验项目之一。

第三节　萃取重量法

PPT

萃取重量法简称萃取法，根据待测组分在两种不相溶的溶剂中分配系数的不同，用溶剂萃取法使被测组分与其他组分分离，挥去萃取溶剂，称量干燥萃取物质量以求出待测组分含量。萃取法分为液-液萃取法和液-固萃取法。液-液萃取法是将样品制成水溶液，再用不相混溶的有机溶剂进行萃取。液-固萃取法则是使用溶剂直接从固体粉末样品中萃取。本节主要讨论液-液萃取法的基本原理。

一、萃取理论

（一）分配系数

在一定温度和压力下，溶质A在水相和有机相中达到分配平衡时，溶质A在有机相和水相中的浓度之比，称为分配系数，用K表示，即

$$K=\frac{[A]_{有}}{[A]_{水}} \tag{8-4}$$

分配系数与溶质和溶剂的性质和温度有关，在低温条件下是一常数。从上式可知，K值越大，溶质在有机相中的浓度也越大，越容易被萃取；反之，不易萃取。

（二）分配比

在实际的液-液萃取体系中，溶质常发生聚合、电离、配位及其他副反应，故溶质会以多种型体存在于两相中。当溶质A在这种萃取体系中达到平衡时，总浓度$c_{有}$与$c_{水}$之比，称为分配比，用D表示。即

$$D=\frac{c_{有}}{c_{水}}=\frac{[A_1]_{有}+[A_2]_{有}+\cdots+[A_n]_{有}}{[A_1]_{水}+[A_2]_{水}+\cdots+[A_n]_{水}} \tag{8-5}$$

（三）萃取效率

萃取效率就是萃取的完全程度。常用萃取百分率表示：

$$E\%=\frac{被萃取物质在有机相中的总量}{被萃取物质的总量}\times100\% \tag{8-6}$$

$E\%$与D的关系如下：

$$E\%=\frac{D}{D+V_{水}/V_{有}}\times100\% \tag{8-7}$$

当两相体积相等时，如果$D=1$，表明经萃取后物质进入有机相中的量和留在水相中的量相等，萃取效率为50%。D越大，即萃取效率越高。在实际工作中，一般要求$D>10$。当分配比不高时，一次萃取不能满足分离或测定要求时，可采用少量多次连续萃取以提高萃取率。

多次萃取是提高萃取效率的有效措施。为了简化，假定分配比在给定条件下为定值，每次萃取平衡后，分出有机相，再以相同体积的新鲜有机溶剂萃取，如设$V_{水}$（ml）溶液中含有被萃取物（A）W_0（g），用$V_{有}$（ml）有机溶剂萃取一次，水相中剩余A的质量是W_1（g），则进入有机相的量是W_0-W_1（g），此时分配比为：

$$D=\frac{c_{有}}{c_{水}}=\frac{(W_0-W_1)/V_{有}}{W_1/V_{水}}$$

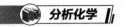

故
$$W_1=\frac{W_0V_水}{DV_有+V_水} \tag{8-8}$$

若再用相同体积 $V_有$（ml）新鲜有机溶剂萃取一次，水相中剩余 A 的质量是 W_2（g），则进入有机相的量是 W_1-W_2（g）。

$$D=\frac{c_有}{c_水}=\frac{(W_1-W_2)/V_有}{W_2/V_水}$$

$$W_2=W_1\left(\frac{V_水}{DV_有+V_水}\right)=W_0\left(\frac{V_水}{DV_有+V_水}\right)^2$$

如果用 $V_有$（ml）新鲜有机溶剂萃取 n 次，水相中剩余 A 的质量是 W_n（g），则

$$W_n=W_0\left(\frac{V_水}{DV_有+V_水}\right)^n \tag{8-9}$$

例 8-5　设水溶液 10ml 内含被萃取物 1.0mg，计算用 27ml 有机溶剂萃取的萃取效率 $E\%$。（1）每次 9ml 分三次萃取。（2）全量一次萃取。已知 $D=10$。

解：（1）已知：$V_有=9\text{ml}$；$n=3$；$V_水=10\text{ml}$；$D=10$；$W_0=1.0\text{mg}$

$$W_3=W_0\left(\frac{V_水}{DV_有+V_水}\right)^3=1.0\times\left(\frac{10}{10\times9+10}\right)^3=0.001(\text{mg})$$

$$E\%=\frac{1.0-0.001}{1.0}\times100\%=99.0\%$$

（2）已知：$V_有=27\text{ml}$；$n=1$；$V_水=10\text{ml}$；$D=10$；$W_0=1.0\text{mg}$

$$W_1=W_0\left(\frac{V_水}{DV_有+V_水}\right)=1.0\times\left(\frac{10}{10\times27+10}\right)=0.0357(\text{mg})$$

$$E\%=\frac{1.0-0.0357}{1.0}\times100\%=96.4\%$$

由此可见，同样量的被萃取液分少量多次萃取比全量一次萃取的萃取效率高。但应该指出，萃取次数不断增多，萃取效率的提高越来越有限。

二、应用示例

由于某些中药材或制剂中生物碱、有机酸等成分的盐能溶于水，但游离生物碱、有机酸不溶于水，但溶于有机溶剂的性质，常采用萃取重量法进行测定。

例如，马齿苋药材中总生物碱的含量测定。取一定量马齿苋药材提取液，用 HCl 溶液调节 pH 值至 3~4，搅拌均匀，抽滤。滤液用 10% 氨水调节 pH 值至 8~9。用三氯甲烷分次萃取直至生物碱提取完全为止。合并三氯甲烷萃取液，蒸馏，回收三氯甲烷，得到萃取物，干燥、称重。即可计算马齿苋药材中总生物碱的含量。

本章小结

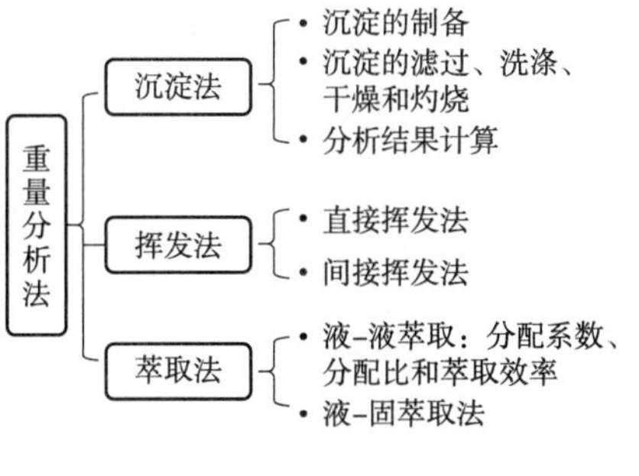

练习题

题库

1. 在沉淀法中，沉淀形式和称量形式有哪些要求？

2. 沉淀反应完全需要沉淀剂过量，但为何不能过量太多？

3. 影响沉淀溶解度的因素有哪些？它们是如何影响的？

4. 影响沉淀纯度的因素有哪些？如何减少沉淀的玷污？

5. 含有 NaBr 和 NaCl 的样品 0.5785g，用沉淀法测定，得到二者的银盐沉淀 0.4556g；另取同样重量的样品，用沉淀滴定法测定，消耗 0.1105mol/L $AgNO_3$溶液 25.48ml，求 NaBr 和 NaCl 质量分数各为多少？（$M_{NaCl}=58.44$g/mol，$M_{NaBr}=102.9$g/mol，$M_{AgCl}=143.3$g/mol，$M_{AgBr}=187.8$g/mol）

6. 称取芒硝试样 0.2259g，溶解后用 $BaCl_2$ 将 SO_4^{2-} 沉淀为 $BaSO_4$（$M=233.4$g/mol），灼烧后质量为 0.3312g，试计算试样中 Na_2SO_4（$M=142.0$g/mol）的含量。

7. 称取风干的中药石膏试样 1.2536g，经烘干后得吸附水分 0.0253g，再经灼烧又得结晶水 0.2631g，求干燥失重%。

8. 取未经干燥的盐酸小檗碱 0.2115g，以苦味酸作为沉淀剂，按下式生成苦味酸小檗碱沉淀 0.2886g（已知其换算因数为 0.6587）：

$$C_{20}H_{18}O_4N\cdot Cl+C_6H_3O_7N_3 = C_{20}H_{18}O_4N\cdot C_6H_3O_7N_3\downarrow +HCl$$

求（1）试样中小檗碱的含量。（2）若已知小檗碱干燥失重为 9.01%，则干燥品小檗碱试样中小檗碱的质量分数。

9. 氯霉素的化学式为 $C_{11}H_{12}O_5N_2Cl_2$，现有氯霉素眼膏试样 0.98g，在密闭容器中用金属钠共热分解有机物并释放氯化物，将灼烧后的混合物溶于水，过滤除去碳的残渣，用 $AgNO_3$ 沉淀氯化物，得到 0.0135g AgCl，试计算试样中氯霉素的质量分数。

（张梦军）

第九章

电位分析法和永停滴定法

学习导引

知识要求

1. **掌握** 电位分析法的基本概念和基本原理；玻璃电极测定 pH 的原理和方法；电位滴定法的原理及其确定终点的方法及其应用；永停滴定法的原理和方法。

2. **熟悉** 电位分析法中各类电极的组成、构造及作用原理。

3. **了解** 离子选择电极的分类及应用。

能力要求

熟练应用 pH 酸度计测定溶液 pH 值的方法，熟练掌握永停滴定仪测定被测物质的原理和确定终点的方法。学会选择合适的离子选择性电极测定其他离子的浓度的方法。

素质目标

利用所学习的知识解决本专业的实际问题，强调所学习知识的实用性，不仅培养了学生分析问题和解决问题的能力，训练了科学思维方式，而且增加了学生对本专业的深入了解，引导学生对专业的热爱。逐渐培养学生的优秀职业道德，提高学生对国家和社会的责任感和使命感。

第一节　电化学分析法概述

PPT

案例解析

【案例】 荧光素钠是一种造影剂，荧光素钠滴眼液系用于眼角膜损伤和角膜溃疡的诊断药，它能使异常的角膜染色，而正常的角膜则不显色。滴眼后在显微镜下观察颜色，正常角膜显无色，角膜损伤处显绿色荧光，结膜破溃处呈金黄色，异物周围呈绿色环。荧光素钠在碱性溶液中具有染色活性，在酸性溶液中即失去荧光，常加入碳酸氢钠作稳定剂，调节 pH 值至 8.0~8.5。可见 pH 值对溶液的影响很大，其 pH 值检查就显得尤为重要。

【问题】 如何测定荧光素钠的 pH 值？

【解析】 溶液 pH 值的测定，常应用电位法原理，使用 pH 酸度计，以玻璃电极为指示电极，以甘汞电极为参比电极，先以磷酸盐标准缓冲溶液（pH7.4）进行定位，用硼砂标准缓冲液进行核对，再进行测定，读出溶液的 pH 值。

电化学分析（electrochemical analysis）是应用电化学的基本原理，依据物质的电化学性质进行测定物质组成及含量的分析方法。电化学分析是仪器分析的重要组成部分之一，与光谱分析、色谱分析一起构成了现代仪器分析的三大重要支柱。

进行电化学分析时，常以待测溶液为电解质溶液，根据相应的电化学性质，选择合适的电极组成化学电池，通过测定电池的电位、电流、电阻、电量等电化学参数，对待测溶液进行定性和定量分析。依据测定的电参数不同可分为以下四类。

1. 电位分析法（potentiometric analysis method） 是依据能斯特方程，通过测量原电池的电动势或电极电位的变化，求出待测组分含量的一种方法。该方法包括直接电位法（direct potentiometry）和电位滴定法（potentiometric titration）。直接电位法是通过测量原电池的电动势，直接求算离子活（浓）度；电位滴定法是通过测量滴定过程中原电池电动势的变化，确定滴定终点。它适用于各种滴定分析法，特别对没有合适指示剂、溶液颜色较深或浑浊难于用指示剂判断终点的滴定分析法。

2. 电解法（electrolytic analysis method） 是根据通电时，待测物在电池电极上发生定量沉积或定量作用的性质，确定待测物含量的方法。该方法包括电重量法（electrogravimetry）、库仑法（coulometry）和库仑滴定法（coulometric titration）。电重量法是对试样溶液进行电解，称量沉积于电极表面的沉积物重量的方法；库仑法是根据待测物完全电解时所消耗的电量而进行分析的方法；库仑滴定法是以电极反应生成物为滴定剂，与溶液中待测组分作用，根据滴定终点消耗的电量来确定待测组分含量的分析方法。

3. 电导法（conductometry analysis method） 是通过测量溶液的电导或电导改变，确定被测组分含量的方法。该方法包括直接电导法（direct conductometric analysis method）和电导滴定法（conductometric titration method）。根据测量的电导值，确定被测物含量的方法，是直接电导法；根据滴定过程中溶液电导的变化来确定滴定终点的方法，是电导滴定法。

4. 伏安法（voltammetry method） 是将一微电极插入待测溶液中，根据电解过程中电流-电压的变化曲线进行分析的方法。该方法包括极谱法（polarography）、溶出法（stripping method）和电流滴定法（amperometric titration method）。极谱法是用滴汞电极为极化电极，通过测定电解过程中所得的电流-电压（或电位-时间）曲线来确定溶液中被测定物质的浓度；溶出法是使被测物在某一恒定的外加电压下电解并富集在电极上，然后改变电位，使富集物在电极上重新溶解，根据溶出时的电流-电位或电流-时间曲线进行分析的方法。电流滴定法是在固定的外加电压下，根据滴定过程中扩散电流的变化确定滴定终点的方法。电化学分析法具有设备简单、准确度、灵敏度和选择性高，易于微型化和自动化等优点，可以做到实时和在线对活体进行动态监测，在生命科学、医药、材料等领域应用广泛，具有广阔的应用前景。

本章重点介绍电化学分析法中目前在药物质量控制和研究领域应用较多的电位分析法和永停滴定法。

第二节　电位分析法的基本原理

PPT

一、化学电池

化学电池（chemical cell）是一种电化学反应器，是实现化学反应与电能相互转化的装置，由电解质溶液、两个电极和外电路构成。根据电极反应能否自发进行，化学电池分为原电池（galvanic cell）和电解池（electrolytic cell）两类。电解池是将电能转变为化学能的装置，电极反应需外加一定的电压才能进行；原电池是将化学能转变为电能的装置，电极反应可以自发进行。有时，实验条件不同时，对于同一结构、同一组成的化学电池，原电池和电解池可以相互转化。

（一）原电池

以铜锌电池为例，说明原电池的工作原理。将金属锌片插入 1mol/L 的 $ZnSO_4$溶液中组成一个半电池，金属铜片插入 1mol/L 的 $CuSO_4$ 溶液中，组成另一个半电池，两个半电池间用饱和的 KCl 盐桥相连，中间接一个灵敏电流计（图 9-1）。

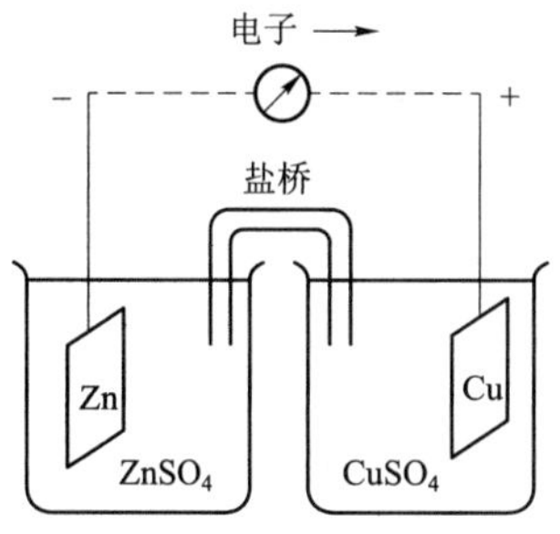

图 9-1 铜-锌原电池示意图

图 9-1 原电池可用下面简式表示：

$$(-)Zn \mid Zn^{2+}(1mol/L) \mid\mid Cu^{2+}(1mol/L) \mid Cu(+)$$

书写原电池简式时，规定：①通常将发生氧化反应的一极做负极写在左边，将发生还原反应的一极做正极写在右边；② | 表示一个相界面，¦¦ 表示盐桥；③电解质溶液应注明活度（或浓度）。

两个电极的电极反应（半电池反应）为：

正极：$Cu^{2+} + 2e \rightleftharpoons Cu$ （还原反应）

负极：$Zn - 2e \rightleftharpoons Zn^{2+}$ （氧化反应）

则电池反应为 $Cu^{2+} + Zn \rightleftharpoons Cu + Zn^{2+}$

在电化学平衡条件下，当忽略电池内阻影响和液接电动势时，原电池电动势为正极的电极电位与负极的电极电位的差值，即：

$$E = \varphi^{\ominus}_{Cu^{2+}/Cu} - \varphi^{\ominus}_{Zn^{2+}/Zn} = (+0.337) - (-0.763) = 1.100V$$

由计算所得到的电动势可知，原电池电动势为正值，表示电池能自发进行。

（二）电解池

当在铜-锌原电池上外加一个电压时，原电池变成电解池。原电池的正极成为电解池的阳极，与电源的正极相连；原电池的负极成为电解池的阴极，与电源的负极相连。两极发生的反应如下：

电解池表示为：$Cu \mid Cu^{2+}(1mol/L) \mid\mid Zn^{2+}(1mol/L) \mid Zn$

阴极 $Zn^{2+} + 2e \rightleftharpoons Zn$ （还原反应）

阳极 $Cu \rightleftharpoons Cu^{2+} + 2e$ （氧化反应）

电池总反应为 $Zn^{2+} + Cu \rightleftharpoons Zn + Cu^{2+}$

此时，该电池就是将电能转变为化学能的装置的电解池（图 9-2）。

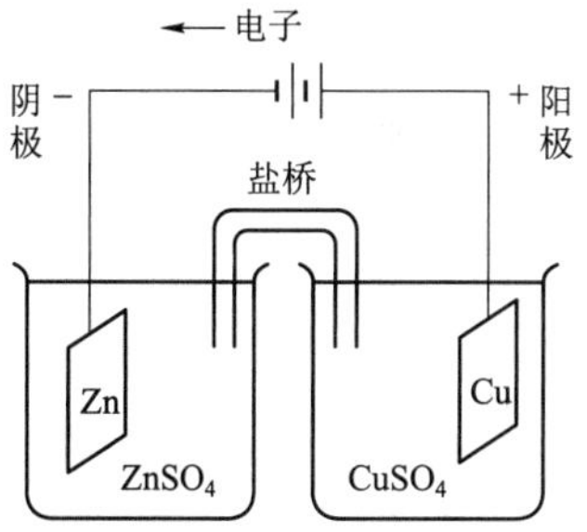

图 9-2 电池能

二、相界电位和液接电位

（一）相界电位

金属晶体由金属正离子和自由电子构成，将金属插入含有该金属离子的溶液中组成金属电极（metal electrode）。在金属与该金属离子溶液两相界面，一方面金属表面的正离子受到极性水分子的作用，很容易离开金属表面进入溶液中；另一方面溶液中的金属离子受到金属表面自由电子的作用，有沉积到金属表面的趋势，所以在溶液和金属之间存在一个平衡。如果金属正离子离开金属表面的趋势大于溶液中金属离子沉积到金属表面的趋势，两相界面金属表面带负电，溶液带正电（图 9-3），形成一个双电层（double electric layer）。反之，则两相界面金属表面带正电，溶液带负电。当金属离子进入溶液的速度等于金属离子沉积到金属表面上的速度时达到动态平衡，在金属与溶液界面上形成了稳定的双电层而产生电位差，即相界电位（phase boundary potential），也就是金属电极电位（electrode potential）。金属越活泼，溶液中金属离子的浓度越低，金属正离子进入溶液的倾向就越大，电对的电位就越低，金属的还原能力就越强，活泼金属 Zn、Al、Fe 等均属此类。

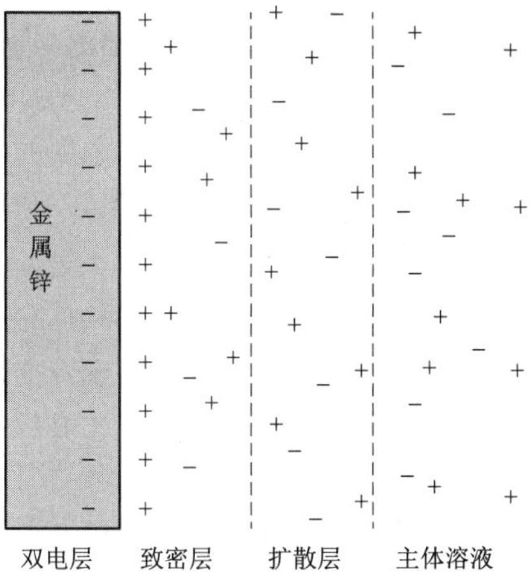

图 9-3 双电层结构

（二）液接电位

液体接界电位是在两种组成不同或组成相同而浓度不同的电解质溶液接触界面上，由于两相中离子的扩散速率不同而产生的电位差，简称液接电位（liquid junction potential，φ_j），又称扩散电位。电位法测量中，常用的电化学电池多为有液接电位的电池。液接电位一般有几十毫伏，很难准确测量，会影响测量结果，因此必须设法消除或减小对电位测定的影响。通常做法是在两个溶液之间连接一个盐桥，内充高浓度的KCl（或其他合适的电解质）溶液。用盐桥将两溶液连接后，盐桥两端有两个液接界面。扩散作用以高浓度的K^+和Cl^-向稀溶液扩散为主，K^+和Cl^-的扩散速率很接近，盐桥两边液接电位的方向相反而互相抵消，使得液接电位变得很小（1~2mV），可以忽略不计。由此可见，在电位测量中，盐桥起到的作用是：连接两个半电池，消除液接电位，使反应顺利进行，保持电荷平衡。

三、参比电极和指示电极

（一）参比电极

在恒温恒压条件下，电极电位基本不随溶液中被测离子活（浓）度变化而变化的电极称为参比电极（reference electrode）。参比电极应符合以下基本要求：电极电位恒定；稳定性好，重现性好，使用寿命长，装置简单等。目前常用的参比电极有甘汞电极，银-氯化银电极。

1. 甘汞电极 一般由金属汞、甘汞（Hg_2Cl_2）及KCl溶液组成。其构造如图9-4所示。

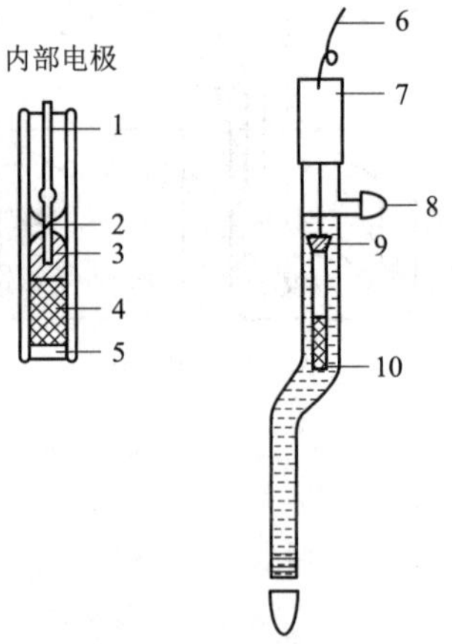

图9-4 甘汞电极

1，6. 导线；2. 铂丝；3. 汞；4. 甘汞+汞；5. 石棉或纸浆；7. 绝缘体；8，12. 橡皮帽；9. 内部电极；10. 饱和KCl溶液

电极表示式为：

$$Hg \mid Hg_2Cl_2(s) \mid KCl 溶液(x\ mol/L)$$

电极反应和电极电位为：

$$Hg_2Cl_2 + 2e \rightleftharpoons Hg + 2Cl^-$$

$$\varphi = \varphi^{\ominus}_{Hg_2Cl_2/Hg} - 0.059\lg a_{Cl^-} \quad (25℃) \qquad (9-1)$$

由上式可知，在一定温度下，甘汞电极的电位随着溶液中Cl^-浓度的增大而减小。当溶液Cl^-浓度一定时，甘汞电极的电位为一定值。在25℃时，当KCl溶液浓度分别为0.1mol/L、1mol/L和饱和溶液时，电极的电位值分别为0.3337V、0.2801V和0.2412V。使用饱和氯化钾溶液的电极称为饱和甘汞电极（saturated calomal electrode，SCE）。

饱和甘汞电极由于结构简单、电极电位稳定、制造容易、使用方便，在电位法测定中最为常用。电极由内外两个玻璃套管组成，内管上端封接一段铂丝与导线相连，铂丝插入汞层（厚度为0.5~1cm）中，汞层下面是甘汞和汞的糊状混合物，糊状物下端用石棉或纸浆堵塞。外玻璃管中装入KCl溶液，电极下端与被测溶液接触的部分是速烧瓷微孔物质，即可隔开电极内外溶液，还能为内外溶液提供离子通道，起到盐桥的作用。

2. 银-氯化银电极（silver-silver choride electrode） 由覆上一层氯化银的银丝浸入一定浓度的氯化钾溶液（或含有氯离子的溶液）中组成，如图9-5所示。它们的作用原理与甘汞电极相同，25℃时，0.1mol/L、1mol/L和饱和KCl的银-氯化银电极电位分别为0.2880V、0.2223V和0.1990V。

（二）指示电极

指示电极（indicator electrode）是在测量过程中，电极电位随溶液中被测离子活度（或浓度）变化而变化的电极。指示电极应符合以下基本要求：对待测组分选择性高且电极电位与待测组分活（浓）度符合能斯特方程；重现性好；响应速度快，结构简单等。

常见的有金属基电极（metallic indicator electrode）和离子选择电极（ion selective electrode，ISE）两大类。

1. 金属基电极 以金属为基体的电极，这类电极的共同特点是电极电位的建立是基于电子转移反应，也是电位法中最早使用的电极。

（1）金属-金属离子电极　是把能够发生氧化还原反应的金属插入该金属离子的溶液中达到平衡后构成的电极。因为只有一个相界面，又称第一类电极，可用通式 $M|M^{m+}$ 表示，例如银与银离子组成的电极（$Ag|Ag^+$）。电极反应和电极电位为：

$$Ag^+ + e \rightleftharpoons Ag$$

$$\varphi = \varphi^{\ominus}_{Ag^+/Ag} + 0.059\lg a_{Ag^+} \quad (25℃) \tag{9-2}$$

从上式可以看到，银电极的电极电位与溶液中银离子活（浓）度的对数值呈线性关系。组成金属-金属离子电极的金属还有铜、锌、汞、铅等，可用于测定对应的金属离子的浓（活）度。

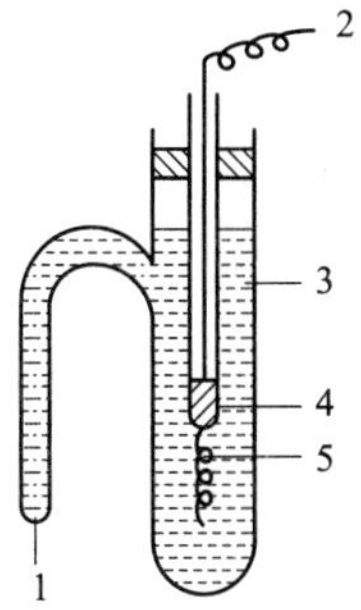

图 9-5　银-氯化银电极

1. 多孔物质；2. 导线；3. KCl 溶液；4. Hg；5. 镀 AgCl 的 Ag 丝

（2）金属-金属难溶盐电极　将表面覆盖同一种金属难溶盐的金属，插入该难溶盐的阴离子溶液中组成了金属-金属难溶盐电极。这类电极有两个相界面，故又称第二类电极，可用通式 $M|M_mX_n(s)|X^{m-}$ 表示，如甘汞电极、银-氯化银电极都属于这类电极。其电极电位与难溶盐的阴离子活（浓）度的对数值呈线性关系，因此可用于测定难溶盐的阴离子活（浓）度。如银-氯化银电极可用作测定 Cl^- 活（浓）度时的指示电极，电极反应为：

$$AgCl + e \rightleftharpoons Ag + Cl^-$$

$$\varphi = \varphi^{\ominus}_{AgCl/Ag} - 0.059\lg a_{Cl^-} \quad (25℃) \tag{9-3}$$

（3）零类电极（惰性金属电极）　由惰性金属（铂、金等）浸入含有同一元素不同价态的两种离子溶液中组成，可用通式 $Pt|M^{m+}, M^{n+}$ 表示，也称为氧化还原电极。在溶液中，惰性金属在电极反应中起传导电子的作用，不参与氧化还原反应。其电极电位与溶液中氧化态和还原态活（浓）度的比值的对数值呈线性关系，可用于测定两者的活（浓）度或比值。例如，将铂丝插入 Fe^{3+}、Fe^{2+} 混合液中组成铂电极，电极表示式为：$Pt|Fe^{3+}, Fe^{2+}$。电极反应和电极电位为：

$$Fe^{3+} + e \rightleftharpoons Fe^{2+}$$

$$\varphi = \varphi^{\ominus}_{Fe^{3+}/Fe^{2+}} + 0.059\lg \frac{a_{Fe^{3+}}}{a_{Fe^{2+}}} \quad (25℃) \tag{9-4}$$

2. 离子选择性电极　离子选择性电极（ion selective electrode，ISE）又称膜电极，是以固体膜或液体膜为传感器，能选择性地对溶液中某特定离子产生响应的电极。响应机制主要是基于离子交换和扩散，而无电子的转移。膜电极的电极电位与溶液中某特定离子活（浓）度的关系符合 Nernst 方程式。

$$\varphi_{ISE} = K \pm \frac{2.303RT}{nF}\lg a_i \tag{9-5}$$

式（9-5）中，K 为电极常数，a_i 为待测溶液中离子的活度，“+”为阳离子，“-”为阴离子。

ISE 具有选择性好，灵敏度高等特点，是电位分析法中发展最快、应用最广的一类电极。目前商品电极有很多种类，如 pH 玻璃电极、氟离子电极、钙电极等。

四、电位分析的测量方法

在电位分析中，将指示电极（通常作为负极）与参比电极（通常作为正极）一起浸入含有待测离子的溶液中组成原电池。

该电池的电动势为：$E = \varphi_+ - \varphi_- + \varphi_j + IR$

实验时可利用盐桥的作用尽量减小液接电位 φ_j，并控制测量条件降低通过电路的电流 I 值，使上式最后两项的数值小到可以忽略不计，因此，可简化为：

$$E = \varphi_+ - \varphi_- \tag{9-6}$$

上式表明：如果测出电池的电动势 E，将参比电极的电极电位 φ_+ 代入上式，可求出待测电极的电极电位值 φ_-。

第三节　直接电位分析法

PPT

直接电位法（directer potentiometric method）是将指示电极和参比电极插入待测液中组成原电池，根据能斯特方程式直接求出待测物活度（或浓度）的方法。常包括 pH 值的测定和其他离子浓度的测定。具有灵敏度高、选择性好，适用于微量组分的分析等特点。

一、溶液 pH 的测定

测定溶液的 pH 值，通常采用玻璃电极为指示电极，饱和甘汞电极为参比电极。

（一）玻璃电极

1. 玻璃电极的构造　玻璃电极是最早研制的膜电极。其构造如图 9-6 所示。它是在一支玻璃管下端接上一个厚度约 0.1mm 的特殊质料的玻璃球形薄膜，膜内盛有 pH 值为 4 或 7 的一定浓度的氯化钾缓冲溶液，溶液中插入一支银-氯化银电极为内参比电极。电极上端是高度绝缘的导线和引出线。

2. pH 玻璃电极的原理　玻璃膜对溶液中的 H^+ 的选择性响应与玻璃膜的组成有关。玻璃球膜由 21.4% Na_2O、6.4% CaO 和 72.2% SiO_2 构成，玻璃球膜中由于 Na_2O 的掺入使得部分硅氧键断裂，形成带负电的硅氧骨架，Na^+ 可在硅氧骨架中移动并传递电荷。玻璃电极在水中浸泡后骨架中的 Na^+ 与水中的 H^+ 发生交换反应：

$$H^+(溶液)+Na^+Gi(玻璃膜) \rightleftharpoons Na^+(溶液)+H^+Gi(玻璃膜)$$

形成厚度为 $10^{-5} \sim 10^{-4}$mm 的水化凝胶层。由于硅氧结构与 H^+ 键合的强度远远大于 Na^+，使玻璃膜表面上 Na^+ 的点位几乎全部被 H^+ 所占据。越深入凝胶层内部，交换的数量越少，达到干玻璃层处由于无交换，点位全部被 Na^+ 占据，几乎无 H^+。如图 9-7 所示。

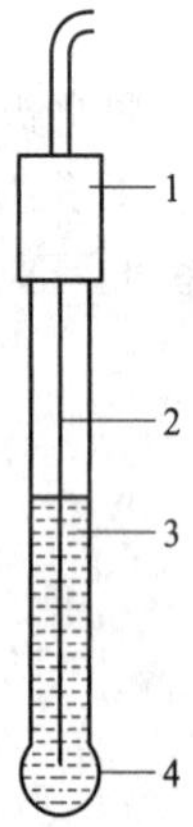

图 9-6　玻璃电极

1. 绝缘套；2. Ag-AgCl 电极；3. 内部缓冲溶液；4. 玻璃膜

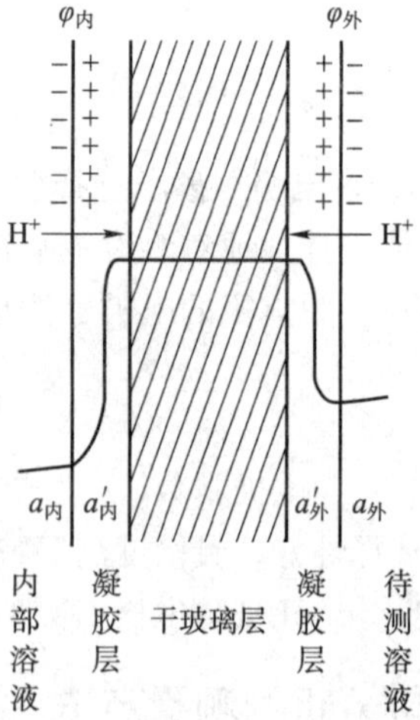

图 9-7　膜电位产生示意图

将充分水化的玻璃电极插入待测溶液中，由于溶液中 H^+ 活度与水化凝胶层 H^+ 活度不同，则会发生浓差扩散，H^+ 将由活度高的一方向低的一方扩散。H^+ 的扩散改变了膜外表面与试液两相界面的电荷分布，因而在两相界面上形成双电层，产生电位差。当达到动态平衡时，电位差达到一个稳定值，这个电位差值称为外相界电位。因此水化凝胶层中的 H^+ 与溶液中的 H^+ 进行离子扩散和交换，交换的结果是在玻璃膜内外相界面上形成两个相界电位 $\varphi_内$ 和 $\varphi_外$，相界电位均符合 Nernst 方程式（注意相界电位的方向是指玻璃膜对溶液而言）：

$$\varphi_{外}=K_1+\frac{2.303RT}{F}\lg\frac{a_{外}}{a'_{外}} \tag{9-7}$$

$$\varphi_{内}=K_2+\frac{2.303RT}{F}\lg\frac{a_{内}}{a'_{内}} \tag{9-8}$$

式中，$a_{外}$，$a_{内}$分别为待测溶液和内部溶液中 H^+活度；$a'_{外}$，$a'_{内}$分别为玻璃膜外部、内部水化凝胶层中 H^+活度；K_1，K_2分别为外部、内部水化凝胶层的结构参数。

玻璃膜内、外之间的电位差称为膜电位（$\varphi_{膜}$），即：

$$\varphi_{膜}=\varphi_{外}-\varphi_{内}=\left(K_1+\frac{2.303RT}{F}\lg\frac{a_{外}}{a'_{外}}\right)-\left(K_2+\frac{2.303RT}{F}\lg\frac{a_{内}}{a'_{内}}\right) \tag{9-9}$$

对于同一玻璃电极，玻璃膜内外表面的物理性能基本相同，即 $K_1=K_2$，$a'_{外}=a'_{内}$

则

$$\varphi_{膜}=\varphi_{外}-\varphi_{内}=\frac{2.303RT}{F}\lg\frac{a_{外}}{a_{内}} \tag{9-10}$$

由于内参比溶液 H^+活度 $a_{内}$是一定值，所以：

$$\varphi_{膜}=K'+\frac{2.303RT}{F}\lg a_{外} \tag{9-11}$$

作为玻璃电极整体，其电极电位（$\varphi_{玻}$）应为内参比电极电位与玻璃膜电位之和。

$$\begin{aligned}\varphi_{玻}&=\varphi_{内参}+\varphi_{膜}=\varphi_{AgCl/Ag}+\left(K'+\frac{2.303RT}{F}\lg a_{外}\right)\\&=(\varphi_{AgCl/Ag}+K')-\frac{2.303RT}{F}\mathrm{pH}\\&=K-\frac{2.303RT}{F}\mathrm{pH}\end{aligned} \tag{9-12}$$

在 25℃时，

$$\varphi_{玻}=K-0.059\mathrm{pH} \tag{9-13}$$

式（9-13）中，K 称为电极常数，与玻璃电极性能有关。由式（9-12）可知，在一定温度下，玻璃电极的电位与待测溶液的 pH 值呈线性关系，符合能斯特方程，故可用于溶液中 pH 的测定。

课堂互动

请总结 pH 玻璃电极的测定原理。

3. 玻璃电极的性能

（1）转换系数　是指当溶液的 pH 值变化一个单位时，引起电极电位的变化值，称为玻璃电极的转换系数或电极斜率，用 S 表示。

假设式（9-12）：

$$\varphi_1=K-\frac{2.303RT}{F}\mathrm{pH}_1$$

$$\varphi_2=K-\frac{2.303RT}{F}\mathrm{pH}_2$$

两式相减得：

$$\Delta\varphi=-\frac{2.303RT}{F}\Delta\mathrm{pH}$$

$$\frac{-\Delta\varphi}{\Delta pH}=\frac{2.303RT}{F}=S \tag{9-14}$$

由式（9-14）可知，S 是 φ-pH 曲线的斜率，与温度有关，理论值为 $S=2.303RT/F$，25℃时，$S=0.059V$（59mV）。玻璃电极经长期使用会老化，S 值低于 52mV 时就不宜使用。

（2）不对称电位　由式（9-10）可知，当膜两侧溶液的 pH 值相等时，膜两侧的电位差应等于零，实际上，总存在 1~3mV 的电位差，这一电位差称为不对称电位（asymmetry potential）。产生不对称电位的主要原因是膜内外表面结构和性能不完全相同。干玻璃电极的不对称电位很大，因此，玻璃电极在使用前应在纯水中浸泡至少 24 小时使其充分活化，减小不对称电位。

（3）碱差和酸差　一般玻璃电极在 pH 为 1~9 时，φ-pH 呈线性关系，否则会产生碱差或酸差。

碱差也称为钠差，是指在较强的碱性溶液中，测得的 pH 值低于真实值而产生负误差。其原因当 pH >9 时，溶液中的 H^+浓度较低，玻璃电极对浓度较高的 Na^+产生响应，使得测得的 H^+活度高于真实值，pH 值低于真实值。

酸差是指在 pH <1 的较强酸性溶液，测得的 pH 值高于真实值而产生正误差。其原因是在强酸性溶液中水分子活度降低，而 H^+是通过水分子形成水和氢离子（H_3O^+）到达玻璃膜水化胶层的，导致到达玻璃膜表面的氢离子活度降低，使得测定的 pH 值高于真实值。

（二）pH 的测量原理和方法

1. 测量原理　直接电位法测定溶液的 pH，常以玻璃电极为指示电极（作负极），饱和甘汞电极为参比电极（作正极），浸入被测溶液中组成原电池，可表示为：

$$(-)\text{Ag} \mid \text{AgCl(s)} \mid \text{内充液} \mid \text{玻璃膜} \mid \text{待测液} \parallel \text{KCl(饱和)} \mid \text{Hg}_2\text{Cl}_2\text{(s)} \mid \text{Hg}(+)$$

原电池的电动势为：

$$E=\varphi_{甘}-\varphi_{玻} \tag{9-15}$$

将式（9-12）代入式（9-15）中得：$E=\varphi_{甘}-\left(K-\dfrac{2.303RT}{F}\text{pH}\right)$

在一定条件下，$\varphi_{甘}$是常数，因此：

$$E=K'+\frac{2.303RT}{F}\text{pH} \tag{9-16}$$

由式（9-16）可知，在一定条件下，原电池的电动势与溶液的 pH 值呈线性关系。只要测出电动势 E，便可求得被测溶液的 pH 值。

2. 测量方法　由于式（9-16）可知，只要 K'已知，测得电动势 E 后，即可求得被测溶液的 pH。实际上 K'数值难以准确测定，其原因是 K'与溶液的组成、玻璃电极常数等诸多因素有关。因此，实际工作中常采用两次测量法。即在相同条件下分别测定已知 pH_s标准缓冲溶液的电动势 E_s，再测量被测溶液的电动势 E_x，根据式（9-16）可得：

$$E_s=K'+\frac{2.303RT}{F}\text{pH}_s$$

$$E_x=K'+\frac{2.303RT}{F}\text{pH}_x$$

两式相减，整理得：

$$\text{pH}_x=\text{pH}_s+\frac{E_x-E_s}{2.303RT/F} \tag{9-17}$$

在 25℃时，

$$\text{pH}_x=\text{pH}_s+\frac{E_x-E_s}{0.059} \tag{9-18}$$

由式（9-17）可知，由于 pH_s已知，通过测定 E_x和 E_s即可求出 pH_x。由此可见，在温度相同的条件下，采用“两次测量法”测定溶液 pH 值时，只要使用相同的电极，无须知道 K'值，就可以消除 K'不确定性产生的误差。

课堂互动

请阐述为什么用电位法测定溶液的 pH 时，需采用两次测量法?

（三）pH 测量误差和注意事项

1. 测量误差　测定 pH 的准确度首先取决于标准缓冲溶液 pH 的准确度，其次还要受到残余液接电位的影响。实际测量时，应使标准缓冲液和待测试液的组成尽可能接近，并使用盐桥尽可能降低液接电位，以提高测量 pH 的准确度。

2. 使用玻璃电极的注意事项　①普通 pH 玻璃电极的适用 pH 测量范围为 1~9；②标准缓冲溶液 pH_s 应尽量与待测溶液 pH_x 接近：$\Delta pH \leqslant 3$；③标准缓冲溶液与待测溶液测定温度必须相同并尽量保持恒定（用温度补偿钮调节）；④玻璃电极使用前需在蒸馏水中浸泡 24 小时以上方可使用；复合玻璃电极一般在 3mol/L KCl 溶液中浸泡 8 小时以上。

（四）pH 计

1. pH 计　pH 计是专为使用玻璃电极测定溶液 pH 值而设计的电子电位计。可将电池电动势转换为 pH，直接显示溶液的 pH 值。目前常用的国产 pH 计有 pHS-2 型和 pHS-3C 型等。它们主要差异是测量精度不同，但均由测量电池和主机两部分组成。玻璃电极、饱和甘汞电极和被测溶液组成原电池，将被测溶液的 pH 值转换成为电动势，然后主机将其电动势直接转换成 pH 值，直接标示出来。

酸度计直接以 pH 值表示，每一 pH 间隔相当于 2.303*RT/F*（V），此值随温度的改变而改变，故酸度计上均装有温度补偿器（可变电阻）。测定前，将温度补偿器调至被测溶液的温度，这样可使每一 pH 间隔的电动势改变正好抵消该温度时应有的变动值。由于不对称电位对测定有影响，因此酸度计上均装有定位调节器，即用标准缓冲溶液校准仪器时，调节电位调节器，使仪器上标示的 pH 读数正好与标准缓冲溶液的 pH 一致，以消除不对称电位的影响。

2. pH 复合电极　将 pH 玻璃电极和参比电极组合成单一的电极体称为 pH 复合电极（combination pH electrode），该电极具有结构简单、使用方便等特点。其构造如图 9-8 所示。它由内外两个同心套管构成，内管是玻璃电极，即指示电极；外管为参比电极，参比电极为 Ag-AgCl 电极或 $Hg-Hg_2Cl_2$ 电极，下端为微孔隔离材料，可以阻止电极内外溶液混合，起到盐桥装置的作用。将 pH 复合电极浸入待测溶液中，即与待测液形成原电池。

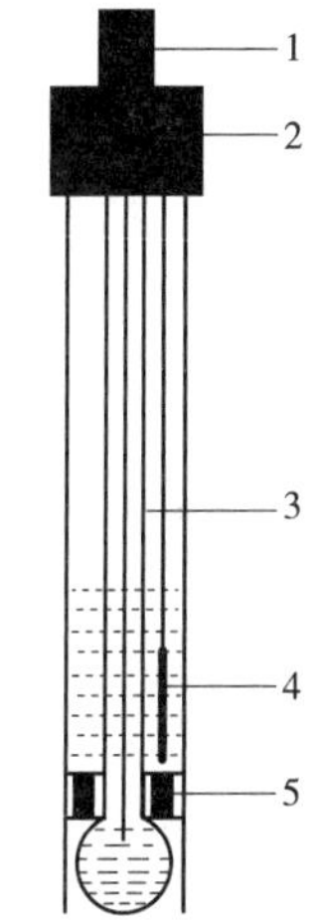

图 9-8　复合 pH 电极

1. 导线；2. 电极帽；3. 玻璃电极；4. 参比电极；5. 瓷塞

二、其他离子浓度的测定

电位法测定其他离子浓度，常用的指示电极为离子选择性电极。

（一）离子选择电极

1. 基本构造和电极电位　离子选择电极（ion selective electrode，ISE）是指对溶液中某一特定离子有选择性响应的膜电极。一般由电极膜、电极管、内参比溶液和内参比电极四个部分组成。如图 9-9 所示。

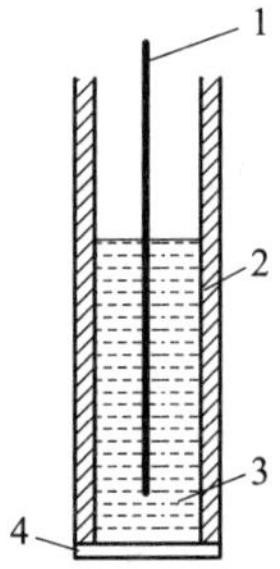

图 9-9　离子选择电极的基本结构

1. 内参比电极；2. 电极管；3. 内充溶液；4. 电极膜

电极膜是离子选择电极最重要的组成部分，膜材料和内参比溶液中均含有与待测离子相同的离子。膜内、外有选择性响应的离子通过离子交换或扩散作用在膜两侧形成双电层，平衡后形成稳定的膜电位。因此，离子选择电极的电极电位只随待测离子的活度不同而变化，并符合 Nernst 方程式，见式（9-5）

$$\varphi_{ISE}=K\pm\frac{2.303RT}{nF}\lg a_i$$

这类电极的共同特点是电极电位的建立是基于离子的扩散和交换反应而非电子的转移。

2. 离子选择电极的分类及常见电极

（1）原电极（primary electrode）　又称基本电极，为直接测定有关离子活度（浓度）的离子选择性电极，根据电极膜材料的不同分为晶体电极和非晶体电极。

晶体电极（crystalline electrode）　是由难溶盐晶体均匀混合制成的一类膜电极，这些晶体具有离子导电的功能。根据活性物质在电极膜中的分布状态，分为均相膜电极和非均相膜电极。例如，氟电极的电极膜由掺有少量氟化铕（EuF_2，增加导电性）的氟化镧（LaF_3）单晶片切制而成均相膜电极(homogeneous membrane electrode)，如图9-10所示。氯电极的电极膜由氯化银多晶粉末用压片机压制而成；电极膜由难溶盐均匀分布在憎水惰性材料中制成，为非均相膜电极（heterogeneous membrane electrode)。例如，铜电极的电极膜由 Ag_2S-CuS 掺入到聚氯乙烯中混制而成。

非晶体电极(noncrystalline electrode)　电极的电极膜由非晶体活性化合物均匀分布在惰性支持体上制成。根据膜的物理状态，分为刚性基质电极和流动载体电极两类。其中，电极膜由不同组成玻璃吹制而成的电极为刚性基质电极（rigid matrix electrode)，例如，钠电极的玻璃膜由质量分数为11% Na_2O、18% Al_2O_3和71% SiO_2的玻璃吹制而成。电极膜（液膜）由惰性微孔支持体浸有液体离子交换剂或者中性配位剂的有机溶剂的载体制成的电极为流动载体电极（electrode with a mobile carrier)，亦称液膜电极，如图9-11所示。例如，钙电极的液膜为带负电荷的二癸基磷酸钙（离子交换剂）的苯基磷酸二辛酯溶液，钾电极的液膜为电中性的缬氨霉素的硝基苯溶液。

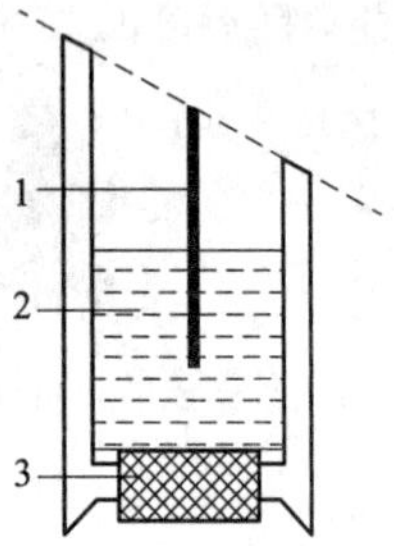

图9-10　氟离子选择性电极

1. 银-氯化银内参比电极；2. 内参比溶液（NaF-NaCl)；3. 氟化镧单晶膜

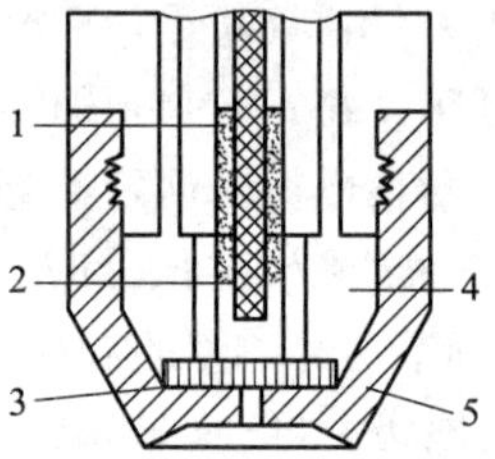

图9-11　液膜离子选择性电极

1. 内参比溶液；2. 银-氯化银内参比电极；3. 多孔薄膜；4. 离子交换剂储液；5. 液体离子交换层

(2) 气敏电极(gas sensing electrode)　由指示电极、参比电极、内电解液（中介液）和透气膜四部分组成的复合电极，如图9-12所示，是在离子选择电极的表面覆盖一层憎水的透气膜，透气膜与指示电极和参比电极之间填充中介液，构成一个化学电池。透气膜不允许溶液中的离子通过，只允许被测定的气体通过，直到透气膜内外溶液中气体的分压相等。进入透气膜的气体与中介液起反应，从而使中介液某一可为选择性电极响应的物质的量发生变化，并通过选择性电极电位反映出来，达到间接表征被测气体含量的目的。例如，氨气敏电极是以pH玻璃电极为指示电极，Ag-AgCl为参比电极，NH_4Cl等为电解质溶液和聚偏氟乙烯微孔薄膜为透气膜制成的复合电极。样品产生的氨气通过透气膜，发生界面反应并在玻璃电极上产生响应。

(3) 酶电极(enzyme electrode)　与气敏电极相似，是在离子选择性电极的电极膜表面覆盖一个涂层，内贮有一种具有特殊生物活性、催化反应选择性强、催化效率高的酶，如图9-13所示。

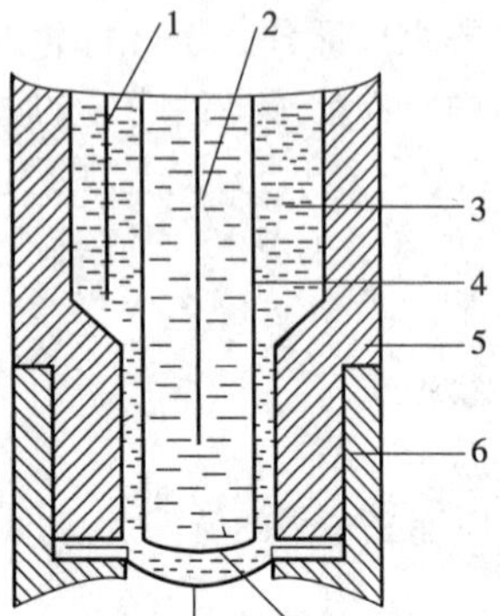

图9-12　NH_3气敏电极

1. 外参比电极；2. 内参比电极；3. 中介液；4. 玻璃电极；5. 电极杆；6. 电极头；7. 玻璃膜；8. 透气膜

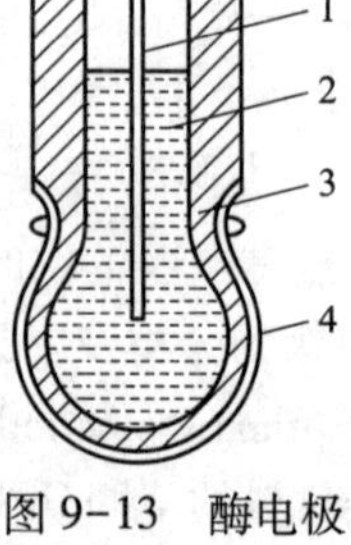

图9-13　酶电极

1. 内参比电极；2. 内参比溶液；3. 电极壳体；4. 酶层

例如葡萄糖酶电极是将葡萄糖氧化酶（glucose oxidase；GOD）固定在电极表面组成选择性识别葡萄糖的电化学生物膜电极。葡萄糖氧化酶传感器可通过测定氧气或过氧化氢的含量间接测定葡萄糖的含量。

3. 离子选择电极的性能

（1）线性范围　在一定浓度范围内，多数离子选择电极的电极电位与被测离子活度之间符合 Nernst 方程式，即 φ 与 $\lg a_i$ 之间为线性关系，这个浓度范围称为离子选择电极的线性范围，其斜率为$\frac{2.303RT}{nF}$。

（2）检测限　是指离子选择电极能够检测被测离子的最低浓度。它是离子选择电极的主要性能指标。影响检测限的因素很多，除了与溶液组成、搅拌速度、电极预处理条件等因素有关外，还与电极膜活性物质本性有关。

（3）选择性　离子选择电极对溶液中干扰离子也会有不同程度的响应。可用选择性系数（$K_{X,Y}$）衡量。

选择性系数是指在相同条件下，同一电极对 X（被测离子）和 Y（干扰离子）离子响应能力之比，亦即提供相同电位响应的 X 离子和 Y 离子的活度比，表示为：

$$K_{X,Y}=\frac{a_X}{(a_Y)^{n_X/n_Y}} \tag{9-19}$$

式（9-19）中，n_x和 n_Y分别为被测离子 X 和干扰离子 Y 的电荷数。

通常，$K_{X,Y}$值越小，说明电极对 X 离子响应的选择性愈高，Y 离子的干扰作用愈小。例如，玻璃电极 $K_{H^+,Na^+}=10^{-11}$，说明该电极对 H^+的响应比对同浓度 Na^+响应高 10^{11}倍。$K_{X,Y}$不是一个严格的常数，数值大小与测定的方法和条件有关，只能用来估量电极对不同离子响应的相对大小，而不能用来定量校正干扰离子引起的电动势变化。

若考虑多个共存干扰离子 Y 对电极电位的贡献时，电极电位表达式可按照尼可尔斯基-艾森曼方程式修改为：

$$\varphi=K\pm\frac{2.303RT}{n_XF}\lg\left[a_X+\sum_Y\left(K_{X,Y}\times a_Y{}^{n_X/n_Y}\right)\right] \tag{9-20}$$

式（9-20）中，测定阳离子时，取“+”号，测定阴离子时，取“-”号。

（二）定量分析的条件和方法

1. 定量条件　测量时，以待测离子的选择电极为指示电极（为负极），饱和甘汞电极为参比电极（正极），与待测液组成原电池，通过测定原电池的电动势，根据能斯特方程，即可求出待测组分的含量。电动势的表达式为：

$$E=\varphi_{SCE}-\varphi_{ISE}=\varphi_{SCE}-\left(K'\pm\frac{2.303RT}{nF}\lg c_i\right)=K\mp\frac{2.303RT}{nF}\lg c_i \tag{9-21}$$

式（9-21）中，响应离子为阳离子取“-”号，响应离子为阴离子取“+”号。

在测定中，为保证式（9-21）中的 K 为常数，需要在样品和标准溶液中加入适量的总离子强度调节剂（total ion strength adjustment buffer，TISAB）。总离子强度调节剂是一种不含被测离子、不与被测离子反应、不污染或损害电极膜的浓电解质溶液。它一般由固定离子强度、保持液接电位稳定的高浓度惰性电解质溶液、维持一定 pH 的缓冲溶液和掩蔽干扰离子的掩蔽剂三部分组成。

2. 定量方法

（1）两次测量法（标准比较法）　测定原理与溶液的 pH 测定方法相似，即在相同条件下，分别测定标准溶液（S）和样品溶液（X）的 E_x和 E_s，由式（9-21）得：

$$E_s=K\mp\frac{2.303RT}{nF}\lg c_s \qquad E_X=K\mp\frac{2.303RT}{nF}\lg c_X$$

将上二式相减，整理后可得：

$$E_x-E_s=\mp\frac{2.303RT}{nF}(\lg c_x-\lg c_s) \tag{9-22}$$

注意，响应离子为阳离子取“-”号，响应离子为阴离子取“+”号。

此法操作简单，但 ΔE 值不能太小，否则会产生较大误差。

（2）标准曲线法　配制一系列不同浓度的标准溶液（基质与待测液相同），在相同条件下，按照由低到高的顺序，依次测定不同浓度标准溶液的电动势 E_S，作 E_S-lgc_s标准曲线，模拟线性方程。再在相同条件下测量样品溶液的 E_x，由标准曲线即可确定待测液的离子浓度 c_x。

（3）标准加入法　若样品溶液离子强度很大，离子强度调节剂不能起作用，或样品溶液基质复杂且变动性较大时，可用标准加入法进行。即先测定样品溶液（浓度为 c_x，体积为 V_x）的电动势 E_1，然后于该液中加入高浓度 c_s（>10 c_x）、小体积 V_s（<V_X/10）的标准溶液，再测定混合溶液的电动势 E_2，则：

$$E_1=K\mp\frac{2.303RT}{nF}\lg c_X \qquad E_2=K\mp\frac{2.303RT}{nF}\lg\frac{c_XV_X+c_SV_S}{V_X+V_S}$$

设　$\Delta E=E_2-E_1$，$S=\mp\frac{2.303RT}{nF}$，上两式相减，得：

$$\Delta E=E_2-E_1=S\lg\frac{c_XV_X+c_SV_S}{(V_X+V_S)\,c_X}=S\lg\left[\frac{V_X}{V_X+V_S}+\frac{c_SV_S}{(V_X+V_S)\,c_X}\right]$$

$$c_X=\frac{c_SV_S}{(V_X+V_S)\cdot10^{\Delta E/S}-V_X}\approx\frac{c_SV_S}{V_X(10^{\Delta E/S}-1)} \tag{9-23}$$

本法不需加入总离子强度调节剂，只要添加的标准溶液浓度较大，体积较小，离子强度就不会发生大的变化，操作简单快速，可得较高准确度。该法适合基质组成复杂、变动性大的样品测定。

用离子选择电极直接电位法测定离子浓度具有设备简单、手续简便、快速等优点，它不破坏样品，不受样品溶液颜色、混浊的影响，样品用量少，在低浓度测定方面更为优越。不仅可测定 Na^+、K^+、Ag^+、Ca^{2+}、Cu^{2+}、NH_4^+、F^-、Cl^-、Br^-、I^-、S^{2-}和 NO_3^- 等无机离子，还可以测定氨基酸、尿素、青霉素等有机物。

（三）测量的准确性

从待测离子的性质、电极性能等方面考虑，影响测量准确性的因素有电动势的测量和电极选择性等。

1. 电动势的测量　直接电位法中相对误差的主要来源是电池电动势的测量误差。应用标准曲线法和标准加入法可以抵消大部分因不对称电位、液接电位和活度系数带来的系统误差，但测量过程中仍有温度、响应时间等因素的影响，最终表现为测得的电动势的不确定性。对 $E=K\mp\frac{2.303RT}{nF}\lg c_i$ 求微分，则测定浓度的相对误差为：

$$\frac{\Delta c}{c}\approx3900n\Delta E\times100\% \tag{9-24}$$

由式（9-24）可知，电位的绝对误差决定浓度的相对误差。在整个电位测定范围内，由于具有相同的精度（绝对误差），因此浓度的相对误差也是固定的，说明在测定低浓度时与测定高浓度时有同样的准确度，所以用离子选择电极有利于低浓度溶液的测定。另外从式（9-24）中可见，若电位实际测量时有1mV 的误差，对一价离子可引起浓度相对误差约 4%，二价离子约为 8%，三价离子约为 12%，说明测定低价离子的误差较小。

2. 电极的选择性　测定待测离子 X 时，若溶液中同时存在干扰离子 Y，由于离子选择电极也会对干扰离子 Y 响应，使得测得 X 离子的浓度增加了 $K_{X,Y}\cdot(a_Y)^{n_X/n_Y}$，故而引起的测量相对误差为：

$$\frac{\Delta c}{c}(\%)=\frac{K_{X,Y}\cdot(a_Y)^{n_X/n_Y}}{a_X}\times100\% \tag{9-25}$$

第四节　电位滴定法

PPT

电位滴定法（potentiometric titration）是根据滴定过程中电动势的变化来确定终点的滴定分析方法。

一、仪器装置和原理

仪器装置如图 9-14 所示。进行电位滴定时，在待测液中插入指示电极和参比电极，组成原电池与电位计相连。随着滴定剂的加入，由于化学反应的进行，被测离子的浓度相应减小，引起指示电极的电位也在变化。化学计量点附近，被测离子浓度急剧变化，引起指示电极电位也发生突变，从而确定滴定终点，计算待测组分的含量。

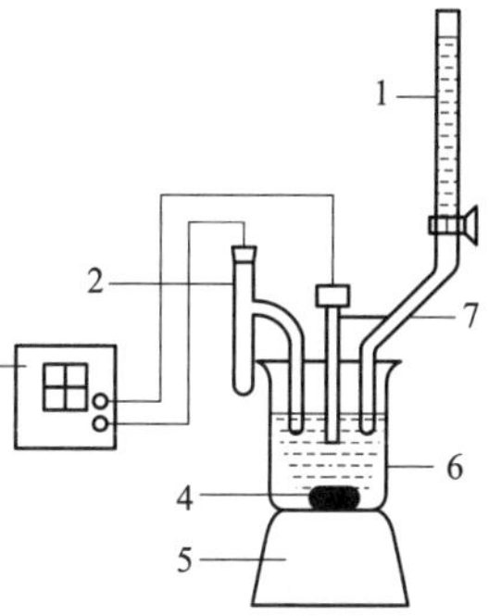

图 9-14　电位滴定的装置简图

1. 微量滴定管；2. 参比电极；3. 电位计；4. 搅拌子；5. 电磁搅拌器；6. 滴定池；7. 指示电极

电位滴定法与直接电位法的不同主要有三个方面：①电位滴定法是以测量电位情况的变化为基础，直接电位法则以某一确定的电位值为计量依据；②电位滴定法有滴定装置，直接电位法没有；③电位滴定法在测定过程中，由于滴定剂的加入，破坏了待测液的组成，直接电位法在测定过程中，由于没有滴定剂的加入，所以测定前后待测液的组成不发生变化。在一定测定条件下，对于电位滴定法来说，许多因素对电位测量结果的影响可以相对抵消，所以它比直接电位法的准确度和精密度更高。

二、滴定终点的确定方法

在滴定过程中，根据电池电动势的变化来确定滴定终点，关键是要测得每加入一定量滴定液后，所对应的电池电动势的数值。滴定的初始阶段，记录的体积间隔数可以稍大一些，随着滴定的进行，体积间隔数要越来越小。在化学计量点附近，由于微小体积的滴定剂加入，都会引起电位数值的很大变化，所以每加入一小份滴定液，就要记录一次数据，以便更准确地确定终点。每一小份体积数最好一致，这样处理数据较为方便、准确。现以硝酸银标准溶液（0.1mol/L）滴定氯化钠溶液为例，电位滴定部分数据和数据处理，见表 9-1。

表 9-1　硝酸银液（0.1mol/L）滴定氯化钠溶液的部分电位滴定数据

①	②	③	④	⑤	⑥	⑦	⑧	⑨	⑩
V/ml	E/V	ΔE/V	ΔE/ml	$\frac{\Delta E/\Delta V}{V/ml}$	$\bar{V}$/ml	$\frac{\Delta(\Delta E/\Delta V)}{V/ml}$	$\Delta\bar{V}$/ml	$\frac{\Delta^2 E/\Delta V^2}{(V/ml)^2}$	$\bar{V}$/ml
22.00	0.123								
		0.015	1.00	0.015	22.50				
23.00	0.138					0.021	1.00	0.021	23.00
		0.036	1.00	0.036	23.50				
24.00	0.174					0.054	0.55	0.098	23.78
		0.009	0.10	0.09	24.05				
24.10	0.183					0.02	0.10	0.2	24.00
		0.011	0.10	0.11	24.15				
24.20	0.194					0.28	0.10	2.8	24.20
		0.039	0.10	0.39	24.25				
24.30	0.233					0.44	0.10	4.4	24.30
		0.083	0.10	0.83	24.35				
24.40	0.316					-0.59	0.10	-5.9	24.40
		0.024	0.10	0.24	24.45				
24.50	0.340					-0.13	0.10	-1.3	24.50
		0.011	0.10	0.11	24.55				
24.60	0.351					-0.05	0.25	-0.2	24.68
		0.024	0.40	0.06	24.80				
25.00	0.375								

以下是几种常用的确定化学计量点的方法。

1. E-V 曲线法 以滴定剂体积（V）为横坐标，以电动势 E（电位计读数）为纵坐标，用表 9-2 中①②栏的数据绘制 $E-V$ 曲线，如图 9-15（a）所示。曲线上的转折点（拐点）所对应的体积即为化学计量点的体积。本法比较简单，适用于滴定突跃电动势（电位）变化明显的滴定曲线，否则应采用下列方法确定化学计量点。

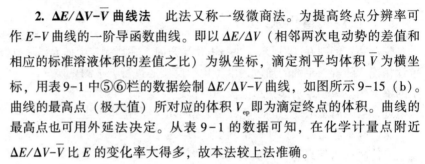

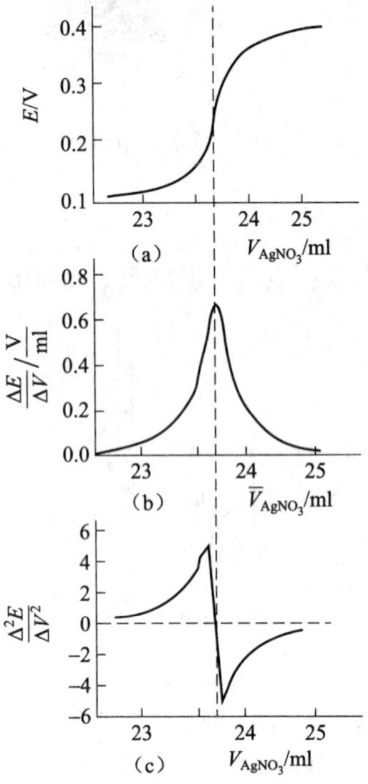

图 9-15　电位滴定曲线

2. $\Delta E/\Delta V-\overline{V}$ 曲线法 此法又称一级微商法。为提高终点分辨率可作 $E-V$ 曲线的一阶导函数曲线。即以 $\Delta E/\Delta V$（相邻两次电动势的差值和相应的标准溶液体积的差值之比）为纵坐标，滴定剂平均体积 $\overline{V}$ 为横坐标，用表 9-1 中⑤⑥栏的数据绘制 $\Delta E/\Delta V-\overline{V}$ 曲线，如图所示 9-15（b）。曲线的最高点（极大值）所对应的体积 V_{ep} 即为滴定终点的体积。曲线的最高点也可用外延法决定。从表 9-1 的数据可知，在化学计量点附近 $\Delta E/\Delta V-\overline{V}$ 比 E 的变化率大得多，故本法较上法准确。

3. $\Delta^2E/\Delta V^2-V$ 曲线法 此法又称二级微商法。以 $\Delta^2E/\Delta V^2$ 为纵坐标，加入滴定剂体积（V）为横坐标。电位计读数（E），用表 9-1 中栏⑨⑩的数据绘制 $\Delta^2E/\Delta V^2$ 曲线，如图所示 9-15（c）。曲线有两个极大值，与纵坐标零线交点所对应的体积即为滴定终点。

在化学计量点前后，$\Delta^2E/\Delta V^2$ 对应的数值发生由正到负的变化，滴定曲线近似直线，故在实际工作中，也可用内插法计算出 $\Delta^2E/\Delta V^2=0$ 时对应的体积，即化学计量点时加入的标准溶液体积。此法更为准确、方便。其计算公式可推导如下：

$$\begin{array}{ccc} E_{上} & 0 & E_{下} \\ \hline V_{上} & V_{sp} & V_{下} \end{array}$$

即 $(V_{下}-V_{上}):(V_{sp}-V_{上})=(E_{下}-E_{上}):(0-E_{上})$

故
$$V_{sp}=V_{上}+\left[\frac{E_{上}-0}{E_{上}-E_{下}}\times(V_{下}-V_{上})\right] \tag{9-26}$$

式（9-26）中，V_{sp} 为化学计量点时的体积；$E_{上}$ 和 $E_{下}$ 为化学计量点前和后的 $\Delta^2E/\Delta V^2$ 对应的数值；0 为化学计量点时的 $\Delta^2E/\Delta V^2$ 数值；$V_{上}$ 和 $V_{下}$ 为 $E_{上}$ 和 $E_{下}$ 对应的体积。

例如：根据表 9-1 和式 9-26 得：

$$V_{sp}=24.30+\left[\frac{4.4-0}{4.4-(-5.9)}\times(24.40-24.30)\right]$$
$$=24.34\text{ml}$$

需要指出的是，上述确定化学计量点的方法均以滴定突跃对化学计量点是对称的为条件，故只有反应物之间以等物质的量相作用时才成立；若是不对称的，则化学计量点与突跃终点不一致。但是，这种偏差很小，对于一般的药物分析可以忽略。

三、应用示例

（一）各种类型的电位滴定

电位滴定法适合于各类滴定分析。关键是指示电极的选择。

1. 酸碱滴定 酸碱滴定法常用的指示电极为 pH 玻璃电极，参比电极为甘汞电极。在滴定过程中，根据 pH 酸度计测定的 pH 值和对应加入的滴定剂体积 V，绘制 pH-V 滴定曲线，确定滴定终点。这种确定滴定终点的方法比用指示剂确定终点的方法要灵敏，对于一般指示剂法，人眼要能感受到指示剂颜色的变化，必须要求滴定突跃范围在 0.2 个 pH 单位以上，而电位滴定法可以在 pH 变化很小的情况下即可指示终点的到达。此外还可测定弱酸弱碱的平衡常数。例如 NaOH 滴定一元弱酸 HA，半中和点时 $[HA]=[A^-]$，故 $K_a=[H^+]$，即 $pK_a=pH$。半中和点的确定可根据滴定曲线的绘制，先确定化学计量点对应的体积 V_{sp}，再找出 $1/2V_{sp}$ 对应的 pH 值，就是 pK_a。

非水溶液的酸碱滴定，通常是在冰醋酸、乙酸酐、乙酸-乙酸酐等溶剂体系中进行。为了避免甘汞电极渗出的微量水对测定的影响，必须用饱和氯化钾无水乙醇溶液代替电极中的饱和氯化钾水溶液。在滴定生物碱或有机碱的氢卤酸盐时，为防止饱和甘汞电极渗出的卤化物干扰测定，可用盐桥隔开电极和滴定液。

2. 氧化还原滴定　在进行氧化还原滴定中，常用 Pt 电极为指示电极，饱和甘汞电极为参比电极。电极表面必须洁净光亮，Pt 电极才能响应灵敏，若电极表面有玷污，可用热硝酸浸洗，必要时用氧化焰灼烧。由于氧化还原反应的本质是电子转移，因此，大多数的氧化还原滴定都可用电位滴定法确定滴定终点。影响氧化还原滴定突跃范围的主要因素是两个电对的条件电极电位差，故而电位差值越大，突跃范围越大，滴定的准确度就越高。

3. 配位滴定　在配位滴定中，根据测定的金属离子，选择使用对应的金属离子选择电极或铂电极作指示电极，参比电极常用饱和甘汞电极。例如，选择 Ca^{2+} 选择电极作指示电极测定 Ca^{2+} 的含量；用 Pt 电极作指示电极测定滴定 Fe^{3+} 或 Fe^{2+} 的含量。另外，在滴定中要注意溶液的 pH、温度、干扰离子的影响，干扰离子可通过加入掩蔽剂掩蔽。

4. 沉淀滴定　在沉淀滴定法中，常用银盐或汞盐溶液作滴定剂。滴定剂不同，选用的指示电极也可能不同，例如，以硝酸银标准溶液滴定卤素离子时，指示电极可用银电极（纯银丝）或卤素离子选择电极；以硝酸汞标准溶液滴定卤素离子时，指示电极可用汞电极（铂丝上镀汞，或汞池，或把金电极浸入汞中做成金汞齐）或卤素离子选择电极。在这类滴定中，由于 Cl^- 有干扰，故而不能把饱和甘汞电极直接插入，常用 KNO_3 盐桥将试液与汞电极隔开，或选用双液接饱和甘汞电极作参比电极。

（二）应用示例

电位滴定法与经典滴定法相比，指示终点的方法更客观可靠，准确度高，易于自动化，可进行有色、浑浊液及无合适指示剂的样品溶液的滴定，同时可用于弱酸或弱碱的离解常数、配合物稳定常数等热力学常数的测定。

随着离子选择电极的迅速发展，可供选择的电极越来越多，所以电位滴定法在药物分析中的应用范围也将越来越广泛。

例 9-1　安定的含量测定　用非水溶液的酸碱滴定法测定安定的含量时，由于所用结晶紫指示剂的颜色变化较为复杂，难以确定终点时颜色，后经与电位法对照，才确定以绿色为终点。对照时，常以 pH 玻璃电极为指示电极，饱和甘汞电极为参比电极。为了避免由甘汞电极漏出的水溶液干扰非水滴定，可以使用饱和氯化钾无水乙醇溶液代替电极中的饱和氯化钾水溶液。

例 9-2　苯巴比妥的含量测定　《中国药典》（2020 年版）规定：取本品约 0.2g，精密称定，加甲醇 40ml 使溶解，再加新制的 3% 无水碳酸钠溶液 15ml，照电位滴定法，用硝酸银滴定液（0.1mol/L）滴定。每 1ml 硝酸银滴定液（0.1mol/L）相当于 23.22mg 的 $C_{12}H_{12}N_2O_3$。指示电极是银电极，参比电极是饱和甘汞电极。此法比沉淀滴定法更准确、重复性更好。为避免饱和甘汞电极中 Cl^- 进入样品溶液产生干扰，需外加 KNO_3 盐桥的双液接电极。由于滴定前加入了浓度较高的碳酸钠溶液，可以使溶液的 pH 值不会随着标准溶液的加入而改变，故实际工作中常用 pH 玻璃电极为参比电极。

例 9-3　盐酸布比卡因的含量测定　《中国药典》（2020 年版）规定：取本品约 0.2g，精密称定，加冰醋酸 20ml 与醋酐 20ml 溶解后，照电位滴定法，用高氯酸滴定液（0.1mol/L）滴定，并将滴定的结果用空白试验校正。每 1ml 高氯酸滴定液（0.1mol/L）相当于 32.49mg 的 $C_{18}H_{28}N_2O \cdot HCl$。盐酸布比卡因非水酸碱滴定的反应式为：

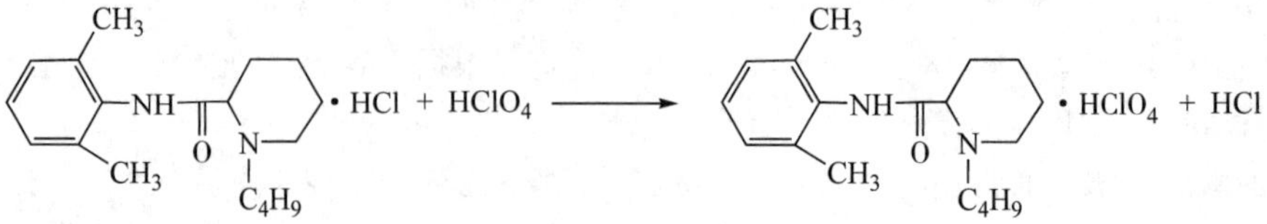

第五节　永停滴定法

PPT

课堂互动

比较电位滴定法和永停滴定法的异同点。

一、滴定装置和原理

永停滴定法（dead-stop titration）又称双电流或双安培滴定法，它是根据滴定过程中电流的变化确定终点的方法。

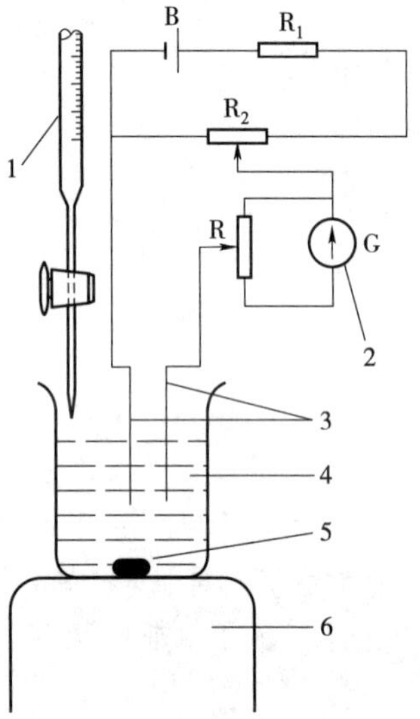

图 9-16　永停滴定仪装置图

1. 滴定管；2. 电流计；3. 双铂电极；4. 待测液；5. 搅拌子；6. 电磁搅拌器

将两个相同的指示电极（铂电极）插入待测溶液中组成电解池，在两个电极间外加一小电压（10～200mV），并串联一只电流计G（图 9-16），在不断搅拌下加入滴定剂，根据滴定过程中电流的变化以确定滴定终点。该法属于电流滴定法，具有装置简单、准确度高、终点确定方法简便、易实现自动化等优点。

氧化还原电对分为可逆电对和不可逆电对两种。

可逆电对是指溶液与双铂电极组成电解池，在外加一个很小电压的情况下就能发生电解，瞬间建立氧化还原平衡，其外加电压与 Nernst 方程理论电位相符的电对。如 Fe^{3+}/Fe^{2+}、Ce^{4+}/Ce^{3+}、I_2/I^-等电对。

若溶液中有可逆电对（如 I_2/I^-），插入一支铂电极，根据 Nernst 方程：

$$\varphi_{I_2/I^-}=\varphi^{\ominus}_{I_2/I^-}+\frac{2.303RT}{2F}\lg\frac{[I_2]}{[I^-]^2}$$

若外加一个小电压，接正端的铂电极发生氧化反应：$2I^- \rightleftharpoons I_2+2e$，接负端的铂电极发生还原反应：$I_2+2e \rightleftharpoons 2I^-$。两个电极是同时发生的反应，电极之间就有电流通过。在外加电压下发生的电极反应叫电解反应，电解反应产生的电流称电解电流。在反应进行到一半的时候，反应电对氧化态和还原态的浓度为等化学计量时，电流最大；若浓度不等计量时，电流大小则由浓度小的氧化态或还原态浓度决定。

不可逆电对与可逆电对则相反，是外加一小电压不发生电解，反应中的任一瞬间不能真正建立氧化还原平衡，其电位与 Nernst 方程计算值不相符的电对。如 $Cr_2O_7^{2-}/Cr^{3+}$、$S_4O_6^{2-}/S_2O_3^{2-}$等电对。

若溶液中存在不可逆电对（如 $S_4O_6^{2-}$和 $S_2O_3^{2-}$），插入铂电极，在两个电极之间外加一小电压，接正端的铂电极发生氧化反应：$2S_2O_3^{2-} \rightarrow S_4O_6^{2-}+2e$，接负端的铂电极不发生还原反应。两个电极没有同时发生反应，不能发生电解，电极间无电流产生。

永停滴定法就是依据在外加小电压下，溶液中有可逆电对就有电流、无可逆电对就无电流的现象确定终点的。

二、终点确定方法

根据滴定过程中电流变化情况，永停滴定法终点的确定通常分为以下三种情况。

（一）不可逆电对滴定可逆电对

以硫代硫酸钠溶液滴定碘溶液为例，硫代硫酸钠溶液装在滴定管中，碘溶液置于烧杯中，滴定过程中，发生的氧化还原反应为：$I_2+2S_2O_3^{2-} \rightleftharpoons 2I^-+S_4O_6^{2-}$。化学计量点前，溶液中有 $S_4O_6^{2-}$ 和可逆电对 I_2/I^- 存在，有电解反应发生，电极间有电流通过，电流计指针发生偏转。随着滴定的进行 I_2 的浓度逐渐减小，电流也逐渐变小，滴定达化学计量点时无电流产生，电流计指针突然回到零点；化学计量点后，滴入过量的硫代硫酸钠液，溶液中只有不可逆电对 $S_4O_6^{2-}/S_2O_3^{2-}$ 和 I^-，无电解反应发生，电流计指针仍停在零点不再变动，故称永停滴定法。其化学计量点附近的滴定曲线变化趋势是：电流指针突然回到零点不再偏离零点，见图 9-17（1）。

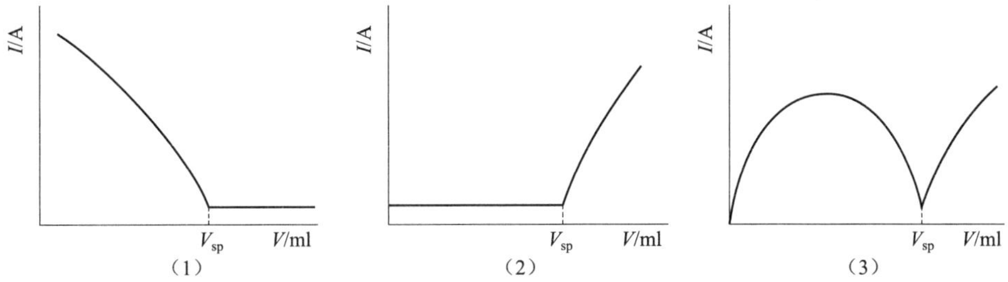

图 9-17　永停滴定法的三种电流变化曲线

（二）可逆电对滴定不可逆电对

以碘溶液滴定硫代硫酸钠溶液为例，碘液装在滴定管中，硫代硫酸钠溶液置于烧杯中，滴定过程中，发生的氧化还原反应为：$I_2+2S_2O_3^{2-} \rightleftharpoons 2I^-+S_4O_6^{2-}$。化学计量点前，因溶液只有 I^- 和不可逆电对 $S_4O_6^{2-}/S_2O_3^{2-}$，不发生电解反应，电极间无电流通过，电流计指针停在零点附近。化学计量点后，碘液略有过量，溶液中出现了可逆电对 I_2/I^-，有电解反应发生，电极间有电流通过，电流计指针突然偏转，再滴入过量碘液，电流计指针偏转角度更大。其化学计量点附近的滴定曲线变化趋势是：电流计指针停在零点附近到指针突然偏离零点不再返回，见图 9-17（2）。

（三）可逆电对滴定可逆电对

以硫酸铈液滴定硫酸亚铁溶液为例，硫酸铈液装在滴定管中，硫酸亚铁溶液置于烧杯中，发生的氧化还原反应为：$Ce^{4+}+Fe^{2+} \rightleftharpoons Ce^{3+}+Fe^{3+}$。滴定前，溶液中主要是 Fe^{2+}，几乎没有可逆电对存在，电流计指针在零点附近；随着滴定的进行，溶液中 Ce^{3+} 和 Fe^{3+} 量逐渐增大，溶液中有可逆电对 Fe^{3+}/Fe^{2+} 存在，产生的电流量越来越多，直至 Fe^{3+} 和 Fe^{2+} 浓度相等时，产生的电流量达到最大；之后，Fe^{2+} 的浓度越来越小，产生的电流也越来越小，直至化学计量点时指针指数几乎为零；化学计量点后，Ce^{4+} 略有过量时，溶液中有 Fe^{3+} 和可逆电对 Ce^{4+}/Ce^{3+}，有电流产生，电流计指针突然偏离零点不再返回。滴定曲线变化趋势见图 9-17（3）。这种类型的滴定判断化学计量点较困难，故实际工作中使用很少。

三、应用示例

微课

芳伯氨基或水解后生成芳伯氨基的药物，在酸性条件下可与亚硝酸钠溶液发生重氮化反应，生成重氮盐，可用永停滴定法指示滴定终点，可用于测定盐酸普鲁卡因、苯佐卡因、盐酸氯普鲁卡因等药物的含量。采用永停滴定法指示滴定终点，比用外指示剂法和内指示剂法的准确度要高。

例 6-4　苯佐卡因含量测定　苯佐卡因是芳伯胺类药，可用于局麻。《中国药典》（2020 年版）规定：取本品约 0.35g，精密称定，置烧杯中，加水 40ml 和盐酸溶液（1→2）15ml，置电磁搅拌器上，搅拌使溶解，再加溴化钾 2g，插入双铂电极后，将滴定管的尖端插入液面下约 2/3 处，用 0.1mol/L 的亚硝酸钠滴定液定。化学计量点前，溶液中无可逆电对，电流计指针停在零点附近；化学计量点后，稍过量的亚硝酸钠在酸性条件下反应生成的 NO，此时溶液中有可逆电对 HNO_2/NO，电流计突然偏离零点，滴定终点到达。每 1ml 亚硝酸钠滴定液（0.1mol/L）相当于 16.52mg 的 $C_9H_{11}NO_2$。

本章小结

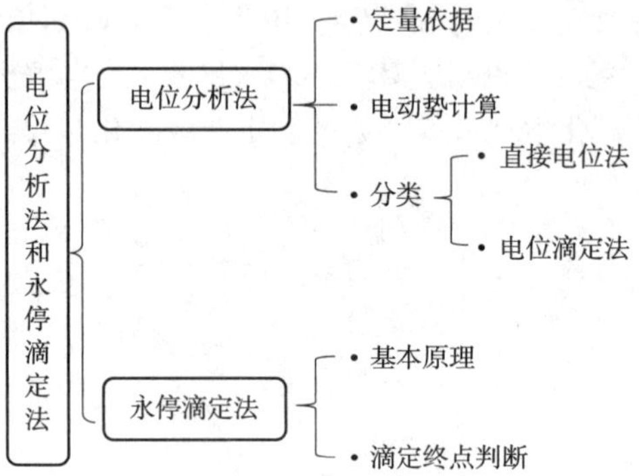

练 习 题

题库

1. 什么是指示电极和参比电极？它们在电位法中的作用是什么？

2. 什么是酸差和碱差？pH 玻璃电极适宜的酸度测量范围是多少？为什么在使用玻璃电极前必须将玻璃膜在蒸馏水中浸泡一天以上？

3. 永停滴定法的基本原理是什么？是如何确定滴定终点的？

4. “两次测量法”是怎样进行的？有何优点？

5. 电位滴定法的基本原理是什么？确定滴定终点的方法有哪几种？

6. 用 pH 玻璃电极测定 pH=5.0 溶液，其电极电位为 43.5mV，测定另一未知溶液时，其电极电位为 14.5mV，若该电极的响应斜率 S 为 58.0mV/pH，试求未知溶液的 pH 值。

7. 在 25℃时，测定电池 Ag|AgCl(s)|Cl^- ¦¦ M^{n+}|M 的电动势为 0.200V，如将 M^{n+} 浓度稀释 100 倍，电池电动势下降为 0.141V。求算金属离子 M^{n+} 的电荷 n。

8. 在直接电位法分析中，通常会遇到 pH 计的响应与电极响应不同步的现象。现有一个 pH 计，其读数每改变一个 pH 单位，电位值改变为 59mV。用响应斜率为 53mV/pH 的玻璃电极来测定 pH 6.00 的溶液，分别用 pH 4.00 及 pH 2.00 两个标准缓冲溶液来校正，测定结果的绝对误差各为多少？由此，可得出什么结论？

9. 下列电池的电动势为 0.520V。计算反应 $M^{2+}+X^{4-} \rightleftharpoons MX^{2-}$ 生成的配合物 MX^{2-} 的稳定常数 $K_{MX_4^{2-}}$（已知 $\varphi^{\ominus}_{M^{2+}/M}=0.0245V$）。

$$M|M^{2+}(0.0400mol/L),X^{4-}(0.400mol/L)\ ¦¦\ SHE(标准氢电极)$$

10. 用钙离子选择电极测定海水中的 Ca^{2+} 时，由于 Mg^{2+} 离子存在引起测量误差。若海水含有的 Mg^{2+} 为 1150 ppm（1ppm 表示 1L 溶液中含有 1mg 溶质），含有的 Ca^{2+} 为 450 ppm，钙离子选择电极对镁离子的电位选择性系数为 1.4×10^{-2}。计算不考虑离子强度影响的测量相对误差。（已知：$M_{Ca}=40.08g/mol$，$M_{Mg}=24.30g/mol$）

11. 用氟离子选择电极测定某一含 F^- 的试样溶液 50.00ml，测得其电位为 86.5mV。加入 5.00×10^{-2}mol/L 氟标准溶液 0.50ml 后测得其电位为 68.0mV。已知该电极的实际斜率为 59.0mV/pF，试求溶液中 F^- 的含量（mg/L）。（已知：$M_F = 19.00$g/mol）

12. 准确称取药品 0.2235g，用银电极为指示电极，通过硝酸钾盐桥的甘汞电极为参比电极，按照电位滴定法对药品中的苯巴比妥（$C_{12}H_{12}N_2O_3$）含量进行测定，化学计量点时用去硝酸银液（0.09924mol/L）9.42ml，已知每 1ml 的硝酸银液（0.1mol/L）相当于 23.22mg 的 $C_{12}H_{12}N_2O_3$，试问该药品是否符合含 $C_{12}H_{12}N_2O_3$ 不得少于 98.5% 的规定？

（高赛男）

第十章

光谱分析法概论

学习导引

知识要求

1. **掌握** 电磁辐射的能量、波长、波数、频率之间的相互关系以及光谱分析法的分类。
2. **熟悉** 电磁波谱的分区；电磁辐射与物质相互作用的相关术语。
3. **了解** 光谱分析法的发展概况。

能力要求

能熟练掌握电磁辐射的知识，在了解光谱分析法的基础上，能够选择适宜的测试方法或手段以解决实际问题。

素质要求

培养学生严谨的科学态度和实事求是的作风。

案例解析

【案例】 1982 年，一名叫玛丽·克莱曼（Mary Kellerman）的 12 岁儿童因感冒服用了强力对乙酰氨基酚胶囊（泰诺胶囊）而死亡；之后又有 6 人服用泰诺胶囊后死亡，该公司为此发表声明在世界范围内召回 3100 万瓶泰诺胶囊进行销毁。

【问题】 究竟是什么原因导致服用乙酰氨基酚胶囊患者死亡呢?

【解析】 专家检查了他们服用的胶囊，发现死亡者服用的胶囊内含有氰化物，而受害者血样检验结果也证实了死亡原因是由氰化物中毒所致。在我国现行的国家标准中，氰化物的测定多采用分光光度法，资料报道还有荧光法和原子吸收分光光度法进行检测，这些方法都属于光谱分析法。

光学分析法（optical analysis）是根据物质发射的电磁辐射（electromagnetic radiation）或电磁辐射与物质相互作用后产生的辐射信号或发生的信号变化来测定物质的性质、含量及结构的一类仪器分析方法。光学分析法均包含三个主要过程：①能源供能量；②能量与被测物质相互作用（包括发射、吸收、反射、折射、散射、干涉、衍射等）；③产生被检测讯号。

随着光学、电子学、数学和计算机等技术的发展，光学分析法越来越多地应用于化学、生命科学和物理学等各个领域，特别在研究物质组成、结构表征、表面分析等方面具有其他方法不可替代的地位。

光学分析法是仪器分析方法的重要组成部分，为了更好地认识光学分析法的本质，下面将对电磁辐射及其与物质的相互作用、光学分析法的分类及其原理、常用的分析方法加以介绍。

第一节 电磁辐射及其与物质的相互作用

PPT

一、电磁辐射和电磁波谱

光是一种电磁辐射，是以巨大速度通过空间不需要以任何物质作为传播媒介的一种能量。近代研究和实验结果表明，电磁辐射具有波动性和粒子性。

（一）波动性

电磁辐射的波动性表现为它的波长（λ）、频率（ν）与光速 c 之间有如下关系

$$\nu=\frac{c}{\lambda} \tag{10-1}$$

光的传播如光的折射、衍射、偏振和干扰等现象可以用光的波动性来解释。描述电磁辐射常用的参数如下。

1. 周期 T（period） 两个相邻矢量极大（或极小）通过空间某固定点所需的时间间隔叫做辐射的周期，单位为秒（s）；

2. 频率 ν（frequency） 为空间某点的电场每秒钟达到正极大值的次数 $\nu=\frac{1}{T}$，ν 单位为 s^{-1} 或者 Hz，即 $1Hz=1s^{-1}$。

3. 波长 λ（wave length） 是指波在一个振动周期内传播的距离，也就是沿着波的传播方向，相邻两个振动位相相差 2π 的点之间的距离。波长 λ 等于波速 c 和周期 T 的乘积，即 $\lambda=cT$。

4. 波数 σ（wave number） 指波传播的方向上单位长度内波的数目，它等于以厘米为单位的真空中波长的倒数，$\sigma=\frac{1}{\lambda}$，单位为 cm^{-1}。

5. 传播速度 c（propagation velocity） 波在一秒钟内通过的距离，$c=\lambda\nu$，所有的电磁辐射在真空中传播的速度相同，其数值为 $2.9979\times10^{10}cm/s$。

（二）粒子性

电磁辐射的粒子性表现为每个光子的能量与它的频率成正比，与波长成反比，而与光的强度无关。

普朗克方程

$$E=h\nu=\frac{hc}{\lambda}=hc\sigma \tag{10-2}$$

有一些光学现象，如光电效应、光的发射和吸收等，只能用光的粒子性才能满意地解释。光是由带有能量的微粒组成的，这种微粒称为光子或光量子。

式（10-2）中，h 为普朗克常数（Plank constant），其数值等于 $6.6262\times10^{-34}J\cdot s$，能量单位常用电子伏特（eV）、焦耳（J）表示。电子伏特（eV）常用作高能量光量子的能量单位，其定义为：一个电子在真空中通过 1V 电压降所获得的能量，$1eV=1.602\times10^{-19}J$。

光是电磁辐射，它既具有波动性又具有粒子性，所以光具有波粒二象性。

知识链接

电磁波的发现

1887 年，海因里希·鲁道夫·赫兹（Heinrich Rudolf Hertz）首先发现并验证了电磁波的存在。

当时，年仅29岁。赫兹的重大发现，验证了麦克斯韦关于光是一种电磁波的理论推测。连赫兹本人也没料到，他的这一发现为无线电通信创造了条件，并且从电磁波的传播规律，确定电磁波和光波一样，具有反射、折射和偏振等性质。无线电报、无线电导航、无线电话、短波通讯、无线电传真、微波通讯以及遥控、遥感、卫星通信等都是利用了电磁波技术得以实现的，它们使整个世界面貌发生了深刻的变化。

例 10-1 试计算波长为200nm的电磁辐射的能量，分别用焦耳（J）和电子伏特（eV）表示。

解：$\lambda=200\text{nm}=2.00\times10^{-7}\text{m}$

$$E_J=\frac{hc}{\lambda}=\frac{6.6262\times10^{-34}\times2.9979\times10^{8}}{2.00\times10^{-7}}=9.9\times10^{-19}\text{J}$$

$$E_{ev}=\frac{9.9\times10^{-19}}{1.602\times10^{-19}}=6.19\text{eV}$$

例 10-2 计算（1）波数为5000cm^{-1}的电磁辐射的波长是多少（nm）？

（2）波长为500nm所具有的频率是多少（Hz）？

解：（1）$\lambda=\frac{1}{\sigma}=\frac{1}{5000}\text{cm}=2000\text{nm}$

（2）$\nu=\frac{c}{\lambda}=\frac{2.9979\times10^{8}}{500\times10^{-9}}=6.00\times10^{14}\text{Hz}$

（三）电磁波谱

实验证明，不仅无线电波是电磁波，*X*射线、γ射线也都是电磁波。它们的区别仅在于频率或波长有很大差别。γ射线的频率最高，波长最短。为了对各种电磁波有全面的了解，人们按照波长或频率的顺序把这些电磁波排列起来，称为电磁波谱，见表10-1。

表 10-1 电磁波谱

区域	波谱区名称	波长范围	频率范围/Hz	光子能量/eV	量子跃迁类型
高能辐射	γ射线	5~140ppm	$6\times10^{14}\sim2\times10^{12}$	$2.5\times10^{6}\sim8.3\times10^{3}$	核能级
	*X*射线	$10^{-3}\sim10$nm	$3\times10^{14}\sim3\times10^{10}$	$1.2\times10^{6}\sim1.2\times10^{2}$	内层电子能级
光学光谱	远紫外光	10~200nm	$3\times10^{10}\sim1.5\times10^{9}$	$1.2\times10^{2}\sim6$	内层电子能级
	近紫外光	200~400nm	$1.5\times10^{9}\sim7.5\times10^{8}$	6~3.1	价电子或成键电子能级
	可见光	400~760nm	$7.5\times10^{8}\sim3.9\times10^{8}$	3.1~1.7	价电子或成键电子能级
	近红外光	0.76~2.5μm	$3.9\times10^{8}\sim1.2\times10^{8}$	1.7~0.5	分子振动能级
	中红外光	2.5~25μm	$1.2\times10^{8}\sim1.2\times10^{7}$	0.5~0.04	分子振动能级
	远红外光	25~1000μm	$1.2\times10^{7}\sim10^{5}$	$4\times10^{-2}\sim4\times10^{-4}$	分子转动能级
波谱	微波	0.1~100cm	$10^{5}\sim10^{2}$	$4\times10^{-4}\sim4\times10^{-7}$	分子转动能级
	射频	1~1000m	$10^{2}\sim0.1$	$4\times10^{-7}\sim4\times10^{-10}$	电子自旋或核自旋

课堂互动

根据表10-1，请回答医院消毒为什么常用紫外光而不用可见光或红外光？

二、电磁辐射与物质的相互作用

电磁辐射与物质能发生多种作用，如发射、吸收、反射、折射、散射等。在发生吸收、反射、荧光、磷光、拉曼散射等现象过程中，光子与物质之间会产生能量的传递；但是在光的反射、折射和旋光过程中，光只改变了其传播方向，光子与物质之间没有能量的传递。常见的电磁辐射与物质相互作用的相关术语如下。

（一）吸收

吸收（absorption）是指辐射通过物质时，其中某些频率的辐射被组成物质的粒子（原子、离子或分子等）选择性地吸收从而使辐射强度减弱的现象。吸收的实质在于辐射使物质粒子发生由低能级（一般为基态）向高能级（激发态）的能级跃迁，被选择性吸收的辐射光子能量应为跃迁后与跃迁前两个能级间的能量差。

（二）发射

发射（emission）是指物质吸收能量后产生电磁辐射的现象。辐射发射的实质在于辐射跃迁，即当物质的粒子吸收能量被激发至高能态（E_2）后，瞬间返回基态或低能态（E_1），多余的能量以电磁辐射的形式释放出来。

（三）散射

散射（scattering）指电磁辐射（与物质发生相互作用）部分偏离原入射方向而分散传播的现象。其中瑞利（Rayleigh）散射是指入射线光子与分子发生弹性碰撞作用，仅光子运动方向改变而没有能量变化的散射，瑞利散射线与入射线同波长。拉曼（Raman）散射是指入射线（单色光）光子与分子发生非弹性碰撞作用，在光子运动方向改变的同时有能量增加或损失的散射，拉曼散射线与入射线波长稍有不同，波长短于入射线者称为反斯托克斯线，反之则称为斯托克斯线。

（四）反射

光从一种介质射向另一种介质的交界面时，一部分光返回原来介质中，使光的传播方向发生了改变，这种现象称为光的反射（reflection）。光的反射定律：反射光线与入射光线、法线在同一平面上；反射光线和入射光线分居在法线的两侧；反射角等于入射角可归纳为："三线共面，两线分居，两角相等"。

（五）折射

当光由一种介质斜射到另一种介质时，其传播方向发生改变这种现象叫光的折射（refraction）。光发生折射后，其频率不变，但波长和波速发生改变。光折射时，折射光线、入射光线、法线在同一平面内，折射光线和入射光线分别位于法线的两侧。折射角随入射角的改变而改变，但两者不等。

（六）干涉和衍射

在一定条件下，光波会发生相互作用，当其叠加时，将产生一个强度随各波的相位而加强或减弱的合成波，这种现象称为干涉（interference）；当光波绕过障碍物或通过狭缝时，以约 180°的角度向外辐射，波前进的方向发生弯曲，这种现象称为衍射（diffraction）。

第二节　光谱分析法的分类

PPT　微课

光学分析法可分为光谱法和非光谱法两大类。如果物质与辐射相互作用时没有发生能级之间的跃迁，电磁辐射只改变了传播方向、速度或某些物理性质，这些方法属于非光谱法（non-spectroscopic analysis）。非光谱法不是以光的波长为特征信号，它是通过测量辐射线照射物质时产生的辐射在传播方向上、物理性质上的变化进行分析的，如利用其折射、反射、散射、衍射、偏振等现象建立起来的折射法、偏振法、光散射法、干涉法、衍射法、旋光法等光学分析法。

光谱法（spectroscopic analysis）是基于电磁辐射与物质相互作用时，通过测量由物质内部发生量子化的能级跃迁而产生的发射、吸收或散射辐射的波长和强度的变化而建立起来的分析方法。下面介绍一下光谱分析法的分类。

一、原子光谱法和分子光谱法

根据被辐射作用物质对象的微粒不同，光谱法可分为原子光谱法与分子光谱法。

1. 原子光谱法（atomic spectroscopy） 以测量气态原子（或离子）外层电子或内层电子能级跃迁所产生的原子光谱为基础的分析方法。处于稀薄气体状态的原子，因它们相互间的作用力小，故它们处于一些由量子力学所描述的不连续的能级。当它们的外层电子在这些能级之间跃迁时无振动能级和转动能级，能发射或吸收一些波长不连续的辐射，这些辐射经过狭缝进入光谱仪，经过色散和聚焦后，形成一条条分开的谱线，因而原子吸收光谱只包含有若干尖锐的吸收线，所以原子光谱法是线状的。原子光谱是由一条条明锐的彼此分立的谱线组成的线状光谱，每一条线状光谱对应于一定的波长，这种线状光谱只与原子或离子的性质有关，而与原子或离子来源的分子状态无关，因此利用原子光谱可以确定被测样品中物质的元素组成及含量，而不能提供物质分子的结构信息。原子光谱法包括原子发射光谱法（atomic emission spectroscopy，AES）、原子吸收光谱法（atomic absorption spectroscopy，AAS）、原子荧光光谱法（atomic fluorescence spectroscopy，AFS）以及 X 射线荧光光谱法（X-ray fluorescence spectroscopy，XFS）等。

2. 分子光谱法（molecular spectroscopy） 以测量分子转动能级、分子中原子的振动能级（包括分子转动能级）和分子电子能级（包括振-转能级）跃迁所产生的分子光谱为基础的定性、定量和物质结构分析方法。处于气态的分子，当它们的外层电子能级跃迁时，总是伴随着振动跃迁和转动跃迁的，因而许多光谱线就密集在一起而形成分子光谱，因此，分子光谱法是带状的。一般在气态或者非极性溶剂（如正己烷）中，用高分辨仪器能观察到其光谱的振动与转动跃迁的精细结构。但是改为极性溶剂后，由于溶剂与溶质分子的相互作用增强，使谱带的精细结构变得模糊，以至完全消失成为平滑的吸收谱带，这一现象称为溶剂效应。例如，苯酚在正庚烷溶液中显示振动与转动跃迁的精细结构，而在乙醇溶液中，苯酚的吸收带几乎变成平滑的曲线。常见的分子光谱有紫外-可见吸收光谱法（ultraviolet and visible spectrophotometry，UV-Vis）、红外吸收光谱法（infrared spectrophotometry，IR）、分子荧光光谱法（molecular fluorescence spectroscopy，MFS）和分子磷光光谱法（molecular phosphorescence spectroscopy，MPS）等。

课堂互动

为什么原子光谱法是线状的，而分子光谱法是带状的?

二、吸收光谱法和发射光谱法

按物质与辐射能的能级跃迁方向可分为吸收光谱法（absorption spectroscopy）和发射光谱法（emission spectroscopy）两大类。

（一）吸收光谱法

吸收光谱法是物质吸收相应的辐射能而产生的光谱。吸收光谱产生的必要条件是所提供的辐射能量恰好能满足该吸收物质两能级间跃迁所需的能量，即 $\Delta E=h\nu$，物质吸收能量后就变为激发态。

$$M+h\nu\rightarrow M^*$$

根据吸收光谱进行定性、定量及结构分析的方法，称吸收光谱法。根据电磁辐射区域与作用对象，吸收光谱法有以下几种分析方法。

1. 紫外-可见分光光度法（ultraviolet and visible spectrophotometry，UV-Vis） 利用溶液中分子或基团对紫外光或可见光的吸收，产生分子外层电子能级跃迁所形成的吸收光谱，可用于定性分析、定量分析及部分官能团的判断。

2. 红外吸收光谱法（infrared absorption spectrophotometry，IR） 利用分子或基团吸收红外光，产生基团中化学键的振动能级跃迁或分子的转动能级跃迁所形成的吸收光谱，可用于物质的定性鉴别、纯度检查、结构分析和反应进程判断等。

3. 原子吸收分光光度法（atomic absorption spectrophotometry，AAS） 利用待测元素气态基态原子对共振线吸收，导致原子的外层电子发生能级跃迁所形成的吸收光谱。主要用于定量分析，可用于药物中微量及大量元素的含量测定。

4. 核磁共振波谱法（nuclear magnetic resonance，NMR） 在外磁场作用下，自旋核的核磁矩与外磁场相互作用分裂为能量不同的核磁能级，产生自旋能级差。在无线电波的照射下，吸收能量发生核自旋能级跃迁所形成的吸收光谱。利用该吸收光谱可以对有机化合物的结构进行鉴定，可用于中药化学成分、新药研发、分子的动态效应、氢键形成及互变异构反应等方面的研究。

（二）发射光谱法

物质通过电致激发、热致激发或光致激发等过程获取能量，成为激发态的原子或分子 M^*，激发态的原子或分子极不稳定，它们可能以不同形式释放出能量，从激发态回到基态或低能态，如果这种跃迁是以辐射形式释放多余的能量就产生发射光谱。

$$M^* \rightarrow M + h\nu$$

通过测量物质发射光谱的波长和强度来进行定性分析、定量分析的方法叫作发射光谱法。

根据发射光谱法所在的光谱区和激发方法不同，可分为原子发射光谱法（atomic emission spectroscopy，AES）、原子荧光分析法（atomic fluorescence spectroscopy，AFS）、分子荧光分析法（molecular fluorescence spectroscopy，MFS）、X射线荧光光谱法（X-ray fluorescence spectroscopy，XFS）和分子磷光光谱法（molecular phosphorescence spectroscopy，MPS）等。

光谱分析法的应用十分广泛，紫外-可见分光光度法和荧光光谱法可用于金属、非金属和有机物的测定；红外吸收光谱常用于有机物官能团的检出及结构分析；原子发射光谱法或原子吸收光谱法常用于痕量金属的测定；核磁共振波谱主要用于结构分析。各类光谱分析法的应用范围见表10-2。

表10-2　光谱分析法的应用范围

方法名称	检出限		相对标准偏差/%	主要用途
	g（绝对）	μg·g^{-1}（相对）		
原子发射光谱法		10^{-4}~10^{2}	1~20	多元素连续或同时测定
原子吸收光谱法	10^{-15}~10^{-9}（非火焰）	10^{-3}~10（火焰）	0.5~10	单元素分析等
原子荧光光谱法	10^{-15}~10^{-9}	10^{-3}~10^{1}	0.5~10	单元素分析等
紫外-可见分光光度法		10^{-3}~10^{2}	1~10	有机物定性定量
分子荧光光谱法		10^{-3}~10^{4}	1~50	有机物定性定量
红外吸收光谱法		10^{3}~10^{6}	5~20	结构分析及有机物定性定量
拉曼光谱法		10^{3}~10^{6}	5~20	结构分析及有机物定性定量
核磁共振波谱法		10^{1}~10^{5}	1~10	结构分析
顺磁共振波谱法	10^{-9}~10^{-6}		半定量	结构分析
X-射线荧光法		10^{-1}~10^{2}	0.1~10	多元素同时测定

PPT

第三节　光谱分析法的发展概况

在各种分析方法中，光谱分析法是研究最多和应用最广的分析技术之一，在分析化学领域中也是最富有活力的角色之一。

物理学、电子学及数学等相邻学科的发展对光谱分析的发展起到了巨大的推动作用。20 世纪 40 年代中期，电子学中光电倍增管的出现，推动了紫外-可见分光光度法、红外吸收光谱法、原子发射光谱法及 X 射线荧光光谱法等一系列光谱法的发展。20 世纪 50 年代，原子物理的发展，使原子吸收及原子荧光光谱兴起。同时，圆二色光谱仪进入实验室，圆二色性和旋光性均是光学活性物质分子中的不对称生色团与左旋圆偏振光和右旋圆偏振光发生不同的作用引起，圆二色反映光与物质间能量的交换，旋光性则是与分子中电子的运动有关。20 世纪 60 年代，等离子体、傅里叶变换与激光技术的引入，出现了电感耦合等离子体原子发射光谱（ICP-AES）、傅里叶变换红外光谱（FTIR）及激光拉曼光谱等一系列光谱分析技术。20 世纪 70 年代以来，随着激光、微电子学、微波、半导体、自动化、化学计量学等科学技术和各种新材料的应用，使光学分析仪器在仪器功能范围的扩展、仪器性能指标的提高、自动化智能化程度的完善以及运行可靠性的提高等方面有了改进，进一步推动了光谱分析法的发展。

不同分析方法的联用是当前分析化学研究的热点之一。多种分析手段的联用可以大大提高分析效率，改善分析性能。三维光谱-色谱图（波长-强度-时间）是最早的联用技术，在一张三维光谱-色谱图上可同时获得定性与定量信息。近年来各种色谱与光谱联用技术，如：傅里叶变换红外光谱（FTIR）与质谱（MS）联用（FTIR- MS）、核磁共振谱（NMR）与气相色谱（GC）联用（NMR-GC）、气相色谱与傅里叶变换红外光谱联用（GC-FTIR）、液相色谱（LC）与 FTIR 光谱的联用 LC-FTIR、LC-NMR 及 LC-UV。传统的分光光度法与色谱、毛细管电泳的联用和与仿生学、化学计量学、动力学和流动分析的结合，将是光谱分析中最具发展前景的研究方向。化学计量学（Chemometrics）能协助分析工作者将光谱分析原始数据转化为有用的信息和知识，使分析化学成为名副其实的信息科学。随着计算机技术及其应用的发展，作为化学计量学核心策略的主成分分析（PCA）方法在实际仪器分析中的应用越来越广泛。

本章小结

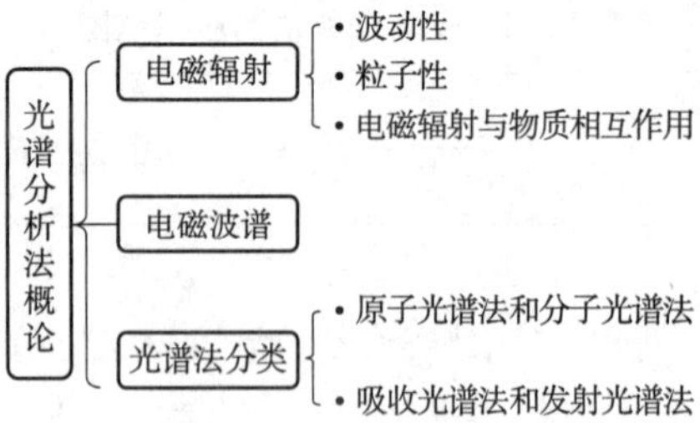

练 习 题

题库

1. 什么是光学分析法？
2. 什么是光的二象性？什么是电磁波谱？

3. 什么是光谱分析法和非光谱分析法？
4. 为什么原子光谱法是线状的，而分子光谱法是带状的？
5. 吸收光谱法和发射光谱法有何异同？
6. 解释名词：原子光谱法、分子光谱法、发射光谱法、吸收光谱法。
7. 波长 1μm 的光线对应的波数、频率分别为多少？

（高先娟）

第十一章

紫外-可见分光光度法

学习导引

知识要求

1. **掌握** 紫外-可见吸收光谱产生的原理及特征，电子跃迁类型、吸收带的类型、特点及影响因素；朗伯-比尔定律的使用条件、影响因素及有关计算；紫外-可见分光光度法定性和定量分析方法及其应用。

2. **熟悉** 紫外-可见分光光度计的主要部件、工作原理。

3. **了解** 紫外光谱与有机物分子结构的关系。

能力要求

熟练运用紫外光谱的原理、朗伯-比尔吸收定律和紫外-可见分光光度计，进行样品的定性、定量分析。学会根据物质的分子结构正确判断其能否在紫外-可见光区有吸收。

素质要求

能利用紫外-可见分光光度法基本知识对药品进行质量控制，培养学生良好的职业道德和团队协作精神。

案例解析

【案例】 2008年9月，甘肃等地报告多例婴幼儿泌尿系统结石病例，经相关部门调查，患儿食用某品牌的婴幼儿配方奶粉受到三聚氰胺污染。三聚氰胺被不法厂商用作食品添加剂，以提升食品检测中的蛋白质含量指标。但大量摄入三聚氰胺，会损害人体和动物的生殖系统、泌尿系统，产生肾、膀胱结石，因此，进行食品中三聚氰胺的检测非常必要而且重要。

【问题】 如何检测三聚氰胺的含量？

【解析】 三聚氰胺事件中三聚氰胺结构中有多个不饱和的共轭双键，在紫外光区有较强的吸收，故可用紫外-可见分光光度法快速测定。

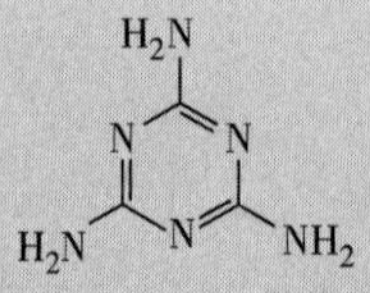

紫外光是指波长为10~400nm的电磁辐射，分为远紫外光（10~200nm）和近紫外光（200~400nm），由于空气中的二氧化碳及其水蒸气等都吸收远紫外光，要研究物质分子对远紫外光的吸收必须在真空条件下进行，所以远紫外区又称为真空紫外区。鉴于真空紫外需要昂贵的真空紫外光谱仪器，故其应用受到限制。因此，通常所说的紫外光一般为近紫外光，可见光是指波长为400~760nm的电磁辐射。

紫外-可见分光光度法(Ultraviolet and visible spectrophotometry，UV-vis）是根据物质分子对紫外-可见光的吸收特性所建立起来的一种定性、定量和结构分析方法，它是一种分子吸收光谱法。物质分子测定时所选用光源波长在200~400nm的称为紫外分光光度法，波长在400~760nm称为可见分光光度法，通常所说的紫外-可见光谱，实际上是指近紫外-可见吸收光谱（200~760nm）。

紫外-可见分光光度法作为常用的检测手段，其主要特点有：①应用范围广，绝大多数无机离子或有机化合物，都可以直接或间接地用紫外-可见分光光度法进行测定，它可作为红外光谱、核磁共振、质谱等方法的辅助手段，广泛应用于药物分析、医学检验、生物化学、环境保护、食品分析和工农业生产等领域；②灵敏度高，待测物质检出限一般可达10^{-4}~10^{-6}g/ml，部分可达10^{-7}g/ml，非常适合用于微量或痕量组分的分析；③准确度高，采用普通分光光度计测量时浓度的相对误差一般可小于0.5%，采用性能较好的分光光度计测量时浓度的相对误差可小于0.2%；④仪器设备简单，价格低廉，易于普及，操作简便，测定快速；⑤适用浓度范围广，可从常量（1%~50%）到微量（ppm）分析。

近年来，随着光学、电学、计算机科学的发展，性能优良的分光光度计不断问世，与数学、统计学的结合使其操作更加简便，更易于掌握和普及。在定性分析方面，紫外-可见分光光度法不仅可以鉴别官能团和化学结构不同的化合物，而且可以鉴别结构相似的不同化合物；在定量分析方面，可以进行单一组分分析，也可以对多组分不经分离同时测定。此外，还可以根据吸收光谱的特性，与其他分析方法配合，用以推断有机化合物的分子结构。

第一节　紫外-可见分光光度法的基本原理

PPT

一、吸收光谱的产生

物质的分子吸收光谱形成的机理，就是由于能级之间的跃迁所引起的。因为分子内部运动所涉及的能级变化比较复杂，所以分子的吸收光谱也比较复杂。一个分子的总能量E可以认为是内能$E_{内}$、平动能$E_{平}$、振动能$E_{振}$、转动能$E_{转}$以及电子运动能量$E_{电子}$的总和，即：$E=E_{内}+E_{平}+E_{振}+E_{转}+E_{电子}$。其中，$E_{内}$是分子固有的内能，不随运动而改变；$E_{平}$是连续变化的，不具有量子化特征，因而它们的改变不会产生光谱。所以一个分子吸收外来辐射之后，它的能量变化ΔE为其振动能变化$\Delta E_{振}$、转动能变化$\Delta E_{转}$和电子运动能量变化$\Delta E_{电子}$的总和，即：$E=\Delta E_{振}+\Delta E_{转}+\Delta E_{电子}$。此式右边三项中的$\Delta E_{电子}$最大，一般在1~20eV之间，所对应的波长为60~1250nm，紫外-可见波长刚好落入该区域。

由此可知，分子内部电子能级的变化产生的光谱位于紫外-可见光区，属于电子光谱。由于发生振动、转动能级跃迁所需能量远小于发生电子能级跃迁所需的能量，故当发生电子能级跃迁时，不可避免地会引起振动和转动能级跃迁。并由于这些谱线的重叠而成为连续的吸收带，这就是为什么分子的紫外-可见吸收光谱不是线状光谱，而是带状光谱的原因。

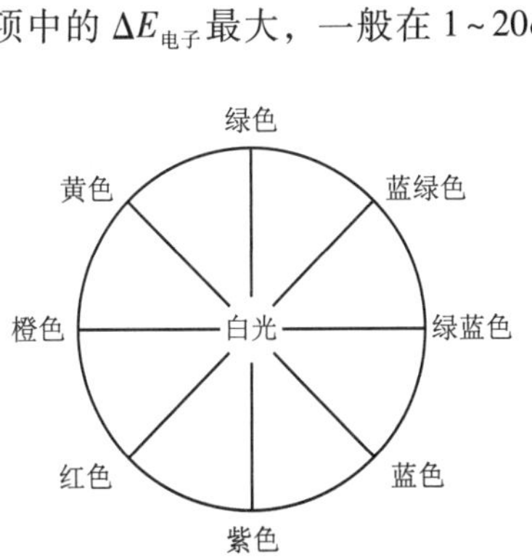

图11-1　不同颜色可见光的波长及其互补色

含有同一波长的光称为单色光（monochromatic light），含有两种或两种以上波长的光称为复合光（polychromatic light）。若把两种适当颜色光按一定强度比例混合可以得到白光，人们称这两种颜色的光为互补色。图11-1为互补色光示意图，图中处于直线关系的两种颜色的光是互补色光，它们彼此按一定比例混合即成为白光。溶液呈现的颜色取决于溶液中的粒子对白光的选择性吸收。当溶液对白光无吸收且全部透过，则溶液无色透明；如果吸收了某种波长的光，则溶液呈现的颜色是它吸收的光的互补色；如果溶液对白光全部吸收无透过，则溶液呈黑色。因此在白光下，硫酸铜水溶液吸收了白光中的黄色光，而呈现出互补色蓝色；高锰酸钾水溶液吸收了白光中的绿色光，则呈现出其互补色紫色。由此可见物质的颜色是基于物质对光的选择性吸收的结果，物质呈现的颜色则是被物质吸收光的互补色。

课堂互动

许多物质都有颜色，在白光下，为什么重铬酸钾水溶液呈现橙色，铬酸钾水溶液呈现黄色？硫酸镍呈现蓝绿色？

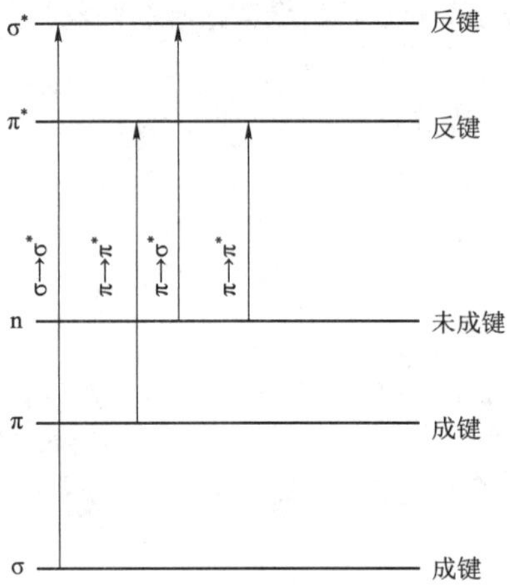

图 11-2　分子中价电子能级及跃迁示意图

二、有机化合物的电子跃迁类型

紫外-可见吸收光谱是讨论分子中价电子在不同的分子轨道之间跃迁的能量关系。电子围绕分子或原子运动的概率分布叫作轨道。轨道不同，电子所具有的能量亦不同。当两个原子靠近而结合成分子时，两个原子的原子轨道以线性组合生成两个分子轨道。其中一个分子轨道具有较低能量称为成键轨道，另一个分子轨道具有较高能量称为反键轨道。有机化合物分子中主要有三种类型的价电子，它们分别为：σ 轨道中的 σ 电子、π 轨道中的 π 电子和未参与成键而仍处于原子轨道中的 n 电子（亦称 p 电子）。

由于分子中不同轨道的价电子具有不同能量，处于低能级的价电子吸收一定能量后，就会跃迁到较高能级，有机分析中电子跃迁如图 11-2 所示。

课堂互动

根据图 11-2，有机化合物分析中电子跃迁有哪几种类型？它们的能量大小顺序如何？

有机化合物中的电子跃迁有 $\sigma\rightarrow\sigma^*$、$\pi\rightarrow\pi^*$、$n\rightarrow\sigma^*$、$n\rightarrow\pi^*$，无机化合物中的电子跃迁主要有电荷迁移跃迁和配位场跃迁。

（一）$\sigma\rightarrow\sigma^*$ 跃迁

处于 σ 成键轨道上的电子吸收光能后跃迁到 σ^* 反键轨道。分子中只有 C—C 键和 C—H 键的饱和烷烃类，才能发生 $\sigma\rightarrow\sigma^*$ 跃迁。分子中 σ 键较为牢固，实现 $\sigma\rightarrow\sigma^*$ 跃迁需要的能量较大，吸收峰常在远紫外区，饱和烃类吸收峰一般都小于 150nm，在 200~400nm 范围内没有吸收。如甲烷的最大吸收波长 λ_{max} 为 125nm，乙烷的 λ_{max} 为 135nm。这些在紫外光区没有吸收的物质可作为在紫外-可见光区有吸收的物质测定时的溶剂使用。

（二）$\pi\rightarrow\pi^*$ 跃迁

处于 π 成键轨道上的电子跃迁到 π^* 反键轨道，任何具有不饱和键的有机化合物分子都可以发生 $\pi\rightarrow\pi^*$ 跃迁，所需的能量小于 $\sigma\rightarrow\sigma^*$ 跃迁所需的能量，其特征是吸收光系数 ε 较大，一般在 $5\times10^3\sim1\times10^4$。孤立双键的 $\pi\rightarrow\pi^*$ 跃迁一般在 160~200nm 左右，其特征是吸收光系数 ε 很大，一般 $\varepsilon>10^4$，为强吸收。

例如 $CH_2=CH_2$ 的吸收峰在 165nm，ε 为 10^4。具有共轭双键的化合物，相间的 π 键与 π 键相互形成离域键，电子容易激发，使 $\pi\rightarrow\pi^*$ 跃迁所需能量减少，波长增加，移至紫外-可见光区，如丁二烯的 λ_{max} 在 217nm（ε 为 21000），共轭键愈长跃迁所需能量愈小。

（三）$n\rightarrow\pi^*$ 跃迁

含有杂原子不饱和基团，如 >C=C =O、>C=C =S、—N =N—、—N =O 等类基团，其 n 非键轨道中孤对电子吸收能量后，向 π^* 反键轨道跃迁，这种跃迁吸收峰一般在近紫外区（200~400nm）。其特点为吸收强度弱，ε 一般在 10~100。例如丙酮的吸收峰，除有强吸收的 $\pi\rightarrow\pi^*$ 跃迁（$\lambda_{max}=194$nm，$\varepsilon=9\times10^3$）外，还有 280nm 左右的 $n\rightarrow\pi^*$ 跃迁，ε 为 10~30。

（四）$n\rightarrow\sigma^*$ 跃迁

如含—OH，$—NH_2$，—X，—S 等基团的化合物，其杂原子中 n 电子吸收能量后向 σ^* 反键轨道跃迁，这种跃迁吸收峰的波长一般在 200nm 附近。ε 一般在 100~300。例 CH_3Cl 的 $n\rightarrow\sigma^*$ 跃迁吸收带，其 $\lambda_{max}=173$nm，$\varepsilon=200$。

（五）电荷迁移跃迁

一般说来，配合物的金属中心离子（M）具有正电荷中心，是电子接受体，配位体（L）具有负电荷中心，是电子给予体，这种分子在外来辐射的激发下，会强烈地吸收辐射能，使电子从给予体向接受体迁移，所产生的吸收光谱称为电荷迁移吸收光谱。电荷迁移跃迁实质上是分子内的氧化-还原过程。某些有机化合物（如取代芳烃）可产生这种分子内电荷迁移吸收。许多无机配合物也有电荷迁移吸收光谱，不少过渡金属离子与含生色团的试剂反应所生成的配合物以及许多水合无机离子均可产生电荷迁移跃迁。电荷迁移吸收光谱的特点是谱带较宽，一般 λ_{max} 较大，吸收较强，一般摩尔吸光系数大于 10^4，因此用这类谱带进行定量分析可获得较高的测定灵敏度。

（六）配位体场跃迁

配位场跃迁包括 d—d 跃迁和 f—f 跃迁。元素周期表中第四、五周期的过渡金属元素中分别含有 3d 和 4d 轨道，镧系和锕系元素分别含有 4f 和 5f 轨道。在配位体存在下，过渡金属元素五个能量相等的 d 轨道和镧系元素七个能量相等的 f 轨道分别分裂成几组能量不等的 d 轨道和 f 轨道。当它们的离子吸收光能后，处于低能态的 d 电子或 f 电子可以分别跃迁至高能态的 d 或 f 轨道，这两类跃迁分别称为 d—d 跃迁和 f—f 跃迁。由于这两类跃迁必须在配体的配位场作用下才可能发生，因此又称为配位场跃迁。与电荷迁移跃迁相比，由于选择规则的限制，配位体跃迁吸收产生的摩尔吸光系数较小，一般 $\varepsilon_{max}<10^2$，位于可见光区。

三、紫外-可见吸收光谱的常用术语

将不同波长的紫外-可见光依次通过一定浓度的被测物质，并分别测定每个波长的吸光度，以波长 λ 为横坐标，以吸光度 A 为纵坐标，所得的 A-λ 曲线即为紫外-可见吸收光谱（或紫外-可见吸收曲线），如图 11-3 所示。

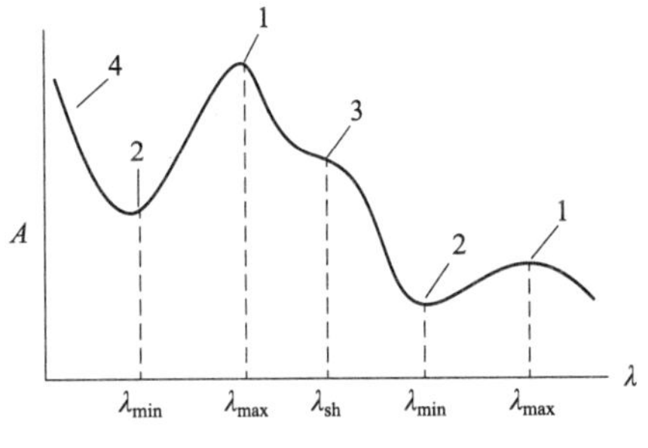

图 11-3　紫外-可见吸收光谱图

1. 吸收峰；2. 谷；3. 肩峰；4. 末端吸

1. 吸收峰（absorption peak）　吸收曲线上吸收值最大的地方，其对应的波长称为最大吸收波长，用 λ_{max} 表示。

2. 吸收谷（absorption valley）　相邻两峰之间吸光度值最小的位置，对应的波长称最小吸收波长（λ_{min}）。

3. 肩峰（shoulder peak）　在一个吸收峰旁边产生的一个小的曲折。

4. 末端吸收（end absorption）　在吸收曲线的短波处，

吸收较强但未形成峰形的部分。

5. 生色团（chromphore） 有机化合物分子结构中含有 $\pi \rightarrow \pi^*$ 或 $n \rightarrow \pi^*$ 跃迁的基团，即能在紫外-可见光范围内产生吸收的原子基团。如乙烯基 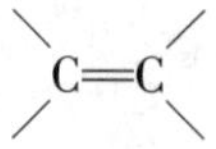 、乙炔基—C≡C—、偶氮基—N═N—、亚硝基—N═O 等。

6. 助色团（auxochrome） 含有非键电子的杂原子饱和基团，如—OH、$—NH_2$、—OR、—SR、—Cl、—I 等，它们本身并不吸收波长大于 200nm 的光，但是当它们与生色团或饱和烃相连时，能使该生色团或饱和烃的吸收峰向长波方向移动，同时使吸收强度增加。

7. 红移（red shift） 亦称长移，由于化合物的结构变化，如发生共轭作用，引入助色团或溶剂改变等，而使吸收峰向长波方向移动。

8. 蓝移（blue shift） 亦称短移，当化合物的结构改变或受溶剂影响而使吸收峰向短波方向移动。

9. 增色效应（hyperchromic effect）和减色效应（hypochromic effect） 由于化合物结构改变或其他原因，使吸收强度增加称增色效应或浓色效应，使吸收强度减弱称减色效应或淡色效应。

10. 强带（strong band）和弱带（weak band） 化合物的紫外-可见吸收光谱中，凡摩尔吸光系数 ε_{max} 大于 10^4 的吸收峰称为强带；凡 ε_{max} 小于 100 的吸收峰称为弱带。

四、吸收带及其与分子结构的关系

（一）吸收带

吸收带（absorption band）是指吸收峰在紫外-可见光谱中的位置，与化合物的结构有关。根据电子和轨道的种类，将吸收带分为以下六种类型。

1. R 吸收带 以德文 radikal（基团）得名，由 $n \rightarrow \pi^*$ 跃迁产生的吸收带，是含有杂原子的不饱和基团如—C═O、—NO、$—NO_2$、—N═N—等单一生色团中孤对电子跃迁产生的吸收带。它的特点是强度较弱，摩尔吸光系数小于 100。溶剂极性增加，R 带短移。当有强吸收峰在附近时，R 带有时出现红移，有时被掩盖。

2. K 吸收带 从德文 konjugation（共轭作用）得名。共轭双键中 $\pi \rightarrow \pi^*$ 跃迁产生的吸收带，K 吸收带多由含有共轭双键（如丁二烯、丙烯醛）等化合物产生的一类谱带，其特点是一般为强吸收（ε 在 10^4 以上），吸收峰通常在 217~280nm，随着共轭双键的增加，吸收峰红移，吸收强度有所增加。极性溶剂使 K 带发生红移。

3. B 吸收带 从 benzenoid（苯的）得名，是芳香族和杂芳香族化合物的 $\pi \rightarrow \pi^*$ 跃迁吸收带，B 带通常出现在 230~270nm 之间，中心在 256nm，摩尔吸光系数约为 220。苯蒸气在 230~270nm 处出现精细结构的吸收光谱，称苯的多重吸收带，由于在蒸汽状态下分子间相互作用弱，反映了孤立分子振动、转动能级的跃迁；苯在溶液中，因分子间相互作用增强，转动跃迁消失，仅出现部分振动跃迁，所以谱带较宽。在极性溶剂中，溶质与溶剂间的相互作用更大，振动跃迁消失，是苯的精细结构消失而成一宽峰，中心在 256nm 附近，$\varepsilon=220$。

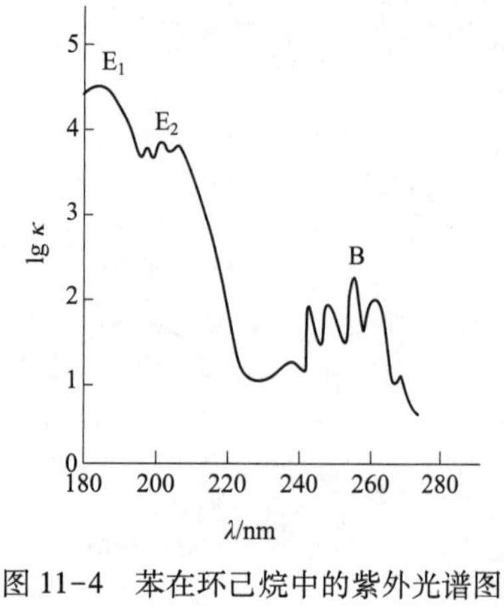

图 11-4 苯在环己烷中的紫外光谱图

4. E 吸收带 是英文 ethylenic（乙烯的）得名，芳香族化合物特征吸收带，由苯环结构中三个乙烯的环状共轭系统的 $\pi \rightarrow \pi^*$ 跃迁引起，E 带又分为 E_1 和 E_2 两个吸收带（图 11-4），E_1 带的吸收峰约为 180nm，ε 为 4.7×10^4；E_2 带的吸收峰约为 200nm，ε 约为 7000，均为强吸收带。当苯环上有生色基团取代并和苯环共轭时，E 带常与 K 带合并且向长波方向移动，B 吸收带的精细结构简单化，吸收强度增加。

5. 电荷转移吸收带 许多无机物（如碱金属卤化物）和某些有机物混合而得的分子配合物，在外来辐射激发下强烈吸收紫外光或可见光，从而获得的紫外或可见吸收带。特点是近紫外和可见光区，吸收强度大，$\varepsilon_{max}>10^4$，测定灵敏度高。

6. 配位体场吸收带　过渡金属水合离子与显色剂（通常为有机化合物）所形成的配合物，吸收适当波长的可见光或紫外光，从而获得的吸收带。如：$[Ti(H_2O)_6]^{3+}$的吸收峰在490nm处，特点是在可见光区。

（二）影响吸收带的因素

紫外吸收光谱是分子光谱，吸收带的位置易受分子中结构因素和测定条件等多种因素的影响，在较宽的波长范围内变动。影响吸收带的因素很多，主要有共轭效应、立体效应、溶剂效应、体系pH的影响等。

1. 共轭效应　如果分子中存在两个或两个以上双键（包括三键），并形成共轭体系时，由于共轭效应，电子离域到多个原子之间，使$\pi\rightarrow\pi^*$跃迁所需能量减少，且随着共轭体系的延长，$\pi\rightarrow\pi^*$跃迁的吸收带将明显向长波方向移动，甚至可由紫外光区移至可见光区，同时吸收强度也会随之加强，如表11-1所示。

表11-1　共轭多烯的$\pi\rightarrow\pi^*$跃迁吸收带

化合物	双键数（n）	λ_{max}/nm	ε_{max}	颜色
乙烯	1	185	10000	无色
1，3-丁二烯	2	217	20900	无色
己三烯	3	258	35000	无色
十碳五烯	5	335	118000	淡黄
二氢-β-胡萝卜素	8	415	210000	橙黄
番茄红素	11	480	139000	红

某些具有孤对电子的基团，如—OH、—NH_2、—X，当它们被引入双键的一端时，将产生p-π共轭效应而产生新的分子轨道，使ΔE降低。并且p-π共轭效应体系越大，助色基团的增色效应越强，吸收带越向长波方向移动。而烷基取代双键碳上的氢以后，通过烷基的C—H键和π键电子云重叠引起的共轭作用，使$\pi\rightarrow\pi^*$跃迁红移，但影响较小。

2. 立体效应

（1）位阻影响（steric hindrance effect）　化合物中若有两个发色团或两个以上的发色团发生共轭效应，可使吸收带长移，但若发色团由于立体阻碍不能处于同一平面时就会影响其共轭，这种现象在光谱图上能反映出，如：二苯乙烯，反式结构的K带比顺式结构的K带波长长，摩尔吸收系数大（即吸收强度大）。再如：联苯分子中，两个苯环处于同一平面，产生共轭效应，$\lambda_{max}=247$nm，甲基取代联苯分子中，随着取代基位置不同和个数增多，会造成两个苯环不在同一平面，不能有效共轭，λ_{max}蓝移。甲基的位置以及数目对λ_{max}的影响如下（溶剂为环己烷）。

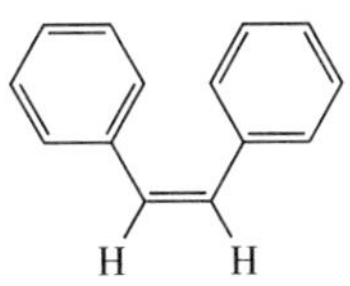

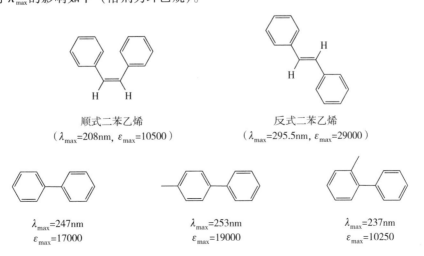

顺式二苯乙烯
（λ_{max}=208nm，ε_{max}=10500）

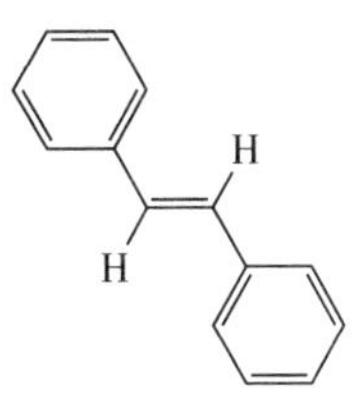

反式二苯乙烯
（λ_{max}=295.5nm，ε_{max}=29000）

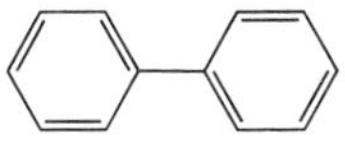

λ_{max}=247nm
ε_{max}=17000

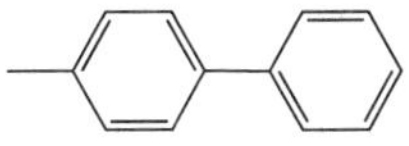

λ_{max}=253nm
ε_{max}=19000

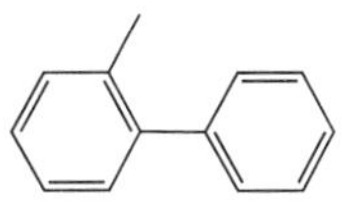

λ_{max}=237nm
ε_{max}=10250

（2）跨环效应（transannular effect） 是指非共轭基团之间的相互作用。分子中两个非共轭发色团处于一定的空间位置，尤其是在环状体系中，有利于电子轨道间的相互作用，这种作用称为跨环效应。由此产生的光谱，既非两个生色团的加和，也不同于二者共轭的光谱。如二环庚二烯分子中有两个非共轭双键，与含有孤对双键的二环庚烯的紫外光谱有明显的区别，二环庚二烯在 200~230nm 范围，有一个弱的并具有精细结构的吸收带，这是由于分子中两个双键相互平行，空间位置有利于相互作用的结果。

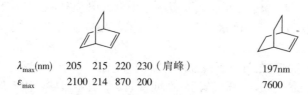

λ_{max}(nm)　205　215　220　230（肩峰）　　197nm

ε_{max}　2100　214　870　200　　7600

3. 溶剂效应 溶剂影响吸收峰的位置、吸收强度及光谱的形状，所以化合物的紫外-可见吸收光谱应当注明所使用的溶剂。溶剂的极性是怎样影响吸收峰位的呢？因为对于大多数能发生 $\pi\rightarrow\pi^*$ 跃迁的基团，其激发态的极性总大于基态的极性，当溶剂的极性增加，$n\rightarrow\pi^*$ 的吸收峰向短波方向移动，$\pi\rightarrow\pi^*$ 的吸收峰向长波方向移动。

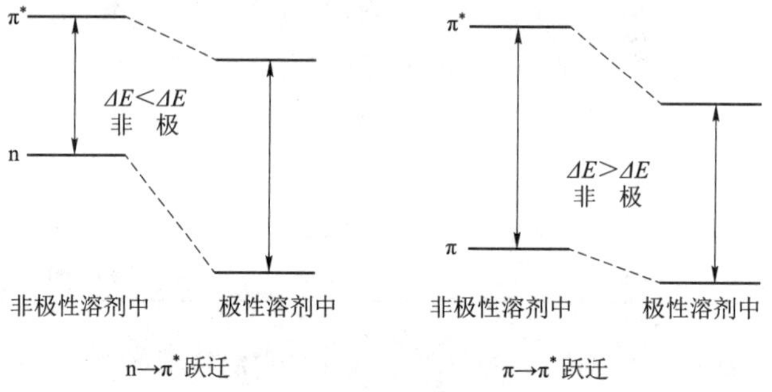

图 11-5　极性溶剂对两种跃迁能级差的影响

溶剂除影响溶质的吸收情况外，它本身也会产生吸收，如果与溶质的吸收带重叠，将妨碍对溶质吸收的测量，因此选择溶剂时要注意这一点。表 11-2 列出了紫外-可见吸收光谱中常用溶剂的截止波长。截止波长是指用此溶剂时的最低波长限度，即低于此波长，溶剂将有吸收。

表 11-2　常用于紫外-可见区测定溶剂的截止波长

溶剂	截止波长（nm）	溶剂	截止波长（nm）	溶剂	截止波长（nm）
水	200	二硫化碳	385	乙醇	215
乙腈	190	甲醇	205	甲酸甲酯	260
正己烷	220	二氯甲烷	235	乙酸乙酯	260
环己烷	205	三氯甲烷	245	苯	260
乙醚	215	四氯化碳	260	甲苯	285
正丁醇	210	甘油	230	丙酮	330
异丙醇	210	1，4-二氧六环	215	三甲氧磷酸酯	215

4. 体系 pH 的影响 体系 pH 改变，可改变物质的离解状况，使吸收峰发生位移。例如酚类化合物，当体系 pH 不同时，其解离情况不同，从而产生不同的吸收光谱。据此可判断芳香族化合物是不是有羟基直接连接在苯环上。当有酚羟基存在时，化合物吸收峰在碱性介质中将红移且吸收强度增加，若向溶液中滴加 HCl 溶液，吸收峰位置和强度又恢复原状。

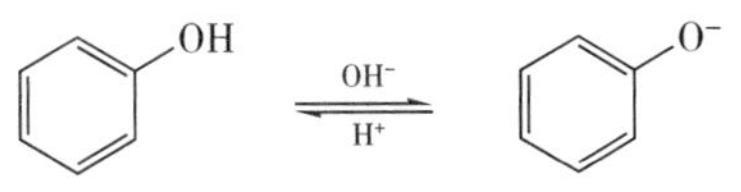

λ_{max} 210.5nm，270nm　　　　λ_{max} 235nm，287nm

五、朗伯-比尔定律

当一束平行的单色光通过含有均匀的吸光物质的吸收池（或气体、固体）时，光的一部分被溶液吸收，一部分透过溶液，一部分被吸收池表面反射。假设入射光强度为 I_0，透射光强度为 I_t，吸收光强度为 I_a，反射光强度为 I_r，则它们之间的关系应为：

$$I_0=I_t+I_a+I_r$$

在进行吸收光谱分析时，被测溶液和参比溶液是分别放在同样材料及厚度的两个吸收池中，让强度同为 I_0 的单色光分别通过两个吸收池，用参比池调节仪器的零吸收点，再测量被测量溶液的透射光强度。所以，反射光的影响可以从参比溶液中消除，则上式可简写为：

$$I_0=I_a+I_t$$

因测量过程中，入射光强度可以固定，透射光强度可以测量，故常用两者之比来间接表示溶液吸收光强度。透射光的强度 I_t 与入射光强度 I_0 之比称为透光率（transmittance），用 T 表示

$$T=\frac{I_t}{I_0} \tag{11-1}$$

溶液的透光率越大，表示溶液对光的吸收程度越小；反之，透光率越小，溶液对光的吸收程度越大。为了更直观地表示物质对光的吸收程度，常采用“吸光度 A（Absorbance）”这一概念，其定义式为：

$$A=-\lg T=\lg\frac{I_0}{I_t} \tag{11-2}$$

A 值越大，表明物质对光的吸收程度越大。透光率 T 和吸光度 A 都是表示物质对光的吸收程度的一种量度，透光率以百分数表示，两者可由 $A=-\lg T$ 相互换算。

溶液对光的吸收除与溶液本性有关外，还与入射光波长、溶液浓度、液层厚度及温度等因素有关。

知识链接

光的吸收定律的建立不是一次完成的，在1760年朗伯（Lambert）研究发现，在温度一定情况下，当用某一波长的单色光照射一固定浓度的溶液时，其吸光度 A 与光透过的液层厚度 l 成正比。1852年比尔（Beer）研究发现，在温度一定情况下，当用某一波长的单色光照射液层厚度一定的溶液时，则吸光度 A 与光溶液浓度 c 成正比。朗伯和比尔共同奠定了分光光度法的理论基础，建立了光的吸收定律，也称为朗伯-比尔定律。

在一定波长单色光的照射下，溶液的吸光度 A 与溶液的浓度 c 和透光液层厚度 l 的乘积成正比，此称为朗伯-比尔定律（Lambert-Beer定律），数学关系式为：

$$A=Kcl \tag{11-3}$$

朗伯-比尔定律是吸收光度法的基本定律，又称光吸收定律，它的物理意义是一定波长下，物质对光的吸收程度与物质的浓度及其厚度的乘积成正比，K 为比例系数，又称吸光系数，吸光系数的物理意义是指吸光物质在单位浓度、单位液层厚度时的吸光度。在给定单色光、溶剂和温度等条件下，吸光系数是物质的特征常数，表明物质对某一特定波长光的吸收能力。不同物质对同一波长的单色光有不同的吸光系数，吸光系数愈大，表明该物质的吸光能力愈强，灵敏度愈高，所以吸光系数是定性和定量的依据。

吸光系数通常有两种表达方式。

1. 摩尔吸光系数（molar absorptivity） 是指在一定波长下，溶液浓度为1mol/L，厚度为1cm时的吸光度，用ε表示，ε的单位为L/(mol·cm)。

2. 百分吸光系数（percentage absorptivity） 是指在一定波长下，溶液浓度为1%（1g/100ml），厚度为1cm时的吸光度，用$E_{1cm}^{1\%}$表示。

3. 两种吸光系数之间的关系 同一物质在同一波长时，摩尔吸光系数与百分吸光系数可以按下式进行换算。

$$\varepsilon=\frac{M}{10}\cdot E_{1cm}^{1\%} \tag{11-4}$$

式（11-4）中，M为吸光物质的摩尔质量。

摩尔吸收系数一般不超过10^5数量级，通常ε在$10^4\sim10^5$之间为强吸收，小于10^2为弱吸收，介于两者之间称中强吸收。吸收系数ε或$E_{1cm}^{1\%}$不能直接测得，需用已知准确浓度的稀溶液测得吸光度换算而得到。

例11-1 氯霉素吸光系数测定 将精制的纯品氯霉素（M为323.15）配制100ml含有2.00mg的溶液，用1cm厚的吸收池，在λ_{max}为278nm处测得溶液的透光率为24.3%，求氯霉素的ε和$E_{1cm}^{1\%}$。

解： $E_{1cm}^{1\%}=\frac{A}{cl}=\frac{-\lg T}{cl}=\frac{-\lg 0.243}{0.002\times1}=307$

$$\varepsilon=\frac{M}{10}\cdot E_{1cm}^{1\%}=\frac{323.15\times307}{10}=9921$$

如果溶液中同时存在两种或两种以上吸光物质时，只要各组分之间无相互作用（不因共存而改变本身的吸光特征），则总吸光度是各共存物吸光度的和，即：

$$A=E_1c_1l_1+E_2c_2l_2+\cdots\cdots+E_nc_nl_n=A_1+A_2+\cdots\cdots+A_n \tag{11-5}$$

这就是吸光度的加和性，利用此性质可进行多组分的含量测定。

六、偏离朗伯-比尔定律的因素

根据比尔定律，当吸收池厚度一定时，吸光度A与浓度c之间的关系应该是一条通过原点的直线，在实际测定过程中，吸光度与浓度间的线性关系常常发生偏离直线的现象，从而影响测定的准确度。导致偏离朗伯-比尔定律的因素主要由化学因素和光学因素。

（一）化学因素

通常只有稀溶液时，Beer定律才能成立。随着溶液浓度的改变，溶液中的吸光物质可因浓度的改变而发生离解、缔合、溶剂化以及配合物生成等变化，使吸光物质的存在形式发生变化，影响物质对光的吸收能力，因而偏离Beer定律。

如：重铬酸钾的水溶液有以下平衡：$Cr_2O_7^{2-}+H_2O \rightleftharpoons 2H^++2CrO_4^{2-}$，试解释溶液稀释如何引起偏离Beer定律？如何避免偏离现象？如若溶液严格地稀释2倍，$Cr_2O_7^{2-}$离子的浓度不是减少至原来的二分之一，而是受稀释平衡向右移动的影响，$Cr_2O_7^{2-}$离子浓度的减少至小于原来的一半，结果偏离Beer定律而产生误差。不过若在强酸性溶液中测定$Cr_2O_7^{2-}$或在强碱溶液中测定CrO_4^{2-}则可避免偏离现象。可见由化学因素引起的偏离，一般可通过控制条件，在一定程度加以控制和消除。

（二）光学因素

1. 非单色光 比尔定律仅适用于单色光，但由于单色器色散能力的限制和出口狭缝需要保持一定的宽度，所以目前各种分光光度计得到的入射光实际上都是具有某一波段的复合光，即具有一定波长范围的光，这一宽度称为谱带宽度（band width）。由于物质对不同波长光的吸收程度不同，因而导致比尔定律的偏离。

为讨论方便起见，假设入射光仅有两种波长λ_1和λ_2的光组成，吸光系数分别为E_1和E_2。测定时，

两种光以强度 I_0^1 与 I_0^2 同时入射试样。则因：$I=I_0\times10^{-Ecl}$

故此混合光的透光率为：

$$T=\frac{I_1+I_2}{I_0^1+I_0^2}=\frac{I_0^1\times10^{-E_1cl}+I_0^2\times10^{-E_2cl}}{I_0^1+I_0^2}=10^{-E_1cl}\cdot\frac{I_0^1+I_0^2\cdot10^{(E_1-E_2)cl}}{I_0^1+I_0^2}$$

$$A=-\lg T=E_1cl-\lg\frac{I_0^1+I_0^2\cdot10^{(E_1-E_2)cl}}{I_0^1+I_0^2} \tag{11-6}$$

从式（11-6）可以看出，只有当 $E_1=E_2$ 时，$A=Ecl$，A 与 c 成直线关系。如果 $E_1\neq E_2$，A 与 c 则不成直线关系，即与比尔定律不相符合，假若 λ_1 是所需光的波长，则 λ_2 的光所产生的影响将是：$E_1<E_2$ 时，使吸光度增大，产生正偏离；$E_1>E_2$ 时，使吸光度降低，产生负偏离；E_1 与 E_2 的差值愈大，偏离越显著。

所以通常选择吸光物质的最大吸收波长（即吸收峰所对应的波长）作为分析的测定波长，这样不仅保证有较高的测量灵敏度，而且此处的吸收曲线往往较为平坦，吸光系数变化较小，比尔定律的偏离也较小。对于比较尖锐的吸收带，在满足一定的灵敏度要求下，尽量避免用吸收峰的波长作为测量波长；照射被测溶液的光束单色性（即波长范围）越差，引起的比尔定律偏离也越大，所以在保证足够的光强前提下，采用窄的入射光狭缝，以减小谱带宽度，降低比尔定律的偏离。

2. 杂散光　与所需波长相隔较远的光称为杂散光，可使光谱变形。它是由仪器制造工艺、使用和保养不善，光路系统的不洁，损伤和霉变等造成的。现代仪器的杂散光强度的影响可以减少到忽略不计。但在接近末端吸收处，有时因杂散光影响而出现假峰。

3. 散射光和反射光　吸光质点对入射光有散射作用，入射光在吸收池内外界面之间通过时又有反射作用。散射光和反射光，都是入射光谱带宽度内的光，对透射光强度有直接影响。光的散射和反射均可使透射光强度减弱，使测得的吸光度偏高。

4. 非平行光　通过吸收池的光，一般都不是真正的平行光，倾斜光通过吸收池的实际光程比平行光的光程长，使实际厚度 l 增大而影响测量值。这种测量时实际厚度的变异也是同一物质用不同仪器测定吸光系数时，产生差异的主要原因之一。

此外，温度等环境的变化会影响波长的准确度和重复性，应定期或在测定前对仪器进行校正和检定。

七、测量误差与分析条件的选择

（一）测定波长的选择

为了使测定结果有较高的灵敏度，应选择被测物质的最大吸收波长的光作为入射光，这称为“最大吸收原则”。选用这种波长的光进行分析，不仅灵敏度较高，而且测定时可减小或消除由非单色光引起的偏离比尔定律。

但是如果在最大吸收波长处，共存的其他吸光组分（显色剂、共存离子等）也有吸收，就会产生干扰。此时，应根据“吸收最大、干扰最小”的原则来选择检测波长。

（二）吸光度读数范围的选择

任何光度计都有一定的测量误差，这是由于测量过程中光源不稳定、读数的不准确或实验条件的偶然变动等因素造成的。

测定结果的相对误差与透光率测量误差间的关系可由 Lambert-Beer 定律导出：

$$c=\frac{A}{El}=\lg\frac{1}{T}\cdot\frac{1}{El} \tag{11-7}$$

微分后并除以上式即可得浓度的相对误差$\frac{\Delta c}{c}$为：

$$\frac{\Delta c}{c}=\frac{0.434\Delta T}{T\lg T}$$

式（11-8）表明测定结果的浓度相对误差取决于透光率 T 和透光率测量误差 ΔT 的大小。

大多数分光光度计的 ΔT 在±（0.2%～1%）之间。设 $\Delta T=0.5\%$，可求得不同 T 值时的浓度测量相对误差$\frac{\Delta c}{c}$，以此做$\frac{\Delta c}{c}$-T 关系曲线（图 11-6）。可以看出，浓度相对误差的大小与透光率（或吸光度）读数范围有关。当 $T=36.8\%$（或 $A=0.4343$）时，$\frac{\Delta c}{c}=1.32\%$，浓度相对误差最小。因此，为了减小浓度相对误差，提高测量准确度，一般应控制待测液的吸光度 A 在 0.2～0.7（或 $T=20\%$～65%）。在实际工作中，可通过调节待测溶液的浓度或选用适当厚度的吸收池的方法，使测得的吸光度落在所要求的范围。

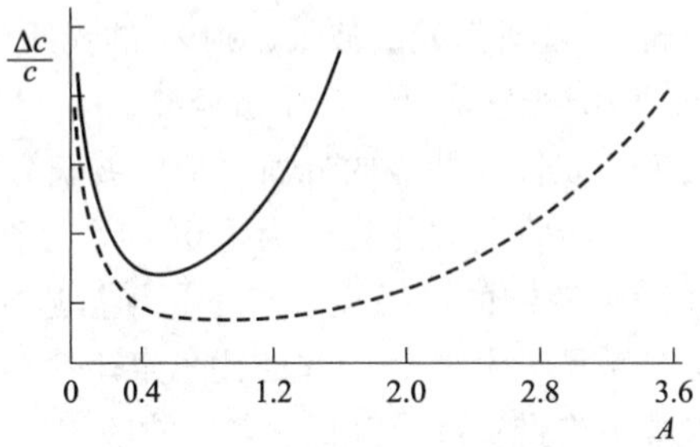

图 11-6　浓度测定的相对误差与透光率的关系

第二节　紫外-可见分光光度计

PPT

紫外-可见分光光度计（ultraviolet-visble spectrophotometer，简称分光光度计）是在紫外-可见光区可任意选择不同波长的光测定吸光度的仪器。目前，仪器的类型很多，性能差别悬殊，但他们的基本构造和工作原理相似，其基本结构由五个部分组成：光源、单色器、吸收池、检测器和信号处理显示系统。其工作原理：光源发出的光，经单色器分光后获得一定波长单色光照射到样品溶液，被样品溶液吸收后，未被吸收的单色光由检测器将光强度变为电信号，并经信号处理系统调制放大后，一般以透光率 T 或吸光度 A 的形式输出。

一、分光光度计的主要部件

（一）光源

光源（light source）是提供入射光的装置，分光光度计对光源的基本要求是光源应在所需的光谱区域内能够发射连续辐射；应有足够的辐射强度和良好的稳定性，辐射强度随波长的变化应尽可能小；光源的使用寿命长，操作方便。

分光光度计中常用的可见光源有钨灯或卤钨灯（热辐射光源），紫外光源有氢灯或氘灯（气体放电光源）。

1. 钨灯或卤钨灯　钨灯光源是固体炽热发光的光源，又称白炽灯。发射光能的波长覆盖较宽（340～2500nm），但紫外区很弱。通常取其波长大于 350nm 的光，为可见光区的光源。因钨灯的发光强度与供电电压的 3～4 次方成正比，所以，常用稳压器来稳定光源的电压以保证光强度的稳定。为了增加光源钨灯的使用寿命，在制作中常向灯泡内充入碘或溴的低压蒸气，该灯称之为卤钨灯，卤钨灯具有更高的发光强度和使用寿命。

2. 氢灯或氘灯　氢灯和氘灯均是气体放电发光的光源，发射自 150～400nm 的连续光谱。由于玻璃吸收紫外光，故光源必须由石英窗或石英灯管制成。氢灯是最初的光源，目前已被氘灯替代，因为氘灯的发光强度和使用寿命比氢灯增加 2～3 倍。气体放电发光需先激发，同时应控制稳定的电流，所以都配有专用的电源装置。

（二）单色器

单色器（monochromator）的作用是将来自光源的复合光分解为单色光，并分离出所需波段光束的装置，是分光光度计的关键部件。单色器主要由狭缝、色散元件和准直镜（聚光镜或透镜）组成，光路及工作原理示意图见图 11-7。进光狭缝用于限制杂散光进入单色器，准直镜将入射光束变为平行光束进入色散元件，色散元件将复合光分解为单色光，再经另一准直镜将色散后的平行光聚焦于出光狭缝上，形成按波长依序排列的光谱。转动色散元件或准直镜方位即可任意选择所需波长的光从出光狭缝分出。

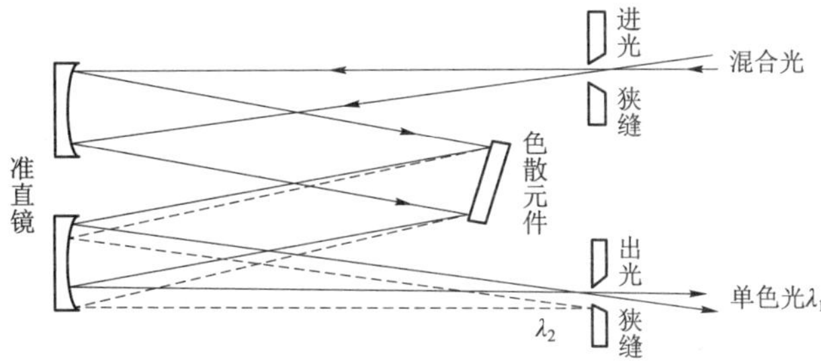

图 11-7 单色器光路示意图

1. 色散元件 单色器的核心部件是起分光作用的色散元件，色散元件有棱镜和光栅两种。

棱镜的色散作用是由于棱镜材料对不同的光有不同的折射率，因此可将复合光从长波到短波色散成为一个连续光谱。折射率差别越大，色散作用（色散率）越大。棱镜分光得到的光谱按波长排列成疏密不均的，长波长区密，短波长区疏，棱镜材料有玻璃和石英，因玻璃吸收紫外光，故紫外光波段用石英材料的棱镜。

光栅是利用光的衍射与干涉作用制成的，在整个波长区具有良好的、几乎均匀一致的分辨能力；光栅分光得到的光按波长排列是等距的，具有色散波长范围宽、分辨率高、成本低的优点，所以是目前用得最多的色散元件。缺点是各级光谱会重叠而产生干扰。实用的光栅是一种称为闪耀光栅（blazed grating）的反射光栅，其刻痕是有一定角度的斜面，刻痕的间距称为光栅常数，光栅常数越小色散率越大，但光栅常数不能小于辐射的波长。这种闪耀光栅可使特定波长的有效光强度集中于一级的衍射光谱上。用于紫外区的光栅以铝作反射面，在平滑玻璃表面上，每毫米刻槽一般为 600~1200 条。

2. 准直镜 是以狭缝为焦点的聚光镜，可将进入单色器的发散光变成平行光，又可将色散后的平行单色光聚焦于出光狭缝。

3. 狭缝 狭缝宽度直接影响单色光的纯度，狭缝过宽，单色光不纯。狭缝太窄，光通量过小，灵敏度降低。所以狭缝宽度要适当，通常用于定量分析时，主要考虑光通量，宜采用较大的狭缝宽度，但以误差小为前提；用于定性分析时，更多地考虑光的单色性，宜采用较小的狭缝宽度。

（三）吸收池

吸收池亦称为比色皿、比色杯，用于盛放试液并提供一定吸光厚度的器皿，由无色透明、厚薄均匀、能耐腐蚀的光学玻璃或石英制成，吸收池一般为长方体，其底及两侧为毛玻璃，另两面为光学透光面。用光学玻璃制成的吸收池，只能用于可见光区。用熔融石英（氧化硅）制的吸收池，适用于紫外光区，也可用于可见光区。用作盛空白溶液的吸收池与盛试样溶液的吸收池应互相匹配，即有相同的厚度与相同的透光性。在测定吸收系数或利用吸收系数进行定量测定时，还要求吸收池有准确的厚度（光程）或用同一吸收池。指纹、油腻及池壁上的沉积物，都会影响吸收池的透光性能，因此在使用前后必须清洁干净。

（四）检测器

检测器又称探测器，是对透过吸收池的光做出响应，并将检测到的光信号转变为电信号的元件。要求检测器应在测量的光谱范围内具有高的灵敏度；对辐射能量响应快、线性关系好、线性范围宽；对不同波长的辐射响应性能相同且可靠；有好的稳定性和低的噪音水平等。常用的检测器有光电池、光电管、光电倍增管和光电二极管阵列检测器。

1. 光电池 光电池有硒光电池和硅光电池。硒光电池只能用于可见光区，硅光电池能同时适用于紫外区和可见区。光电池是一种光敏半导体，当光照时就产生光电流，在一定范围内光电流大小与照射光强成正比，可直接用微电流计测量。光电池内阻小，电流不易放大，当光强度弱时，不能测量。光电池只能用于谱带宽度较大的低级仪器，且强光长时间照射时易产生疲劳现象，目前使用较少。

2. 光电管 光电管在紫外-可见分光光度计上应用很广泛。它是由一个阳极和一个光敏阴极组成的真空（或充少量惰性气体）二极管，阴极表面镀有碱金属或碱金属氧化物等光敏材料，当它被有足够能量的光照射时，能够发射出电子。当在两极间有电位差时，发射出的电子就向阳极移动而产生电流，电流大小决定于照射光的强度。

随阴极光敏材料不同，灵敏的波长范围也不同。可分为蓝敏和红敏两种光电管，前者为阴极表面上沉积锑和铯，适用于210~625nm波长，后者是阴极表面上沉积银和氧化铯，适用于625~1000nm波长。与光电池比较，光电管具有灵敏度高、光敏范围宽、不易疲劳等优点。

3. 光电倍增管 光电倍增管的原理和光电管相似，结构上的差别是在光敏金属的阴极和阳极之间还有几个倍增极（一般是九个）。阴极遇光发射电子，此电子被高于阴极90伏特的第一倍增极加速吸引，当电子打击此倍增极时，每个电子使倍增极发射出几个额外电子。然后电子再被电压高于第一倍增极90伏特的第二倍增极加速吸引，每个电子又使倍增极发射出多个新的电子。这个过程一直重复到第九个倍增极。从第九个倍增极发射出的电子比第一倍增极发射出的电子数大大增加，然后被阳极收集，产生较强的电流，再经放大，由指示器显示或用记录器记录下来。光电倍增管灵敏度高，是检测微弱光最常见的光电元件，可以用于狭缝较窄的单色器，从而对光谱的精细结构有较好的分辨能力。

4. 光二极管阵列检测器 光二极管阵列检测器（photo-diode array detector）是紫外-可见光度检测器的一个重要进展，这类检测器用光二极管阵列作检测元件。通过单色器的光含有全部的吸收信息，在阵列上同时被检测，并用电子学方法及计算机技术对二极管阵列快速扫描采集数据，由于扫描速度非常快，可以得到三维（A，λ，t）光谱图。

（五）讯号处理和显示器

光电管输出的讯号很弱，需经过放大才能以某种方式将测量结果显示出来，讯号处理过程也会包含一些数学运算，如对数函数、浓度因素等运算乃至微分积分等处理。显示器可有电表表示、数字显示、荧光屏显示、结果打印及曲线扫描等。显示方式一般都有透光率与吸光度，有的还可转换成浓度、吸收系数等显示。现代分光光度计一般配有电脑或相关数字接口，以便操作控制和信息处理。

二、分光光度计的光学性能

分光光度计型号很多，近几年来很多仪器装配了计算机和光多道二极管阵列检测器，使仪器的质量、功能和自动化程度都得到了很大提高。不论哪种型号分光光度计，都有其光学性能规格，主要参数包括波长（范围、准确度、重现性）、吸光度测量范围、光度（准确度和重现性）、分辨率和杂散光等。具体的光学性能可参见具体型号分光光度计的仪器说明书。

第三节 紫外-可见分光光度分析方法

PPT

目前，紫外-可见分光光度法是一种广泛应用的定量分析方法，也是对物质进行定性分析和结构分析的一种手段，同时还可以测定某些化合物的物理化学参数。

一、定性鉴别

利用紫外-可见吸收光谱进行定性分析时，其主要依据是化合物的吸收光谱特征。一般采用比较光谱法，即在相同测量条件下（仪器、试剂、pH 等），比较试样与标准化合物的吸收曲线，如果吸收光谱的形状、吸收峰数目、各吸收峰的波长位置、强度及相应的吸光系数值等完全一致，则可能是同一种化合物，如两者有明显差别，则肯定不是同一种化合物。也可借助文献所载或前人汇编的标准图谱库进行核对。

（一）对比吸收光谱特征数据

可以对比紫外光谱的 λ_{max}、λ_{min}、ε 或 $E_{1cm}^{1\%}$ 以及吸收峰的数目、形状等。最常用于鉴别的光谱特征数据是 λ_{max}。具有不同或相同吸收基团的不同化合物，可有相同的 λ_{max} 值，但它们的摩尔质量一般是不同的，因此它们的 ε 或 $E_{1cm}^{1\%}$ 值常有明显差异，所以吸收系数值也常用于化合物的鉴别。

（二）对比吸光度（或吸收系数）的比值

当物质的紫外光谱不止一个吸收峰时，可根据不同吸收峰处（或峰与谷）的吸光度比值作鉴别。因为用的是同一浓度的溶液和同一厚度的吸收池，取吸光度比值也就是吸收系数比值，可消去浓度与厚度的影响，有时可将光谱特征数据和吸光度比值相结合以提高可靠性。

（三）对比吸收光谱的一致性

用上述几个光谱数据作鉴别，不能发现吸收光谱曲线中其他部分的差异。必要时，需将试样与已知标准品配制成相同浓度的溶液，在同一条件下测定，比较未知物与已知标准物的吸收光谱，如果两者的光谱完全一致，则可以初步认为它们是同一化合物。为了能使分析结果更准确可靠，需注意测定时尽量保持光谱的精细结构。也可利用文献所载的标准图谱进行核对，只有在光谱曲线完全一致的情况下才有可能是同一物质，若光谱曲线有差异，则可认为试样与标准品并非同一物质。

用紫外吸收光谱数据或曲线进行定性鉴定，有一定的局限性，主要是因为紫外吸收光谱较为简单，光谱信息少，特征性不强，不相同的化合物可以有很类似甚至雷同的吸收光谱。所以在得到相同的吸收光谱时，应考虑到有并非同一物质的可能性。而在两种纯化合物的吸收光谱有明显差别时，却可以肯定两者不是同一物质。

案例分析

【案例】 自然界中的维生素 B_{12} 都是微生物合成的，高等动植物不能制造维生素 B_{12}。维生素 B_{12} 是需要一种肠道分泌物（内源因子）帮助才能被吸收的唯一一种维生素。它参与制造骨髓红细胞，防止恶性贫血；防止大脑神经受到破坏。

【问题】 如何鉴别维生素 B_{12}？

【分析】 维生素 B_{12} 的鉴别，《中国药典》规定，将维生素 B_{12} 原料药适当稀释后，测定 278nm、361nm、550nm 的吸光度值，计算 361nm 与 278nm、361nm 与 550nm 的吸光度之比，如 361nm 与 278nm 的吸光度之比为 1.70~1.88；361nm 与 550nm 的吸光度之比为 3.15~3.45，即可判定该物质是维生素 B_{12}。

二、纯度检查

（一）杂质检查

可以根据药物与杂质紫外-可见光谱的差异来检查杂质。如果杂质有吸收而药物无吸收，或杂质吸收峰与药物吸收峰互不干扰，可在杂质吸收峰处检出杂质。例如，乙醇和环己烷中若含有少量杂质苯，苯在 256nm 处有吸收峰，而乙醇与环己烷在此波长处无吸收，乙醇中含苯量低达万分之一，也能从光谱中检出。

若药物有较强的吸收峰，而所含杂质在此波长处无吸收峰或吸收很弱，杂质的存在将使药物的吸收系数值降低；若杂质在此吸收峰处有比药物更强的吸收，则将使吸收系数值增大；有吸收的杂质也可能使药物的吸收光谱变形，这些都可用作检查杂质是否存在的方法。

（二）杂质的限量测定

药物中的杂质，常允许其存在一定的限量。若杂质在某一波长处有最大吸收，而药物在此波长无吸收，可以通过控制供试品溶液杂质特征吸收波长处的吸光度来控制杂质的量。例如，肾上腺素在合成过程中可能引入杂质肾上腺酮而影响疗效。因此，肾上腺酮的量必须规定在某一限量之下。在 HCl 溶液中肾上腺素与肾上腺酮的紫外吸收光谱有显著不同，在 310nm 处，肾上腺酮有吸收峰，而肾上腺素没有吸收。可利用 310nm 的吸收检测肾上腺酮的混入量。该法是将肾上腺素试样用 0.05mol/L HCl 溶液液制成每 1ml 含 2mg 肾上腺素的溶液，在 1cm 吸收池中，于 310nm 处测定吸收度 A，规定 A 值不得超过 0.05，则以肾上腺酮的 $E_{1cm}^{1\%}$ 值（435）计算，相当于含酮体不超过 0.06%。

有时用峰谷吸光度的比值控制杂质的限量。例如碘解磷定有很多杂质，包括顺式异构体、中间体等，在碘解磷定的最大吸收波长 294nm 处，这些杂质几乎没有吸收，但在碘解磷定的吸收谷 262nm 处有一些吸收，因此就可利用碘解磷定的峰谷吸光度之比作为杂质的限量检查指标。已知纯品碘解磷定的 $\frac{A_{294nm}}{A_{262nm}}=3.39$，如果含有杂质，则在 262nm 处吸光度增加，使峰谷吸光度之比小于 3.39。为了限制杂质的含量，可规定一个峰谷吸光度之比的最小允许值。

三、单组分的定量分析方法

紫外-可见分光光度法定量分析的依据是 Lambert-Beer 定律，即物质在一定波长处的吸光度与它的浓度成正比。因此，通过测定溶液对一定波长入射光的吸光度，即可求出溶液的浓度和含量。通常应选被测物质吸收光谱中的吸收峰处测定，以提高灵敏度并减少测定误差。被测物如有几个吸收峰，可选不易有其他物质干扰的、较高的吸收峰。一般不选择用光谱中靠短波长末端的吸收峰。

单组分试样可采用吸光系数法、工作曲线法和对照法进行定量测定。

（一）吸光系数法

吸光系数法是利用被测物质的吸光系数（$E_{1cm}^{1\%}$ 或 ε）计算含量的方法，也称绝对法。通常 $E_{1cm}^{1\%}$ 和 ε 可从手册或文献中查到。吸光系数法简便，但受仪器精度、操作及环境等影响，故不用于原料药的含量测定。当用吸光系数法时，应对所用的仪器进行检定和校正。根据 Lambert-Beer 定律 $A=E_{1cm}^{1\%}cl$，若 l 和吸光系数 ε 或 $E_{1cm}^{1\%}$ 已知，即可根据测得的 A 求出被测物的浓度。

例 11-2 维生素 B_{12} 的水溶液在 361nm 处的 $E_{1cm}^{1\%}$ 值是 207，盛于 1cm 吸收池中，测得溶液的吸光度为 0.414，则溶液浓度是多少？

解： $c=\frac{A}{E_{1cm}^{1\%}l}=\frac{0.414}{207\times1}=0.00200$（g/100ml）

例 11-3 维生素 B_{12} 样品 25.0mg 用水溶成 1000ml 后，盛于 1cm 吸收池中，在 361nm 处测得吸光度为 0.507，则样品的含量是多少（维生素 B_{12} 的水溶液在 361nm 处的 $E_{1cm}^{1\%}$ 值是 207）？

解：

$$(E_{1cm}^{1\%})_{样}=\frac{A}{cl}=\frac{0.507}{0.0025}=202.8$$

样品维生素 B_{12} 的含量

$$w_{B_{12}}=\frac{(E_{1cm}^{1\%})_{样}}{(E_{1cm}^{1\%})_{标}}\times100=\frac{202.8}{207}=98.97\%$$

（二）工作曲线法

工作曲线法又称校正曲线法或标准曲线法。本法在药物分析中广泛使用，简单易行，而且对仪器的精密度要求不高，但不适合组分复杂的样品分析。

（1）测定方法　先配制一系列浓度不同的标准溶液，在测定条件相同的情况下，分别测定吸光度，然后以标准溶液的浓度为横坐标，以相应的吸光度为纵坐标，绘制 A-c 标准曲线。如果符合 Beer 定律，可获得一条通过原点的直线。在相同条件下测出样品溶液的吸光度，就可以从标准曲线上查出样品溶液的浓度，也可用回归直线方程计算样品溶液的浓度。

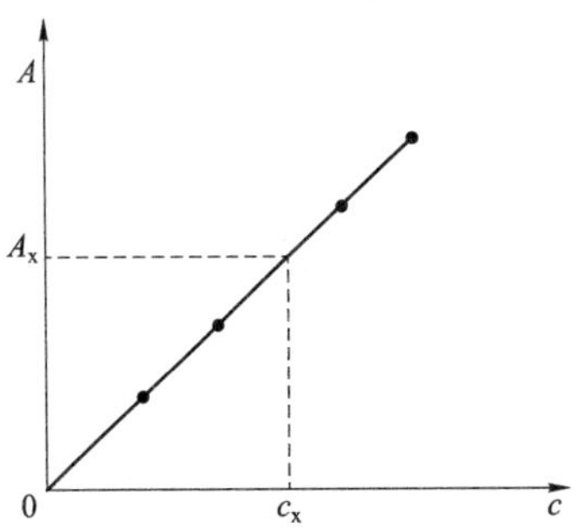

图 11-8　A-c 的标准曲线

（2）采用标准曲线注意事项　①建立标准曲线时，首先确定符合朗伯-比尔定律的浓度线性范围，只有在线性范围内进行的定量测量才是准确可靠；②制备一条标准曲线至少需要 5~7 个点，《中国药典》（2020 年版）要求至少应作 6 个点，不得随意延长；③测样品溶液和对照品溶液必须在相同条件下进行，且应落在线性范围内最好处于中间位置。

根据 Beer 定律，理想的标准曲线应该是一条通过原点的直线。实际上常有标准曲线不通过原点的现象。其原因主要有几方面，如空白溶液的选择不当，显色反应的灵敏度不够，吸收池的光学性能不一致等。

（3）工作曲线的优点　绘制好标准工作曲线后测定工作就变得相当简单，可直接从标准工作曲线上读出被测物质的浓度或含量，因此特别适合于大量样品的分析。

（三）对照品比较法

对照品比较法又称比较法或外标一点法，在同样条件下配制对照品溶液和样品溶液，在选定波长处，分别测量吸光度，根据 Beer 定律：

$$A_{标}=Ec_{标}\,l \qquad A_{样}=Ec_{样}\,l$$

因是同种物质、同台仪器及同一波长的测定，故 l 和 E 相等，所以：

$$\frac{A_{标}}{A_{样}}=\frac{c_{标}}{c_{样}}$$

$$c_{样}=\frac{A_{样}\times c_{标}}{A_{标}} \tag{11-9}$$

式（11-9）中，$A_{标}$为对照品溶液吸光度；$A_{样}$为试样溶液吸光度；$c_{标}$为对照品溶液浓度；$c_{样}$为试样溶液浓度。因 $A_{标}$、$A_{样}$可测得，$c_{标}$可准确配制已知，根据上式求出试样溶液浓度，再根据试样的称样量及稀释情况计算出试样的百分含量。

例 11-4　精密吸取维生素 B_{12}注射液 2.50ml，加水稀释至 10.00ml；另配制对照液，精密称定对照品 25.00mg，加水稀释至 1000ml。在 361nm 处，用 1cm 吸收池，分别测定吸光度为 0.508 和 0.518，求维生素 B_{12}注射液的浓度以及标示量的百分含量（该维生素 B_{12}注射液的标示量为 100μg /ml）？

解： 由对照法知

$$c_i\times\frac{2.5}{10}=\frac{25.00\times1000}{1000}\times\frac{0.508}{0.518}\Rightarrow c_i=98.1\mu g/ml$$

$$维生素\ B_{12}标示量(\%)=\frac{c_i}{标示量}\times100\%=98.1\%$$

该法采用对照品平行操作，可以消除或降低不同仪器、不同环境下测定的变异性，提高检测的可信度，在测定方法中采用较多，为了减小误差，配制对照品溶液或标准品溶液应和试样溶液浓度相互接近。中国药典中规定，对照品溶液中所含被测成分的量应为供试品溶液中被测成分标示量的 100%±10%，所用溶剂也应完全一致。

以上三种定量方法中，吸光系数法最简单省时，但这种方法的使用要求吸收系数已知，仪器和测量体系所获得的吸光度 A 值与吸光物质浓度 c 应完全符合 Beer 定律，否则会产生较大的测量误差。标准曲线法操作相对麻烦，但对于不适合使用吸光系数法的测量，可以获得较为准确的测量结果。如果标准曲线通过原点，则对于常规检测，不必每次都作标准曲线，可使用对照品比较法测量，以此提高分析工作的效率。

四、多组分的定量分析方法

有两种或多组分共存时，可根据各组分吸收光谱相互重叠的程度分别考虑测定方法。最简单的多组分就是两组分，它们的光谱可有以下三种情况。

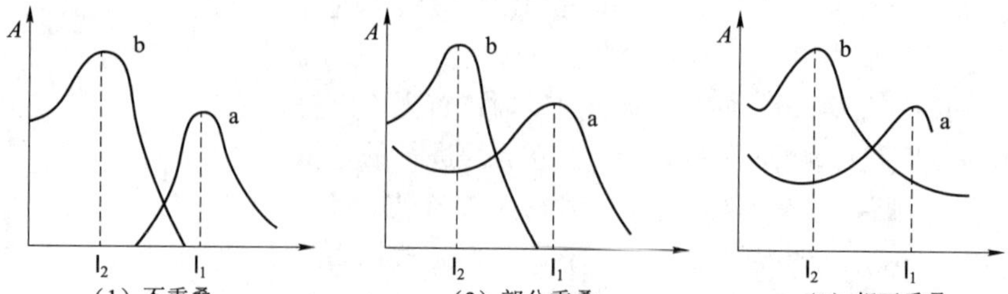

（1）不重叠　（2）部分重叠　（3）相互重叠

图 11-9　混合组分吸收光谱的三种相干情况示意图

（一）吸收光谱不重叠

最简单的情况是一组分的吸收峰所在波长处，另一组分没有吸收，如图 11-9（1）所示。此时，可按单组分的测定方法分别在 λ_1 处测定 a 组分，在 λ_2 处测定 b 组分的浓度。

（二）吸收光谱部分重叠

如果 a、b 两组分的吸收光谱有部分重叠，如图 11-9（2）所示，在 a 组分的吸收峰 λ_1 处 b 组分没有吸收，而在 b 组分的吸收峰 λ_2 处 a 组分有吸收，此时，可先在 λ_1 处按单组分测定法测得混合物溶液中 a 组分的浓度 c_a，再在 λ_2 处测得混合物溶液的吸光度 $A_{\lambda_2}^{a+b}$，即可根据吸光度的加和性计算出 b 组分的浓度 c_b。

因为
$$A_{\lambda_2}^{a+b}=A_{\lambda_2}^{a}+A_{\lambda_2}^{b}=E_{\lambda_2}^{a}\cdot c_a l+E_{\lambda_2}^{b}\cdot c_b l$$

所以
$$c_b=\frac{1}{E_{\lambda_2}^{b}l}(A_{\lambda_2}^{a+b}-E_{\lambda_2}^{a}\cdot c_a l) \qquad (11-10)$$

式（11-10）中，$E_{\lambda_2}^{a}$、$E_{\lambda_2}^{b}$ 可由各自的标准曲线求得，然后可由上式求出组分 b 的浓度。

（三）吸收光谱相互重叠

在混合物测定中，更多遇到的情况是各组分的吸收光谱相互都有干扰，如图 11-9（3）所示。

课堂互动

当两组分的吸收光谱相互重叠时，如何将两组分各自的量测定出来呢？

在测量过程中可采用的方法有线性方程组法、双波长法和导数光谱法等。

1. 线性方程组法　首先，分别在 λ_1 和 λ_2 处测定总吸光度 $A_{\lambda_1}^{a+b}$、$A_{\lambda_2}^{a+b}$。根据吸光度的加和性可得出：

$$A_{\lambda_1}^{a+b}=A_{\lambda_1}^{a}+A_{\lambda_1}^{b}=E_{\lambda_1}^{a}\cdot c_a l+E_{\lambda_1}^{b}\cdot c_b l$$
$$A_{\lambda_2}^{a+b}=A_{\lambda_2}^{a}+A_{\lambda_2}^{b}=E_{\lambda_2}^{a}\cdot c_a l+E_{\lambda_2}^{b}\cdot c_b l$$

解方程组可得：

$$c_a=\frac{A_{\lambda_1}^{a+b}E_{\lambda_2}^{b}-A_{\lambda_2}^{a+b}E_{\lambda_1}^{b}}{E_{\lambda_1}^{a}E_{\lambda_2}^{b}-E_{\lambda_2}^{a}E_{\lambda_1}^{b}} \qquad (11-11)$$

$$c_b=\frac{A_{\lambda_2}^{a+b}E_{\lambda_1}^{a}-A_{\lambda_1}^{a+b}E_{\lambda_2}^{a}}{E_{\lambda_1}^{a}E_{\lambda_2}^{b}-E_{\lambda_2}^{a}E_{\lambda_1}^{b}} \qquad (11-12)$$

式中，$E_{\lambda_1}^{a}$、$E_{\lambda_1}^{b}$、$E_{\lambda_2}^{a}$、$E_{\lambda_2}^{b}$ 可由各自的标准曲线求得，通过解此线性方程组，可求出两组分的浓度。

2. 双波长法　双波长法的原理是基于两束不同波长的单色光 λ_1 和 λ_2，若以 λ_2 为参比波长，λ_1 为测定波长，在单位时间内交替照射同一溶液，然后由检测器测出这两波长之间的吸光度差值 ΔA，即有

$$A_{\lambda_1}=\varepsilon_{\lambda_1}cl \qquad A_{\lambda_2}=\varepsilon_{\lambda_2}cl$$

$$\Delta A=A_{\lambda_1}-A_{\lambda_2}=(\varepsilon_{\lambda_1}-\varepsilon_{\lambda_2})cl \tag{11-13}$$

因为在相同条件下测定，ε_{λ_1}、ε_{λ_2}和 l 均为常数，所以 ΔA 与试样组分的浓度成正比关系，利用此关系计算出试样组分的浓度。根据混合两组分光谱重叠程度和形状不同，双波长法又分为等吸收双波长法和吸收倍率法。

（1）等吸收双波长法　适用于干扰组分的吸收光谱中至少有一个吸收峰或吸收谷的混合物的测定方法。如图 11-10 所示，a 为待测组分，可以选择组分 a 的最大吸收波长 λ_1 作为测定波长，在这一波长位置作 λ 轴的垂线，此直线与干扰组分 b 的吸收光谱相交于一点，再从该点作一条平行于 λ 轴的直线，此直线又与干扰组分 b 的吸收光谱相交于一点或数点，则选择与这些交点相对应的波 λ_2 作为参比波长，当 λ_2有几个波长可供选择时，应当选择使待测组分的 ΔA 尽可能大的波长。数学运算关系为：

$$A_{\lambda_1}=A^{a}_{\lambda_1}+A^{b}_{\lambda_1} \qquad A_{\lambda_2}=A^{a}_{\lambda_2}+A^{b}_{\lambda_2}$$

$$\Delta A=A_{\lambda_1}-A_{\lambda_2}=(A^{a}_{\lambda_1}+A^{b}_{\lambda_1})-(A^{a}_{\lambda_2}+A^{b}_{\lambda_2})=(A^{a}_{\lambda_1}-A^{a}_{\lambda_2})+(A^{b}_{\lambda_1}-A^{b}_{\lambda_2}) \tag{11-14}$$

$$\because A^{a}_{\lambda_1}=A^{a}_{\lambda_2}$$

$$\therefore \Delta A=A^{b}_{\lambda_1}-A^{b}_{\lambda_2}=(\varepsilon_{\lambda_1}-\varepsilon_{\lambda_2})c_{b}l$$

被测组分 a 在两波长处的 ΔA 值最大，越有利于测定。同样方法，也可消去组分 a 的干扰，测定组分 b 的含量。

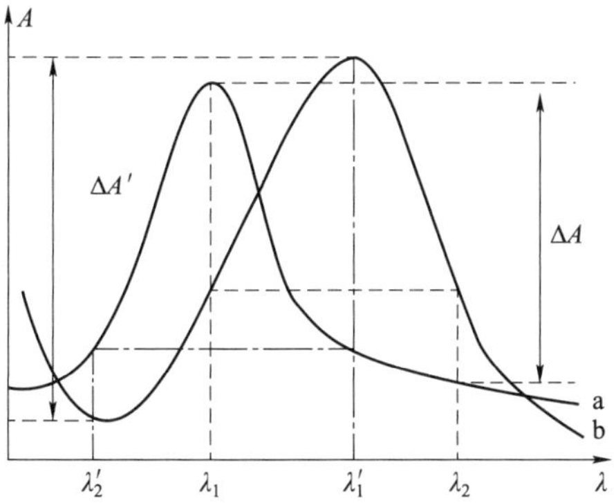

图 11-10　等吸收双波长测定法示意图

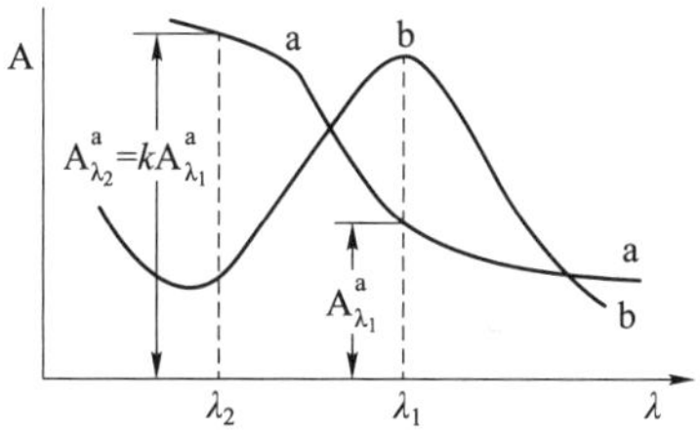

图 11-11　系数倍率法

（2）系数倍率法　适用于干扰组分的吸收光谱中找不到等吸收波长点的混合组分测定方法，如图 11-11 所示，干扰组分 a 在选定两波长处 λ_1 和 λ_2 测得的吸光度的比值为 k，即$\frac{A^{\alpha}_{\lambda_2}}{A^{\alpha}_{\lambda_1}}=k$，如将组分 a 在 λ_1 处测得的吸光度乘以 k，则组分 a 在两波长处的 $\Delta A^{a}=kA^{a}_{\lambda_1}-A^{a}_{\lambda_2}=0$；将混合组分在 λ_1 处测得的吸光度 A_{λ_1}乘以 k 后与在 λ_2 处测得的吸光度 A_{λ_2}相减，即有

$$\begin{aligned}\Delta A&=kA_{\lambda_1}-A_{\lambda_2}=k(A^{a}_{\lambda_1}+A^{b}_{\lambda_2})-(A^{a}_{\lambda_2}+A^{b}_{\lambda_2})=(kA^{a}_{\lambda_1}-A^{a}_{\lambda_2})+(kA^{b}_{\lambda_1}-A^{b}_{\lambda_2})\\&=k\varepsilon_{\lambda_1}c_{b}l-\varepsilon_{\lambda_2}c_{b}l=(k\varepsilon_{\lambda_1}l-\varepsilon_{\lambda_2}l)c_{b}\end{aligned} \tag{11-15}$$

因 k、ε_{λ_1}、ε_{λ_2}、l 在一定条件下都是常数，所以 ΔA 与待测组分 b 的 c_b 成正比，依据此关系可以求得待测组分的量。

3. 导数光谱法　导数光谱法是解决干扰物质与被测物质的吸收光谱重叠，消除胶体和悬浮物散射影响和背景吸收，提高光谱分辨率的一种技术。根据 Lambert-Beer 定律 $A=\varepsilon_{\lambda}cl$ 可得到吸光度与波长的多阶导数为：

一阶导数
$$\frac{dA}{d\lambda}=\frac{d\varepsilon}{d\lambda}\cdot cl \tag{11-16}$$

二阶导数
$$\frac{d^2A}{d\lambda^2}=\frac{d^2\varepsilon}{d\lambda^2}\cdot cl \tag{11-17}$$

三阶导数
$$\frac{d^3A}{d\lambda^3}=\frac{d^3\varepsilon}{d\lambda^3}\cdot cl \tag{11-18}$$

n 阶导数

$$\frac{d^nA}{d\lambda^n}=\frac{d^n\varepsilon}{d\lambda^n}\cdot cl \tag{11-19}$$

经 n 次求导后，吸光度 A 的导数值仍与吸收物质浓度 c 成正比，借此可用于定量分析。

在用导数光谱进行定量分析时，需要对扫描出的导数光谱进行测量以获得导数值。常用的测量方法有三种。

（1）基线法　也叫正切法，是指画一条直线正切于两个相邻的极大值或极小值，然后测量中间极值至切线的距离 d。这种方法可用于线性背景干扰的试样测定。

（2）峰谷法　如果基线平坦，可通过测量两个极值之间的距离 p 来进行定量分析。

（3）峰零法　极值到零点之间的垂直距离 z 也可以作为导数值。这种方法适用于信号对称于横坐标的较高阶导数的求值。

导数光谱的最大优点是分辨率得到很大提高。因为吸收光谱曲线经过求导之后，其中各种微小变化能更好地显示出来。它能分辨两个或两个以上完全重叠或以很小波长差相重叠的吸收峰，能够分辨吸光度随波长急剧上升时所掩盖的弱吸收峰，能确认宽吸收带的最大吸收波长。导数光谱可以消除胶体和悬浮物散射影响和背景吸收，因此可以提高检测灵敏度。

随着导数阶数的增加，极值数目的增多，能给出分子结构的更多信息，提高了化合物分辨能力，在任何波长处导数光谱上的数值都与浓度成正比，且可通过选择适宜的波长和求导条件消除背景、杂质或共存物吸收的干扰，提高了紫外-可见分光光度法测定的灵敏度和专属性，是多组分在无需分离情况下即能测定的好方法。但对仪器的要求较高，需有存储和数据处理系统，价格昂贵。

本章小结

紫外-可见分光光度法
- 基本原理
  - 分子外层电子能级跃迁
  - 电子跃迁类型
  - 紫外-可见吸收光谱的常见术语
  - 吸收带与分子结构的关系
- 朗伯-比尔定律
  - $A=Ecl$
  - 百分吸光系数
  - 摩尔吸光系数
  - 偏离朗伯-比尔定律因素
- 仪器
  - 光源
  - 单色器和吸收池
  - 检测器
  - 讯号处理和显示器
- 分析方法
  - 定性分析
  - 纯度检查
  - 单组分定量分析
  - 多组分定量分析

练习题

题库

1. 试述紫外-可见分光光度计的主要部件及其作用。

2. Lambert-Beer 定律的物理意义是什么？为什么说 Beer 定律只适用于单色光？浓度 c 与吸光度 A 线性关系发生偏离的主要因素有哪些？

3. 紫外-可见分光光度计从光路分类有哪几类？

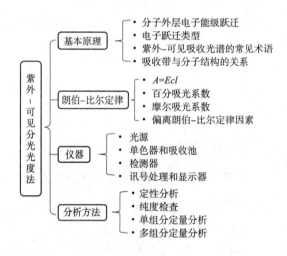

4. 为什么最好在 λ_{max} 处测定化合物的含量？

5. 肾上腺色腙片的相对摩尔质量为 236，将其配成 100ml 含肾上腺色腙片 0.4300mg 的溶液，盛于 1cm 吸收池中，在 $\lambda_{max}=55nm$ 处测得 A 值为 0.483，试求肾上腺色腙片的 $E_{1cm}^{1\%}$ 和 ε 值。

6. 称取维生素 C 0.0500g 溶于 100ml 的 5mol/L 硫酸溶液中，准确量取此溶液 2.00ml 稀释至 100ml，取此溶液于 1cm 吸收池中，在 $\lambda_{max}=245nm$ 处测得 A 值为 0.498。求样品中维生素 C 的百分质量分数。[已知 $E_{1cm}^{1\%}=560ml/(g\cdot cm)$]

7. 精密称取试样 0.0500g，用 0.02mol/L HCl 稀释，配制成 250ml。准确吸取 2.00ml，稀释至 100ml，以 0.02mol/L HCl 为空白，在 253nm 处用 1cm 吸收池测得 $T=41.7\%$，其 $\varepsilon=12000L/(mol\cdot cm)$，被测组分的分子质 $M=100.0$，试计算 $E_{1cm}^{1\%}$（263nm）和试样中被测组分的百分质量分数。

8. 测定血清中的磷酸盐含量时，取血清试样 5.00ml 于 100ml 量瓶中，加显色剂显色后，稀释至刻度。吸取该试液 25.00ml，测得吸光度为 0.582；另取该试液 25.00ml，加 1.00ml 0.0500mg 磷酸盐，测得吸光度为 0.693。计算每毫升血清中含磷酸盐的质量。

9. 称取某药物一定量，用 0.1mol/L HCl 溶解后，转移至 100ml 容量瓶中用同样 HCl 稀释至刻度。吸取该溶液 5.00ml，再稀释至 100ml。取稀释液用 2cm 吸收池，在 310nm 处进行吸光度测定，欲使吸光度为 0.350。问需称样多少毫克？（已知：该药物在 310nm 处摩尔吸收系数 $\varepsilon=6130L/(mol\cdot cm)$，摩尔质量 $M=327.8$）

10. 精密称取维生素 B_{12} 对照品 20.0mg，加水准确稀释至 1000ml，将此溶液置厚度为 1cm 的吸收池中，在 $\lambda=361nm$ 处测得 $A=0.414$。另取两个试样，一为维生素 B_{12} 的原料药，精密称取 20.0mg，加水准确稀释至 1000ml，同样条件下测得 $A=0.390$，另一为维生素 B_{12} 注射液，精密吸取 1.00ml，稀释至 10.00ml，同样条件下测得 $A=0.510$。试分别计算维生素 B_{12} 原料药的百分质量分数和注射液的浓度。

11. 测定废水中的酚，利用加入过量的有色的显色剂形成有色络合物，并在 575nm 处测量吸光度。若溶液中有色络合物的浓度为 $1.0\times10^{-5}mol/l$，游离试剂的浓度为 $1.0\times10^{-4}mol/L$ 测得吸光度为 0.657：在同一波长下，仅含 $1.0\times10^{-4}mol/L$ 游离试剂的溶液，其吸光度只有 0.018，所有测量都在 2.0cm 吸收池和以水作空白下进行，计算在 575nm 时，（1）游离试剂的摩尔吸光系数；（2）有色络合物的摩尔吸光系数。

12. A 与 B 两种物质的对照品溶液及样品溶液，用等厚度的吸收池测得吸光度如下表。（1）求被测混合物中 A 和 B 含量。（2）求被测混合物在 300nm 处的吸光度。

样品＼波长	238nm	282nm	300nm
A 对照 3.0μg/ml	0.112	0.216	0.810
B 对照 5.0μg/ml	1.075	0.360	0.080
A+B 样品	0.442	0.278	—

13. 有一个两色酸碱指示剂，其酸式（HA）吸收 420nm 的光，摩尔吸光系数为 325L/(mol·cm)。其碱式（A^-）吸收 600nm 的光，摩尔吸光系数为 120L/(mol·cm)。HA 在 600nm 处无吸收，A^- 在 420nm 处无吸收。现有该指示剂的水溶液，用 1cm 比色皿，在 420nm 处测得吸光度为 0.108，在 600nm 处吸光度为 0.280。若指示剂的 pKa 为 3.90，计算该水溶液的 pH 值。

14. 某一元弱酸的酸式体在 475nm 处有吸收，$\varepsilon=3.4\times10^4L/(mol\cdot cm)$，而它的共轭碱在此波长下无吸收，在 pH=3.90 的缓冲溶液中，浓度为 $2.72\times10^{-5}mol/L$ 的该弱酸溶液在 475nm 处的吸光度为 0.261（用 1cm 吸收池），计算此弱酸的 K_a 值。

（高先娟）

第十二章

荧光分析法

学习导引

知识要求

1. **掌握** 荧光分析法的基本原理；激发光谱和发射光谱；荧光光谱的特征；荧光与分子结构的关系；荧光定量分析方法。

2. **熟悉** 物质分子荧光的产生；荧光寿命与荧光效率；荧光分光光度计的工作原理。

3. **了解** 影响荧光强度的因素；荧光分析法在本专业中的应用。

能力要求

熟练掌握荧光分析法的基本原理、特征、定量方法、仪器结构及操作技能；学会荧光分析技术在药学、临床、生物医学、环境、食品等领域的应用，解决荧光物质的定量分析的问题。

素质要求

充分理解荧光分析法是在高度融合光、电、物理、化学、材料科学、生物学、计算机等相关知识体系及先进技术的基础上逐步发展完善起来的。牢固树立多学科交叉融合与团队协作的科研精神，在药物筛选、疾病诊断等领域为我国的医药事业发展做出更大的贡献。

案例解析

【案例】 利血平，是一种吲哚型生物碱，存在于萝芙木属多种植物中。它能降低血压和减慢心率，广泛用于轻度和中度高血压的治疗，其降压作用起效慢，但作用持久。

【问题】 如何测定利血平片含量?

【解析】 利血平的溶液放置一定时间后变黄，并有显著的荧光，加酸和曝光后荧光增强。《中国药典》（2020年版）采用荧光分析法，避光操作，对利血平片进行含量测定。取利血平片，照利血平片“含量测定”项下方法制备供试品溶液和对照品溶液。精密量取对照品溶液与供试品溶液各5ml，分别置具塞试管中，加五氧化二钒试液2.0ml，激烈振摇后，在30℃放置1小时，照荧光分析法，在激发光波长400nm、发射光波长500nm处分别测定荧光强度，计算利血平含量，应为标示量的90.0%~110.0%。

有些物质被特定波长的光照射时，除了能吸收某种波长的光产生吸收光谱外，还会发射出比原来所吸收光的波长更长的光，当激发光停止照射，物质所发射的光线也很快随之消失，这种现象称为光致发光，最常见的光致发光现象是荧光（fluorescence）和磷光（phosphorescence）。荧光是物质分子接受光子能量被激发后，从激发态的最低振动能级返回基态时发射出的光。荧光分析法（fluorometry）是根据物质的荧光谱线位置及其强度进行物质鉴定和含量测定的方法。

根据待测物质的不同可分为分子荧光和原子荧光。根据激发光的波长范围的不同，可分为紫外-可见荧光、红外荧光和X射线荧光。本章仅介绍以紫外-可见光为激发光源的分子荧光分析法（molecular fluorometry）。

荧光分析法的主要优点是灵敏度高，选择性好，其检测限达 10^{-10} g/ml，甚至可达 10^{-12} g/ml，比紫外-可见分光光度法低2~3个数量级以上。试样用量小，操作简便，工作曲线的线性范围宽。由于荧光分析法的以上优点，并且许多重要的生物活性物质都具有荧光性质，荧光分光光度法已成为重要的分析方法之一，在药学、临床、环境、食品以及生命科学研究等领域具有广泛的应用。

第一节　荧光分析法的基本原理

PPT

一、分子荧光的产生

（一）分子的激发过程

物质的分子体系中存在着一系列紧密相隔的电子能级，而每个电子能级中又包含一系列的振动能级和转动能级。在室温时，大多数分子处在电子基态的最低振动能级。当物质受光照射时，物质分子将吸收一定波长的光能从基态最低振动能级跃迁到第一电子激发态以及更高电子激发态的不同振动能级，成为激发态分子，这个过程是物质分子的激发过程。激发态分子不稳定，会很快通过辐射跃迁或无辐射跃迁释放能量返回基态，就会发生能级之间的跃迁。

大多数有机化合物分子中含有偶数个电子，在基态时，分子中的电子成对地填充在能量最低的各轨道中。根据Pauli不相容原理，一个给定轨道中的两个电子，必定具有相反方向的自旋，即自旋量子数分别为1/2和-1/2，其总自旋量子数 $S=1/2+(-1/2)=0$，即基态时电子没有净自旋。

分子中的电子能级具有多重性，可用 $M=2S+1$ 表示，S 为电子的总自旋量子数，其值可为0或1。当分子轨道中的两个电子自旋方向相反时 $S=0$，分子的多重性 $M=1$，此时分子所处的电子能态称为单重态（singlet state），用符号S表示。基态单重态和各种激发单重态，分别记作 S_0、S_1 和 S_2……。两个电子自旋方向相同时 $S=1$，分子的多重性 $M=3$，此时分子所处的电子能态称为三重态（triplet state），用符号 T 表示。

当基态的一个电子吸收光辐射被激发而跃迁至较高的电子能态时，通常电子不发生自旋方向的改变，即两个电子的自旋方向仍相反，总自旋量子数 S 仍等于0，这时分子处于激发单重态。在某些情况下，电子在跃迁过程中还伴随着自旋方向的改变，这时分子的两个电子的自旋方向相同，自旋量子数都为1/2，总自旋量子数 S 等于1，这时分子处于激发三重态。电子自旋方向的改变使能级稍低。因为单重基态 S_0 至三重态T是一种禁阻跃迁，所以概率很小。分子的基态、激发单重态和激发三重态的电子分布见图12-1。

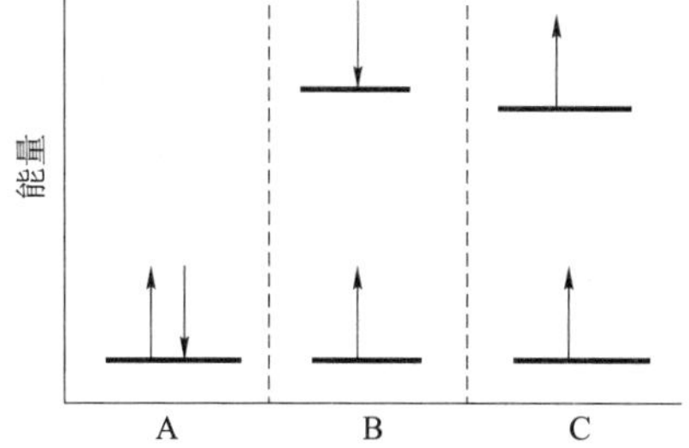

图12-1　单重态及三重态的激发示意图

A. 单重基态；B. 激发单重态；C. 激发三重态

（二）荧光的产生

根据波兹曼分布，分子在室温时基本上处于电子能级的基态。当吸收了紫外-可见光后，基态分子中的电子只能跃迁到激发单重态的各个不同振动-转动能级，根据自旋禁阻选律，不能直接跃迁到激发三重态的各个振动-转动能级。

处于激发态的分子是不稳定的，通常以辐射跃迁和无辐射跃迁等方式释放多余的能量而返回至基态，发射荧光是其中的一条途径。这些过程叙述如下，相应的示意图见图12-2，图中 S_0、S_1 和 S_2 分别表示分子的基态、第一和第二电子激发的单重态，T_1、T_2表示第一和第二电子激发的三重态。

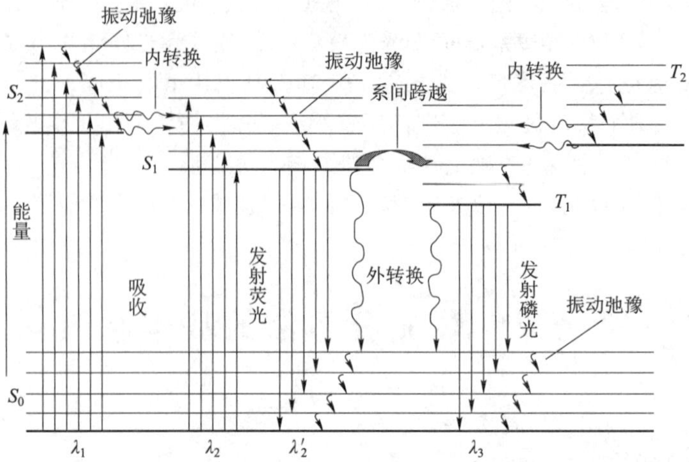

图 12-2　分子受激发和产生荧光（或磷光）示意图

1. 振动弛豫（vibrational relaxation） 是处于激发态各振动能级的分子通过与溶剂分子的碰撞而将部分振动能量传递给溶剂分子，其电子则返回到同一电子激发态的最低振动能级的过程。由于能量不是以光辐射的形式放出，故振动弛豫属于无辐射跃迁。振动弛豫只能在同一电子能级内进行，发生振动弛豫的时间约为 10^{-12}秒。

2. 内部能量转换（internal conversion） 简称内转换，是当两个电子激发态之间的能量相差较小以致其振动能级有重叠时，受激分子常由高电子能级以无辐射方式转移至低电子能级的过程。内转换发生的时间约在 10^{-12}秒。如在图 12-2 中，S_1的较高振动能级与 S_2的较低振动能级的势能非常接近，内转换过程（$S_1 \rightarrow S_2$）很容易发生。内转换过程同样也发生在激发三重态的电子能级间。

3. 荧光发射（fluorescence emission） 无论分子最初处于哪一个激发单重态，通过内转换及振动弛豫，均可返回到第一激发单重态的最低振动能级，然后再以辐射形式发射光量子而返回至基态的任一振动能级上，这时发射的光量子称为荧光。发射荧光的过程约为 $10^{-9} \sim 10^{-7}$秒。由于振动弛豫和内转换损失了部分能量，故荧光的波长总比激发光波长要长。由于电子返回基态时可以停留在基态的任一振动能级上，因此得到的荧光为复合光，在荧光光谱上常只出现一个荧光带。通过进一步振动弛豫，这些电子都很快地回到基态的最低振动能级。

4. 外部能量转换（external conversion） 简称外转换，是溶液中的激发态分子与溶剂分子或与其他溶质分子之间相互碰撞而失去能量，并以热能的形式释放能量的过程。外转换常发生在第一激发单重态或激发三重态的最低振动能级向基态转换的过程中。外转换会降低荧光强度。

5. 体系间跨越（intersystem crossing） 是处于激发态分子的电子发生自旋反转而使分子的多重性发生变化的过程。如图 12-2 所示：S_1的最低振动能级同 T_1的最高振动能级重叠，则有可能发生体系间跨越（$S_1 \rightarrow T_1$）。分子由激发单重态跨越到激发三重态后，荧光强度减弱甚至熄灭。含有重原子如碘、溴等的分子时，体系间跨越最为常见，原因是在高原子序数的原子中，电子的自旋与轨道运动之间的相互作用较大，有利于电子自旋反转的发生。另外，在溶液中存在氧分子等顺磁性物质也容易发生体系间跨越，从而使荧光减弱。

6. 磷光发射（phosphorescence emission） 经过体系间跨越的分子再通过振动弛豫降至激发三重态的最低振动能级，分子在激发三重态的最低振动能级可以存活一段时间，然后返回至基态的各个振动能级而发出光辐射，这种光辐射称为磷光。由于激发三重态的能级比激发单重态的最低振动能级能量低，所以磷光辐射的能量比荧光更小，亦即磷光的波长比荧光更长。因为分子在激发三重态的寿命较长，所以磷光发射比荧光更迟，需要 $10^{-3} \sim 10$ 秒或更长的时间。由于荧光物质分子与溶剂分子间相互碰撞等因素的影响，处于激发三重态的分子常常通过无辐射过程失活回到基态，因此在室温下很少呈现磷光，只有通过冷冻或固定化而减少外转换才能检测到磷光，所以磷光法的应用不如荧光分析法普遍。

课堂互动

我们生活中有哪些荧光？萤火虫为什么发光？

二、激发光谱和荧光光谱

荧光和磷光均属于光致发光，所以都涉及两种辐射，即激发光（吸收）和发射光，因而也都具有两种特征光谱，即激发光谱（excitation spectrum）和发射光谱（emission spectrum）或称荧光光谱（fluorescence spectrum），它们是荧光和磷光定性和定量分析的基本参数及依据。

（一）激发光谱

固定发射单色器在某一波长，连续改变激发单色器波长，测定不同波长入射光下的荧光强度，以激发波长（λ_{ex}）为横坐标，荧光强度（F）为纵坐标作图，便可得到荧光物质的激发光谱（$F-\lambda_{ex}$曲线）。表示不同激发波长的辐射引起物质发射某一波长荧光的相对效率。激发光谱相当于荧光物质的表观吸收光谱，其形状与吸收光谱极为相似，一般选择能产生最强荧光强度的激发波长 $\lambda_{ex(max)}$ 作为测定波长，以提高灵敏度。

（二）荧光光谱

同一个荧光物质，固定激发光波长和强度，测定不同荧光波长下的荧光强度，以荧光的波长（λ_{em}）为横坐标，荧光强度（F）为纵坐标作图，便可得到荧光物质的荧光光谱（$F-\lambda_{em}$曲线），称为荧光发射光谱，表示在所发射的荧光中各种波长组分的相对强度。一般选择最强荧光强度的荧光波长 $\lambda_{em(max)}$ 作为测定波长，以提高灵敏度。图 12-3 是萘的激发光谱、荧光和磷光光谱曲线。

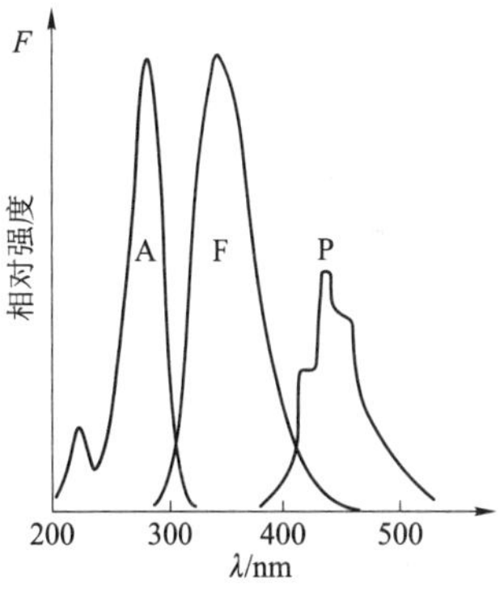

图 12-3　萘的激发光谱（A）、荧光（F）和磷光（P）光谱

（三）激发光谱和荧光光谱的特征

激发光谱和荧光光谱是荧光物质的特征光谱，通常用来鉴别荧光物质，而且是选择测定波长的依据。具有以下特征。

1. 斯托克斯位移（Stokes shift）　在溶液荧光光谱中，所观察到的荧光发射波长总是大于激发波长，$\lambda_{em}>\lambda_{ex}$。Stokes 于 1852 年首次发现这种波长位移现象，故称 Stokes 位移。

斯托克斯位移说明了在激发与发射之间存在着一定的能量损失。由荧光的产生过程可知，激发态分子由于振动弛豫及内部转换的无辐射跃迁而迅速衰变到 S_1 电子激发态的最低振动能级才开始产生荧光，由于荧光发射的能量比受激发的能量低，所以荧光发射波长比激发波长更长。

2. 荧光光谱的形状与激发波长无关　虽然分子的电子吸收光谱可能含有几个吸收带，但其荧光光谱却只有一个发射带。这是由于荧光发射是激发态的分子由第一激发单重态的最低振动能级跃迁回基态的各振动能级所产生的，所以无论激发光的能量多大，把电子激发到哪种激发态，都将经过迅速的振动弛豫及内部转换损失部分能量后跃迁至第一激发单重态的最低振动能级，所以荧光发射光谱只含有一个发射带，且发射光谱的形状与激发波长无关。

3. 荧光光谱与激发光谱的形状呈镜像关系　物质的分子只有对光有吸收，才会被激发，所以，从理论上说，某化合物的荧光激发光谱的形状，应与它的吸收光谱的形状完全相同。然而实际并非如此，由于存在着测量仪器的因素或测量环境的某些影响，使得绝大多数情况下，“表观”激发光谱与吸收光谱两者的形状有所差别。只有在校正仪器因素后，两者才非常近似，而如果也校正了环境因素后，两者的形状才相同。

如果把某物质的荧光发射光谱和它的吸收光谱相比较，便会发现两者之间存在着“镜像对称”关系。图 12-4 是蒽的激发光谱和荧光光谱。

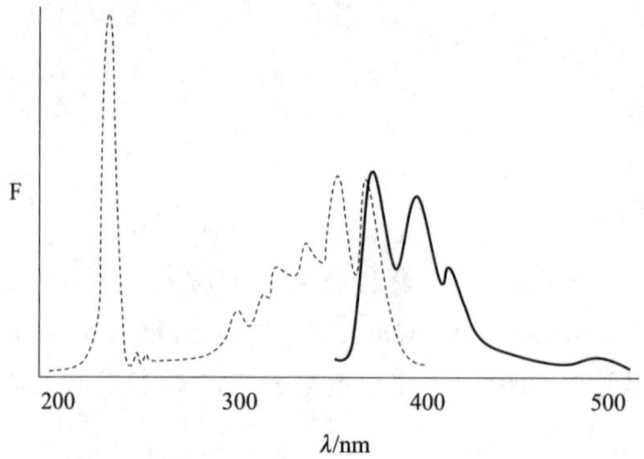

图 12-4　蒽的激发光谱（虚线）和荧光光谱（实线）

三、荧光与分子结构的关系

（一）荧光效率和荧光寿命

荧光效率和荧光寿命是荧光物质的重要发光参数。

1. 荧光效率（fluorescence efficiency） 又称荧光量子产率（fluorescence quantum yield），是指激发态分子发射荧光的光子数与基态分子吸收激发光的光子数之比，常用 φ_f 表示：

$$\varphi_f=\frac{\text{发射荧光的光子数}}{\text{吸收激发光的光子数}} \tag{12-1}$$

若所有激发态分子都将以发射荧光的方式回到基态，这一体系的荧光效率等于 1。但在溶液中激发态的分子会发生振动弛豫及内部转换等无辐射跃使得大部分荧光物质的 $\varphi_f<1$，因此，物质的荧光效率一般在 0~1 之间。

2. 荧光寿命（fluorescence life time） 是指当除去激发光源后，分子的荧光强度降低到最大荧光强度的 1/e 所需的时间（t），常用 τ_f 表示。荧光强度的衰减可用下式表示：

$$F_t = F_0 e^{-Kt} \tag{12-2}$$

式（12-2）中，F_0 和 F_t 分别是在激发时 $t=0$ 和激发后时间 t 时的荧光强度，K 是衰减常数。假定在时间 $t=\tau_f$ 时测得的 F_t 为 F_0 的 1/e，即 $F_t=(1/e)F_0$，则根据式（12-2）：

$$\frac{1}{e}F_0=F_0e^{-K\tau_f}$$

即

$$e^{-K\tau_f}=\frac{1}{e}, K\tau_f=1, K=\frac{1}{\tau_f}$$

于是式（12-2）可写成

$$\frac{F_0}{F_t}=e^{Kt}, \text{即} \frac{F_0}{F_t}=e^{\frac{t}{\tau_f}}$$

所以，当荧光物质受激发时和除去激发光后时间 t 时的荧光强度 F_0 和 F_t 与 t 和 τ_f 的关系为：

$$\ln\frac{F_0}{F_t}=\frac{t}{\tau_f} \tag{12-3}$$

若以 $\ln\frac{F_0}{F_t}$ 对 t 作图，则直线斜率为 $\frac{1}{\tau_f}$，由此可计算荧光寿命。利用分子荧光寿命的差别，可以进行荧光物质混合物的分析。

（二）荧光与分子结构的关系

荧光的产生涉及激发和发射两个过程，因此，物质产生荧光必须同时具备两个条件：一是物质分子必须有强的紫外-可见吸收特征结构；二是必须具备较高的荧光效率。能够符合上述条件的分子通常具备如下结构特征：

1. 共轭双键结构　如前所述，发射荧光的物质必须有强的紫外-可见吸收，因此，分子结构中含有$\pi\rightarrow\pi^*$跃迁，长共轭体系，荧光强度（荧光效率）越大。

绝大多数能产生荧光的物质都含有芳香环或杂环，因为芳香环和杂环分子具有长共轭的$\pi\rightarrow\pi^*$跃迁，其$\lambda_{em(max)}$和$\lambda_{ex(max)}$越移向长波方向，且荧光强度增强。例如苯、萘、蒽三个化合物的结构与荧光的关系如下：

 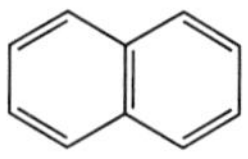 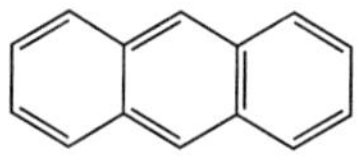

	苯	萘	蒽
$\lambda_{ex(max)}$	205nm	286nm	356nm
$\lambda_{ex(max)}$	278nm	321nm	404nm
φ_f	0.11	0.29	0.36

除芳香烃外，含有长共轭双键的脂肪烃也可能有荧光，但这一类化合物的数目不多。维生素 A 是能发射荧光的脂肪烃之一。

2. 刚性平面结构　荧光物质分子共轭程度相同时，分子的刚性和共平面性越大，荧光效率越高。例如，在相似的测定条件下，联苯和芴的荧光效率分别为 0.2 和 1.0，二者的结构差别在于芴的分子中加入亚甲基成桥，限制了两个苯环的自由旋转，成为刚性分子，降低了分子的振动，减少了分子和溶剂分子及其他溶质分子的相互作用，因此，减少了无辐射去激发的可能性，同时刚性平面结构提高了分子的共轭程度，使荧光效率大大增加。

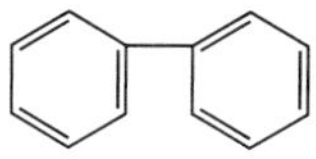

联苯（φ_f=0.2）

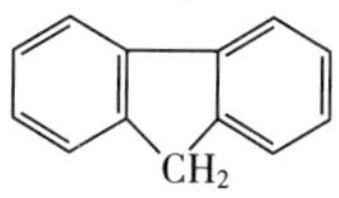

芴（φ_f=1.0）

某些化合物本来不发射荧光或发射荧光较弱，当与金属离子形成配位化合物后，如果分子的刚性和共平面性增强，那么就可以发射荧光或增强荧光。例如，8-羟基喹啉是弱荧光物质，与Mg^{2+}形成配位化合物后，荧光就增强。

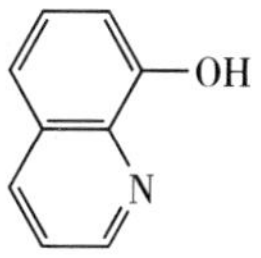

8-羟基喹啉

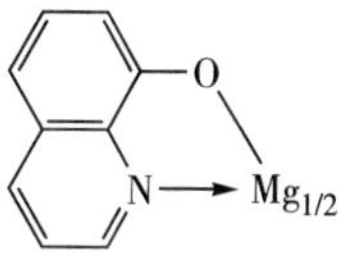

8-羟基喹啉镁

如果原来结构中共平面性较好，但由于位阻效应使分子共平面性下降后，则荧光减弱。例如，1-二甲氨基萘-7-磺酸钠的φ_f= 0.75，1-二甲氨基萘-8-磺酸钠的φ_f= 0.03，这是因为后者的二甲氨基与磺酸盐之间的位阻效应，使分子发生了扭转，两个环不能共平面，因而使荧光大大减弱。

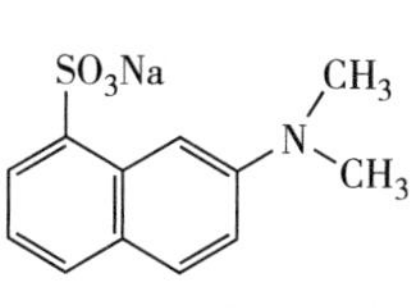

1-二甲氨基萘-7-磺酸钠（φ_f=0.75）

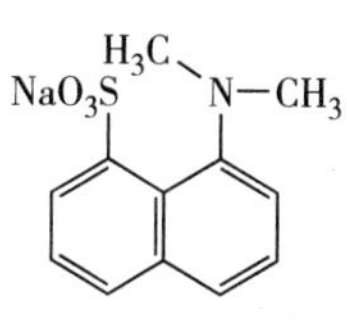

1-二甲氨基萘-8-磺酸钠（φ_f=0.03）

立体异构现象对荧光强度有显著的影响，对于顺反异构体，顺式分子的两个基团在同一侧，由于位阻效应使分子不能共平面而没有荧光。例如，1,2-二苯乙烯的反式异构体是强荧光物质，而其顺式异构体没有荧光。

3. 取代基对分子荧光的影响 荧光物质分子上的各种取代基对分子的荧光光谱和荧光强度也有一定影响。取代基可分为如下三类。

（1）给电子基团 如：$—NH_2$、—OH、$—OCH_3$、—NHR、$—NR_2$、—CN 等，该类取代基团能增加分子的 π 电子共轭程度，常使荧光效率提高，荧光波长长移。

（2）吸电子基团 如：—COOH、$—NO_2$、—C ═O、—NO、—SH、$—NHCOCH_3$、—F、—Cl、—Br、—I 等，该类取代基能减弱分子的 π 电子共轭程度，使荧光减弱甚至熄灭。

（3）其他基团 如：—R、$—SO_3H$、$—NH_3^+$等，该类取代基团对 π 电子共轭体系作用较小，对荧光的影响也不明显。

（三）荧光试剂

为了提高测定的灵敏度和选择性，常使弱荧光物质与某些荧光试剂作用，以得到强荧光性产物，扩大荧光分析法的应用范围。荧光试剂的种类很多，以下是几个重要的荧光试剂。

1. 荧光胺（fluorescamine） 能与脂肪族和芳香族伯胺形成高强度荧光衍生物，荧光条件为：λ_{ex} = 275、390nm，λ_{em} = 480nm。荧光胺及其水解产物均不显荧光。

2. 邻苯二甲醛（OPA） 在2-巯基乙醇存在下，pH 9~10 的缓冲溶液中，OPA 能与伯胺类，特别是半胱氨酸、脯氨酸及羟脯氨酸外的 α-氨基酸生成灵敏的荧光产物。荧光条件为：λ_{ex} = 340nm，λ_{em} = 455nm。

3. 1-二甲氨基-5-氯化磺酰萘（Dansyl-Cl，丹酰氯） 能与伯、仲胺及酚基的生物碱反应生成荧光产物。与丹酰氯类似的试剂丹酰肼（Dansyl-$NHNH_2$），它能与可的松等的羰基缩合，产生强烈荧光。荧光条件为：λ_{ex} = 365nm，λ_{em} = 500nm 左右。

4. 测定无机离子的荧光试剂 无机离子一般不显荧光，然而很多无机离子能与具有 π 电子共轭结构的有机化合物形成荧光的配合物，故可用荧光法测定。还有一些无机阴离子如 CN^-、F^-等，能与 Al、Zr 等离子强烈配位而使原有的荧光配合物的荧光减弱或熄灭，从而可测定 CN^-、F^-等离子的浓度。

四、影响荧光强度的外部因素

分子所处的外界环境，如溶剂、温度、pH 值、荧光熄灭剂等都会影响荧光效率，甚至影响分子结构及立体构象，从而影响荧光光谱的形状和强度。明确影响荧光强度的因素，可以选择合适的测定条件，从而提高荧光分析的灵敏度和选择性。

（一）溶剂的影响

同一物质在不同溶剂中，其荧光光谱的形状和强度都有差别。溶剂的影响主要与溶剂极性和黏度有关。

一般情况下，荧光波长随着溶剂极性的增强而长移，荧光强度也增强。在极性溶剂中，$\pi \rightarrow \pi^*$ 跃迁的能量差 ΔE 小，从而使紫外吸收波长和荧光波长均长移。此外，跃迁概率也增加，故强度也增强。

溶剂黏度增大时，可以减少溶质分子间碰撞机会，使无辐射跃迁减少而荧光增强，甚至产生磷光。相反，溶剂黏度低时，分子间碰撞机会增加，使无辐射跃迁增加，而荧光减弱。故荧光强度随溶剂黏度的降低而减弱。

（二）温度的影响

在一般情况下，溶液中荧光物质的荧光效率和荧光强度随着温度的升高而降低。这主要是因为温度升高时，分子运动速度加快，分子间碰撞几率增加，使无辐射跃迁增加，从而降低了荧光效率。例如荧光素钠的乙醇溶液，在 0℃以下，温度每降低 10℃，φ_f增加 3%，在-80℃时，φ_f为 1。

（三）酸度的影响

当荧光物质本身是弱酸或弱碱时，溶液 pH 值的改变将对其荧光强度有较大影响，这主要是因为在不同酸度中分子和离子间的平衡改变，因此荧光强度也有差异。每一种荧光物质都有它最适宜的发射荧光的存在形式，也就是有它最适宜的 pH 范围。例如苯胺在 pH 7 ~ 12 的溶液中主要以分子形式存在，由于$—NH_2$是提高荧光效率的取代基，故苯胺分子会发生蓝色荧光。但在 pH<2 和 pH>13 的溶液中均以离子形式存在，故不能发射荧光。

（四）熄灭剂的影响

荧光熄灭又称荧光淬灭，是指荧光物质分子与溶剂分子或其他溶质分子相互作用引起荧光强度降低的现象。引起荧光熄灭的物质称为荧光熄灭剂（quenching medium）。如卤素离子、重金属离子、氧分子以及硝基化合物、重氮化合物、羰基和羧基化合物均为常见的荧光熄灭剂。荧光熄灭的原因很多，机理也很复杂，主要包括以下类型。

1. 动态熄灭 因荧光物质的分子和熄灭剂分子碰撞而损失能量引起的荧光熄灭。

2. 静态熄灭 荧光物质的分子与熄灭剂分子作用生成了本身不发光的配位化合物引起的荧光熄灭。

3. 转入三重态熄灭 由于氧分子的顺磁性，促进了体系间跨越，使激发单重态的荧光分子转变至三重态而引起的荧光熄灭。

4. 自熄灭 浓度较大（超过 1g/L）时，可发生自熄灭现象。

荧光物质中引入荧光熄灭剂会使荧光分析产生误差，但是，如果一个荧光物质在加入某种熄灭剂后，荧光强度的减弱和荧光熄灭剂的浓度呈线性关系，则可以利用这一性质测定荧光熄灭剂的含量，这种方法称为荧光熄灭法（fluorescence quenching method）。如利用氧分子对硼酸根-二苯乙醇酮配合物的荧光熄灭效应，可进行微量氧的测定。

（五）散射光的影响

当一束平行单色光照射在液体样品上时，大部分光线透过溶液，小部分由于光子和物质分子相碰撞，使光子的运动方向发生改变而向不同角度散射，这种光称为散射光（scattering light）。散射光包括瑞利光（Rayleigh scattering light）和拉曼光（Raman scattering light）两种，它们对荧光强度无干扰，但对荧光测定有干扰，必须采取相应措施进行消除。

瑞利光是指光子和物质分子发生弹性碰撞时，不发生能量的交换，仅仅是光子运动方向发生改变的散射光。其波长与入射光波长相同。只要通过单色器选择适当的荧光测定波长即可消除瑞利光的影响。

拉曼光是指光子和物质分子发生非弹性碰撞时，发生能量的交换，光子的能量和运动方向都发生改变的散射光。其波长与入射光波长不同。拉曼光波长比入射光波长更长，与荧光波长接近，因此无法仅通过单色器消除其影响。

散射光对荧光测定有干扰，尤其是拉曼光，通过选择适当的激发波长可消除其干扰。以硫酸奎宁为例，从图 12-5（a）可以看出，无论选择 320nm 或 350nm 为激发光，荧光峰总是在 448nm。而从图 12-5（b）可见，当激发光波长为 320nm 时，空白溶剂的拉曼光波长是 360nm，对荧光测定无干扰；当激发光波长为 350nm 时，空白溶剂的拉曼光波长是 400nm，对荧光测定有干扰，因此应选择 320nm 为激发波长。

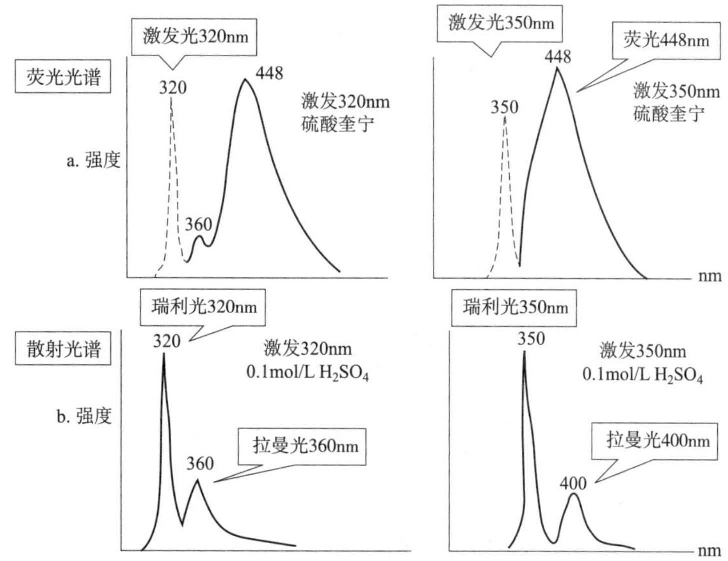

图 12-5 硫酸奎宁在不同激发波长下的荧光光谱（a）与溶剂的散射光谱（b）

知识拓展

拉曼光谱简介

拉曼光谱分析法是1928年基于印度科学家C. V. 拉曼（Raman）所发现的拉曼散射效应，同年在苏联和法国也被观察到。拉曼光谱（Raman spectra），是一种散射光谱，是对与入射光频率不同的散射光谱进行分析以得到分子振动、转动方面信息，并应用于分子结构研究的一种分析方法。分子能级的跃迁仅涉及转动能级，发射的散射光谱称为小拉曼光谱；涉及振动-转动能级，发射的散射光谱称为大拉曼光谱。无论是极性分子，还是非极性分子都能产生拉曼光谱。激光器的问世，提供了优质高强度单色光，有力推动了拉曼散射的研究及其应用。拉曼光谱的应用范围遍及化学、物理学、生物学和医学等各个领域，对于纯定性分析、高度定量分析和测定分子结构都有极其重要的应用价值。

第二节　荧光定量分析方法

PPT

一、荧光强度与物质浓度的关系

由于荧光物质是在吸收光能而被激发之后才发射荧光的，因此溶液的荧光强度与该溶液中荧光物质吸收光能的程度（即吸光度）以及荧光效率有关。当一束强度为 I_0 的紫外-可见光照射一浓度为 c，液层厚度为 l 的荧光物质时，该物质吸收光（吸收光强度为 I_a）后被激发，发出荧光，其荧光强度为 F。但由于激发光的一部分被透过（透射光强度为 I_t），因此，在激发光的方向观察荧光是不适宜的。一般是在与激发光源垂直的方向观测，如图12-6所示。

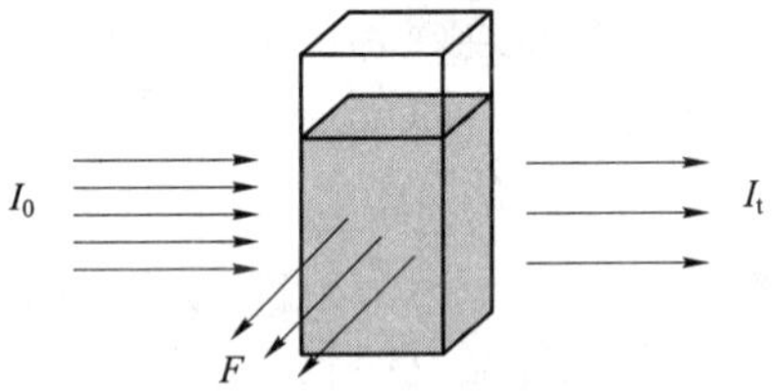

图12-6　溶液的荧光

荧光强度正比于被荧光物质吸收的光强度，即：$F \propto I_a$，

$$I_a = I_0 - I_t \tag{12-4}$$

因为

$$T = \frac{I_t}{I_0} = 10^{-Ecl}, \text{或 } I_t = I_0 10^{-Ecl}$$

所以

$$I_a = I_0(1-10^{-Ecl}) \tag{12-5}$$

根据荧光效率的定义：

$$F = \varphi_f I_a = \varphi_f I_0(1-10^{-Ecl}) = \varphi_f I_0(1-e^{-2.3Ecl}) \tag{12-6}$$

而 $e^{-2.3Ecl}$ 的展开式为：

$$e^{-2.3}Ecl = 1 + \frac{(-2.3Ecl)^1}{1!} + \frac{(-2.3^{Ecl})^2}{2!} + \frac{(-2.3Ecl)^3}{3!} + \cdots\cdots$$

故

$$F = \varphi_f I_0 \left\{1 - \left[1 + \frac{(-2.3Ecl)^1}{1!} + \frac{(-2.3Ecl)^2}{2!} + \frac{(-2.3Ecl)^3}{3!} + \cdots\right]\right\} \tag{12-7}$$

若溶液很稀，$Ecl \leqslant 0.05$ 时，式（12-7）括号中高次项可以忽略，即：$e^{-2.3Ecl} = 1-2.3Ecl$，所以上式可简化为：

$$F = 2.3\varphi_f I_0 Ecl \tag{12-8}$$

可见，当溶液很稀时，荧光强度与物质的荧光效率、激发光强度、物质的吸光系数以及溶液的浓度呈线性关系。对于给定的荧光物质，当激发光波长和强度固定时，荧光强度与溶液浓度成正比，即：

$$F = Kc \tag{12-9}$$

式（12-9）中 K 为比例常数，为荧光定量分析的依据。

需要注意的是，当 $Ecl>0.05$ 时，式（12-7）括号中高次项不能忽略，此时荧光强度与溶液浓度之间不呈线性关系。通常，采用荧光分光光度法定量时应在低浓度溶液中进行。

荧光分析测定的是在很弱背景上的荧光强度，且其测定的灵敏度取决于检测器的灵敏度，即只要改进光电倍增管和放大系统，使极微弱的荧光能被检测到，就可以测定很稀的溶液，因此荧光分析法的灵敏度很高。而紫外-可见分光光度法测定的是透过光强和入射光强的比值，即 I_t/I_0，当浓度很低时，检测器难以检测两个大信号（I_0和 I_t）之间的微小差别；而且即使将光强信号放大，由于透过光强和入射光强都被放大，比值仍然不变，对提高检测灵敏度不起作用，故紫外-可见分光光度法的灵敏度不如荧光分析法高。

二、荧光定量分析方法

定量分析时，通常依据激发光谱和荧光光谱，选择最大激发波长 λ_{ex}和最大荧光波长 λ_{em}为测定波长。常用的方法有标准曲线法和比例法。

（一）标准曲线法

与紫外-可见分光光度法相似，先配制一系列不同浓度的对照品溶液，测定荧光强度，以荧光强度 F 为纵坐标，对照品溶液的浓度 c 为横坐标绘制标准曲线。然后在同样条件下测定供试品溶液的荧光强度，由标准曲线或回归方程求出供试品中荧光物质的含量。

与紫外-可见分光光度法不同的是，在绘制标准曲线时，常采用系列中某一对照品溶液作为基准，先将空白溶液的荧光强度读数调至 0，再将该对照品溶液的荧光强度读数调至 100% 或 50%，然后测定系列中其他各个对照品溶液的荧光强度 F，再绘制标准曲线，即 $F-c$ 曲线。在实际工作中，当仪器调零之后，先测定空白溶液的荧光强度 F_0，然后测定对照品溶液的荧光强度 F，用 F 减去 F_0，得到的就是对照品溶液本身的荧光强度，再绘制标准曲线。为了使在不同时间所绘制的标准曲线能一致，在每次绘制标准曲线时均采用同一对照品溶液对仪器进行校正。如果该对照品溶液在紫外光照射下不稳定，可改用另一稳定的标准溶液作为基准，只要其荧光峰和供试品溶液的荧光峰相近即可。例如在测定维生素 B_1时，采用硫酸奎宁的 0.05mol/L H_2SO_4溶液作为基准。

（二）比例法

如果荧光物质的标准曲线通过原点，可在其线性范围内，用比例法进行测定。取已知量的对照品，配制成浓度为 c_s的对照品溶液，使其浓度在线性范围之内，测定荧光强度 F_s，然后在同样条件下测定供试品溶液的荧光强度 F_x和空白溶液的荧光强度 F_0，按比例关系计算出供试品中荧光物质的浓度 c_x。即根据公式（12-9）得：

$$\frac{F_x}{F_S} = \frac{Kc_x}{Kc_S}$$

因是同一荧光物质，K 为同一常数，故：

$$c_x = \frac{F_x}{F_S} c_s \tag{12-10}$$

如果空白溶液的荧光强度调不到零，则必须从 F_s及 F_x值中扣除空白溶液的荧光强度 F_0，然后进行计算，方法如下：

$$F_s - F_0 = Kc_s$$

$$F_x - F_0 = Kc_x$$

$$c_x = \frac{F_x - F_0}{F_s - F_0} \times c_s \tag{12-11}$$

PPT

第三节　荧光分光光度计

用于测量荧光强度的仪器有滤光片荧光计、滤光片-单色器荧光计和荧光分光光度计三类。滤光片荧光计的激发滤光片让激发光通过；发射滤光片常用截止滤光片，截去所有的激发光和散射光，只允许试样的荧光通过，这种荧光计不能测定光谱，但可用于定量分析。滤光片-单色器荧光计是将发射滤光片用光栅代替，这种仪器不能测定激发光谱，但可测定荧光光谱。荧光分光光度计是两个滤光片都用光栅取代，它既可测量某一波长处的荧光强度，还可绘制激发光谱和荧光光谱。

一、荧光分光光度计的主要部件

荧光光度计的种类很多，但均包括如下几个主要部分：激发光源、激发单色器（置于样品池前）和发射单色器（置于样品池后）、样品池、检测器。基本部件和紫外-可见分光光度计大致相同。其结构如图 12-7 所示。激发光通过入射狭缝，经激发单色器分光后照射到被测物质上，发射的荧光再经发射单色器分光后用光电倍增管检测，并经系统放大信号后记录。

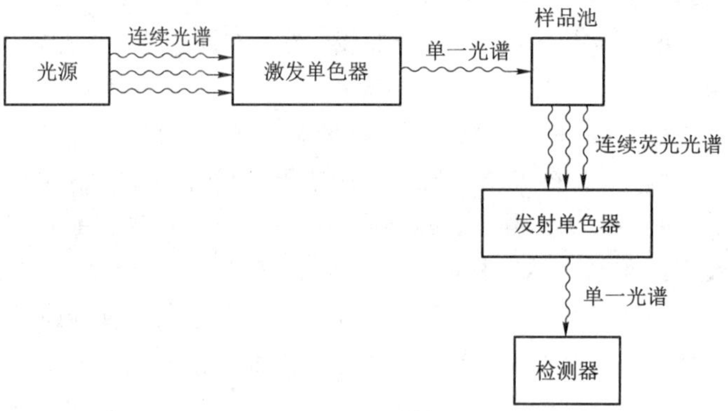

图 12-7　荧光分光光度计结构示意图

1. 光源（激发光源）　在紫外-可见光区范围提供荧光激发用的光源很多，主要有高压汞灯、氙灯和激光器等。荧光计所用的激发光源一般要比荧光分光光度计所用的光源强度大，所以常用高压汞灯，高压汞灯能产生强烈的线光谱，发射 365、398、405、436、546、579、690 及 734nm 谱线，大都用作带有滤光片的荧光计的光源。荧光分光光度计一般采用氙灯作光源，氙灯所发射的谱线强度大，而且是 250~700nm 波长范围内的连续光谱，并且在 300~400nm 波段内的谱线强度几乎相等。

2. 单色器　荧光光度计具有两个单色器：①激发单色器，置于光源和样品室之间的第一单色器，筛选出特定的激发光谱；②发射单色器，置于样品室和检测器之间第二单色器，筛选出特定的发射光谱。发射单色器通常与激发光源呈 90°角的位置。在滤光片荧光计中，通常使用滤光片作单色器。在荧光分光光度计中，激发单色器可以是滤光片，也可以是光栅，而发射单色器均为光栅。

3. 样品池　测定荧光用的样品池需用弱荧光的材料制成，常为四面透光且散射光较少的方形池。普通玻璃会吸收 323nm 以下的紫外线，不适用于在紫外区进行激发的荧光分析，所以常用石英制成的样品池。测量稀溶液时，光源与检测器成直角测量，以消除透射光的背景干扰。但为了一些特殊的测量需要，如浓溶液、固体样品等时，应用管形样品池，光源与检测器成锐角（30°或 40°）测量。

4. 检测器　可将光信号放大并转换为电信号。一般用光电管或光电倍增管作检测器。用紫外-可见光作激发光源时产生的荧光多为可见荧光，强度较弱，因此要求检测器的灵敏度高，通常采用光电倍增管作检测器。目前也有些仪器采用光电二极管阵列检测器，它具有检测效率高、寿命长、线性响应好、扫描速度快等优点。

5. 显示系统　包括放大器、处理器和显示器。放大器可以提高分析的灵敏度。显示器可采用数字显示及计算机显示等。现在大多仪器都配有专用微型计算机进行控制、处理和显示。

二、仪器的校正

1. 波长校正　若仪器的光学系统或检测器有所变动，或在较长时间使用之后，或在重要部件更换之后，有必要用汞灯的标准谱线对单色器波长刻度重新校正，这一点在要求较高的测定工作中尤为重要。

2. 灵敏度校正　荧光分光光度计的灵敏度可用被检测出的最低信号来表示，或用某一对照品的稀溶液在一定激发波长光的照射下，能发射出最低信噪比时的荧光强度的最低浓度表示。荧光分光光度计的灵敏度与下列三个方面有关：①与仪器的光源强度、稳定度、单色器性能、光电倍增管的特性有关；②与选用的波长及狭缝宽度有关；③与空白溶液的拉曼光、所选择的激发光及杂质荧光等有关。

由于影响荧光分光光度计灵敏度的因素很多，同一型号的仪器，甚至同一台仪器在不同时间操作，所得的结果也不尽相同。因而在每次测定时，在选定波长及狭缝宽度的条件下，先用一种稳定的荧光物质，配成浓度一致的对照品溶液对仪器进行校正，即每次将其荧光强度调节到相同数值（50% 或 100%）。如果被测物质所产生的荧光很稳定，自身就可作为对照品溶液。紫外-可见光范围内最常用的标准溶液是 1μg/ml 的硫酸奎宁对照品溶液（0.05mol/L H_2SO_4为溶剂）。

3. 激发光谱和荧光光谱的校正　用荧光分光光度计所测得的激发光谱或荧光光谱往往是表观的，与实际光谱有一定差别。产生这种现象的原因较多，最主要的原因是光源的强度随波长而变以及每个检测器（如光电倍增管）对不同波长光的接受程度不同，及检测器的感应与波长不呈线性。尤其是当波长处在检测器灵敏度曲线的陡坡时，误差最为显著。因此，在用单光束荧光分光光度计时，先用仪器上附有的校正装置将每一波长的光源强度调整到一致，然后以表观光谱上每一波长的强度除以检测器对每一波长的感应强度进行校正，以消除误差。目前生产的荧光分光光度计大多采用双光束光路，故可用参比光束抵消光学误差。

第四节　荧光分析新技术简介

PPT

一、时间分辨荧光免疫分析

时间分辨荧光免疫分析（time-resolved fluoro immunoassay，TRFIA）是以具有独特荧光特性的镧系元素及其螯合剂作为示踪物，建立的一种新型的非放射性微量分析技术。自从 1983 年 Pettersson 等采用时间分辨荧光免疫分析（TRFIA）法定量测定人绒毛膜促性腺激素（hCG）以来，TRFIA 方法学研究和临床应用发展迅速，成为继放射免疫分析（RIA）之后标记免疫分析发展的一个新的里程碑，国内外相继研制了多种 TRFIA 仪和配套的商品化试剂盒。

时间分辨荧光分析法检测原理是，利用不同物质的荧光寿命不同，在激发和检测之间延缓时间的不同，以实现选择性检测。时间分辨荧光分析采用脉冲激光作为光源，同时检测波长和时间两个参数进行信号分辨，对光谱重叠但荧光寿命不同的组分进行分别测量，可有效地增强测量的特异性。TRFIA 实际上是在荧光分析的基础上发展起来的，目前最灵敏的微量分析技术，其灵敏度高达 10^{-12}g/ml，较放射免疫分析（RIA）高出 3 个数量级。它是以稀土离子标记抗原或抗体、核酸探针和细胞等为特征的超灵敏度检测技术，它克服了酶标记物的不稳定、化学发光仅能一次发光且易受环境干扰、电化学发光的非直接标记等缺点。

二、荧光偏振免疫分析

荧光偏振免疫分析（fluorescence polarization immunoassay，FPIA）是一种定量免疫分析技术，其基本

原理是荧光物质经单一平面的蓝偏振光（485nm）照射后，吸收光能跃入激发态，随后回复至基态，并发出单一平面的偏振荧光（525nm）。偏振荧光的强弱程度与荧光分子的大小呈正相关，与其受激发时转动的速度呈负相关。

荧光偏振免疫分析常用于测定半抗原的药物浓度。反应系统内除待测抗原外，同时加入一定量用荧光素标记的小分子抗原，使二者与有限量的特异性大分子抗体竞争结合。当待测抗原浓度高时，经过竞争反应，大部分抗体被其结合，而荧光素标记的抗原多呈游离的小分子状态。由于其分子小，在液相中转动速度较快，测量到的荧光偏振程度也较低。反之，如果待测抗原浓度低时，大部分荧光素标记抗原与抗体结合，形成大分子的抗原抗体复合物，此时检测到的荧光偏振程度也较高。荧光偏振程度与待测抗原浓度呈反比关系。

三、X 射线荧光分析

X 射线荧光分析又称 X 射线次级发射光谱分析，是确定物质中微量元素的种类和含量的一种方法。

本法系利用原级 X 射线光子或其他微观粒子激发待测物质中的原子，使之产生次级的特征 X 射线（X 光荧光）而进行物质成分分析和化学态研究的方法。不同元素具有波长不同的特征 X 射线谱，而各谱线的荧光强度又与元素的浓度呈一定关系，测定待测元素特征 X 射线谱线的波长和强度就可以进行定性和定量分析。本法具有谱线简单、分析速度快、测量元素多、能进行多元素同时分析等优点，是目前大气颗粒物元素分析中广泛应用的三大分析手段之一。

四、同步荧光分析

同步荧光法（synchronous fluorometry）技术是由 Lloyd 首先提出的，它与常用的荧光测定方法最大的区别是同时扫描激发和发射两个单色器波长。由测得的荧光强度信号与对应的激发波长（或发射波长）构成光谱图，称为同步荧光光谱。同步荧光法按光谱扫描方式的不同可分为恒（固定）波长法、恒能量法、可变角法和恒基体法。

五、胶束增敏荧光分析

胶束增敏荧光分析（micelles sensitized fluorometry）是 20 世纪 70 年代后发展起来的分析方法。

胶束溶液即浓度在临界浓度以上的表面活性剂溶液。极性较小而难溶于水的荧光物质在胶束溶液中溶解度显著增加。胶束溶液对荧光物质的增敏作用是因非极性的有机物与胶束的非极性部位有亲和作用，减弱了荧光质点之间的碰撞，减少了分子的无辐射跃迁，增加了荧光效率，从而增加了荧光强度。胶束具有使非极性分子增溶的作用外，同时给激发单重态提供了保护环境，减弱了荧光的淬灭作用，从而使荧光寿命增长，荧光强度增强。

本章小结

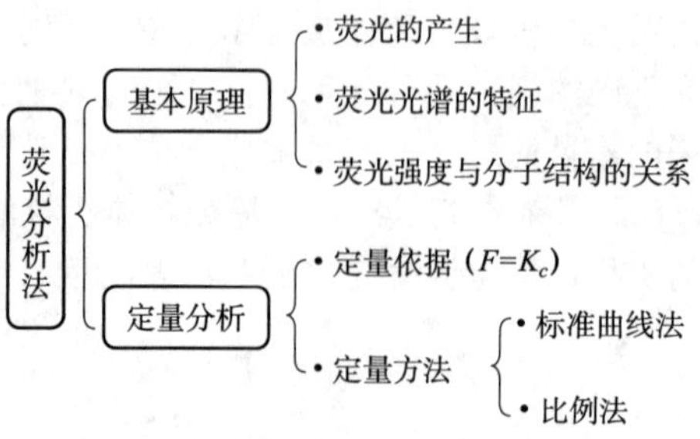
荧光分析法
基本原理
• 荧光的产生
• 荧光光谱的特征
• 荧光强度与分子结构的关系
定量分析
• 定量依据（$F=K_c$）
• 定量方法
• 标准曲线法
• 比例法

练 习 题

题库

1. 简述荧光分光光度计有哪些主要部件构成，各部件有何作用？

2. 简述如何减少散射光对荧光测定的干扰。

3. 简述激发光谱、荧光发射光谱、吸收光谱三者之间的关系。

4. 分子若具有较高的荧光效率，其分子结构具有哪些特征？

5. 烟酰胺腺嘌呤二核苷酸（NAD）的还原形式是一种荧光很强的重要辅酶。其激发波长为285nm，荧光波长为310nm。用NAD对照品溶液得到如下测定数据：

NAD的浓度（μmol/L）	0.100	0.200	0.300	0.400	0.500	0.600	0.700	0.800
荧光强度（F）	14.5	25.0	36.0	46.8	58.4	69.7	81.5	93.4

在相同条件下，测得供试品溶液的荧光强度为50.6，请用标准曲线法求供试品溶液中NAD的浓度。

6. 用荧光法测定复方炔诺酮片中炔雌醇的含量。取供试品20片，研细，置250ml量瓶中，用无水乙醇超声溶解并稀释至刻度。滤过，取续滤液5ml，置10ml量瓶中，用无水乙醇稀释至刻度。在激发波长285nm和发射波长307nm处测定荧光强度为68。同样条件下测得炔雌醇对照品的乙醇溶液（1.4μg/ml）荧光强度为65，计算每片复方炔诺酮中含有炔雌醇的量。

（洪　霞）

第十三章

红外吸收光谱法

学习导引

知识要求

1. **掌握** 分子振动形式及表述；红外吸收光谱产生的条件及吸收峰强度；吸收峰位置的分布规律及影响峰位的因素；特征区和指纹区；特征峰和相关峰；常见有机化合物的典型红外光谱；红外吸收光谱的解析方法。

2. **熟悉** 分子振动能级和振动自由度；基频峰和泛频峰。

3. **了解** 红外光谱仪的主要部件、工作原理及性能指标；试样的制备。

能力要求

熟练掌握红外吸收光谱法的基本原理，应用该原理大致判断不同基团吸收峰在图谱中的位置。记忆和识别各类常见有机化合物典型基团的主要特征峰和相关峰，初步掌握典型基团吸收峰的峰位、峰强及峰形的变化规律。学会应用基团与特征频率的相关关系，推断简单有机化合物结构。

素质要求

通过对红外吸收光谱产生原理的学习使学生逐步树立尊重规律、尊重事实、实事求是的科学态度，逐步养成严肃认真、一丝不苟的科学品质；通过对红外图谱的解析培养学生坚持实践、勇于探索的科学精神。

案例解析

【案例】 2006 年 4 月下旬，某药厂生产的亮菌甲素注射液，患者使用后出现急性肾衰竭临床症状，最终导致 13 名患者死亡，另有 2 名患者受到严重伤害。

【问题】 酿成悲剧的原因是什么？

【解析】 造成该事件的原因是该制药公司在购买药用辅料丙二醇时购入了二甘醇。丙二醇是一种药用溶剂；而二甘醇是工业试剂，毒性很大，如何区别丙二醇和二甘醇呢？《中国药典》（2020 年版）规定用光谱分析法中的红外光谱法来鉴别丙二醇，可该厂化验室的 11 名职工中竟无一人会进行图谱的分析操作，最终导致了严重后果。作为药学工作者，决不能让这样的事件再次发生。

利用物质分子对红外辐射的吸收，得到与分子结构相应的红外吸收光谱图，从而来鉴别分子结构的方法，称为红外吸收光谱法（infrared absorption spectroscopy；IR），属于分子吸收光谱。红外辐射（或红外线）是指波长在 0.76~500μm（或 1000μm，相当的能量约为 1.6~0.001eV）范围内的电磁辐射。习惯上将其按波长分为三个区域。这三个区域的红外线可引起分子不同能级的跃迁（表 13-1）。

表 13-1　红外光区分类及对应跃迁类型

区　域	波长 λ（μm）	波数 σ（cm^{-1}）	能级跃迁类型
近红外光区	0.76~2.5	13158~4000	O-H、N-H 及 C—H 键的倍频吸收
中红外光区	2.5~25	4000~400	分子中基团振动、分子转动
远红外光区	25~500（或 1000）	400~20（或 10）	分子纯转动

目前中红外光区是研究最多、应用最广的区域，绝大多数有机化合物和无机化合物化学键振动的基频吸收都出现在此区域，因此通常称中红外吸收光谱为红外吸收光谱。由于物质分子吸收该区域红外光后引起的是分子振动能级之间跃迁，并伴随分子转动能级的跃迁，故又称分子振动-转动光谱。目前，对于近、远红外光谱的应用也引起了人们的注意。红外吸收光谱的表示方法与紫外吸收光谱有所不同，其纵坐标多用百分透光率（T%），横坐标用波数（σ，单位 cm^{-1}）或波长（λ，单位 μm），T%-σ 曲线的“谷”是红外光谱上的吸收峰（图 13-1）。

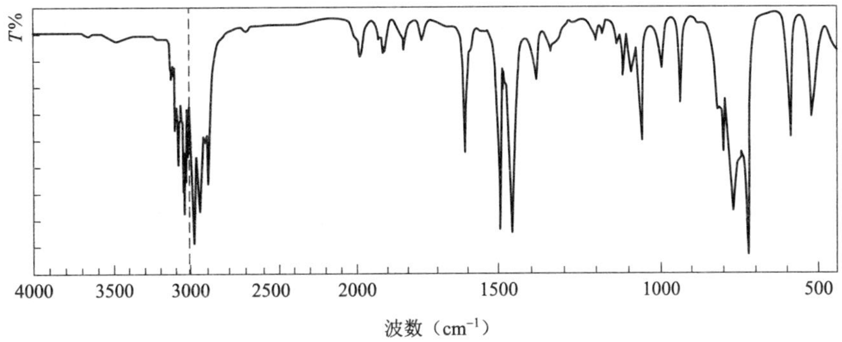

图 13-1　乙基苯的红外光谱图

（垂直虚线是饱和碳氢与不饱和碳氢伸缩振动频率的分界线）

所有化合物从理论上讲都应有其特征的红外光谱，因此在化学领域中主要是利用红外光谱进行分子结构的基础研究和物质化学组成的分析。红外吸收光谱法可以根据光谱中吸收峰的位置、强度及形状来判断化合物中可能存在的官能团，从而推断出未知物的结构，因此 IR 是有机药物的结构测定和鉴别的最重要方法之一。

课堂互动

红外吸收光谱是怎样产生的呢？什么样的分子不产生红外吸收？

PPT

第一节　红外吸收光谱法的基本原理

红外吸收光谱可以用吸收峰的位置及强度来表征。本节主要讨论吸收峰数目、强度、位置及各自的影响因素。

一、分子振动能级

当红外线照射物质时，该电磁辐射的能量不足以引起物质分子电子能级的跃迁，只能引起其振动能级（ΔE=1.0~0.05eV，λ=1.25~25μm）和转动能级（ΔE=0.05~0.005eV，λ=25~250μm）的跃迁，因此发生分子振动能级跃迁时不可避免地伴随着转动能级跃迁。

我们知道分子是由原子构成的，因此分子的振动和转动就是分子内原子在平衡位置附近的振动及分子绕其重心的转动。分子的绝大多数是多原子分子，其振动方式很复杂。但是，一个多原子分子总可以视作双原子分子的集合，所以为了学习方便，以双原子分子或基团振动为例说明分子的振动能级跃迁。

首先把 A、B 两个不同原子组成的双原子分子的振动模拟为不同质量小球组成的谐振子振动，把其间的化学键看成质量可以忽略不计的弹簧，则两个原子间各自在其平衡位置附近的伸缩振动即可看成是沿键轴方向的谐振子简谐振动（图 13-2）。其振动位能（U）与原子间的距离 r 及平衡距离 r_e 间关系如式（13-1）所述。

$$U=\frac{1}{2}K\ (r-r_e)^2 \tag{13-1}$$

式（13-1）中，U 为振动过程中的位能，K 为化合键力常数（N/cm）。当 $r=r_e$ 时，$U=0$；当 $r>r_e$ 或 $r<r_e$ 时，$U>0$。振动过程位能的变化，可用位能曲线描述（图 13-3aa'曲线）。

振动过程分子的总能量 $E_V=U+T$，T 为动能。在 $r=r_e$ 时，$U=0$，$E_V=T$。在 A、B 两原子距平衡位置最远时，$T=0$，$E_V=U$。根据量子力学，分子振动过程中的总能量可用式（13-2）表示。

$$E_V=\left(V+\frac{1}{2}\right)h\nu \tag{13-2}$$

式（13-2）中，ν 是分子的振动频率，V 是振动量子数（$V=1$，2，3，…），h 为 planck 常数。

由图（13-3）位能曲线可看出：当 $V<3$ 时，真实分子（非谐振子）振动的位能曲线（bb'曲线）与谐振子位能曲线（aa'曲线）基本重合。即在常态下处于较低振动能级的分子与谐振子振动模型极为相似。只有当 $V\geqslant3$ 时，分子振动势能曲线才显著偏离谐振子势能曲线。由于红外光谱主要研究基频峰（即从 $V=0$ 跃迁至 $V=1$），所以用谐振子位能曲线研究是切实可行的。

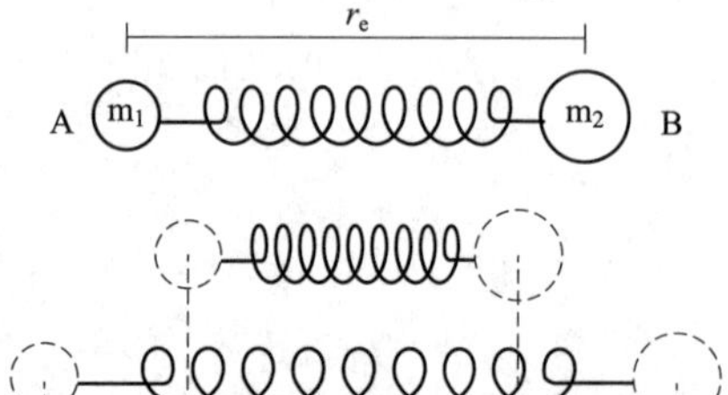

图 13-2　双原子分子伸缩振动示意图

r_e—平衡位置原子间距离

r—振动某瞬间原子间距离

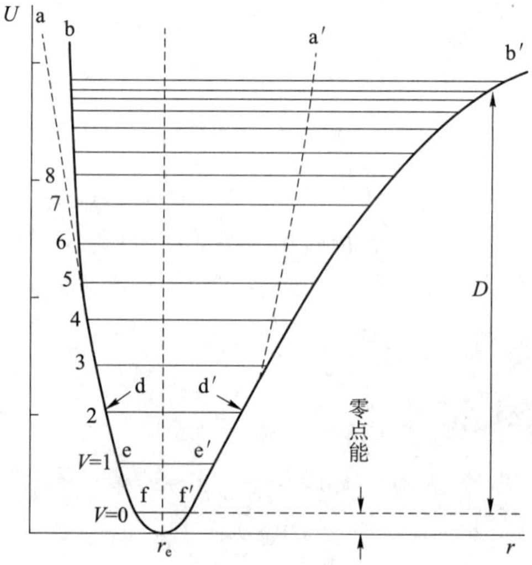

图 13-3　双原子分子振动势能曲线

式（13-2）中，分子处于基态时，$V=0$，$E_V=\frac{1}{2}h\nu$，此时的振动能称为零点能（图 13-3），振幅很小为 $f'-r_e$ 或 r_e-f。当用红外线光照射时，分子吸收适宜频率的红外线而跃迁至激发态，振幅按所在的能级增大。由于振动能级是量子化的，则所吸收的光子能量必须恰好等于振动能级的能量差，即 $\Delta E_V=h\nu_L$，其中 ν_L 是光子频率。将其代入式（13-2）得：

$$\nu_L=\Delta V\cdot\nu \tag{13-3}$$

式（13-3）说明，若把双原子分子视为谐振子，则其发生能级跃迁时所吸收的红外线频率（ν_L），只能是谐振子振动频率（ν）的 ΔV 倍。若振动由基态（$V=0$）跃迁至第一激发态（$V=1$）时，$\Delta V=1$，则 $\nu_L=\nu$，此时所产生的吸收峰称为基频峰（fundamental bands）。例如，HCl 分子的振动频率 $8.658\times10^{13}s^{-1}$（$2886cm^{-1}$）。即该分子在发生 $\Delta V=1$ 的能级跃迁时，吸收频率为 $8.658\times10^{13}s^{-1}$ 的红外线，而形成的 $2886cm^{-1}$ 处吸收峰为基频峰。

二、分子的振动形式

讨论各种分子的振动形式可以帮助我们了解光谱中吸收峰的起因，即吸收峰是由什么振动形式的能级跃迁所引起；讨论有多少种振动形式有助于了解分子吸收峰的可能数目及变化规律。双原子分子只有一种振动形式即伸缩振动，而多原子分子的振动形式要复杂一些，除伸缩振动外，还有弯曲振动。

（一）伸缩振动

连接两原子的化学键键长沿键轴方向发生周期性变化的振动称为伸缩振动（stretching vibration），用符号 ν 表示，该振动只改变键长不改变键角。多原子分子的每个化学键均可看作是一个谐振子，其伸缩振动形式又分为对称伸缩振动（symmetrical stretching vibration）（ν^s）及不对称伸缩振动（asymmetrical stretching vibration）（ν^{as}）两种。其中对称伸缩振动就是键长沿键轴方向同时伸长或缩短的振动；不对称伸缩振动又称为反对称伸缩振动，是键长沿键轴方向交替伸长或缩短的振动。

以亚甲基为例，其对称伸缩振动（$\nu^s_{CH_2}$）是指亚甲基上的两个碳氢键同时伸长或缩短；其不对称伸缩振动（$\nu^{as}_{CH_2}$）是指亚甲基上的两个碳氢键不断交替伸长与缩短。

凡含有两个或两个以上相同键的基团（AX_2基团、AX_3基团）都有对称及不对称两种伸缩振动形式见图（13-4），如 CH_3、CH_2、NH_2、NO_2及 SO_2基团等。化合物中含两个相同的官能团且两者相邻，则官能团也有对称伸缩振动和不对称伸缩振动两种形式。例如，醋酐的两个羰基的 $\nu^s\sim1760cm^{-1}$；$\nu^{as}\sim1800cm^{-1}$。

一般来说，相同基团的不对称伸缩振动频率均大于其对称伸缩振动频率。

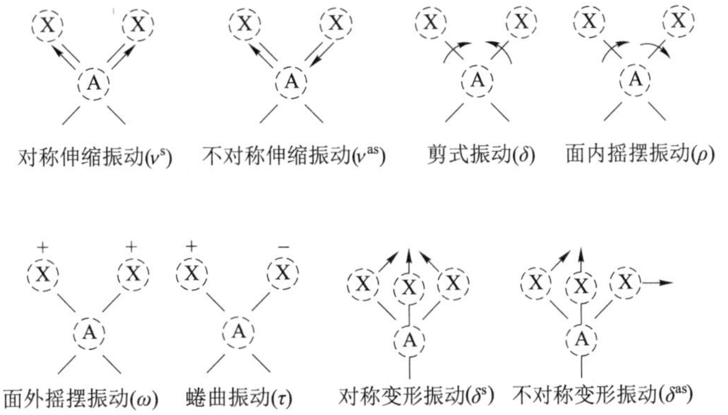

图 13-4　分子的振动形式

“+”表示运动方向垂直纸面向外；“-”表示运动方向垂直纸面向里。

（二）弯曲振动

键角发生周期性变化的振动称为弯曲振动（bending vibration）或称变形振动（deformation vibration），该振动形式只改变键角而不改变键长（图 13-4）。弯曲振动又可分为面内弯曲振动和面外弯曲振动。

1. 面内弯曲振动（in-plane bending vibration；β）　在由几个原子所构成的平面内进行的弯曲振动，称为面内弯曲振动。面内弯曲振动可分为剪式振动（scissoring vibration；δ）及面内摇摆振动（rocking vibration；ρ）两种。剪式振动在振动过程中表现为键角发生规律性地变化，类似剪刀的“开”与“闭”，即键角改变。面内摇摆振动是在几个原子所构成的平面内，基团作为一个整体在平面内摇摆。组成为 AX_2的基团或分子易发生此类振动，如 CH_2、NH_2、H_2O 和 CO_2等。

2. 面外弯曲振动（out-of-plane bending vibration；γ）　在垂直于由几个原子所组成的平面方向上进行的弯曲振动称为面外弯曲振动。分为面外摇摆振动（wagging vibration；ω）和蜷曲振动（twisting vibration；τ）。面外摇摆振动是分子或基团的端基原子同时在垂直于几个原子构成的平面内同方向振动，即如图 13-4 两个 X 向纸面上“+”或向纸面下“-”的同向振动。蜷曲振动是分子或基团的端基原子在垂直于几个原子构成的平面内反方向振动，即如图 13-4 一个 X 向面上“+”或另一个 X 向面下“-”的振动。

3. 变形振动（deformation vibration） 组成为 AX_3 的基团或分子中三个键与轴线夹角间的弯曲振动分为对称变形振动（symmetrical deformation vibration；δ^s）和不对称变形振动（asymmetrical deformation vibration；δ^{as}）两种（图 13-4）。对称变形振动是在振动过程中，三个 AX 键与轴线组成的夹角 α 对称地缩小或增大，形似花瓣“开”与“闭”。不对称变形振动在振动过程中，三个 AX 键与轴线组成的夹角 α 在同一时间交替地变大或缩小。如 CH_3 的三个碳氢键就有以上两种变形振动。

（三）振动自由度

分子的基本振动数目称为振动自由度（F），即分子的独立振动数。用它可估计物质分子红外吸收光谱中基频吸收峰的数目。多原子分子的振动虽然复杂，但仍可以分解为许多简单的基本振动，如伸缩振动和弯曲振动。

结合物质分子的能级形式及相应的能量差，中红外光区的光子能量较小，不足以引起分子中的电子能级跃迁，故只需考虑分子中平动（平移）、振动与转动的能量变化。分子的平动能量改变不产生光谱；分子的转动能级跃迁产生的光谱在远红外区，超出了中红外光谱的研究范围，因此应将平动与转动两种形式扣除，即在中红外吸收光谱中，只考虑分子的振动能级跃迁。即：振动自由度=分子的总自由度-平动自由度-转动自由度。

确定一个原子在三维空间的位置需要用 x、y、z 三个坐标表示，即每个原子有三个自由度，对于含有 N 个原子的分子来说，分子自由度的总数应为 $3N$ 个。这 $3N$ 个自由度为平动自由度、转动自由度和振动自由度的总和。其中整个分子的质心分别沿 x，y，z 方向平移的运动就是分子的平动，所以有 3 个平动自由度如图（13-5）；整个分子绕 x，y，z 轴的转动运动，就是其转动自由度，但分子的转动自由度是只有当分子转动时原子在空间的位置发生变化才能产生。故：

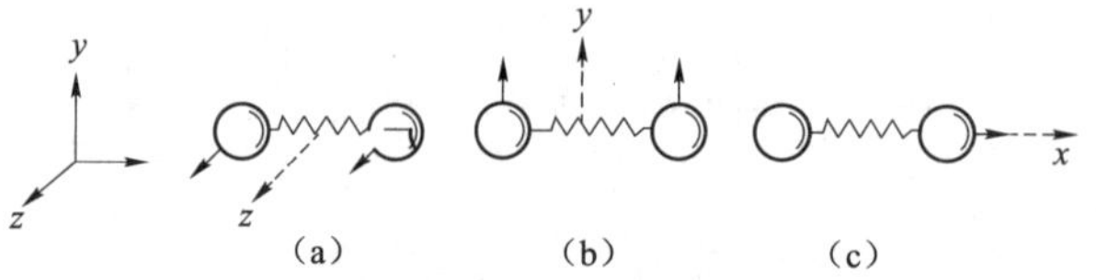

图 13-5 分子的平移运动

1. 线性分子 在三维空间中，线性分子以化学键为轴的方式转动时原子的空间位置不发生变化，若贯穿所有原子的轴是在 x 方向，则整个分子只能绕 y、z 轴转动，如图 13-6（a）所示，因而线性分子只有 2 个转动自由度，即线性分子的振动自由度 $F=3N-3-2=3N-5$。

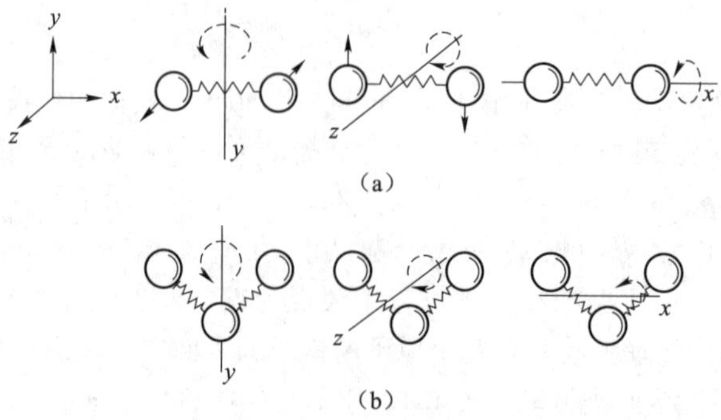

图 13-6 线性分子的转动运动

例 13-1　线性分子 CO_2，$F=3\times3-5=4$。

说明 CO_2 有四种基本振动形式。

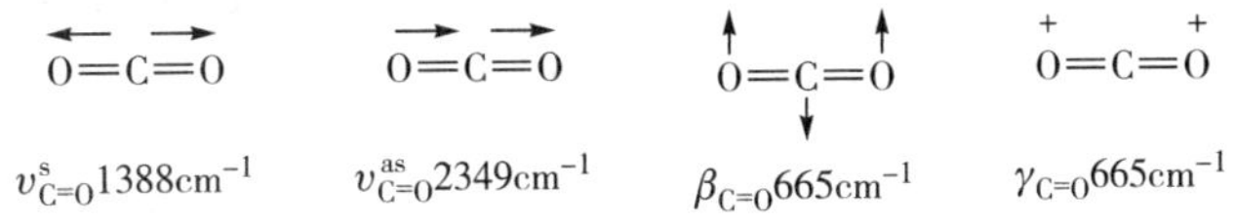

2. 非线性分子　在三维空间中，以任一种方式转动，原子的空间位置均发生变化，因而非线性分子的转动自由度为 3，如图 13-6（b）所示。即非线性分子的振动自由度 $F=3N-3-3=3N-6$。

例 13-2　水分子，$F=3\times3-6=3$。

说明水分子有三种基本振动形式：

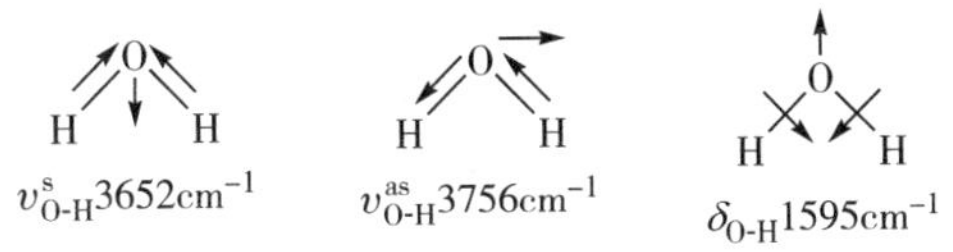

微课

三、红外吸收光谱产生的条件

（一）红外吸收光谱产生的条件

物质吸收电磁辐射应满足两个条件：第一，辐射应具有刚好能满足物质跃迁时所需的能量；第二，辐射与物质之间有相互作用，即产生红外活性振动。那么什么是红外活性振动？大家知道，红外吸收光谱就是由于红外辐射的能量导致物质分子振动能级发生跃迁而产生。非线性分子 H_2O，振动自由度为 3，因此在红外吸收光谱中产生三个吸收峰（3756cm^{-1}、3652cm^{-1} 和 1595cm^{-1}）；线性分子 CO_2，振动自由度为 4，它在红外吸收光谱上应出现四个吸收峰，但事实上其红外光谱上只出现了两个吸收峰（2349cm^{-1} 和 665cm^{-1}）。下面我们简要讨论出现上述现象（即基本振动吸收峰数小于振动自由度数）的原因。

当一定频率的红外光照射分子时，如果分子中某个基团的振动频率和外界红外辐射的频率一致，就满足了物质吸收电磁辐射的第一个条件。上述第二个条件实质上是外界辐射迁移其能量到分子中去，而这种能量的转移是通过分子偶极矩的变化来实现的。这是由于红外辐射是具有交变电场和磁场的电磁波，当偶极子处在该电场中时，此电场作周期性反转，偶极子将经受交换的作用力而使偶极矩增大和减小（图 13-7），因而偶极子具有一定的原有振动频率，则只有当辐射频率与偶极子频率相匹配时，分子才与辐射发生相互作用而增加它的振动能使其振幅加大，即分子由原来的基态振动能级跃迁到较高的振动能级。可见，并非所有的振动都能产生红外吸收，只有发生偶极矩变化的振动才能引起可观测的红外吸收谱带，我们称这种振动为红外活性振动（infrared active vibration），反之则称为非红外活性振动（infrared inactive vibration）。由此可见，只有偶极矩发生变化的红外活性振动才能在红外光谱上观测到吸收峰，非红外活性振动不产生红外光吸收。

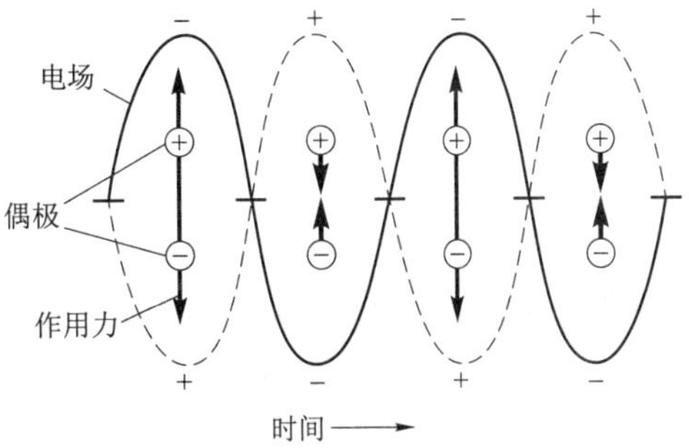

图 13-7　偶极子在交变电场中的作用示意图

非红外活性振动是造成基本振动吸收峰数少于振动自由度的原因之一。如 CO_2 分子虽有 $\upsilon^{s}_{C=O}$ 振动，但红外吸收光谱上却没有 1388cm^{-1} 峰，就是由于 CO_2 分子是线性分子，发生对称伸缩振动时，分子的正负电荷重心重合，振动分子的偶极矩变化值等于零。

造成基本振动吸收峰数少于振动自由度的原因之二是简并。简并是指虽然振动形式不同，但振动频率相同，使它们的吸收峰在同一位置出现的现象。如 CO_2 分子的 $\beta_{C=O}$ 和 $\gamma_{C=O}$ 虽然振动形式不同，但振动频率相同，因此两者的吸收峰在红外光谱图上的位置相同而简并，所以只能观测到一个吸收峰。

除简并和非红外活性振动以外，还有弱的吸收峰被强吸收峰掩盖检测不到或吸收峰落在中红外光区以外、仪器对一些频率很接近的吸收峰分辨不开等原因，也使观测到的基本振动吸收峰数小于基本振动数。

综上所述，红外吸收光谱的产生必须满足两个条件：①分子吸收红外光的频率等于分子的振动能级差，即 $\nu_L=\Delta V\cdot\nu$ 或 $E_L=\Delta V\cdot h\nu$；②振动过程中必须引起分子偶极矩变化，即 $\Delta\mu\neq0$。两个条件缺一不可。

（二）吸收峰的强度

分子振动时偶极矩的变化不仅决定该分子能否吸收红外光，而且还关系到吸收峰的强度。吸收峰的强度（intensity of absorption band）是指红外吸收光谱上吸收峰的相对强度（简称峰强）。

微课

1. 吸收峰强度的影响因素

（1）振动过程中偶极矩的变化　根据量子力学理论，红外吸收峰的强度与振动过程偶极矩变化的平方成正比。偶极矩变化越大，吸收峰强度越大。

C═O 和 C═C 都是不饱和双键，但前者吸收峰更强，这是因为 C═O 中氧的电负性大，伸缩振动过程中偶极矩变化大，吸收峰强度大；而 C═C 中碳与碳的电负性相同，伸缩振动过程中偶极矩变化不大。

对于同一类型的化学键，偶极矩的变化与结构的对称性有关。结构对称的分子在振动过程中，若其振动方向也对称，则振动的偶极矩始终为零，没有吸收峰出现。

课堂互动

在下面三种结构中 C═C 的吸收峰强度大小顺序如下：

R—CH═CH_2	R—CH═CH—R′（顺式）	R—CH═CH—R′（反式）
$\varepsilon=40L/(mol\cdot cm)$	$\varepsilon=10L/(mol\cdot cm)$	$\varepsilon=2L/(mol\cdot cm)$

请解释为什么？

（2）振动能级的跃迁概率　基态分子中很少一部分在吸收某种频率的红外光后产生振动能级的跃迁而处于激发态，激发态分子不稳定，通过与周围基态分子的碰撞等过程，损失能量而回到基态。当这些过程达到平衡时，激发态分子数占总分子数的百分数称为跃迁概率。跃迁概率可用峰强来量度，跃迁概率越大，其吸收峰强度越大。对于同一基团，相同振动形式，从基态至第一激发态跃迁的吸收峰强度大于从基态跃迁到第二激发态所产生吸收峰强度，这是因为 $V=0\rightarrow2$ 跃迁概率较 $V=0\rightarrow1$ 跃迁概率小。

（3）振动形式　吸收峰强度与振动形式有关，因为振动形式不同对分子的电荷分布影响不同，偶极矩变化不同，所以吸收峰强度也不同。通常峰强与振动形式之间有下列规律：$\upsilon^{as}>\upsilon^{s}$，$\upsilon>\beta$。

2. 吸收峰强度的表示方法　物质分子浓度与其振动产生吸光度的关系服从 Lambert-Beer 定律，以摩尔吸光系数 ε 来划分吸收峰的绝对强弱：$\varepsilon>100$ 为极强峰（vs）；20～100 范围为强峰（s）；10～20 范围内为中等强度峰（m）；1～10 范围内为弱峰（w）；$\varepsilon<1$ 为非常弱峰（vw）。

四、红外吸收峰的位置

吸收峰的位置（简称峰位）通常用振动能级跃迁时吸收红外线的波数 σ_L（或频率 ν_L、波长 λ_L）表示。它是红外吸收光谱鉴定化合物的主要依据。

（一）基本振动频率

如前所述，若把化学键连接的两个原子近似看作谐振子，则其振动频率符合虎克（hooke）定律：

$$\nu=\frac{1}{2\pi}\sqrt{\frac{K}{u}} \tag{13-4}$$

式（13-4）中，ν 是分子化学键的振动频率；u 为双原子的折合质量，$u=\frac{m_A m_B}{m_A+m_B}$，$m_A$ 和 m_B 分别为化学键两端原子 A 和 B 的质量；K 为化学键力常数，单位 N/cm ［$1N=1\times10^5$（g·cm）/s^2］，与键能和键长有关。任意两个相邻能级间的能量差为：

$$\Delta E=h\nu=\frac{h}{2\pi}\sqrt{\frac{K}{u}} \tag{13-5}$$

红外光谱中常用波数（σ）代替振动频率（ν），因为 $\sigma=\frac{1}{\lambda}=\frac{\nu}{c}$，结合式（13-4）有：

$$\sigma=\frac{1}{2\pi c}\sqrt{\frac{K}{u}} \tag{13-6}$$

上式在实际计算中，用原子 A 和 B 的折合相对质量 u' 代替折合质量 u，其中 u'（6.023×10^{23} 为阿伏伽德罗常数）。带入式（13-6），则得到：

$$\sigma=1302\sqrt{\frac{K}{u'}} \tag{13-7}$$

式（13-7）说明，影响双原子基团基本振动频率的直接因素是化学键力常数 K 和折合相对质量 u'，且化学键力常数越大，折合相对原子质量越小，则谐振子的振动频率越大，即振动吸收峰的波数越大。一些化学键的力常数见表 13-2，根据式（13-7）不同基团的基本振动频率见表 13-3。

表 13-2　某些化学键的力常数

化学键	C—C	C═C	C≡C	C—H	O—H	N—H	C═O
k/(N/cm)	5	10	15	5	7	6	12

表 13-3　不同基团的基本振动频率

化学键的类型	折合相对原子质量 u'	化学键力常数 k/(N/cm)	基本振动波数/cm^{-1}
C—C	6	5	1190
C═C	6	10	1680
C≡C	6	15	2060

由上述数据可以得出如下规律。

（1）折合相对质量越小，基团的伸缩振动频率越高。因此含氢官能团的伸缩振动能级跃迁产生的基频峰，出现在中红外光谱的高频区。

（2）折合相对质量相同的基团，其化学键力常数越大，伸缩振动基频峰的频率越高。如：$\upsilon_{C\equiv C}>\upsilon_{C=C}>\upsilon_{C-C}$；$\upsilon_{C\equiv N}>\upsilon_{C=N}>\upsilon_{C-N}$ 等。

（3）对于相同化学键的基团，其折合相对质量相同，通常 $\upsilon>\beta>\gamma$。

应该注意的是，上述用经典力学的方法来处理分子振动是为了得到宏观的图像，便于理解并有一个定性的概念。但是，一个真实的微观粒子——分子的运行需要用量子理论方法加以处理，例如上述弹簧和小球的体系中，其能量的变化是连续的，而真实分子的振动能量变化是量子化的。

另一方面，虽然由式（13-7）可以计算基团基频峰的位置，而且大多计算值与实测值都很接近，如甲烷的 υ_{C-H} 基频峰计算值为 $2910cm^{-1}$，实测为 $2915cm^{-1}$。这是因为甲烷分子简单，与谐振子差别不大的缘故。事实上，在一个比较复杂的分子中，基团间经常存在着较大的影响，可使峰位产生 $10\sim100cm^{-1}$ 的位移。可见，基频峰的峰位不仅与键力常数及折合质量有关，还要受分子内部和外部因素的影响。

（二）基频峰与泛频峰

1. 基频峰　分子吸收一定频率的红外线，若振动能级由基态（$V=0$）跃迁至第一振动激发态（$V=1$）时，所产生的吸收峰称为基频峰。由于 $\Delta V=1$，所以 $\nu_L=\nu$。由于基频峰的强度一般较大且位置的规律性比较强，因而是红外光谱中最重要的一类吸收峰。一些主要基团的基频峰分布如图 13-8。

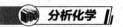

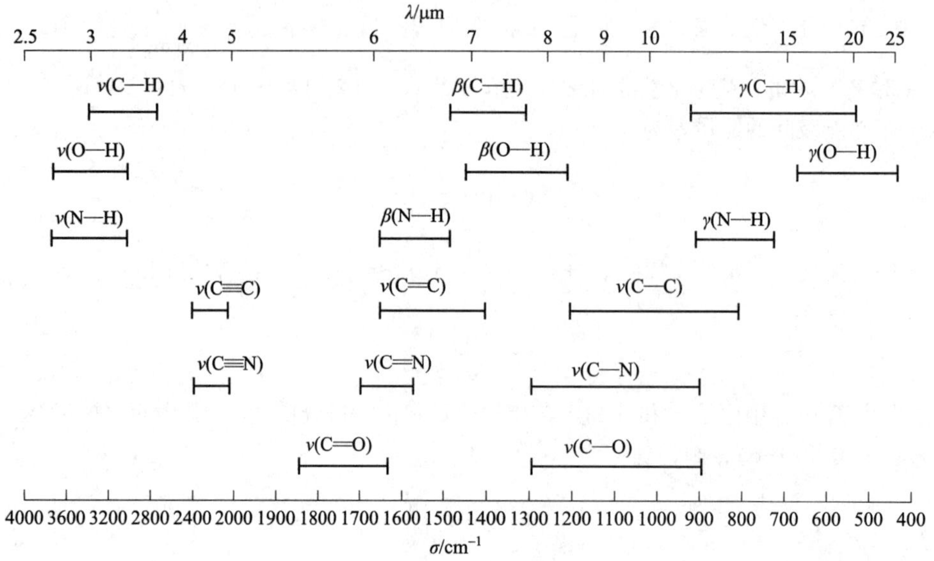

图 13-8　基频峰分布略图

2. 泛频峰　在红外吸收光谱上，除基频峰外，还有振动能级由基态（$V=0$）跃迁至第二振动激发态（$V=2$）、第三激发态（$V=3$）等现象，所产生的吸收峰统称为倍频峰。由于分子振动的非谐振性质，位能曲线中的能级差并非等距，而是随着振动量子数 V 增大，其振动能级 ΔE 逐渐减小。因此倍频峰的频率并非是基频峰的整数倍，而是略小一些。

除倍频峰而外，尚有合频峰 $\nu_1+\nu_2+\cdots$，差频峰 $\nu_1-\nu_2-\cdots$。倍频峰、合频峰及差频峰统称为泛频峰。泛频峰多数为弱峰，一般在图谱上不易辨认。泛频峰的存在，使红外光谱变得复杂，但却增加了红外光谱的特征性。如取代苯的泛频峰出现在 $2000\sim1667\text{cm}^{-1}$（$5\sim6\mu\text{m}$）区间（图 13-1），主要由苯环上碳-氢键面外弯曲振动的倍频吸收构成，特征性较强，可与碳-氢键面外弯曲的基频峰一起用以确定苯环的取代位置。

（三）影响吸收峰位置的因素

分子中各基团不是孤立的，它要受到邻近基团和整个分子结构的影响，有时还会受到溶剂、测定条件等外部因素的影响。即同一基团不同化学环境吸收频率不同，因此了解基团峰位的影响因素有利于对分子结构做出准确判定。

1. 内部因素

（1）**诱导效应**（inductive effect）　由于取代基团的吸引电子作用，使被取代基团周围电子云密度降低，吸收峰向高频方向移动。如：$\nu_{C=O}$

$$
\begin{array}{cccc}
O & O & O & O \\
\parallel & \parallel & \parallel & \parallel \\
R-C-R' & R-C-OR' & R-C-Cl & R-C-F
\end{array}
$$

$\nu_{C=O}$　　1715cm^{-1}　　　　1735cm^{-1}　　　　1800cm^{-1}　　　　1870cm^{-1}

由于吸电子基团的引入，使羰基氧原子上的孤电子对向双键转移，羰基的双键性增强，化学键力常数增大，其伸缩振动频率增加。

（2）**共轭效应**（conjugative effect）　由于共轭效应的存在使吸收峰向低频方向移动。例如芳香酮、α, β-不饱和羰基化合物中，由于 p-π 共轭使共轭原子上的电子云密度平均化，羰基的双键性降低，化学键力常数减少，与脂肪酮相比吸收峰向低波数区移动。

$$
\begin{array}{cccc}
O & O & O & O \\
\parallel & \parallel & \parallel & \parallel \\
R-C-R' & R-C-\bigcirc & R-C-CH=C\begin{smallmatrix}CH_3\\CH_3\end{smallmatrix} & R-C-NH_2
\end{array}
$$

$\nu_{C=O}$　　1715cm^{-1}　　　　　1685cm^{-1}　　　　　　1690cm^{-1}　　　　　　1680cm^{-1}

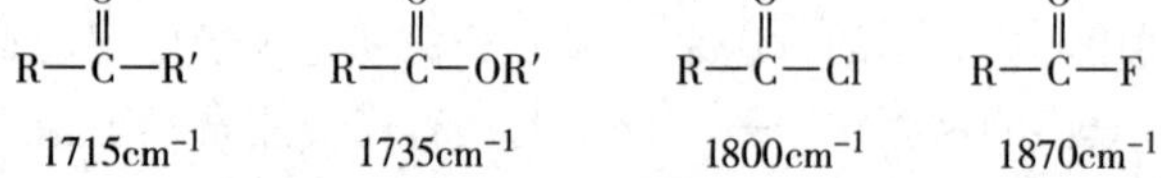

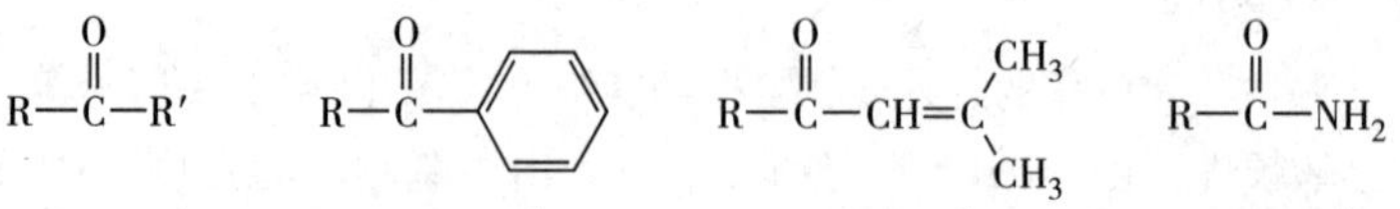

在同一化合物中，诱导效应和共轭效应往往同时存在，所以吸收峰位置由占主导地位的影响因素决定。如：饱和酯 $\upsilon_{C=O}$ 的峰位一般出现在 $1735cm^{-1}$ 附近，这是由于该基团的诱导效应大于共轭效应，所以波数比一般酮的 $\upsilon_{C=O}$ 吸收峰波数高；而硫酯中由于硫的电负性比氧的小，共轭效应大于诱导效应，故硫酯的 $\upsilon_{C=O}$ 吸收峰一般出现在 $1690cm^{-1}$ 附近，比一般酮的 $\upsilon_{C=O}$ 峰波数低。

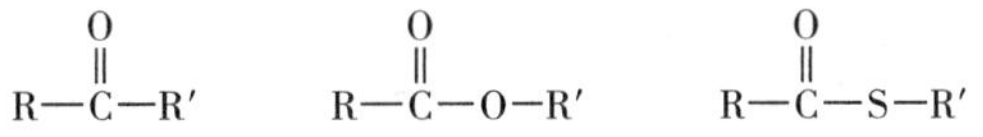

$\upsilon_{C=O}$　$1715cm^{-1}$　$1735cm^{-1}$　$1690cm^{-1}$

（3）空间效应（steric effect）　由于空间作用的影响，使基团电子云密度发生变化，从而引起振动频率发生变化的现象，常见的有场效应和空间位阻效应。如：2-溴环己酮 $\upsilon_{C=O}$ 为 $1716cm^{-1}$，2-溴-4，4-二甲基环己酮的 $\upsilon_{C=O}$ 为 $1728cm^{-1}$。这是由于2-溴环己酮无空间障碍，Br处在直立键，$\upsilon_{C=O}$ 出现在正常位置；而2-溴-4，4-二甲基环己酮在4位上多了两个—CH_3，由于空间位置的影响，Br处在平伏键位置，使C—Br与C＝O靠的较近，Br电负性较强，导致C＝O的双键性增加，$\upsilon_{C=O}$ 频率增高。又如1-乙酰环己烯 $\upsilon_{C=O}$ $1663cm^{-1}$，1-乙酰-2甲基-6，6-二甲基环己烯 $\upsilon_{C=O}$ $1715cm^{-1}$，后者立体障碍大，共轭受到限制，致使 $\upsilon_{C=O}$ 出现在高波数区。

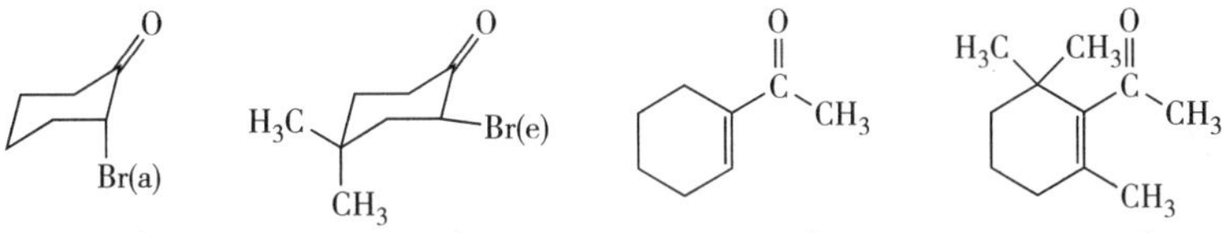

$\upsilon_{C=O}$　$1716cm^{-1}$　$1728cm^{-1}$　$1663cm^{-1}$　$1715cm^{-1}$

（4）环张力效应（ring effect）　通常情况下由于环张力的影响，环状化合物吸收频率比同类链状化合物吸收频率高；而环状化合物随着环元素的减小，环张力增加，环外双键被增强，振动频率增加；环内双键被削弱，振动频率降低。

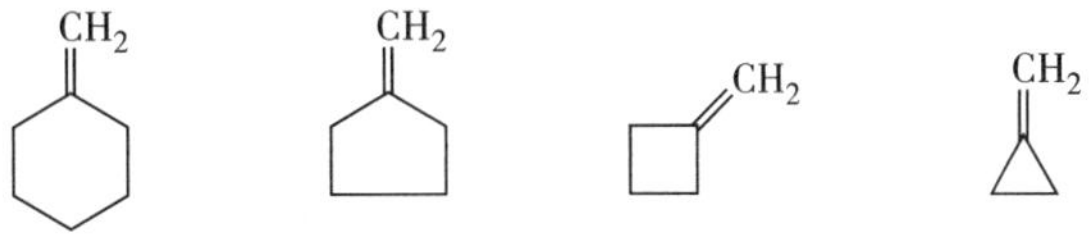

$\upsilon_{C=O}$　$1651cm^{-1}$　$1657cm^{-1}$　$1678cm^{-1}$　$1731cm^{-1}$

$\upsilon_{C=O}$　$1650cm^{-1}$　$1646cm^{-1}$　$1611cm^{-1}$　$1566cm^{-1}$

（5）氢键效应（hydrogen bond effect）　氢键的形成常使基团电子云密度平均化，故形成氢键的基团伸缩振动频率降低，吸收带明显地向低波数方向移动，而且谱带变宽。分子内氢键的形成，使基团的振动频率大幅度地向低波数方向移动，但不受浓度影响，如2-羟基-4-甲氧基苯乙酮，由于分子内氢键的存在，羰基和羟基的伸缩振动基频峰大幅度地向低波数移动，υ_{O-H} 为 $2835cm^{-1}$（通常酚羟基 υ_{O-H} 为 $3705 \sim 3200cm^{-1}$），$\upsilon_{C=O}$ 为 $1623cm^{-1}$（通常酚酮中 $\upsilon_{C=O}$ 为 $1700 \sim 1670cm^{-1}$）。形成分子间氢键基团的振动频率受化合物的浓度影响较大。如乙醇在极稀溶液中为游离状态，υ_{O-H} 为 $3640cm^{-1}$，但随浓度增加逐渐形成二聚体、多聚体，υ_{O-H} 分别在 $3515cm^{-1}$、$3350cm^{-1}$ 位置处产生吸收。因此，观测稀释过程峰位是否变化，有利于判断是分子间氢键还是分子内氢键。

（6）振动偶合效应（vibrational coupling effect）　当两个相同的基团在分子中靠得很近或共用一个原子时，其相应的特征吸收峰常发生分裂，形成双峰，其中一个比原来频率高，另一个比原来频率低，这种称为振动偶合。如甲基C—H的对称变形振动 δ^s_{C-H} 一般在 $1380cm^{-1}$ 附近产生单峰，但若化合物中存在有异丙基［—$CH(CH_3)_2$］或叔丁基［—$C(CH_3)_3$］，由于甲基空间距离相距很近，则该单峰分裂为双峰，异丙基峰裂距为 $10 \sim 20cm^{-1}$；叔丁基的峰裂距在 $20cm^{-1}$ 以上。酸酐的两个羰基 $\upsilon_{C=O}$ 互相偶合也出现两个强的吸收峰。

（7）费米共振效应（Fermi resonance effect） 频率相近的泛频峰与基频峰相互作用，结果使泛频峰吸收强度增加或发生分裂。如：苯甲醛中醛基的 υ_{C-H} 2800cm^{-1} 峰与 δ_{C-H} 1390cm^{-1} 峰的二倍频峰（2780cm^{-1}）发生费米共振产生醛基 υ_{C-H} 的 2820cm^{-1} 和 2720cm^{-1} 两个吸收峰。

2. 外部因素

（1）样品物理状态的影响 同一物质在不同状态时，由于分子间相互作用力不同，测得的红外吸收光谱也往往不同。气态样品分子密度小，分子间的作用力较小，可以提供游离分子的吸收峰情况；液态样品分子密度较大，分子间的作用较大，易发生分子间缔合和形成氢键，吸收峰变宽的同时向低频方向移动。固态样品分子间的相互作用较为强烈，吸收峰变得尖锐且丰富，因此固态样品的红外吸收光谱用于定性鉴定或结构分析更可靠。如羧酸中 $\upsilon_{C=O}$ 气态为 1780cm^{-1}，液态为 1760cm^{-1}。

（2）溶剂影响 极性基团的伸缩振动频率常常随溶剂极性的增加而降低。其原因主要是因为溶质的极性基团和极性溶剂间形成氢键，使吸收峰向低频方向移动。如羧酸中 $\upsilon_{C=O}$ 在非极性溶剂、乙醚、乙醇和碱中的振动频率分别为 1760cm^{-1}、1735cm^{-1}、1720cm^{-1} 和 1610cm^{-1}。

除上述因素外，互变异构及仪器色散元件、测定温度、样品厚度等也会对红外光谱吸收峰位置产生影响。

（四）特征区与指纹区

按照基团在红外光谱中吸收峰的位置分为特征区和指纹区。

1. 特征区 习惯将红外光谱中 4000~1300cm^{-1}（2.5~7.69μm）区域称为基团特征频率区，简称特征区（characteristic region）。特征区的吸收峰数目较少、容易辨认，在基团鉴定中起着重要作用。此区间主要包括含有氢原子的单键、各种双键及叁键的伸缩振动基频峰以及部分含氢单键的面内弯曲振动峰。其中羰基峰很少与其他峰重叠，且谱带强度大，是最易识别的特征吸收峰。

2. 指纹区 1300~400cm^{-1}（7.69~25μm）低频区域出现的谱带源于一些单键的伸缩振动及多数基团的弯曲振动。因这些单键的强度大体相同，再加上各种弯曲振动的能级差小，导致该区域的谱带一般较密集、重叠复杂、特征性不强不易辨认。但两个结构相近的化合物只要其化学结构上存在微小差别（同系物、同分异构体等），便会在此区段明显地反映出来，犹如人的指纹一样，故把此区段称为指纹区。通过指纹区查找相关吸收峰以进一步佐证特征区确定的基团或化学键的存在与否，同时还可以确定化合物的细微结构。

五、特征峰与相关峰

红外光谱中，根据吸收峰与基团结构之间的关系，可将其分为特征峰和相关峰。

（一）特征峰（特征频率）

对多原子分子的各种振动形式进行详细的理论分析并不容易。人们对于吸收峰的识别主要是对比了大量光谱而总结出一些规律，进而从理论上得到证明。

例如：通过对比正癸烷、正癸烯-1及正癸腈的红外吸收光谱（图 13-9），可以得出鉴别—CH ═CH_2 及—C≡N 的吸收峰。

（1）对比正癸烷（a）与正癸烯-1（b）的红外光谱 后者比前者多了 3090cm^{-1}、1640cm^{-1}、990cm^{-1}、909cm^{-1} 四个吸收峰，它们均由其结构中—CH ═CH_2 基团的不同振动形式引起，分别可归属于 $\upsilon^{as}_{=CH}$、$\upsilon_{C=C}$、$\gamma_{=CH}$ 及 $\gamma_{=CH_2}$。

（2）再对比正癸烷（a）与正癸腈（c）的红外光谱 不难得出后者在 2247cm^{-1} 处多出一个吸收峰，其他吸收峰基本一致。因此 2247cm^{-1} 的吸收峰一定是由—C≡N 的伸缩振动（$\upsilon_{C\equiv N}$）所引起的基频峰，是其特征吸收峰。

上述对比说明，官能团（基团）的存在与红外光谱中吸收峰相对应。凡是可用于鉴别官能团存在的吸收峰，称为特征吸收峰（characteristic absorption band），简称特征峰或特征频率（characteristic

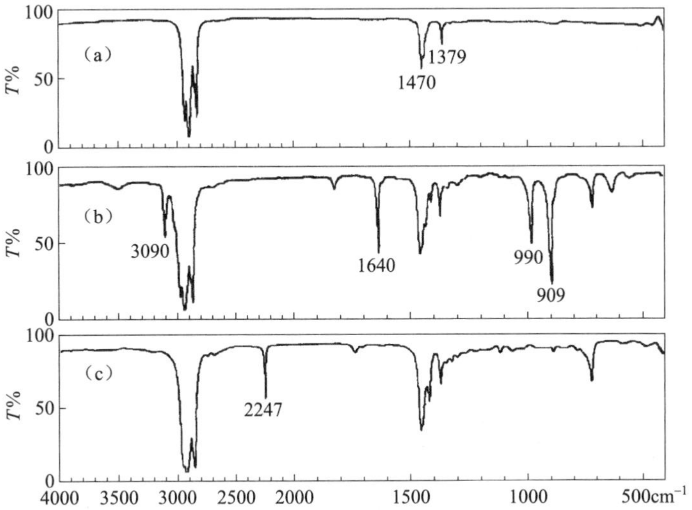

图 13-9　正癸烷（a）、正癸烯-1（b）及正癸腈（c）的红外吸收光谱图

frequency）。各种基团与特征频率的相关性见表 13-4。

表 13-4　红外光谱的九个重要区段

区段	波数（cm^{-1}）	波长（μm）	基团及振动类型
1	3750~3300	2.7~3.3	υ_{OH}、υ_{NH}
2	3300~3000	3.0~3.4	$\upsilon_{\equiv CH} > \upsilon_{=CH} \approx \upsilon_{ArH}$
3	3000~2700	3.3~3.7	υ_{CH}（$—CH_3$，饱和$—CH_2$及—CH，—CHO）
4	2400~2100	4.2~4.9	$\upsilon_{C\equiv C}$、$\upsilon_{C\equiv N}$
5	1900~1650	5.3~6.1	$\upsilon_{C=O}$（酸酐、酰氯、酯、醛、酮、羧酸、酰胺）
6	1650~1500	5.9~6.2	$\upsilon_{C=C}$、$\upsilon_{C=N}$
7	1475~1300	6.8~7.7	δ_{CH}、β_{OH}
8	1300~1000	7.7~10.0	$\upsilon_{C—C}$、$\upsilon_{C—N}$、$\upsilon_{C—O}$（酚、醇、醚、酯、羧酸）
9	1000~650	10.0~15.4	$\gamma_{N—H}$、$\gamma_{O—H}$、$\gamma_{=CH}$（不饱和碳-氢面外弯曲振动）

（二）相关峰

上例已经说明，在正癸烯-1 的红外吸收光谱中，由于有$—CH=CH_2$基团的存在，能明显地观测到四个特征峰。因此，由一个官能团，所产生的一组相互依存的吸收峰，称为相关吸收峰（correlation absorption band），简称相关峰，以区别于非依存的其他吸收峰。相关峰的数目与基团的活性振动数及光谱的波数范围有关。

在中红外光谱区，多数基团都有一组相关吸收峰，一般只有在红外光谱中同时观测到才能证明该基团的存在。用一组相关吸收峰确定一个官能团的存在，是红外光谱解析的一条重要原则。常见官能团相关峰的具体数据见本书附录七。但是有时由于峰与峰的重叠或峰强度太弱，并非所有相关峰都能被观测到，因此需找到主要的相关峰以认定基团的存在与否。

第二节　有机化合物的典型红外光谱

PPT

通过对不同类别化合物典型红外光谱的比较，可进一步了解和熟悉各种官能团或化学键在光谱区的特征峰和相关峰情况及其与化合物分子结构的关系，并初步掌握各种官能团或化学键吸收峰的位置、强度与峰形特点及变化基本规律，为化合物结构分析奠定基础。

一、脂肪烃类化合物

（一）烷烃类化合物

烷烃类化合物用于结构鉴定的特征峰主要有碳氢键的伸缩振动（υ_{C-H}）和弯曲振动（δ_{C-H}）吸收峰。如图 13-10 所示。

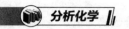

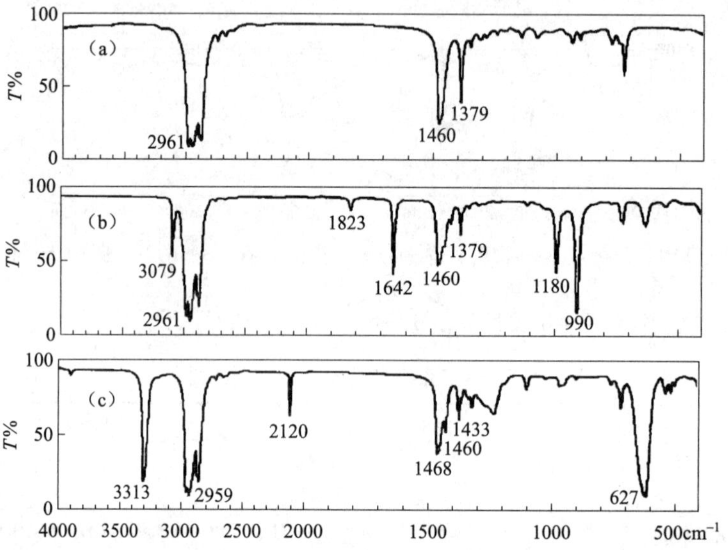

图 13-10　正辛烷（a）、1-辛烯（b）及 1-辛炔（c）的红外吸收光谱图

1. 碳氢伸缩振动（υ_{C-H}） 在 3000～2850cm^{-1}范围内出现强的多重峰。

（1）—CH_3　υ^{as}_{C-H} 2962±10 cm^{-1}（s），υ^{s}_{C-H} 2872±10 cm^{-1}（s）。甲氧基中的甲基，由于氧原子的影响，υ_{C-H} 一般在 2830cm^{-1}附近出现尖锐而中等强度的吸收峰。

（2）—CH_2—　υ^{as}_{C-H} 2926±10 cm^{-1}（s），υ^{s}_{C-H} 2853±10cm^{-1}（s）。环烷烃、与卤素等相连接的—CH_2，υ_{C-H}向高频区移动。

（3）—CH—　在 υ_{C-H}2890±10 cm^{-1}（w）附近，但通常被—CH_3和—CH_2—的 υ_{C-H}所掩盖。

2. 碳氢弯曲振动（δ_{C-H}和ρ_{CH_2}） 分别出现在 1480～1350cm^{-1}和 810～720cm^{-1}区间。

（1）—CH_3（δ_{C-H}）　孤立甲基 δ^{as}_{C-H}1450±20 cm^{-1}（m），δ^{s}_{C-H}1380～1370cm^{-1}（s），δ^{s}_{C-H}峰的出现是化合物中存在甲基的证明。当化合物中存在有—CH（CH_3）$_2$时，由于振动偶合效应，1380cm^{-1}峰发生分裂，双峰分别位于 1380cm^{-1}和 1370cm^{-1}附近，其峰强基本相等，裂距为 10cm^{-1}；如果存在—C（CH_3）$_3$，双峰分别位于 1395cm^{-1}和 1365cm^{-1}附近，裂距为 30cm^{-1}，且 1365cm^{-1}处吸收峰强度较 1395cm^{-1}处大。

（2）—CH_2—（δ_{C-H}）　在 1450±20 cm^{-1}（m）处，当—CH_2—为环烷烃或与卤素等相连时 δ_{C-H}向高频区移动。如环己烷的 δ_{C-H}在 1530cm^{-1}附近。

（3）—CH_2—（ρ_{CH_2}）　在有—（CH_2）$_n$—直链结构的化合物中，—CH_2—的面内摇摆振动吸收峰在 810～720cm^{-1}内变化，当 $n\geqslant4$ 时，ρ_{CH_2}在 722cm^{-1}，n 越大，ρ_{CH_2}波数越小。

（二）烯烃类化合物

烯烃类化合物用于结构鉴定的特征峰主要有双键碳的碳氢伸缩振动（$\upsilon_{=C-H}$）、碳碳伸缩振动（$\upsilon_{C=C}$）和碳氢面外弯曲振动（$\gamma_{=CH}$）吸收峰。

1. 碳氢伸缩振动（$\upsilon_{=C-H}$） $\upsilon^{as}_{=C-H}$出现在 3095～3075cm^{-1}范围内，强度都很弱（m），是烯烃的重要特征峰之一。

2. 碳碳伸缩振动（$\upsilon_{C=C}$） 非共轭 $\upsilon_{C=C}$ 发生在 1695~1630cm^{-1}，强度较弱。$\upsilon_{C=C}$ 的位置和强度与取代情况有关，一般是随着双键上取代数目的增多，$\upsilon_{C=C}$ 峰向高波数区域移动，可高出 50cm^{-1} 左右；另乙烯或具有对称中心的反式烯烃和四取代烯烃的 $\upsilon_{C=C}$ 峰消失；若是共轭双烯或 C=C 与 C=O、C≡N、芳环等共轭时，将使吸收峰向低波数区移动 10~30cm^{-1}，同时强度增大；当共轭双烯没有对称中心，由于双键的相互作用 $\upsilon_{C=C}$ 产生两个峰。如不对称的 1,3-戊二烯在 1650cm^{-1} 和 1600cm^{-1} 附近有两个吸收峰，而对称的 1,3-丁二烯仅在 1600cm^{-1} 附近出现一个吸收峰。

3. 碳氢面外弯曲振动（$\gamma_{=CH}$） 出现在 1010~650cm^{-1} 范围内，强度较强，它可以用来判断双键上的取代基位置、个数、类型及顺反异构，是烯烃类化合物结构确定最有价值的振动形式。如单取代端乙烯基的 $\gamma_{=CH}$ 峰在990cm^{-1}±10 cm^{-1}，910^{-1}cm^{-1}±10cm^{-1} 处出现双峰；不对称顺式取代时为690cm^{-1}±30cm^{-1}，反式取代时为960cm^{-1}±10cm^{-1}（见附录七）。

（三）炔烃类化合物

炔烃类化合物用于结构鉴定的特征峰主要有叁键碳的碳氢伸缩振动（$\upsilon_{\equiv CH}$）和碳碳伸缩振动（$\upsilon_{C\equiv C}$）吸收峰。其中 $\upsilon_{\equiv CH}$ 峰出现在 ~3300cm^{-1} 附近，吸收峰强且尖锐，含有该基团的化合物为端炔；$\upsilon_{C\equiv C}$ 峰出现在 2260~2100cm^{-1} 区域内，是炔的高度特征峰。

二、芳香烃类化合物

芳香族化合物用于结构鉴定的特征峰主要有芳氢伸缩振动（υ_{ArH}）、苯环骨架振动（$\upsilon_{C=C}$）、泛频峰、芳环面内弯曲振动（β_{ArH}）和芳环面外弯曲振动（γ_{ArH}）。如图 13-11 所示。

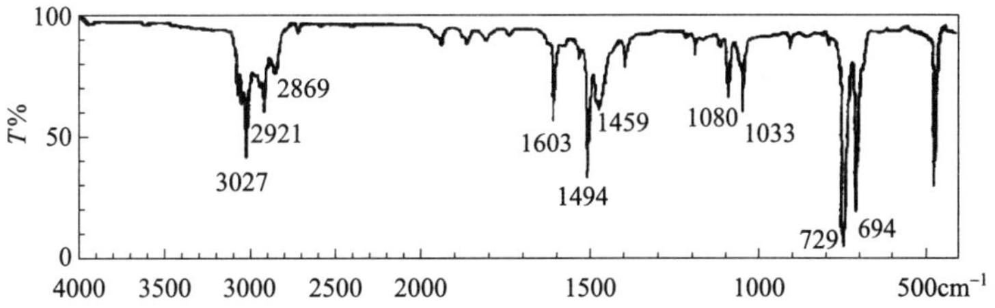

图 13-11　甲苯的红外吸收光谱图

1. 芳氢伸缩振动（υ_{ArH}） 通常出现在 3100~3030cm^{-1}，峰形尖锐，中等强度，是芳烃的重要特征之一，但易与烯烃的 $\upsilon_{=C-H}$ 峰混淆。

2. 苯环骨架振动（$\upsilon_{C=C}$） 在 1650~1450cm^{-1} 范围内出现多个吸收峰，其中 ~1600cm^{-1} 和 ~1500cm^{-1} 处两吸收峰最为重要，是鉴别有无芳环存在的重要特征峰。苯环与取代基共轭时，$\upsilon_{C=C}$ 除出现 ~1600cm^{-1} 和 ~1500cm^{-1} 峰外，又出现一个 ~1580cm^{-1} 吸收峰，并因共轭作用而使其峰强度增加，间或在 1450cm^{-1} 处出现第四个吸收峰，但易与 δ^{as}_{C-H}、δ^{s}_{C-H} 峰发生重叠。当分子对称时，~1600cm^{-1} 峰很弱不易识别。

3. 泛频峰 芳香族化合物面外弯曲振动的泛频峰出现在 2000~1660cm^{-1} 范围内，强度很弱，这一范围内吸收峰的形状和数目，可以提供芳香族化合物取代类型的重要信息，不同取代情况的泛频峰形状如图 13-12（a）所示。

4. 芳环面内弯曲振动（β_{ArH}） 吸收峰出现在 1250~1000cm^{-1} 范围内，特征性较差，常与该区域的其他峰重叠不易识别。

5. 芳环面外弯曲振动（γ_{ArH}） 在 910~665cm^{-1} 范围内出现强的吸收峰，该吸收峰的位置、个数和形状可用来鉴定苯环上取代基个数和类型，如图 13-12（b）所示（具体数据见附录七）。如二取代 γ_{ArH} 吸收峰随取代情况发生变化：邻位二取代苯环在 770~735cm^{-1} 处出现一个强的单峰，间二取代苯环在 710~690cm^{-1} 和 810~750cm^{-1} 处产生双峰，对二取代苯环则在 860~790cm^{-1} 处出现一个强的单峰。如图 13-13 所示。

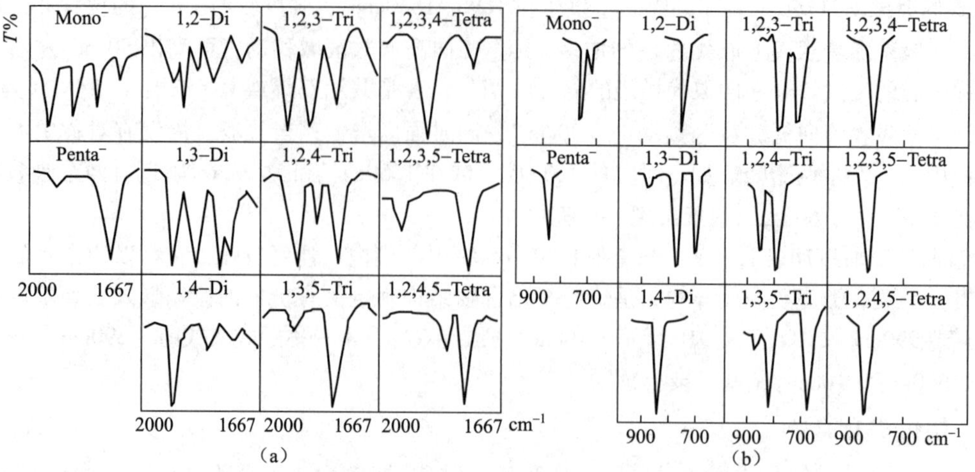

图 13-12　取代苯泛频峰（a）、面外弯曲振动（b）的峰形、峰位及峰强

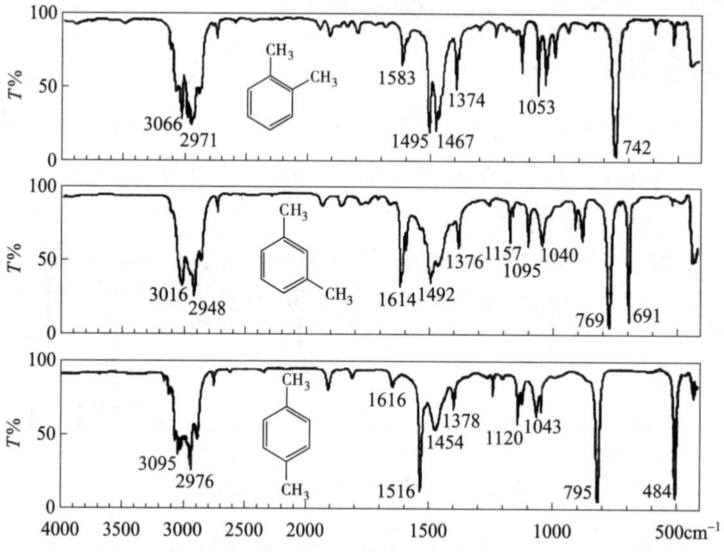

图 13-13　邻、间及对位二甲苯的红外吸收光谱图

三、醇、酚与醚类化合物

（一）醇和酚类化合物

醇类和酚类化合物用于结构鉴定的特征峰主要有羟基的氧氢伸缩振动（υ_{O-H}）、碳氧伸缩振动（υ_{C-O}）和氧氢面内弯曲振动（β_{O-H}）。酚还具有芳香结构的一组相关峰。见图 13-14（a）、（b）。

1. 羟基伸缩振动 υ_{O-H}　游离的醇或酚 υ_{O-H} 位于 3650 ~ 3610cm^{-1} 范围内，峰形尖锐，缔合形成氢键后，向低频区移动，在 3550 ~ 3200cm^{-1} 范围内产生一个强的宽峰，越是多缔合体，吸收带越向低频移动。

2. 碳氧伸缩振动（υ_{C-O}）　饱和伯醇 ~ 1050cm^{-1}，饱和仲醇 ~ 1100cm^{-1}，饱和叔醇 ~ 1150cm^{-1}，酚 ~ 1200cm^{-1}。υ_{C-O} 可用于区别伯、仲、叔醇以及酚。

3. 面内弯曲振动（β_{O-H}）　吸收峰位于 1420 ~ 1330cm^{-1} 区间，因易与其他吸收峰相互干扰，应用受到限制。

（二）醚类化合物

对比图 13-14 中的醚和醇的红外光谱可发现，醚和醇的主要区别是醚没有 υ_{O-H} 吸收峰，同时醚键（C—O—C）具有不对称与对称两种伸缩振动形式。饱和脂肪醚 υ^{s}_{C-O-C} 和 υ^{as}_{C-O-C} 分别在 940cm^{-1} 和

1125cm^{-1}附近，若取代基对称或基本对称时，则 υ^{as}_{C-O-C}强吸收峰，而 υ^{s}_{C-O-C}吸收峰消失或很弱；芳基烷基醚在 1280～1220cm^{-1}及 1100～1050cm^{-1}之间有两个强吸收带，且前者的强度更大。

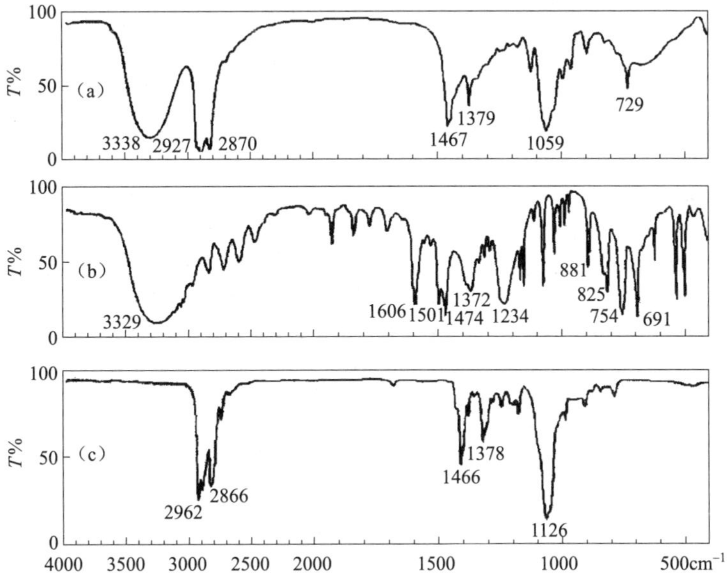

图 13-14　正辛醇（a）、苯酚（b）、正丁醚（c）的红外吸收光谱图

四、羰基类化合物

羰基化合物中 $\upsilon_{C=O}$偶极矩变化大，在 1870～1540cm^{-1}区域出现位置相对稳定，且强度较大的吸收峰，而且很少与其他峰重叠，所以是红外光谱上最易识别的吸收峰，是鉴定羰基化合物的特征吸收峰。不同羰基化合物 $\upsilon_{C=O}$吸收峰波数见表 13-4。

表 13-4　不同羰基化合物 $\upsilon_{C=O}$吸收峰波数（cm^{-1}）

酸酐Ⅰ	酰氯	酸酐Ⅱ	酯	醛	酮	羧酸	酰胺
1810	1800	1760	1735	1725	1715	1710	1690

（一）醛类化合物

醛类化合物用于结构鉴定的特征峰主要有 $\upsilon_{C=O}$吸收峰、醛基氢的 υ_{C-H}吸收峰。

非共轭醛的羰基伸缩振动 $\upsilon_{C=O}$吸收峰在 1725cm^{-1}附近，共轭时吸收峰向低频方向移动；当 C═O 键的 α 位有电负性基团取代时，$\upsilon_{C=O}$ 峰振动频率向高频方向移动。由于醛基氢的 υ_{C-H} 与其 δ_{C-H}（1390cm^{-1}）的第一倍频峰发生 Fermi 共振，一般在～2820cm^{-1}和～2720cm^{-1}处出现两个强度大致相等的吸收峰，是鉴别醛类化合物的特征吸收峰，如图 13-15（a）。2820cm^{-1}峰有时易被分子中脂肪烃基的 υ_{C-H}吸收峰掩盖，2720cm^{-1}峰特征性较强。

（二）酮类化合物

酮类化合物用于结构鉴定的特征峰主要有 $\upsilon_{C=O}$吸收峰。

非共轭酮的羰基伸缩振动 $\upsilon_{C=O}$吸收峰在 1715cm^{-1}附近，如图 13-15（b），共轭使吸收峰向低频方向移动，出现在 1685～1665cm^{-1}（s）。环酮随着环张力的增大，$\upsilon_{C=O}$吸收峰向高频方向移动。如：

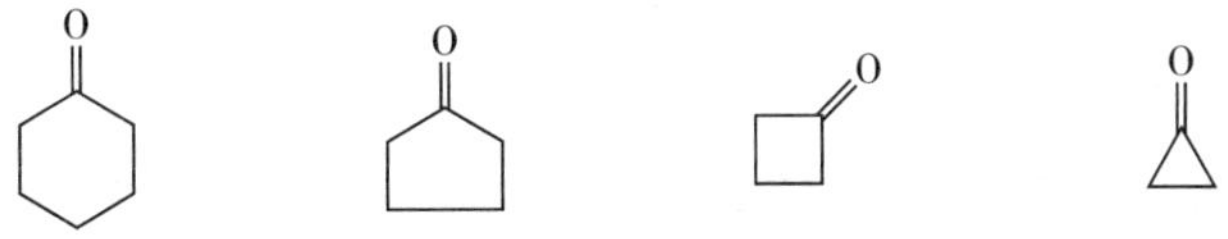

$\upsilon_{C=O}$　1715cm^{-1}　1745cm^{-1}　1780cm^{-1}　1815cm^{-1}

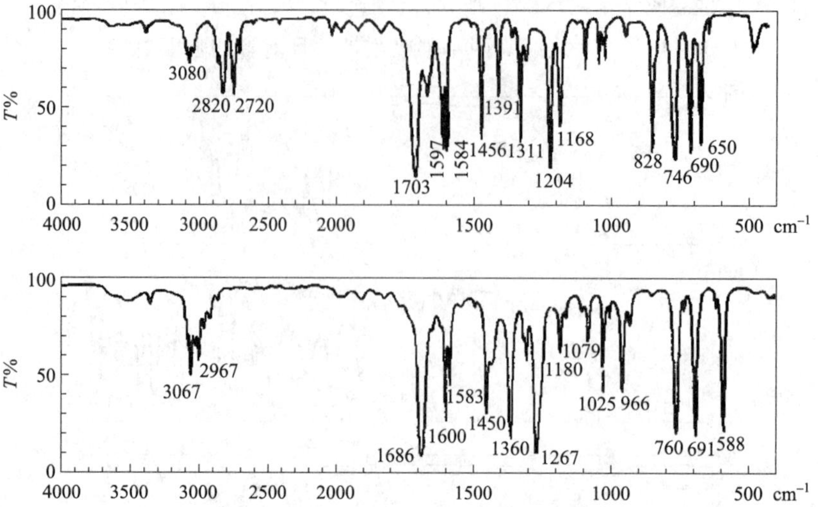

图 13-15　苯甲醛（a）、苯乙酮（b）的红外吸收光谱图

（三）羧酸类化合物

羧酸类化合物用于结构鉴定的特征峰主要有 υ_{O-H}、$\upsilon_{C=O}$ 和 γ_{O-H} 等吸收峰，乙酸在不同温度下的红外吸收光谱见图 13-16。

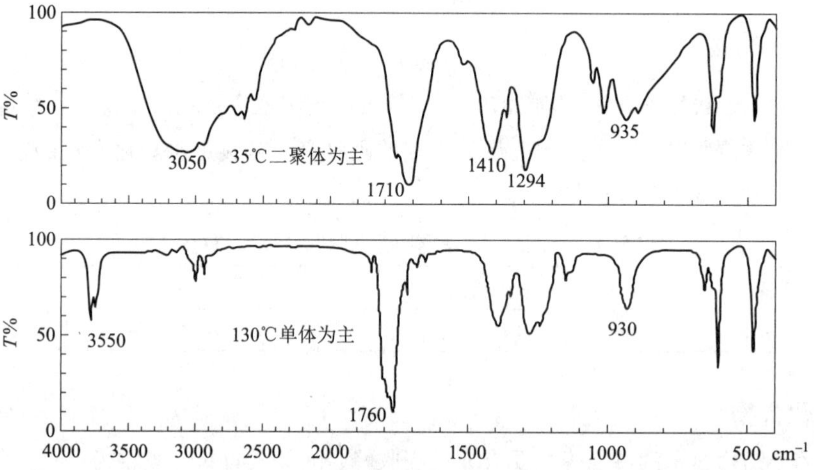

图 13-16　乙酸在不同温度下的红外吸收光谱图

1. υ_{O-H} 峰　在气态和非极性稀溶液中，羧酸以单体形式存在，其 υ_{O-H} 吸收峰一般出现在 ~3550cm^{-1}，峰强而尖锐。在固体、液态或较浓羧酸溶液中，因氢键缔合使 υ_{O-H} 吸收峰出现在 3400 ~ 2500cm^{-1}，峰型宽、钝且强。附近烷基的碳氢伸缩振动峰常被淹没，只露峰顶。

2. $\upsilon_{C=O}$ 峰　游离 C═O 的 $\upsilon_{C=O}$ 吸收峰一般出现在 ~1760cm^{-1}；饱和或不饱和羧酸二聚体缔合的 $\upsilon_{C=O}$ 吸收峰一般出现在 1710 ~ 1700cm^{-1}，峰宽且强；若有芳基、双键与羧基共轭，$\upsilon_{C=O}$ 吸收峰向低频方向移至 1705 ~ 1685cm^{-1}；形成分子内氢键在更大程度上降低 $\upsilon_{C=O}$ 频率，如水杨酸 $\upsilon_{C=O}$ 在 1665 cm^{-1}；羰基的 α 位有电负性基团取代时，$\upsilon_{C=O}$ 峰振动频率向高频方向移动，如三氯乙酸 $\upsilon_{C=O}$ 吸收峰位于 1742cm^{-1} 附近。

3. γ_{O-H} 峰　在 955 ~ 915cm^{-1} 区域产生一谱带，强度变化很大，是由羧酸二聚体的 γ_{O-H} 引起，可用于确定羧基的存在与否。

（四）酯类化合物

酯类化合物用于结构鉴定的特征峰主要有 $\upsilon_{C=O}$ 和 υ_{C-O-C} 等吸收峰，图 13-17（a）是乙酸乙酯的红外吸收光谱。

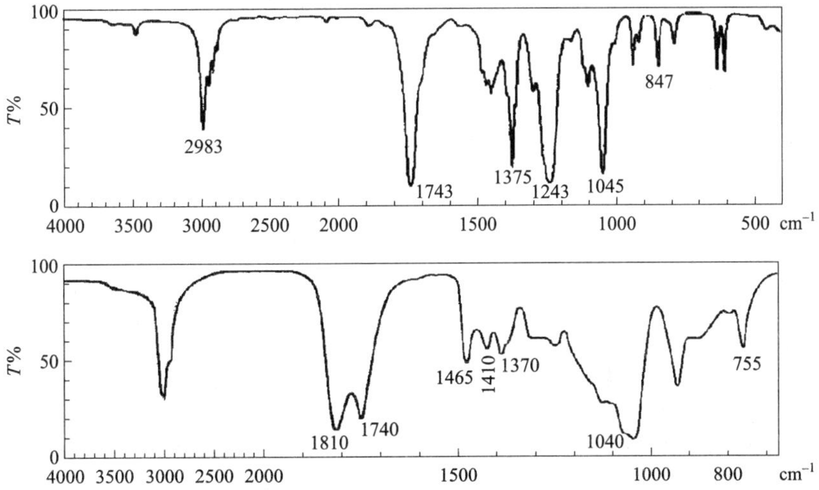

图 13-17　乙酸乙酯（a）、乙酸酐（b）的红外吸收光谱图

1. $\upsilon_{C=O}$峰　非共轭酯$\upsilon_{C=O}$吸收峰出现在 1750～1725cm^{-1}处；共轭酯羰基吸收峰向低频方向移动，位于 1730～1715cm^{-1}处；环内酯由于环张力，$\upsilon_{C=O}$向高波数位移，如γ-丁内酯$\upsilon_{C=O}$吸收峰在 1760cm^{-1}附近。酯羰基峰的强度居于酮羰基和羧酸羰基之间。

2. υ_{C-O-C}峰　位于 1300～1000cm^{-1}区间，表现出了υ^{as}_{C-O-C}和υ^{s}_{C-O-C}吸收峰。其中υ^{as}_{C-O-C}在 1300～1150cm^{-1}，强度大且宽，在酯类化合物结构分析中较为重要；υ^{s}_{C-O-C}在 1150～1000cm^{-1}，峰较弱。

（五）羧酸酐类化合物

羧酸酐类化合物用于结构鉴定的特征峰主要有$\upsilon^{as}_{C=O}$、$\upsilon^{s}_{C=O}$等，图 13-17（b）是乙酸酐的红外吸收光谱。

酸酐的两个羰基由于振动偶合，$\upsilon_{C=O}$在 1860～1800cm^{-1}区间（$\upsilon^{as}_{C=O}$）和 1775～1740cm^{-1}区间（$\upsilon^{s}_{C=O}$）出现两个强的吸收峰。

（六）酰胺类化合物

酰胺类化合物用于结构鉴定的特征峰主要有υ_{N-H}、$\upsilon_{C=O}$、β_{N-H}和υ_{C-N}等吸收峰。图 13-18 是苯甲酰胺的红外吸收光谱。

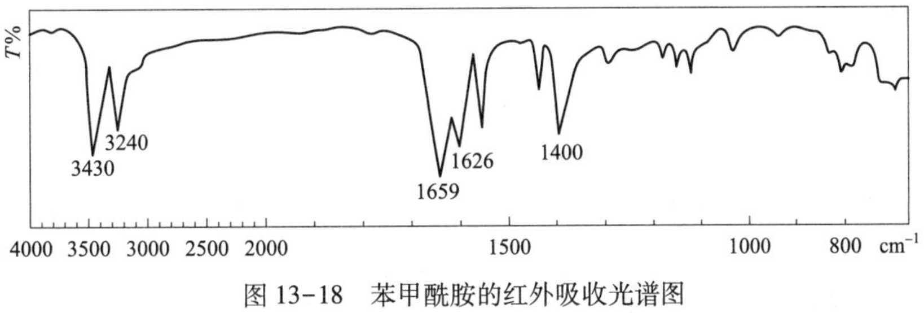

图 13-18　苯甲酰胺的红外吸收光谱图

1. υ_{N-H}峰　伸缩振动在 3500～3100cm^{-1}区间。伯酰胺在游离状态时υ_{N-H}在～3500cm^{-1}和～3400cm^{-1}处出现强度大致相等的双峰，缔合状态时此二峰向低频方向移动，位于～3300cm^{-1}和～3180cm^{-1}处。仲酰胺在游离状态时，υ_{N-H}在 3500～3400cm^{-1}区域内出现一个吸收峰，缔合状态位于 3330～3060cm^{-1}内。叔酰胺无此峰。N-H 伸缩振动的吸收峰比 O-H 伸缩振动峰弱且尖锐。

2. $\upsilon_{C=O}$峰　即酰胺谱带Ⅰ，伯酰胺游离态$\upsilon_{C=O}$吸收峰在～1690cm^{-1}，缔合态在～1650cm^{-1}；仲酰胺游离态在～1680cm^{-1}，缔合态在～1640cm^{-1}；叔酰胺在～1650cm^{-1}。

3. β_{N-H}峰　即酰胺谱带Ⅱ，伯酰胺β_{N-H}吸收峰出现在 1640～1600cm^{-1}；仲酰胺出现在 1570～

1510cm^{-1}，游离态在高波数区，缔合态在低波数区，β_{N-H}峰非常特征，可用于区分伯、仲酰胺。

4. υ_{C-N}峰 伯酰胺出现在~1400cm^{-1}，仲酰胺出现在~1300cm^{-1}，峰很强。

（七）酰卤类化合物

酰卤类化合物用于结构鉴定的特征峰主要有 $\upsilon_{C=O}$、υ_{C-X} 等吸收峰，丁酰氯的红外吸收光谱如图 13-19。

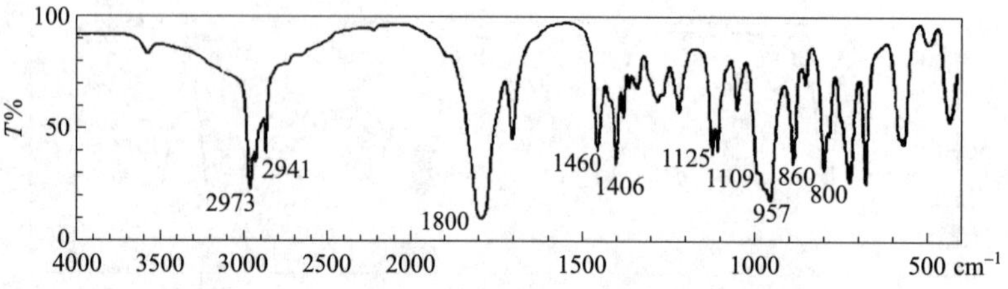

图 13-19 丁酰氯的红外吸收光谱图

酰卤的 $\upsilon_{C=O}$吸收峰位于~1800cm^{-1}，主要是因为卤素原子的诱导效应所致。酰卤的 C=O 与双键共轭时，$\upsilon_{C=O}$吸收峰位于 1780~1750cm^{-1}。υ_{C-X}吸收峰在 1250~910cm^{-1}区间，峰形较宽。

五、含氮有机化合物

（一）胺类化合物

胺类化合物用于结构鉴定的特征峰主要有 υ_{N-H}、δ_{N-H}和 υ_{C-N}等吸收峰，不同类别的胺，其峰数、峰强及峰位均不相同。图 13-20 正丁胺的红外吸收光谱。

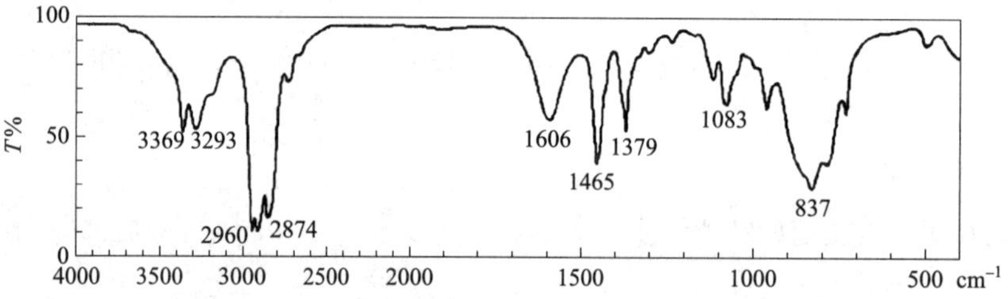

图 13-20 正丁胺的红外吸收光谱图

1. υ_{N-H}峰 伸缩振动位于 3500~3300cm^{-1}区间。伯胺（游离）~3490cm^{-1}、~3400cm^{-1}出现双峰；仲胺（游离）3500~3400cm^{-1}区域出现单峰。缔合后向低频方向移动。脂肪仲胺的强度弱，芳香仲胺峰很强。

2. δ_{N-H}峰 伯胺 δ_{N-H}出现在 1650~1570cm^{-1}。脂肪族仲胺的 δ_{N-H}峰很少看到，芳香族仲胺的 δ_{N-H}峰出现在~1515cm^{-1}，强度较弱。

3. υ_{C-N}峰 脂肪族胺出现在 1250~1020cm^{-1}，峰较弱。芳香族胺出现在 1380~1250cm^{-1}，其强度比脂肪族胺大，较易辨认。

（二）硝基类化合物

硝基类化合物用于结构鉴定的特征峰主要有 $\upsilon_{N=O}$和 υ_{C-N}等吸收峰。两个硝基伸缩振动吸收峰，$\upsilon^{as}_{N=O}$ 1600~1500cm^{-1}和 $\upsilon^{s}_{N=O}$1390~1330cm^{-1}，强度很大，容易辨认。υ_{C-N}出现在 920~800cm^{-1}。如图 13-21 所示为硝基苯的红外吸收光谱图。

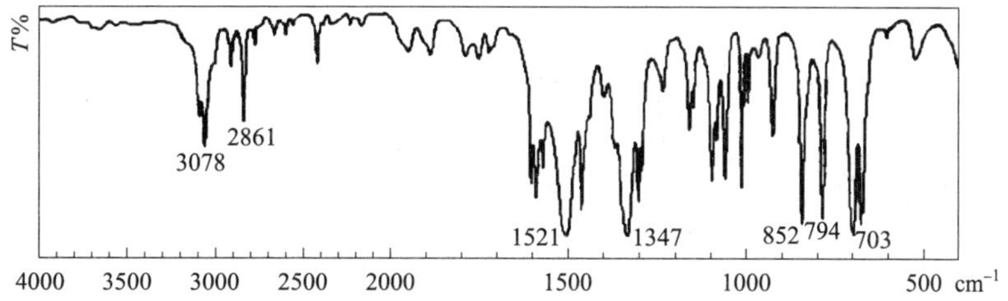

图 13-21　硝基苯的红外吸收光谱图

（三）腈类化合物

腈类化合物用于结构鉴定的特征峰主要为 $\upsilon_{C\equiv N}$在 2260~2215cm^{-1}出现中等强度的尖峰，容易辨认。其中饱和脂肪腈 $\upsilon_{C\equiv N}$ 2260~2240cm^{-1}，不饱和腈 $\upsilon_{C\equiv N}$ 2240~2225cm^{-1}，芳香腈 $\upsilon_{C\equiv N}$ 2260~2215cm^{-1}。图 13-22对甲基苯甲腈的红外吸收光谱。

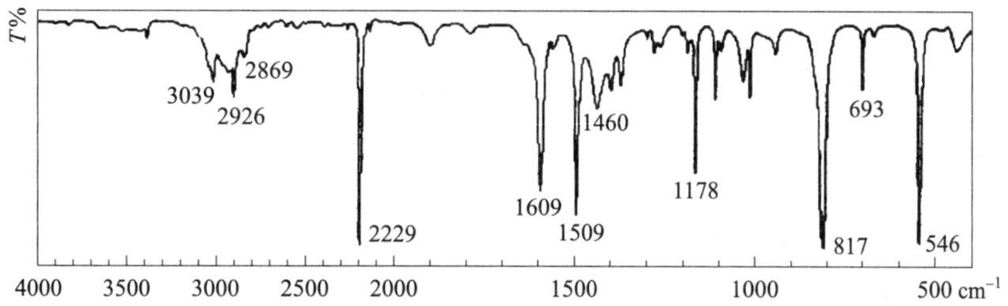

图 13-22　对甲基苯甲腈的红外吸收光谱图

第三节　红外光谱仪

PPT

红外光谱仪（infrared spectrophotometer）又称为红外分光光度计。常见的红外分光光度计的波数范围为 4000~400cm^{-1}。仪器的发展大体经历三个阶段，主要区别是单色器。第一代仪器为棱镜红外分光光度计，这类仪器因岩盐棱镜易吸潮损坏及分辨率低等缺点，已被淘汰。20 世纪 60 年代出现了光栅红外分光光度计（第二代仪器），不但分辨率超过了棱镜仪器，而且具有对安装环境要求不高及价格便宜等优点，光栅仪器很快取代了棱镜仪器，是 90 年代前应用较多的一类仪器，但扫描速度较慢是其缺点。70 年代出现了第三代仪器，是基于干涉调频分光的傅里叶变换红外光谱仪（Fourier transform infrared spectrophotometer，FT-IR），这类仪器具有体积小、重量轻的特点，有很高的分辨率和极快的扫描速度（一次全程扫描小于 10^{-1}秒），是目前应用最为广泛的红外光谱仪。

一、光栅红外光谱仪

色散型红外光谱仪有棱镜型和光栅型两种，现只介绍光栅型红外光谱仪，其组成部件与紫外-可见分光光度计相似，但每一个部件的结构、所用的材料及性能都与紫外-可见分光光度计不同，它们的排列顺序也略有不同。红外光谱仪的样品是放在光源和单色器之间；而紫外-可见分光光度计是放在单色器之后。

如图 13-23 所示，红外分光光度计是由光源、吸收池、单色器、检测器和记录装置组成。自光源发出的光束，经过 M_1、M_2反射之后，分成两束。其中一束通过样品池，称为样品光束；另一束则通过参比池，称为参比光束。两束光分别经过 M_3和 M_4的反射，再经旋转的扇面镜作用，扇面镜每旋转一周，两束光分别以相同的入射角投射到 M_5上，然后经过 M_6反射后，交替成像在入射狭缝 S_1上，穿过狭缝的光束

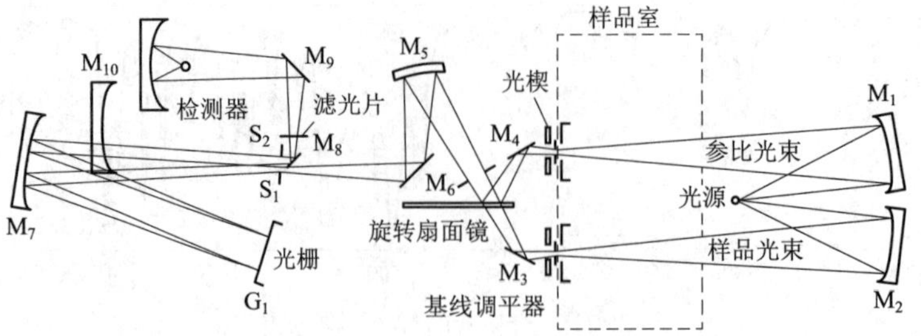

图 13-23 光栅型红外光谱仪

M_1、M_2、M_5、M_7、M_{10}是凹面反射镜；M_3、M_4、M_6、M_8、M_9是平面反射镜；S_1入射狭缝；S_2出口狭缝

被 M_7反射成平行光束投射到光栅上，光栅旋转使不同频率的红外辐射依次通过出口狭缝 S_2，再经 M_8、M_9和 M_{10}，最后聚焦于检测器上。为了避免多级次光谱重叠，需采用滤光片，滤去不需要的级次，滤光片可自动插入出口狭缝后的光路中。组成部件具体介绍如下。

（一）光源

红外光谱仪中所用的光源通常是一种惰性固体，一般能发射连续波长红外线且强度大，寿命长的物体均可作为红外光源。中红外区常用的是硅碳棒和能斯特灯。

1. 硅碳棒（globar） 是由碳化硅烧结而成的实心棒，波数范围 400~5000cm^{-1}，工作温度在 1200~1500℃左右。在低波数区发光较强，其优点是坚固、使用寿命长、稳定性好、发光面积大。缺点是必须用变压器调压后才能使用。

2. 能斯特灯（Nernst glower） 是用氧化锆、氧化钇和氧化钍等稀土元素氧化物的混合物烧结而成的中空棒或实心棒。波数范围 400~5000cm^{-1}，工作温度约为 1700℃，在此高温下导电并发射红外线。但在室温下是非导体，因此，在工作之前要预热。它的特点是发射强度高，使用寿命长，稳定性较好。缺点是价格比硅碳棒贵，机械强度差，操作不如硅碳棒方便。

（二）吸收池

吸收池分为气体池和液体池两种。因玻璃、石英等材料不能透过红外光，为便于红外线的透过，吸收池的窗片均采用中红外区透光性能好的岩盐制成，常用的有 NaCl、KBr、CsI 等材料。用上述材料制成的窗片需注意防潮，操作中要保持恒湿。固体试样常与纯 KBr 混匀压片，然后直接进行测定。

（三）单色器

采用光栅作色散元件的原因是，第一不会受到水汽的侵蚀；第二使用的波长范围宽；第三在操作范围内，分辨率恒定，而且改进了对长波部分红外辐射的分离。

（四）检测器

常用的红外检测器有高真空热电偶、热释电检测器和半导体检测器。

1. 高真空热电偶 是由两根温差电位不同的金属丝焊接在一起，并将一接点安装在涂黑的接受面上。吸收了红外辐射的接受面及接点温度上升，就使它与另一接点之间产生电位差，即将温差转变为电位差。此电位差与红外辐射强度成比例。

2. 热释电检测器 是利用硫酸三苷肽（triglycine sulfate，简称 TGS）的单晶片作为检测元件。硫酸三苷肽是铁电体，在一定的温度以下，能产生很大的极化反应，其极化强度与温度有关，温度升高，极化强度降低。将 TGS 薄片正面真空镀铬，背面镀金，形成两电极。当红外辐射光照射到薄片上时，引起温度升高，TGS 极化度改变，表面电荷减少，相当于“释放”了部分电荷，经放大器放大，转变成电压或电流方式进行测量。

3. 半导体检测器 红外光能量低，不足以激发一般光电检测器的电子，而一些半导体材料的带隙所需的激发能较小。人们利用半导体的这种性质制成了可用于红外光谱的检测器，属于量子化检测器。目前使用的半导体检测器为半导体 HgTe-CdTe 的混合物，即碲化汞镉（简称 MCT）检测器，工作原理是将其置于不导电的玻璃表面并密封于真空舱内，吸收红外辐射后，非导电性的价电子跃迁至高能量的导电带，从而降低半导体的电阻，产生信号。

二、傅里叶变换红外光谱仪

傅里叶变换红外光谱仪是根据光的相干性原理设计的一种干涉型光谱仪，没有色散元件，主要由光源、干涉仪（相当于单色器）、检测器、计算机和记录仪组成，大多数傅里叶变换光谱仪使用了迈克尔逊（Michelson）干涉仪。由光源发出的红外辐射，通过迈克尔逊干涉仪产生干涉图，透过样品后，得到带有样品信息的干涉图，但这种干涉信号难以进行光谱解析，需要将它通过模拟/数字转换器（A/D）输入计算机进行快速的傅里叶变换处理，干涉图经数/模转换（D/A）从而得到以波长或波数为函数的光谱图。其工作原理示意图如图 13-24 所示。它与色散型红外光谱仪的主要区别在于干涉仪和电子计算机两部分。

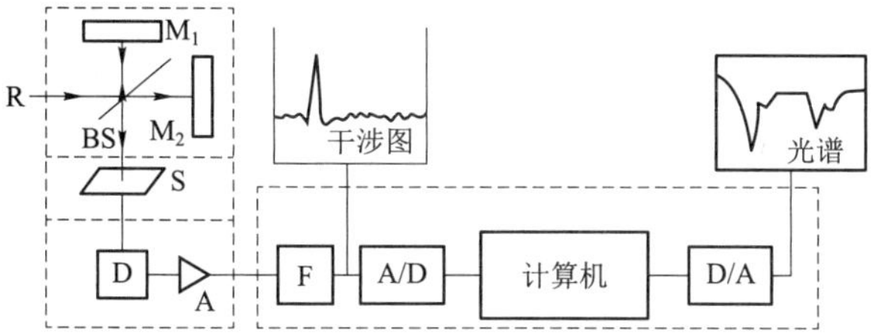

图 13-24　傅里叶变换红外光谱仪工作原理示意图

R—光源，M_1—定镜；M_2—动镜；BS—光束分裂器；S—样品；D—探测器；A—放大器；F—滤光器；A/D—模数转换器，D/A—数模转换器

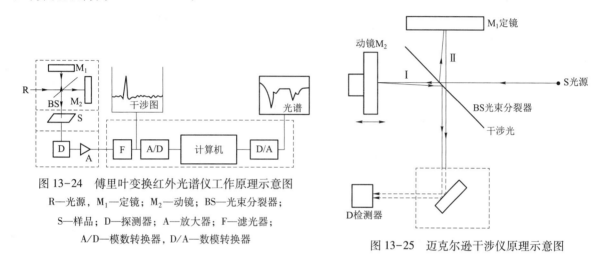

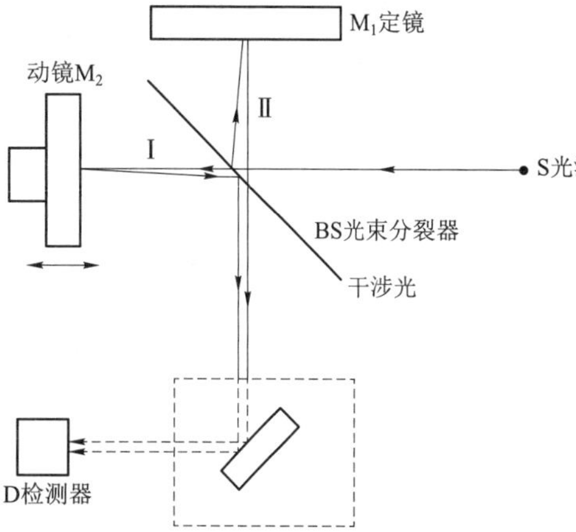

图 13-25　迈克尔逊干涉仪原理示意图

迈克尔逊干涉仪由固定镜（M_1）和动镜（M_2）及光束分裂器（BS）组成（图 13-25）。M_2沿图示方向移动，故此得名。在M_1和M_2之间放置成 45 度角的半透明的光束分裂器 BS，BS 可使 50% 的入射光透过，余下的 50% 反射。当由光源 R 发出的光进入干涉仪后被分裂为透过光Ⅰ与反射光Ⅱ。两束光分别被动镜与固定镜反射，形成相干的光。因动镜移动，可改变两束光的光程差，当光程差是波长的整数倍时（$n\lambda$），则落在检测器上的相干光相互增强，光亮度最大（亮条）当光程差是半波长（$\lambda/2$）的奇数倍时，则落在检测器上的相干光相互抵消，产生暗线，光亮度最小。由于多色光的干涉图等于所有单色光干涉图的加合，故得到的是具有中心极大并向两边迅速衰减的对称干涉图。干涉图包含光源的全部频率和与该频率相对应的强度信息，所以如有一个有红外吸收的样品放在干涉仪的光路中，由于样品能吸收特征波数的能量，结果所得到的干涉图强度曲线就会相应地产生一些变化。包括每个频率强度信息的干涉图，可借数学上的傅里叶变换，从而得到吸收强度或透过率与波数变化的普通光谱图。

傅里叶变换红外光谱仪的特点如下。①扫描速度极快。傅里叶变换仪器是在扫描时间内同时测定所有频率的信息，一般只要 1 秒左右即可。因此，它可用于测定不稳定物质的红外光谱。而色散型红外光谱仪，在任何一瞬间只能观测一个很窄的频率范围，一次完整扫描通常需要 8、15、30 秒等。②具有很高的分辨率。通常傅里叶变换红外光谱仪分辨率达 $0.5\sim0.005cm^{-1}$，光栅型红外光谱仪分辨率只有 $0.2cm^{-1}$。③灵敏度高。因傅里叶变换红外光谱仪不用狭缝和单色器，反射镜面又大，故能量损失小，到达检测器的能量大，可检测 $10^{-8}g$ 数量级的样品。除此之外，还有光谱范围宽（$10000\sim10cm^{-1}$）；测量精度高，重复性可达 0.1%；杂散光干扰小；样品不受因红外聚焦而产生的热效应影响；特别适合与气相色谱联机或研究化学反应机制等。

三、红外光谱仪的性能

红外分光光度计的性能指标有分辨率、波数的准确度与重复性、透光率或吸光度的准确度与重复性等。其中分辨率、波数的准确度与重复性是仪器的主要性能指标。这些指标关系到测得光谱中峰位、峰强及峰形的准确性，直接影响光谱解析与结构认定的正确性。

分辨率是指在某波数或波长处恰能分开两个吸收峰的相对波数差（$\Delta\sigma/\sigma$）或相对波长差（$\Delta\lambda/\lambda$）。通常多用波数差来表示。波数准确度是指仪器对某吸收峰测得波数与该吸收峰文献值之差。波数重复性是指多次重复测量同一样品的同一吸收峰波数的最大值与最小值之差。

《中国药典》2020 年版（四部）规定，用聚苯乙烯薄膜（厚度约为 0.04mm）校正傅里叶变换红外光谱仪或色散型红外分光光度计，绘制其光谱图，用 3027cm^{-1}、2851cm^{-1}、1601cm^{-1}、1028cm^{-1} 和 907cm^{-1} 处的吸收峰对仪器波数进行校正。傅里叶变换红外光谱仪在 3000cm^{-1} 附近的波数误差应不大于±5cm^{-1}，在 1000cm^{-1} 附近的波数误差应不大于±1cm^{-1}。符合要求的仪器分辨率应在 3110~2850cm^{-1} 范围内能清晰分辨出 7 个峰，峰 2851cm^{-1} 与谷 2870cm^{-1} 之间的分辨深度不小于 18% 透光率，峰 1583cm^{-1} 与谷 1589cm^{-1} 之间的分辨深度不小于 12% 透光率。

第四节　红外吸收光谱分析

PPT

一、试样的制备

无论气、液及固态样品皆可测定其红外吸收光谱，以固态样品最方便。对样品的要求：①样品的纯度>98%；②样品应不含水分，因为水分本身在红外区有吸收且会腐蚀吸收池的盐窗；③选择符合所测光谱波段要求的溶剂配制溶液；④试样浓度和厚度要适当。

（一）固体样品

1. 压片法　压片法是测定固体样品应用最广的一种方法。取供试品 1~3mg 与干燥的光谱纯 KBr（KCl）粉末混合（样品与 KBr 比例约为 1∶200），置玛瑙乳钵中研磨均匀，装入压片模具中制备供试品 KBr（KCl）片。以空白 KBr（KCl）片为参比，放入光路，测定供试品的红外吸收光谱。

2. 石蜡糊法（浆糊法）　为避免压片法制成的固体粒子对光散射的影响，可取干燥处理的供试品一定量，置玛瑙研钵中，滴入几滴液体石蜡油、六氯丁二烯、氟化煤油等分散介质，研磨成均匀糊剂。取适量的供试品糊剂夹于两块空白 KBr 片中，以空白 KBr 片为参比，放入光路，测定供试品的红外吸收光谱。其中石蜡油在 2960~2850cm^{-1}、1460cm^{-1}、1380cm^{-1} 和 720cm^{-1} 有吸收峰，六氯丁二烯在 4000~1700cm^{-1} 及 1500~1200cm^{-1} 两区间无吸收峰，氟化煤油在 4000~1200cm^{-1} 无吸收峰。此法适合于可以研成粉末的固体样品，但不能用于定量分析。

3. 薄膜法　制备适宜厚度（0.01~0.1mm）的薄膜，其方法依试样的理化性质而定：低熔点的试样可在熔融后倾于平滑的表面上制膜；结晶性试样可在熔化后置于岩盐窗片上制膜；不溶于水的试样取固体供试品用易挥发的溶剂溶解，然后将溶液涂于空白 KBr 片或试样热熔后倾入水中，使其在水面上成膜；倾在汞面上成膜特别理想，取膜容易，也不会污染试样。该法测得的光谱既没有溶剂影响也没有分散介质影响。

（二）液体样品

1. 液体池法　测定红外吸收光谱选用的溶剂，应在测定波段区间无强吸收。通常在 4000~1350cm^{-1} 之间用 CCl_4 为溶剂，在 1350~600cm^{-1} 之间用 CS_2，具有对溶质的溶解度大，红外透过性好，不腐蚀窗片（KCl 或 KB 晶片）等特点。将供试品溶解在适当溶剂中，制成浓度为 1%~10% 的溶液，置于装有岩盐窗片的液体池中，并以溶剂作空白，测定红外光谱。

2. 夹片法和涂片法　对于挥发性不大的液体试样可采用夹片法，即先压制两个空白 KBr 薄片，然后将液体样品溶液滴在其中一个 KBr 片上，用一片 KBr 片夹紧后放入光路中测定。而对于黏度大的液体样品一般可采用涂片法，将液体样品涂在 KBr 片上进行测定。KBr 空白片在天气干燥时可用合适的试剂洗净干燥后保存，重复使用几次。

二、红外吸收光谱解析

红外吸收光谱可提供化合物类别、化合物分子中的基团、结构异构等信息，是测定有机化合物结构的有力工具。红外光谱的解析主要用于确定化合物官能团，多采用标准红外光谱、标准品对照鉴定化合物，很少单用红外吸收光谱推测化学结构。

（一）红外光谱解析方法

（1）了解样品的来源、制备过程、外观、纯度、经元素分析后确定化学式以及熔点、沸点、溶解性等物理性质做较为全面透彻的了解，取得对样品初步的认识和了解。

（2）利用化合物的分子式，计算不饱和度（U），从而估计分子结构中是否含有双键、叁键及芳环等，并验证光谱解析结果的合理性。

不饱和度表示有机分子结构中碳原子的饱和程度，是指分子结构中距离达到饱和时所缺一价元素的“对数”。它反映了分子中含环及不饱和键的总数，其计算公式如下：

$$U=\frac{2+2n_4+n_3-n_1}{2} \tag{13-8}$$

式（13-8）中，n_1、n_3、n_4 分别为一价元素（H、X）、三价元素（N）、四价元素（C）的原子个数。二价原子（S、O）等不参加计算。但结构中含有化合价高于四价的杂原子时，不能采用上式计算。

例 13-3　计算苯甲醛（C_7H_6O）的不饱和度。

解：$U=\frac{2+2n_4+n_3-n_1}{2}=\frac{2+2\times7-6}{2}=5$

苯环相当于已烷缺四对氢（三个双键，一个环），所以苯环用去四个不饱和单位、羰基用去一个不饱和单位，因此化合物的不饱和度 $U=5$。

例 13-4　计算樟脑（$C_{10}H_{16}O$）的不饱和度。

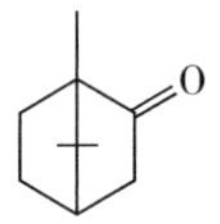

樟脑

解：$U=\frac{2+2n_4+n_3-n_1}{2}=\frac{2+2\times10-16}{2}=3$（一个双键，二个脂环）

例 13-5　计算正丁腈（C_4H_7N）的不饱和度。

解：$U=\frac{2+2n_4+n_3-n_1}{2}=\frac{2+2\times4+1-7}{2}=2$（一个三键）

综上可归纳化合物不饱和度有如下规律：①$U=0$ 为链状饱和脂肪族化合物；②一个双键或一个饱和脂环的 $U=1$；③一个三键的 $U=2$；④一个苯环的 $U=4$。

（3）检查红外光谱图是否有 H_2O 的吸收（3756cm^{-1}，3652cm^{-1}，1595cm^{-1}）、CO_2的吸收（2349cm^{-1}，665cm^{-1}）、重结晶溶剂峰、平头峰。基线的透光率是否满足 90%～95% 的要求等。

（4）根据“先特征，后指纹，先最强峰，后次强峰；先粗查（查基团与特征频率的相关性表或基频峰分布略图），后细找（查附录七主要基团的红外特征吸收频率）；先否定，后肯定；抓住一组相关峰”的程序进行图谱解析。通过对红外光谱中特征吸收峰的位置、强度及峰形的逐一解析，找出与结构有关的信息，确定化合物所含的基团及化学键的类型。

在解析过程中，采用“先否定，后肯定”方法，以缩小未知物结构的范围，因为依据不存在的吸收峰否定官能团的存在要比根据存在的吸收峰肯定一个官能团的存在容易得多。“抓住一组相关峰”，互为佐证提高图谱解析的可信度，避免孤立解析造成结论的错误。

（5）通过已确定化合物所含的基团及化学键的类型，结合其他相关分析数据，确定化合物的可能结构。

（6）确定已知范围的未知化合物可采用已知物光谱对照法，即将试样与对照品在完全相同的条件下测定红外光谱，若两者光谱完全相同，则可确认是同一化合物。也可与该化合物标准图谱进行比较，最后确定化合物结构。常用的标准图谱有萨特勒（Sadtler）红外图谱集，由美国 Sadtler 实验室于 1947 年开始编制出版，现已收集包括棱镜、光栅和傅里叶变换的红外光谱图 10 万余张，是一套收集图谱最全、数量最多的红外图谱集。另外，中国药典委员会于 1985 年开始编制出版《药品红外光谱集》，作为药品鉴别用红外对照图谱。凡在《中国药典》收载红外鉴别或检查的品种，本光谱集均有相应收载。

对于复杂化合物或新化合物，红外光谱解析困难时要结合紫外光谱、核磁共振光谱、质谱等手段进行综合光谱解析，结论要与标准光谱对照。

知识链接

《中华人民共和国药典》（二部）自 1977 年版开始采用红外光谱法用于一些药品的鉴别，在该版药典附录中收载了对照图谱。为了适应我国对药品监督检验的需要，同时鉴于《中华人民共和国药典》及国家药品标准均收载红外光谱法，应用红外光谱鉴别的品种不断增加，有必要在原有基础上扩大收载范围，为此，中国药典委员会组织续集编制出版《药品红外光谱集》作为国家标准系列配套丛书，广泛用于药品的鉴别检验。历次出版情况如下。

1985 年版《药品红外光谱集》，该版光谱集收集绘制红外光谱图 423 幅。

1990 年版《药品红外光谱集》，该版光谱集共收载 582 幅图谱。

为了适应光谱集编制工作的延续性，经编审组研究决定，分卷出版《药品红外光谱集》。

1995 年出版第一卷，收载了光栅型红外分光光度计绘制的药品红外光谱图共 685 幅。

2000 年出版第二卷，收载药品红外光谱图 208 幅，并全部改由傅里叶红外光谱仪绘制。

2005 年出版第三卷，共收载药品红外光谱图 210 幅（其中 172 个为新增品种，38 个老品种重新绘制了图谱）。

2010 年出版第四卷，共收载药品红外光谱图 124 幅。

2015 年出版第五卷，共收载药品红外光谱图 94 幅。

（二）红外光谱解析示例

例 13-6 某化合物的红外吸收光谱如图 13-26 所示，试判断化合物是下列结构中的哪一个？

（Ⅰ）$CH_3(CH_2)_3OH$ （Ⅱ）$(CH_3)_3COH$ （Ⅲ）$CH_2=CHCH_2CH_2OH$

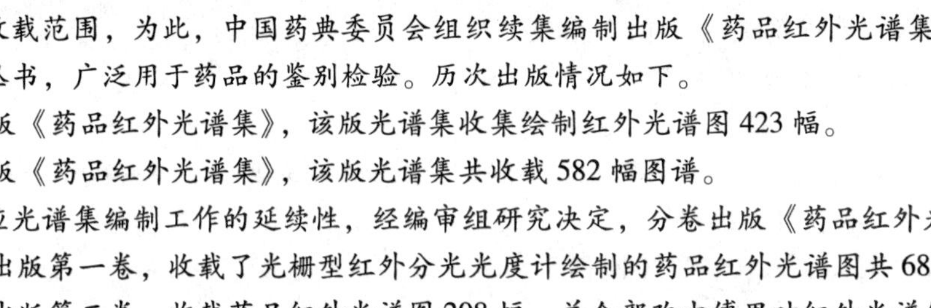

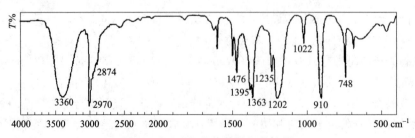

图 13-26 未知化合物的红外光谱

解：IR 谱图中在 3360cm^{-1}处有较宽的吸收峰，说明结构中有—OH 存在，3 个化合物都满足此条件。化合物Ⅲ结构中有 C═C，但 IR 谱图中在 3100~3000cm^{-1}区间无吸收，而且在~1650cm^{-1}也无吸收，因此不是结构Ⅲ。IR 谱图中 1395cm^{-1}和 1363cm^{-1}表现为双吸收峰，且 1363cm^{-1}的峰强度较 1395cm^{-1}峰强，为叔丁基的特征吸收，因此该化合物为结构Ⅱ。

例 13-7　由 C、H 组成的液体化合物，相对分子量为 84.2，沸点为 63.4℃。其红外吸收光谱见图 13-27，试通过红外光谱解析，判断该化合物的结构。

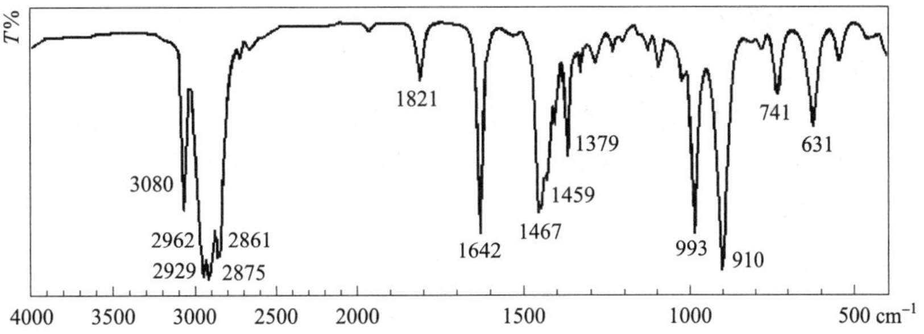

图 13-27　C、H 化合物的红外光谱

解：（1）由化合物的分子量 84.2，又只有 C、H 组成，可推断分子式为 C_6H_{12}，不饱和度为：$U=\frac{2+2\times6-12}{2}=1$。

（2）特征区的第一强峰 1642cm^{-1}，经粗查（表 13-4 红外光谱的九个重要区段）为烯烃的 $\upsilon_{C=C}$特征吸收峰，可确定是烯烃类化合物。用于鉴定烯烃类化合物的吸收峰有 $\upsilon_{=CH}$3080cm^{-1}强度较弱、$\upsilon_{C=C}$非共轭发生在 1642cm^{-1}，强度中等，$\gamma_{=CH}$出现在 910cm^{-1}范围内，强度较强，为同碳双取代结构，该化合物为端基烯。

（3）特征区的第二强峰 1467cm^{-1}，粗查为饱和烃的 δ_{CH}^{as}，用于鉴定烷烃类化合物的吸收峰有 υ_{-CH}、δ_{CH}^{as}。细找：υ_{-CH}2962cm^{-1}、2929cm^{-1}、2875cm^{-1}、2861cm^{-1}强度较强，δ_{CH}^{as}1467cm^{-1}，δ_{CH}^{s}1379cm^{-1}，有端甲基，此峰未发生分裂，证明端基只有一个甲基。ρ_{CH_2}740cm^{-1}，该化合物中有直链—（CH_2）$_n$—结构。

所以化合物结构为：CH_2═CH（CH_2）$_3$$CH_3$

峰归属：烯烃基 $\upsilon_{=CH}$3080cm^{-1}，$\upsilon_{C=C}$1642cm^{-1}，$\gamma_{=CH}$993cm^{-1}、910cm^{-1}；饱和烃基 $\upsilon_{CH_3}^{as}$2962cm^{-1}、$\upsilon_{CH_2}^{as}$2929cm^{-1}、$\upsilon_{CH_3}^{s}$ 2875cm^{-1}、$\upsilon_{CH_2}^{s}$ 2861cm^{-1}，$\delta_{CH_3}^{as}$ 1467cm^{-1}，$\delta_{CH_3}^{s}$ 1379cm^{-1}，δ_{CH_2} 1459cm^{-1}，ρ_{CH_2} 740cm^{-1}（—CH_2—）。

经标准图谱核对，并对照沸点等数据，证明结论正确。

例 13-8　分子式为 C_8H_8O 的化合物的 IR 光谱见图 13-28，沸点 202℃，试通过解析光谱，判断其结构。

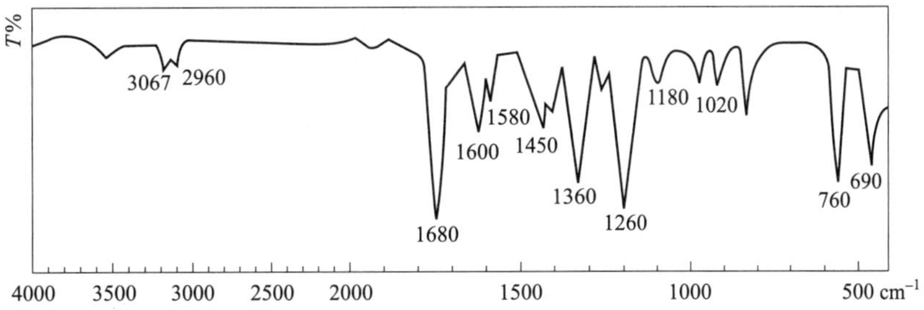

图 13-28　C_8H_8O 化合物的红外吸收光谱

解：（1）由化合物的分子式 C_8H_8O，计算不饱和度 $U=\frac{2+2\times8-8}{2}=5$，结构中可能含一个苯环和一个双键或多个三键和双键。

（2）谱图的 2400~2100cm⁻¹区间无吸收峰，可否定三键的存在。

（3）第一强峰为 1680cm⁻¹是 $\nu_{C=O}$峰；但是 IR 图谱中无~2820cm⁻¹与~2720cm⁻¹双峰存在，因此不是醛；分子中只有一个氧，因此不可能为羧酸、酯及酸酐。而 $\nu_{C=O}$峰 1680cm⁻¹<1715cm⁻¹，且 $U>4$，表明 C=O 与苯环共轭。

（4）苯环的确定：苯环的骨架振动 $\nu_{Ar=C}$峰 1600cm⁻¹、1580cm⁻¹（苯环骨架的分裂峰）、1450cm⁻¹说明是共轭苯环；芳环氢的伸缩振动 ν_{ArH}峰 3067cm⁻¹；而芳环氢面外弯曲振动 γ_{ArH}峰 761cm⁻¹及 691 cm⁻¹出现进一步提示为单取代苯；泛频区弱的吸收证明为芳香族化合物。

（5）特征区 2960cm⁻¹出现提示有—CH_3存在，同时 1360cm⁻¹是典型的 $\delta^{s}_{CH_3}$峰。

综上所述，该化合物结构为：

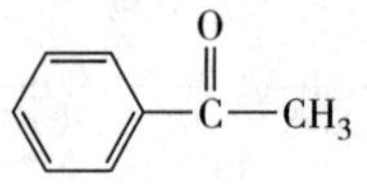

峰归属：苯环 ν_{ArH} 3067cm⁻¹，$\nu_{C=C}$ 1600cm⁻¹、1580cm⁻¹、1450cm⁻¹，β_{Ar-H} 1180cm⁻¹，1025cm⁻¹，γ_{ArH} 761cm⁻¹、691 cm⁻¹（单取代）；羰基 $\nu_{C=O}$ 1680cm⁻¹（共轭）；甲基 δ^{as}_{CH} 1450cm⁻¹，δ^{s}_{CH} 1360cm⁻¹，ν_{C-C}1257cm⁻¹。

经标准图谱核对，并对照沸点等数据，证明结论与事实完全相符。

知识拓展

近红外光谱法

近红外光谱法（near infrared spectroscopy；NIR）是应用化学计量学方法将近红外光谱反映的样品结构或性质信息（如密度、颜色、粒度、聚合度等）与标准样品通过标准方法测得的信息建立校正模型，将该模型与被测样品进行比较，从而快速预测样品组成或性质的一种分析方法。近红外光谱的波长范围为 0.75~2.5μm，主要由 CH、OH、NH、SH 等基团的倍频峰或合频峰组成，反映基团的信息，因此适用于大多数有机化合物的检测。该方法对样品的测定可实现无损、不需前处理、在线分析等特点，例如 NIR 技术可从未经处理的中药样本中直接获取分析信息，有效地避免样品因预处理所造成的微量组分损失及组分形态的变化，最大限度地保留同种类药材不同产地间的微小差异，提高中药生产过程的可控性和中药制剂的均一性。因此该技术不仅适用于原料药、片剂、胶囊剂及液体制剂等不同制剂的分析，也可用于不同类型药品（生物制品、中药材、抗生素等）的药物分析，还可应用于假药的快速识别、包装材料等的分析与检测以及生产工艺的在线连续分析监控等。

本章小结

- 红外吸收光谱法
  - 红外吸收峰
    - 产生条件
      - $\Delta\mu \neq 0$
      - $E=\frac{1}{2}h\nu$
    - 峰位置
      - $\sigma=1302\sqrt{\frac{k}{u'}}$
      - 影响因素
        - 内因
          - 诱导效应
          - 共轭效应
          - 氢键效应
          - 空间位阻
          - 振动偶合
          - 费米共振
        - 外因
    - 峰数目
      - 小于等于振动自由度
      - 影响因素
        - 简并
        - 非红外活性振动
    - 峰强度影响因素
      - 跃迁几率
      - 偶极矩的变化
      - 振动形式
      - 分子结构的对称性
  - 典型有机化合物的红外吸收光谱
  - 红外光谱仪
    - 光栅红外光谱仪
    - 傅里叶变换红外光谱仪
  - 红外吸收光谱的应用
    - 定性分析
    - 定量分析
    - 结构分析

练习题

题库

1. 红外吸收光谱法与紫外吸收光谱法有何区别？

2. 红外吸收光谱产生的条件是什么？

3. 如何用特征峰与相关峰区别酮、醛、酯、酰胺、酰氯、酸酐等化合物，并写出羰基峰位顺序及其位置变化的影响因素。

4. 如何利用红外吸收光谱区别脂肪族饱和与不饱和碳氢化合物？脂肪与芳香族化合物？

5. CO_2分子有几种振动形式？在红外吸收光谱上能看到几个吸收峰？为什么？

6. 为什么倍频峰的频率小于基频峰振动频率的倍数？

7. 指出下列各种振动形式，哪些是红外活性振动？哪些是红外非活性振动？

（1）$CH_3—CH_3$的ν_{C-C}；（2）CH_3-CCl的ν_{C-C}；（3）SO_2的$\nu^{s}_{SO_2}$

（4）$CH_2=CH_2$的四种振动形式：

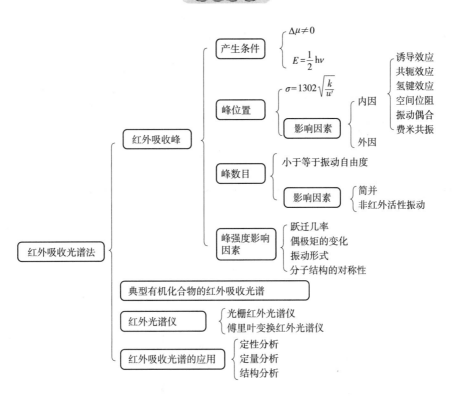

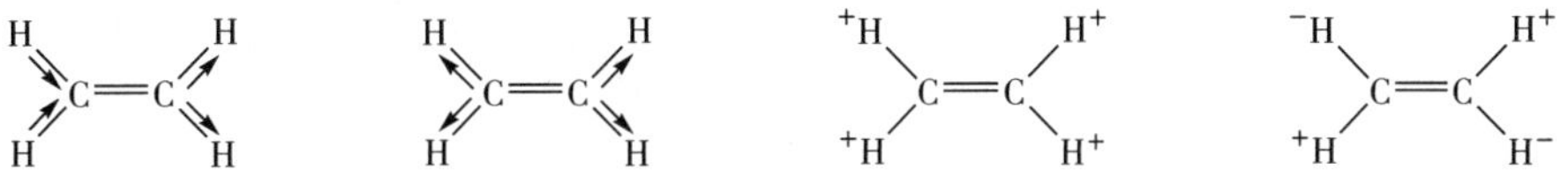

（A）$\nu_{C—H}$　（B）$\nu_{C—H}$　（C）$\omega_{C—H}$　（D）$\tau_{C—H}$

8. 将羧酸基（-COOH），分解为 C ═O、C—O、O—H 单元，假定不考虑他们之间的相互影响，试计算：（1）它们的基本伸缩振动频率；（2）比较$\nu_{O—H}$与$\nu_{C—O}$，$\nu_{C=O}$与$\nu_{C—O}$，说明化学键力常数、折合原子量与伸缩振动频率间的关系（C ═O、O—H 及 C—O 的化学键力常数分别为 12.1、7.12 及 5.8N/cm）。

9. 某一检品经气相色谱分析证明为纯物质，熔点 29℃，分子式为 C_8H_7N。用液膜法测得的红外吸收光谱如图 13-29。试通过光谱解析确定其分子结构，给出峰归属。

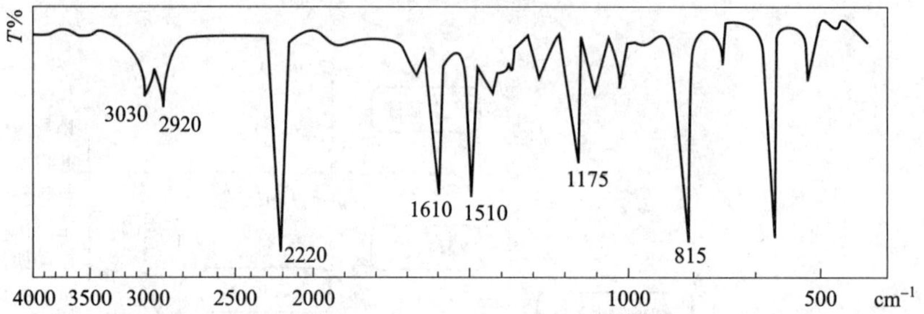

图 13-29　C_8H_7N 的红外吸收光谱

10. 某检品由质谱测得分子式为 $C_{10}H_{10}O_4$。测得的红外吸收光谱如图 13-30。试确定其结构，并给出峰归属。

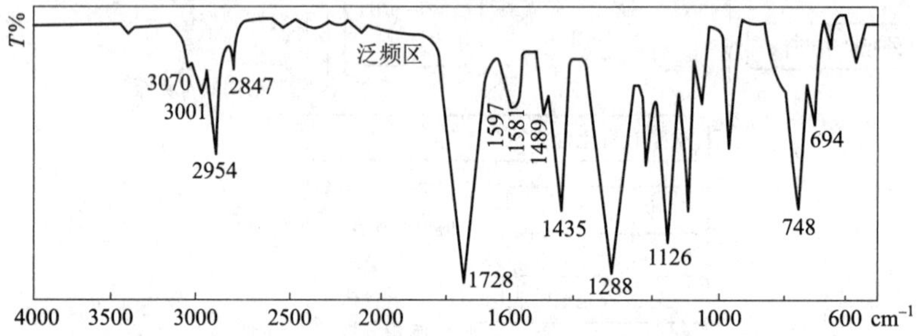

图 13-30　$C_{10}H_{10}O_4$的红外吸收光谱

11. 已知未知物的分子式为 C_7H_9N，试从其光谱图 13-31 推出其结构，并给出峰归属。

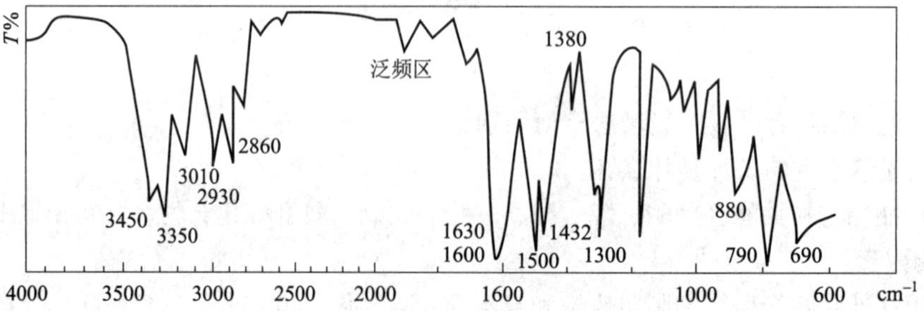

图 13-31　C_7H_9N 的红外吸收光谱

12. 某未知化合物的分子式为 C_8H_{18}，试从其光谱图 13-32 推出其结构，并给出峰归属。

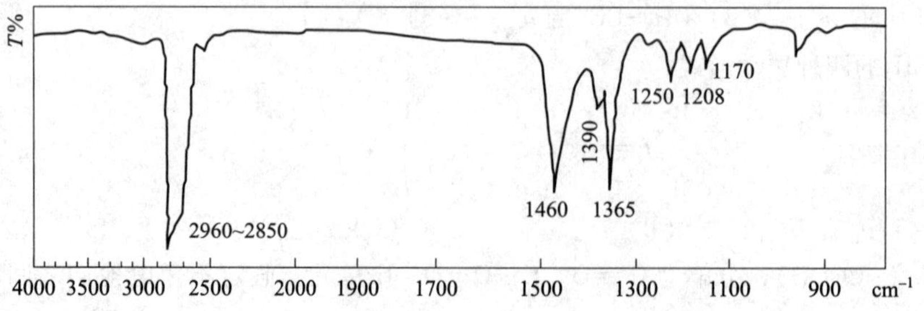

图 13-32　C_8H_{18}的红外吸收光谱

13. 已知未知物的分子式为 $C_4H_6O_2$，试从其光谱图 13-33 推出其结构，并给出峰归属。

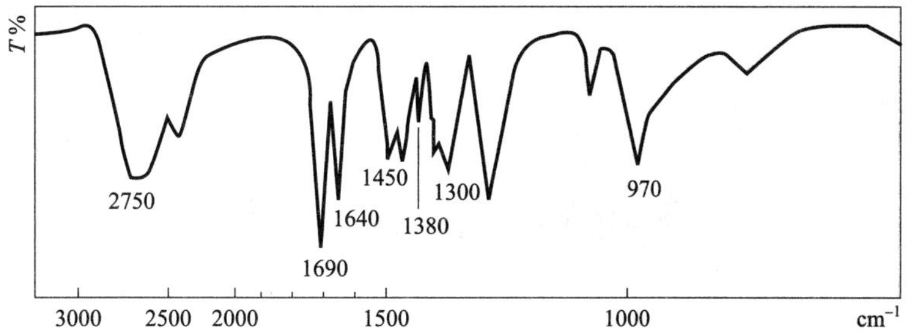

图 13-33　$C_4H_6O_2$的红外吸收光谱

（白慧云）

第十四章

核磁共振波谱法

学习导引

知识要求

1. **掌握** 核自旋类型和核磁共振波谱法的基本原理；共振吸收条件；化学位移及其影响因素；自旋偶合和自旋分裂；$n+1$ 规律；核磁共振氢谱一级图谱的特点和解析方法。

2. **熟悉** 自旋系统及其命名原则；化学位移；简单二级图谱的解析。

3. **了解** 核磁共振仪的结构；核磁共振碳谱和相关谱的特点。

能力要求

熟练掌握通过核磁共振氢谱给出的化学位移、峰自旋分裂和峰面积等信息，分析化合物氢核的类型、氢核的化学环境及氢分布情况。学会应用核磁共振氢谱给出的信息进行定性分析及简单化合物的结构鉴定。

素质要求

通过学习核磁共振波谱法，深入思考核磁共振产生的过程，培养学生独立思考、自主学习的能力。掌握利用核磁共振法鉴定化合物结构的原理，建立从理论到实践，再从实践到理论的学习过程。

核磁共振波谱法和紫外、红外吸收光谱法类似，也属于吸收光谱。将自旋核放入磁场，并用特定频率的电磁辐射照射，它们会吸收能量，发生原子核自旋能级的跃迁，同时产生核磁共振信号，以核磁共振信号强度对照射频率（或磁场强度）作图，得到核磁共振波谱（nuclear magnetic resonance spectroscopy; NMR）。核磁共振波谱法是利用核磁共振波谱进行结构（包括构型和构象）测定、定性及定量分析的方法。

1924 年沃尔夫冈·泡利（Wolfgang Pauli）预言了 NMR 的基本理论：有些核同时具有自旋和磁量子数，这些核在磁场中会发生分裂；1945 年哈佛大学的爱德华·珀塞尔（E. M. Purcell）和斯坦福大学的费利克斯·布洛赫（Felix Bloch）几乎同时发现并证实 NMR 现象，并于 1952 年分享了诺贝尔奖；1953 年瓦里安开始商用仪器开发，并于同年做出了第一台 30MHz 连续波核磁共振波谱仪。从此，核磁共振波谱法成了化学家研究化合物结构的有力工具，并逐步扩大其应用领域。

在核磁共振谱中，^{1}H 核磁共振谱（^{1}H-NMR spectrum; ^{1}H-NMR，简称氢谱）和 ^{13}C 核磁共振谱（^{13}C-NMR spectrum; ^{13}C-NMR，简称碳谱）应用最为广泛，两者互为补充。

核磁共振谱可以提供的信息有磁核的类型和化学环境、各类磁核（如质子）的相对数量、核自旋弛豫时间、核间相对距离等。

随着脉冲傅里叶变换技术和超导磁体的发展和普及以及各种一维、二维核磁共振谱（2D-NMR）等不断涌现和日趋完善，核磁共振波谱法可通过研究得到有机化合物分子结构、构型构象、分子动态等重要信息，可用于定性、定量分析、相对分子量的测定和化学动力学的研究等。且由于在进行核磁共振分析测定时，样品不会被破坏，属于无损分析方法。因此，核磁共振波谱法在化学、医药、生物学和物理化学等领域应用愈加广泛。

本章主要介绍^{1}H-NMR谱的原理和解析方法，简要介绍^{13}C-NMR谱和相关谱的知识。

案例解析

【案例】2015年10月5日，瑞典卡罗琳医学院在斯德哥尔摩宣布，中国女科学家屠呦呦获得2015年诺贝尔生理学或医学奖，以表彰其对疟疾治疗所做出的贡献。1972年屠呦呦成功地从中药青蒿中提取得到了一种无色结晶体，被命名为青蒿素。药理实验表明青蒿素抗疟效果十分显著，将其用于治疗疟疾，挽救了全球特别是发展中国家的数百万人的生命。

【问题】如何确定青蒿素的化学结构?

【解析】青蒿素化学结构研究说明，青蒿素之所以在临床上有如此重要的价值，首先在于其化学结构的新颖性，是一种完全不含氮原子的倍半萜内酯，其分子内具有过氧基和与之相连的"醚链"，这种特殊结构，可能就是其分子产生抗疟作用的部位。

根据该物质的核磁共振氢谱、碳谱数据结合其他光谱及化学反应实验，最终确定该化合物是一个有15个碳原子、22个氢原子和5个氧原子组成的倍半萜类化合物。

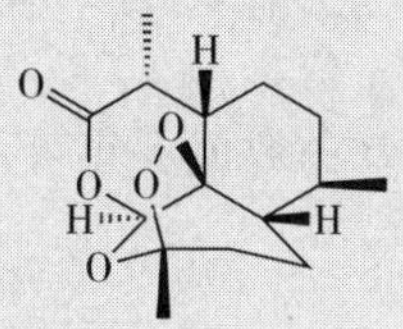

第一节　核磁共振波谱法的基本原理

PPT

一、原子核的自旋

（一）自旋分类

核磁共振的研究对象为具有磁矩的原子核。原子核有自旋现象，因而有自旋角动量（spin angular momentum，P）。原子核是带正电荷的粒子，其自旋运动将产生磁矩。角动量和核磁矩都是矢量，其方向平行。核自旋特征用自旋量子数（spin quantum number，I）来描述。原子核可按I的数值分为以下三类：

（1）质量数与电荷数（原子序数）皆为偶数的核，$I=0$。这类核的磁矩为零，不产生核磁共振信号，如$^{12}_{6}$C、$^{16}_{8}$O等。

（2）质量数为奇数，电荷数可为奇数，也可为偶数的核，I为半整数（$I=1/2$、3/2、5/2、……）。如$^{19}_{9}$F、$^{1}_{1}$H、$^{13}_{6}$C等，核磁矩不为零，其中$I=1/2$的核是目前核磁共振研究与测定的主要对象。

（3）质量数为偶数，电荷数为奇数的核，I为整数（$I=1$、2、……），如$^{2}_{1}$H、$^{14}_{7}$N等。这类核有自旋现象，也是核磁共振的研究对象。但由于在外磁场中，它们核磁矩的空间量子化比$I=1/2$的核复杂，故目前研究得较少。

各种核的自旋量子数和核磁共振信号，见表14-1。

表 14-1　各种核的自旋量子数和核磁共振信号

质量数	电荷数（原子序数）	自旋量子数（I）	NMR 信号	示例
偶数	偶数	0	无	$^{12}_{6}C$、$^{16}_{8}O$、$^{32}_{16}S$
奇数	奇数	1/2	有	$^{1}_{1}H$、$^{19}_{9}F$、$^{31}_{15}P$、$^{15}_{7}N$
		3/2	有	$^{11}_{5}B$、$^{79}_{35}Br$、$^{35}_{17}Cl$
奇数	偶数	1/2	有	$^{13}_{6}C$
		3/2	有	$^{33}_{16}S$
偶数	奇数	1	有	$^{2}_{1}H$、$^{14}_{7}N$

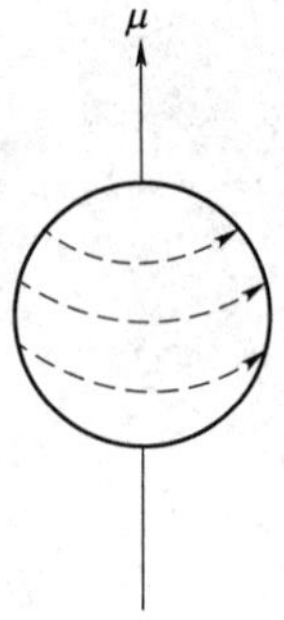

图 14-1　氢原子核的自旋

（二）核磁矩

自旋运动的原子核具有自旋角动量 P，同时也具有由自旋感应产生的核磁矩（nuclear magnetic moment，μ），如图 14-1。自旋角动量 P 是表述原子核自旋运动特性的矢量参数，而核磁矩 μ 是表示自旋核磁性强弱特性的矢量参数。矢量 P 与矢量 μ 方向一致，且具有如下关系：

$$\mu=\gamma P \tag{14-1}$$

式（14-1）中，γ 为磁旋比（magnetogyric ratio），是原子核的一种属性，不同核有其特征的 γ 值。

自旋角动量 P 的数值大小可用核的自旋量子数 I 来描述，如式（14-2）所示：

$$P=\frac{h}{2\pi}\sqrt{I\ (I+1)} \tag{14-2}$$

二、原子核的自旋能级和共振吸收

（一）自旋能级分裂

无外磁场时，原子核的自旋运动通常是随机的，因而自旋产生的核磁矩在空间的取向是任意的，并无规律可言。但若将原子核置于磁场中，则核磁矩由原来的随机无序排列状态趋向整齐有序的排列。

按照量子理论，磁性核在外加磁场中的自旋共有 $2I+1$ 个取向。每个自旋取向分别代表原子核的某个特定的能级状态，通常以磁量子数 m（magnetic quantum number）来表示。则

$$m=I,\ I-1,\ I-2,\ \cdots,\ -I+1,\ -I \tag{14-3}$$

例如^{1}H（$I=1/2$），m 的取值数目为 $2\times1/2+1=2$ 个，由式（14-3）可知，$m=1/2$ 及 $-1/2$。说明 I 为 1/2 的核，在外磁场中核磁矩只有两种取向。$m=1/2$ 时，核磁矩在外磁场方向 Z 轴的投影（μ_z）顺磁场；$m=-1/2$ 时，μ_z逆磁场，如图 14-2 所示。当 $I=1$ 时，例如^{2}H，m 可取 $2\times1+1=3$ 个值，$m=1$、0、-1。核磁矩在外磁场中有 3 种取向。

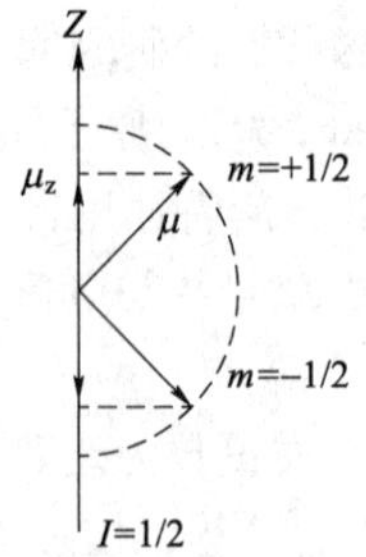

图 14-2　氢核磁矩的取向

核磁矩在磁场方向 Z 轴上的分量取决于角动量在 Z 轴上的分量（P_z），$P_z=\frac{h}{2\pi}m$，代入式（14-1）得：

$$\mu_z=\gamma\cdot m\cdot\frac{h}{2\pi} \tag{14-4}$$

核磁矩的能量与 μ_z和外磁场强度 H_0有关：

$$E=-\mu_z H_0=-m\cdot\gamma\cdot\frac{h}{2\pi}H_0 \tag{14-5}$$

不同取向的核具有不同的能级，I 为 1/2 的核，$m=1/2$，自旋取向与外磁场方向一致，核处于低能级状态；$m=-1/2$，自旋取向与外磁场方向相反，核处于高能级状态。两种取向的能级差随 H_0 的增大而增大，这种现象称为能级分裂（图 14-3）。

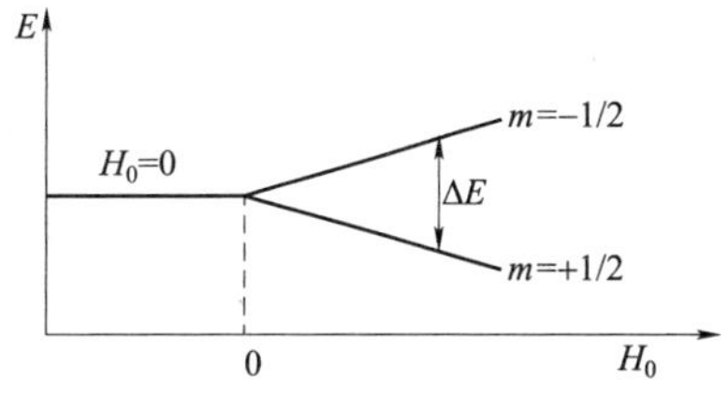

图 14-3　$I=1/2$ 核的能级分裂

$$m=-\frac{1}{2},\ E_2=-\left(-\frac{1}{2}\right)\times\frac{\gamma\cdot h}{2\pi}H_0$$

$$m=\frac{1}{2},\ E_2=-\frac{1}{2}\times\frac{\gamma\cdot h}{2\pi}H_0$$

则

$$\Delta E=E_2-E_1=\frac{\gamma\cdot h}{2\pi}H_0 \tag{14-6}$$

式（14-6）说明 $I=1/2$ 的核，两能级差与外磁场强度（H_0）及磁旋比（γ）或核磁矩（μ）成正比。显然，随着 H_0 的增大，发生核跃迁时需要的能量相应增大；反之，则相应变小。

（二）原子核的共振吸收

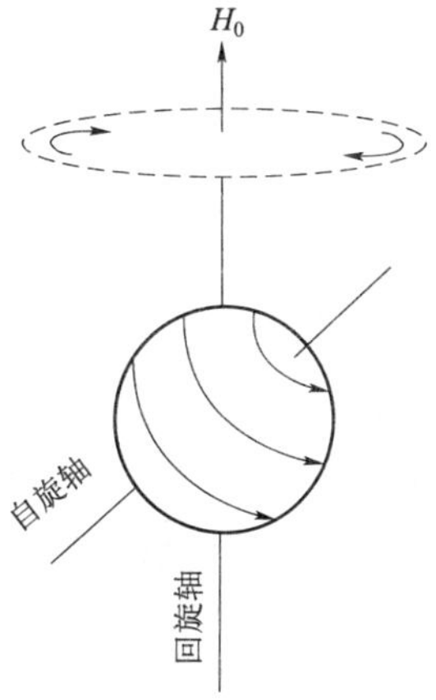

图 14-4　原子核的进动

1. 原子核的进动　在磁场中，氢核的核磁矩与外磁场成一定的角度，核一方面绕自旋轴自旋，同时核磁矩矢量（自旋轴）在垂直于外磁场的平面上绕外场轴作旋进运动，我们把原子核的这种旋进运动称之为拉莫尔进动（或称拉莫尔回旋）（Larmor precession），这与陀螺在地球重力场的作用下自旋的情况相似，如图 14-4 所示。

进动频率（ν）与外加磁场强度（H_0）的关系可用 Larmor 方程表示：

$$\nu=\frac{\gamma}{2\pi}H_0 \tag{14-7}$$

质子的 $\gamma=2.67519\times10^8\ \mathrm{T^{-1}\cdot s^{-1}}$；$^{13}C$ 核的 $\gamma=6.72615\times10^7\ \mathrm{T^{-1}\cdot s^{-1}}$。式（14-7）说明对于一定的核，$H_0$ 增大，进动频率增加。在 H_0 一定时，磁旋比小的核，进动频率小。根据式（14-7）可以算出 ^1H 及 ^{13}C 在不同外磁场强度中的进动频率。

课堂互动

原子核的进动是否类似于地球的公转和自转?

2. 共振吸收条件

（1）在外磁场中，具有核磁矩的原子核存在着不同能级。当用某一特定频率的电磁辐射照射时，若电磁辐射的能量 $E=h\nu_0$ 恰好等于核能级能量差 $\Delta E=\frac{\gamma}{2\pi}hH_0$，即 $E=\Delta E$，则：

$$\nu_0=\frac{\gamma}{2\pi}H_0 \tag{14-8}$$

也就是说，当 $\nu_0=\nu$ 时，核才能吸收射频的能量，由低能级跃迁到高能级，产生核磁共振。由于在能级跃迁时频率相等（$\nu_0=\nu$）而称为共振吸收。

例如，氢核在 $H_0=1.4092\mathrm{T}$ 的磁场中，进动频率 ν 为 60MHz，吸收 ν_0 为 60MHz 的无线电波，而发生能级跃迁。跃迁后，核磁矩由顺磁场（$m=1/2$）跃迁至逆磁场（$m=-1/2$）（图 14-5）。

（2）由量子力学的规律可知，只有 $\Delta m=\pm1$ 的跃迁才是允许的，即跃迁只能发生在两个相邻能级间。对于 $I=1/2$ 的核有两个能级，发生在 $m=1/2$ 与 $m=-1/2$ 之间（图 14-5）。对于 $I=1$ 的核，有三个能级：$m=1$，0 及 -1。跃迁只能发生在 $m=1$ 与 $m=0$ 或 $m=0$ 与 $m=-1$ 之间，而不能发生在 $m=1$ 与 $m=-1$ 之间。

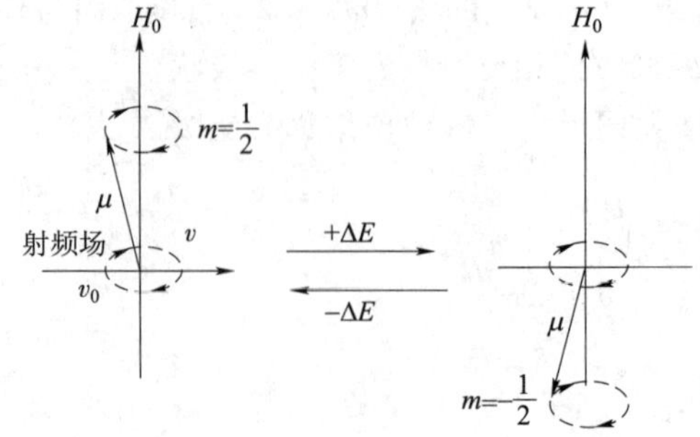

图 14-5 $I=1/2$ 核的共振吸收与弛豫

知识链接

量子力学

量子力学（Quantum Mechanics），它是研究物质世界微观粒子运动规律的物理学分支学科，主要研究原子、分子、凝聚态物质，以及原子核和基本粒子的结构、性质，它与相对论一起构成了现代物理学的理论基础。量子力学不仅是现代物理学的基础理论之一，而且在化学等有关学科和许多近代技术中也得到了广泛的应用。

在许多现代技术装备中，量子力学的效应起了重要的作用。从激光、电子显微镜、原子钟到核磁共振的医学图像显示装置，都依靠了量子力学的原理和效应。在核武器的发明过程中，量子力学的概念也起了一个关键的作用。

三、自旋弛豫

所有的吸收光谱具有的共性是：当电磁辐射的能量 $h\nu_0$ 等于物质分子的某种能级差 ΔE 时，分子可以吸收电磁辐射，从低能级跃迁到高能级。同时，分子能通过电磁辐射或无辐射方式从高能级回到低能级。通过无辐射释放能量途径，核从高能态回到低能态的过程称为弛豫（relaxation）。

通常在热力学平衡条件下，自旋核在两个能级间的分布数目遵从 Boltzmann 分配定律。对 ^{1}H 来说，若外加磁场为 1.4092T（相当于 60MHz 射频仪器所用磁场强度），温度为 300K 时，低能态核的数目（n_+）和高能态核的数目（n_-）的比例为：

$$\frac{n_+}{n_-}=e^{\frac{\Delta E}{kT}}=e^{\frac{\gamma hH_0}{2\pi kT}}=1.0000099 \qquad (14-9)$$

式（14-9）中，k 为 Boltzmann 常数。由上式可见，低能态的核数仅比高能态核数多百万分之十。而核磁共振信号就是靠所多出的约百万分之十的低能态氢核的净吸收而产生的。随着 NMR 吸收过程进行，如果高能态核不能通过有效途径释放能量回到低能态，那么低能态的核数就越来越少，一定时间后，$n_{(-)}=n_{(+)}$，这时不会再有射频吸收，NMR 信号即消失，这种现象称为饱和。核磁共振中，需要通过有效的弛豫来避免饱和现象的发生。

自旋弛豫有两种形式，即自旋-晶格弛豫（spin-lattice relaxation）和自旋-自旋弛豫（spin-spin relaxation）。

1. 自旋-晶格弛豫 又称纵向弛豫，是核（自旋体系）与环境（又叫晶格）进行能量交换，高能态的核把能量以热运动的形式传递出去，由高能态回到低能态的过程。弛豫过程所需的时间用半衰期 T_1 表示，T_1 越小，弛豫效率越高。固体试样的 T_1 值很大，气体和液体试样的 T_1 值很小，一般只有 1 秒左右。

2. 自旋-自旋弛豫 又称为横向弛豫，是高能态的核自旋体系将能量传递给邻近低能态同类磁性核的过程。这种过程只是同类磁性核自旋状态能量交换，不引起核磁总能量的改变。其半衰期用 T_2表示。固体试样中各核的相对位置比较固定，利于自旋-自旋之间的能量交换，T_2值很小，一般为 $1\times10^{-5}\sim1\times10^{-4}$秒；气体和液体试样的 T_2值约为 1 秒。

第二节 核磁共振仪

PPT

核磁共振仪按扫描方式不同可分为连续波核磁共振仪和脉冲傅里叶变换核磁共振仪。

一、连续波核磁共振仪

连续波（continuous wave；CW）是指射频的频率或外磁场的强度是连续变化的，即进行连续扫描，一直到被观测的核依次被激发发生核磁共振。连续波核磁共振仪的基本结构如图 14-6 所示，它是由磁铁、探头、射频发生器、射频接收器、扫描发生器、信号放大及记录仪组成。

试样溶液装在样品管中插入磁场，样品管匀速旋转以保障所受磁场的均匀性。由照射频率发生器产生射频，通过照射线圈 R 作用于试样上。用扫场线圈调节外加磁场强度，使满足某种化学环境的原子核的共振条件，则该核发生能级跃迁，核磁矩方向改变，在接收线圈 D 中产生感应电流。感应电流被放大、记录，即得 NMR 信号。若依次改变磁场强度，满足不同化学环境核的共振条件，则获得核磁共振谱。这种固定照射频率，改变磁场强度获得核磁共振谱的方法称为扫场（swept field）法。若固定磁场强度，改变照射频率而获得核磁共振的方法称为扫频（swept frequency）法。这两种方法都是在高磁场中，用高频率对试样进行连续照射，因此，称为连续波核磁共振（continuous wave NMR，CW-NMR）。

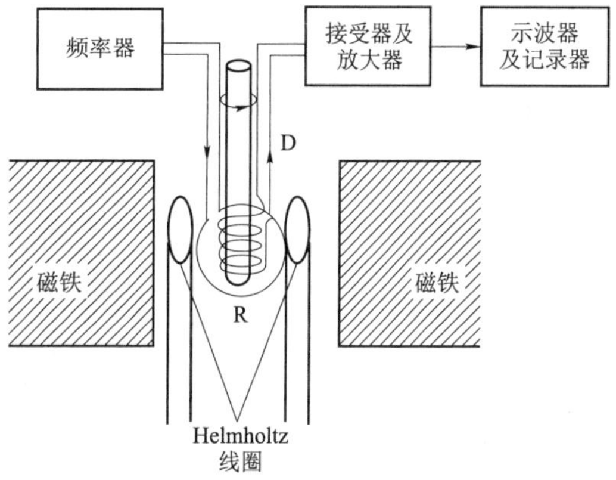

图 14-6 连续波核磁共振仪的示意图

R 为照射线圈，D 为接收线圈，Helmholtz 线圈是扫场线圈，通直流电用来调节磁铁的磁场强度。R、D 与磁场方向三者互相垂直，互不干扰。

二、脉冲傅里叶变换核磁共振仪

使用连续波核磁共振谱仪（无论是扫场方式还是扫频方式）时，是连续变化一个参数使不同化学环境的核依次满足共振条件而记录谱图。在任一瞬间最多只有一个原子核处于共振状态，其他的原子核都处于“等待”状态，即单位时间内获得的信息很少。在这种情况下，对那些核磁共振信号很弱、化学位移范围宽的核，如^{13}C、^{15}N 等，一次扫描所需时间长，又需采用多次累加。为了解决上述难题，必须采用新型仪器——脉冲傅里叶变换核磁共振仪（Pulse Fourier Transfer-NMR，PFT-NMR）。

PFT-NMR 与 CW-NMR 仪的主要差别在于信号观测系统，即在 CW-NMR 仪上增加脉冲程序器和数据采集及处理系统。PFT-NMR 是用一个强的射频，以脉冲方式（一个脉冲中同时包含了一定范围的各种频率的电磁辐射）将样品中所有化学环境不同的同类核同时激发，发生共振，同时接收信号。为了恢复平衡，各个核通过各种方式弛豫，在接收器中可以得到一个随时间逐步衰减的信号，称自由感应衰减（FID）信号，经过傅里叶变换转换成一般的核磁共振图谱。

傅里叶变换核磁共振仪测定速度快，除可进行核的动态过程、瞬变过程、反应动力学等方面的研究外，还易于实现累加技术。因此从共振信号强的^{1}H、^{19}F、^{31}P 谱到共振信号弱的^{13}C、^{15}N 谱，均能测定。

三、溶剂和试样测定

选择溶剂原则是对试样有较好的溶解度，且不产生干扰信号。氢谱常使用氘代溶剂，如 D_2O、$CDCl_3$、CD_3OD（甲醇）、CD_3CD_2OD（乙醇）、CD_3COCD_3（丙酮）、C_6D_6（苯）及 CD_3SOCD_3（二甲基亚砜；DMSO）等。

NMR 一般要求试样纯度大于 98%，但现代 NMR 技术还可以进行混合物分析。试样量一般为 10mg 左右，用 PFT-NMR 试样量可大大减少。

制备试样溶液时，常需加入标准物，以有机溶剂溶解样品时，常用四甲基硅烷（TMS）为标准物；以重水为溶剂时，可用 4，4-二甲基-4-硅代戊磺酸钠（DSS）作为标准物。这两种标准物的甲基屏蔽效应都很强，共振峰出现在高场。一般氢核的共振峰都出现在它们的左侧。因而规定它们的 δ 值为 0。

测定时，应有足够的谱宽。当待测物可能含有酚羟基、烯醇基、羧基及醛基等基团时，图谱需扫描至 δ 为 10 以上。进行重水交换，可证明待测物是否含有活泼氢（OH、NH、NH_2、SH 及 COOH 等）。

课堂互动

为何要使用氘代溶剂作为溶解和测试样品的溶剂呢？

知识拓展

固体核磁波谱

在物理、化学、材料和矿物等方面的研究中，常常遇到无法溶解的固体样品，或者需要了解样品在固体状态下的结构信息，如高分子链构象、晶体形状、形态特征等。这时就可以利用固体核磁波谱法直接进行测试。

固体高分辨核磁共振（solid state high resolution nuclear magnetic resonance）技术是一种重要的结构分析手段。它研究的是各种核周围的不同局域环境，即中短程相互作用，非常适用于研究固体材料的微观结构，能够提供非常丰富细致的结构信息。

第三节　化学位移

PPT　微课

一、屏蔽效应

根据 Larmor 方程及共振条件 $\nu_0=\nu$，对于同一种核，磁旋比是相同的，那么，固定射频频率，是否所有的氢核都在同一个磁场强度下发生共振呢？实验发现，质子的共振磁场强度与其化学环境有关。所谓化学环境主要指氢核的核外电子云及其邻近的其他原子对其影响。当氢核处在外加磁场中时，其外部电子在外加磁场相垂直的平面上绕核旋转的同时，将产生一个与外加磁场相对抗的附加磁场。附加磁场使外加磁场对核的作用减弱（图 14-7），这种核外电子及其他因素对抗外加磁场的现象称为屏蔽效应(shielding)。若以 σ 表示屏蔽常数（shielding constant），外加磁场强度为 H_0，则屏蔽效应的大小为 σH_0，核实际所受磁场强度 H 为 $H_0-\sigma H_0$。因此，Larmor 方程应修正为：

$$\nu = \frac{\gamma}{2\pi}(1-\sigma)H_0 \qquad (14-10)$$

由式（14-10）可见：①在 H_0一定时（扫频），屏蔽常数 σ 大的氢核，进动频率 ν 小，共振峰出现在核磁共振谱的低频端（右端）；反之，出现在高频端（左端）；②ν_0一定时（扫场），则 σ 大的氢核，需在较大的 H_0下共振，共振峰出现在高场（右端）；反之出现在低场（左端）。因而核磁共振谱的右端相当于低频、高场；左端相当于高频、低场。

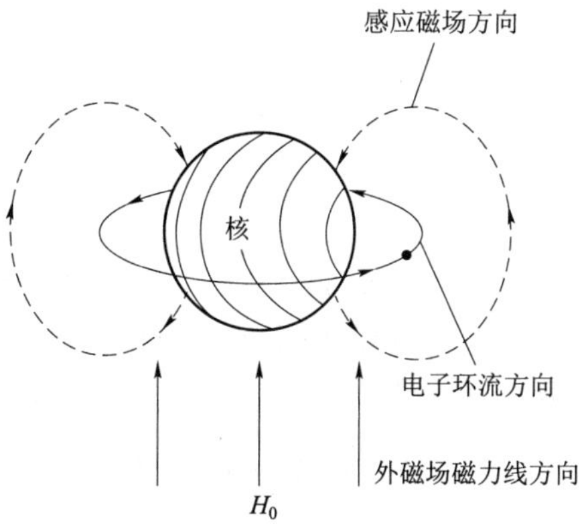

图 14-7 核外电子的抗磁屏蔽

二、化学位移的表示

质子或其他种类的核由于在分子中所处的化学环境不同，而在不同的共振磁场显示吸收峰的现象称为化学位移（chemical shift）。例如，乙基苯中 CH_3的 3 个质子，CH_2的 2 个质子，苯环上的 5 个质子在分子中所处的化学环境是不一样的，因此，他们在不同的磁场强度下产生共振吸收峰。也就是说，他们有着不同的化学位移，如图 14-8 所示。

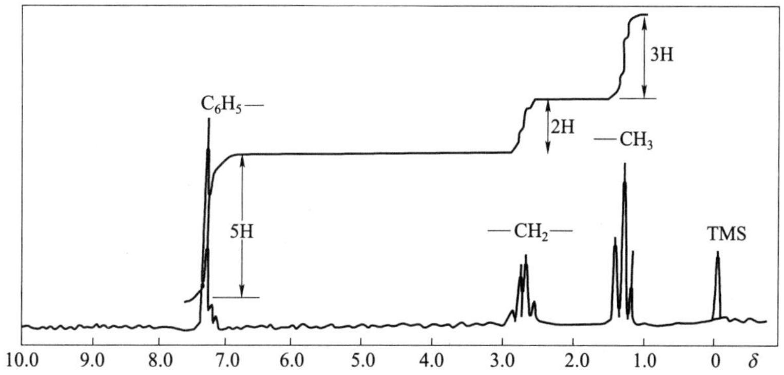

图 14-8 乙基苯在 100MHz 时的^{1}H-NMR 谱

由于屏蔽常数的差值很小，因此，不同化学环境的核的共振频率相差很小，就质子而言，差异只有百万分之十左右，要精确测量其绝对值较为困难。所以，在实际测定中采用相对测量法，即选一标准物作为参照。当固定磁场强度 H_0，连续变化射频电磁波的频率（扫频）时，测定被测物核与标准物核共振频率的差值 $\Delta\nu$，单位为 Hz。故有 $\Delta\nu = \nu_{试样} - \nu_{标准}$。

在相对测量时，通常把标准物的共振吸收峰调整到图谱的原点（图谱的最右端），规定 $\nu_{标准} = 0$，因此 $\Delta\nu = \nu_{试样}$。

由于 $\Delta\nu$ 与外场强度成正比，同一核在磁场强度不同的仪器上测得的 $\Delta\nu$ 值不同，测定数据不便于通用。为了消除这种因素的影响，通常采用相对差值 δ 来表示。

$$\delta = \frac{\nu_{试样} - \nu_{标准}}{\nu_{标准}} \times 10^6 = \frac{\Delta\nu}{\nu_{标准}} \times 10^6 \qquad (14-11)$$

式（14-11）中，$\nu_{试样}$为被测试样的共振频率；$\nu_{标准}$为标准物质的共振频率。

若固定照射频率 ν_0，扫场，则式（14-11）式可改为：

$$\delta = \frac{H_{标准} - H_{试样}}{H_{标准}} \times 10^6 \qquad (14-12)$$

式（14-12）中，$H_{标准}$为标准物质共振时的场强；$H_{试样}$为试样共振时的场强。

例如，分别在 1.4092T 和 2.3487T 的外磁场中，测定 CH_3Br 的化学位移。

（1）$H_0 = 1.4092T$，$\nu_{TMS} = 60MHz$，$\nu_{CH_3} = 60MHz + 162Hz$，

$$\delta=\frac{162}{60\times10^6}\times10^6=2.70$$

（2）$H_0=2.3487T$，$\nu_{TMS}=100MHz$，$\nu_{CH_3}=100MHz+270Hz$，

$$\delta=\frac{270}{100\times10^6}\times10^6=2.70$$

从上述计算可明显看出，用二台不同场强（H_0）的仪器所测得的共振频率不等，但δ值一致。

核磁共振谱的横坐标用δ表示时，通常将四甲基硅烷（TMS）的δ值定为0。向左，δ值增大。一般氢谱横坐标δ值为0~10。如图14-8所示。

三、化学位移的影响因素

影响化学位移的因素有两类，一类是内部因素，即分子结构因素，包括局部屏蔽效应、磁各向异性效应和杂化效应等；另一类是外部因素，包括分子间氢键和溶剂效应等。其主要内容介绍如下。

（一）局部屏蔽效应

局部屏蔽效应（local shielding）是氢核核外成键电子云产生抗磁屏蔽效应。而电子屏蔽效应的强弱则取决于氢核外围的电子云密度，而后者与氢核附近的基团或原子的电负性大小有关。在氢核附近有电负性（吸电子作用）较大的原子或基团时，氢核的电子云密度降低，屏蔽效应变小，共振峰的位置移向低场；反之，屏蔽作用将使共振峰的位置移向高场。表14-2为与不同电负性基团连接时CH_3基氢核的化学位移。

表14-2　CH_3X型化合物的化学位移

CH_3X	CH_3F	CH_3OH	CH_3Cl	CH_3Br	CH_3I	CH_4	$(CH_3)_4Si$
X	F	O	Cl	Br	I	H	Si
电负性	4.0	3.5	3.1	2.8	2.5	2.1	1.8
δ	4.26	3.40	3.05	2.68	2.16	0.23	0

显然，随着相邻基团电负性的增加，CH_3氢核外围电子云密度不断降低，化学位移（δ）不断增大。^{1}H-NMR中之所以能够根据共振峰的化学位移判断氢核的类型就是这个道理。

知识链接

电子云及电子云密度

电子云就是用小黑点疏密来表示空间各电子出现概率大小的一种图形。电子在原子核外很小的空间内作高速运动，其运动规律跟一般物体不同，它没有明确的轨道。根据量子力学中的测不准原理，我们不可能同时准确地测定出电子在某一时刻所处的位置和运动速度，也不能描画出它的运动轨迹。因此，人们常用一种能够表示电子在一定时间内在核外空间各处出现机会的模型来描述电子在核外的运动。在这个模型里，某个点附近的密度表示电子在该处出现的机会的大小。密度大的地方，表明电子在核外空间单位体积内出现的机会多；反之，则表明电子出现的机会少。由于这个模型很像在原子核外有一层疏密不等的“云”，所以，人们形象地称之为“电子云”。

（二）磁各向异性

化学键尤其是π键因电子的流动将产生一个小的诱导磁场，并通过空间影响到邻近的氢核。在电子云分布不是球形对称时，这种影响在化学键周围也是不对称的，有的地方诱导磁场与外加磁场方向一致，

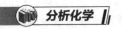

使外加磁场强度增加，使该处氢核共振峰向低磁场方向移动（负屏蔽效应，deshielding effect），化学位移（δ）增大；有的地方则与外加磁场方向相反，使外加磁场强度减弱，使该处氢核共振峰向高磁场方向移动（正屏蔽效应，shielding effect），化学位移（δ）减小，这种效应叫作磁的各向异性效应（magnetic anisotropy）或称远程屏蔽效应（long range shielding effect）。例如，十八碳环壬烯（$C_{18}H_{18}$）环内6个氢的δ值为-2.99，而环外12个氢则为9.28，两者相差12.27。

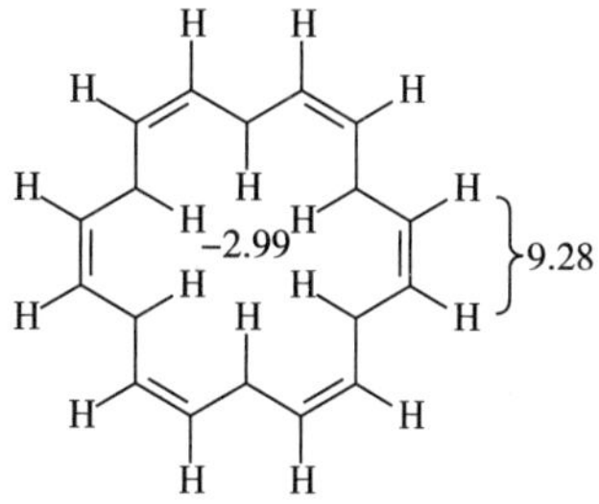

下面介绍一些化学键产生的磁各向异性效应。

1. 苯环　苯环的6个π电子形成大π键，在外磁场诱导下，很容易形成电子环流，产生感应磁场，其屏蔽情况如图14-9。在苯环的上、下方，感应磁场的磁力线与外磁场的方向相反，使处于苯环中心的核实受磁场强度降低，屏蔽效应增大，具有这种作用的空间称为正屏蔽区，以“+”表示。但在平行于苯环平面四周的空间次级磁场的磁力线与外磁场方向一致，使得处于此空间的质子实受场强增加，这种作用称为顺磁屏蔽效应，相应的空间称为去屏蔽区或负屏蔽区，以“-”表示。苯环上氢的δ值为7.27，就是因为这些氢处于去屏蔽区之故。

2. 双键（C═O 及 C═C）　双键的π电子形成结面（nodal plane），结面电子在外加磁场诱导下形成电子环流，从而产生感应磁场。双键平面上下方为正屏蔽区，平面周围则为负屏蔽区（图14-10），烯烃氢核因正好处于负屏蔽区，故其共振峰移向低场，δ值为4.5~5.7。

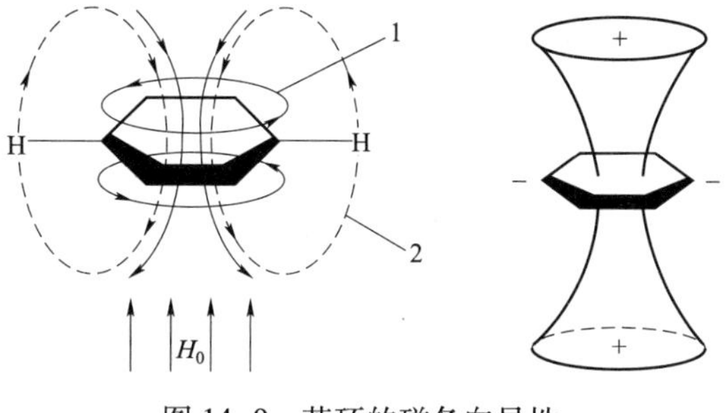

图14-9　苯环的磁各向异性

1. π电子环流；2. 次级磁场

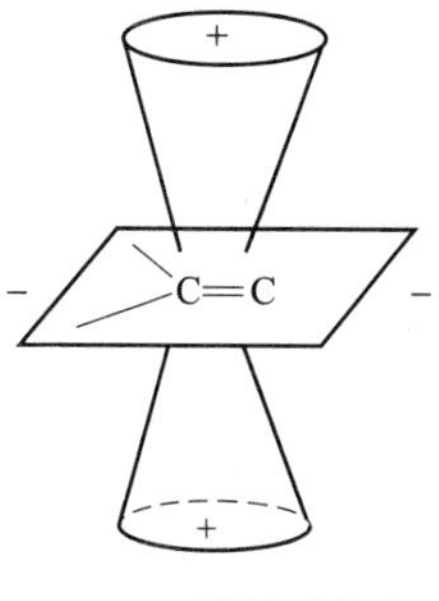

图14-10　双键的磁各向异性

醛基氢核除与烯烃氢核相同位于双键的负屏蔽区外，还受相连氧原子强烈电负性的影响，故共振峰将移向更低场，δ值为9.4~10。

3. 叁键　碳-碳叁键的π电子以键轴为中心呈对称分布（共四块电子云），在外磁场诱导下，π电子可以形成绕键轴的电子环流，从而产生感应磁场。在键轴方向上下为正屏蔽区；与键轴垂直方向为负屏蔽区（图14-11），与双键的磁各向异性的方向相差90°。炔氢质子处在正屏蔽区，所以，化学位移δ值明显小于烯烃。例如，乙炔氢的δ值为2.88，而乙烯氢的δ值为5.25。

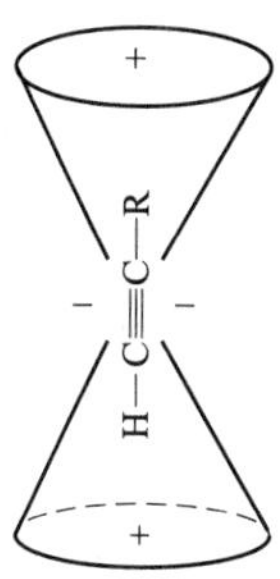

图14-11　三键的磁各向异性

4. 单键　碳-碳单键也有磁各向异性效应，但比π电子环流引起的磁各向异性效应小得多。

（三）氢键影响

氢键对质子的化学位移影响是非常敏感的，无论是分子内还是分子间氢键的形成都使氢核受到去屏蔽作用，化学位移 δ 值增大。分子间氢键的形成及缔合程度取决于溶液的浓度和试剂性能等。显然，浓度越高，则分子间氢键缔合程度越大，化学位移 δ 值越大。随浓度降低，氢键减弱，共振峰向高场位移，化学位移 δ 值减小。与其他杂原子相连的活泼氢如羟基、氨基等都有类似的性质，这类质子的化学位移在一个很宽的范围内变化。

四、几类质子的化学位移

质子的化学位移取决于质子的化学环境。可以根据质子的化学位移推断氢核的结构类型。各类质子在核磁共振谱上出现的大体范围如图 14-12 所示。某些类别的质子的 δ 值可以通过不同的公式做出估算。当然，这些计算公式都是经验公式，化合物的计算误差大小不等。

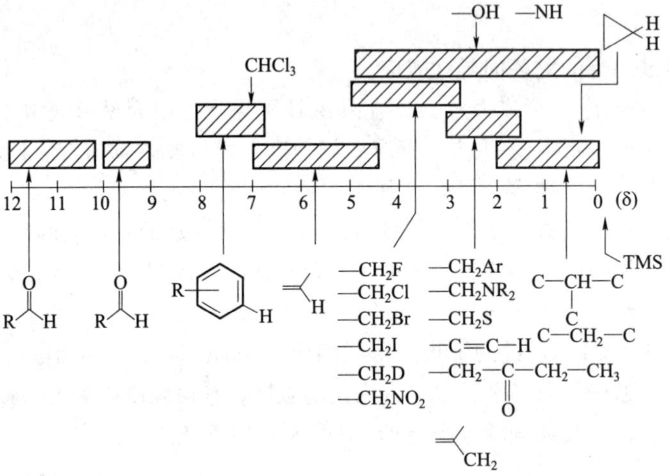

图 14-12　各类质子的化学位移简图

（一）甲基氢、亚甲基氢与次甲基氢的化学位移

在核磁共振氢谱中，甲基氢的 δ 值较小，亚甲基和次甲基氢的 δ 值较大。它们的化学位移可用下式计算：

$$\delta = B + \sum S_i \qquad (14-13)$$

式（14-13）中，B 为基础值（标准值）。

甲基（CH_3）、亚甲基（CH_2）及次甲基（CH）氢的 B 值分别为 0.87、1.20 及 1.55。S_i 为取代基对化学位移的贡献值。S_i 与取代基种类及位置有关，同一取代基在 α 位比 β 位影响大，取代基影响列于表 14-3 中。

表 14-3　取代基对甲基、亚甲基和次甲基氢化学位移的影响［C—C—H，β α］

取代基	质子类型	α 位移（S_α）	β 位移（S_β）	取代基	质子类型	α 位移（S_α）	β 位移（S_β）
—R		0	0	—CH═CH—R *	CH_3	1.08	—
—CH═CH—	CH_3	0.78	—	—OH	CH_3	2.50	0.33
	CH_2	0.75	0.10		CH_2	2.30	0.13
	CH	—	—		CH	2.20	—
—Ar	CH_3	1.40	0.35	—OR	CH_3	2.43	0.33
	CH_2	1.45	0.53		CH_2	2.35	0.15
	CH	1.33	—		CH	2.00	—

取代基	质子类型	α 位移（S_α）	β 位移（S_β）	取代基	质子类型	α 位移（S_α）	β 位移（S_β）
—Cl	CH₃	2.43	0.63	—OCOR	CH₃	2.88	0.38
	CH₂	2.30	0.53	（R 为 R 或 Ar）	CH₂	2.98	0.43
	CH	2.55	0.03		CH	3.43（酯）	—
—Br	CH₃	1.80	0.83	—COR	CH₃	1.23	0.18
	CH₂ CH	2.18	0.60	（R 为 R 或 Ar，	CH₂	1.05	0.31
		2.68	0.25	OR，OH，H）	CH	1.05	—
—I	CH₃	1.28	1.23	—NRR′	CH₃	1.30	0.13
	CH₂	1.95	0.58		CH₂	1.33	0.13
	CH	2.75	0.00		CH	1.33	—

注：R 为饱和脂肪烃基；Ar 为芳香基；R * 为—C ＝CH—R 或—COR。

例 14-1 计算丙酸异丁酯中各类氢核的化学位移

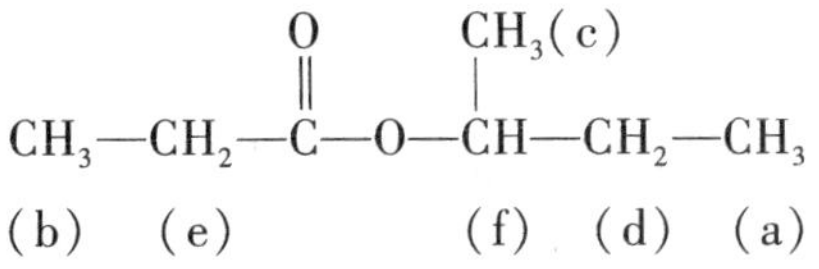

$$\underset{(b)\quad(e)}{CH_3-CH_2}-\overset{\overset{O}{\|}}{C}-O-\underset{(f)}{\overset{CH_3(c)}{\underset{|}{CH}}}-\underset{(d)}{CH_2}-\underset{(a)}{CH_3}$$

解：（1）CH₃　$\delta_a = 0.87 + 0(R) = 0.87$　　（实测 0.90）

$\delta_b = 0.87 + 0.18(\beta\text{-COOR}) = 1.05$　（实测 1.16）

$\delta_c = 0.87 + 0.38(\beta\text{-OCOR}) = 1.25$　（实测 1.21）

（2）CH₂　$\delta_d = 1.20 + 0.43(\beta\text{-OCOR}) = 1.63$　（实测 1.55）

$\delta_e = 1.20 + 1.05(\alpha\text{-OCOR}) = 2.25$　（实测 2.30）

（3）CH　$\delta_f = 1.55 + 3.43(\alpha\text{-OCOR}) = 4.98$　（实测 4.85）

（二）烯氢的化学位移

烯氢的化学位移随着取代基的不同而发生很大变化。可用下列公式计算：

$$\delta_{C=C-H} = 5.28 + Z_{同} + Z_{顺} + Z_{反} \tag{14-14}$$

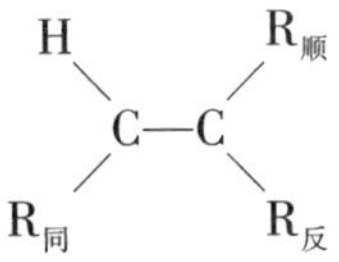

$$\underset{R_{同}\qquad R_{反}\text{ 式}}{\overset{H\qquad R_{顺}}{\underset{|}{\overset{|}{C}}-\underset{|}{\overset{|}{C}}}}$$

式（14-14）中，Z 为取代常数，下标依次为同碳、顺式及反式取代基。取代基对烯氢化学位移的影响，如表 14-4 所示。

表 14-4 取代基对烯氢化学位移的影响

取代基	$Z_{同}$	$Z_{顺}$	$Z_{反}$	取代基	$Z_{同}$	$Z_{顺}$	$Z_{反}$
—H	0	0	0	—OR（R 饱和）	1.18	-1.06	-1.28
—R	0.44	-0.26	-0.29	—CH₂S—	0.53	-0.15	-0.15
—R（环）	0.71	-0.33	-0.30	—CH₂Cl、—CH₂Br	0.72	0.12	0.07
—CH₂O—、—CH₂I	0.67	-0.02	-0.07	—CH₂N	0.66	-0.05	-0.23
—C≡N	0.23	0.78	0.58	—C≡C—	0.50	0.35	0.10
—C＝C	0.98	-0.04	-0.21	—OR（R 共轭）*	1.14	-0.65	-1.05
—C＝C（共轭）*	1.26	0.08	-0.01	—OCOR	2.09	-0.40	-0.67
—C＝O	1.10	1.13	0.81	—Ar	1.35	0.37	-0.10
—C＝O（共轭）*	1.06	1.01	0.95	—Br	1.04	0.40	0.55
—COOH	1.00	1.35	0.74	—Cl	1.00	0.19	0.03

续表

取代基	$Z_{同}$	$Z_{顺}$	$Z_{反}$	取代基	$Z_{同}$	$Z_{顺}$	$Z_{反}$
—COOH（共轭）*	0.69	0.97	0.39	—F	1.03	-0.89	-1.19
—COOR	0.84	1.15	0.56	$—NR_2$	0.69	-1.19	-1.31
—COOR（共轭）*	0.68	1.02	0.33	$—NR_2$（共轭）*	2.30	-0.73	-0.81
—CHO	1.03	0.97	1.21	—SR	1.00	-0.24	-0.04
—CON<	1.37	0.93	0.35	$—SO_2—$	1.58	1.15	0.95
—COCl	1.10	1.41	0.99				

*：取代基与其他基团共轭。

例 14-2 计算乙酸乙烯酯三个烯氢的化学位移。

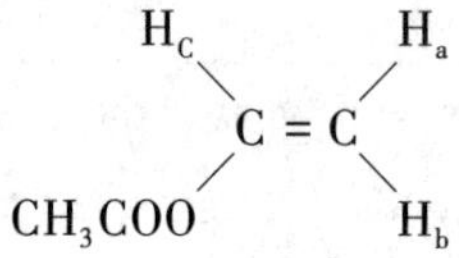

解： $\delta_a=5.28+0+0-0.67=4.61$ （实测 4.43）

$\delta_b=5.28+0-0.40+0=4.88$ （实测 4.74）

$\delta_c=5.28+2.09+0+0=7.37$ （实测 7.18）

此外，还有类似的经验公式可用于苯环芳氢的化学位移计算，因本章篇幅有限不再介绍。

第四节 偶合常数

PPT

一、自旋偶合和自旋分裂

分子中各核的核磁矩间的相互作用虽对化学位移没有影响，但对图谱的峰形有着重要的影响。如碘乙烷的甲基峰为三重峰，亚甲基为四重峰，是甲基与亚甲基的氢核相互干扰的结果（图 14-13）。

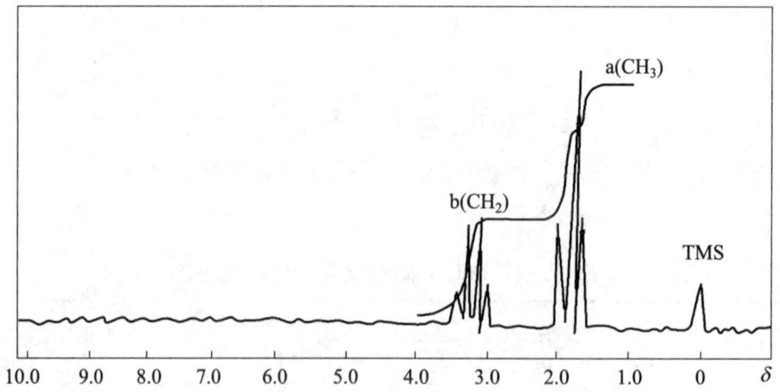

图 14-13 CH_3CH_2I 的核磁共振图谱

（一）自旋分裂的产生

自旋偶合是核自旋产生的核磁矩间的相互干扰，又称为自旋-自旋偶合（spin-spin coupling），简称自旋偶合。自旋分裂是由自旋偶合引起共振峰分裂的现象，又称为自旋-自旋分裂（spin-spin splitting），简称自旋分裂。

在氢-氢偶合中，峰分裂是由于邻近碳原子上的氢核的核磁矩的存在，轻微地改变了被偶合氢核的屏蔽效应而发生。核与核间的偶合作用是通过成键电子传递的，一般只考虑相隔两个或三个键的核间的偶合。

下面以碘乙烷和 HF 为例，说明自旋分裂的机制。

1. 碘乙烷中 CH_3 和 CH_2 氢核的自旋分裂

（1）甲基受亚甲基二个氢的干扰分裂为三重峰。每个质子有两种自旋取向（$m=1/2$，$-1/2$）。若以 b_1 和 b_2 表示 CH_2 两个质子，这两个质子有以下四种自旋取向组合：①b_1 和 b_2 均为顺磁场；②b_1 是顺磁场，b_2 是逆磁场；③b_1 是逆磁场，b_2 是顺磁场；④b_1 和 b_2 均为逆磁场。质子 b_1 和 b_2 等价（所处的磁性环境相同），因此②和③没有差别，结果，只能产生三种局部磁场。甲基质子受到这三种局部磁场的干扰分裂为三重峰（图 14-14）。

简单偶合时，峰裂距称为偶合常数（J）。J_{ab} 表示 a 与 b 核偶合常数。由于 $J_{ab_1}=J_{ab_2}$，分裂二次形成三重峰，峰高（强度）比为 1∶2∶1（图 14-14b）

（2）亚甲基受甲基三个氢的干扰。这三个质子产生四种不同效应：使亚甲基形成峰高比为 1∶3∶3∶1 的四重峰。分裂简图如图 14-15 所示。

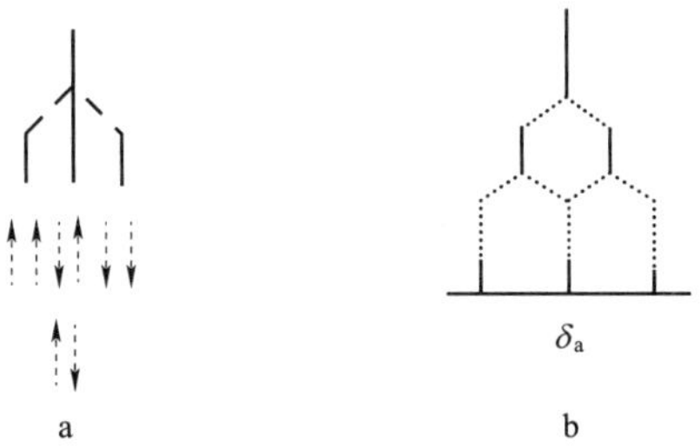

图 14-14　CH_3CH_2I 中 CH_3 的自旋分裂

a. 自旋分裂图；b. 简图

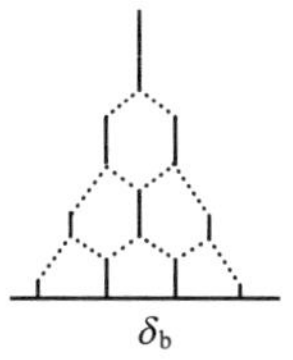

图 14-15　CH_3CH_2I 中的 CH_2 自旋分裂简图

2. HF 中 ^1H 与 ^{19}F 的自旋分裂　氟（^{19}F）自旋量子数 I 也等于 1/2，与 ^1H 相同，在外加磁场中也应有 2 个方向相反的自旋取向。这两种不同的自旋取向将通过电子的传递作用，对 ^1H 核实受磁场强度产生一定的影响。当 ^{19}F 核的自旋取向与外加磁场方向一致（$m=+1/2$）时，传递到 ^1H 核时将增加外加磁场，使 ^1H 核实受磁场强度增大，所以 ^1H 核共振峰将移向低场区；反之，当 ^{19}F 核的自旋取向与外加磁场相反（$m=-1/2$）时，传递到 ^1H 核时将使外加磁场强度降低，使 ^1H 核实受磁场强度减弱，所以 ^1H 核共振峰将移向高场区。由于 ^{19}F 核这两种自旋取向的概率相等，所以 HF 中 ^1H 核共振峰均裂为强度或面积相等（1∶1）的两个小峰（二重峰）。同理，HF 中 ^{19}F 核也会因相邻 ^1H 核的自旋干扰，偶合裂分为强度或面积相等（1∶1）的两个小峰。但是 ^{19}F 核的磁矩与 ^1H 核不同，故在同样的电磁辐射频率照射下，在 HF 的 ^1H-NMR 中虽可看到 ^{19}F 核对 ^1H 核的偶合影响，却看不到 ^{19}F 核的共振信号。

并非所有的原子核对相邻氢核都有自旋偶合干扰作用。如 ^{35}Cl、^{79}Br、^{127}I 等原子核，虽然 $I\neq0$，预期对相邻氢核有自旋偶合干扰作用，但因他们的电四极矩（electric quadrupole moments）很大，会引起相邻氢核的自旋去偶作用（spin decoupling），因此依然看不到偶合干扰现象。

（二）自旋分裂的规律

通过上述分析可知，自旋分裂是有一定规律的。

当某基团的氢核与 n 个相邻的氢核偶合时，其共振吸收峰将被分裂为 $n+1$ 重峰，而与该基团本身的氢核个数无关，此规律称为 $n+1$ 律。服从 $n+1$ 律的图谱，多重峰各分裂峰的强度（峰高）之比为二项式 $(X+1)^n$ 展开式的各项系数之比。如：单峰（single，s），二重峰（doublet，d；1∶1），三重峰（triplet，t；1∶2∶1），四重峰（quartet，q；1∶3∶3∶1），五重峰（quintet；1∶4∶6∶4∶1），六重峰（sextet；1∶5∶10∶10∶5∶1）。

对于 $I\neq1/2$ 的核，峰的分裂服从 $2nI+1$ 律。以氘核为例，其 $I=1$，如在一氘碘甲烷（H_2DCI）中，^1H 受一个氘核的干扰，分裂为三重峰。$n+1$ 律是 $2nI+1$ 规律的特殊形式。

若某氢核与几组数量分别为 n、n'…的氢核相邻，有下述两种情况。

（1）峰裂距相等（偶合常数相等）时，峰被分裂为（$n+n'+\cdots$）+1 重峰。

（2）峰裂距不等（偶合常数不等）时，则峰被分裂为（$n+1$）（$n'+1$）…重峰。

例如，丙烯腈 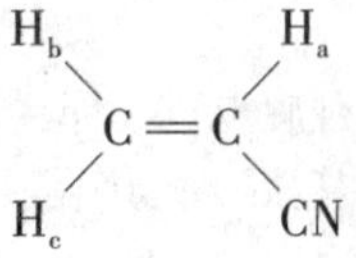 的 H_a、H_b及 H_c的偶合，由于 $J_{ab}\neq J_{bc}\neq J_{ac}$。在 220MHz 的仪器上测试，每个氢都被分裂成双二重峰，峰高比为 1∶1∶1∶1（图 14-16）。双二重峰不是一般的四重峰（1∶3∶3∶1），不要误认。这种情况可以认为是 $n+1$ 律的广义形式。

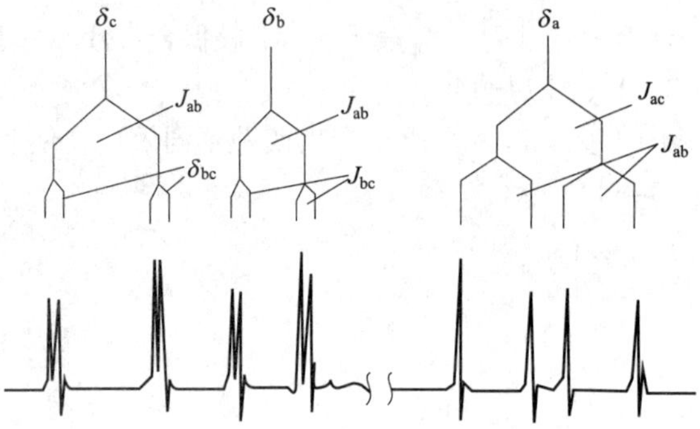

图 14-16　丙烯腈三个氢的自旋分裂图

二、偶合常数

当自旋体系存在自旋-自旋偶合时，核磁共振谱线发生分裂。由分裂所产生的裂距反映了相互偶合作用的强弱，称为偶合常数，单位为 Hz。对简单偶合而言，峰裂距即偶合常数。高级偶合（$\Delta\nu/J<10$），$n+1$ 律不再适用，其偶合常数需通过计算才能求出。偶合常数的符号为$^nJ_C^S$，n 表示偶合核间键数，S 表示结构关系，C 表示互相偶合核。

按偶合核间隔键数可分为偕偶、邻偶及远程偶合。按核的种类可分为 H-H 偶合及^{13}C—H 偶合等，相应的偶合常数用 J_{H-H}及 J_{C-H}^{13}等表示。偶合常数的影响因素主要有偶合核间距离、角度及电子云密度等。峰裂距只决定于偶合核的局部磁场强度，因此，偶合常数与外磁场强度 H_0无关。

（一）间隔的键数

相互偶合核间隔键数增多，偶合常数的绝对值减小，又可分为以下几类。

1. 偕偶（geminal coupling） 同碳二氢的偶合，也称同碳偶合。偶合常数用^2J 或 J_{gem}表示。自旋偶合是始终存在的，但由它引起的峰分裂则只有当相互偶合的核化学位移不等时才能表现出来。端烯的两个氢，由于双键对周围显示磁各向异性，一般情况下，两个氢的 δ 值不等，能显示出^2J 引起的峰分裂。而 CH_3I 中甲基上的三个氢因甲基的自由旋转，化学位移相同，因此看不到^2J 引起的峰分裂，CH_3峰为单峰。对于饱和碳的 CH_2，则应区分它是在环上还是在链上。环上的 CH_2不能自由旋转，两侧的化学键又是磁各向异性的，所以屏蔽和去屏蔽作用不能互相抵消；当环不能快速翻转时，环上 CH_2的两个氢化学位移不等，因此能看到^2J 引起的峰分裂。

2. 邻偶（vicinal coupling） 是相邻碳原子上的氢核间的偶合，即相隔三个键的氢核间的偶合，用^3J 或 J_{vic}表示。在 NMR 中遇到最多是邻偶，一般$^3J=6\sim8$Hz。其大小有如下规律：$J_{烯}^{trans}>J_{烯}^{cis}\approx J_{炔}>J_{链烷}$（自由旋转）。

3. 远程偶合（long range coupling） 是相隔 4 个或 4 个以上键的氢核偶合。例如，苯环的间位氢的偶合，$J^m=1\sim4$Hz；对位氢的偶合，$J^p=0\sim2$Hz。除了具有 π 键的系统外，远程偶合常数一般都很小。

（二）角度

键角对偶合常数的影响很敏感。以饱和烃的邻偶为例，偶合常数与双面夹角 α 有关。当 $\alpha=90°$时，J

最小；当 $\alpha<90°$时，随 α 的减小，J 增大；当 $\alpha>90°$时，随 α 的增大，J 增大。这是因为偶合核的核磁矩在相互垂直时，干扰最小。例如，$J_{aa}>J_{ae}$（a 竖键、e 横键）。

（三）相邻取代基的电负性

因为偶合作用是靠价电子传递的，因而取代基 X 的电负性越大，X—CH—CH—的$^3J_{H-H}$越小。

偶合常数是核磁共振谱的重要参数之一，可用它研究核间关系、构型、构象及取代位置等。一些有代表性的偶合常数列于表 14-5 中。

表 14-5　代表性的偶合常数（Hz）

	6~8	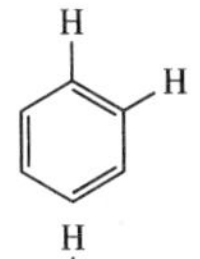	邻位 6 ~ 10	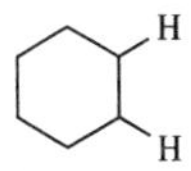	a,a 8~14 a,e 0~7 e,e 0~5
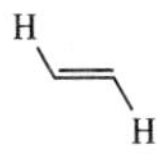	11~18	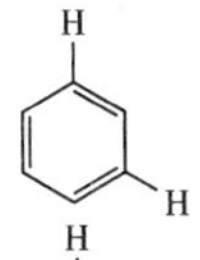	间位 1 ~ 4	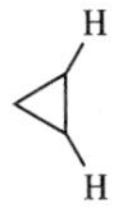	cis 6~12 trans 4~8
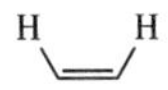	6~15				
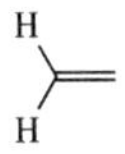	0~5	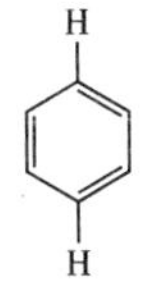	对位 0 ~ 2	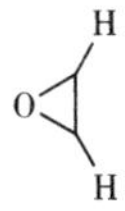	cis 2~5 trans 1~3
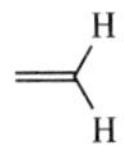	4~10	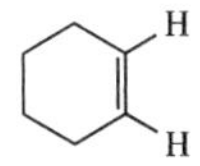	8~11	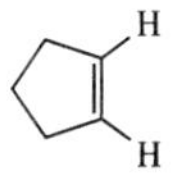	5~7
H—C≡C—CH	0~3				

三、自旋系统

分子中相互偶合的几个核组构成的独立体系称为自旋系统（spin system）。系统内的核组相对独立，一般不与系统外任何核发生偶合，组成核组的核为化学位移相同的核。例如，乙基异丁基醚 CH_3CH_2—$OCH_2CH(CH_3)_2$中，CH_3CH_2—与—$CH_2CH(CH_3)_2$两基团间因相隔 1 个氧原子，不能相互偶合，故分为 CH_3CH_2—和—$CH_2CH(CH_3)_2$两个自旋系统。

了解光谱（或部分光谱）属于哪种自旋系统，研究核间偶合关系的规律，才能正确解析光谱。而在对自旋系统命名之前，必须弄清核的等价性质。

（一）核的等价性

1. 化学等价　在核磁共振谱中，有相同化学环境的核具有相同的化学位移。这种化学位移相同的核称为化学等价（chemical equivalence）核。例如，甲烷分子中的 4 个^{1}H 核是化学等价核。

2. 磁等价　分子中化学等价的一组核，如果其中每个核对组外任何一个磁核的偶合常数都相同，则这组核称为磁等价（magnetic equivalence）核或称磁全同核。

例如，在室温下碘乙烷中甲基 3 个质子及亚甲基 2 个质子分别为化学等价核，其化学位移值分别为 1.84 及 3.13。甲基各质子对亚甲基各质子偶合常数均为 7.45Hz，则甲基各质子是磁等价的；同样亚甲基各质子对甲基各质子偶合常数也均为 7.45Hz，则亚甲基各质子也是磁等价的。

磁等价核的特征如下：组内核化学位移相同；与组外核的偶合常数相同；在无组外核干扰时，组内虽偶合，但不分裂。

注意：磁等价必定化学等价，化学等价并不一定磁等价，但化学不等价时磁一定不等价。例如：1，1-二氟乙烯 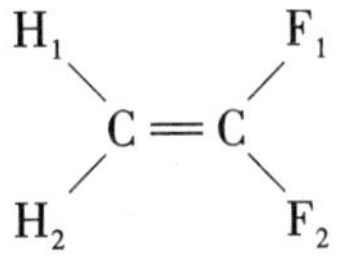 分子中 2 个^{1}H 和 2 个^{19}F 分别都是化学等价的，但组内的任一核与另一组

核的偶合常数不同，即 $J_{H_1F_1} \neq J_{H_2F_1}$，$J_{H_1F_2} \neq J_{H_2F_2}$，所以 2 个^{1}H 是磁不等价，同理，2 个^{19}F 也是磁不等价的核。

由此可见，在同一碳上的质子，不一定都是磁等价。又如碘乙烷在低温下取某种固定构象时，甲基中的 3 个氢核为磁不等价。可是在室温下，分子绕 C—C 键高速旋转，使各^{1}H 都处于一个平均的环境中，因此，甲基中 3 个^{1}H 和亚甲基中 2 个^{1}H 分别都是磁等价的。

另外，与手性碳原子相连的—CH_2—上的二个氢核也是磁不等价的。例如，在化合物 2-氯丁烷中，H_a和 H_b质子是磁不等价的。

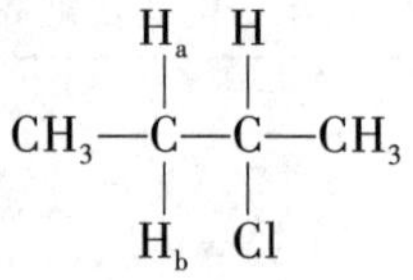

芳环上取代基的邻位质子也可能是磁不等价的。例如，对氯苯胺中，H_A与 H_A'的化学位移虽然相同，但 H_A与 H_B是邻位偶合，而 H_A'与 HB 则为对位偶合，$J_{H_AH_B} \neq J_{H_{A'}H_B}$，故 H_A与 H_A'是磁不等价。同理，H_B与 H_B'也是磁不等价核。

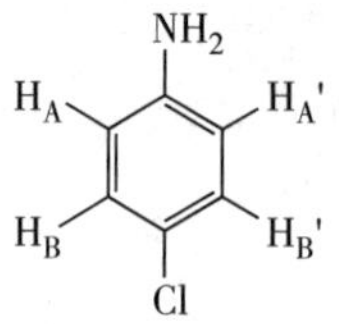

单键具有双键性质时，如 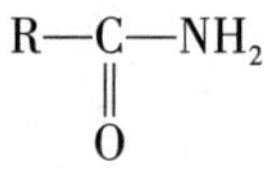 的 C—N 键带有双键性，即 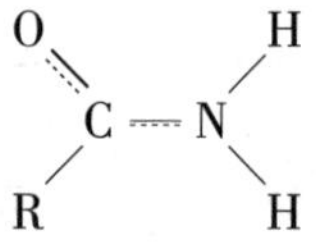，因此 NH_2的两个质子是磁不等价。

除此之外，固定在苯环上的—CH_2—中的氢以及单键不能自由旋转时，都会产生磁不等价氢核。

（二）自旋系统的命名

通常，规定 $\Delta\nu/J>10$ 为一级偶合（弱偶合）；$\Delta\nu/J<10$ 为二级偶合或称高级偶合。根据偶合的强弱，可以把核磁共振谱分为若干系统。按偶合核的数目可分为二旋、三旋及四旋系统等。

1. 自旋系统的命名原则

（1）化学等价核构成一个核组，以一个大写英文字母表示。核组内的核若磁不等价，则在相同的大写英文字母右上角加撇号以示区别，如 A、A′、A″。

（2）不同核组分别用不同的字母表示，若它们的化学位移差值较大时（$\Delta\nu/J>10$），用不连续的大写英文字母 A、M、X 表示；若它们的化学位移差值较小时（$\Delta\nu/J<10$），用连续的大写英文字母 A、B、C 表示。

（3）字母右下角标示该组磁等价核的数目。

例如，$CH_3OCH_2CH_3$中—CH_2CH_3是 A_3X_2系统，CH_3O—是 A_3系统。$CH_3CH_2OCH(CH_3)_2$则包含 A_3X_2系统和 A_6X 系统。$CH_3CH_2CH_2Cl$ 则为 $A_3M_2X_2$系统。对氯苯胺中的四个质子构成 AA′BB′系统（图 14-17，δ_A6.60，δ_B7.02，$J\approx$6Hz）。

2. 核磁谱图的分类 核磁谱图分为一级谱图和高级谱图。

（1）一级图谱 是由一级偶合产生的图谱。具有如下特征：①峰的裂分数目服从 $n+1$ 律；②多重峰的相对强度比为二项式展开式的各项系数比；③偶合作用弱，$\Delta\nu/J>10$；④多重峰的中间位置是该组质子的化学位移；⑤峰裂距为偶合常数。

一级图谱中常见的偶合系统有二旋系统如 AX，三旋系统如 AX_2、AMX，四旋系统如 AX_3、A_2X_2，五旋系统如 A_2X_3等。

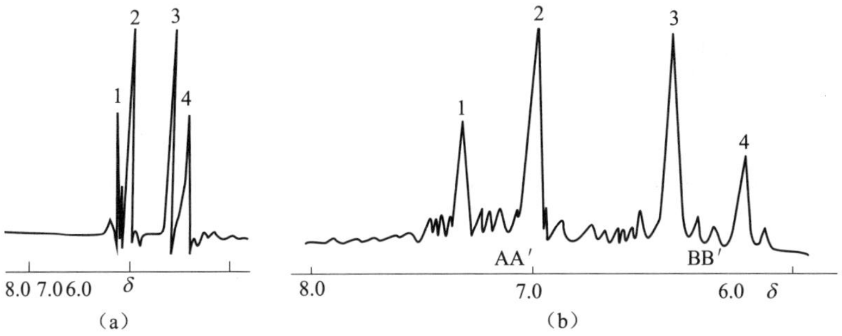

图 14-17　对氯苯胺苯环部分的^{1}H-NMR 图谱

a. 正常图谱；b. 横坐标扩展图

例如 1，1，2-三氯乙烷为 AX_2系统，碘乙烷为 A_2X_3系统，乙酸乙烯酯的烯氢为 AMX 系统。

（2）高级图谱　是由高级偶合产生的图谱。其特征为：①峰的裂分数目不符合 n+1 律；②多重峰的相对强度比不为二项式各项系数比；③偶合作用强，$\Delta\nu/J<10$；④化学位移不为多重峰的中间位置，需计算求得；⑤偶合常数与峰裂距不等。

高级偶合系统涉及许多内容，需要时可参考有关资料。下面是高级偶合的几个例子。

单取代苯：取代基为饱和烷基，则构成 A_5系统，呈现单峰；取代基不是饱和烷基时，可能构成 ABB′CC′系统，如苯酚等。

双取代苯：若对位双取代苯的两个取代基 X≠Y，苯环上 4 个氢可能形成 AA′BB′系统，如对氯苯胺（图 14-17）。对位取代苯谱图具有鲜明的特点，粗看是左右对称的四重峰，中间一对峰强，外侧一对峰弱，每个峰可能还有各自小的卫星峰。若 X=Y，则可能形成 A_4系统，如对苯二甲酸（芳氢 δ=8.11，单峰）等。而邻位双取代苯，若 X=Y，但不是烷基时，可能形成 AA′BB′系统。如邻苯二甲酸（δ_A=7.71，δ_B=7.51）等。不同基团邻位取代时，形成 ABCD 系统，其谱图很复杂。间位双取代苯，相同基团取代时，苯环上四个氢形成 AB_2C 系统，若两个基团不同时，则形成 ABCD 系统。间位取代苯的谱图相当复杂。

需要指出的是，随着超导磁体的应用，高磁场的仪器可使一些复杂的偶合简化成一级偶合，这是因为化学位移的频率差值（$\Delta\nu$）是随着外磁场强度增加而增加，而偶合常数（J）基本保持不变，因此 $\Delta\nu/J$ 也随之变大。例如，丙烯腈的三个烯氢核，在 60MHz 仪器中测得的谱图属 ABC 系统，在 220MHz 时，就变成 AMX 系统。

第五节　核磁共振氢谱的解析

PPT

核磁共振氢谱由化学位移、偶合常数及峰面积（积分曲线）分别提供了含氢官能团、核间关系及氢分布等三方面的信息。图谱解析是利用这些信息进行定性分析及结构分析。前面已详细讨论了化学位移和偶合常数，下面先简要说明峰面积和氢分布的关系。

一、峰面积和氢核数目的关系

在^{1}H-NMR 谱上，各吸收峰覆盖的面积与引起该吸收的氢核数目成正比。峰面积常以积分曲线高度表示。积分曲线总高度（用 cm 或小方格表示）和吸收峰的总面积相当，即相当于氢核的总个数。而每一相邻水平台阶高度则取决于引起该吸收的氢核数目。当知道化合物的分子式，即知道该化合物分子总共有多少个氢原子时，根据积分曲线便可确定谱图中各峰所对应的氢原子数目，即氢分布；如果不知道分子式，但谱图中有能判断氢原子数目的基团（如甲基、羟基、单取代芳环等），以此为基准也可以判断化合物中各种含氢官能团的氢原子数目。

例 14-3 计算图 14-18 中 a、b、c、d 各峰的氢核数目。

解： 测量各峰的积分高度，a 为 1.6cm，b 为 1.0cm，c 为 0.5cm，d 为 0.6cm。可采用下面两种方法求出氢分布。

（1）由每个（或每组）峰面积的积分值在总积分值中所占比例求出。

$$\text{a 峰相当的氢数}=\frac{1.6}{1.6+1.0+0.5+0.6}\times 7=3\text{H}$$

$$\text{b 峰相当的氢数}=\frac{1.0}{1.6+1.0+0.5+0.6}\times 7=2\text{H}$$

同理计算 c 峰和 d 峰各相当于 1H

（2）依已知含氢数目峰的积分值为准，求出一个氢相当的积分值，而后求出氢分布。

本题中 δ_d 10.70 很易认定为羧基氢的共振峰，因而 0.60cm 相当 1 个氢，因此

$$\text{a 峰为}\frac{1.6}{0.6}\approx 3\text{H} \qquad \text{b 峰为}\frac{1.0}{0.6}\approx 2\text{H} \qquad \text{c 峰为}\frac{0.5}{0.6}\approx 1\text{H}$$

二、核磁共振氢谱的解析方法

（一）解析顺序

（1）首先检查内标物的峰位是否准确，底线是否平坦，溶剂中残存的 ^{1}H 信号是否出现在预定的位置。

（2）根据分子式，计算不饱和度 U。

（3）根据积分曲线计算出各个信号对应的氢数即氢分布。

（4）解析孤立甲基峰，例如，CH_3—O—、CH_3—N—及 CH_3—Ar 等均为单峰。

（5）解析低场共振峰，醛基氢 δ~10、酚羟基氢 δ 9.5~15、羧基氢 δ11~12，烯醇氢 δ14~16。

（6）计算 $\Delta\nu/J$，确定图谱中的一级与高级偶合部分。先解析图谱中的一级偶合部分，由共振峰的化学位移值及峰分裂情况，确定归属及偶合系统。

（7）解析高级偶合图谱，①先查看 δ7 左右是否有芳氢的共振峰，根据分裂图形确定自旋系统及取代位置。②难解析的高级偶合系统可先进行纵坐标扩展、用高场强仪器或双照射等技术测定、用位移试剂等使图谱简化。

（8）含活泼氢的未知物，可对比重水交换前后图谱，以确定活泼氢的峰位及类型。

（9）根据各组峰的化学位移和偶合关系的分析，推出若干结构单元，最后组合为几种可能的结构式。

（10）查表或计算初定结构中各基团的化学位移，核对偶合关系与偶合常数是否合理；或利用 UV、IR、MS 和 ^{13}C-NMR 等信息或与标准图谱对照确定化合物结构。

（二）解析示例

例 14-4 某化合物分子式为 $C_4H_7BrO_2$，核磁共振氢谱如图 14-18。试推出化合物的结构。已知 δ_a1.78（d）、δ_b2.95（d）、δ_c4.43（sex）、δ_d10.70（s）；J_{ac}=6.8Hz，J_{bc}=6.7Hz

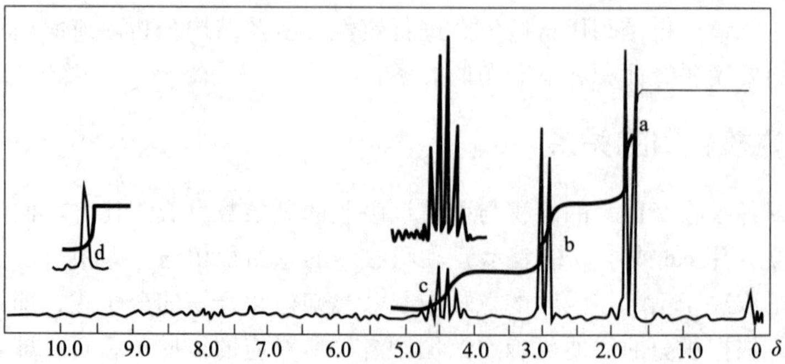

图 14-18　$C_4H_7BrO_2$的 ^{1}H-NMR 图谱

解：（1）$U=\frac{2+2\times4-8}{2}=1$。只含一个双键或一个环，为脂肪族化合物。

（2）氢分布　见例 14-3。

（3）由氢分布及化学位移，可以得知 a 为 CH_3，b 为 CH_2，c 为 CH，d 为 COOH。

（4）由偶合关系确定各基团连接方式　a 为二重峰，说明与一个氢相邻，即与 CH 相邻；b 为二重峰，也说明与 CH 相邻；c 为六重峰，峰高比符合 1∶5∶10∶10∶5∶1，符合 $n+1$ 律，说明与 5 个氢相邻。因为各峰的裂距相等，所以，$J_{ac}\approx J_{bc}$，则 5 个氢是 3 个甲基氢与 2 个亚甲基氢之和，故该未知物具有—CH_2—CH—CH_3基团，为偶合常数相等的 A_2MX_3 自旋系统。根据这些信息，未知物有 2 种可能结构：

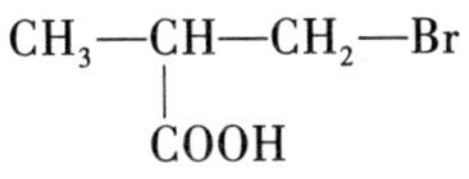

（Ⅰ）

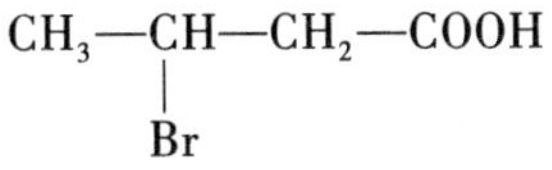

（Ⅱ）

（5）计算次甲基的化学位移可以判断其是与羧基还是与溴相连。可按式（14-13）及表 14-3 计算：

Ⅰ：$\delta_{CH}=1.55+1.05+0.25=2.85$

Ⅱ：$\delta_{CH}=1.55+2.68+0=4.23$

4.23 与 c 峰的 δ 值 4.43 接近，因此，未知物的结构是Ⅱ。

（6）核对　未知物光谱与 Sadtler 6714M 3-溴丁酸的标准光谱一致。证明未知物结构式是Ⅱ。

例 14-5　某化合物分子式为 $C_{10}H_{14}O$，^1H-NMR 谱如图 14-19 所示，试推测其结构式。

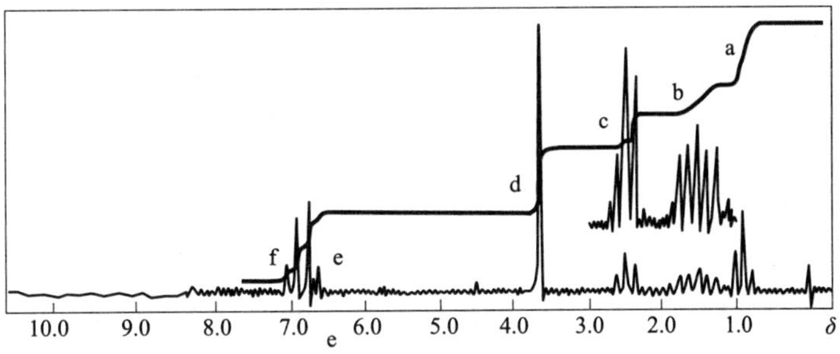

图 14-19　$C_{10}H_{14}O$ 的 ^1H-NMR 图谱

解：（1）$U=\frac{2+2\times10-14}{2}=4$，可能有苯环。

（2）氢分布 a，3H（$\delta=1.0$）；b，2H（$\delta=1.5$）；c，2H（$\delta=2.3$）；d，3H（$\delta=3.8$）；e，2H（$\delta=6.9$）；f，2H（$\delta=7.2$）。

（3）根据化学位移、氢分布及峰形确定连接方式。a 为 CH_3，三重峰，说明与 CH_2相邻；b 为 CH_2，六重峰，峰高比为 1∶5∶10∶10∶5∶1，符合 $n+1$ 律，说明与 5 个氢相邻。因为各峰的裂距相等，所以，$J_{ac}\approx J_{bc}$，则 5 个氢是 3 个甲基氢与 2 个亚甲基氢之和，故该未知物具有—CH_2—CH_2—CH_3基团；c 为 CH_2，三重峰，说明与 CH_2相邻；d 为 CH_3，单峰，根据其化学位移推测可能与吸电子基团相邻；e 和 f 各为 2 个氢，峰形粗看为左右对称的四重峰（边上还有小的卫星峰），是对位双取代苯的特征峰形，说明未知物具有—C_6H_4—结构。

（4）未知物可能结构式为：

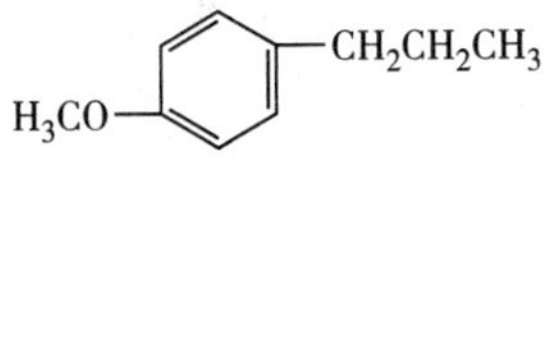

知识链接

定量核磁共振技术

早在20世纪50年代核磁共振仪出现之后，就有人尝试将定量核磁共振（quantitative nuclear magnetic resonance，QNMR）技术用于化合物的含量测定。1963年，霍利斯利用100MHz的核磁共振仪分别测定了制剂中阿司匹林、非那西汀和咖啡因的含量。但由于当时测定用的仪器磁场强度较低，导致测定误差较大。随着超导脉冲傅里叶变换核磁共振仪及超低温探头的出现，使其定量的准确度和灵敏度大幅提高。

QNMR常用定量方法包括绝对定量法和相对定量法。绝对定量法是指以结构式和含量已知的化合物作为内标，与被测成分制成混合液同时测定，通过两者峰面积的比值确定被测物的含量，适于无对照品样品的含量测定。相对定量法是指对含有两种或两种以上成分的混合物，直接比较其峰面积来确定其相对含量，适用于药物杂质检查、中药及复方制剂中各成分相对含量测定。

第六节　核磁共振碳谱和相关谱简介

PPT

一、核磁共振碳谱

核磁共振碳谱全称^{13}C核磁共振波谱法（carbon-13 nuclear magnetic resonance spectroscopy；^{13}C-NMR），简称碳谱。

^{13}C-NMR信号于1957年被发现，但是，由于同位素^{13}C的天然丰度太低，仅为^{12}C的1.108%，而且^{13}C的磁旋比γ是^{1}H的1/4。所以^{13}C-NMR信号很弱，致使^{13}C-NMR的应用受到了极大的限制。20世纪70年代，脉冲PFT-NMR的出现，才使^{13}C-NMR信号的测定成为可能。近年来^{13}C-NMR技术及其应用有了飞速的发展。

由于^{13}C-NMR谱的化学位移变化范围比氢谱大十几倍，所以化合物结构上的细微变化可望在碳谱上得到反映。相对分子质量在500以下的有机化合物，^{13}C-NMR谱几乎可以分辨每一个碳原子，若去掉碳、氢原子之间的偶合，每个碳原子对应一条尖锐、独立的谱线。碳谱有多种共振方法，近年来又发展了几种区别伯、仲、叔、季碳原子的方法。较之氢谱信息更加丰富。

（一）碳谱的化学位移

碳谱中最重要的信息是化学位移。碳谱与氢谱的基本原理相同，化学位移（δ_c）定义及表示法与氢谱一致。所以内标物也与氢谱相同，统一用TMS作为^{13}C化学位移的零点。

影响^{13}C谱化学位移的因素很多，主要有杂化效应、诱导效应及磁各向异性等。而且磁各向异性中的顺磁屏蔽效应占主导作用，它使^{13}C谱的核磁共振信号大幅度移向低场。

碳原子的杂化轨道状态（sp^3、sp^2、sp）很大程度上决定^{13}C化学位移。sp^3杂化碳的共振信号在高场，sp^2杂化碳的共振信号在低场，sp杂化碳的共振信号介于两者之间。

当电负性大的元素或基团与碳相连时，诱导效应使碳的核外电子云密度降低，故具有去屏蔽效应。随取代基电负性的增大，去屏蔽效应增大，化学位移向低场位移。

图14-20为常见基团碳核的化学位移简图，可供了解各种影响因素对δC的影响，并可作为碳谱解析的参考。各类碳的化学位移可参考有关专著。

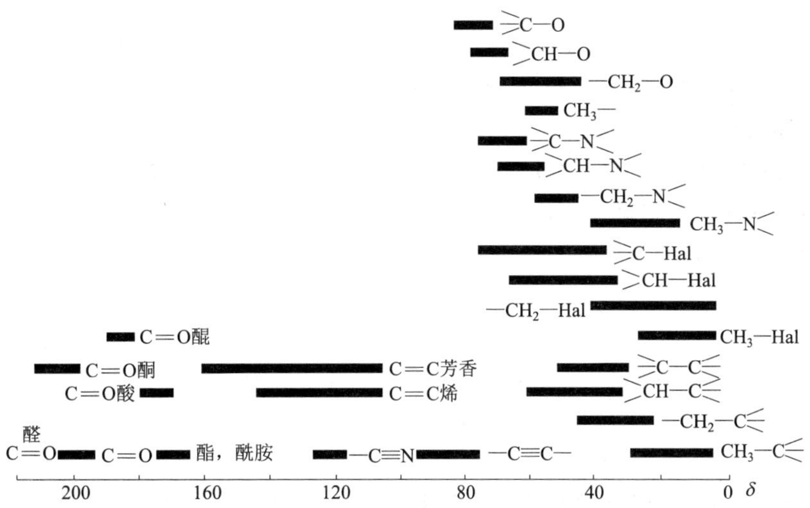

图 14-20　常见基团中^{13}C 化学位移简图

课堂互动

我们之前讲述过氢谱中的偶合常数，在碳谱中也会利用到它吗？

（二）去偶方法

在^{13}C-NMR 中，因为^{13}C 的天然丰度很低（仅为 1.1%），所以^{13}C-^{13}C 之间的偶合可以忽略。但^{13}C-^{1}H的偶合常数很大，$^{1}J_{CH}$大约为 100~200Hz，^{13}C 的谱线总会被^{1}H 分裂，使^{13}C-NMR 谱线相互重叠，难以辨认，因此，记录谱图时必须对^{1}H 去偶以简化谱图。目前所见到的^{13}C 谱一般都是质子去偶谱。一般选用三种去偶法：质子宽带去偶法（broad band decoupling，BBD）、偏共振去偶法（off-resonance decoupling，OFR）和选择性质子去偶法（selective proton decoupling，SEL）。

1. 质子宽带去偶　质子宽带去偶也称噪声去偶（proton noise decoupling）或全氢去偶（proton complete decoupling，COM）。这是测定碳谱时最常用的去偶方式。测定碳谱时，用覆盖所有^{1}H 核共振频率的宽电磁辐射照射^{1}H 核，以消除所有^{1}H 核对^{13}C 核的偶合影响，每个碳原子在图谱上均表现为一条共振谱线。同时，去偶时伴随有 NOE（nuclear overhauser effect）效应，使^{13}C 核的信号强度增强。以分子式为 $C_{14}H_{18}O_4$的化合物（结构式见图 14-21）为例，其质子宽带去偶的^{13}C-NMR 谱如图 14-22a 所示。质子去偶谱的缺点是不能获得与^{13}C 核直接相连的^{1}H 的偶合信息，因而也就不能区别伯、仲、叔碳。

知识链接

NOE 效应

NOE 效应（nuclear overhauser effect），又称核磁欧沃豪斯效应，指两个空间距离相近的原子通过空间进行磁矩传递，该效应的强度与距离的 6 次方成反比。在核磁共振中，当分子内有在空间位置上互相靠近的两个核 A 和 B 时，如果用双共振法照射 A，使干扰场的强度增加到刚使被干扰的谱线达到饱和，则另一个靠近的质子 B 的共振信号就会增加，这种现象称 NOE。产生这一现象的原因是由于二个核的空间位置很靠近，相互弛豫较强，当 A 受到的照射达饱和时，它要把能量转移给 B，于是 B 吸收的能量增多，共振信号增大。

这个现象是欧沃豪斯于1953年在电子自旋和核自旋的样品中首先发现的。去偶可使信号增强的效应叫欧沃豪斯（NOE）效应。使信号增强的倍数叫NOE因子。在一个样品体系的不同基团中，各个核的NOE效应是不同的，既NOE因子不同，故各个峰增强的倍数并不相等，因此，碳数相同的峰的高度并不相同。亦既，碳谱NMR实验中峰的强度并没有严格的定量关系的存在。NOE效应是对于^{1}H核来说，我们通常能够观测到距离在0.5 nm以内的NOE效应。

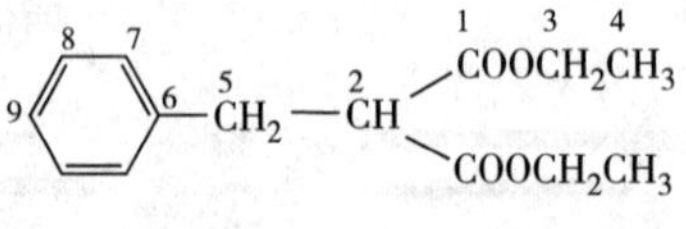

图14-21 $C_{14}H_{18}O_4$化合物的结构式

2. 偏共振去偶 为了弥补质子宽带去偶的不足，发展了偏共振去偶技术。偏共振去偶技术是在测定^{13}C谱时，另外加一个照射射频，其中心频率不在^{1}H的共振区中间，而是比TMS的^{1}H共振频率高100~500Hz，与各种质子的共振频率偏离。结果使^{13}C核在一定程度上去偶，直接相连的^{1}H核的偶合作用仍保留，但偶合常数比未去偶时小。它仍得到甲基碳四重峰、亚甲基碳三重峰、次甲基碳双峰，但裂距变小。这样既使碳骨架结构十分清晰，又不使谱图过于复杂。图14-22b显示了分子式为$C_{14}H_{18}O_4$的化合

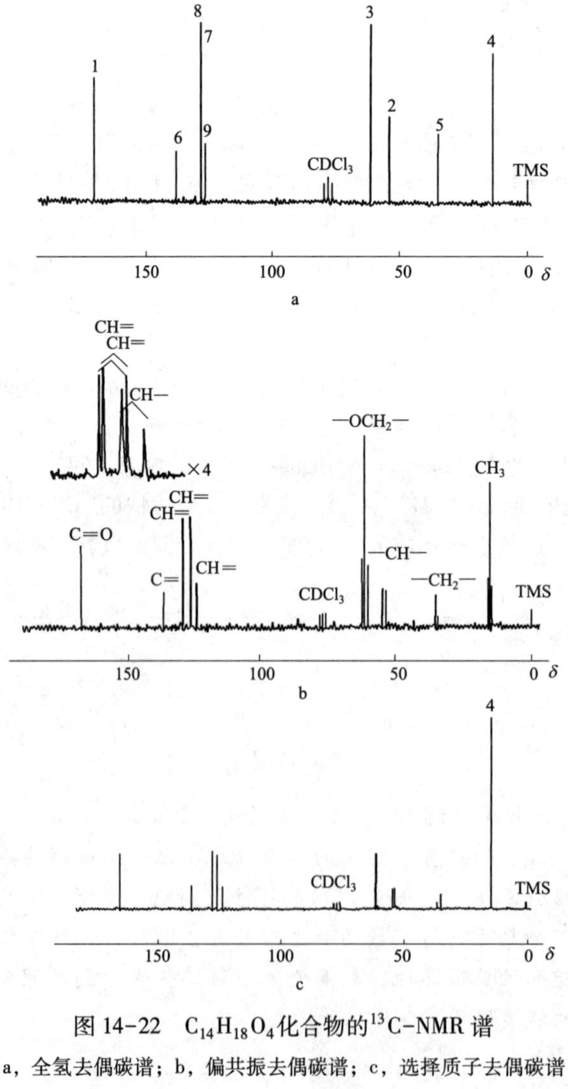

图14-22 $C_{14}H_{18}O_4$化合物的^{13}C-NMR谱

a，全氢去偶碳谱；b，偏共振去偶碳谱；c，选择质子去偶碳谱

物的偏共振去偶碳谱。偏共振去偶的实验目前已由 DEPT 等实验所代替。

3. 选择性质子去偶　选择性质子去偶法是偏共振去偶法的特例，是在质子信号归属已经明确的前提下，用某一特定质子共振频率的射频照射该质子，以消除被照射质子对^{13}C的偶合，产生一单峰，从而确定相应^{13}C信号的归属。图 14-22c 是 $C_{14}H_{18}O_4$化合物的选择性去偶谱。测定时，去偶频率对准甲基碳原子上氢的共振频率，因此，该碳原子成为单峰。

课堂互动

为何在碳谱中的信号峰有高有低？峰高低与碳数有无关系？

4. DEPT 谱　又称无畸变极化转移技术（distortionless enhancement by polarization transfer，DEPT），通过改变^1H核的第三脉冲宽度（θ），θ可设置为 45°、90°、135°，不同的设置将使 CH、CH_2和 CH_3基团显示不同的信号强度和符号。季碳原子在 DEPT 谱中不出峰。θ为 45°时，CH、CH_2和 CH_3均出正峰，90°时，只有 CH 显示正峰；135°时，CH_3、CH 显示正峰，CH_2出负峰。以肉桂酸乙酯为例，其 DEPT 谱如图 14-23 所示，其结构和化学位移为：

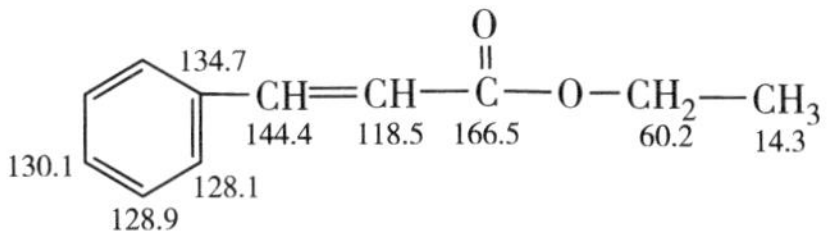

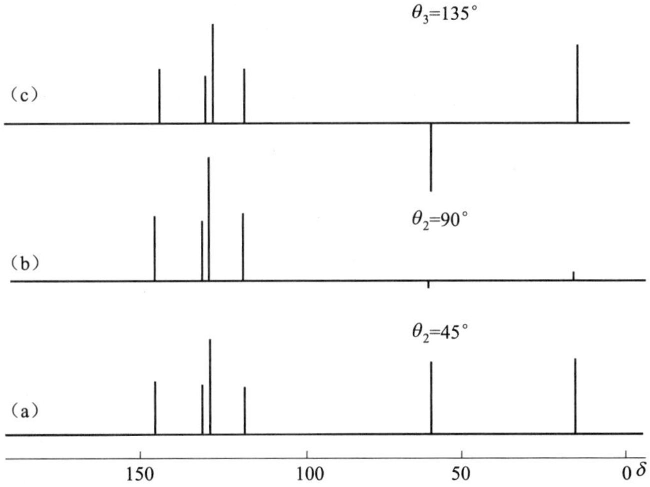

图 14-23　肉桂酸乙酯 DEPT 谱

a. θ=45°，除季碳原子δ166.5 和δ134.7 外均出峰；

b. θ=90°，只有 CH 碳原子出峰；c. θ=135°，CH、CH_3显示正峰，CH_2为负峰

二、相关谱

在前述^1H-NMR 及^{13}C-NMR 谱中，横坐标为化学位移，代表频率（υ_H或υ_C），纵坐标为信号强度，这些称为一维谱（one dimentional NMR；1D-NMR）。二维核磁共振谱（2D-NMR）是将化学位移-化学位移或化学位移-偶合常数对核磁信号作二维展开而成的图谱。它包括 *J* 分解谱（*J* resolved spectroscopy）、化学位移相关谱（chemical shift correlation spectroscopy；简称 COSY 谱）和多量子谱（multiple quantum spectroscopy）等多种新技术。下面只介绍^1H-^1H 相关谱和^{13}C-^1H 相关谱。

（一）氢—氢位移相关谱

氢—氢位移相关谱（^1H-^1H COSY 谱）是^1H 和^1H 核之间的位移相关谱，横轴和纵轴均为^1H 核的化

学位移。一般的 COSY 谱是 90°谱。从对角线两侧成对称分布的任一相关峰出发，向两轴作 90°垂线，在轴上相交的两个信号即为相互偶合的两个^{1}H 核。

乙酸乙酯的^{1}H-^{1}H COSY 谱如图 14-24 所示。首先观察横轴上信号 3（即 CH_3），从信号 3 向下引一条垂线和对角线相交，可见峰［3］。从［3］再向左边划一水平线，则与纵轴上的信号 3 相遇，也就是说对角线上的峰［3］出现在纵轴和横轴的同一信号 3 的交点处，这样的峰叫作对角峰。同理，［1］、［2］也分别为信号 1 及 2 的对角峰。在图谱中除上述三个对角峰以外还存在其他两个峰，即 a、a′，它们称为相关峰。在相关谱中，相关峰因相邻两质子间的偶合引起，故必然出现在对角线两侧对称的位置上，如（a，a′）。再结合化学位移及氢的数目，可以很容易地确定整个分子的结构。所得结果要比 1D-^{1}H-NMR 直接、可靠得多。在信号重叠严重时，其效果尤为突出。

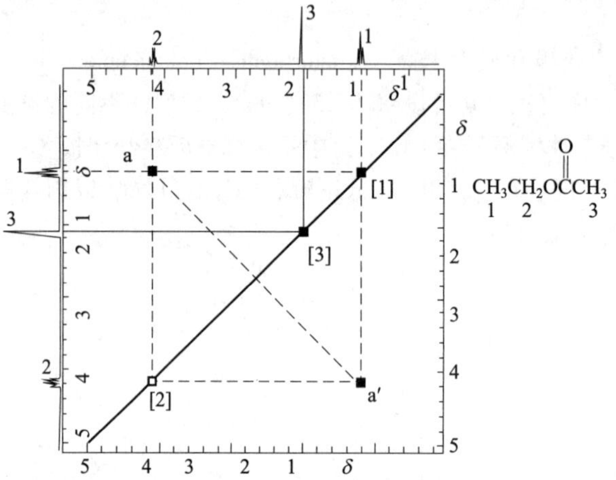

图 14-24　乙酸乙酯的^{1}H—^{1}H COSY 谱（360MHz，$CDCl_3$）

（二）碳—氢位移相关谱（^{13}C-^{1}H COSY 谱）

若在谱图的一侧设定为^{1}H 的化学位移，另一侧设定为^{13}C 的化学位移，则所得二维谱叫作^{13}C-^{1}H 相关谱。它全面反映^{13}C-^{1}H 之间的相关性，一张二维谱等于一整套选择性去偶谱图，是异核相关谱中最主要的一类。

在通常的^{13}C-^{1}H COSY 谱中，预先作特殊设定，以观察$^1J_{CH}$范围内的偶合影响，相关峰只出现在^{13}C 信号化学位移及与之直接连接的^{1}H 信号化学位移的交叉处。图谱的解析方法以图 14-25 所示乙醇的^{13}C-^{1}H COSY 谱为例，从纵轴（^{1}H 轴）的 H-1 信号（δ1.2）向左作水平延伸，可与相关峰 a 相交。再由该相关峰向上垂直延伸至^{13}C 轴上 δ18 处，表示两者偶合相关，故 δ18 处的^{13}C 信号应为 C-1。同理，从纵轴

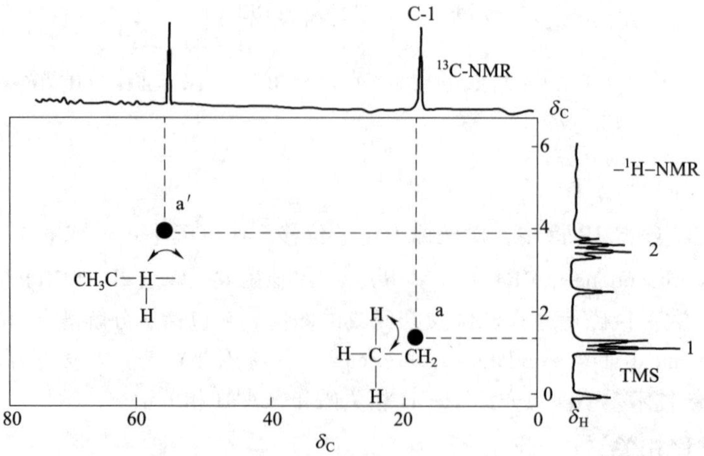

图 14-25　乙醇的^{13}C-^{1}H COSY 谱

的 H-2 信号（$\delta 3.7$）向左作水平延伸，可与相关峰 a′相交。再由该相关峰向上垂直延伸至 ^{13}C 轴上 $\delta 57$ 处，表示两者偶合相关，故 $\delta 57$ 处的 ^{13}C 信号应为 C-2。如此类推，在知道 ^{1}H（或 ^{13}C）的信号归属时，通过相关峰追踪，应能确定其对应 ^{13}C（或 ^{1}H）核的信号归属。对一般有机化合物来说，多在采用 $^{1}H-^{1}H$ COSY 谱确定 ^{1}H 的信号归属基础上，再通过测定 $^{13}C-^{1}H$ COSY 谱以解决 ^{13}C 的信号归属。当然，对复杂化合物来说，宜在测定之前，先用 DEPT 法确定各个 ^{13}C 信号的峰数目。

并非所有的 ^{13}C 或 ^{1}H 信号在 $^{13}C-^{1}H$ COSY 谱上都会出现相关峰。例如季碳和羰基碳信号因不直接连氢原子，故不出现相关峰。同理，羟基上的氢信号也不会出现相关峰。

在化学位移相关谱中，还有侧重表现远程偶合相关的远程氢-氢相关谱（long range $^{1}H-^{1}H$ COSY 谱）及远程碳—氢相关谱（long range $^{13}C-^{1}H$ COSY 谱）。可用于判断同核（$^{1}H-^{1}H$）及异核（$^{13}C-^{1}H$）之间的远程偶合相关。

本章小结

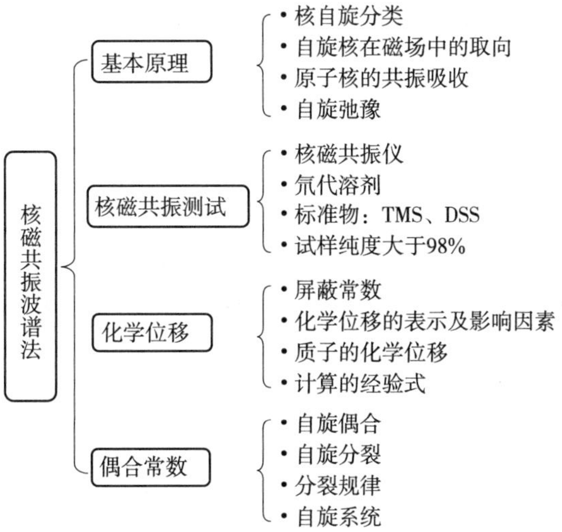

练习题

题库

1. 乙烯、乙炔质子的化学位移 δ 值分别为 2.8 和 5.84，试解释乙烯质子出现在低磁场区的原因。

2. 下列哪一组原子核不产生核磁共振信号，为什么？

①$^{2}_{1}H$、$^{14}_{7}N$　②$^{19}_{9}F$、$^{12}_{6}C$　③$^{12}_{6}C$、$^{1}_{1}H$　④$^{12}_{6}C$、$^{16}_{8}O$

3. 某化合物三种质子相互偶合构成 AM_2X_2 系统，$J_{AM}=10Hz$，$J_{XM}=4Hz$，A、M_2、X_2 各为几重峰？为什么？

4. 磁等价与化学等价有什么区别？说明下述化合物中哪些氢是磁等价或化学等价及其峰形（单峰、二重峰…）并计算化学位移。

①Cl—CH ═CH—Cl　②
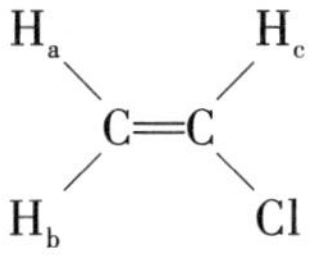

③
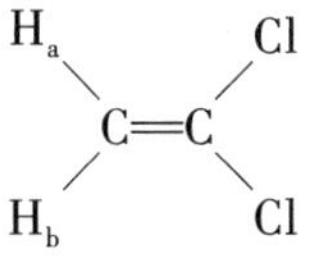

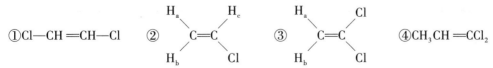

④$CH_3CH═CCl_2$

5. 3 个不同质子 a、b 和 c 共振时所需磁场强度按下列次序排列：$H_a>H_b>H_c$。哪个质子的化学位移（δ）最大？哪个质子的化学位移（δ）最小？

6. 分子式为 $C_{12}H_{16}O_2$ 的化合物，核磁共振氢谱如图 14-26 所示，推测其结构式。

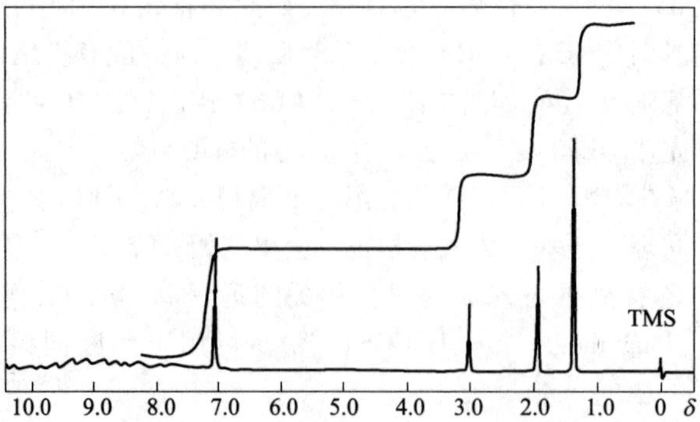

图 14-26　$C_{12}H_{16}O_2$的^{1}H-NMR 图谱

7. 某化合物的分子式为 $C_{12}H_{14}O_2$，NMR 光谱如下，NMR 数据见下表：

峰号	a	b	c	d	e
化学位移（ppm）	1.25	5.0	6.3	7.3	7.7
含 氢 数	6	1	1	5	1
峰 分 裂 数	2	多重	2	多重	2

试推测其结构，并给出峰归属。

8. 某一含有 C、H、N 和 O 的化合物，其相对分子质量为 147，C 为 73.5%，H 为 6%，N 为 9.5%，O 为 11%，核磁共振谱见图 14-27。试推测该化合物的结构。

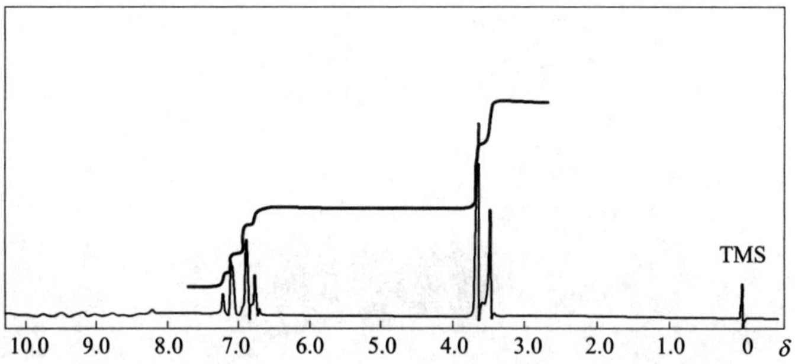

图 14-27　相对分子质量为 147 的化合物的^{1}H-NMR 图谱

9. 某化合物的分子式为 $C_{10}H_{12}O_2$，NMR 图谱如图 14-28 所示。NMR 数据见下表：

峰号	a	b	c	d	e
化学位移（ppm）	1.4	2.3	4.3	7.3	7.9
含氢数	3	3	2	2	2
峰分裂数	3	单峰	4	2	2

试推测其结构，并给出峰归属。

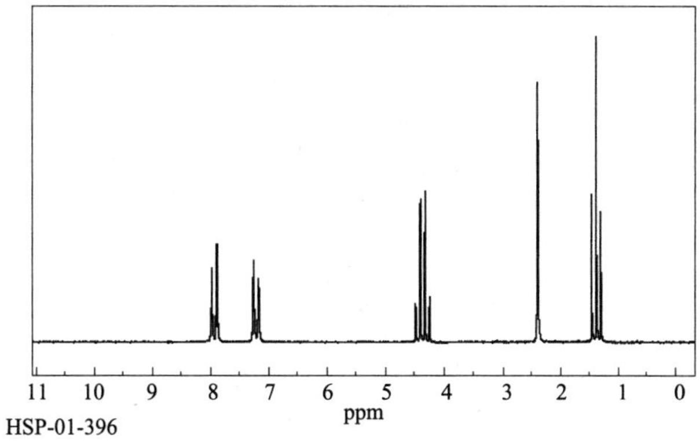

图 14-28　$C_{10}H_{12}O_2$的^{1}H-NMR 图谱

（任　强）

第十五章

质　谱　法

学习导引

知识要求

1. 掌握　质谱法的基本原理；分子离子峰的判断依据；不同离子类型在结构分析中的作用；常见阳离子裂解类型及在结构解析中的应用；有机化合物的质谱及质谱解析的一般步骤。

2. 熟悉　质谱仪主要部件及工作原理，离子源种类及特点；有机化合物综合波谱解析方法及一般步骤。

3. 了解　常用的质量分析器类型及特点；质谱法的发展概况。

能力要求

熟练掌握分子离子峰的确认及质谱解析的步骤；能够说明质谱中的主要离子类型及解析典型碎片离子峰；学会应用质谱确定相对分子质量及分子式。

素质要求

在众多的分析测试方法中，质谱法是一种同时具备高特异性和高灵敏度的方法。可获得信息的广泛性有助于 MS 在各个研究领域的应用，包括化学、生物化学、药学、医学以及许多相关的科学领域。充分认识质谱方法的重要性，为以后学习和科研工作打下基础。

质谱法（mass spectrometry，MS）是一种与光谱并列的谱学方法，通常意义上是指应用多种离子化技术，将物质分子转化为气态离子并按质荷比（m/z）大小进行分离记录，从而进行物质结构分析的方法。质谱法在一次分析中可提供丰富的结构信息，是分子质量精确测定与化合物结构分析的重要工具，可以进行化合物定性和定量分析、样品中各同位素比的测定及固体表面结构和组成分析等。

质谱法是在二十世纪初由英国学者 J. J. Thomson 发明的。自 1912 年第一台质谱仪的雏形形成至今，先后有 11 位从事质谱研究的科学家获得了诺贝尔奖。最初的质谱法主要应用于测定某些无机化合物中同位素的相对丰度。1942 年，第一台商品质谱仪出现并用于石油分析，促进了质谱用于有机化合物的分析。20 世纪 60 年代出现了气相色谱-质谱（GC-MS）联用仪，质谱仪的应用领域发生了巨大的变化，成为有机物结构分析的重要工具。80 年代后，软离子化技术的相继问世和 LC-MS、MS-MS 联用仪的研制成功，使得质谱法的应用拓展到分析强极性、难挥发和热不稳定样品的范围，进而应用到生物大分子的研究，发展成为生物质谱，并迅速成为现代分析化学最前沿的领域之一。

质谱法具有如下的特点：①分析速度快，扫描 1～1000Da 一般仅需 1 至几秒，易于实现与气相和液相色谱联用，自动化程度高；②灵敏度高，通常一次分析仅需几微克的样品，检测限可达 10^{-9}～10^{-11}g；③信息量大，能得到大量的结构信息和样品分子的相对分子质量；④重现性好，由于质谱法的独特的电离过程及分离方式，从中获得的信息直接与其结构相关，可以用它来测定分子式、阐明各种物质的分子结构。质谱法要求用纯样品测定，将其与分离能力强的气相色谱或液相色谱联用，可使质谱法应用更广泛。近 20 年来，各种质谱软电离技术的发展，成功实现了蛋白质、多肽、核酸、多糖等生物大分子准确相对分子量的测定以及多肽和蛋白质中氨基酸序列的测定，使质谱在生命科学领域中的应用备受瞩目。

质谱是唯一可以给出分子量，确定分子式的谱学方法，而分子式的确定对化合物的结构鉴定至关重要。质谱与电磁波的波长和分子内某种物理量的改变无关，不属于波谱范围。

课堂互动

一般物质的质量可以用天平称量。通常，天平可以称量到微克级物质，分子的质量是如何称量的呢？

第一节 质谱法的基本原理与表示方法

PPT

质谱法是通过对样品的分子电离后所产生离子的质荷比（m/z）及其强度的测量来进行成分和结构分析的一种仪器分析方法。质谱仪的种类很多，原理也不尽相同。现以半圆形单聚焦质谱仪（仅用一个扇形磁场进行质量分析的质谱仪）为例说明质谱法的基本原理。

微课

一、质谱法的基本原理

样品分子离子化后失去外层电子生成分子离子或进一步发生化学键的断裂或重排生成多种碎片离子，在高压电场作用下加速进入磁场，带电粒子在电场中受到库仑力，在磁场中受到洛仑兹力。由于力的作用，微观粒子会加速并同时偏转，形成明显的运动轨迹。微观粒子质量不同带电量不同，其运动轨迹就会不同。通过对微观粒子运动情况的研究，可以测定微观粒子的质核比。如在半圆形单聚焦质谱仪中，样品分子离子化后经加速进入磁场中，在高压电场作用下，质量为 m 的正离子在磁感应强度 H 的磁场作用下作垂直于磁场方向的圆周运动，只有离子受到磁场施加的向心力与离心力平衡时，离子才能飞出弯曲区，即：

$$\frac{m}{z}=\frac{H^2R^2}{2V} \tag{15-1}$$

式（15-1）中，m 为离子的质量；z 为电荷数；H 为磁场感应强度；R 为带电离子在磁场中的运动半径；V 为离子加速电压。即不同质荷比的离子经磁场后，由于偏转半径不同而彼此分开，质量大的偏转大，质量小的偏转小，最终实现各种离子按 m/z 进行分离。顺次记录各种质荷比的离子强度，从而得到所有 m/z 离子的质谱图。

二、质谱的表示方法

按各种离子的质荷比（m/z）顺序对离子相对强度大小进行记录的图谱即为质谱。一般的质谱表示方法有两种：一种是棒图即质谱图，另一种为表格即质谱表。质谱图是以质荷比（m/z）为横坐标，相对强度（丰度）为纵坐标构成，如图 15-1 是甲苯的棒状质谱图。一般将原始质谱图上最强的离子峰定为基峰（base peak）并设相对强度为 100%，其他离子峰以对基峰的相对百分值表示。

质谱表是用表格形式表示的质谱数据，应用较少。质谱表中有两项即质荷比和相对强度（表 15-1）。从质谱图上可以直观地观察整个分子的质谱全貌，而质谱表则可以准确地给出精确的 m/z 值及相对强度值，有助于进一步分析。

表 15-1 甲苯的质谱表

m/z 值	38	39	45	50	62	63	65	91	92	93	94
相对强度（%）	4.4	16	3.9	6.3	9.1	8.61	11	100（基峰）	68 $(M)^+$	5.3 $(M+1)^+$	0.21 $(M+2)^+$

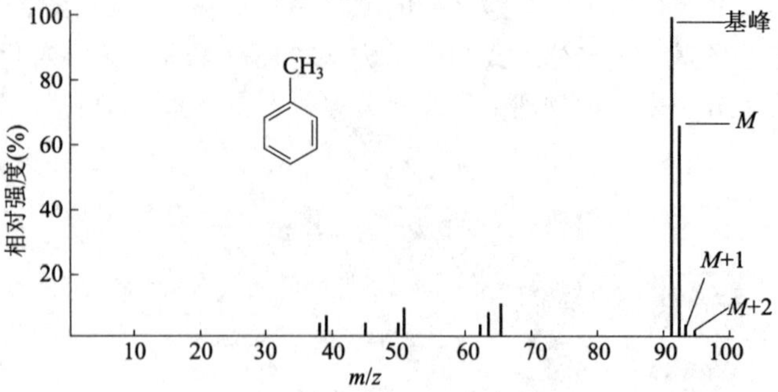

图 15-1　甲苯的质谱图

PPT

第二节　质谱仪及其工作原理

质谱仪一般由真空系统、样品导入系统、离子源、质量分析器、检测器、数据处理系统等部分组成（图 15-2），其中离子源和质量分析器是质谱仪的两个核心部件。

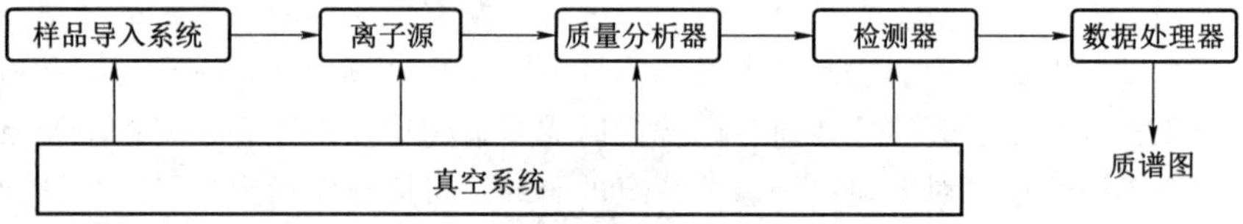

图 15-2　质谱仪基本组成方框图

质谱仪的离子源、质量分析器和检测器分别类似于光谱仪中的光源、单色器和检测器，但质谱法和光谱法的原理不同，质谱法实质是分离和测定分子、离子或原子质量的一种物理方法。所以从本质上看，质谱不是吸收光谱，而是物质粒子的质谱。

一、高真空系统和样品导入系统

真空系统是质谱仪最基本的系统，其作用是提供足够的真空度来满足质谱仪各项功能。离子要在电场、磁场或电磁场中飞行一定的时间和空间，如果在这些时间和空间中存在大量的气体会使离子很快淬灭而达不到检测器，因此凡有样品分子和离子存在和经过的部位、器件，都要处于高真空状态。通常离子源真空度为 10^{-4}~10^{-5}Pa，质量分析器和检测器真空度为 10^{-6}Pa。真空度过低，则会造成离子散射和残余气体分子碰撞引起能量变化、本底增高、改变裂解模式，从而使图谱复杂化等问题。一般质谱仪采用两级真空系统，由前级低真空泵（机械泵）和高真空泵（扩散泵或涡轮分子泵）串联组合而成。

样品导入系统亦称进样系统，其作用是高效重复地将样品引入到离子源中并且不能造成真空度的降低。常用的进样装置有三种：间歇式进样系统、直接探针进样系统和色谱联用进样系统（GC-MS、HPLC-MS）等。一般质谱仪都配有前两种进样系统以适应不同的样品需要。

（一）间歇式进样系统

该系统可用于气体及易于挥发的试样。将少量（10~100μg）样品引入储存器中，由于进样系统的低压强及贮存器的加热装置，使试样保持气态。进样系统的压强比离子源的压强要大，样品离子可以通过分子漏隙（通常是带有一个小针孔的玻璃或金属膜）以分子流的形式渗透过高真空的离子源中。典型的设计如图 15-3 所示。

（二）直接探针进样系统

对于热敏性固体、高沸点液体及固体试样可直接进样，在直接进样杆尖端装上少许的样品（1~

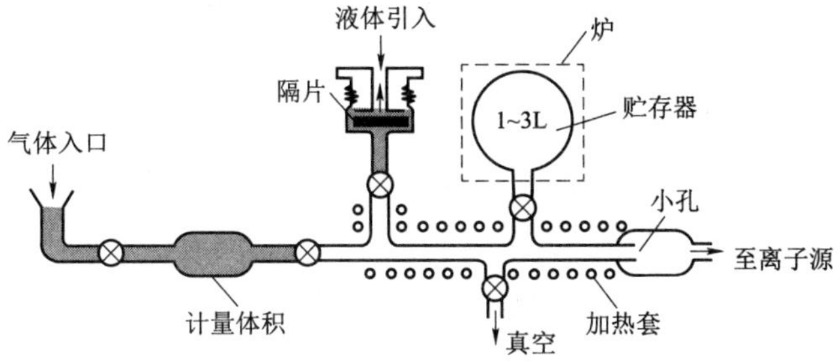

图 15-3　典型的间歇式进样系统

10ng)，经减压后送入离子源，快速加热使试样气化并被离子源离子化。

(三) 色谱联用进样系统

适用于多组分分析。利用与质谱仪联机的气相色谱仪或高效液相色谱仪将混合物分离后，通过特殊系统的联机“接口”进入离子源，依次进行各组分的质谱分析。

二、离子源

离子源（ion source）又称电离源。其功能是将进样系统引入的气态样品分子转化成离子，同时发挥准直和聚集作用，使离子汇聚成具有一定几何形状和能量的离子束进入质量分析器。由于离子化所需要的能量随分子不同差异很大，因此，对于不同的分子应选择不同的电离方法。通常把能给样品较大能量的电离方法称为硬电离方法，而给样品较小能量的电离方法称为软电离方法，后一种方法适用于易破碎或易电离的样品。

离子源是质谱仪的心脏，样品在很短时间（~约 1μs）内发生一系列的特征电离、降解反应，从而快速获得质谱。目前的质谱仪中，有多种电离源可供选择，表 15-2 列出了各种离子源的基本特征。

表 15-2　主要离子源特点

基本类型	离子源	离子化能量	特点及主要应用
气相	电子轰击源（EI）	高能电子	灵敏度高，重现性好，特征碎片离子，标准谱库。适合挥发性样品，分子结构判定
	化学电离源（CI）	反应气离子	准分子离子，分子量确定，适合挥发性样品
解吸	快原子轰击源（FAB）	高能原子束	生成准分子离子，适合难挥发、极性大的样品
	电喷雾离子源（ESI）	高电场	生成多电荷离子，碎片少，适合极性大分子分析，也用作 LC-MS 接口
	基质辅助激光解吸电离源（MALDI）	激光束	高分子及生物大分子分析，主要生成准分子离子

(一) 电子轰击源

电子轰击源（electron impact source，EI）是一种应用最早、最广的硬电离方式，只能用于小分子（相对分子质量 400Da 以下）物质的检测。EI 主要由电离室（离子盒）、灯丝（铼或钨灯丝）、离子聚焦透镜和一对磁极组成。样品汽化后进入电离室，与电子流撞击，若分子获得电子流传递的能量高于分子的电离能，则分子 M 失去电子而产生电离，通常失去一个电子而形成分子离子（molecular ion，$M^{+\cdot}$），在其离子电荷的位置上以“$^{+}$”或“+·”表示。

$$M+e(高速)\rightarrow M^{+\cdot}+2e(低速)$$

式中，M 为待测分子；$M^{+\cdot}$为分子离子或母体离子。在 EI 状态下约有 1/1000 的样品分子发生电离。大多数有机分子共价键的电离电位为 8~15eV 之间，当电子轰击源具有足够的能量时（一般为 70eV），分子离子可能进一步裂解，形成大量的各种低质量数的碎片正离子和中性自由基，正离子被加速并聚集成离子束进入质量分析器，而阴离子和中性碎片被真空抽走，这些碎片离子可用于有机化合物的结构鉴定。图 15-4 是电子轰击电离源的结构示意图。

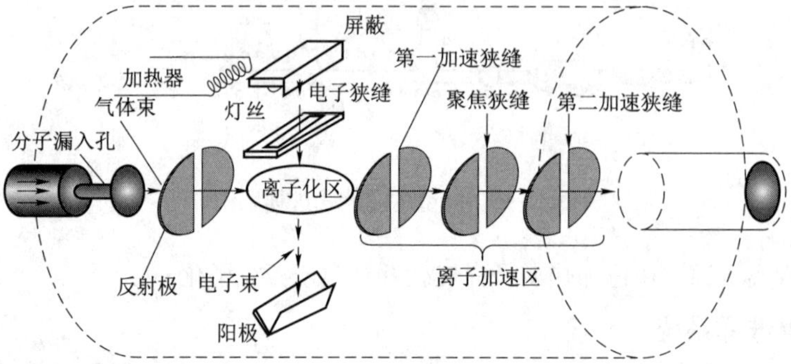

图 15-4 电子轰击电离源的结构示意图

EI 具有以下优点：①非选择性电离，只要样品能气化即可，电离效率高；②应用最广，重现性好，标准的质谱图基本都是采用 EI 源得到的；③灵敏度高，可得到较多碎片离子，为质谱图提供丰富的结构信息；④结构简单，操作方便。

但同时 EI 存在以下缺点：①样品必须能气化，不适宜难挥发、热不稳定的物质；②对于相对分子质量较大或稳定性差的化合物，常常得不到分子离子峰，因而不能测定相对分子质量。

在质谱中可以获得样品的重要信息之一是其相对分子质量。但经电子轰击产生的分子离子不稳定，易进一步断裂成碎片离子，$M^{+\cdot}$峰往往不存在或强度很低，因此，必须采用比较温和的电离方法，即软电离技术。通常有 4 种软电离技术，分别为化学电离源、快原子轰击源、电喷雾源（ESI）和基质辅助激光解吸电离源（MALDI）。

（二）化学电离源

化学电离源（chemical ionization source，CI）是 1966 年发展起来的一种新型电离源。它不是用高能电子直接轰击样品分子，而是通过“离子-分子反应”来实现对样品分子的电离，其核心是质子的转移。样品在承受电子轰击之前，被一种“反应气”（常用 CH_4，也可用异丁烷、H_2、N_2、He、H_2O、NH_3 等）以约 10^4倍于样品分子所稀释，因此样品分子直接受到高能电子轰击的概率极小。在高能电子流的轰击下，反应气分子首先被电离生成一次离子，反应气离子也叫试剂离子，它与样品分子发生离子-分子反应而产生样品分子离子。以甲烷为例，首先发生如下反应：

$$CH_4+e \rightarrow CH_4^{+\cdot}+2e$$

$$CH_4^{+\cdot} \rightarrow CH_3^{+}+H\cdot$$

一次离子 $CH_4^{+\cdot}$和 CH_3^+快速与大量存在的 CH_4分子发生离子-分子反应，生成二次离子 CH_5^+和 $C_2H_5^+$，即

$$CH_4^{+\cdot}+CH_4 \rightarrow CH_5^{+}+CH_3\cdot$$

$$CH_3^{+}+CH_4 \rightarrow C_2H_5^{+}+H_2$$

CH_5^+及 $C_2H_5^+$不再与 CH_4反应，当样品（试样与甲烷之比为 1∶1000）导入离子源时，样品分子（M）很快与试剂离子发生下列反应，转移一个质子给试样或由试样移去一个 H^+或电子，试样则变成带正电的离子。

$$CH_5^{+} + M \rightarrow [M+H]^{+} + CH_4$$

$$C_2H_5^{+} + M \rightarrow [M+H]^{+} + C_2H_4$$

$$CH_5^{+} + M \rightarrow [M-H]^{+} + CH_4 + H_2$$

$$C_2H_5^{+} + M \rightarrow [M-H]^{+} + C_2H_6$$

$[M+H]^+$或$[M-H]^+$称为准分子离子（quasi-molecular ion），可提供分子离子信息。

CI 源的优点：①属于软电离方式，准分子离子峰强度大，便于利用$[M+H]^+$或$[M-H]^+$峰准确推断相对分子量；②图谱简单，易获得有关化合物基团的信息。样品离子是二次离子，离子化过程中新生离子能量不高，键断裂的可能性大为减少，一般仅涉及从质子化分子中除去氢原子或基团的开裂反应，故峰的数目较少；③适宜做多离子检测。缺点是：①碎片离子较少，缺少样品的结构信息；②CI 图谱与实验条件有关，不同仪器获得的 CI 图谱不能比较或检索，因此一般不能制作标准图谱；③样品需加热气化后进行离子化，故不适合于热不稳定、难挥发物质的分析。

（三）快原子轰击源

快原子轰击源（fast atom bombardment ionization source，FAB）是一种广泛应用的软电离技术。轰击样品分子的原子通常为惰性稀有气体氙或氩。为了获得高动能，首先让气体原子电离，并通过电场加速产生高能量气体离子，再与热的气体原子碰撞而导致电荷和能量的转移，获得快速运动的原子，它们撞击涂有样品的金属板，通过能量转移而使样品分子电离，生成二次离子。以 Ar 为例：

$$Ar^+(\text{快})+Ar(\text{热})\rightarrow Ar(\text{快})+Ar^+(\text{热})$$

$$M+\xrightarrow{Ar(\text{快})}M^{+\cdot}+e$$

通常将样品溶于惰性的非挥发性基质如丙三醇中，并以单分子层覆盖于探针表面，以提高电离效率，生成离子是被测样品分子-离子及基质作用生成的准分子离子。FAB 的优点：①易得到较强的分子离子或准分子离子，如 MH^+、$[M+G+H]^+$（G 为基质）、$[2M+H]^+$、$[M+G+H-H_2O]^+$及$[2M+H-H_2O]^+$，由此获得化合物分子量的信息；②在离子化过程中样品无需加热气化，离子化能力强，对强极性、难气化化合物也能电离，故适合于热不稳定、强极性分子、生物分子及配合物的分析。其缺点是对于非极性化合物灵敏度低，重现性差，溶解样品的溶剂也会被电离而使图谱复杂化。

图 15-5 给出了某巴比妥类结构药物的 EI、CI 及 FAB 三种离子源的质谱图。EI 的分子离子峰信号强度弱（或消失），但所得碎片离子多，质谱图有丰富的结构信息；而 CI 及 FAB 质谱图中（准）分子离子峰信号强度大，但碎片离子少，缺少样品的结构信息。

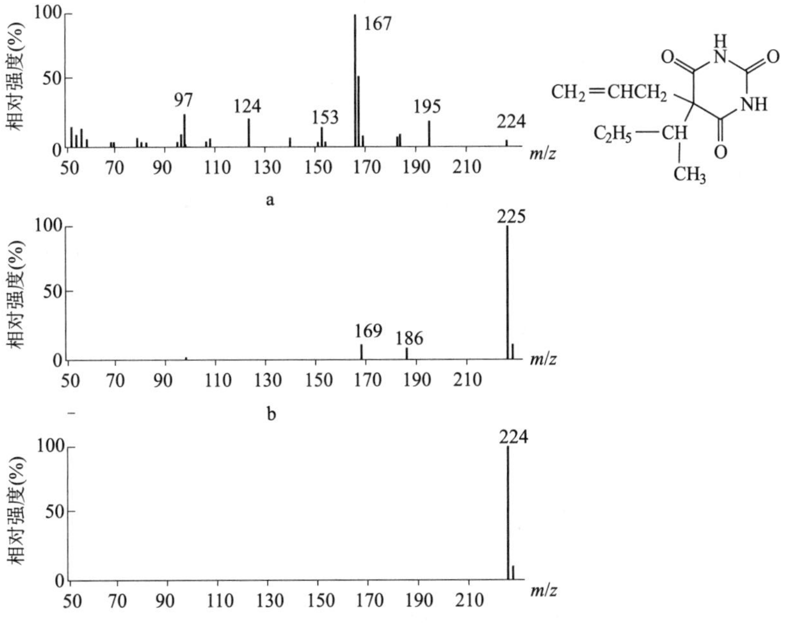

图 15-5　三种离子源质谱图的比较

a，EI；b，CI；c，FAB

（四）大气压电离源

大气压电离源（atmospheric pressure ionization，API）是大气压下的质谱离子化技术的总称，包括电喷雾离子化（electrospray ionization，ESI）、大气压化学离子化（atmospheric pressure chemical ionization，APCI）和大气压光喷雾离子化（atmospheric pressure photo spray ionization，APPI）等技术，ESI 和 APCI 是液相色谱-质谱联用的接口，最为广泛应用的 API 技术是 ESI。ESI 既可以分析小分子，又可以分析大分子。由于电喷雾是一种很“软”的电离技术，通常很少或没有碎片离子，谱图中只有准分子离子。同时，某些化合物易受到溶液中存在的离子的影响，形成加合离子。常见的有 $[M+NH_4]^+$、$[M+Na]^+$ 及 $[M+K]^+$ 等。对于极性大分子，利用电喷雾源常常会生成多电荷离子。

（五）基质辅助激光解吸电离源

基质辅助激光解吸电离源（matrix-assisted laser desorption ionization source，MALDI）是 20 世纪 80—90 年代发展起来的一种新型软电离技术，利用对使用的激光波长范围具有吸收并能提供质子的基质（一般常用小分子液体或结晶化合物），将样品与其混合溶解并形成混合体，在真空下用激光照射该混合体，基体吸收激光能量，并传递给样品，从而使样品解吸电离。烟酸和芥子酸是两种被广泛应用的基质分子，他们的吸收波长和所用的激光波长相吻合。通过引入基质分子，解决了非挥发性和热不稳定性生物大分子解析离子化的问题，可测相对分子质量达 40 万。MALDI 的特点是准分子离子峰强，对杂质的耐受量大。通常将 MALDI 用于飞行时间（TOF）质谱，特别适合分析蛋白质和 DNA。近年来已成为检测和鉴定多肽、蛋白质、多糖、核苷酸、糖蛋白、高聚物的重要手段之一。

三、质量分析器

质量分析器（mass analyzer）的作用是将离子源中产生的离子按质荷比 m/z 的大小顺序分开，然后经检测记录成质谱。质量分析器的主要类型有：磁质量分析器、四极滤质器、飞行时间分析器、离子阱质量分析器和离子回旋共振分析器等。

（一）磁质量分析器

磁质量分析器（magnetic mass analyzer）最常用的分析器类型之一就是扇形磁质量分析器。离子束经加速后飞入磁极间的弯曲区，由于磁场作用，飞行轨道发生弯曲。磁质量分析器分为单聚焦质量分析器（single focusing mass analyzer）和双聚焦质量分析器（double focusing mass analyzer）。

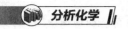

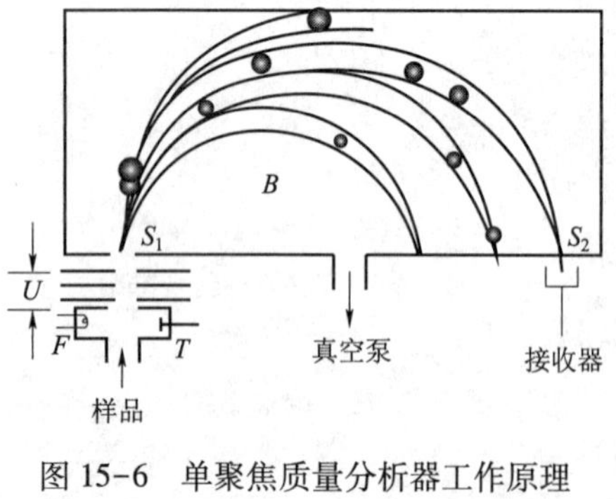

图 15-6　单聚焦质量分析器工作原理

1. 单聚焦质量分析器　仅用一个扇形磁场进行质量分析的质谱仪称为单聚焦质谱仪，常见的单聚焦分析器是采用 180°、90°或 60°的圆弧形离子束通道。图 15-6 为 180°单聚焦质量分析器原理示意图（小球表示带正电离子），离子在离子源中被加速后，飞入磁极的弯曲区，受磁场作用而作匀速圆周运动。由于磁场作用使飞行轨道发生弯曲，此时离子受到磁场施加的向心力作用，且离子的离心力也同时存在，只有在上述两力平衡时，离子才能飞出弯曲区（式 15-1）。离子在磁场中运动轨迹半径由加速电压、磁场、质荷比决定，当加速电压和磁场固定，轨道半径仅与离子 m/z 有关。由一点出发的、具有相同质荷比的离子，以同一速率但不同角度进入磁场偏转后，离子束可重新会聚于一点，即静磁场具有方向聚焦作用。

单聚焦质量分析器的结构简单，操作方便，但分辨率低（一般为 5000 以下），主要用于同位素测定。该仪器对离子只有质量聚焦作用，不能对不同动能（能量）的离子实现聚焦。事实上，离子在加速之前其动能并非绝对为零；同一质荷比的离子，由于初始动能的差别而使其经磁场偏转后不能准确地聚焦于一点，因此仪器的分辨率不是很高。若要求分辨率大于 5000，则需要双聚焦质量分析器。

2. 双聚焦质量分析器　是指在磁场前加上一个扇形电场（静电分析器，ESA），同时实现能量（或速度）和方向的双聚焦（图 15-7）。扇形静电场分析器置于离子源和扇形磁场分析器之间。一束具有能量分布的离子束，经过扇形静电场的偏转后，离子按能量的大小顺次排列。只有动能与曲率半径相应的离子才能通过狭缝，在磁场进行质量色散和聚焦之前，实现能量（或速度）的聚焦（energy focusing）。然后离子由电场进入磁场，质量相同而能量不同的离子经磁场后能够汇聚于一点，实现方向聚焦，从而大大提高了分辨率。

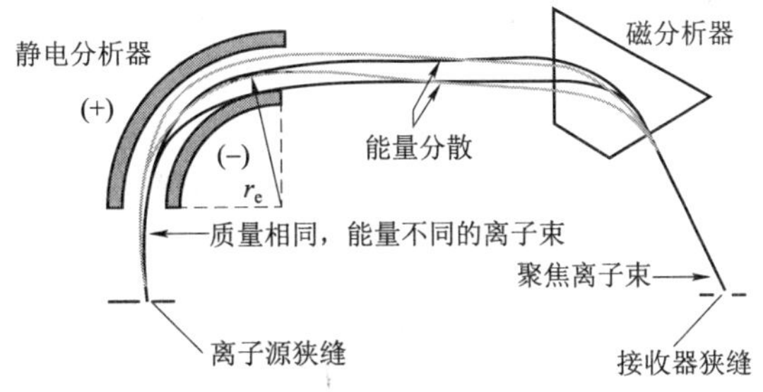

图 15-7 双聚焦质量分析器原理图

双聚焦质量分析器的优点是大大提高了仪器的分辨率，可达 150 000，质量测定准确度可达 0.03 μg；即对于相对分子质量为 600 的化合物可测至误差士 0.0002Da。缺点是仪器昂贵，体积大，调整、操作、维护均较为困难。

（二）四极杆质量分析器（quadrupole mass analyzer）

四极杆质量分析器又称四极滤质分析器，由两对四根高度平行的圆柱形金属电极杆组成，精密地固定在正方形的四个角上，其排布见图 15-8 所示。被加速的离子束穿过对准四根极杆之间空间的准直小孔，其中一对电极加上直流电压 *U*，另一对电极加上射频电压 $V\cos\omega t$（*V* 为射频电压的振幅，*ω* 为射频电压角频率，*t* 为时间）。离子进入此射频场后，会受到电场力作用，只有 *m/z* 合适的离子才会通过稳定的振荡进入检测器，其他质荷比的离子则与电极碰撞湮灭。改变 *U* 和 *V* 并保持 *U/V* 值恒定时，可以实现不同 *m/z* 的检测。

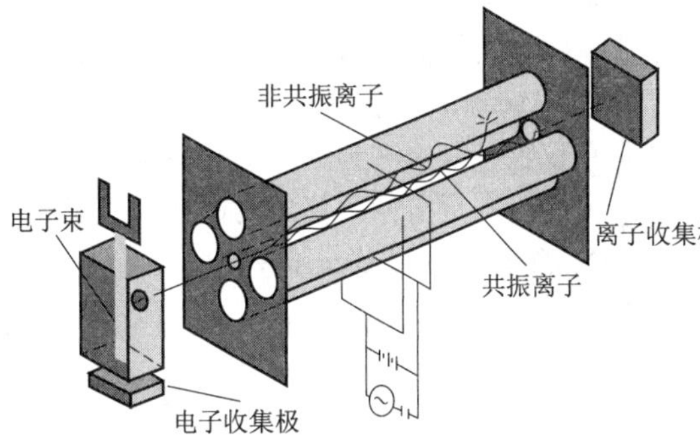

图 15-8 四极杆质量分析器示意图

四级杆质量分析器是一种无磁分析器，体积小，重量轻，操作方便，扫描速度快，分辨率较高（极限分辨率可达 2000），是目前最成熟、应用最广泛的小型质谱分析器之一。在气相色谱-质谱（GC/MS）和液相色谱-质谱（LC/MS）联用仪中，四极杆是最常用的质量分析器之一。四极杆质谱分析器在研究级应用中，常涉及质谱仪器多级串联系统 MS^n，是 MS^n 实验中最常用的质谱仪类型之一。其缺点主要是分辨率低于双聚焦质量分析器，不能提供亚稳离子信息，测定质量范围较窄，一般为 10～1000 原子质量单位（unified atomic mass unit，amu）。

四、离子检测器

离子检测器（ion detector）的功能是接受由质量分析器分离的离子进行离子计数并转换成电压信号放大输出，经计算机采集和处理，得到按不同质荷比 *m/z* 值排列和对应离子丰度的质谱图。质谱仪常用的检测器有法拉第杯（Faraday cup）、电子倍增管及微通道板、闪烁计数器等。

法拉第杯是其中最简单的一种，法拉第杯与质谱仪的其他部分保持一定电位差以便捕获离子，当离子经过一个或多个抑制栅极进入杯中时，将产生电流，经转换成电压后进行放大记录。法拉第杯的优点是简单可靠，配以合适的放大器可以检测 10^{-15} A 的离子流，但法拉第杯只适用于加速电压<1kV 的质谱仪。电子倍增管是现代质谱常用的离子检测器，其增益可达 10^5～10^8。近代质谱仪中常采用隧道电子倍增管，其工作原理与电子倍增管相似，多个隧道电子倍增器可以串列起来，可获得更高的增益及较低的噪

声，提高分析效率。

五、质谱仪的主要性能指标

1. 质量范围（mass range） 表示质谱仪所能够进行分析的样品的相对原子质量（或相对分子质量）范围，通常采用原子质量单位（amu）进行度量。目前，四极滤质器质谱仪的质量测量范围一般为~1000amu，磁质谱仪一般为~10 000amu，飞行时间质谱仪无上限。

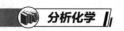

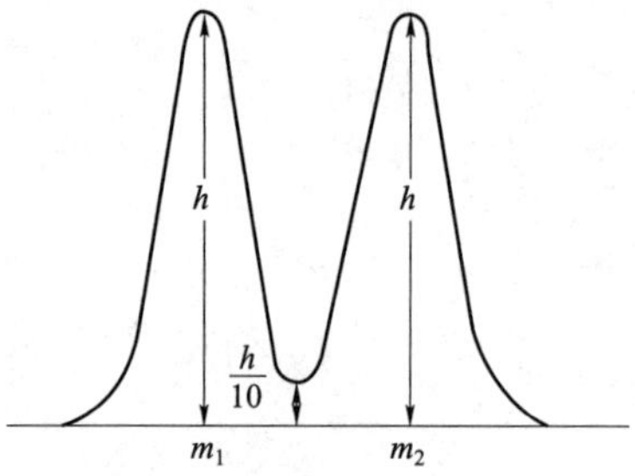

图 15-9 质谱仪 10%峰谷分辨率

2. 分辨率（resolution power；R） 指质谱仪分开相邻质量离子的能力。对两个相等强度的相邻峰，当两峰间的峰谷不大于其峰高 10%时，则认为两峰已经分开（图 15-9），其分辨率 R：

$$R=\frac{m_1}{m_2-m_1}=\frac{m_1}{\Delta m}$$

式中，m_1、m_2为质量数，且 $m_1<m_2$，故在两峰质量数差别越小时，要求仪器分辨率越大。

而在实际工作中，有时很难找到相邻的且峰高相等的两个峰。在这种情况下，可任选一单峰，测其峰高 5%处的峰宽 $W_{0.05}$，即可当作上式中的 Δm，此时分辨率为：

$$R=m/W_{0.05}$$

根据 R 值高低，可将质谱仪分为低分辨质谱仪和高分辨质谱仪。R 小于 1000 的称为低分辨质谱仪，此类仪器的质量分析器一般是磁质量分析器、四极滤质器、离子阱等，仪器价格相对较低，可以满足一般有机分析的需要。若要进行准确的同位素质量及有机分子质量的准确测定，则需要使用 R 大于 1000 的高分辨率质谱仪，这类质谱仪一般采用双聚焦磁式质量分析器。

3. 灵敏度（sensitivity） 质谱仪的灵敏度有绝对灵敏度、相对灵敏度和分析灵敏度等表示方法。绝对灵敏度是指仪器可以检测到的最小样品量；相对灵敏度是指仪器可以同时检测的大组分与小组分含量之比；分析灵敏度则是指输入仪器的样品量与仪器输出的信号之比。

4. 质量准确度（mass accuracy） 又称质量精度，即离子质量实测值 M 与理论值 M_0的相对误差，其定义式如下：

$$质量精度=\frac{|M-M_0|}{m}\times 10^6$$

式中，m 为离子质量的整数。质量准确度一般要求<10ppm。

第三节 质谱裂解类型及其主要离子

PPT

质谱中的大多数离子峰是根据有机化合物自身裂解规律形成的。碎片离子峰的相对强度与分子中键的相对强度、断裂产物的稳定性及原子或基团的空间排列有关，其中断裂产物的稳定性常常是主要因素。因此，了解有机化合物分子的裂解规律和类型，对于研究质谱的信息、推断有机物结构十分重要。

在表示质谱的断裂方式时，通常单电子转移用鱼钩状的半箭号“⇀”表示，双电子转移用完整的箭头“→”表示；具有未配对电子的离子称为奇数电子离子（odd-electron ion，OE），计作“$^{+\cdot}$”，OE 具有自由基，有较高反应活性；无未配对电子的离子则为偶数电子离子（even-electron ion，EE），以“$^{+}$”表示。

判断碎片离子含有偶数还是奇数个电子遵循下列规则：由 C、H、O、N 组成的离子，N 为偶数（零）时，如果离子的质量数为偶数，则必含奇数个电子；如果离子的质量数为奇数，则必含偶数个电子。反之，当 N 为奇数时，若离子的质量数为偶数，则必含偶数个电子；如果离子的质量数为奇数，则必含奇数个电子。形成分子离子时，有机化合物失去电子由难到易顺序为：σ 电子 $>\pi$ 电子 $>n$ 电子，断裂后正电荷一般在杂原子或 π 键上。当电荷位置不明确时，可用" $[\ ]^{+\cdot}$ "或" $[\ ]^{+}$ "表示，当碎片离子结构复杂时，可用" ┼ "或" ┤ "表示。

一、阳离子的裂解类型

质谱裂解规律可分为单纯裂解、重排开裂等类型。

（一）单纯开裂

仅一个化学键发生断裂称单纯开裂。化学键（σ 键）断裂时，电子分配通常有均裂、异裂及半异裂 3 种方式。

1. 均裂（homolytic cleavage）　一个 σ 键断开时，如果成键电子被两碎片各保留一个，称为均裂。

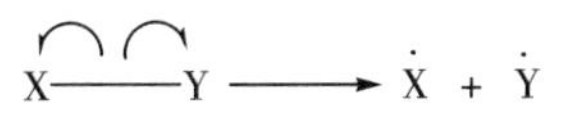

$$X{-\!\!\!-\!\!\!-}Y \longrightarrow \dot{X} + \dot{Y}$$

例如，脂肪酮可发生 σ 键均裂，若 $R_1 > R_2$，则：

$$\begin{array}{c} R_1 \\ \diagdown \\ \quad C{=\!\!=}\overset{+\cdot}{O} \\ \diagup \\ R_2 \end{array} \longrightarrow R_2{-}C{\equiv}\overset{+}{O} + \dot{R_1}$$

（OE$^+$）　　　　　（EE$^+$）

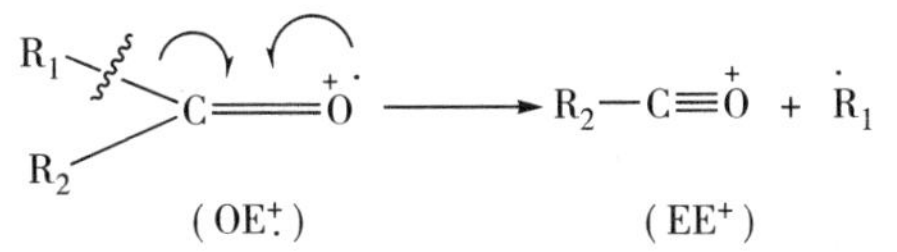

2. 异裂（heterolytic cleavage）　σ 键断开时，若两个成键电子都归属于某一个碎片，称为异裂。

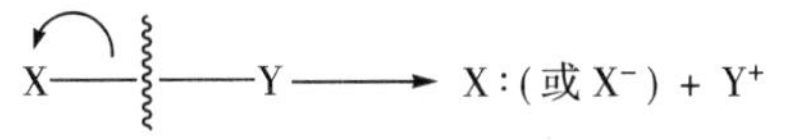

$$X{-\!\!\!-}Y \longrightarrow X:(\text{或 } X^-) + Y^+$$

脂肪酮可发生 σ 键异裂，若 $R_1 > R_2$，则：

$$\begin{array}{c} R_1 \\ \diagdown \\ \quad C{=\!\!=}\overset{+\cdot}{O} \\ \diagup \\ R_2 \end{array} \longrightarrow R_1^+ + R_2{-}\dot{C}{=\!\!=}O$$

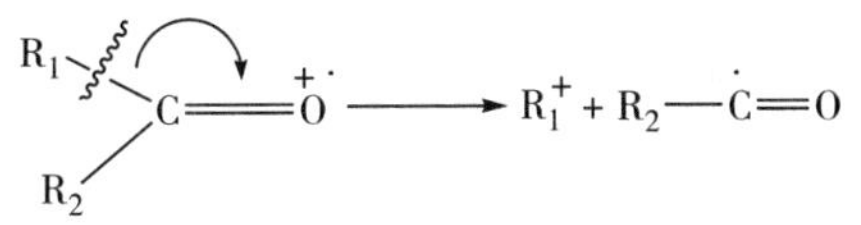

3. 半异裂（hemi-heterolytic cleavage）　已离子化的 σ 键的开裂过程。

$$X + \cdot Y \xrightarrow{\text{半异裂}} X^+ + Y^-$$

烷烃游离基可发生半异裂：

$$\left[\begin{array}{c} CH_3 \\ | \\ H_3C{-}C{-}C_2H_5 \\ | \\ CH_3 \end{array}\right]^{+\cdot} \xrightarrow{\text{半异裂}} \begin{array}{c} CH_3 \\ | \\ H_3C{-}\overset{+}{C} \\ | \\ CH_3 \end{array} + \cdot C_2H_5$$

$$\left[R_1{-}CH_2{-}CH_2{-}R_2\right]^{+\cdot} \xrightarrow{\text{半异裂}} R_2 + \left[R_1{-}CH_2{-}CH_2\right]^{+\cdot}$$

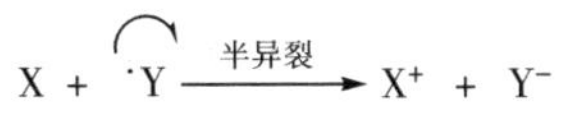

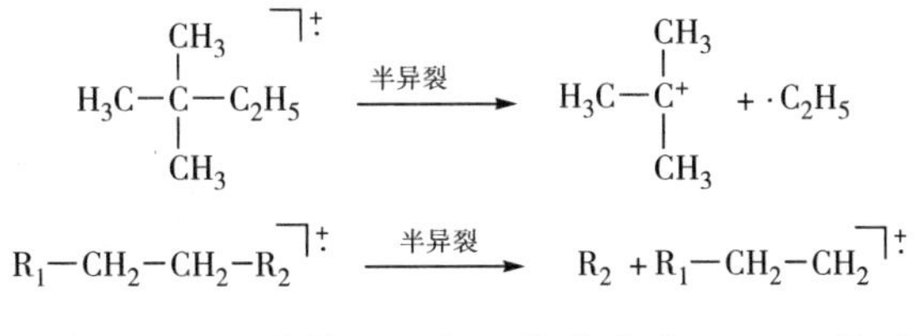

由于化学键的断裂位置不同，烷烃的质谱图上出现化学式为 C_nH_{2n+1} 的系列峰，且支链烷烃的断裂易发生在被取代的碳原子上。

（二）重排开裂（rearrangement cleavage）

质谱中的某些离子不是由单纯开裂产生，而是通过断裂两个或两个以上化学键重新排列形成，这种裂解称为重排开裂，重排开裂得到的离子称为重排离子，质谱图上相应的峰称为重排离子峰。重排离子是分子离子在裂解成碎片时，某些原子或基团重新排列或转移而形成的离子。重排类型很多，最重要的是麦氏（Mclafferty）重排和逆狄-阿（Retro-Diels-Alder）重排。

1. Mclafferty 重排　可发生麦氏重排的化合物是酮、醛、酸、酯、酰胺、羰基衍生物、烯、炔及烷基苯等，是一些含有 C＝O、C＝N、C＝S、C＝C 及苯环的化合物，且与该基团相连的键上具有 γ-H 原

子时，通过六元过渡态，γ-H 转移到杂原子或双键碳原子上，同时发生 β 键的断裂，形成一个中性分子（烯烃）和一个偶质量数的奇电子离子（OE $^{+\cdot}$）。

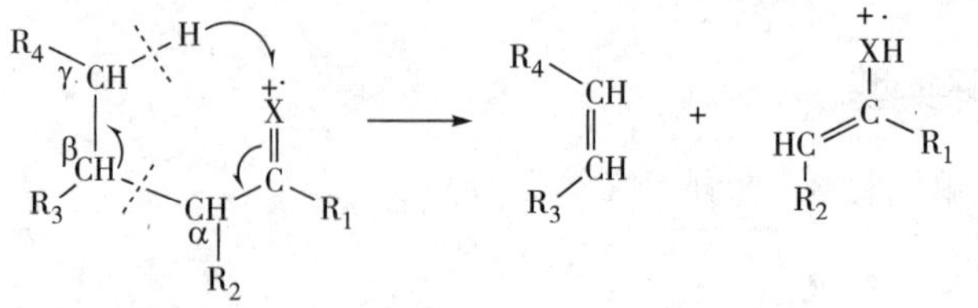

例如，2-己酮的质谱中出现很强的 m/z 58 峰就是麦氏重排所形成的。

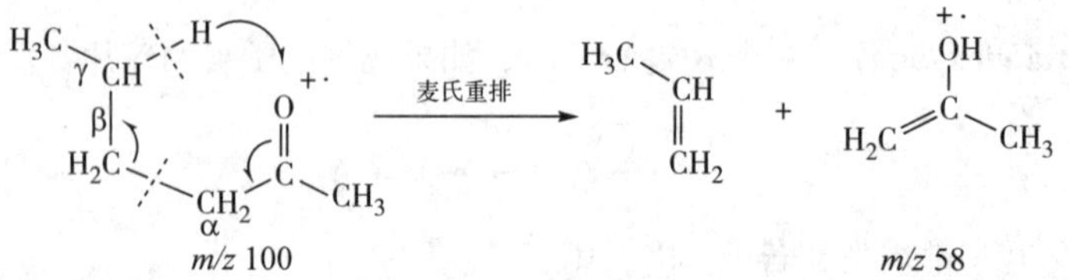

2. Retro-Diels-Alder 重排 不饱和环的开裂遵循 Retro Diels-Alder 反应，简称 RDA。1,3-丁二烯与乙烯化合物环化产生一个六元环烯的化合物的反应，称为 Diels-Alder 反应。在质谱中，环己烯裂解成离子化的共轭双烯化合物（或衍生物）和乙烯分子（或其衍生物），故称为 RDA 重排。途径是由单电子引发，经过两次 α-断裂，即逆狄-阿反应，形成一个中性分子和离子化双烯衍生物。逆狄-阿重排已很好的用于解释具有环己烯结构的各种化合物的裂解过程。正电荷优先保留在较低电离电位的碎片上。例如，1,8-萜二烯通过 RDA 重排，生成乙烯衍生物和丁二烯离子。

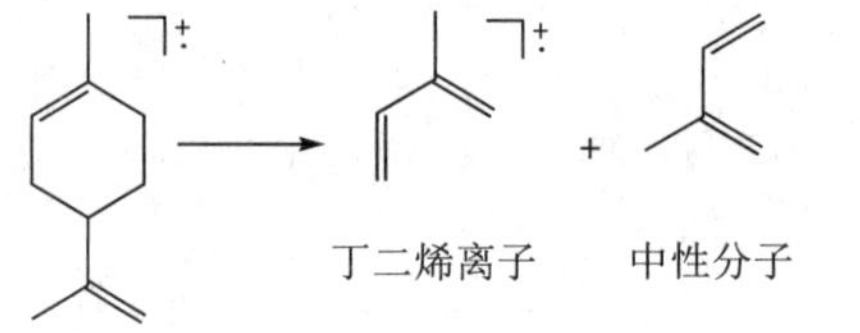

二、质谱中的主要离子类型

分子在离子源中可发生多种电离产生多种离子，在质谱图上可表征出多种离子峰。质谱中主要的离子有分子离子、碎片离子、亚稳离子和同位素离子等。

微课

（一）分子离子

化合物分子在某种离子源中失去一个外层价电子而形成的带正电荷的离子，称为分子离子（molecular ion）。

$$M+e\rightarrow M^{+\cdot}+2e$$

分子离子是分子失去一个电子所得的离子，所以其 m/z 数值等于化合物的相对分子质量，并可由此推断化合物分子式，是有机化合物的重要质谱数据。

（二）碎片离子

分子离子产生后可能具有较高的能量，将会通过进一步碎裂或重排而释放能量，碎裂后产生的离子为碎片离子（fragment ion），形成的峰称为碎片离子峰。一般强度最大的质谱峰对应于最稳定的碎片离子。断裂产生的碎片离子与分子结构密切相关，通过对各种碎片离子峰的分析，有可能获得整个分子结构的信息。因为碎片离子可能进一步断裂或重排，要准确的定性分析最好与标准图谱进行比较。

同一分子离子因断键位置不同可产生不同质荷比的碎片离子，其相对强度与键断裂的难易程度及化合物的结构有关。质谱中常见的中性碎片离子见附录八。

（三）亚稳离子

质量为 m_1 的离子（m_1^+，母离子）离开离子源进入质量分析器之前，由于碰撞等原因，在飞行过程中进一步裂解失去中性碎片而形成低质量的离子，一部分能量被中性碎片带走，此时的离子比在离子源中形成的 m_2^+（子离子）能量小，且很不稳定，这种离子称为亚稳离子（metastable ion），用 m^* 表示。

$$m_1^+\text{（前体离子）}\xrightarrow{\text{在离子源中裂解}}m_2^+\text{（产物离子）}+\text{中性碎片}$$

$$m_1^+\text{（前体离子）}\xrightarrow{\text{在飞行途中裂解}}m^*\text{（亚稳离子）}+\text{中性碎片}$$

m^* 表观质量与 m_1^+、m_2^+ 存在如下关系，表明三种离子之间存在某种“亲缘关系”，可以“由母找子”或“由子找母”。

$$m^*=\frac{(m_2^+)^2}{m_1^+}$$

亚稳离子具有离子峰宽大（约2~5个质量单位）、相对强度低、m/z 不为整数等特点，很容易从质谱图中观察。图 15-10 为对甲氧基苯胺质谱示意图，m/z 123 为分子离子峰，94.8 和 59.2 处为 2 个亚稳离子峰。通过对亚稳离子峰的观测及简单计算，如 $108^2/123=94.8$，$80^2/108=59.2$，可以判断 108、80 分别为对甲氧基苯胺丢失一个甲基、羰基后的碎片离子峰。即通过亚稳离子峰可以获得有关裂解信息，找到相关母离子的质量与子离子的质量，从而确定裂解途径。

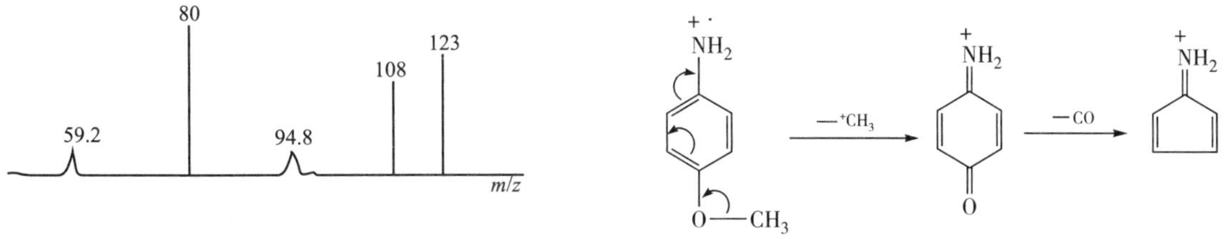

图 15-10　对甲氧基苯胺部分质谱及裂解过程

知识链接

同位素及同位素丰度

质子数相同而中子数（或质量数）不同的同一元素的不同核素（原子）互称为同位素（isotope）。例如：氢有三种同位素，^{1}H 氕（氢，H）、^{2}H 氘（重氢，D）、^{3}H 氚（超重氢，T）；碳有多种同位素，^{12}C、^{13}C 和 ^{14}C（有放射性）等。同位素在元素周期表上占有同一位置，化学性质几乎相同，但原子质量或质量数不同，从而其质谱性质、放射性转变和物理性质（例如在气态下的扩散本领）有所差异。自然界中许多同位素有重要的用途，例如：^{12}C 是作为确定原子量标准的原子；^{2}H、^{3}H 是制造氢弹的材料；^{235}U 是制造原子弹和核反应堆的原料。一般来说，质子数为偶数的元素有较多的稳定同位素，通常不少于 3 个；而质子数为奇数的元素，一般只有一个稳定核素。

自然界中存在的某一元素的各种同位素的相对含量（以原子百分计）称为同位素丰度（isotopic abundance）。同位素丰度有相对丰度和绝对丰度之分。绝对丰度指某一种同位素在所有稳定同位素总量中的相对比值，相对丰度指同一元素各同位素的相对含量。

（四）同位素离子（isotopic ion）

有些元素具有一定自然丰度的同位素，所以在质谱图上会出现一些 M+1，M+2 的峰，由这些同位素形成的离子峰称为同位素离子峰。一些常见的元素同位素相对丰度如表 15-3 所示。通常各元素的最轻同位素天然丰度最大，相对丰度是指相对于最大丰度同位素为 100 的其他同位素的丰度。

微课

表 15-3 常见的元素同位素相对丰度

元素	质量数	相对丰度（%）	峰类型	元素	质量数	相对丰度（%）	峰类型
H	1	100.00	M	Li	6	8.11	M
	2	0.015	M+1		7	100.00	M+1
C	12	100.00	M	B	10	25.00	M
	13	1.08	M+1		11	100.0	M+1
N	14	100.00	M	Mg	24	100.00	M
	15	0.36	M+1		25	12.66	M+1
O	16	100.00	M		26	13.94	M+2
	17	0.04	M+1	K	39	100.00	M
	18	0.20	M+2		41	7.22	M+2
S	32	100.00	M	Ca	40	100.00	M
	33	0.80	M+1		44	2.15	M+4
	34	4.40	M+2	Fe	54	6.32	M
Cl	35	100.00	M		56	100.00	M+2
	37	32.5	M+2		57	2.29	M+3
Br	79	100.00	M	Ag	107	100.00	M
	81	98.0	M+2		109	92.94	M+2

在一般有机分子鉴定时，可以通过同位素离子峰来确定其元素组成，分子离子的同位素离子峰相对强度之比符合一定的统计规律。由于有机物中含碳的原子数较多，故质谱中碳的同位素峰较常见；^{2}H 及 ^{17}O 的丰度比太小，可忽略不计；^{34}S、^{37}Cl 和 ^{81}Br 的丰度比大，因此含有 S、Cl 和 Br 的分子离子或碎片离子其 M+2 峰强度大，可根据 M 和 M+2 两个峰强度比推断分子中是否含有 S、Cl 和 Br 原子及其原子数目。对于含 S 的有机化合物，质谱图上同位素离子峰 $[M+2]^+$、$[M]^+$ 相对强度之比约为 $0.044n$（n 为分子中 S 的个数）。含氯和溴的有机化合物一般有较强的 $[M+2]^+$、$[M+4]^+$、$[M+6]^+$ 等离子峰。单独含有氯和溴的有机化合物，同位素的峰强比可以按二项展开式 $(a+b)^n$ 计算，式中 a 和 b 各为轻和重同位素的相对丰度比，n 为分子中该元素原子的数目。对于氯，则 a=3，b=1；对于溴，则 a=b=1。

例 15-1 $CHCl_3$，计算各同位素离子峰强度比。

$$^{35}Cl : {}^{37}Cl = 100 : 32.5 \approx 3 : 1$$

即：a=3，b=1，n=3

$$(a+b)^3 = a^3 + 3a^2b + 3ab^2 + b^3$$
$$= 27 + 27 + 9 + 1$$
$$M : M+2 : M+4 : M+6$$
$$m/z \quad 118 : 120 : 122 : 124$$

可知 M^+、$[M+2]^+$、$[M+4]^+$、$[M+6]^+$ 等离子峰的强度比近似等于 27∶27∶9∶1。

PPT

第四节 质谱分析法

一、分子式的测定

质谱是物质鉴定的最有力工具之一，其中包括相对分子质量测定、化学式确定及结构鉴定等。质谱解析过程中，确认了化合物的分子离子峰即可确定其相对分子质量，根据分子离子和相邻碎片离子的关系，可判断化合物类型及可能含有的基团，并可由此推断化合物的分子式，因此分子离子峰的确认十分重要。

（一）分子离子峰的确认

理论上，质谱图上最右侧出现的峰为分子离子峰。同位素峰虽比分子离子峰的质荷比大，但由于同位素峰与分子离子峰峰强比有一定关系，因而不难辨认。但有些化合物的分子离子极不稳定，在质谱上将无分子离子峰，在这种情况下，质谱上最右侧的质谱峰不是分子离子峰。因此，在识别分子离子峰时，需掌握下述几点。

1. 分子离子峰的质量（m/z）必须符合氮律 只含 C、H、O 的有机化合物，分子离子峰的 m/z 是偶数。由 C、H、O、N 组成的化合物，含奇数个氮，分子离子峰的 m/z 是奇数；含偶数个氮，分子离子峰的 m/z 是偶数。这一规律称为氮数规律，简称氮律。

2. 分子离子稳定性的一般规律 具有 π 键的芳香族化合物和共轭链烯，分子离子很稳定，分子离子峰强；脂环化合物的分子离子峰也较强；含羟基或具有多分支的脂肪族化合物的分子离子不稳定，分子离子峰小或有时不出现。分子离子峰的稳定性有如下顺序：芳香族化合物>共轭链烯>脂环化合物>羰基化合物>直链烷烃>醚>酯>胺>酸>分支烷烃>醇。当分子离子峰为基峰时，该化合物一般都是芳香族化合物。

3. 所假定的分子离子峰与相邻碎片离子的质量差应合理 如果在比该峰小 4~14 个质量数间出现峰，则该峰不是分子离子峰。因为一个分子不可能连续失去四个 H 或不够一个 CH_3的碎片。同理，出现下列质量差也是不合理的：21~25、37~38、50~53。质谱中常见的中性碎片和碎片离子见附录八。

4. 分子离子峰的强弱与实验条件有关 改变质谱仪的操作条件，可提高分子离子峰的相对强度。如降低 EI 源的电压，分子离子峰的强度会增强，碎片离子峰的强度相应减小。使用 CI、FAB 等电离技术，一般会得到较强的分子离子峰。

5. 考虑准分子离子峰 M+1 和 M−1 峰 醚、酯、胺、酰胺、腈化合物、氨基酸酯、胺醇等可能有较强的 M+1 峰；芳醛、某些醇或某些含氮化合物可能有较强的 M−1 峰。有些化合物的质谱图上质荷比最大的峰并不是分子离子峰。例：正庚腈的分子量为 111，而它的质谱上只能看到 m/z 110 的质谱峰（M−1），而无分子离子峰。这是因为分子离子不稳定，而 M−H 离子［$CH_3(CH_2)_4CH{=}C{-}^{+}N$］比较稳定的缘故；且 M−1 峰不符合氮律，容易区别。腈类化合物易出现这种情况，但有时也有分子离子峰，强度小于 M−1峰。

（二）相对分子量的测定

质谱图中一般分子离子峰的质荷比在数值上就等于该化合物的相对分子质量。因此，对于有一定挥发性、能得到其质谱图的化合物，用质谱法测定其相对分子质量是最简便、最精确的方法。分子离子峰的质荷比与分子量严格说具有不同的概念并存在微小的差别。这是因为质荷比是由丰度最大同位素的质量计算而得；分子量是由分子中各元素原子量计算而得，而原子量是同位素质量的加权平均值。

（三）分子式的确定

质谱法推导分子式有两种方法，一种是由同位素离子峰确定分子式，另一种是利用高分辨质谱精确测定分子质量，再确定分子式。

1. 由同位素离子峰确定分子式 拜诺（Beynon）根据同位素峰强比与离子元素组成之间的关系，编制了相对分子质量在 500 以下，只含 C、H、O、N 四种元素的化合物同位素离子峰［$M+2]^+$、［$M+1]^+$与分子离子峰的相对强度（以 M^{+}峰的强度为 100）数据表，称为 Beynon 表。只要质谱图中［$M+2]^+$、［$M+1]^+$峰能准确测量其相对强度，由 Beynon 表便可确定分子式。表 15−4 是 Beynon 表中 M＝126 的部分。

表 15-4 Beynon 表中 M=126 部分

分子式	M+1	M+2	分子式	M+1	M+2
$C_4H_4N_3O_2$	5.61	0.53	$C_5H_8NO_2$	7.01	0.62
$C_5H_6N_2O_2$	5.34	0.57	$C_7H_{10}O_2$	7.80	0.66
$C_5H_8N_3O$	6.72	0.85	$C_8H_2N_2$	9.44	0.44
$C_5H_{10}N_4$	7.09	0.22	$C_8H_{14}O$	8.91	0.56
$C_6H_6O_3$	6.70	0.79	$C_{10}H_6$	10.90	0.64

如M^{+}的 m/z=126，且 $[M+1]^+$、$[M+2]^+$峰相对强度分别为6.71%和0.81%，查Beynon表可知，可能分子式为$C_5H_8N_3O$和$C_6H_6O_3$，但$C_5H_8N_3O$不符合“氮律”，所以分子式应为$C_6H_6O_3$。得到的分子式还应由质谱的碎片离子峰或红外光谱、核磁共振谱等进一步确定。

2. 高分辨质谱精确测定分子质量 由高分辨的质谱能精确测得化合物的精确质量（质荷比），将其输入计算机的相应数据处理系统（数据库系统）即可得到该分子的元素组成，从而确定分子式，即数据对照与分子的检索由计算机完成。该法准确、简便，是目前有机质谱中应用最多的方法。

例如，用高分辨质谱仪测得某有机物的精密质量为166.06299，查精密质量表或将上述信息输入计算机，质量接受166.06299的有三个，其中$C_7H_8N_3O_2$不服从氮律，$C_8H_{10}N_2O_2$的质量与未知物相差超过0.005%，应否定。因此，分子式可能是$C_9H_{10}O_3$（166.062994）。

二、有机化合物的结构鉴定

案例解析

混合双手性药物的分离检测

【案例】 盐酸异丙肾上腺素和盐酸氯丙那林均属于手性药物，且 *R*（-）-异构体的作用强于 *S*（+）-异构体，临床上均以外消旋体供药。由于生物体内的手性环境（如受体、酶、抗体等）与药物对映体的生物活性密切相关，外消旋体供药可能会降低其药效甚至产生毒副作用。由于这两种药物具有相同的功效，在临床用药过程中，常常同时或者交换服用，因此分离检测这两种手性药物在生物体内的残留量和各自的代谢产物对及时调整患者的用药种类及药量极其重要。

【问题】 如何利用质谱法进行检测呢?

【解析】 采用毛细管电色谱-电喷雾-飞行时间/质谱（CEC-ESI-TOF/MS）联用分离分析法。CEC分离条件略，ESI-TOF/MS检测条件：离子源为dual ESI，在 m/z 20~300范围内作正离子全扫描，毛细管电压4.0kV，雾化气压力35psi，干燥气为N_2（纯度99.999%），温度325℃，流速8L/min；鞘液为50% CH_3OH（含5mmol/L NH_4Ac），流速为0.4ml/min。在优化的分离检测条件下，两种混合手性药物的4个组分在18.5min内实现基线分离。

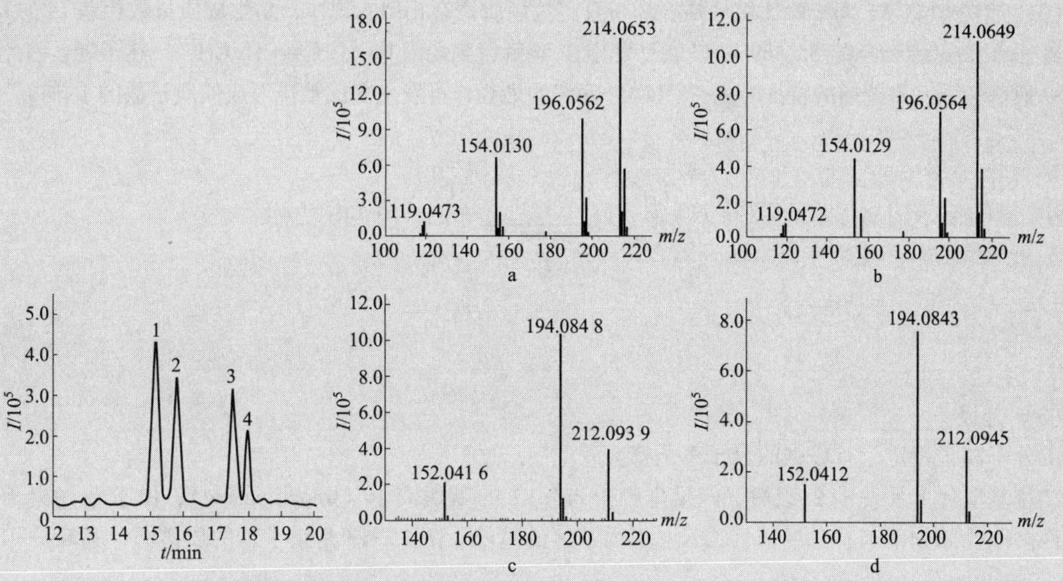

图 15-11　盐酸氯丙那林和盐酸异丙肾上腺素混合物的总离子流图（左）和 4 个组分的质谱图

（a，b：盐酸氯丙那林对映体；c，d：盐酸异丙肾上腺素对映体）

图中 a 为保留时间 15. 151min 组分的质谱图，其中 m/z 214. 0653 的离子峰对应于盐酸氯丙那林的［M−HCl+H］$^+$峰，其失去质量数为 18（H_2O）和 60（［NH_3+CH（CH_3）$_2$］）的碎片后分别产生 m/z196. 0562 和 154. 0130 的质谱峰；图 b 为保留时间 15. 819min 组分的质谱图，其中 m/z 214. 0649 的离子峰同样对应于盐酸氯丙那林的［M−HCl+H］$^+$峰，其失去质量数为 l8（H_2O）和 60（［NH_3+CH（CH_3）$_2$］）的碎片分别产生 m/z196. 0564 和 154. 0129 的质谱峰，因此可以判断左图中的峰 1、2 为盐酸氯丙那林的对映体峰。图 c 为保留时间 17. 504min 组分的质谱图，图 d 为保留时间 17. 954min 组分的质谱图，其中 m/z 212 的离子峰对应于盐酸异丙肾上腺素的［M−HCl+H］$^+$峰，失去质量数 18 和 60 的碎片分别产生 m/z194 和 152 的质谱峰，因此可以判断总离子流图中的 3、4 峰为盐酸异丙肾上腺素的对映体峰。

在一定的实验条件下，各种分子都有自己特征的裂解模式和途径，产生各具特征的离子峰，包括其分子离子峰、同位素离子峰及各种碎片离子峰。根据这些峰的质量及强度信息，可以推断化合物的结构。

（一）有机化合物的典型质谱

1. 烃类

（1）烷烃　①分子离子峰较弱，且随碳链增长而降低。②直链烃具有一系列 m/z 相差 14 的 C_nH_{2n+1} 碎片离子峰（m/z=29、43、57、71、…），强度逐渐减弱。$C_3H_7^+$（m/z 43）或 $C_4H_9^+$（m/z 57）离子的峰强度较大。③在 C_nH_{2n+1} 峰的左侧，伴随着质量数小一个单位的 C_nH_{2n} 等小峰，组成各峰群，这一系列弱峰是由 H 转移重排而成的。④支链烷烃的裂解首先出现在分支处，正电荷在支链多的一侧，以丢失最大烃基为最稳定。分子离子峰比相同碳数的直链烷烃弱，其他特征与直链烷烃类似。图 15-12 为 3-

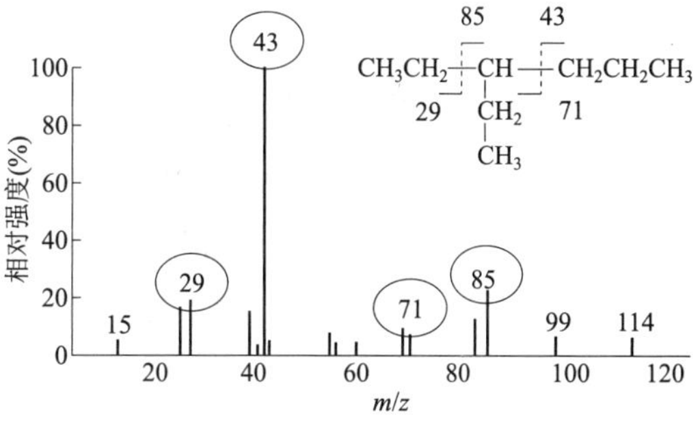

图 15-12　3-乙基己烷质谱图

乙基己烷质谱图。

（2）烯烃 ①分子离子峰比烷烃强。②与直链烷烃质谱有相似的规律，易生成质量数相差 14 的 C_nH_{2n-1} 碎片离子峰（*m/z* 27、41、55、69…）。③易发生β-裂解得到烯丙基（$CH_2{=}CH{-}CH_2^+$）离子峰，因此，*m/z* 41 峰一般都较强，是链烯的特征峰之一。④含 γ-H 的烯烃，可发生麦氏重排形成偶质量数的重排峰。

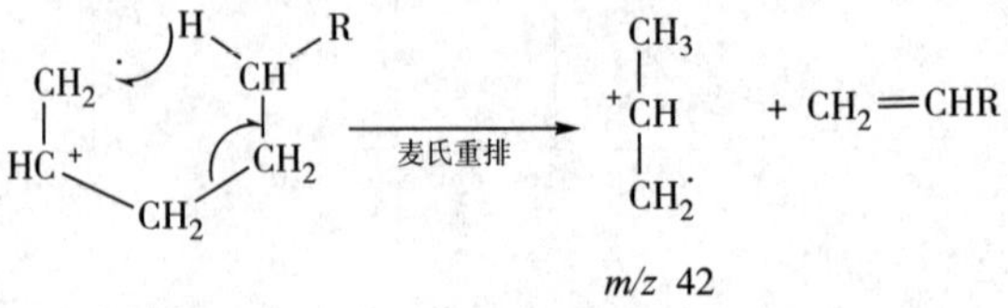

（3）芳烃

①分子离子稳定，有较强的分子离子峰。

②烷基取代苯易发生β-裂解，经重排产生 *m/z* 91 的䓬鎓离子（tropylium ion）；由于䓬鎓离子稳定，成为许多取代苯如甲苯、二甲苯、乙苯、正丙苯等的基峰。图 15-13 是正丁苯的质谱图，基峰是 91。

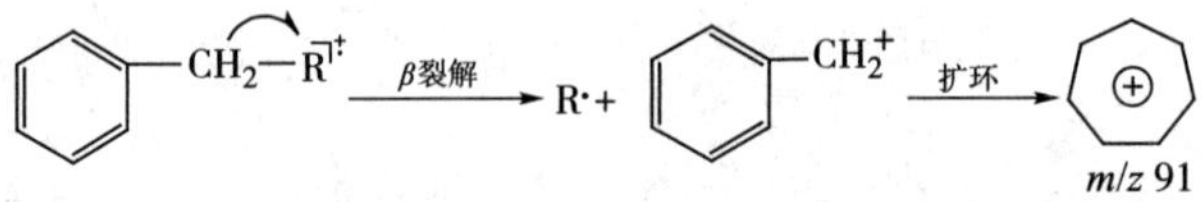

③ 䓬鎓离子可进一步裂解失去乙炔，生成 *m/z* 65 的环戊二烯正离子及 *m/z* 39 的环丙烯离子。

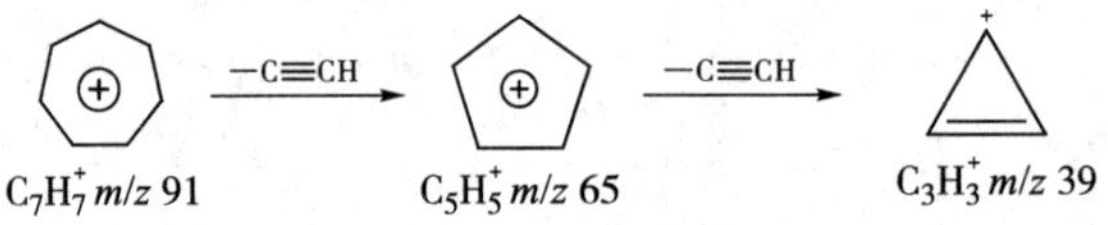

④取代苯能发生 α-裂解产生 *m/z* 77 的苯基离子（$C_6H_5^+$）峰，进一步裂解生成环丙烯离子及 *m/z* 51 的环丁二烯离子。

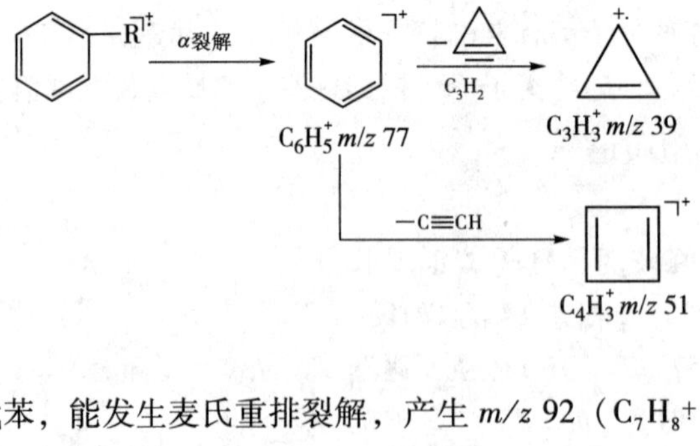

⑤具有 γ-H 的烷基取代苯，能发生麦氏重排裂解，产生 *m/z* 92（$C_7H_8^+$）的重排离子。

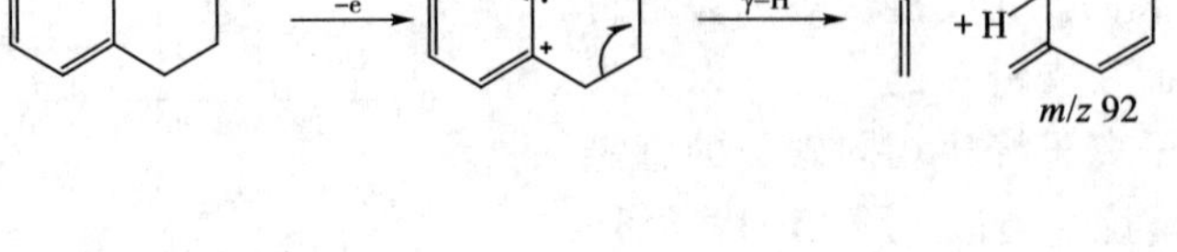

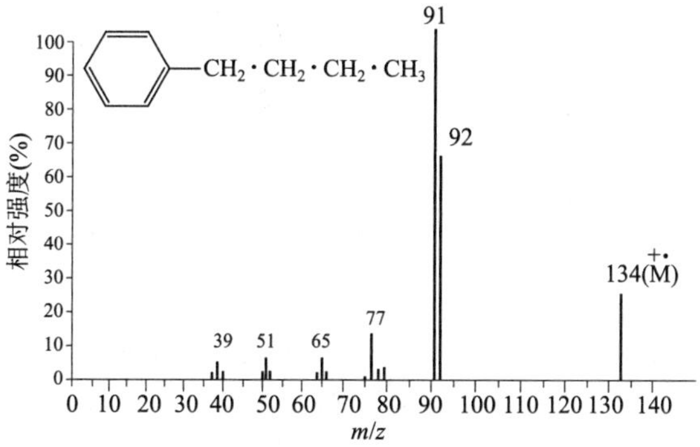

图 15-13　正丁苯的质谱图

综上所述，烷基取代苯的特征离子为䓬鎓离子 $C_7H_7^+$（m/z 91）、$C_6H_5^+$（m/z 77）、$C_5H_5^+$（m/z 65）、$C_4H_3^+$（m/z 51）及 $C_3H_3^+$（m/z 39）等离子（图 15-13）。

2. 饱和脂肪醇　①分子离子峰很弱，因为容易失去一个 H_2O，往往观察不到。②易发生脱水重排反应，产生 M-18 离子。③易发生 α-断裂，生成一组氧鎓离子。④直链伯醇会出现含羟基离子（m/z 31、45、59…）、烷基离子及烯烃离子（m/z 27、41、55…），因此质谱峰较多，如图 15-14 正戊醇质谱图所示。

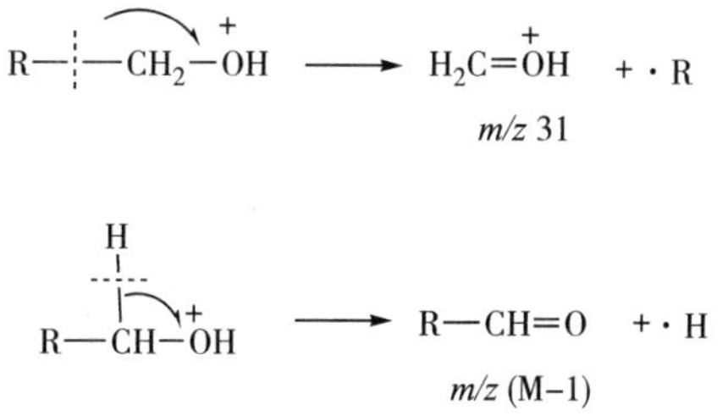

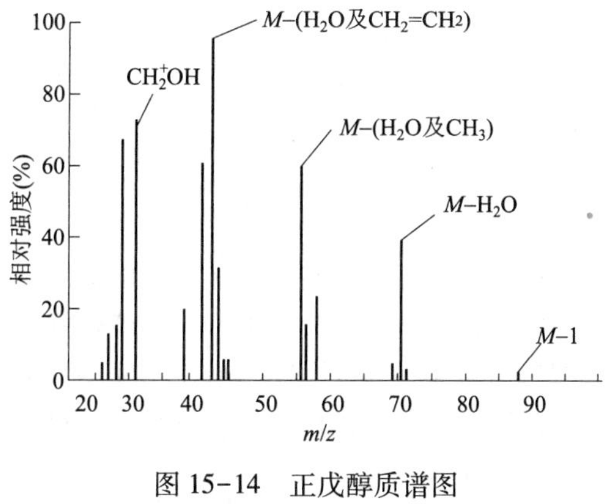

图 15-14　正戊醇质谱图

醇类特征离子是分子离子和 M-18 离子。在质谱解析时（M-18）峰常被误认为是分子离子，且脱水后质谱图常常类似于相应的烯烃，而得出错误结论，应引起注意。

环醇亦可脱水形成（M-18）峰，脱氢产生（M-1）峰。

3. 醛和酮

（1）醛　①分子离子峰明显，芳醛比脂肪醛分子离子峰更稳定。②易发生 α-断裂产生醛 R^+（芳醛 Ar^+）、m/z 29（CHO^+）及 M-1 的准分子离子峰。M-1 是醛类的特征峰。

$$
\text{(Ar)R—C—H} \begin{cases} \xrightarrow{\text{均裂}} \text{(Ar)R—C}\!\equiv\!\overset{+}{O} + \dot{H} \\ \qquad\qquad\qquad\quad \text{M-1} \\ \xrightarrow{\text{均裂}} \text{H—C}\!\equiv\!\overset{+}{O} + R\cdot\text{(Ar)} \\ \qquad\qquad\quad m/z\ 29 \\ \xrightarrow{\text{异裂}} \text{(Ar}^{+})\ R^{+} + HC\!\equiv\!\dot{O}\ (\text{或}HC\!=\!O) \\ \qquad\qquad\qquad\qquad\quad (M-29) \end{cases}
$$

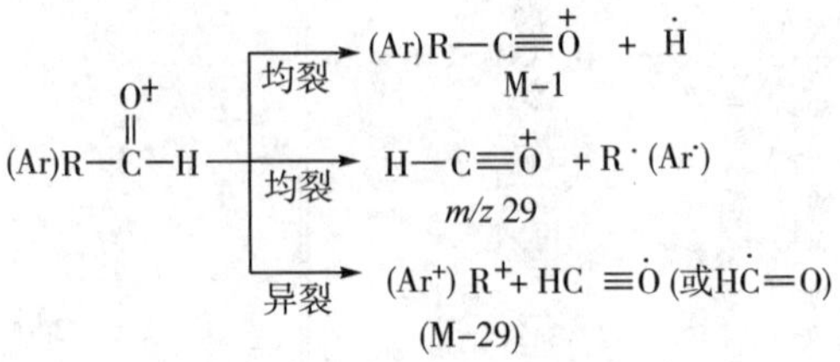

③具有 γ-H 的醛，能发生麦氏重排，随 α-取代基不同可得到 m/z 44、58、72…（44+14n）的重排离子峰，一般是基峰，表明高级脂肪醛的麦氏重排裂解很重要。可根据麦氏重排后的碎片峰判断碳上的支链大小。

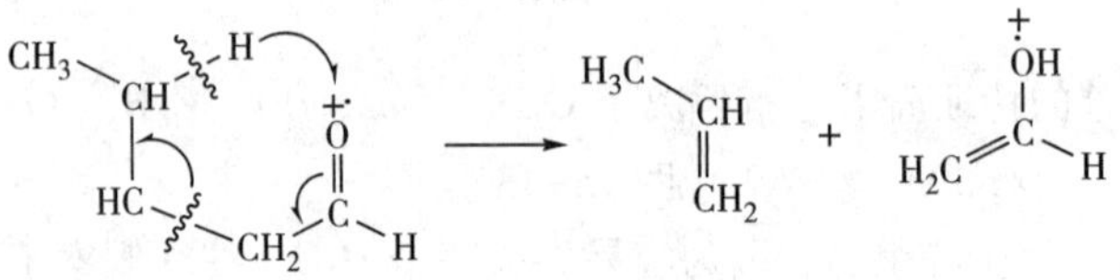

④长链脂肪醛还可发生 β-裂解，生成无氧碎片离子峰 m/z 29、43、57…（29+14n）。此外，醛还可以通过某些重排反应产生较为异常的 M-18（脱水）峰，M-44（失 $CH_2\!=\!CHOH$）峰等（图 15-15）。

$$
\text{R}\!-\!\!\overset{}{\underset{}{\Big\}}\!\!-\!CH_2\!-\!\overset{+}{C}HO \xrightarrow{\text{异裂}} R^{+} + CH_2\!=\!CH\!-\!\dot{O}
$$
$$
\qquad\qquad\qquad\qquad\qquad\qquad m/z\ 43
$$

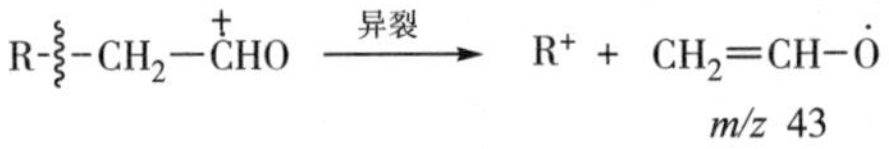

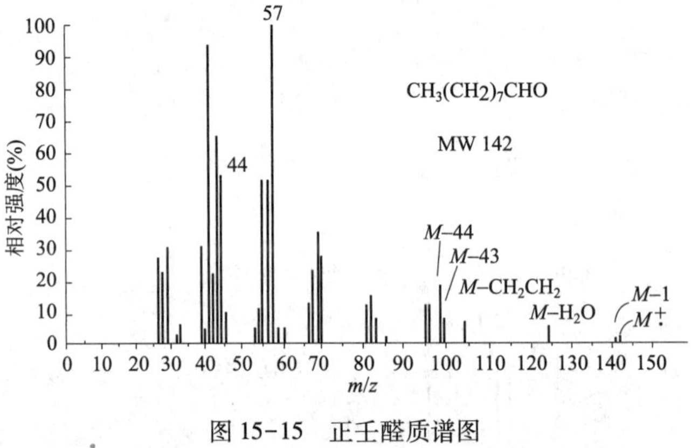

图 15-15　正壬醛质谱图

（2）酮　①其裂解与醛相似，主要是 α-裂解产生 $RC\!\equiv\!O^{+}$，$R'C\!\equiv\!O^{+}$，R^{+} 和 R'^{+} 等离子。据大基团先离去的规律，若 R'>R，则 $RC\!\equiv\!O^{+}$ 的峰强度要远远大于 $R'C\!\equiv\!O^{+}$ 峰的强度；②酮类有明显的分子离子峰 m/z 58（C_3）、72（C_4）、86（C_5）…及 α 断裂后形成的 m/z 43+14n 峰都是重要的峰。α 断裂后较大的酰基还可丢失中性分子 CO 得到烷基正离子；③含 γ-H 的酮可发生麦氏重排，当酮的另一个烷基也有 γ-H 时，可发生第二次麦氏重排。

$$
\begin{matrix} R \\ \ \ \ \diagdown \\ \ \ \ \ \ C\!=\!\overset{\underline{+}}{O} \\ \ \ \ \diagup \\ R' \\ (Ar) \end{matrix} \begin{cases} \xrightarrow{\text{均裂}} R—C\!\equiv\!O^{+} + R'\cdot\ (R'>R) \\ \\ \xrightarrow{\text{异裂}} R—C\!\equiv\!\dot{O} + R'^{+} \end{cases}
$$

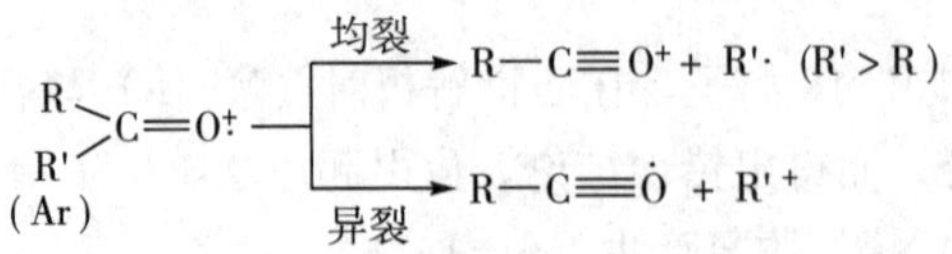

4. 羧酸和酯类

（1）一元饱和脂肪酸及其酯的分子离子峰一般较弱，芳酸及其酯有较强的分子离子峰，其主要峰由失去 OH（M-17）和失去 COOH（M-45）形成。若邻位基团中带氢，失去水（M-18）的峰为主要峰。

（2）易发生 α 断裂产生 $^{+}O\!\equiv\!C\!-\!OR_1$、$OR_1$、$R\!-\!C\!\equiv\!O^{+}$ 及 R_1^{+} 离子

（3）具有 γ-H 的酸和酯，能发生麦氏重排，m/z 60 或 74 的峰是直链一元羧酸及其甲酯的特征峰，

有时是基峰。

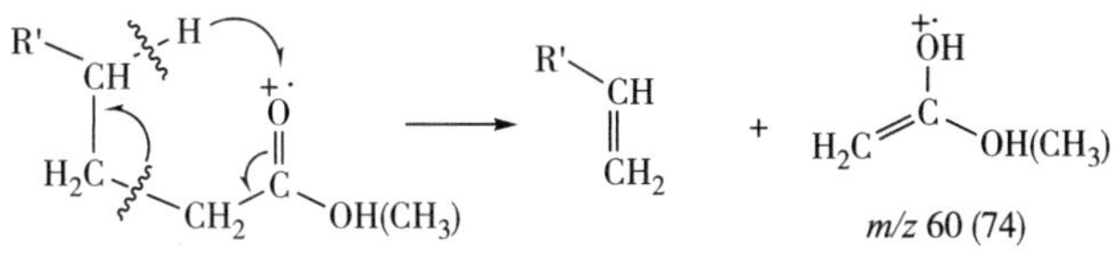

5. 含氮化合物

（1）脂肪胺　①脂肪胺的分子离子峰较弱，有的甚至不出现；②α-裂解是胺类最重要的裂解方式，优先丢失最大烃基，最终获得 *m/z* 30+14n 的离子。③伯酰胺在 R-CONH$_2$键处断裂（O ═C ═N$^+$H$_2$），在 *m/z* 30 处出现强峰，有一系列强度减弱的峰（*m/z* 30，44，58…）。

（2）芳胺　①芳胺的分子离子峰很强，苯胺失去 1 个氨基上的氢原子得到中等强度的（M-1）峰。②伯胺易失去 HCN（M-27）和 H$_2$CN（M-28），苯胺可产生明显的 *m/z* 66 和 65 的环戊二烯离子峰。

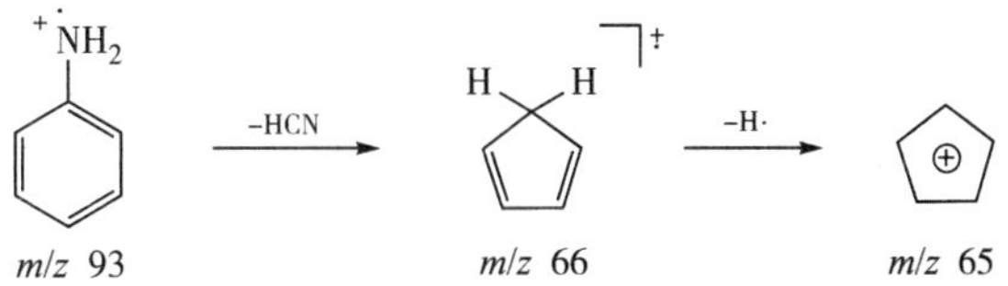

③有烃基侧链的苯胺发生苄基断裂生成 *m/z* 106 的氨基草鎓离子。和脂肪族仲胺类似，芳仲胺亦可进行 α-裂解。

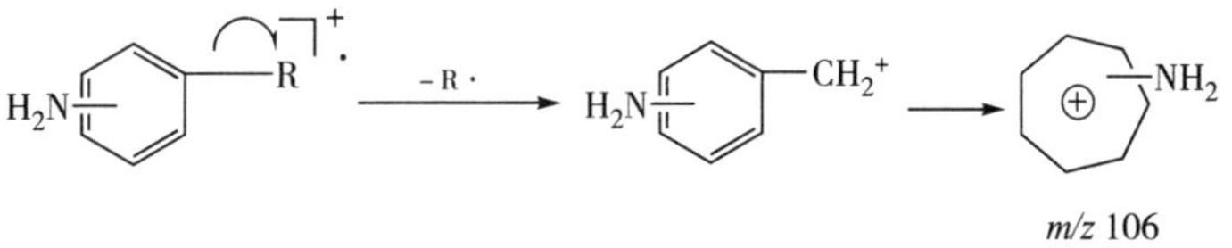

（3）酰胺类　①酰胺的分子离子峰较弱。②具有羰基化合物的开裂特点，易发生 α-裂解而产生 O ═C ═$^+$NHR、$^+$O ═C ═NHR、$^+$NHR 及 R-C≡O$^+$离子。③当有 γ-H 存在时，易发生麦氏重排。

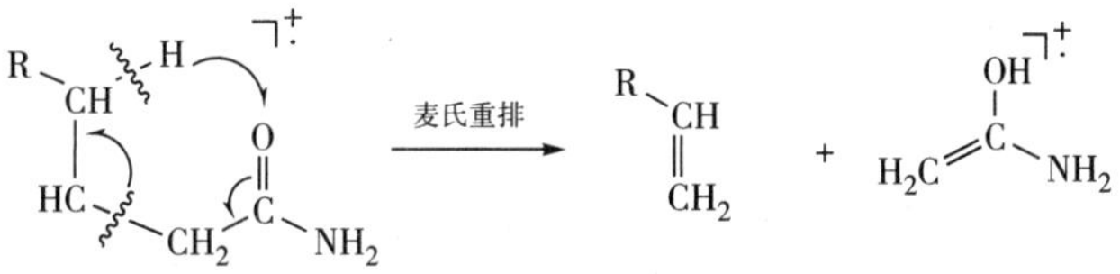

（二）有机化合物的质谱解析

质谱主要用于定性及测定分子结构，从质谱可以获得相对分子质量、分子式、组成分子的结构单元及连接次序等信息。由于质谱的复杂性、重复性不如 NMR 及 IR 等光谱，以及人们对于质谱规律的掌握还有不足，因而在四大光谱中，质谱主要用于测定分子量、分子式和作为光谱解析结论的佐证。质谱解析一般步骤如下。

（1）由质谱图中 *m/z* 确定分子离子峰，确定相对分子量，并从分子离子峰的强弱初步判断化合物的类型及是否含有 Cl、Br、S 等元素。

（2）根据同位素丰度或高分辨质谱数据确定分子离子和重要碎片离子元素组成，并确定可能分子式。

（3）由分子式计算化合物的不饱和度，确定化合物中双键和芳环的数目。

（4）研究质谱的概貌，解析某些主要质谱峰的归属及峰间关系，对化合物类型进行归属。

（5）根据重要的低质量离子系列、高质量端离子和丢失的中性碎片等信息，并参考其他光谱数据，列出可能的分子结构。

（6）查对标准光谱或参考其他光谱信息，筛选验证并确定化合物的组成。

例 15-2　未知物 $C_9H_{10}O_2$的质谱如图 15-16 所示，试确定其分子结构。

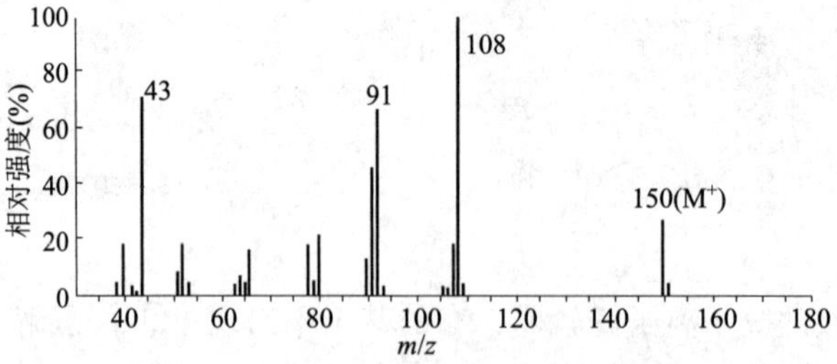

图 15-16 未知物 $C_9H_{10}O_2$ 的质谱图

解析：（1）求不饱和度：

$U=(2+2\times9-10)/2=5$，说明结构中可能有一个苯环和一个双键。

（2）谱图解析 *m/z* 150 的分子离子峰较强，且具有很强的 *m/z* 91 的䓬鎓离子特征峰，表明未知物可能为烷基取代苯，具有 C_6H_5—CH_2—基团。*m/z* 43 峰很强，而且分子式中共 9 个碳，7 个碳已有归属，只余 2 个碳。因此该峰的归属是 $CH_3—C\equiv\overset{+}{O}$。

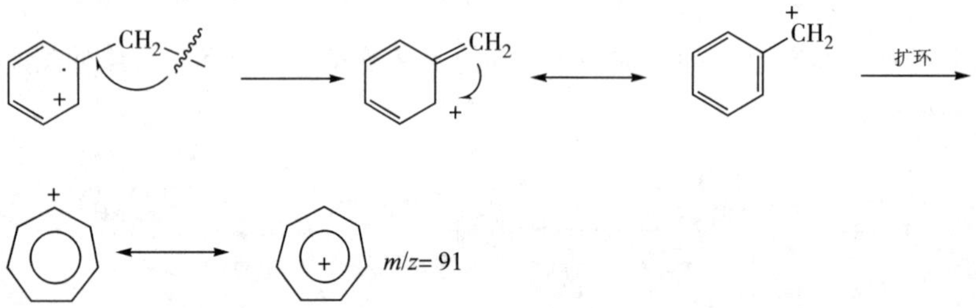

（3）推测结构 由 $C_9H_{10}O_2$ 中减去 $C_6H_5\cdot CH_2$ 及 CH_3CO，仅余 1 个 O，因而未知的结构只能是 C_6H_5—CH_2—O—$COCH_3$（醋酸苄酯）。

（4）验证 *m/z* 108 为重排离子峰，该重排反应为醋酸苄酯或苯酯的特征反应。

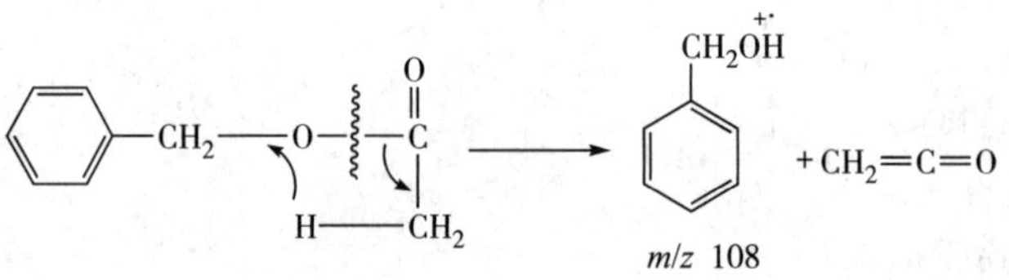

*m/z*108 重排离子还可产生以下扩环、缩环反应。

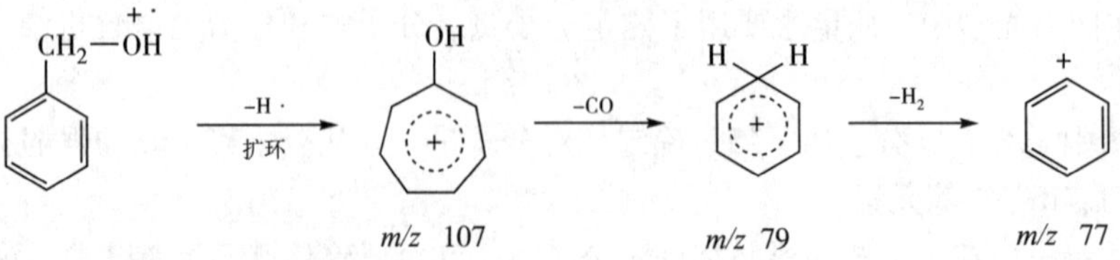

上述各离子均能在未知物质谱上找到，证明结论正确。

综上所述，峰归属：m/z 151（M+1，$C_8C^*H_{10}O_2^{+\cdot}$）、150（$M^{+\cdot}$）、108（基峰，$C_6H_5CH_2OH^{+\cdot}$）、107（$C_7H_6OH^+$）、91（$C_7H_7^+$）、90（$C_7H_{16}^{+\cdot}$）、79（$C_6H_7^+$）、77（$C_6H_5^+$）、51（$C_4H_3^+$）、50（$C_4H_2^+$）、43（$CH_3C\equiv O^+$）、39（$C_3H_2^+$）。

知识拓展

蛋白质与多肽的质谱解析

蛋白质是生物体中含量最高、功能最重要的生物大分子。质谱法在蛋白质结构分析的研究中占据了重要地位。目前质谱主要用来测定蛋白质的一级结构包括分子量、肽链氨基酸排序及多肽或二硫键数目和位置。那么，质谱是如何根据碎片离子推导多肽和蛋白质序列的呢？

质谱出现序列信息碎片主要是通过酰胺键断裂形成。质谱用于肽和蛋白质的序列测定主要分为三种方法。第一种为蛋白质图谱（protein mapping），将蛋白质酶解，继而用质谱分析，得出各肽段相对分子质量。根据酶解选择性，将各组分与已知结构肽对照或用串联质谱法将各片段肽测序，然后推导整个蛋白质序列。第二种方法是利用待测分子在电离及飞行过程中产生的亚稳离子，通过分析相邻同组类型峰的质量差，识别相应的氨基酸残基，其中亚稳离子碎裂包括“自身”碎裂及外界作用诱导碎裂。第三种方法是用化学探针或酶解使蛋白或肽从N端或C端逐一降解下氨基酸残基，形成相互间差一个氨基酸残基的系列肽，称为梯状测序（ladder sequencing），经质谱检测，由相邻峰的质量差确定相应氨基酸残基。

第五节　有机化合物结构综合解析

PPT

对有机化合物进行结构分析时，仅凭一种谱图确定其结构是不够的，往往需要利用各种波谱分析方法如质谱（MS）、紫外吸收光谱（UV）、红外吸收光谱（IR）、核磁共振谱（NMR）获得尽可能多的结构信息进行综合解析。不同波谱数据相互补充、相互验证，从而得出正确的结论。

一、解析程序

所分析的样品必须具有一定纯度（>98%）。测定分析前了解样品的来源（天然化合物、合成化合物等）、物理化学性质等亦有助于对化合物结构的正确表征。

（一）分子式的确定

课堂互动

要确定分子式，先要知道分子量，如何确定有机化合物分子量？

分子式是结构鉴定的基础。确定分子式的方法主要有：①元素分析法，采用质谱法或冰点下降法等测定未知物的分子量，元素分析仪定量测出分子中C、H、O、S等元素的含量，计算各元素的原子比，结合分子量确定分子式；②质谱法，根据高分辨质谱给出的分子离子的精密质量确定分子式，也可根据低分辨质谱中的分子离子峰和同位素峰的强度比，查Beynon表来推算分子式；③核磁共振波谱，由核磁共振碳谱估算碳原子数目，辅以氢谱识别各基团含氢数目比，确定化合物分子式。

测得化合物的相对分子质量、元素分析数据及核磁共振波谱数据即可利用下式计算分子中C原子数，从而确定分子式。

$$\text{C原子数}=\frac{\text{相对分子质量}-\text{分子中氢的质量}-\text{其他原子质量}}{12}$$

（二）计算不饱和度

计算不饱和度对判断化合物类型非常必要。根据分子式可以计算不饱和度（U），只含碳、氢、氧、氮以及单价卤素的不饱和度可用下式计算：

$$U=C+1-(H-N)/2 \tag{15-2}$$

其中，C代表碳原子的数目，H代表氢和卤素原子的总数，N代表氮原子的数目，氧和其他二价原子对不饱和度计算没有贡献，故不需要考虑。

如U在1~3之间，分子中可能含有C═C、C═O或环；如$U \geq 4$，分子中可能含有苯环。

（三）结构单元及可能结构式的推导

通常，通过UV、IR、NMR、MS和化学方法等提出测试样品的结构式。①质谱，由质谱得到分子离子峰的精密质量数或同位素峰强度比确定相对分子量、分子式。质谱图上的碎片峰可以提供结构信息。对于一些特征性很强的碎片离子如烷基取代苯及含γ-H的酮、酸、酯的麦氏重排离子等由质谱即可认定某些结构的存在，但多数信息留作验证结构时用。②紫外吸收光谱（UV），主要用于确定化合物的类型及共轭情况，如是否是不饱和化合物，是否具有芳香环等化合物的骨架信息。③红外吸收光谱，推测化合物的类别和可能具有的官能团等。④核磁共振，氢谱主要提供化合物中所含质子的信息（质子类型、数目、连接方式等），碳谱主要提供化合物的碳骨架信息。

（四）验证

波谱综合解析要对所推测的未知物结构式的正确性进行验证。①根据所推测结构式计算不饱和度，应与由分子式计算的不饱和度一致。②质谱验证所推测的未知物结构的正确性。根据裂解规律，查对所拟定的结构式应裂解出的主要碎片离子是否能在质谱图上找到相应的碎片离子峰。③联合应用光谱进行解析时所得到的化合物结构是否可靠，可通过与已知样品的谱图相比较，加以确证。

二、应用示例

例15-3 某未知物紫外光谱数据表明：该物质λ_{max}在252、257、262、264、268nm处ε_{max}为153、194、147、158、101；红外、核磁、质谱数据如图15-17，试推断其结构（与例15-2对比）。

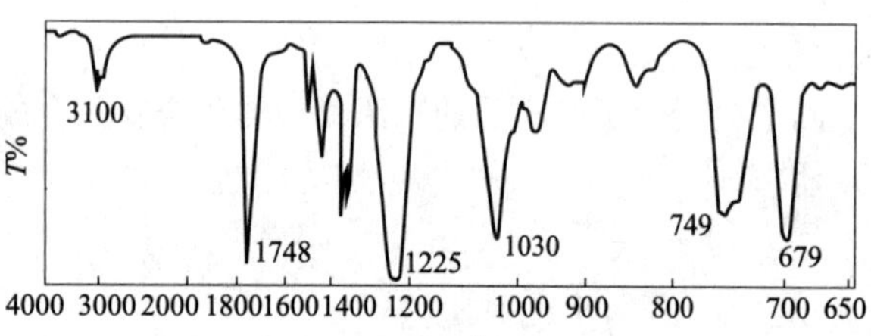

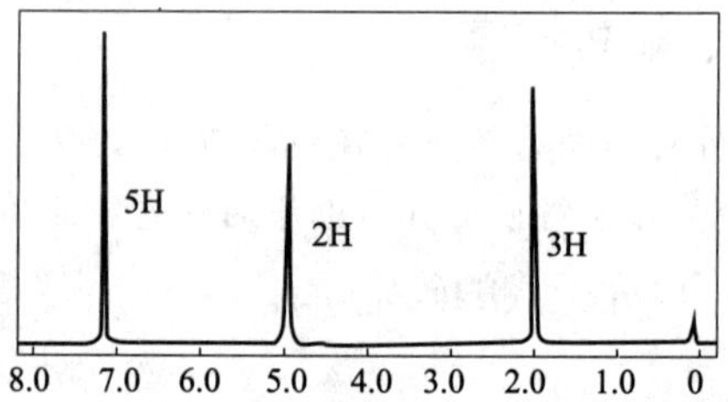

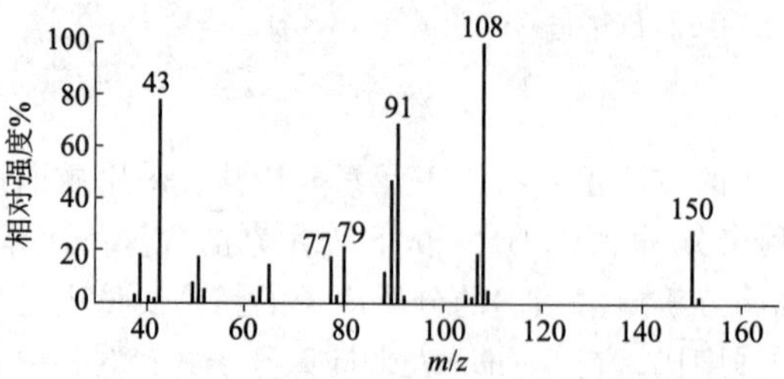

同位素丰度：

m/e	%
150(M)	100
151(M+1)	9.9
152(M+2)	0.9

图15-17　未知物红外、核磁、质谱数据图

解：（1）确定分子式　由质谱可知该物质的相对分子质量是150，故所求化合物不含氮或含偶数个氮，并由M+2离子峰的强度可以知道该化合物不含硫或卤素。根据质谱图上标明的（M+1）/M=9.9%，查Beynon表，在M150项下，(M+1)/M=9.0%~11.0%左右的分子式共有如下7种（表15-5）：

表 15-5 Beynon 表 M150 部分

分子式	M+1	M+2	分子式	M+1	M+2
$C_7H_{10}N_4$	9.25	0.38	$C_8H_{12}N_3$	9.98	0.45
$C_8H_8NO_2$	9.23	0.78	$C_9H_{10}O_2$	9.96	0.84
$C_8H_{10}N_2O$	9.61	0.61	$C_9H_{12}NO$	10.34	0.68
$C_9H_{14}N_2$	10.71	0.52			

上面的分子式中有 3 个含奇数氮，根据氮律可不予考虑。$C_9H_{10}O_2$的（M+1）/M %及（M+2）/M %与样品的最为接近，故可能性最大的是 $C_9H_{10}O_2$。

（2）计算不饱和度 U 由分子式 $C_9H_{10}O_2$计算 U 为 5，可能含有苯环和双键。

（3）可能存在的结构单元 红外光谱图上，1745cm^{-1}处的峰显示 C═O 吸收，1225cm^{-1}强而宽的吸收峰为 C—O 伸缩振动，故该化合物很可能为酯类，MS 谱图中碎片离子峰 m/z 43 提示含有乙酰基。另外，在 749cm^{-1}及 697cm^{-1}处的两个强吸收峰，表示是有单取代基的苯环。

由上述光谱分析可知，该化合物具有苯环、乙酸酯基。根据 C═O 的吸收位置，可知 C═O 并未与苯环共轭，这可由紫外光谱的吸收波长及吸收强度加以确证。

（4）考察剩余结构单元 从分子式 $C_9H_{10}O_2$减去单取代苯基、乙酸酯基，

$$C_9H_{10}O_2-(C_6H_5+CH_3C\overset{O}{\lessgtr}_{O^-})=CH_2$$

所剩结果为 CH_2，紫外光谱表示 C═O 并未与苯环共轭，即未与苯环直接相连，故 CH_2在苯环与乙酸酯之间，结构式应为乙酸苄酯。

由核磁共振光谱，也可确定该化合物具有上述结构。在光谱中可以看到三个尖锐的单峰，从低场到高场各组峰的积分曲线高度比为 5∶2∶3，根据分子式中氢的个数知比值中每个数目代表氢的绝对数目。在 δ 7.22 处的 5 个质子为苯环上的质子；δ 5.00 处的 2 个质子为苯基和醋酸酯基间的 CH_2；δ 1.96 处的单峰为 CH_3质子。

（5）验证 由质谱的断裂碎片可证实化合物的结构。基峰 108 为切断乙酰基（m/z 43）同时伴随一个质子的重排而得；质量 91 的强离子峰为 $C_6H_5CH_2^+$，由苯环的 β 键断裂而得；m/z77、78、79 的三个离子峰，也证明苯环的存在。

综上所述，上述四个光谱所代表的是乙酸苄酯。

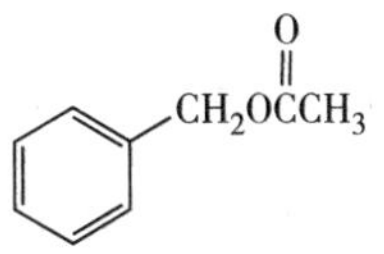

除了上述的推测思路外，尚可设计许多路线。例如在决定了分子式后，可先由核磁共振光谱的信号 δ 7.22 得知该化合物含苯环，由紫外光谱数据显示的苯环吸收特性可证实苯环的存在。由强峰 m/z 91 可知苯甲基的存在。再由质谱的 m/z 43 及红外光谱的 C=O 吸收，便可推知 CH_3CO 的存在。由分子式扣除苯甲基及乙酰基，再根据红外光谱信息便不难确定质量为 16 的氧了。此外，亦可写出该化合物的所有可能的异构体，然后利用光谱数据一一排除不合理的结构式，最后获得合理结构式。

例 15-4 某化合物的 IR、MS 及^{1}H-NMR 谱图如图 15-18 所示，试判断此化合物的分子结构。

解：（1）确定分子量和分子式

MS：根据分子离子峰 m/z 200，可确定化合物分子量为 200，M+ 峰和（M+2）$^+$峰相对丰度近似为 3∶1，因此可以确定分子中含有 1 个氯原子。

IR：2500~3200 cm^{-1}处有一宽峰，说明含有羟基（—OH），1700cm^{-1}处有一个强峰说明存在羰基（—CO—），而^{1}H-NMR 谱图中在 δ 11 附近有一单质子峰对应的（—COOH）中的氢原子，因此可推

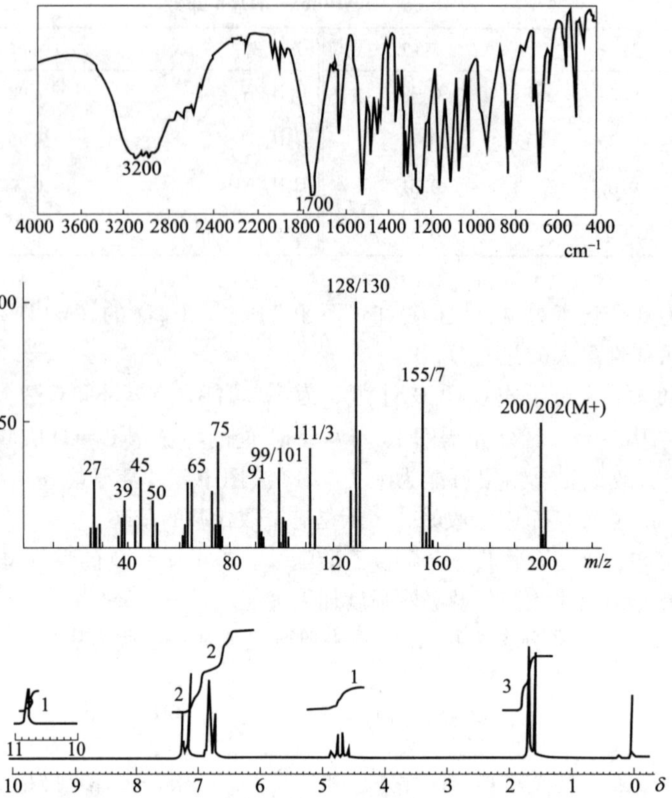

图 15-18　未知物的红外、质谱、核磁数据图

（^{1}H-NMR：从低场到高场各组峰的积分曲线高度比为 1：2：2：1：3）

测含有羧基（—COOH）。

^{1}H-NMR：根据低场到高场各组峰的积分曲线高度比，推断共有 9 个氢原子（H）。谱图中 δ 4.7 处的单质子峰可能对应与氧原子相连的次甲基上的氢原子（—O—CH），结合 IR 谱图 1200～1250 cm^{-1}处有一强峰，证明分子中可能存在醚键（—O—），所以推断分子中含有 3 个氧原子。进而计算分子中含有 C 原子的数目为 9，推测分子式可能为 $C_9H_9ClO_3$。

（2）计算 U 为 5，可能存在苯环和双键。

（3）可能存在的结构单元 IR 已说明存在—COOH，双键加上一个苯环，不饱和度为 5，与计算值相符。^{1}H-NMR 谱图中，δ 1.7 的二重峰与 δ 4.7 的四重峰组合应为 >CH—CH_3，δ 7 附近两个变形的二重峰说明苯环被不同基团的对位双取代，δ 11 附近则应为—COOH 上的 H。综合各谱图信息，表明存在以下结构单元：

—Cl，>CH—CH_3，—C_6H_4—，—COOH 和—O—CH—CH_3

用这些结构单元可以组合成下面两种可能的结构式：

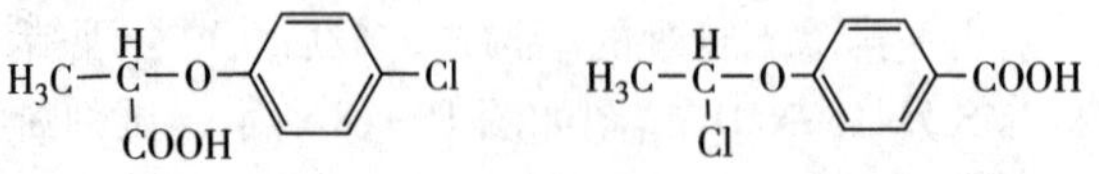

（A）　　　　（B）

（4）质谱图数据进行结构验证，高质量端三个碎片离子 m/z155、128 和 111 均含有 Cl 原子，说明 Cl 原子与苯环直接相连，所以未知物结构应为（A）。

知识拓展

质谱在蛋白质组学中的应用

蛋白质组学（proteomics）是功能基因组学时代一门新的科学，是从整体水平上研究细胞内蛋白质的组成、活动规律及蛋白质与蛋白质的相互作用。质谱技术具有灵敏度、准确度、自动化程度高等优点，能准确检测肽和蛋白质的相对分子质量、氨基酸序列及翻译后修饰、蛋白质间的相互作用，因此质谱成为蛋白质组学研究的重要手段。蛋白质组学可研究血清中表达的全部蛋白质，直接反映机体生理及病理情况下的功能和代谢状态。通过比较正常与病理条件下细胞或组织中蛋白质在表达量上的差异，可以发现与病理改变有关的蛋白质和疾病特异性蛋白，并应用于疾病的早期诊断及鉴别诊断。蛋白质组学通常的研究方法是：双向凝胶电泳（2-DE）分离蛋白质组分，利用质谱仪分析从凝胶上分离的蛋白质斑点，应用基质辅助激光解析（MALDI）电离质谱得到蛋白质酶解后的肽指纹图谱（peptide mass fingerprint，PMF）或者电喷雾串联质谱（ESI-MS/MS）得到肽片段的进一步裂解谱图，最后通过检索蛋白质或基因数据库鉴定蛋白质。对于数据库中不存在的蛋白质，则需要对其酶解片段进行从头测序。此外，质谱在代谢组学研究方面也有很好的应用。

本章小结

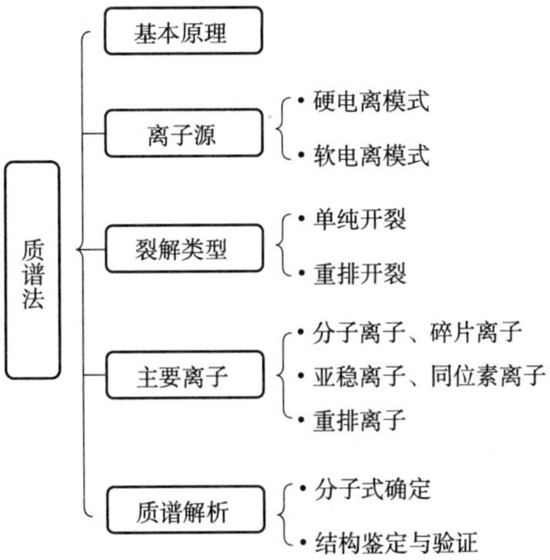

练习题

题库

1. 什么是质谱，质谱分析原理是什么？它有哪些特点？
2. 质谱仪由哪些部分组成，各部分的作用是什么？
3. 离子源的作用是什么？有哪些常用的离子源？比较它们各自特点和应用范围。
4. 什么是分子离子峰，分子离子峰判定的必要条件是什么？
5. 指出含有一个碳原子和一个氯原子的化合物，可能的同位素组合有哪几种？它们将提供哪些分子离子峰？

6. 3-庚烯（M_W98）质谱中，m/z 69 和 70 出现离子峰，试解释。并写出其裂解过程。

7. 初步推断某一酯类（M = 116）的结构可能为 A 或 B 或 C，质谱图上 m/z 87、m/z 59、m/z 57、m/z 29 处均有离子峰，试问该化合物的结构为下列哪个？

（A）$(CH_3)_2CHCOOC_2H_5$　　（B）$C_2H_5COOC_3H_7$　　（C）$C_3H_7COOCH_3$

8. 某化合物仅含 C、H、O，熔点 40℃，质谱比较简单，有 m/z184（M）（10），91（100）峰；另有两个弱峰 m/z 77 和 65；亚稳定离子峰 45.0 和 46.4。试推出该化合物的结构。

9. 试述在综合解析中各谱对有机物结构推断所起的作用。为何一般采用质谱作结构验证？

10. 正庚酮有 3 种异构体，某正庚酮的质谱如图 15-19 所示，试确定羰基的位置与峰归属。

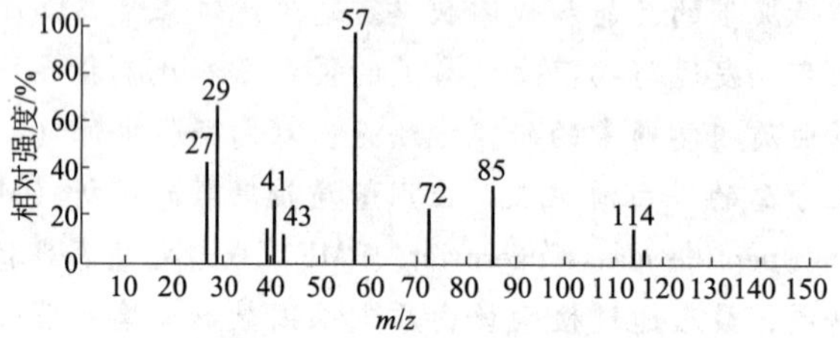

图 15-19　某正庚酮的质谱图

11. 某化合物的 IR、^{1}H-NMR 及 MS 谱图如图 15-20 所示，试推测此化合物的分子结构。

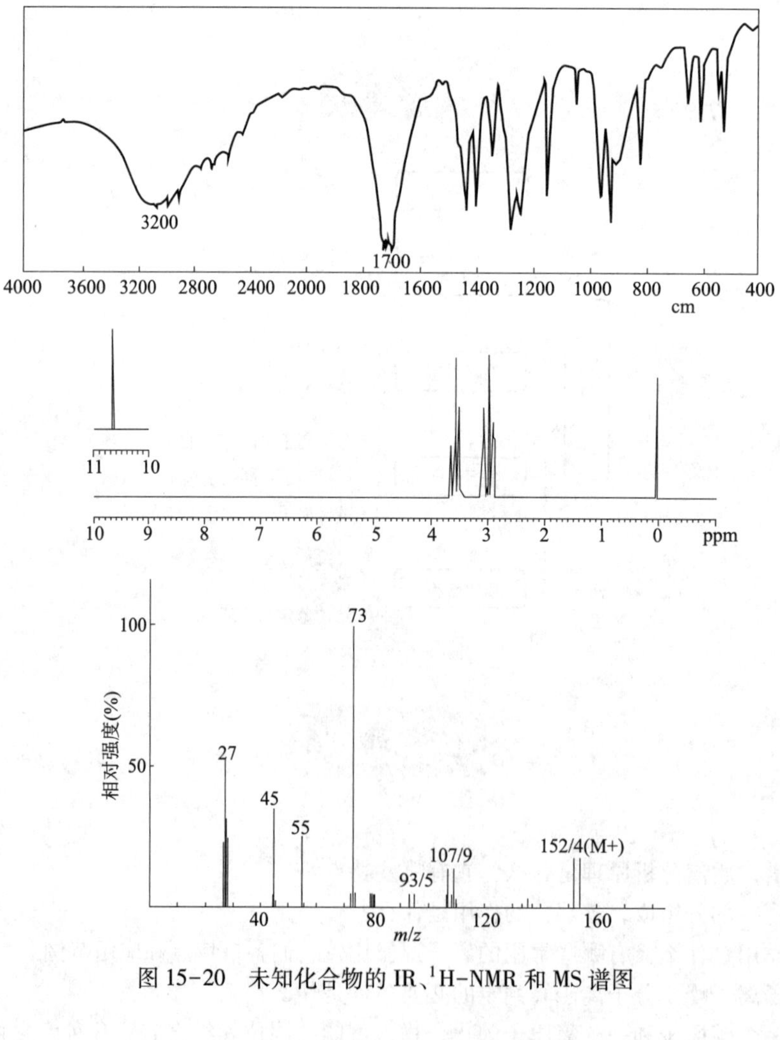

图 15-20　未知化合物的 IR、^{1}H-NMR 和 MS 谱图

12. 已知某化合物的 MS、IR 及^{1}H-NMR 谱图如图 15-21 所示，试判断此化合物的分子结构。

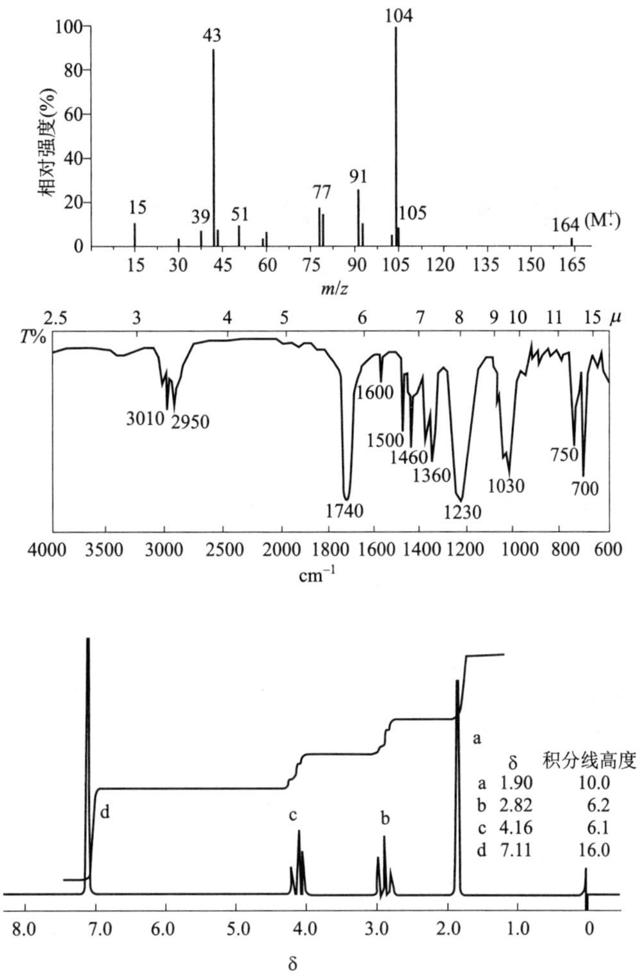

图 15-21 未知化合物的 MS、IR 及^{1}H-NMR 谱图

（吴 红）

第十六章

原子吸收分光光度法

学习导引

知识要求

1. **掌握** 原子吸收分光光度法的基本原理；原子吸收值与原子浓度的关系；定量分析方法。

2. **熟悉** 原子吸收分光光度计的分类和特点；原子谱线变宽的因素；原子吸收分光光度计的基本组件及工作流程。

3. **了解** 光谱项及能级图；分析工作条件的选择、干扰及消除方法。

能力要求

熟练掌握火焰原子化法和石墨炉原子化法的原理和实验技能；学会原子吸收分光光度法在药学、医学检验、预防医学等专业中的应用，解决药物、生物样品、水样、空气、土壤和食品等样品中微量金属成分的定量分析。

素质要求

充分认识重金属及有害元素对人体健康造成的危害。增强环保意识，养成健康、绿色的生活习惯，规范日常行为，减少对大气、土壤、水资源造成化学污染。注重食品、药品安全问题，从源头上控制中药材的质量，避免重金属污染。努力开发富含有益微量元素的作物、蔬菜等，为人类大健康事业做出贡献。

课堂互动

药品、食品或化妆品中微量金属元素的含量分析，可以用哪些方法？

原子吸收分光光度法（atomic absorption spectrophotometry，AAS）是基于蒸气中的基态原子对特征电磁辐射的吸收来测定试样中元素含量的方法。采用原子吸收分光光度法可以测定金属元素，也可以用间接法测定某些非金属元素和有机化合物。

原子吸收分光光度法是1955年由澳大利亚科学家A. Walsh创立，并且在20世纪70年代之后得到迅速发展和广泛应用的一种仪器分析法。在材料科学、环境科学（如空气和水样中铅、汞、锰、铜、铅等元素的测定）、食品分析（如蔬菜、水果、肉类等食品对人体有益的微量元素和有毒元素的测定）、生命科学（如人体血液和尿中微量元素的分析）和化工产品（如化妆品中有害元素汞、砷、铅等的测定）等领域的应用越来越广。在医药卫生领域中，特别是在中药材质量控制和分析、人体健康和疾病有着密切关系的微量元素分析工作中，原子吸收分光光度法往往是一种首选的定量方法。目前原子吸收分光光度法测定的元素已达70多种，而且大多数已成为国家规定的标准分析方法。

原子吸收分光光度法具有以下优点：检出限低，火焰原子吸收光谱法的检测限可达到10^{-9}g/ml；石墨炉原子化法的检测限可达 $10^{-10}\sim10^{-13}$g/ml；灵敏度高，一般可以测得 $10^{-6}\sim10^{-13}$g/ml；精密度高，一般含量测定的 *RSD* 为 1 %~3 %，采用高精度的测量方法，*RSD*<1 %；选择性好，谱线及基体干扰少，且易消除；分析速度快，仪器比较简单，操作方便，应用范围广。

原子吸收分光光度法不足之处：工作曲线的线性范围窄，一般为一个数量级范围；不能多元素同时测定，大多数仪器每测一种元素要使用与之对应的空心阴极灯，一次只能测一个元素；对非金属及难熔元素的测定有困难，对复杂样品分析干扰较严重；重现性较差。

近 20 年来，使用连续光源和中阶梯光谱，结合光导摄像管，二极管阵列的多元素分析检测器，设计出微机控制的原子吸收分光光度计，解决了多元素的同时测定。可与现代分离技术联机等，使原子吸收分光光度法的应用前景更为广阔。

第一节　原子吸收分光光度法的基本原理

PPT

一、原子的量子能级和共振线

（一）原子的量子能级

原子是由带正电荷的原子核及带负电荷的核外电子组成，核外电子具有不同的能级，不同能级间的能量差是不同的。最外层的电子在一般情况下，处于最低的能级状态即基态，整个原子也处于最低能级状态称为基态原子，基态原子最稳定。原子光谱是由原子外层的价电子在不同能级间跃迁而产生的。

对于多个价电子的原子来讲，由于价电子之间的相互作用和影响，为了正确描述电子的运动状态，乃至原子的整体运动状态，要用以主量子数 n、总轨道角量子数 L、总自旋量子数 S、内量子数 J 为参数的光谱项来表征。光谱项表示的是一种能量状态，其符号为 $n^{2S+1}L_J$。其中，n 表示电子的能量及电子离核的远近，取值为 1，2，3，…任意正整数；$2S+1$ 称为自旋多重性；L 表示电子的轨道形状，其数值为外层价电子角量子数的矢量和，取值为 0，1，2，3…，相应的符号为 S、P、D、F；J 是原子中各价电子组合得到的总轨道角量子数 L 与总自旋量子数 S 的矢量和，即 $J=L+S$。取值为 $L+S$，$L+S-1$，$L+S-2$，…，$|L-S|$。若 $L\geqslant S$，则 J 值从 $J=L+S$ 到 $L-S$，可有（$2S+1$）个取值；若 $L<S$，则 J 值从 $J=S+L$ 到 $S-L$，可有（$2L+1$）个取值，J 值不同的光谱项称为光谱支项。

以钠原子为例，说明如何根据原子的电子排布导出原子基态和激发态的光谱项。

钠原子的基态电子排布为 $(1s)^2(2s)^2(2p)^6(3s)^1$。它只有一个价电子 $(3s)^1$，其主量子数 $n=3$，由 n 可知该层中应有 3 个轨道（即 s、p、d），s 为基态，p 为第一激发态，d 为第二激发态。基态时总角量子数 $L=0$，用符号 S 表示；总自旋量子数 $S=1/2$；自旋多重性 $2S+1=2$；由于 $L<S$，总内量子数 J 的取值为 $2L+1=2\times0+1=1$ 个，即 $J=S+L=1/2+0=1/2$。所以钠原子基态的光谱项为 $3^2S_{1/2}$。

当钠原子的价电子从基态 s 轨道向第一激发态 p 轨道跃迁后，钠原子的激发态电子排布为：$(1s)^2(2s)^2(2p)^6(3s)^0(3p)^1$。主量子数 $n=3$；总角量子数 $L=1$，用符号 P 表示；总自旋量子数 $S=1/2$；自旋多重性 $2S+1=2$；由于 $L>S$，总内量子数 J 的取值为 $2S+1=2\times1/2+1=2$ 个，即 $J=L+S=1+1/2=3/2$ 和 $J=L+S-1=1+1/2-1=1/2$。所以钠原子激发态有两个光谱支项，分别为 $3^2P_{3/2}$ 和 $3^2P_{1/2}$。

这说明钠原子的基态价电子受到激发时有两种跃迁，产生钠双线，即共振线波长为 589.0nm（$3^2S_{1/2}\rightarrow3^2P_{3/2}$）和 589.6nm（$3^2S_{1/2}\rightarrow3^2P_{1/2}$）的两条谱线。

（二）原子的吸收与发射

通常情况下，当基态原子蒸气受特征辐射的照射后，基态原子被激发，伴随着对光的吸收；基态原子从辐射场中吸收能量跃迁到激发态，这一过程称为原子吸收（atomic absorption）。处于高能态的原子称为激发态原子。激发态的原子不稳定，在极短的时间内（10^{-8} 秒左右）电子会从激发态跃迁回基态，同时将吸收的能量以光子的形式释放出来，发射相应的谱线，这一过程称为原子发射（atomic emission）。

原子被激发时所吸收的能量与其从相应激发态再跃迁回基态时所发射的能量在数值上相等，都等于该两能级间的能量差。

$$\Delta E = E_j - E_0 = h\nu = hc/\lambda \tag{16-1}$$

式（16-1）中，E_0和E_j分别是电子在基态和激发态时的能量；h是 Planck 常数；ν是吸收或发射电磁辐射的频率；λ是波长；c是光速。

原子在基态与第一激发态之间跃迁产生的谱线称为共振线，在原子吸收过程中，称为共振吸收线，在发射过程中称为共振发射线（图 16-1）。通常共振线是最强的谱线。由于各元素的原子结构和外层电子排布不同，不同元素的原子从基态激发至第一激发态时，吸收的能量不同，因此对大多数元素来说，共振线是各元素的特征谱线。从基态到第一激发态的跃迁最容易发生，所以共振线也是所有谱线中最灵敏的谱线。原子吸收光谱法就是通过测量原子对其共振线的吸收强度而进行定量的分析方法。

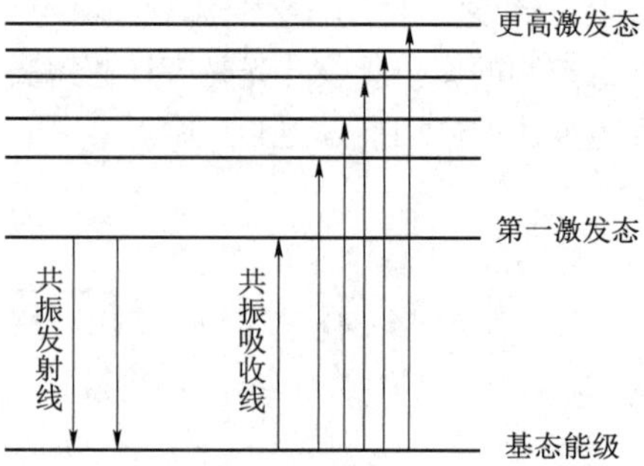

图 16-1 原子的共振线

二、原子在各能级的分布

原子吸收分光光度法是利用待测元素的原子蒸气中基态原子对特征谱线（即共振线）的吸收来测定的。因此试样中能产生一定浓度的被测元素的基态原子，是原子吸收分析中的一个关键问题。但在原子化过程中，待测元素由分子离解成的原子，不可能全部是基态原子，其中包括一部分激发态原子。在一定温度下的热力学平衡体系中，物质激发态原子数N_j与基态原子数N_0之比服从玻尔兹曼（Boltzmann）分布定律：

$$\frac{N_j}{N_0} = \frac{g_j}{g_0} e^{-E_j/kT} \tag{16-2}$$

式（16-2）中，g_j、g_0分别为激发态和基态的统计权重（statistical weight），它表示能级的简并度；E_j为激发能；T为绝对温度（激发温度）；K为玻尔兹曼常数（1.38×10^{-23} J·K^{-1}）。在原子光谱中，一定波长谱线的g_j/g_0、E_j是已知值，因此，用式（16-2）可计算一定温度下的N_j/N_0值。表 16-1 列出了几种元素的第一激发态与基态原子数之比N_j/N_0值。

表 16-1 某些元素共振激发态与基态原子数之比 N_j/N_0

元素	共振线（nm）	g_j/g_0	激发能（eV）	N_j/N_0		
				T=2000K	T=2500K	T=3000K
Na	589.0	2	2.104	0.99×10^{-5}	1.14×10^{-4}	5.83×10^{-4}
Ca	422.7	3	2.932	1.22×10^{-7}	3.67×10^{-6}	3.55×10^{-5}
Fe	372.0	—	3.332	2.29×10^{-9}	1.04×10^{-7}	1.31×10^{-6}
Ag	328.1	2	3.778	6.03×10^{-10}	4.84×10^{-8}	8.99×10^{-7}
Cu	324.7	2	3.817	4.82×10^{-10}	4.04×10^{-8}	6.65×10^{-7}
Mg	285.2	3	4.346	3.35×10^{-11}	5.20×10^{-9}	1.50×10^{-7}
Pb	283.3	3	4.375	2.83×10^{-11}	4.55×10^{-9}	1.34×10^{-7}
Zn	213.9	3	5.795	7.45×10^{-15}	6.22×10^{-12}	5.50×10^{-10}

式（16-2）和表 l6-1 说明，在原子化过程中，产生激发态原子的原子数决定于原子化温度和激发能：①温度T愈高，N_j/N_0值愈大，即处于激发态的原子数随温度升高而增加，而且N_j/N_0值随温度增加按指数关系变大；②在相同温度下，激发能越小（电子跃迁能级差越小），共振线波长愈长，N_j/N_0值也

愈大。在采用火焰原子化的原子吸收分光光度法中，原子化温度一般小于 3000K，而大多数元素的最强共振线波长都小于 600nm，因此对于大多数原子来说，N_j/N_0值都很小（< 1 ‰），即火焰中的激发态原子数远小于基态原子数，N_j可以忽略不计。因此可认为火焰中基态原子数 N_0近似地等于待测元素的总原子数 N，也就反映了样品中所含待测元素原子的浓度。

三、原子吸收线的轮廓和变宽

当辐射投射到原子蒸气上时，如果辐射频率相应的能量等于原子外层电子由基态跃迁到激发态所需的能量，则会引起气态的基态原子对特征辐射（元素的共振线）的吸收，产生原子吸收光谱。原子吸收光谱是一种窄带吸收，吸收宽度仅有 10^{-3}nm 数量级。

（一）原子吸收线的轮廓

原子结构较分子结构简单，理论上原子光谱应该是线状光谱。但实际上，无论是原子发射线还是原子吸收线并非是一条严格的几何线，而是具有一定宽度（或频率范围）的谱线，称为谱线轮廓（line profile）。原子光谱的谱线轮廓呈峰形，即谱线强度随频率或波长变化。当以强度为 I_0的不同波长的光通过原子蒸气时，一部分被吸收，另一部分透过气态原子层。若用透过光强（I_v）对频率 ν 作图，得图 16-2（a）。ν_0称为中心频率，中心频率是由原子能级所决定。由图 16-2（a）可见，在 ν_0处透过光强度最小，即吸收最大。因此，ν_0为基态原子的最大吸收频率。若将吸收系数 K_ν对频率 ν 作图，得图 16-2（b），该曲线的形状称为原子吸收线的轮廓。K_ν为原子对频率为 ν 的辐射吸收系数；在中心频率 ν_0处，K_ν有极大值 K_0，K_0称为峰值吸收系数或中心吸收系数。原子吸收线的特点可由吸收线的频率、谱线宽度和强度来表征。吸收线的强度是由两能级之间的跃迁概率决定的。谱线宽度用半峰宽表示。

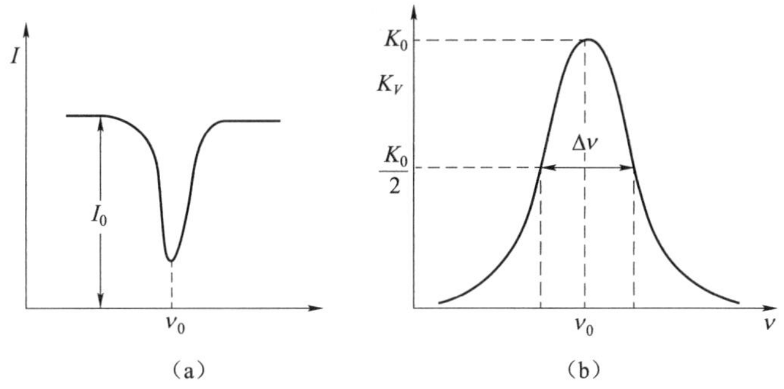

图 16-2　原子吸收线的谱线轮廓

半宽度（half width，$\Delta\nu$）是中心频率（ν_0）吸收系数 K_0一半（即谱线强度的 1/2）时，所对应的谱线轮廓上两点间的距离。ν_0表明吸收线的位置，$\Delta\nu$ 表明吸收线的宽度，因此 ν_0、$\Delta\nu$ 可表征吸收线的总体轮廓。原子吸收线的 $\Delta\nu$ 约为 0.001～0.005nm，比分子吸收带的峰宽（约几百纳米）要小得多。

（二）谱线变宽的因素

1. 自然宽度（natural width，$\Delta\nu_N$） 是在无外界条件影响下，谱线固有的宽度。它与原子发生能级间跃迁的激发态原子的有限寿命有关。不同谱线有不同的自然宽度。激发态原子的寿命愈短，吸收线的自然宽度愈宽。多数情况下，自然宽度约为 10^{-5}nm 数量级。与谱线的其他变宽的宽度相比，$\Delta\nu_N$可以忽略不计。

2. 多普勒变宽（Doppler broadening，$\Delta\nu_D$） 是由无规则的热运动产生的变化，所以又称为热变宽。在原子吸收光谱法中，产生基态原子蒸气的原子化器的温度在 2000～3000K。基态原子一旦形成就处于热运动状态。在无序热运动中，相对于检测器而言，各发光原子有着不同的运动分量。若原子向着检测器作热运动，呈现出比原来更高的频率或更短的波长；若原子背离检测器作热运动，则呈现出比原来更低的频率或更长的波长，这就是物理学的多普勒效应。因此检测器所接受的光是频率略有不同的光，导致吸收谱线变宽。测定的温度越高，被测元素的原子质量越小，原子的相对热运动越剧烈，热变宽越大。

通常 $\Delta\nu_D$ 为 10^{-3}nm 数量级，是谱线变宽的主要因素。多普勒变宽时，中心频率无位移，只是两侧对称变宽，但 K_0 值减小，对吸收系数积分值无影响。

3. 压力变宽（pressure broadening） 又称为碰撞变宽，是在一定蒸气压力下，粒子间相互碰撞而引起能级的微小变化，使发射或吸收的光量子频率改变而导致的变宽。这种变宽与吸收区气体的压力有关，压力升高时，粒子间相互碰撞概率增大，谱线变宽严重。其变宽数值约 10^{-3}nm 数量级。根据与其碰撞粒子的不同，又可分为下列两种变宽。

（1）赫鲁兹马克变宽（Holtsmark broadening，$\Delta\nu_R$） 又称共振变宽，是被测元素激发态原子与基态原子间碰撞引起的谱线变宽，它随被测元素原子蒸气浓度增加而增加。在通常原子吸收分光光度法测定条件下，金属原子蒸气压在 0.133 Pa 以下时（即测定元素的浓度较低），共振变宽可忽略不计。而当蒸气压力达到 13.3 Pa 时，共振变宽效应则明显地表现出来。

（2）劳伦茨变宽（Lorentz broadening，$\Delta\nu_L$） 是被测元素原子与其他外来粒子（原子、分子、离子、电子）相互碰撞而引起的谱线变宽。其大小随原子区内气体压力的增加和温度升高而增大，也随其他元素性质的不同而不同，并可引起谱线频率移动和不对称性变化。这会使空心阴极灯发射的发射线与基态原子的吸收线产生错位，影响原子吸收分析的灵敏度。

4. 自吸变宽 由自吸现象而引起的谱线变宽称为自吸变宽。光源（空心阴极灯）发射的共振线被灯内同种基态原子所吸收，从而导致与发射光谱线类似的自吸现象，使谱线的半宽度变大。灯电流愈大，产生热量愈大，有的阴极元素则较易受热挥发，且阴极被溅射出的原子也愈多，有的原子没被激发，所以阴极周围的基态原子也愈多，自吸变宽就愈严重。

除上述因素外，影响谱线变宽的还有电场变宽、磁场变宽等。但在通常的原子吸收分析实验条件下，吸收线的轮廓主要受多普勒（Doppler）变宽与劳伦茨（Lorentz）变宽的影响。在 2000～3000K 的温度范围内，原子吸收线的宽度约为 10^{-3}～10^{-2}nm。在分析测定中，各种因素对谱线变宽的影响不同。用火焰原子吸收分析时，主要是压力变宽；用非火焰原子吸收分析低浓度试样时，主要是热变宽。但无论何种因素引起的谱线变宽，都会导致测定的灵敏度下降。

四、原子吸收值与原子浓度的关系

（一）积分吸收

当一束频率为 ν、强度 I_0 的特征谱线通过厚度为 l 的原子蒸气时，一部分光被吸收，透过光的强度为 I_ν，则它们之间的关系与紫外-可见分光光度法中分子吸收一样符合朗伯-比尔定律，见图 16-3，即

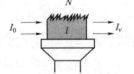

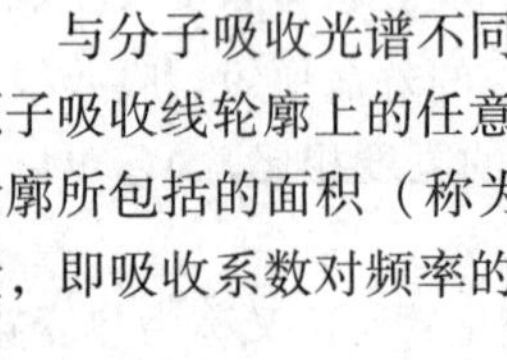

图 16-3 基态原子对光的吸收

$$I_\nu = I_0 e^{-K_\nu l} \tag{16-3}$$

或

$$A = -\lg\frac{I_\nu}{I_0} = 0.434K_\nu l \tag{16-4}$$

式（16-4）中，K_ν 为吸收系数，它与入射光的频率、基态原子浓度及原子化温度等有关。

与分子吸收光谱不同的是，原子吸收光谱是同种基态原子在吸收其共振辐射时被展宽了的吸收带，原子吸收线轮廓上的任意各点都与相同的能级跃迁相联系。因此在一定条件下，基态原子数 N_0 与吸收线轮廓所包括的面积（称为积分吸收）成正比。积分吸收（integrated absorption）是某原子吸收的全部能量，即吸收系数对频率的积分。其数学表达式为

$$\int K_\nu \mathrm{d}\nu = \frac{\pi e^2}{mc}N_0 f \tag{16-5}$$

式（16-5）中，c 是光速；m、e 分别为电子的质量和电荷；f 是振子强度，定义为每个原子中能被入射光激发的平均电子数，它正比于原子对特定波长辐射的吸收概率；可以看出，谱线的积分吸收与待测元素原子的基态原子数 N_0 成正比，这是原子吸收分光光度法的重要理论基础。

如果能测得积分吸收值，就可以确定蒸气中待测元素的原子数。但由于大多数元素的吸收线的半宽

度为 10^{-3}nm 左右，测定如此窄范围内的积分吸收值，要求单色器的分辨率达 50 万以上的色散仪，这是长期以来未能实现积分测量的原因。现代技术已解决了积分测量的技术问题，但是成本极高，目前为了降低成本，仍然采用低分辨率的色散仪，测量方法采用峰值吸收代替积分吸收进行定量分析。

（二）峰值吸收

1955 年 A. Walsh 提出了用峰值吸收系数 K_0代替积分吸收的测定。吸收线中心波长的吸收系数 K_0称为峰值吸收系数，简称峰值吸收（peak absorption）。K_0的测定，只要使用锐线光源即可，从此解决了原子吸收分光光度法的实际测量问题。

用峰值吸收代替积分吸收进行定量的必要条件是：①锐线光源的发射线与原子吸收线的中心频率完全一致；②锐线光源发射线的半宽度比吸收线的半宽度小，一般为吸收线半宽度的 1/5~1/10。如图 16-4 所示，则能测出峰值吸收系数 K_0。

在只考虑多普勒展宽的条件下，峰值吸收系数 K_0可表示为：

$$K_0=\frac{2}{\Delta\nu}\cdot\sqrt{\frac{\ln 2}{\pi}}\cdot\frac{\pi e^2}{mc}\cdot f\cdot N_0 \tag{16-6}$$

可以看出，峰值吸收系数 K_0与吸收线的半宽度 $\Delta\nu$ 成反比，与基态原子数 N_0成正比，由于峰值吸收测量是在中心频率 ν_0两旁很窄范围内的积分吸收测量，此时 $K_\nu=K_0$。用 K_0代替式（16-4）中的 K_ν，得：

$$A=0.4343\times\frac{2}{\Delta\nu}\cdot\sqrt{\frac{\ln 2}{\pi}}\cdot\frac{\pi e^2}{mc}\cdot f\cdot N_0\cdot l \tag{16-7}$$

在一定条件下，对于给定的元素，式中 π、e、m、c、f 可为定值，用 K 表示，令

$$0.4343\times\frac{2}{\Delta\nu}\cdot\sqrt{\frac{\ln 2}{\pi}}\cdot\frac{\pi e^2}{mc}\cdot f=K \tag{16-8}$$

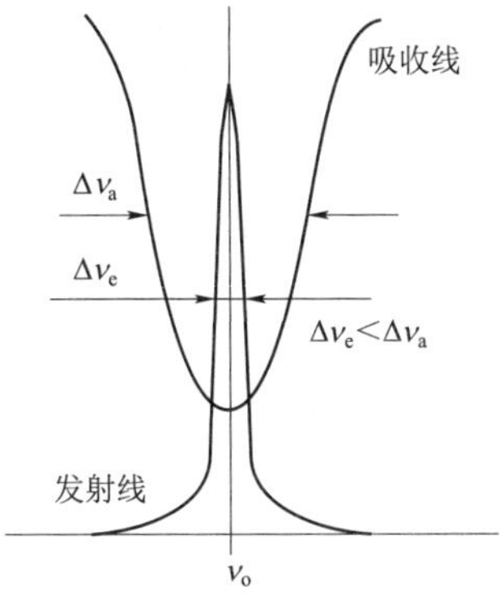

图 16-4　峰值吸收测量示意图

因 $N_0\approx N$，则式（16-7）可简单写为

$$A=K\cdot N\cdot l \tag{16-9}$$

在稳定的原子化条件下，厚度 l 一定，试样中的某组分浓度 c 与蒸气中原子总数 N 成正比。因此在一定实验条件下，吸光度与待测元素在试样中的浓度关系服从吸收定律，可表示为

$$A=K'c \tag{16-10}$$

式（16-10）中，K'是与实验条件有关的常数。表明峰值吸收测量的吸光度与试样中被测组分的浓度呈线性关系，这就是原子吸收分光光度法定量分析的依据。

第二节　原子吸收分光光度计

PPT

原子吸收分光光度计（atomic absorption spectrophotometer）与普通的紫外-可见分光光度计的结构基本相同，只是用锐线光源代替了连续光源，用原子化器代替了吸收池。

原子吸收分光光度计的种类和型号很多，但其基本结构相同，主要由光源、原子化系统、分光系统（单色器）、检测系统、数据处理显示系统等五个部分组成。如图 16-5 所示。

原子吸收流程：分析试样经适当的预处理为试液，试液在原子化器中雾化变成细雾，与燃气混合后送至燃烧器，被测元素在火焰中转化为原子蒸气。气态的基态原子吸收从光源发射出的与被测元素对应的特征波长辐射，使该谱线的强度减弱，再经单色器分光后，由光电倍增管接收，并经放大，从显示装置中显示出吸光度值或光谱图。

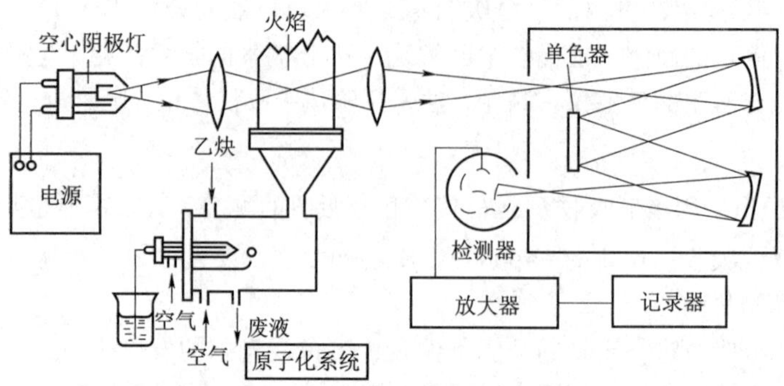

图 16-5　原子吸收分光光度计示意图

一、原子吸收分光光度计的主要部件

（一）光源

光源的作用是发射被测元素的特征共振线，故称为锐线光源（narrow-line source）。一般来讲，为了实现峰值吸收测量，原子吸收分光光度计对光源的基本要求是：①光源发射待测元素的谱线必须是锐线；②辐射强度大，稳定性好，背景信号低（低于共振辐射强度的 1%），噪声小，使用寿命长等。

1. 空心阴极灯（hollow cathode lamp，HCL） 是最常用的锐线光源。结构如图 16-6 所示，它是一种低压气体放电管，主要有一个阳极（钨棒）和一个空心圆筒形阴极（由待测元素的金属或合金化合物构成）。阴极和阳极密封在带有光学窗口的玻璃管内，内充低压（几百帕）的惰性气体（氖气或氩气）。

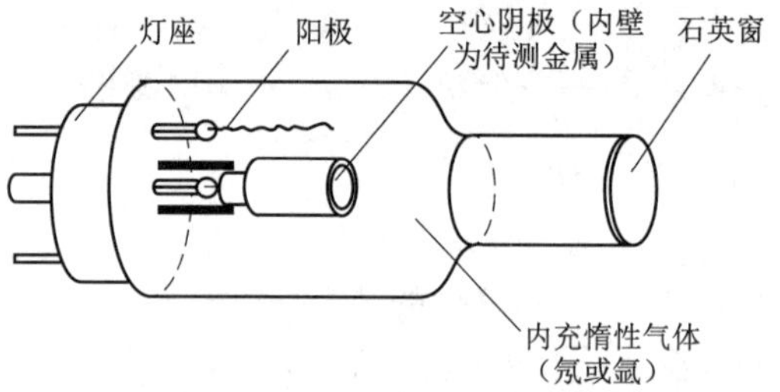

图 16-6　空心阴极灯

在高压电场（200~500V）作用下，空心阴极灯开始辉光放电。阴极发出的电子被加速，在飞向阳极的过程中，与载气的原子碰撞并使之电离。产生的正离子又在电场作用下，轰击阴极表面，将被测元素原子从晶格中溅射出来。溅射出来的原子大量聚集在空心阴极内，再与其他粒子碰撞而被激发，在它们返回基态时，发射出相应元素的特征共振线。在这个过程中，灯的工作电流较小，一般为几毫安至几十毫安。因此阴极温度和气体放电温度都不很高，谱线的 Doppler 变宽可控制得很小，灯内的气体压力很低，Lorentz 变宽也可忽略。因此所得谱线较窄，灵敏度较高。在正常工作条件下，空心阴极灯是一种实用的锐线光源。空心阴极灯发射的光谱是阴极元素的光谱，因此采用不同的被测元素作阴极材料，可制成各种被测元素的空心阴极灯。空心阴极灯的优点是辐射光强度大而且稳定，谱线宽度窄，灯易于更换。缺点是每测定一种元素需要更换相应元素灯。

2. 多元素空心阴极灯 多元素灯就是在阴极内含有两个或多个不同元素，点燃时，阴极负辉区能同时辐射出两种或多种元素的共振线，通过调节波长，就能在一个灯上同时进行几种元素的测定。缺点是辐射强度、灵敏度、寿命都不如单元素灯。组合越多，光谱特性越差，谱线干扰也大。

3. 无极放电灯（electrodeless discharge lamp，EDL） 无极放电灯与空心阴极灯的主要区别是将待测元素填充在一圆形石英管内，石英管置于高频线圈中心，再安装于一个绝缘套内。无极放电灯发射出的谱线强度比空心阴极灯高 100~300 倍，是一种理想的锐线光源。但由于大多数元素的蒸气压低，制成无极放电灯难度大。目前测定 As、Se、Te、Ge、Hg、Pb、Cd 等金属性较弱、熔点较低的元素时，常用无极放电灯和高强度的空心阴极灯。

（二）原子化器

原子化器（atomizer）的作用是提供能量，使试样干燥，蒸发并转化为所需要的基态原子蒸气。被测元素由试样转入气相，并转化为基态原子蒸气的过程，称为原子化过程。

原子化器的性能直接影响测定的灵敏度和重现性。因此要求其原子化效率高、记忆效应小和噪声低。原子化器主要有：火焰原子化器和非火焰原子化器两大类。

1. 火焰原子化器（flame atomizer） 是由化学火焰提供能量，使被测元素原子化的一种装置。火焰原子化器有两种类型，即全消耗型和预混合型。常用的是预混合型原子化器，它包括雾化器、雾化室和燃烧器三部分，结构如图 16-7 所示。

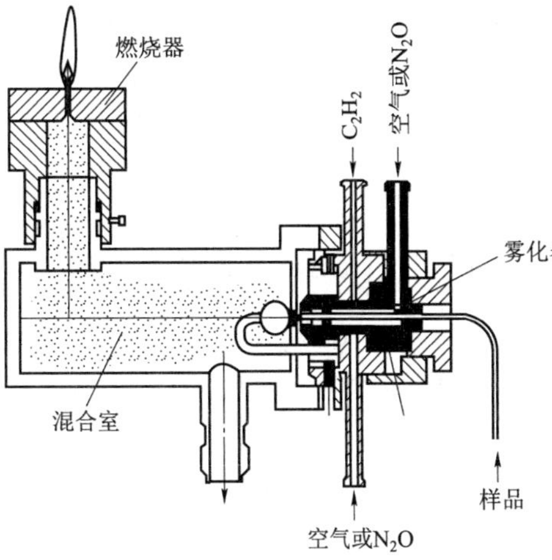

图 16-7　预混合型原子化器

（1）雾化器（nebulizer）　作用是将试液变成高度分散的雾状形式。试样雾滴越小、越细，雾化效率越高，火焰中生成的基态原子数就越多。目前多采用同轴型气动雾化器，如图 16-8 所示。影响雾化效率的因素有：试液的物理性质（如黏度、表面张力、密度等）、助燃气的压力、毛细管孔径、撞击球相对位置、温度及流速等。雾化器的雾化效率一般较低，在 10 % 左右，它是影响火焰原子化灵敏度和检出限的主要因素。

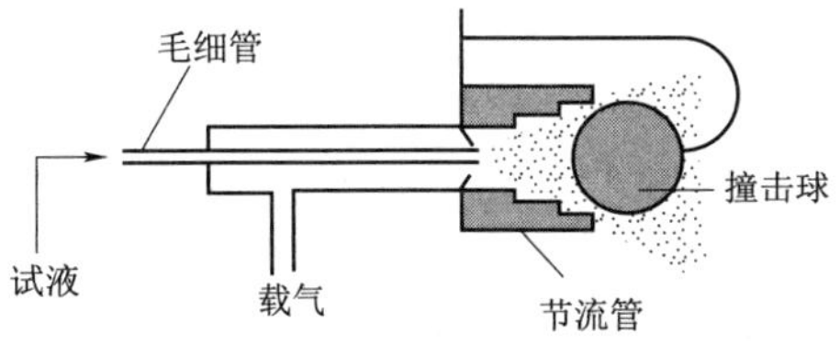

图 16-8　雾化器

（2）雾化室　又称混合室，其作用是：①使较大雾粒沉降、凝聚从废液口排除；②使细微的雾粒与燃气、助燃气均匀混合形成气溶胶，再进入火焰原子化区；③起缓冲稳定混合气压的作用，以便使燃烧器产生稳定的火焰，降低噪声。

（3）燃烧器（burner）　作用是形成火焰，使进入火焰中的试样微粒原子化。试样雾滴在火焰中，经干燥、熔融、蒸发和离解等过程后产生大量的基态原子及少量的激发态原子、离子和分子。常用的是单狭缝形燃烧器。燃烧器的高度可以上下调节，以便选择适宜的火焰原子化区域。燃气和助燃气在雾化室中预混合后，在燃烧器缝口点燃形成火焰。

原子化器的原子化能力取决于火焰的温度及火焰气体的组成。因此对不同的元素，应选择不同的恰当的火焰。燃气和助燃气种类、流量不同，火焰的最高温度也不同（表 16-2）。最常用的是乙炔-空气火焰。它能为 35 种以上元素充分原子化提供最适宜的温度。最高火焰温度约 2600K。

表 16-2　几种类型火焰及温度

火焰类型	化学反应式	最高温度（K）
丙烷-空气	$C_3H_8+5O_2 \rightarrow 3CO_2+4H_2O$	2200
氢气-空气	$2H_2+O_2 \rightarrow 2H_2O$	2300
乙炔-空气	$2C_2H_2+5O_2 \rightarrow 4CO_2+2H_2O$	2600
乙炔-氧化亚氮	$C_2H_2+5N_2O \rightarrow 2CO_2+H_2O+5N_2$	3200

火焰原子化法操作简单、快速、火焰稳定，重现性好，应用广泛。其缺点是原子化效率低（一般低于 30 %）、试液的利用率低、气态原子在光路中停留的时间很短（约 10^{-4}秒）以及燃烧气体的膨胀对基态原子的稀释等使原子吸收的灵敏度相对降低。

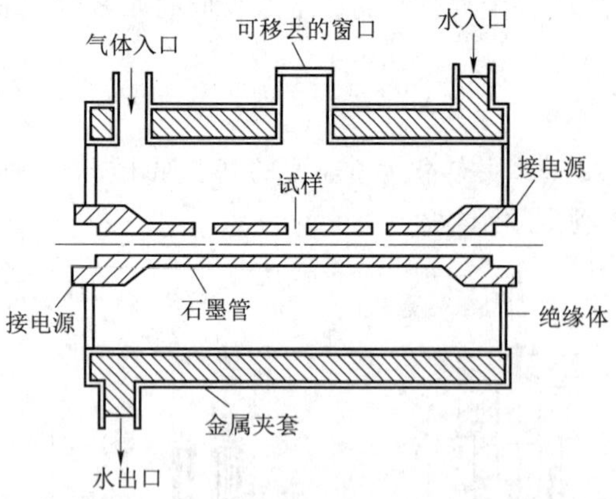

图 16-9　石墨炉原子化器示意图

2. 非火焰原子化器（flameless atomizer）

（1）石墨炉原子化器　它是一个电加热器，其原理是将石墨管作为电阻发热体，通电后温度可达到2000~3000℃，使待测元素原子化。石墨炉原子化器结构简单，性能良好，使用方便。其装置见图 16-9，石墨炉原子化器主要由炉体、石墨管及电、水、气供给系统组成。石墨管外径为 6mm，内径为 4mm，长度为 30mm 左右，管两端用铜电极夹住。试样用微量注射器直接由进样孔注入石墨管中，通过铜电极向石墨管供电。铜电极周围用水箱冷却，盖板盖上后，构成保护气室，室内通以惰性气体氩或氮，以有效地除去在干燥和挥发过程中的溶剂、基体蒸气，同时也是保护已原子化的原子不再被氧化。某些中药的铅、镉的限量检查常采用此法。

石墨炉原子化在充有惰性保护气的气室内，在强还原性石墨介质中进行，有利于难溶氧化物的原子化；试样用量少，固体试样几毫克，液体试样几微升。甚至可不经过前处理直接进行分析，尤其适于生物试样的分析；试样全部蒸发，原子化效率几乎达 100 %；原子在测定区的有效停留时间长，约 10^{-1}秒。几乎全部试样参与光吸收，灵敏度高。但由于有较强的背景吸收，测定精密度不如火焰原子化法。石墨炉原子化法与火焰原子化法的比较见表 16-3。

表 16-3　火焰原子化法与石墨炉原子化法的比较

方法	火焰原子化法	石墨炉原子化法
原子化热源	化学火焰能	电热能
原子化温度	相对较低（一般<3000℃）	相对较高（可达 3000℃）
原子化效率	较低（<30 %）	高（>90 %）
进样体积	较多（1~5ml）	较少（1~50μl）
讯号形状	平顶形	尖峰状
检出限	高，Cd：0.5ng/ml Al：20ng/ml	低，Cd：0.002ng/ml Al：1.0ng/ml
重现性	较好 RSD 为 0.5 %~1.0 %	较差 RSD 为 1.5 %~5.0 %
基体效应	较小	较大

（2）低温原子化器　常用的有冷蒸气发生原子化器和氢化物发生原子化器。其原子化温度为室温至摄氏几百度。①冷蒸气发生原子化器专门用于汞的测定，由冷蒸气发生器和石英吸收池组成。汞在室温下，有较大的蒸气压，沸点仅为 357℃，它在常温常压下易形成汞原子蒸气。只要对试样进行适当的化学预处理还原出汞原子，然后由载气（Ar 或 N_2，也可用空气）将汞原子蒸气送入石英吸收管中直接进行测定。重金属汞的限量检查采用此法。②氢化物发生原子化器由氢化物发生器和原子吸收池组成。有一些元素（如 Hg、Ge、Sn、Pb、As、Sb、Bi、Se 和 Te 等）采取液体进样时，无论是火焰原子化或石墨炉原子化均不能得到较好的灵敏度。但在一定酸度下，用 KBH_4或 $NaBH_4$将这些元素还原成极易挥发、易受热分解的氢化物，载气将这些氢化物送入石英管后，在低温下即可进行原子化。此法检出限要比火焰法低 1~3 个数量级，且选择性好，基体干扰少。某些中药中砷的限量检查采用此法。

（三）单色器

单色器的作用是将所需的共振吸收线与邻近干扰线分离。然后通过对出口狭缝的调节使非分析线被阻隔，只有被测元素的共振线从出口狭缝出，进入检测器。由于原子吸收谱线本身比较简单，原子吸收分光光度计采用锐线光源，吸收值测量采用峰值吸收测定法，因而对单色器分辨率的要求不是很高。为了防止原子化时产生的辐射不加选择地都进入检测器，以及避免光电倍增管的疲劳，单色器通常配置在原子化器后（这是与分子吸收的分光光度计主要不同点之一）。单色器中的关键部件是色散元件，现多用光栅。以多个元素灯组合的复合光源，配以中阶梯光栅与棱镜组合的分光系统，基本可以满足多元素同时测定的要求。

（四）检测系统

检测系统主要由检测器、放大器、对数变换器、显示装置所组成。

检测器的作用是将单色器分出的光信号进行光电转换，常用光电倍增管。电荷耦合器件（CCD）、电荷注入器件（CID）、光电二极管阵列（PDA）以及其他类型的固态检测器（SSD）能同时获得多个波长下的光谱信息，适用于多元素的同时测定。放大器的作用是将光电倍增管输出的电压信号放大。对数变换器是将吸收前后的光强度的变化与试样中待测元素的浓度的关系进行对数变换。显示装置是将测定值显示出来。一些现代高级原子吸收分光光度计还设有标度扩展、背景自动校正、自动取样等装置，并用微机控制。

二、原子吸收分光光度计的类型

目前最常用的原子吸收分光光度计按光束分为单光束型原子吸收分光光度计和双光束型原子吸收分光光度计，此外还有同时测定多元素的多波道型原子吸收分光光度计。

（一）单光束原子吸收分光光度计

单道单光束型仪器只有一个空心阴极灯，外光路只有一束光，一个单色器和检测器，见图 16-10（a）。这种仪器结构简单，共振线在传播过程中辐射能损失较少，单色器能获得较大亮度，故有较高的灵敏度，价格低廉，便于维护。其缺点是由于光源辐射不稳定所引起的基线漂移。为获得较为稳定的光束，元素灯往往要充分预热 20~30 分钟，在测量过程中还需注意校正基线，以免引进系统误差。

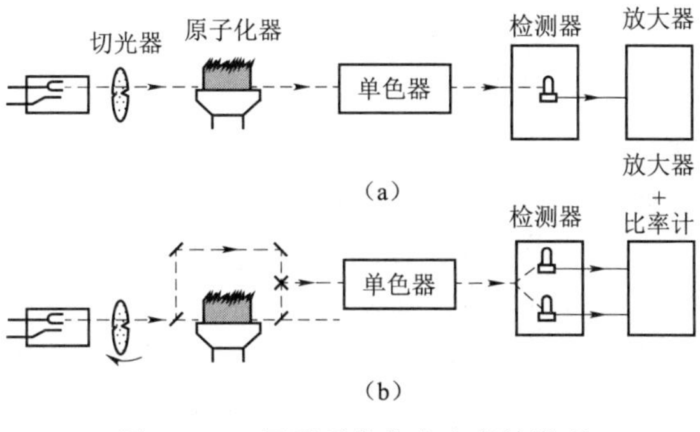

图 16-10 原子吸收分光光度计类型

（a）单光束分光光度计（b）双光束分光光度计

（二）双光束原子吸收分光光度计

由光源发射的共振线被切光器分解成两束光，一束测量光通过原子化器，另一束光作为参比不通过原子化器，两束光交替进入单色器，然后进行检测，见图 16-10（b）。由于两束光均由同一光源发出，检测系统输出的信号是这两光束的信号差。因此光源的任何漂移及检测器灵敏度的变动，都将由于参比光束的作用得到补偿。其缺点是仍不能消除原子化系统的不稳定和背景吸收的影响，而且仪器结构复杂，价格较贵。

第三节　实验方法

PPT

一、测定条件的选择

1. 试样用量及处理　原子吸收分光光度法的取样量应根据待测元素的性质、含量、分析方法及要求的精度来确定。在火焰原子化法中，应该在保持燃气和助燃气一定比例与一定的总气体流量的条件下，测定吸光度随喷雾试样量的变化，达到最大吸光度的试样喷雾量，就是应当选取的试样喷雾量。进样量过小，信号太弱；过大，在火焰原子化法中，对火焰会产生冷却效应，吸光度下降。在实际工作中，通过实验测定吸光度值随进样量的变化，选择合适的进样量。处理试样时要防止试样的污染，污染的主要来源是水、容器、试剂和空气。用来配制对照品溶液的试剂不能含有被测元素，其基体组成应尽可能地与被测试样接近。处理试样时要避免被测元素的损失。

2. 分析线　通常选择共振吸收线作为分析线（analytical line），因为共振吸收线一般也是最灵敏的吸收线。但是并不是在任何情况下都一定要选用共振吸收线作为分析线。例如，Hg、As、Se 等的共振吸收线位于远紫外区，火焰组分对其有明显吸收，故用火焰法测定这些元素时就不宜选择其共振吸收线作分析线。又如在分析较高浓度的试样时，有时宁愿选取灵敏度较低的谱线，以便得到合适的吸收值来改善校正曲线的线性范围。而对于微量元素的测定，就必须选用最强的共振吸收线。另外当被测定元素的共振吸收线与其他共存杂质元素的发射或吸收线重叠时，将产生干扰。应通过实验，选择最适宜的分析线。首先扫描空心阴极灯的发射光谱，了解有哪几条可供选用的谱线，然后喷入试液，查看这些谱线的吸收情况，应该选用不受干扰而吸收值适度的谱线作为分析线。

3. 狭缝宽度　在原子吸收分光光度法中，谱线重叠干扰的概率小，因此允许使用较宽的狭缝，有利于增加灵敏度，提高信噪比。合适的狭缝宽度可由实验方法确定，即将试液喷入火焰中，调节狭缝宽度，并观察相应的吸光度变化，吸光度大且平稳时的最大狭缝宽度即为最宜狭缝宽度。对于谱线简单的元素（如碱金属、碱土金属）通常可选用较大的狭缝宽度；对于多谱线的元素（如过渡金属、稀土金属）要选择较小的狭缝，以减少干扰，改善线性范围。

4. 空心阴极灯的工作电流　空心阴极灯的辐射强度与工作电流有关。灯电流过低，放电不稳定，谱线输出强度低；灯电流过大，发射谱线变宽，导致灵敏度下降，灯的寿命也会缩短。一般来说，在保证放电稳定和足够光强的条件下，尽量选用低的工作电流。通常选用最大电流的 1/2～2/3 为工作电流。在实际工作中，通过绘制吸光度-灯电流曲线选择最佳灯电流。

5. 原子化条件的选择　待测元素的原子化是原子吸收分光光度法的关键，原子化效率的高低及稳定性将影响测定的灵敏度和重现性。实际分析工作中，必须优化原子化条件。

（1）火焰类型和状态、燃烧器高度和雾化器的调节　对一般元素，可选用中温火焰如空气-乙炔火焰；对于分析线在 200nm 以下的短波区的元素如 Se、P 等，由于烃类火焰有明显吸收，宜选用空气-氢火焰。对于易电离元素如碱金属和碱土金属，不宜采用高温火焰。反之，对于易形成难离解氧化物的元素如 B、Be、Al、Zr、稀土等，则应采用高温火焰如氧化亚氮-乙炔火焰。还可以通过调节燃气与助燃气的比例，燃烧器的高度来获得所需要的火焰类型、特性及最佳分析区域。调节燃烧器高度可控制光束通过自由原子浓度最大的火焰区域。火焰自下而上划分为：干燥区、蒸发区、原子化区和电离化合区。原子化区中含有较高的自由原子，位于火焰的中间部位，光束在这一区域通过时可提高测量灵敏度和稳定性。

（2）石墨炉原子化法的分析条件主要是选择程序升温的温度和时间　石墨炉原子化程序要经过干燥、灰化、原子化和净化几个阶段。干燥避免使用过高温度，温度一般为 80～130℃，应使试液快速蒸发而不沸腾；时间可根据进样体积选定。含有大量可溶盐的溶液及生物组织样品需要较长的干燥时间，应采用梯度升温干燥。灰化的作用是破坏和蒸发除去基体组分，减少或消除基体干扰。灰化的温度可在几百至一千多摄氏度范围内选择，时间约几十秒。原子化温度应选择吸收信号最大时的最低温度，一般温度范围为 1500~3000℃。原子化时间为 5~10 秒，在保证待测元素完全原子化前提下，应选择较短的原子化时间，以利延长石墨管的使用寿命。净化的作用是清除石墨管内的残留物，一般采用约 3000℃，时间 3~5 秒。

二、干扰及其抑制

（一）干扰的分类

原子吸收分光光度法与其他分析方法相比，具有选择性好、干扰少等特点。但在某些情况下干扰问题仍不容忽视。干扰效应主要有电离干扰、物理干扰、化学干扰和光学干扰。

1. 电离干扰（ionization interference）　是在高温条件下，由于原子的电离而引起的干扰，使待测元素的基态原子数减少，测定结果偏低。火焰温度越高，电离干扰越严重。

加入消电离剂（易电离元素），可以有效地抑制和消除电离干扰效应。常用的消电离剂是碱金属元素。例如测定 Ca 时加入一定量的消电离剂 KCl，可以消除 Ca 的电离干扰。

2. 物理干扰（physical interference）　试样在处理、转移、蒸发和原子化过程中，由于试样物理特性的变化引起吸光度下降的效应。在火焰原子化法中，试液的黏度、表面张力、溶剂的蒸气压、雾化气体压力、取样管的直径和长度等将影响吸光度。在石墨炉原子化法中，进样量大小，保护气的流速等均影响吸光度。物理干扰是非选择性干扰，对试样中各元素的影响基本上是相似的。

消除物理干扰常用方法有：配制与被测试样溶液有相似物理性质的对照品溶液或采用标准加入法都可以有效的抑制或消除物理干扰。

3. 化学干扰（chemical interference）　是指待测元素在溶液或气相中与其他共存组分之间发生化学反应而生成难挥发或难离解的化合物而产生的干扰。它主要影响被测元素的原子化过程的定量进行，使参与的基态原子数减少而影响吸光度，使测定结果偏低。化学干扰是原子吸收分析的主要干扰来源。

消除化学干扰的方法要视情况而定。常用的有效方法如下。

（1）加入释放剂（releasing agent）　释放剂与干扰组分生成比被测元素更稳定或更难挥发的化合物，使被测元素从其与干扰物质形成的化合物中释放出来。例如磷酸盐干扰 Ca 的测定，当加入 La 或 Sr 之后，La 和 Sr 同磷酸根结合而将 Ca 释放出来。

（2）加保护剂（protective agent）　保护剂与被测元素形成稳定的又易于分解和原子化的化合物，以防止被测定元素和干扰元素之间的结合。例如，加入 EDTA，与被测元素 Ca、Mg 形成配合物从而抑制了磷酸根对 Mg、Ca 的干扰。

（3）加入干扰元素　将过量的干扰元素（称为缓冲剂）分别加入试样和标准溶液中，使干扰达到饱和而趋于稳定，且基体一致也可消除干扰。

（4）其他　适当提高原子化温度也可以抑制或避免某些化学干扰。例如采用高温氧化亚氮-乙炔火焰，使某些难挥发、难离解的金属盐类、氧化物、氢氧化物的原子化效率提高。如上述方法都无法消除干扰，则需考虑对试样进行预先分离。

4. 光学干扰（spectral interference）　主要包括光谱线干扰和非吸收线干扰。光谱线干扰是在所选光谱通带内，试样中共存元素的吸收线与被测元素的分析线接近或重叠而产生的干扰，使分析结果偏高。例如测定 Fe 271.903nm 时，Pt 271.904nm 有重叠干扰。

（二）消除干扰的办法

选择待测元素的其他吸收线（如选用 Fe 248.33nm 为分析线可消除 Pt 的干扰）或用化学方法分离干扰元素。

非吸收线干扰是一种背景吸收干扰，它指原子化过程中生成的气体分子、氧化物、盐类等对共振线的吸收及微小固体颗粒使光产生散射而引起的干扰。它是一种宽带吸收，干扰较严重。例如在空气-乙炔火焰中，Ca 形成 $Ca(OH)_2$，在 530~560nm 有吸收，干扰 Ba 553.6nm 的测定。火焰燃烧中的分解产物也产生宽带背景干扰，在250nm以下较明显。

现在的原子吸收分光光度计大多配有背景校正装置，主要有邻近非共振线校正、连续光源校正（在紫外区常用氘灯）、塞曼（Zeeman）效应校正等。邻近非共振线校正是用分析线测量原子吸收与背景吸收的总吸光度，再选一条与分析线邻近的非吸收线，测得背景吸收。两次吸光度值相减，即校正了背景的干扰。连续光源校正装置使用锐线光源与氘灯，采用双光束外光路，斩光器使入射强度相等的锐线辐射和连续辐射交替地通过原子化吸收区，用锐线光源测定的吸光度值为原子吸收和背景吸收的总吸光度，而用氘灯测定的吸光度仅为背景吸收，两者之差即是经过背景校正后的被测定元素的吸光度值。塞曼效应校正背景是利用在磁场作用下简并的谱线发生裂分的现象进行的。磁场将吸收线分裂为具有不同偏振方向的组分，利用这些分裂的偏振成分来区别被测元素和背景的吸收。

三、定量分析方法

微课

原子吸收分光光度法常用的定量分析方法有标准曲线法、标准加入法和内标法。

1. 标准曲线法 是最常用的分析方法。配制一系列不同浓度待测元素的对照品溶液，同时以相应试剂制备空白对照溶液，在选定的操作条件下，依次测定空白对照液和对照品溶液的吸光度值A，绘制$A-c$标准曲线，计算线性回归方程。在相同条件下，测定供试品的吸光度，根据标准曲线或线性回归方程求得供试品中被测元素的浓度或含量。此法简便、快速，适于大批量组成简单和相似样品的分析测定。

2. 标准加入法 标准加入法（standard addition method）又称直线外推法，当试样基体影响较大，又没有基体空白，或测定纯物质中极微量的元素时，可以采用标准加入法。取相同体积试样若干份，其中一份不加被测元素的对照品，其余分别精密加入不同浓度的待测元素对照品溶液，最后稀释至相同的体积，制成从零开始递增的一系列溶液：c_x+0，c_x+c_s，c_x+2c_s，$\cdots c_x+nc_s$，在相同条件下分别测得它们的吸光度为A_x，A_1，A_2，$\cdots A_n$，以吸光度A对浓度c_s作图，延长此直线至与浓度轴的延长线相交，此交点与原点间的距离即相当于供试品溶液取样量中待测元素的浓度或含量。

3. 内标法 系在对照品溶液和供试品溶液中分别加入一定量的试样中不存在的第二元素作内标元素（例如测定Cd时可选内标元素Mn），同时测定溶液中待测元素和内标元素的吸光度，计算比值，绘制$A_s/A_{内}-c$标准曲线。A_s、$A_{内}$分别为标准溶液中被测元素和内标元素的吸光度，c为标准溶液中被测元素的浓度。再根据试样溶液的$A_x/A_{内}$，从标准曲线上可求出试样中被测元素的浓度。

内标元素应与被测元素在原子化过程中具有相似的特性。内标法可消除在原子化过程中由于实验条件（如燃气及助燃气流量、基体组成、表面张力等）变化而引起的误差。但内标法的应用需要使用双波道型原子吸收分光光度计。

知识链接

特征灵敏度

在微量、痕量甚至超痕量分析中，灵敏度与检出限是评价分析方法与仪器性能的重要指标。通常灵敏度就是工作曲线的斜率，表明吸光度对浓度的变化率，变化率愈大，方法的灵敏度愈高。在原子吸收分光光度分析中，更习惯用1%吸收灵敏度表示，也称特征灵敏度（characteristic sensitivity）。其定义为能产生1%吸收（或吸光度为0.0044）信号时所对应的被测元素的浓度（用于火焰原子吸收法）或被测元素的质量（用于石墨炉原子吸收法）。1%吸收灵敏度愈小，方法灵敏度愈高。

四、应用示例

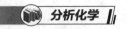

原子吸收分光光度法广泛应用于中药材、生物样品、食物、化妆品及环境（如空气、水、土壤）等

试样中金属和类金属的含量测定。铁、锌、铜、锰、铬、钼、硒、镍、矾、锶、锡、硅、碘、氟、硼等30余种被认为是生命必需元素，而铍、铅、镉、汞、砷、锑等通常认为是有害元素，这些元素与生理机能或疾病有关。

（一）中药材的测定

《中国药典》（2020年版）进一步加强了对中药材及饮片中重金属及有害元素的含量控制，对28个品种的中药材（如人参、三七、当归、甘草、黄芪等）要求进行铜、铅、镉、砷、汞的限量检查。采用的方法之一为原子吸收分光光度法。

（二）生物试样的测定

通过对人体毛发、血液、组织中微量元素的测定来研究病因、病机。微量元素含量水平可为机体健康水平、职业中毒诊断与疗效观察及地方病的防治与诊断提供重要的参考依据。血和尿中铍、镉、汞、铅、铬、镍、硒以及尿液和头发中的锌等元素的原子吸收光谱测定方法已成为卫生部门推荐的标准方法。

（三）空气样品的测定

空气中汞、铅、铊、砷、钴及其化合物、锰及其化合物、镍及其化合物、锡及其无机化合物、氧化锌、氧化镉、氧化镁等的原子吸收光谱测定方法已成为国家标准方法或推荐标准方法。

例如空气中砷及其化合物可用氢化物发生原子吸收光谱法测定。微孔滤膜采样，经消解后，与硼氢化钠反应生成砷化氢，导入火焰加热的石英原子化器中，在波长193.7nm下测定。

（四）水样的测定

进入水体的环境金属污染物主要来源于地质风化、矿物冶炼、金属制品的应用等。目前水体中常见的金属污染物汞、铜、铅、锌等，皆可用原子吸收分光光度法测定。

本章小结

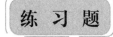

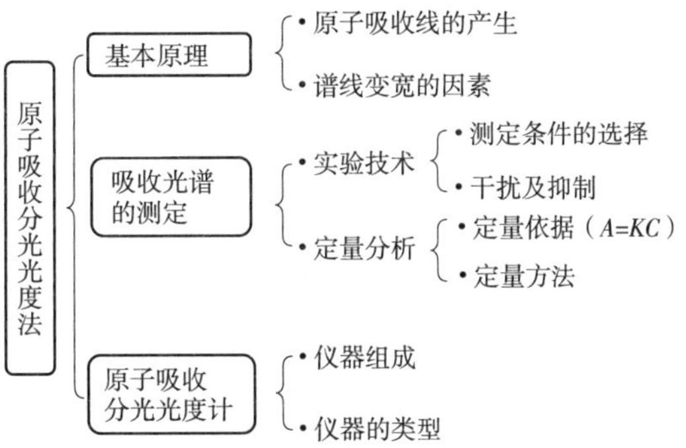

练习题

题库

1. 简述原子吸收分光光度计有哪些主要部件及各部件的作用。

2. 何为锐线光源？在原子吸收分光光度法中，为什么使用锐线光源？

3. 有哪几种主要因素可使谱线变宽？

4. 原子吸收分析中为什么选择共振线作为吸收线？

5. 用原子吸收分光光度法分析某尿液试样中铜的含量，分析线324.8nm。测得数据如下，用标准加入法计算试样中铜的浓度。

加入 Cu 的浓度（μg/ml）	0（试样）	2.000	3.000	4.000	5.000	6.000	7.000	8.000
吸光度（A）	0.280	0.440	0.520	0.600	0.678	0.757	0.834	0.912

6. 称取某药材 0.5g，经消化处理后稀释至 25ml 量瓶中，采用原子吸收分光光度法测定其 Zn 的含量。分析线 213.5nm 处测得数据如下。样品在相同条件下，测得吸光度值为 0.356。请用标准曲线法或回归方程法计算药材中 Zn 的含量。

Zn 的浓度（μg/ml）	0.100	0.200	0.400	0.600	0.800
吸光度（A）	0.175	0.283	0.475	0.688	0.876

（洪　霞）

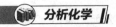

第十七章

色谱分析法概论

学习导引

知识要求

1. **掌握** 色谱过程、色谱流出曲线和相关概念、塔板理论和速率理论。
2. **熟悉** 色谱法的基本类型及分离机制。
3. **了解** 色谱分析法的特点及发展概况。

能力要求

熟练掌握色谱法的塔板理论和速率理论，以此理论为指导能够解决在实际分析过程中遇到的各种问题；学会应用基本类型色谱方法及其分离机制分析和解决药学领域中相关的分离、分析问题。

素质要求

通过色谱分析法的基本概念、基本原理和基本技能的学习，培养学生不断创新，以发展的眼光看待问题、分析问题和解决问题的思维方法；通过丰富的色谱化学史实，培养学生的科学探究精神和科学态度。

色谱分析法简称色谱法（chromatography），它是一种物理或物理化学分离分析方法。色谱法可以先将混合物中的各个组分分离，然后逐一进行分析。它是分析复杂混合物最常用的方法，具有高灵敏度、高选择性、高分离效能、分析速度快及应用范围广等特点。色谱法由茨维特（Tswett）创始于 1903 年，他将碳酸钙颗粒装入直立的玻璃管内，从顶端加入用石油醚溶解的植物色素提取液，然后用石油醚由上而下进行冲洗。结果在管内不同部位呈现不同颜色的色带，1906 年茨维特在发表的论文中将其命名为色谱。管内的填充物碳酸钙颗粒称为固定相（stationary phase），冲洗剂石油醚称为流动相（mobile phase）。其后，色谱法不但用于有色物质的分离，而且广泛用于无色物质的分离，但色谱法的名称一直沿用至今。

从茨维特提出“色谱”这一概念至今已有一个多世纪的历史，20 世纪 30—40 年代相继出现薄层色谱法、纸色谱法及离子交换色谱法后，使色谱法成为一门重要的分离分析技术。50 年代，马丁（Martin）和辛格（Synge）等人发展了气-液分配色谱法，提出著名的塔板理论。气相色谱法的兴起，提高了色谱法分离与在线分析的水平，奠定了现代色谱法的基础，1956 年，范第姆特（Van Deemter）等发表了描述色谱过程的速率理论，并应用至气相色谱。60 年代出现了气相色谱-质谱联用技术，有效地弥补了色谱法定性能力差的弱点。十年后，出现了高效液相色谱法，为难挥发、热不稳定及高分子组分的分析提供了有力手段。80 年代是各种色谱技术高速发展时期，在此期间，液相色谱各种联用技术相继问世。80 年代以后，毛细管柱应用于超临界流体色谱技术中，80 年代末，毛细管电泳得到快速发展。1992 年，模拟移动床色谱首次用于手性拆分。目前，色谱法在生命科学、材料科学、环境科学、医药卫生等领域具有广泛的应用。

第一节　色谱过程和基本概念

PPT

一、色谱过程

微课

色谱分离操作必须具备相对运动的两相，其中固定不动的一相称为固定相，携带样品向前移动的一相称为流动相。混合物中的各组分，随流动相经过固定相时，与固定相发生相互作用。由于各组分的结构和性质不同，其与固定相作用的类型、强度也不同，结果在固定相上的滞留程度产生差别，即被流动相携带向前移动的速度不等而产生差速迁移，最终实现分离。

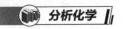

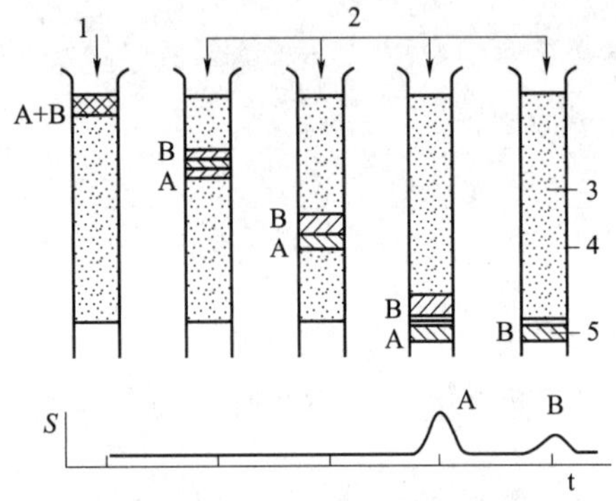

图 17-1　色谱过程示意图
1. 样品；2. 流动相；3. 固定相；
4. 色谱柱；5. 检测器

色谱过程是物质分子在相对运动的两相间多次“分配平衡”的过程。以吸附柱色谱为例说明色谱过程（图 17-1），首先把含有 A、B 两组分的样品加到色谱柱顶端，A、B 均被吸附剂吸附到固定相上。然后用适当的流动相（洗脱剂）冲洗色谱柱，当流动相流过时，已被吸附在固定相上的两种组分又溶解于流动相中，而被解吸出固定相，并随流动相向前移行。流动相中已解吸的组分又遇到新的吸附剂颗粒，再次被吸附。组分在两相之间一直处于吸附、解吸、再吸附、再解吸的重复过程。如果 A、B 两组分的结构和理化性质存在细微的差异，则其在吸附剂上的吸附能力以及在流动相的溶解能力存在微小差异，图 17-1 中吸附能力较弱的 A 组分，随流动相移行较快，而吸附能力较强的 B 组分，随流动相移行较慢。经过反复多次的重复，吸附能力弱的 A 组分在柱中停留时间短先从色谱柱中流出，吸附能力强的 B 组分在柱中停留时间长后从色谱柱中流出，从而使两组分得到分离。

二、色谱流出曲线和相关概念

（一）色谱流出曲线和色谱峰

1. 色谱流出曲线　是由检测器输出的电信号强度对时间作图所绘制的曲线，又称为色谱图（chromatogram）。它反映被分离的各组分从色谱柱被洗脱出的浓度或质量随时间的变化。

2. 基线（baseline）　是在操作条件下，没有组分流出时的流出曲线。稳定的基线应是一条平行于横轴的直线，如图 17-2 中的 OO'所示。基线反映仪器（主要是检测器）的噪音随时间的变化。

3. 色谱峰（peak）　是色谱流出曲线上的突起部分，即组分通过检测器所产生的响应信号。正常色谱峰为正态分布曲线，依此点横坐标为中心，曲线对称地向两侧单调、快速下降。不正常色谱峰有前沿峰和拖尾峰。前沿峰前沿平缓，后沿陡峭；拖尾峰前沿陡峭后沿平缓。

4. 对称因子（symmetry factor，f_s）　用于衡量色谱峰的对称与否，又称拖尾因子。对称因子用于衡量色谱峰的对称性，用下式进行计算：

$$f_s=\frac{W_{0.05h}}{2A}=\frac{(A+B)}{2A} \tag{17-1}$$

式（17-1）中，$W_{0.05h}$为 0.05 倍峰高处色谱峰的宽度；A、B 分别为在该处的色谱峰前沿和后沿与色谱峰顶点至基线的垂线之间的距离，如图 17-3 所示。对称因子 f_s 在 0.95~1.05 之间的色谱峰为对称峰，小于 0.95 为前沿峰，大于 1.05 为拖尾峰。

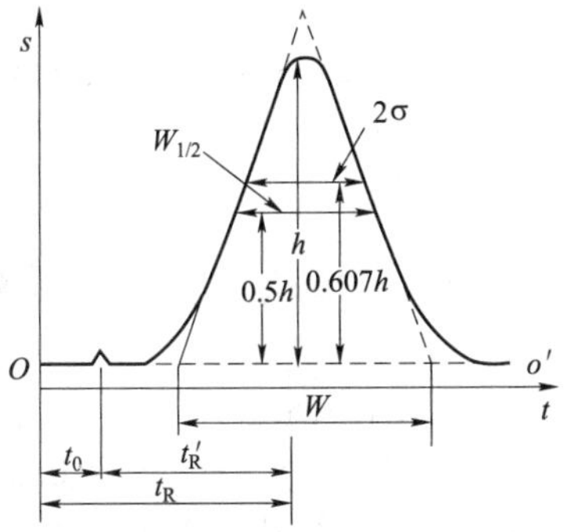

图 17-2　色谱流出曲线和区域宽度

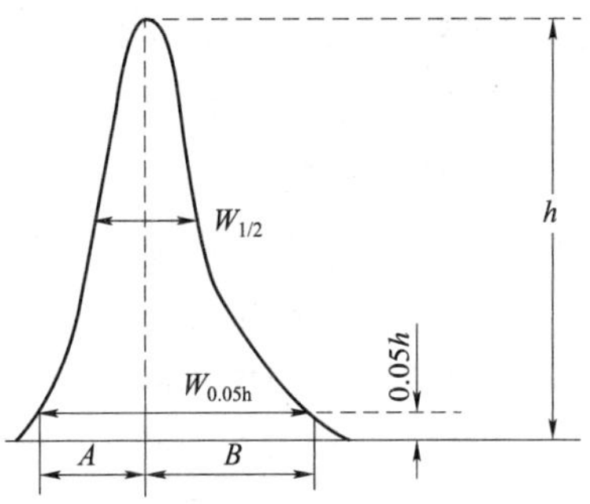

图 17-3　对称因子计算示意图

（二）保留值

1. 保留时间（retention time，t_R） 是从进样开始，到某组分在柱后出现浓度极大时所经过的时间，即从进样开始到色谱峰顶点的时间间隔。保留时间是色谱法的基本定性参数。

2. 死时间（dead time，t_0） 是分配系数为零的组分的保留时间，即不被固定相吸附或不溶解于固定相的组分的保留时间。

3. 调整保留时间（adjusted retention time，t'_R） 是某组分由于溶解（或被吸附）于固定相，比不溶解（或不被吸附）的组分在柱中多停留的时间。调整保留时间与保留时间和死时间的关系为：

$$t'_R = t_R - t_0 \tag{17-2}$$

由式（17-2）可知，组分在色谱柱中的保留时间 t_R 包括组分在流动相中并随其通过色谱柱所需的时间和组分在固定相中的滞留时间，调整保留时间 t'_R 为组分在固定相中的滞留时间。

4. 保留体积（retention volume，V_R） 是从进样开始到某个组分在柱后出现浓度极大时，所需通过色谱柱的流动相体积。保留体积与保留时间和流动相流速 F_c 的关系为：

$$V_R = t_R \cdot F_c \tag{17-3}$$

5. 死体积（dead volume，V_0） 是由进样器至检测器的流路中未被固定相占有空间的容积。死体积是固定相颗粒间隙、导管容积和检测器内腔容积的总和。死体积与死时间和流动相流速 F_c 的关系为：

$$V_0 = t_0 \cdot F_c \tag{17-4}$$

6. 调整保留体积（adjusted retention volume，V'_R） 是由保留体积扣除死体积后的体积。

$$V'_R = V_R - V_0 = t'_R \cdot F_c \tag{17-5}$$

调整保留体积与流动相流速无关，是色谱法的基本定性参数之一。

7. 相对保留值（relative retention，r） 是两组分的调整保留值之比，它是色谱系统的分离选择性指标。组分 2 对组分 1 的相对保留值用下表示：

$$r_{2,1} = \frac{t'_{R_2}}{t'_{R_1}} = \frac{V'_{R_2}}{V'_{R_1}} \tag{17-6}$$

8. 保留指数（retention index，I） 以正构烷烃系列为组分相对保留值的标准，即用两个保留时间紧邻待测组分的基准物质来标定组分的保留行为，其相对值称为保留指数，又称 Kovats 指数，它是气相色谱法中的定性参数，其定义式为：

$$I_x = 100\left[z + n\frac{\lg t'_{R(x)} - \lg t'_{R(z)}}{\lg t'_{R(z+n)} - \lg t'_{R(z)}}\right] \tag{17-7}$$

式（17-7）中，I_x 为被测组分的保留指数，z 与 $z+n$ 为正构烷烃对的碳原子数。n 可为 1、2、3、…，通常为 1。且人为规定：正己烷、正庚烷及正辛烷的保留指数分别为 600、700、800，以此类推。

（三）色谱峰高和色谱峰面积

1. 色谱峰高（peak height，h） 是组分在柱后出现浓度极大时的检测信号，即色谱峰顶至基线的垂直距离，简称峰高。

2. 色谱峰面积（peak area，*A*） 是色谱峰流出曲线与基线间所包围的面积，简称峰面积。

峰高和峰面积都是色谱法的定量分析参数。

（四）色谱峰区域宽度

色谱峰区域宽度是衡量色谱峰展宽程度的色谱参数之一，它反映色谱柱的柱效高低，区域宽度越小，柱效越高。色谱峰区域宽度常有三种表示方法。

1. 标准差（standard deviation，σ） 是正态色谱流出曲线上两拐点间距离之半。σ 的大小表示组分被带出色谱柱的分散程度。σ 越大，组分越分散；反之越集中。对于正常峰，标准差 σ 为 0.607 倍峰高处的峰宽之半。由于 $0.607h$ 不易测量，所以区域宽度又常用半峰宽和峰宽来描述（图 17-2）。

2. 半峰宽（peak width at half height，$W_{1/2}$） 是峰高一半处色谱峰的宽度。半峰宽与标准差的关系为：

$$W_{1/2}=2.355\sigma \tag{17-8}$$

3. 峰宽（peak width，*W*） 是通过色谱峰两侧拐点作切线在基线上所截得的距离。峰宽与标准差或半峰宽的关系为：

$$W=4\sigma \quad 或 \quad W=1.699W_{1/2} \tag{17-9}$$

（五）分离效能指标

课堂互动

分离度的意义是什么？为什么中国药典规定在进行定量分析时，要求分离度必须满足 $R\geqslant1.5$？

分离度（resolution，*R*）又称分辨率；是相邻两色谱峰保留时间之差与两色谱峰峰宽均值之比。

$$R=\frac{(t_{R_2}-t_{R_1})}{(W_1+W_2)/2}=\frac{2(t_{R_2}-t_{R_1})}{(W_1+W_2)} \tag{17-10}$$

式（17-10）中，t_{R_1}、t_{R_2}分别为组分 1 色谱峰的保留时间和组分 2 色谱峰的保留时间。W_1、W_2分别为组分 1 色谱峰的峰宽和组分 2 色谱峰的峰宽。

设两色谱峰均为正常峰，且两组分色谱峰宽近似相等，即 $W_1\approx W_2=4\sigma$。当 $R=1.0$ 时，两峰峰基稍有重叠，裸露峰面积为 95.4%（$t_R\pm2\sigma$），此种分离状态称为 4σ 分离。只有当 $R=1.5$ 时，两色谱峰才能完全分离，裸露峰面积达 99.7%（$t_R\pm3\sigma$），两峰尖距为 6σ，称为 6σ 分离，如图 17-4 所示。定量分析时，为了获得较高的精密度和准确度，《中国药典》（2020 年版）规定：$R\geqslant1.5$。

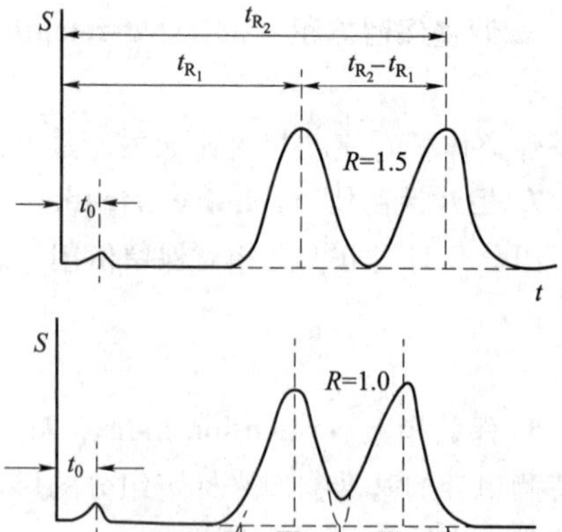

图 17-4　分离度示意图

三、分配系数和色谱分离

色谱过程是组分分子在相对运动的两相间多次分配的过程，这种分配过程常用分配系数和保留因子来描述。

（一）分配系数和色谱分离

1. 分配系数（distribution coefficient，*K*） 在一定温度和压力下，达到分配平衡时，组分在固定相（s）与流动相（m）中的浓度（c）之比。其表达式为：

$$K=\frac{c_s}{c_m}=\frac{X_s/V_s}{X_m/V_m} \tag{17-11}$$

K值除了与温度、压力有关外，还与组分的性质、固定相和流动相的性质有关。K值的大小表明组分分子与固定相分子间作用力的大小。K值小的组分在柱中滞留的时间短，较早地流出色谱柱；反之，K值大的组分在柱中滞留的时间长，较迟地流出色谱柱。因此，组分分配系数的差异，是实现色谱分离的先决条件，分配系数相差越大，越容易实现分离。

2. 保留因子（retention factor，k） 在一定温度和压力下，达到分配平衡时，组分在固定相和流动相中的质量（m）之比，又称为质量分配系数，曾称为容量因子。

$$k=\frac{m_s}{m_m} \tag{17-12}$$

保留因子不仅与温度和压力有关，还与固定相和流动相的体积有关：

$$k=\frac{m_s}{m_m}=\frac{c_sV_s}{c_mV_m} \tag{17-13}$$

式（17-13）中，V_m为色谱柱中流动相的体积，可近似等于死体积V_0；V_s为色谱柱中固定相的体积，在不同类型的色谱法中含义不同。

3. 分配系数和保留因子的关系 由式（17-11）及式（17-13）可得：

$$k=K\frac{V_s}{V_m} \tag{17-14}$$

（二）色谱过程方程

若流动相线速度为u，组分的移行的平均线速度为v，两者的比值称为保留比R'（phase ratio），数学表达式为：

$$R'=\frac{v}{u}$$

在柱色谱定距展开中，$v=\frac{L}{t_R}$，$u=\frac{L}{t_0}$，L为色谱柱柱长，则

$$R'=\frac{t_0}{t_R} \tag{17-15}$$

死时间t_0近似于组分在流动相中的时间t_m，t_R为组分在流动相中的时间t_m和在固定相中的时间t_s之和。而组分只有出现在流动相中时，才能随流动相向前移行。对于某组分总体分子而言，保留比与组分分子在流动相中的分数有关：

$$R'=\frac{t_m}{t_m+t_s}=\frac{N_m}{N_m+N_s}=\frac{c_mV_m}{c_mV_m+c_sV_s}$$

所以有

$$R'=\frac{1}{1+k} \quad 或 \quad \frac{1}{R'}=1+k \tag{17-16}$$

由式（17-15）和式（17-16）可得：

$$t_R=t_0(1+k) \tag{17-17}$$

或

$$t_R=t_0\left(1+K\frac{V_S}{V_m}\right) \tag{17-18}$$

式（17-18）称为色谱过程方程，它是色谱法最基本的公式之一，表示保留时间与分配系数的关系。由该式可见，色谱柱一定时，即V_s和V_m一定时，如果温度、流速也一定，则死时间t_0一定。此时，保留时间t_R仅决定于分配系数K，K大的组分保留时间长。

由式（17-17）可得：

$$k=\frac{t_R-t_0}{t_0}=\frac{t'_R}{t_0} \tag{17-19}$$

由式（17-19）可见，保留因子表示某组分的调整保留时间与死时间的比值，其数据可以通过实验

测得。k 值越大，则保留时间越长。

课堂互动

为什么保留因子（或分配系数）不等是色谱分离的前提？

（三）色谱分离的前提

设组分 A 与 B 的混合物通过色谱柱，若两者能被分离，则它们的迁移速度必须不同，

微课

即保留时间不等。根据 $t_R=t_0\left(1+K\dfrac{V_s}{V_m}\right)$ 有：

$$t_{R_A}=t_0\left(1+K_A\frac{V_s}{V_m}\right)$$

$$t_{R_B}=t_0\left(1+K_B\frac{V_s}{V_m}\right)$$

两式相减得：

$$\Delta t_R=t_{R_A}-t_{R_B}=t_0(K_A-K_B)\frac{V_s}{V_m}$$

由上式可见，若使 $\Delta t_R\neq 0$，必须使 $K_A\neq K_B$，即分配系数不等是分离的前提。用保留因子表示则更方便，即保留因子不等是色谱分离的前提。即只有 $k_A\neq k_B$，才能满足 $\Delta t_R=t_0(k_A-k_B)\neq 0$。

第二节　色谱法的基本类型

PPT

课堂互动

各种不同类型的色谱法的分离机制有何异同？它们分别适用于分离哪些组分？

一、色谱法的分类

色谱法是包括多种分支的分离分析技术，可以从不同的角度进行分类。

（一）按流动相与固定相的分子聚集状态分类

流动相是气态、液态和超临界流体的色谱方法分别称为气相色谱法（gas chromatography，GC）、液相色谱法（liquid chromatography，LC）和超临界流体色谱法（supercritical fluid chromatography，SFC）等。根据固定相的分子聚集状态不同，即按固定相是液体或固体，气相色谱法可分为气液色谱法（GLC）与气固色谱法（GSC）；液相色谱法可分为液液色谱法（LLC）与液固色谱法（LSC）。液固色谱法中以化学键合固定相进行的色谱法称为化学键合相色谱法（bonded phase chromatography；BPC）。

（二）按操作形式分类

色谱法按操作形式分类，可分为柱色谱法（column chromatography）、平面色谱法（plane chromatography）、毛细管电泳法（capillary electrophoresis，CE）等。

柱色谱法是将固定相填装于柱管内构成色谱柱，色谱过程在色谱柱内进行。按色谱柱的粗细，又将柱色谱法分为填充柱（packed column）色谱法、毛细管柱（capillary column）色谱法、微填充柱

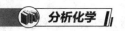

（microbore packed column）色谱法、开管柱（open tubular column）色谱法等。气相色谱法、高效液相色谱法（high performance liquid chromatography，HPLC）、超临界流体色谱法等属于柱色谱法。

色谱过程在固定相构成的平面内进行的色谱法称为平面色谱法。平面色谱法又分为薄层色谱法（thin layer chromatography，TLC）、纸色谱法（paper chromatography）和薄膜色谱法（thin film chromatography）。

（三）按色谱过程的分离机制分类

按色谱过程的分离机制不同，色谱法又可分为分配色谱法（partition chromatography）、吸附色谱法（adsorption chromatography）、离子交换色谱法（ion exchange chromatography，IEC）、分子排阻色谱法（molecular exclusion chromatography，MEC）等。此外还有毛细管电泳法、毛细管电色谱法、手性色谱法等。

二、基本类型色谱法的分离机制

微课

（一）吸附色谱法

1. 分离原理　吸附色谱法是以吸附剂为固定相的色谱方法，包括液固吸附色谱法和气固吸附色谱法。其分离原理是利用被分离组分对固定相表面吸附中心吸附能力的差异，亦即吸附系数的差别而实现分离的。

吸附过程是试样中组分分子（X）与流动相分子（Y）争夺吸附剂表面活性吸附中心的过程，如图 17-5 所示，当流动相通过固定相的吸附剂时，流动相分子被吸附剂表面活性吸附中心吸附。当组分分子被流动相携带经过固定相时，它们就与活性吸附中心发生作用，流动相中的组分分子 X_m 与吸附在吸附剂表面的 n 个流动相分子 Y_a 发生置换，组分分子被活性吸附中心吸附，用 X_a 表示，流动相分子重新回至流动相内部，用 Y_m 表示，即有以下的竞争吸附平衡：

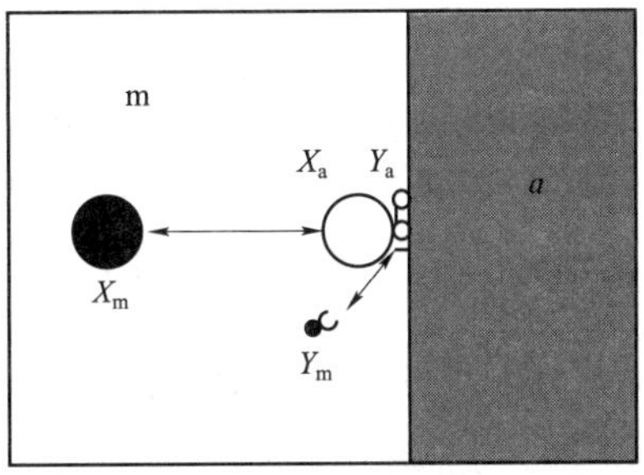

图 17-5　吸附色谱作用机制示意图

m，流动相；a，吸附剂；X_m，流动相中的组分分子 Y_m，流动相分子；X_a，被吸附的组分分子；Y_a，被吸附的流动相分子

$$X_m+nY_a \underset{\text{解吸}}{\overset{\text{吸附}}{\rightleftharpoons}} X_a+nY_m$$

达到吸附平衡时，其吸附平衡常数称为吸附系数（K_a），可用下式表示：

$$K_a=\frac{[X_a][Y_m]^n}{[X_m][Y_a]^n}$$

因为流动相的量很大，所以，$\frac{[Y_m]^n}{[Y_a]^n}$近似为常数，且吸附只发生于吸附剂表面，所以，吸附系数可以写成：

$$K_a=\frac{[X_a]}{[X_m]}=\frac{X_a/S_a}{X_m/V_m} \tag{17-20}$$

式（17-20）中，S_a 为吸附剂的表面积；X_a 为吸附剂所吸附溶质的量，V_m 流动相的体积。吸附系数与吸附剂的活性、组分的性质以及流动相的性质有关。

吸附柱色谱法中，保留时间与柱中吸附剂的表面积 S_a 的关系为：

$$t_R=t_0\left(1+K_a\frac{S_a}{V_m}\right) \tag{17-21}$$

2. 固定相和流动相　吸附是指溶质在液固或气固两相的界面上集中浓缩的现象。吸附剂是一些多孔性微粒状物质，具有较大的比表面积，其表面具有许多活性吸附中心，这些活性吸附中心的多少即吸附能力的强弱直接影响吸附剂性能的优劣。它们对不同极性的物质有不同的吸附能力，吸附剂吸附能力的强弱，可用吸附平衡常数 K_a 来衡量。吸附柱色谱法及平面色谱法常用的吸附剂有硅胶、氧化铝。气相色谱法及高效液相色谱法常用球形或无定型多孔硅胶和堆积硅胶。

气固吸附色谱法的流动相为气体，液固吸附色谱法的流动相为有机溶剂，其洗脱能力主要由其极性决定，极性强的流动相占据活性吸附中心的能力强，洗脱能力亦强，使组分的 K_a 变小，保留时间变短。溶剂的洗脱能力可以用 Snyder 提出的溶剂强度（ε^0）来定量表示，ε^0 表示溶剂分子在单位吸附剂表面积上的吸附自由能。ε^0 越大，表示溶剂在固定相上的吸附能力越强，其洗脱能力越强。表 17-1 列出以硅胶为吸附剂的一些常用纯溶剂的 ε^0 值。

表 17-1　一些溶剂在硅胶上的 ε^0 值

溶剂	溶剂强度（ε^0）	溶剂	溶剂强度（ε^0）
正戊烷	0.00	甲基特丁基醚	0.48
正己烷	0.00	乙酸乙酯	0.48
三氯甲烷	0.26	乙腈	0.52
二氯甲烷	0.40	异丙醇	0.60
乙醚	0.43	甲醇	0.70

由表 17-1 可见，单一纯溶剂的 ε^0 值间隔较大，故在液固吸附色谱法中，常采用二元以上的混合溶剂作为流动相。混合溶剂的强度随其组成连续变化，能更好地选择合适的流动相，从而提高分离的选择性。

3. 色谱条件的选择　吸附色谱的洗脱过程实质上是流动相分子与组分分子竞争占据吸附剂表面活性中心的过程。吸附剂吸附能力的大小，一是取决于活性吸附中心（吸附点位）的多少，二是取决于吸附中心与被吸附物形成氢键能力的大小；活性吸附中心越多，形成氢键能力越强，吸附剂的吸附能力越强。物质的结构不同，其极性也不同，在吸附剂表面的吸附能力也不相同。极性强的流动相分子占据吸附中心的能力强，容易将组分分子从活性中心置换出来，具有强的洗脱作用；极性弱的流动相竞争占据活性中心的能力弱，洗脱作用就弱。

在选择吸附色谱分离条件时，为了使样品中吸附能力稍有差异的各组分得到分离，就要同时考虑到样品的性质（极性、取代基的类型、数目、构型）、吸附剂的吸附能力和流动相的极性这三种因素。由式（17-21）可知，当色谱柱一定时（S_a 与 V_m 一定）时，K_a 小的组分在柱中保留弱，保留时间短，先被洗脱；K_a 大的组分在柱中保留强，保留时间长，后被洗脱。一般情况下，用硅胶、氧化铝为吸附剂时，若被测组分极性较强，应选用吸附性能较弱的吸附剂，用极性较强的洗脱剂；如被测组分极性较弱，则应选择吸附性强的吸附剂和极性弱的洗脱剂。

（二）分配色谱法

微课

1. 分离机制　在色谱实践中，有些强极性的化合物，如有机酸、多元醇等，能被吸附剂强烈吸附，即使选择洗脱力很强的洗脱剂也很难使其洗脱。可见，采用吸附色谱法分离此类强极性物质很困难，于是便出现了液液分配色谱法。

分配色谱法的流动相是液体，固定相也是液体（称为固定液）。其分离原理是利用混合物中不同的组分在固定相或流动相的溶解能力不同，即分配系数的差异而实现分离。分配色谱过程与用分液漏斗萃取样品很相似，所不同的是，这种分配平衡是在相对移动的两相间进行的；通过无数次的重复过程，从而有很高的分离效率。当样品在色谱柱内经过无数次分配之后，就可以使分配系数稍有差异的物质得到分离。

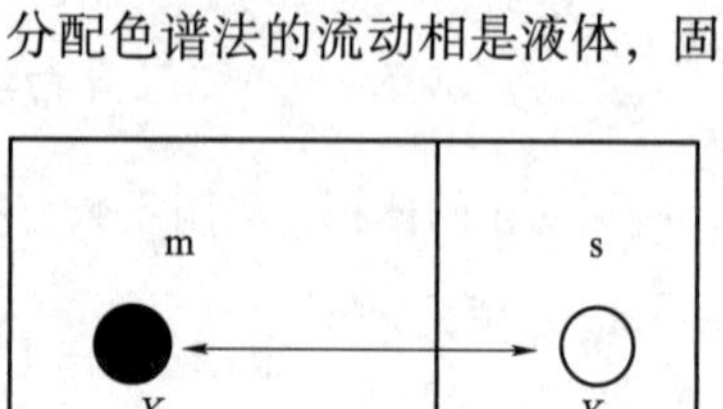

图 17-6　分配色谱作用机理示意图（m，流动相；s，固定相；X_m，流动相中的组分分子；X_s，进入固定相的组分分子）

分配色谱法的分离原理如图 17-6 所示。图中 X 代表试样中某组分分子，下标 m 与 s 分别表示流动相和固定相。溶于两相中的溶质分子处于动态平衡。当溶质分子在两相间达到动态平衡时，溶质在固定相与流动相中的浓度之比称为狭义分配系数，其表达式为：

$$K=\frac{c_s}{c_m}=\frac{X_s/V_s}{X_m/V_m} \tag{17-22}$$

溶质分子在固定相中的溶解能力越强，或在流动相中的溶解能力越弱，则分配系数 K 越大。分配系数 K 大的组分，在固定相中的保留较强，向前移动较慢；分配系数 K 小的组分，在固定相中的保留较弱，向前移动较快，结果使两组分相互分离。在液液分配色谱中，K 主要与流动相的性质有关；在气液分配色谱中，K 主要与固定相的极性及柱温有关。

2. 固定相和流动相　分配色谱法的固定相是在载体颗粒上涂渍一薄层液体。载体又称担体，它是一种惰性物质，不具吸附性能。因为固定液在柱中不能单独存在，须将其涂渍在惰性物质的表面上。载体仅起负载或支持固定液的作用，其本身必须纯净，颗粒大小适宜。常用的载体有吸水硅胶、多孔硅藻土、纤维素等。正相分配色谱中，固定相除水以外，还有稀 H_2SO_4、甲醇、甲酰胺等强极性溶剂。例如硅胶，通常将其作为一种吸附剂，其分离机制属于吸附色谱，但当其含水量达到饱和时，其吸附能力消失，此时，硅胶可视为载体，其上面所吸收的水分可视为固定相，其分离机制属于分配色谱的范畴。

气液分配色谱的流动相是气体，常为氢气、氮气及氦气。液液分配色谱的流动相为液体，常为有机溶剂，要求其与固定相的极性应有较大的差别，互不相溶，否则，在色谱过程中会使分配平衡产生紊乱。选择流动相的一般方法是：首先选用对各组分溶解度稍大的单一溶剂作流动相，然后再根据分离情况改变流动相的组成，即以混合溶剂作流动相，以改变各组分被分离的情况与洗脱速率。

根据固定相与流动相的相对强度可把液液分配色谱分为正相分配色谱和反相分配色谱。固定相的极性大于流动相的极性，称为正相分配色谱法，反之，如果固定相的极性小于流动相的极性，称为反相分配色谱法。

3. 洗脱顺序　分配色谱中被分离组分的洗脱顺序由组分在固定相与流动相中溶解度的相对大小而决定。正相分配色谱中，溶质与固定相之间的作用力主要是库仑力及氢键作用力。一般来说，极性强的组分这些作用力就较强，溶质在固定相中的溶解度比极性弱的组分大，在流动相中的溶解度比极性弱的组分小，因此极性强的组分在固定相的保留作用较强，保留时间长，所以正相分配色谱中组分的洗脱顺序为：极性弱的组分先被洗脱，极性强的组分后被洗脱。反相分配色谱中组分的洗脱顺序则相反，极性强的组分先被洗脱，极性弱的组分后被洗脱。

（三）离子交换色谱法

微课

以离子交换树脂或化学键合离子交换剂为固定相，利用被分离组分离子交换能力的差别或选择性系数的差别而实现分离的色谱方法称为离子交换色谱法。按照可交换离子所带电荷符号的不同可分为阳离子交换色谱法和阴离子交换色谱法。

1. 离子交换色谱法的分离原理　所谓的离子交换作用，是指溶液中某种离子与树脂上的一种离子互相交换，即溶液中的离子被交换到树脂上，而树脂上的离子被交换到溶液中。如果在树脂骨架结构中引入的是酸性基团，如磺酸基（—SO_3H）、羧基（—COOH）等，这些酸性基团的氢离子可以和溶液中阳离子发生交换反应，故有阳离子交换树脂之称；如果在树脂骨架上引入的是碱性基团，如季氨基—N（CH_3）$_3^+$、伯氨基 —NH_2、仲氨基—$NHCH_3$等，则这些碱性基团上的 OH^-可以和溶液中的阴离子发生交换反应，故有阴离子交换树脂之称。

以阳离子交换色谱法为例说明其分离机制。如图 17-7 所示。磺酸基阳离子交换树脂，以 R-SO_3H 表示，R 代表树脂的骨架部分，其表面有不可交换的负离子（SO_3^-）以及可交换的正离子（H^+）。当流动相中的正离子如 Na^+出现时与 H^+发生交换反应，用下式表示交换平衡：

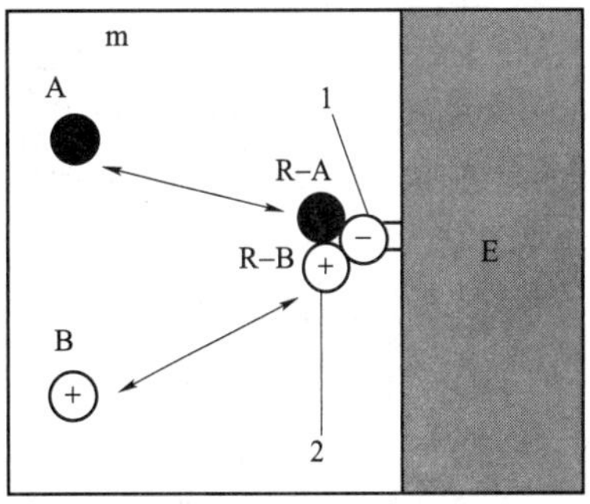

图 17-7　阳离子交换色谱示意图
m，流动相；E，离子交换剂；1，固定离子；2，可交换离子

$$RSO_3^-H^+ + Na^+ \rightleftharpoons RSO_3^-Na^+ + H^+$$

同样，阴离子交换反应为：

$$RNR_3^+OH^- + Cl^- \rightleftharpoons RNR_3^+Cl^- + OH^-$$

在离子交换色谱法中，如果将离子交换反应用通式表示：

$$R-B+A \rightleftharpoons R-A+B$$

交换反应达到平衡时，可用选择性系数 $K_{A/B}$ 来衡量交换树脂对 A、B 两种离子的选择交换能力，以浓度表示的平衡常数为：

$$K_{A/B}=\frac{[R-A][B]}{[R-B][A]} \tag{17-23}$$

式（17-23）中，$K_{A/B}$ 称为离子交换反应的选择性系数，[R-B]、[R-A] 分别表示 A、B 在树脂相中的浓度，[A]、[B] 为它们在流动相中的浓度。

$K_{A/B}$ 是衡量离子与树脂亲和能力相对大小的量度，其值越大，说明树脂对 A 离子结合的较牢，越易保留。其值越小，说明树脂对 A 离子结合较弱，不易实现离子交换。

选择性系数与分配系数的关系为：

$$K_{A/B}=\frac{[R-A]/[A]}{[R-B]/[B]}=\frac{K_A}{K_B} \tag{17-24}$$

K_A、K_B 分别为 A、B 两离子在树脂相和流动相两相间的分配系数。因此，选择性系数实质就是各离子的分配系数之比。所以，混合物中各离子在两相中的分配系数不同，乃是离子交换色谱法中各离子实现分离的先决条件。

2. 固定相和流动相 离子交换色谱法的固定相为离子交换剂，常用的有离子交换树脂和化学键合离子交换剂。经典离子交换色谱法的固定相为离子交换树脂，其缺点是易于膨胀，传质较慢，柱效低，不耐高压。高效液相色谱中的固定相是键合在薄壳型和多孔微粒硅胶上的离子交换剂，其机械强度高，不溶胀，耐高压，传质快，柱效高。

离子交换色谱法的流动相是具有一定 pH 值和离子强度的缓冲溶液，或含有少量有机溶剂，如乙醇、四氢呋喃、乙腈等，以提高色谱选择性。

3. 影响保留行为的因素 离子交换色谱法的保留行为和选择性与被分离的离子、离子交换剂以及流动相的性质等有关。离子交换剂对不同离子的交换选择性不同，一般来说，离子的价数越高，原子序数越大，水合离子半径越小，则该离子在离子交换剂上的选择性系数就越大。例如，强酸型阳离子交换树脂对阳离子的选择性系数顺序为：

$Fe^{3+}>Al^{3+}>Ba^{2+} \geqslant Pb^{2+}>Sr^{2+}>Ca^{2+}>Ni^{2+}>Cd^{2+} \geqslant Cu^{2+} \geqslant Co^{2+} \geqslant Mg^{2+} \geqslant Zn^{2+} \geqslant Mn^{2+}>Ag^+>Cs^+>Rb^+>K^+ \geqslant NH_4^+>Na^+>H^+>Li^+$。

弱酸型阳离子交换树脂的基团（如—COOH）的离解受溶液中 H^+ 抑制，所以 H^+ 在该类树脂上的保留能力很强，甚至大于二价、三价阳离子。

强碱型阴离子交换树脂对阴离子的选择性系数顺序为：柠檬酸根 $>PO_4^{3-}>SO_4^{2-}>I^->NO_3^->SCN^->NO_2^->Cl^->HCO_3^->CH_3COO^->OH^->F^-$。

离子的保留，还受流动相的组成和 pH 值的影响：交换能力强、选择性系数大的离子组成的流动相具有强的洗脱能力。流动相的离子强度增大，其洗脱能力增强，使组分的保留值降低。强离子交换树脂的交换容量在很宽的范围内不随流动相的 pH 值变化。pH 值的调节主要体现在其对弱电解质离解的控制，溶质的离解受到抑制，其保留时间变短。因此，pH 值的变化，对弱离子交换树脂的交换能力影响较大。

（四）分子排阻色谱法

微课

1. 分离机制 分子排阻色谱法（molecular exclusion chromatography，MEC）又称空间排阻色谱法（steric exclusion chromatography，SEC），它是根据被分离组分分子的线团尺寸，或渗透系数的大小而进行分离。主要用于分离蛋白质及其他大分子的物质。其固定相为化学惰性的多孔性凝胶，是一种由有机物制成的分子筛，所以，分子排阻色谱法又称为凝胶色谱法（gel chromatography）。根据流动相的不同凝胶色谱法可分为两类，即凝胶渗透色谱法（gel permeation chromatography，GPC）和凝胶过滤色谱法（gel filtration chromatography，GFC）。凝胶渗透色谱以亲脂性凝胶为固定相，如甲基交联葡聚糖凝胶，以有机溶剂为流动相，用于分离不溶于水的样品。凝胶过滤色谱法则以亲水性凝胶为固定相，如葡聚糖凝胶，以水为流动相，用于分离水溶性样品。

凝胶色谱法的分离原理如图 17-8 所示，它与吸附色谱法、分配色谱法、离子交换色谱法完全不同，是根据凝胶颗粒的孔径大小与被分离组分分子的大小（线团尺寸）之间的关系进行分离的，其分离类似分子筛的作用。

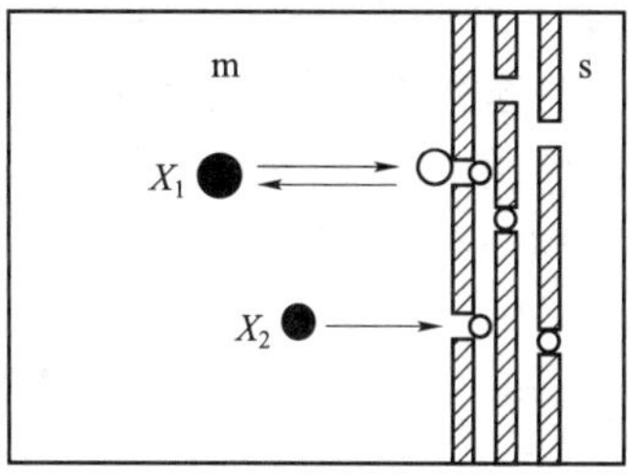

图 17-8　分子排阻色谱作用机制示意图
m. 流动相；g. 凝胶；X_1. 大线团尺寸分子；X_2. 小线团尺寸分子

根据空间排阻理论，凝胶小孔内外同等大小的溶质分子处于扩散平衡状态：

$$X_m \rightleftharpoons X_s$$

X_m与 X_s分别代表在孔径外流动相中和孔穴中同等大小的溶质分子。平衡时，两者的浓度之比称为渗透系数。

$$K_p=[X_s]/[X_m] \tag{17-25}$$

渗透系数的大小只由溶质分子的线团尺寸和凝胶颗粒的孔径大小所决定。在凝胶的孔径大小一定时，分子线团尺寸大到不能进入凝胶的任何孔穴时，$[X_s]=0$，则 $K_p=0$；小到能进入凝胶的任何孔穴时，$[X_s]=[X_m]$，$K_p=1$；分子线团尺寸介于上述两种分子之间的分子，能进入部分孔穴，即 $0<K_p<1$。分子线团尺寸越小，K_p越大。大分子溶液中，组分分子的线团尺寸与其相对分子质量成正比。所以，在一定分子线团尺寸范围内，K_p与相对分子质量相关，亦即组分按相对分子质量的大小分离。

2. 固定相和流动相　分子排阻色谱法的固定相为化学惰性的多孔性凝胶，通常又分为软质、半软质及硬质三种。凝胶的主要性能参数有平均孔径、排斥极限和相对分子质量范围。某大分子化合物的相对分子质量达到某一数值后，就不能渗透到凝胶的任何孔穴，该相对分子质量称为凝胶的排斥极限（$K_p=0$）；小到某一数值后就能进入凝胶的任何孔穴，则该相对分子质量称为凝胶的全渗透点（$K_p=1$）。介于排斥极限与全渗透点之间的相对分子质量范围称为凝胶的相对分子质量范围。选择凝胶时，应使组分的相对分子质量落入该范围之间。

分子排阻色谱法的流动相必须是能够润湿凝胶，同时又能够溶解组分的溶剂，另外，要求该溶剂的黏度要低，否则会影响分子扩散而降低分离效果。

3. 保留体积与渗透系数的关系　凝胶色谱法的保留值常用保留体积来表示。当组分分子的相对分子质量在凝胶的相对分子质量范围之内时，保留体积与渗透系数的关系如下式：

$$V_R=V_m\left(1+K_p\frac{V_s}{V_m}\right) \tag{17-26}$$

式（17-26）中，V_s为凝胶孔穴的总体积；V_m为色谱柱内凝胶颗粒间的体积，V_m近似等于死体积 V_0，因此

$$V_R=V_0+K_pV_S \tag{17-27}$$

式（17-27）表明，渗透系数小，分子的线团尺寸（相对分子质量）大的组分，保留体积小，先被洗脱出色谱柱。

如果将凝胶颗粒用适宜的溶剂浸泡，使其充分溶胀，然后装入色谱柱中，加样后，再用同一溶剂洗脱。在洗脱过程中，各组分在柱中的保留程度取决于其分子的线团尺寸（相对分子质量）的大小。由于小分子可以完全渗透进入凝胶内部孔穴中而被滞留；中等大小的分子可以部分进入较大的一些孔穴中；大分子则完全不能进入孔穴中，而只是沿凝胶颗粒之间的空隙，随流动相向下流动。于是，样品中各组分即按大分子在前、中等大小的分子在中、小分子在后的顺序依次从色谱柱中流出，从而得到分离。

综上所述，四种基本类型色谱法及以下各章节的其他类型的色谱法的保留时间和分配系数都可用色谱方程式（17-18）表示：

$$t_R=t_0\left(1+K\frac{V_S}{V_m}\right)$$

或保留体积表示：

$$V_R = V_0 + KV_S \quad (17\text{-}28)$$

分配系数大的组分保留时间长（保留体积大），较晚流出色谱柱。但是，K 和 V_s 在各种色谱法中有不同的含义。在吸附色谱、分配色谱、离子交换色谱和凝胶色谱中，K 分别为狭义吸附系数 K_a、分配系数 K、选择性系数 $K_{A/B}$ 和渗透系数 K_p，V_s 分别为色谱柱（或薄层板）内固定液体积、吸附剂表面积、离子交换剂总交换容量和凝胶孔内总容积。

PPT

第三节　色谱法基本理论

由分离度定义式：$R=\frac{(t_{R_2}-t_{R_1})}{(W_1+W_2)/2}=\frac{2(t_{R_2}-t_{R_1})}{(W_1+W_2)}$ 可知，要使两组分分离度足够大，首先必须保证它们的保留时间有足够大的差异，而保留时间与分配系数有关，即与色谱热力学过程有关；另一方面要使色谱峰宽度足够小，而色谱峰的展宽与色谱动力学过程有关。因此，色谱理论的研究包括热力学和动力学两个方面。热力学理论是从相平衡的观点来研究分配过程，以塔板理论（plate theory）为代表。动力学是从动力学观点来研究各种动力学因素对峰展宽的影响，以速率理论（rate theory）为代表。

一、塔板理论

塔板理论始于马丁和辛格于 1941 年提出的塔板模型，其主要内容为：把色谱柱看成一个分馏塔，设想其中有很多塔板；被分离的各个组分在每个塔板中按照各自的分配系数不同在两相间进行分配，经过若干次的分配平衡后，分配系数小的组分先流出色谱柱，分配系数大的组分后流出色谱柱，从而使混合物的各个组分得到分离。

（一）塔板理论的假设

（1）在色谱柱内一小段长度即一个塔板高度 H 内，组分可以在两相中瞬间达到分配平衡。

（2）分配系数在各塔板上是常数且相同。

（3）试样和新鲜流动相都加在第 0 号塔板上。

（4）流动相不是连续地而是间歇式地进入色谱柱，且每次只进入一个塔板体积。

（5）试样在柱内的纵向扩散可以忽略。

利用塔板理论可以导出的流出曲线方程及其数学表达式，并能解释流出曲线的形状和位置，说明组分的分离情况及评价色谱柱柱效。

（二）质量分配与转移

塔板理论的假设实际上是把组分在两相间连续分配转移的过程，分解成多个间歇的在单个塔板中的分配平衡过程。

首先讨论单一组分 B（$K_B=0.5$）的分配和转移过程。设色谱柱的塔板数为 5（$n=5$），以 r 表示塔板编号，即 $r=0$、1、2、3、…、$n-1$ 号；将单位质量的 B 组分加到第 0 号塔板上，组分在固定相和流动相中进行分配；由于 $K_B=0.5$，分配平衡后，0 号塔板内固定相和流动相的质量之比 $m_s/m_m=0.333/0.667$；在第 0 号塔板内进入一个塔板体积的新鲜流动相（一次转移），就会把第 0 号塔板在流动相中质量 m_m（0.667）带入第 1 号塔板，而原来 0 号塔板在固定相中质量 m_s（0.333）仍留在第 0 号塔板内，组分在第 0 号与第 1 号塔板内按分配系数 $K_B=0.5$ 进行重新分配。进入 N 次流动相，经过 N 次分配平衡和转移后，在各塔板内组分的质量分布符合二项式 $(m_s+m_m)^N$ 的展开式。例如 $K_B=0.5$，$N=3$，在第 0 号塔板内，$m_s=0.333$，$m_m=0.667$ 时，则二项式的展开式为：

$$(0.333+0.667)^3=0.037+0.222+0.444+0.296$$

上述计算出的等式右端的四项分别表示第 0、1、2、3 号塔板中 B 组分的质量分数。转移 N 次后第 r 号塔板中的质量 $^{N}m_{r}$ 可由下述二项式求得：

$$^{N}m_{r}=\frac{N!}{r!\ (N-r)!}\cdot m_{s}^{N-r}\cdot m_{m}^{r} \tag{17-29}$$

例如，$N=3$，$r=2$ 时，即转移 3 次后，在第 2 号塔板中溶质的质量分数：

$$^{3}m_{2}=\frac{3!}{2!\ (3-2)!}\times 0.333^{(3-2)}\times 0.667^{2}=0.444$$

按上述方法进行计算处理，可以得到经过 N 次转移后各塔板的质量分布情况。对于五个塔板组成的色谱柱，在进入五个塔板体积的流动相后，组分开始从色谱柱中流出而进入检测器产生响应信号。而且，当 $N=6$ 和 $N=7$ 时，柱出口 B 组分的质量分数最大，产生 B 组分浓度最大点，即 B 组分的保留体积为 6~7 个塔板体积。

同理，按上述方法可以计算出组分 A（$K_{A}=1$）的质量在各个塔板中的质量分布情况。而且，当 $N=8$ 和 $N=9$ 时，柱出口 A 组分的质量分数最大，产生 A 组分浓度最大点，即 A 组分的保留体积为 8~9 个塔板体积。

如果把单位质量的 A、B 混合物加到第 0 号塔板上，仅经过五个塔板后，两组分便开始分离，分配系数 K 小的 B 组分在柱出口先出现浓度极大值而先流出色谱柱。实际上一根色谱柱的塔板数要大于 10^{3}，因此，组分分配系数的微小差别，便可获得良好的分离。

（三）流出曲线方程

按照二项式的展开式的计算结果，以 A 组分在色谱柱出口处的质量分数对 N 作图，得到如图 17-9 所示的流出曲线，该曲线符合二项式分布，呈不对称峰形。

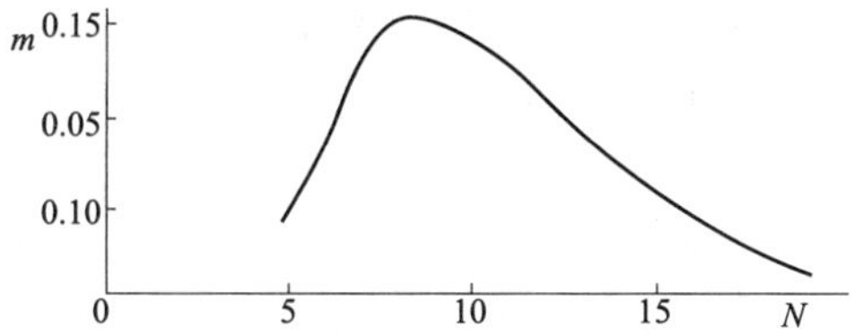

图 17-9　$k=1$ 的组分在 $n=5$ 色谱柱中的流出曲线

当塔板数 N 很大时，流出曲线趋于正态分布曲线，组分流出色谱柱的浓度变化可用正态分布方程式进行讨论：

$$c=\frac{c_{0}}{\sigma\sqrt{2\pi}}e^{-\frac{(t-t_{R})^{2}}{2\sigma^{2}}} \tag{17-30}$$

式（17-30）称为色谱流出曲线方程，σ为标准差，t_{R}为保留时间，c 为任意时间 t 时组分在色谱柱出口的浓度，c_{0}为峰面积，用 A 表示，即相当于某组分的总量。式中的 t 也可用体积 V 代替，此时的保留时间 t_{R} 可用保留体积 V_{R}表示，标准差也由以时间为单位变为以体积为单位。由式（17-30）可知，当 $t=t_{R}$时，e 的指数为零，c 有极大值，用 c_{max}表示，

$$c_{max}=\frac{c_{0}}{\sigma\sqrt{2\pi}} \tag{17-31}$$

c_{max}即流出曲线的峰高，用 h 表示，并将 $W_{1/2}=2.355\sigma$ 带入式（17-31）得峰面积 c_{0}或 A：

$$A=1.065\times h\times W_{1/2} \tag{17-32}$$

将式（17-31）带入式（17-30）得：

$$c=c_{max}e^{-\frac{(t-t_{R})^{2}}{2\sigma^{2}}} \tag{17-33}$$

式（17-33）是色谱流出曲线方程的常用形式，由此式可知，不论 $t>t_{R}$ 或 $t<t_{R}$ 时，浓度 c 恒小于 c_{max}。c 随时间 t 向峰两侧对称快速下降，下降速度取决于 σ，σ 越小，峰越锐。

（四）理论塔板数和理论塔板高度

根据色谱流出曲线方程，可以导出理论塔板数与标准差（或峰宽、半峰宽）和保留时间的关系：

$$n=\left(\frac{t_R}{\sigma}\right)^2 \tag{17-34}$$

$$n=16\left(\frac{t_R}{W}\right)^2 \tag{17-35}$$

$$n=5.54\left(\frac{t_R}{W_{1/2}}\right)^2 \tag{17-36}$$

理论塔板数 n 说明组分在柱中反复分配平衡的次数的多少，n 越大，平衡次数越多，组分与固定相的相互作用力越显著，柱效越高。

理论塔板高度（plate height，H）又称板高，其与理论塔板数 n 及柱长 L 的关系：

$$H=\frac{L}{n} \tag{17-37}$$

由于死体积的存在，消耗在死体积的死时间与分配平衡无关，因此，常用调整保留时间 t'_{R} 替代保留时间 t_{R}，由此计算得到的理论塔板数和理论塔板高度称之为有效理论塔板数和有效理论塔板高度，二者的表达式为：

$$n_{\mathrm{eff}}=\left(\frac{t'_{\mathrm{R}}}{\sigma}\right)^2=16\left(\frac{t'_{\mathrm{R}}}{W}\right)^2=5.54\left(\frac{t'_{\mathrm{R}}}{W_{1/2}}\right)^2 \tag{17-38}$$

$$H_{\mathrm{eff}}=\frac{L}{n_{\mathrm{eff}}} \tag{17-39}$$

根据以上各式可知，色谱峰的区域宽度反映柱效（色谱柱的分离效率）高低。通过实验根据色谱峰有关参数可以测定柱效。理论塔板数及有效理论塔板数的数值越大或理论塔板高度及有效理论塔板高度的数值越小，柱效越高。

塔板理论很好地解释了流出曲线的形状和位置，说明了组分的分配和分离过程，提出了评价柱效的指标。在这些方面，无疑是成功的。但它的某些假设与实际色谱过程不符，存在严重的不足，诸如，组分在两相中不可能真正达到分配平衡；组分在色谱柱中的纵向扩散不能忽略；没有考虑各种动力学因素对传质过程的影响；无法解释柱效与流动相流速的关系；不能说明影响柱效有哪些主要因素等。

课堂互动

塔板理论解决了哪些问题？还存在哪些不足？怎样解决？

二、速率理论

1956 年，荷兰学者范第姆特提出了色谱过程动力学理论—速率理论，从动力学的角度研究了色谱峰展宽从而影响柱效的各种因素。

（一）速率理论方程

色谱峰的峰展宽是由于组分分子在色谱柱中各种无规则的运动引起的，因此可用随机模型对其进行描述。这种随机过程导致组分分子在色谱柱内呈正态分布，常用标准差 σ 或平方差 σ^2 作为组分分子在色谱柱内离散程度的度量，总的离散程度 σ^2 是单位柱长分子离散的积累，其与柱长呈正比例关系：

$$\sigma^2=HL \quad 或 \quad H=\sigma^2/L \tag{17-40}$$

式（17-40）中，H 是单位柱长引起的分子离散度，仍称为塔板高度，它是分子离散度的统计概念。与塔板理论中的塔板高度有所不同，速率理论中的塔板高度是色谱峰展宽的指标，但两者均可衡量柱效。

范第姆特从动力学的角度充分考虑组分在两相中的扩散和传质过程，以非平衡过程的研究方法给出了速率理论方程式，又称范第姆特（Van Deemter）方程式或范氏方程：

$$H=A+B/u+Cu \qquad (17-41)$$

式（17-41）中，H为理论塔板高度（cm），A为涡流扩散系数（cm），B为纵向扩散系数（cm^2/s），C为传质阻抗系数（s），u为流动相的线速度（cm/s）。A、B、C为三个常数，u可由柱长L（cm）和死时间t_0（s）求得。

（二）影响柱效的动力学因素

1. 涡流扩散（eddy diffusion） 又称多径扩散。如图17-10所示，在填充柱中，由于填料颗粒直径大小不一，填充不均匀，就使同一种组分的分子经过多个不同长度的路径流出色谱柱，其中一些分子运行路径较短，较快通过色谱柱；另一些分子运行路径较长，发生滞后，结果使色谱峰展宽。涡流扩散的程度可以用涡流扩散系数A表示为：

$$A=2\lambda d_p \qquad (17-42)$$

式（17-42）中，λ为填充不规则因子，其数值大小填充技术和填料颗粒形状决定。d_p为填料（固定相）颗粒的平均直径，d_p小，则A小；但d_p太小，填充不规则因子λ和柱阻大。

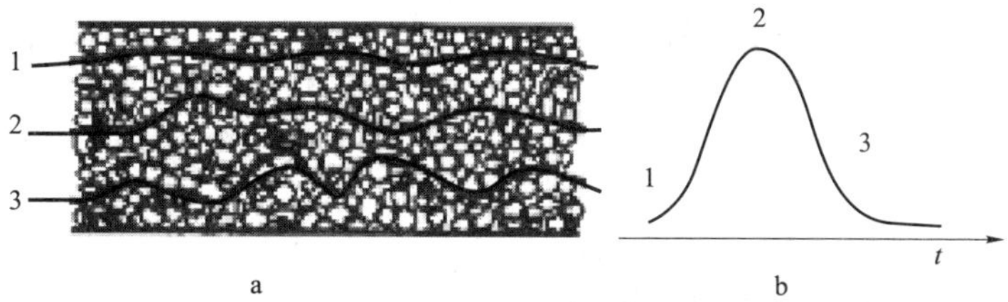

图17-10　涡流扩散产生的峰展宽示意图

a，组分分子经过的路径；b，峰展宽

2. 纵向扩散（longitudinal diffusion） 又称分子扩散。组分进入色谱柱时，其浓度在柱中呈“塞子”状，由于组分在“塞子”前、后存在浓度梯度而产生纵向扩散，造成区带展宽（图17-11）。常数B称为纵向扩散系数，由下式表示：

$$B=2\gamma D_m \qquad (17-43)$$

式（17-43）中，γ为弯曲因子，又称扩散障碍因子，反映固定相颗粒使柱内扩散路径弯曲对分子扩散的阻碍；D_m为组分在流动相中的扩散系数，与流动相和组分的性质有关。在气相色谱法中，D_m常用D_g表示。

3. 传质阻抗（mass transfer resistance） 组分分子被流动相携带进入色谱柱，在两相界面溶解而扩散进入固定相，并至固定液深部，进而达到动态分配“平衡”。当纯净的或低于组分分子“平衡”浓度的流动相经过时，固定液中该组分分子将回到两相界面，被流动相带走而被转移。这种溶解、扩散、转移的过程称为传质过程。影响该传质过程的阻力称为传质阻抗，用传质阻抗系数C描述。传质阻抗是由于组分分子与固定相、流动相分子相互作用的结果。

传质阻抗既存在于固定相中，又存在于流动相中，分别称为固定相传质阻抗C_s和流动相传质阻抗C_m，两者之和为总传质阻抗C（$C=C_s+C_m$）。由于传质阻抗的存在，组分分子不能在两相间瞬间达到平衡，结果使溶解于流动相而未进入固定相的组分分子随流动相向前移动速度比平衡状态的组分分子快而超前，而另一些组分分子在固定相中未能及时回到流动相中随流动相向前移动速度比平衡状态的组分分子慢而滞后，从而引起峰展宽（图17-12）。

课堂互动

速率理论主要内容有哪些？如何在速率理论的指导下选择合适的实验条件？

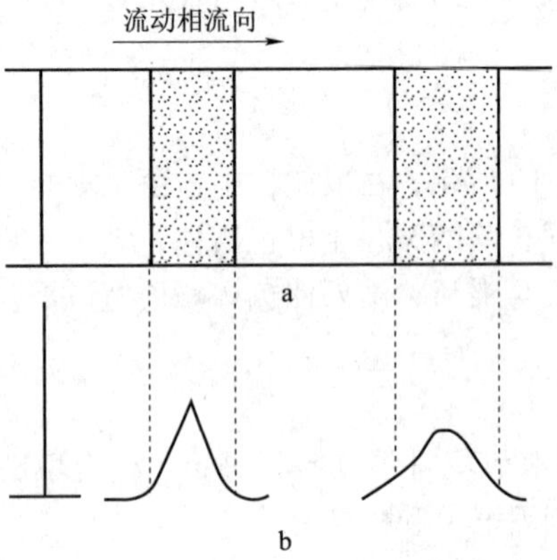

图 17-11 纵向扩散产生的峰展宽示意图

a，柱内谱带构型；b，相应色谱峰

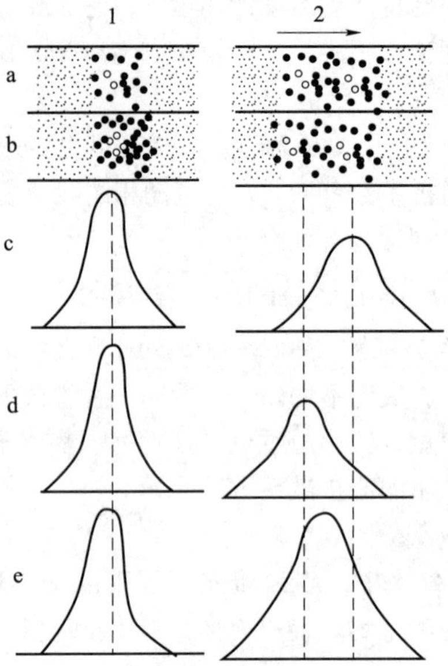

图 17-12 传质阻抗产生的峰展宽示意图

a，流动相；b，固定相；c，流动相中组分的分布；d，固定相中组分的分布；e，色谱峰形状

1，无传质阻抗；2，有传质阻抗

（三）流动相的线速度对塔板高度的影响

根据 Van Deemter 方程式可知，流动相的线速度对涡流扩散无影响，但对纵向扩散和传质阻抗却有较大的影响。纵向扩散项 B/u 在较低的线速度时，随流速的增大迅速减小，但随着线速度的继续增加这一变化趋于平缓。(图 17-13 曲线 1)。流动相的传质阻抗（主要在液相色谱法中）随流速的增大而增大，但在线速度较高时，几乎是一恒定值（曲线 2)。固定相传质阻抗随流速的增大而增大（曲线 3)。

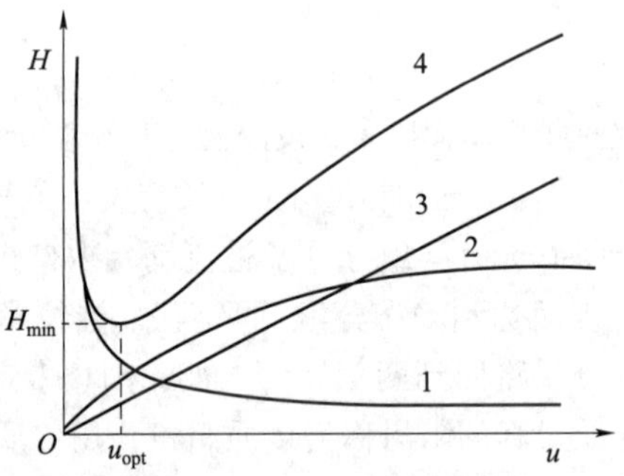

图 17-13 流速与纵向扩散和传质阻抗的关系

1，纵向扩散（B/u）；2，流动相传质阻抗（C_m）；3，固定相传质阻抗（C_s）；4，H-u 关系曲线

由图 17-13 可见，流动相的线速度对纵向扩散和传质阻抗的作用不同，在较低线速度时，纵向扩散是引起色谱峰展宽的主要因素，此时，线速度增大，塔板高度降低，柱效升高。在较高线速度时，传质阻抗是引起色谱峰展宽的主要因素，此时，线速度增大，塔板高度增高，柱效降低。综合考虑的结果如图 17-13 曲线 4，曲线有一最低点，塔板高度有一极小值（H_{min}），对应横坐标，称为最佳流速（u_{opt}）。但由于气相色谱和液相色谱的流动相性质有所差异，使两者的 H-u 曲线有所不同，由于组分分子在液体中的扩散系数比气体中的扩散系数小，液相色谱的最佳流速比气相色谱的最佳流速小一个数量级，所以，液相色谱的柱效比气相色谱高。

本章小结

- 色谱分析法
  - 色谱过程
  - 基本参数
    - 定性参数（保留值）
    - 定量参数（峰高或峰面积）
    - 柱效参数（峰宽、半峰宽等）
    - 相平衡参数（分配系数或容量因子）
    - 分离参数（分离度、分离因子）
  - 基本理论
    - 塔板理论（热力学方面）
    - 速率理论（动力学方面）

练习题

题库

1. 色谱峰可用哪些参数来描述？这些参数各有何意义？

2. 说明容量因子的物理含义及与分配系数的关系。为什么分配系数（或保留因子）不等是色谱分离的前提条件？

3. 简述各种不同类型色谱法的分离机制和应用范围？

4. 简述什么是塔板理论并说明它的主要贡献和局限性。

5. 根据速率理论说明影响色谱法展宽的各种原因，并阐述速率理论对色谱条件的选择有何指导意义？

6. 液液色谱柱的组分 A 和 B 的分配系数 K 分别为 10 和 15，柱的固定相体积为 0.5ml，流动相体积为 1.5ml，流速为 0.5ml/min。求 A、B 的保留时间和保留体积。

7. 已知某色谱柱的理论塔板数为 3600，组分 A 和组分 B 在该柱上的保留在该柱上的保留时间分别为 27 分钟和 30 分钟，求两峰的峰宽及分离度。

8. 用一根色谱柱将分离组分 A、B，A 峰与 B 峰保留时间分别为 320 秒和 350 秒，死时间为 25 秒，若两峰峰宽相等，要使两峰完全分离则色谱柱柱长至少为多少？（假设理论塔板高度 0.76mm）

9. 用一色谱柱分离 A、B 两组分，此柱的理论塔板数为 4200，测得 A、B 的保留时间分别为 15.05 分钟及 14.82 分钟。（1）求分离度；（2）若分离度为 1.5 时，理论塔板数为多少？

10. 用 ODS 色谱柱，以甲醇-水（80：20）为流动相，测定含苯和萘的混合样品，进样得到色谱图。测得苯的 t_R 和 $W_{1/2}$ 分别为 6.68 分钟和 0.22 分钟，萘的 t_R 和 $W_{1/2}$ 分别为 7.38 分钟和 0.24 分钟。（1）计算两组分的分离度。（2）该分离度能否用于定量分析？

（杨冬芝）

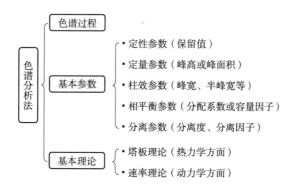

第十八章

气相色谱法

学习导引

知识要求

1. **掌握** 气相色谱法的固定相、流动相及其选择；气相色谱法的速率理论；分离条件的选择；定性定量分析方法。

2. **熟悉** 气相色谱法的一般流程、气相色谱仪的主要部件；检测器的类型、特点及选择；毛细管气相色谱法。

3. **了解** 气相色谱仪工作原理；气相色谱法的特点及发展概况。

能力要求

熟练掌握气相色谱法的速率理论，以此理论为指导能够在实际分析过程中正确选择合适的实验条件；学会应用各种定性、定量分析方法分析和解决药学领域中的相关问题。

素质要求

通过气相色谱的分离原理、仪器特点、定性及定量分析方法的学习，培养学生辩证分析问题的能力，合理采取分析手段达到分析要求，同时培养认真负责的职业态度，以高要求提升学生的职业素养水平和职业精神。

以气体为流动相的色谱方法称为气相色谱法（gas chromatography，GC），主要用于分离分析易挥发性物质。早在1941年，当马丁等人研究液液分配色谱时，就曾提出过气液色谱法的设想；1952年马丁、辛格以及詹姆斯等人首次建立了气相色谱法，其间经历了几个重要的发展历程：1954年瑞依将热导池检测器应用于气相色谱仪，从而扩大了气相色谱法应用范围；1956年荷兰学者范第姆特在总结前人研究成果的基础上，提出了气相色谱的速率理论，为气相色谱法奠定了理论基础；1957年，美国戈雷（Golay）发明了一种分离效能极高的毛细管色谱柱，标志着全新的毛细管气相色谱法的诞生。随后几年，澳大利亚的麦克威廉（Mcwilliam）发明了氢火焰离子化检测器，英国的劳夫劳克（Lovelock）研制出了氩离子化和电子捕获检测器，把色谱柱分离效能和检测器的灵敏度大大地提高了一步。从而使气相色谱法得到了迅猛的发展和更为广泛的应用。

我国色谱工作者于1956年开始对气相色谱法进行研究。60年代期间，无论在色谱理论、色谱技术、色谱仪器、色谱试剂的研究和应用方面都取得了卓越的成绩，对气相色谱法的发展做出了极大的贡献。

课堂互动

《中国药典》（1995年版）起正式收载“有机溶剂残留量测定法”项目。什么是气相色谱法？气相色谱法的特点是什么？

第一节　气相色谱法的分类和一般流程

PPT

一、气相色谱法的分类

就操作形式而言，气相色谱法属于柱色谱法。按固定相的物态分类，气相色谱法可分为气固色谱法（GSC）及气液色谱法（GLC）两类；按色谱柱的粗细和填充情况，可分为填充柱色谱法及毛细管柱色谱法两种。填充柱是将固定相填充在金属或玻璃管中（常用内径2~4mm），毛细管柱（内径0.1~0.5mm）可分为开管毛细管柱、填充毛细管柱等。按分离机制，又可分为吸附色谱法及分配色谱法两类。气固色谱法多属于吸附色谱法，气液色谱法属于分配色谱法，后者是药物分析中常用的方法。

二、气相色谱法的特点

气相色谱法的流动相为气体，又称载气，它可携带组分在色谱柱中流动。在应用范围之内，气相色谱法具有分离效能高、选择性高、检测灵敏度高、分析速率快、样品用量少及应用广泛等优点。

1. 分离效能高　通常填充柱的理论塔板数可达数千，毛细管柱可高达100多万，它能使一些理化性质非常接近的组分获得良好的分离。

2. 选择性高　通过选择合适的固定相，可以分离对映异构体、立体异构体等性质极为接近的组分。

3. 检测灵敏度高　因为气相色谱使用了高灵敏度的检测器，使其检出限低至10^{-11}~10^{-13}g。适合痕量分析。

4. 分析速度快　气相色谱法操作简单，分析速度快，通常一次试样分析需要几分钟至几十分钟，最快时可在几秒钟内完成。

5. 应用范围广　气相色谱法是很成熟的分析技术，广泛应用于石油化工、环境监测、生物化学、食品分析、医药卫生等领域。在药物分析中，气相色谱法可用于有关物质检查分析，如残留有机溶剂的检查；原料药及制剂的鉴别与含量测定等。因试样需汽化后才能分离，对于挥发性较差或加热易分解的样品，需采用衍生化或裂解等方法，增加挥发性或改变其色谱行为，达到峰形对称和分离的目的。据统计，能用气相色谱法直接分析的有机物约占全部有机物的20%左右。

三、气相色谱仪的一般流程

气相色谱仪的生产厂家很多，型号繁多、功能各异，但基本结构都相似。气相色谱仪的简单流程如图18-1所示。载气由高压钢瓶供给，经减压阀减压后，进入载气净化干燥管以除去载气中的水分及氧气、烃类等杂质。由针型阀控制载气的压力和流量。流量计和压力表用以指示载气向前流动的流量和压力。再经过进样器（包括气化室），试样从进样器注入（如为液体试样，经气化室瞬间气化为气体），由载气携带进入色谱柱。试样中各组分根据分配系数大小顺序，先后被载气带出色谱柱，之后又被载气带入检测器。检测器的作用是将物质浓度或质量的变化，转变为电信号，信号放大后被存储或绘图，得到以时间为横坐标，信号强度为纵坐标的流出曲线即色谱图。

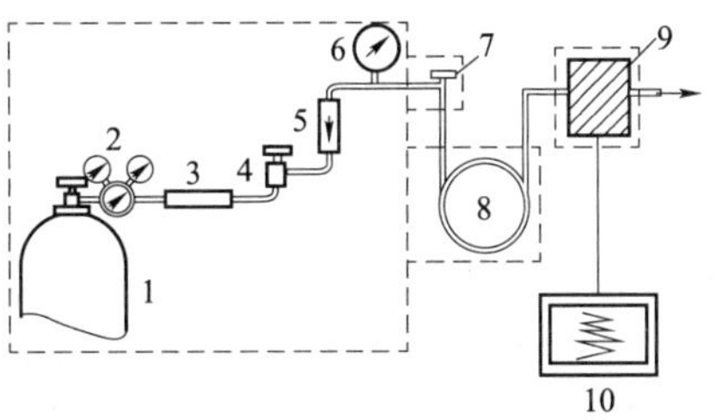

图18-1　气相色谱仪流程示意图

1. 高压钢瓶；2. 减压阀；3. 净化器；4. 稳压阀；5. 流量计；6. 压力表；7. 进样器；8. 色谱柱；9. 检测器；10. 记录仪

色谱柱及检测器是气相色谱仪的两个最重要的组成部分，色谱柱用于分离，检测器用于分析。现代气相色谱仪都广泛应用计算机和相应的色谱软件，它不仅具备数据处理、打印报告等功能，还可按程序控制色谱实验条件，完成自动分析的任务。

PPT

第二节 气相色谱固定相和流动相

在气相色谱中，固定相装填在色谱柱中，如何对其正确选择，是气相色谱分离的关键。按分离机制色谱柱可分为分配柱及吸附柱等，它们的区别主要在于固定相的不同。分配柱一般是将固定液涂渍在载体上，构成液体固定相，利用组分的分配系数差别而实现分离。吸附柱是把固体吸附剂装入柱管而构成的，它是利用吸附剂对不同组分吸附能力不同而实现分离。除固体吸附剂外，固定相还包括高分子多孔小球、分子筛及化学键合相等。

一、气液色谱固定相

气液色谱的固定相是由固定液和载体组成。载体是一种比表面大且化学惰性的固体微粒，用作支持物。固定液是涂渍在载体上的高沸点物质。

（一）对固定液的要求

固定液一般是高沸点物质，在室温时可为固态也可为液态，在色谱操作温度下应为液态，分离机制属于分配色谱。对固定液的要求如下。

（1）热稳定性好、蒸汽压低，在较高操作温度下不分解，否则固定液易流失，影响色谱柱使用寿命，每一固定液均有一个"最高使用温度"，实际使用过程中，固定液的使用温度要低于最高使用温度20℃为宜。

（2）化学稳定性好，不与载体及组分发生化学反应。

（3）对被分离组分的选择性要高，即各组分的分配系数差别较大。

（4）对样品中各组分有足够的溶解能力。

（二）固定液的分类

据统计固定液已有近一千种，其主要分类方法有两种：一是按化学结构相似或官能团相同的化学分类法；二是按极性大小分类的极性分类法。

1. 化学分类法 根据化学结构相似或官能团相同，固定液可分为烃类、聚硅氧烷类、醇类和酯类等。

（1）烃类 包括烷烃类和芳烃类，如鲨鱼烷（角鲨烷、异三十烷、$C_{30}H_{62}$）、阿皮松（$C_{36}H_{74}$）。鲨鱼烷是标准的非极性固定液。

（2）聚硅氧烷类 是目前应用最为广泛的通用性固定液，具有黏度系数小、蒸汽压低、流失少，且对大多数有机物有良好的溶解能力等优点。包括弱极性、中等极性及极性固定液，其基本化学结构为：

$$(CH_3)_3—Si—O—(\overset{\overset{\displaystyle CH_3}{|}}{Si}—O—)_n—Si—(CH_3)_3$$
$$\underset{R}{|}$$

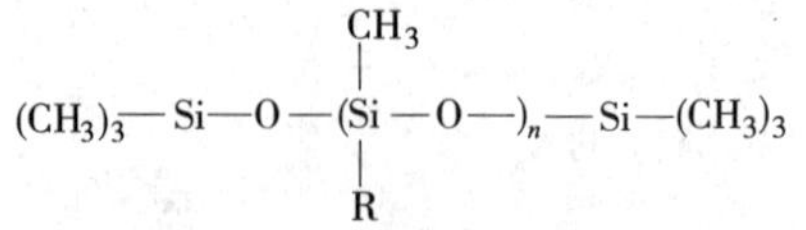

聚硅氧烷类固定液按取代基 R 的不同又可分为：①甲基硅氧烷类，取代基 R 为甲基，如甲基硅油I、甲基硅橡胶（SE-30 及 OV-1）等，是一类耐高温弱极性固定液；②苯基硅氧烷，取代基 R 为苯基，极性因引入苯基而比甲基硅氧烷类稍强，根据取代基数目不同又分为甲基苯基硅油（$n<400$）和甲基苯基硅橡胶（$n>400$）。按苯基含量不同甲基苯基硅橡胶又可分为低苯基硅橡胶（如 E-52，含苯基 5%）、中苯基硅橡胶（如 OV-17，含苯基 50%）、高苯基硅橡胶（OV-25，含苯基 75%）；③氟烷基硅氧烷，取代基为三氟丙烷（—$CH_2CH_2CF_3$），它是一类中等极性的固定液；④氰基硅氧烷，取代基为氰乙

基（$—CH_2CH_2CN$）是一类强极性固定液，氰乙基含量越高，极性越强。

（3）醇类　是一类氢键型固定液，又分为非聚合醇、聚合醇和聚乙二醇（如 PEG-20M）。

（4）酯类　是一类中强极性固定液，又分为非聚酯类如邻苯二甲酸壬酯（NDP）和聚酯类如丁二酸二乙二醇聚酯、聚丁二酸乙二醇酯（PDEGS 或 DEGS）。

2. 极性分类法　固定液的极性是固定液与被测组分之间作用力的函数，表示含有不同基团的固定液与组分中的基团相互作用力的大小，以此描述固定液的分离特征。1959 年，罗胥奈德（Rohrschneider）提出用相对极性来表示固定液的分离特征。该分类法规定：极性最强的 β,β′-氧二丙腈的相对极性为 100，为标准极性固定液；鲨鱼烷的相对极性为 0，为标准非极性固定液。其他固定液的相对极性在 0~100 之间。

相对极性的测定方法为：用苯与环己烷为样品，分别在对照柱 β,β′-氧二丙腈及鲨鱼烷柱上测定它们的相对保留值对数 q_1 及 q_2。然后在待测固定液柱上测定 q_x。代入下式计算待测固定液的相对极性 P_x：

$$P_x = 100\left(1 - \frac{q_1 - q_x}{q_1 - q_2}\right) \tag{18-1}$$

$$q = \lg \frac{t'_{R苯}}{t'_{R环己烷}} \tag{18-2}$$

按相对极性 P 的数值大小，固定液又可分成 5 级，每 20 为一级，1~20 为+1 级，21~40 为+2 级，以此类推。0 和+1 级为非极性固定液，+2 级、+3 级为中等极性固定液，+4 级、+5 级为极性固定液。表 18-1 列出了部分常用固定液的极性、最高使用温度和参考用途，可在使用时进行选择。

表 18-1　常用固定液的相对极性

名　称	相对极性	分子式或结构式	最高使用温度（℃）	参考用途
角鲨烷	0	异三十烷 $C_{30}H_{62}$	150	标准非极性固定液
液状石蜡	+1	$CH_3(CH_2)_nCH_3$	100	分析非极性化合物
甲基硅橡胶（SE-30）	+1	$(CH_3)_3—Si—O—(Si(CH_3)_2—O—)_n—Si—(CH_3)_3$	350	分析高沸点非极性化合物
邻苯二甲酸二壬酯（DNP）	+2	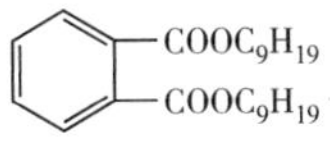	150	分析中等极性化合物
中苯基甲基硅氧烷（OV-17）	+2	在 SE-30 中引入苯基（50%）	350	分析中等极性化合物
三氟丙基甲基聚硅氧烷（QF-1）	+2	在 SE-30 中引入三氟丙基（50%）	250	分析中等极性化合物
氰基硅橡胶（XE-60）	+3	在 SE-30 中引入苯基（25%）	250	分析中等极性化合物
聚乙二醇（PEG-20M）	+4	聚环氧乙烷（$-CH_2CH_2-O-$）$_n$	250	分析中等极性化合物
丁二酸二乙二醇聚酯（DEGS）	+4	丁二酸与乙二醇生成的线型聚合物	220	分析极性化合物如酯类
β,β′-氧二丙腈	+5	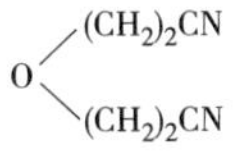	100	标准极性固定液

（三）固定液的选择

案例解析

苯与环己烷的分离

【案例】 苯与环己烷沸点相差0.6℃（苯80.1℃、环己烷80.7℃）

【问题】 如何选择合适的固定液把二者分离？

【解析】 苯与环己烷沸点相差不大，只有0.6℃。而苯为弱极性化合物，环己烷为非极性化合物，两者极性差别虽然不大，但相对而言比沸点的差别要大。因此，极性差别是两组分的主要矛盾，用非极性固定液很难将苯与环己烷分开。若改为中等极性固定液，改用邻苯二甲酸二壬酯（DNP），则苯的保留时间是环己烷的1.5倍。再改用聚乙二醇-400（PEG-400），则苯的保留时间是环己烷的3.9倍，从而可把两者分开。

固定液的极性直接影响组分与固定液分子间的作用力的类型和大小，因此对于给定的待测组分，固定液的极性是选择固定液的重要依据；一般可以根据“相似性”原则进行选择，即按被分离组分的极性或官能团与固定液相似的原则来选择。若分离组分和固定液的极性或官能团等性质相似，则它们分子之间的相互作用力较强，组分在固定液中的溶解度大，分配系数也大，其保留值长，待测组分被分开的可能性也大。

1. 分离非极性物质 一般选用非极性固定液，组分与固定液分子间的作用力是色散力。这时样品中各组分按沸点顺序流出色谱柱，沸点低的组分先出柱。若样品中有极性组分，相同沸点的极性组分先流出色谱柱。

2. 分离中等极性物质 选用中等极性固定液，分子间作用力为诱导力和色散力。基本上仍按上述沸点顺序流出色谱柱。但对沸点相同的极性与非极性组分，非极性组分先出柱，极性组分后出柱。

3. 分离极性物质 选用极性固定液，分子间作用力主要为静电力。组分按极性顺序流出色谱柱，非极性组分先出柱，极性组分后流出色谱柱。

4. 能形成氢键的组分 如醇、酚、胺和水等的分离，可选择氢键型固定液，它们之间的作用力是氢键力。这时样品中各组分按与固定液分子形成氢键的能力大小先后流出，不易形成氢键的化合物先流出色谱柱。

用“相似性”原则选择固定液时，还需注意混合物中组分性质的差别，若分离非极性和极性混合物，一般选用极性固定液。分离沸点差别较大的混合物，一般选用非极性固定液。对于难分离的组分，也可采用两种或两种以上的固定液混合后使用，有可能达到预期的分离目的。对于理化性质极为相似的手性化合物的分离，需采用手性固定相。

（四）载体

载体又称为担体，一般是化学惰性的多孔性微粒，它的作用是使薄而均匀的液膜固定液涂渍在其惰性表面上。

1. 对载体要求 载体应具有较大的比表面积，孔径分布均匀；表面不具有吸附性能（或吸附性能很弱）；化学稳定性及热稳定性好；颗粒均匀，具有一定的机械强度。

2. 硅藻土型载体 载体可分为硅藻土载体和非硅藻土载体。聚四氟乙烯、玻璃微球属于非硅藻土载体，该类载体耐腐蚀，固定液用量少，适用于分离强腐蚀性物质，但其表面的非浸润性使柱效低。目前常用载体为硅藻土载体，它是将天然硅藻土高压成形，在900℃高温下煅烧，然后粉碎，过筛而成。因对其处理方法不同，又可分为红色载体及白色载体两种。

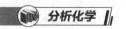

（1）红色载体　因煅烧后，天然硅藻土中所含的铁易形成氧化铁，而使载体呈淡红色，故称红色载体。红色载体表面孔穴密集，孔径较小，比表面积较大，机械强度较大。常与非极性固定液配伍，用于非极性组分的分离分析。

（2）白色载体　煅烧前在原料中加入少量助熔剂，如 Na_2CO_3，煅烧后使氧化铁生成了无色的铁硅酸钠配合物，而使硅藻土呈白色。白色载体由于助熔剂的存在而使颗粒疏松，表面孔径相对较大，比表面积较小，吸附性能弱，常与极性固定液配伍，用于极性组分的分离分析。

3. 载体的钝化　钝化是消除或减弱载体表面的吸附性能。硅藻土载体表面存在着许多硅醇基及少量金属氧化物，常具有一定的吸附性能，它们的存在，破坏了组分在两相中的分配关系，使色谱峰产生拖尾，故需除去这些活性中心，使载体表面结构钝化。常用的钝化方法有以下几种。

（1）酸洗法　用 6mol/L HCl 浸泡 20～30 分钟，除去载体表面的铁、铝等金属氧化物。酸洗载体用于分析酸性化合物。

（2）碱洗法　用 5% KOH-甲醇溶液浸泡或回流，除去载体表面的 Al_2O_3 等酸性作用点。用于分析胺类等碱性化合物。

（3）硅烷化法　将载体与硅烷化试剂反应，除去载体表面的活性硅醇基。主要用于分析具有形成氢键能力较强的化合物，如醇、酸及胺类等化合物。

二、气固色谱固定相

气固色谱固定相有吸附剂、分子筛、高分子多孔微球及化学键合相等。吸附剂常用石墨化炭黑、硅胶及氧化铝等。分子筛是一种较特殊吸附剂，具有吸附及分子筛两种作用。分离机制与凝胶色谱相似。吸附剂与分子筛多用于相对分子质量低的化合物分离分析。在药物分析最常使用的固定相为高分子多孔微球。

高分子多孔微球（GDX）是一种人工合成的新型固定相，是由苯乙烯或乙基乙烯苯与二乙烯苯交联共聚而成。既可作吸附剂，又可作为载体。高分子多孔微球的分离机理一般可认为具有吸附、分配及分子筛三种作用。它耐高温，最高使用温度为 200～300℃；峰形好，一般不拖尾；无柱流失现象，柱寿命长；一般按相对分子质量大小的顺序分离，是一种比较优良的固定相。

化学键合相也是一类新型气液色谱固定相，具有分配与吸附两种作用，具有传质快、柱效高、分离效果好、不流失、柱寿命长等特点。有关化学键合相的内容在第二十章进行详细介绍。

三、流动相

气相色谱中的流动相是气体，亦称载气（carrier gas）。气相色谱中作为载气的气体种类不多，有氢气、氮气、氦气、氩气等。氦气在普通气相色谱法中较少使用，常用于气相色谱-质谱联用分析。实际应用最多的载气是氢气和氮气。在气相色谱中载气的选择及纯化，主要取决于选用检测器类型、色谱柱以及分析要求。

1. 氢气　作为载气，要求其纯度在 99.99% 以上。由于它具有相对分子质量小，热导系数大，黏度小等特点，在使用热导检测器时，常用它作载气。氢气是在氢焰离子化检测器中必须使用的燃气。为了提高载气的流速，也有采用氢气作载气、用氮气尾吹，空气助燃的办法。氢气易燃、易爆，操作过程中一定要特别注意安全。

2. 氮气　作为载气，氮气的纯度也要求在 99.99% 以上。氮气相对分子质量大，扩散系数小，柱效比较高。除热导检测器外，在其他几种检测器中，如氢焰离子化检测器、电子捕获检测器和硫磷检测器中，多采用氮气作为载气。它在热导检测器中用得较少，主要原因是氮气热导系数小，和有机化合物热导系数接近，灵敏度低。

3. 氦气　它具有相对分子质量小、热导系数大、黏度小、线速度较大的特点，常用于气相色谱-质谱联用分析。

载气以及辅助气体中常存在一些诸如水分、氧气、烃类等杂质将严重影响色谱分离及检测灵敏度。因此，载气在进入色谱仪之前要先通过净化管以除去这些杂质。载气流量和压力的大小，直接影响分析结果的重现性和准确性，可通过阀门和转子流量计或电子压力传感器和电子流量控制器来控制压力和流量。

第三节 检 测 器

PPT

检测器是气相色谱仪的重要组成部分，用于测定样品的各组分及其含量。待测组分经色谱柱分离后，通过检测器将各组分的浓度或质量变化转变成相应的电信号，经放大器放大后，由记录仪或微处理机处理得到色谱图，根据色谱图可对待测组分进行定性和定量分析。

根据检测器的输出信号与组分含量间的关系不同，可将其分为浓度型检测器和质量型检测器两大类。

浓度型检测器：测量载气中组分浓度的瞬间变化。检测器的响应值与组分在载气中的浓度成正比，而与单位时间内组分进入检测器的质量无关。例如：热导检测器（thermal conductivity detector，TCD）、电子捕获检测器（electron capture detector，ECD）等。

质量型检测器：测量载气中某组分进入检测器的质量流速变化，即检测器的响应值与单位时间内进入检测器某组分的质量成正比。例如：氢焰离子化检测器（flame ionization detector，FID）、火焰光度检测器（flame photometric detector，FPD）等。

近年来，由于痕量分析的需要，高灵敏度的检测器不断出现，大大促进了气相色谱法的发展和应用。

一、检测器的性能指标

微课

在气相色谱分析中，对检测器的要求主要有：灵敏度高；稳定性好，噪音低；线性范围宽；死体积小，响应速度快。常用检测器的性能如表 18-2 所示。

表 18-2 常用检测器的性能

检测器	检测对象	噪音	检测限	线性	适用载气
TCD	通用	0.005~0.01mV	10^{-5}mg/ml	10^4	H_2、He
FID	含 C、H 化合物	10^{-14}A	10^{-10}mg/s	10^7	N_2
ECD	含电负性基团	8×10^{-12}A	10^{-11}mg/ml	5×10^4	N_2
TID	含 P、N 化合物	$\leqslant5\times10^{-14}$A	10^{-12}mg/s	10^5	N_2、Ar
FPD	含 S、P 化合物	10^{-9}A	10^{-10}mg/s	10^5	N_2、He

（一）灵敏度

灵敏度（sensitivity）又称响应值或应答值。灵敏度的指标常用两种表示方法：浓度型检测器用以浓度表示的灵敏度（S_c），质量型检测器用以质量表示的灵敏度（S_m）。

1. S_c 1ml 载气中携带 1mg 的某组分通过检测器时，产生的电压，单位为 mV · ml/mg。

2. S_m 每秒有 1g 某组分被载气携带通过检测器所产生的电压或电流值，单位为 mV · s/g 或 A · s/g。

（二）噪音和漂移

1. 噪音 操作条件下无样品通过检测器时，由仪器本身和工作条件等的偶然因素引起的基线起伏称为噪音（noise；*N*）。噪音的大小用测量基线波动的最大宽度来衡量（图 18-2），单位一般用 mV 或 A 表示。

2. 漂移（drift；*d*） 通常指基线在单位时间内单方向缓慢变化的幅值，单位为 mV/h。噪音和漂移与检测器的稳定性、载气纯度和流速稳定性、柱温稳定性、固定相的流失等有关。

（三）检测限

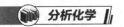

灵敏度不能全面地表明一个检测器性能的优劣，因为它没有反映检测器的噪音水平。信号可以被放

大器任意放大，使灵敏度增高，但噪音也同时被放大，弱信号仍然难以辨认。因此评价检测器性能，不能只看灵敏度，还要考虑噪音的大小。检测限又称为敏感度，能从这两方面来说明检测器性能。

某组分的峰高恰为噪音的两倍（2N）时，单位时间内载气引入检测器中该组分的质量（g /s）或单位体积载气中所含该组分的量（mg/ml）称为检测限（detectability，D）。当信号低于此限时，组分峰将被噪音所淹没，而检测不出来（图 18-2）。其计算公式如下：

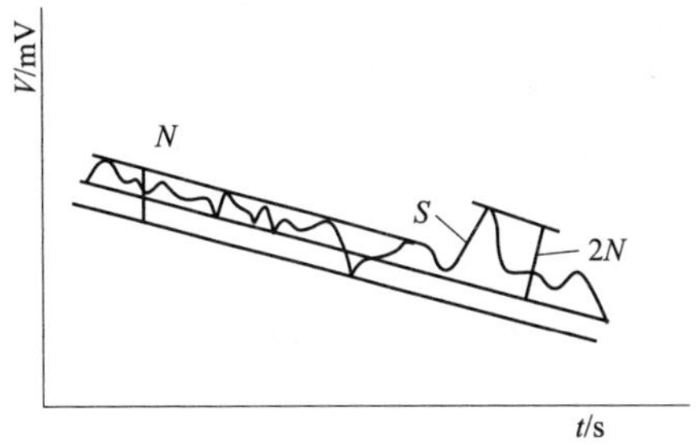

图 18-2　检测器的噪音和检测限

$$D=2N/S \tag{18-3}$$

检测限越小，检测器的性能越好，在实际工作中常用最小检测量或最小检测浓度表示色谱分析的灵敏程度，最小检测量或最小检测浓度常用恰能产生三倍噪音信号时的进样量或进样液浓度表示。

二、热导检测器

微课

热导检测器是利用被检测组分与载气的热导率之间的差别来检测组分的浓度变化。具有结构简单、测定范围广（无机物、有机物皆能产生信号），样品不被破坏等优点。其缺点是灵敏度低、噪音大。

（一）测定原理

热导检测器是由热导池及热敏元件组成。池体可由不锈钢材料或黄铜制成，在其上钻挖孔槽，孔槽内装入热敏元件（钨丝或铼钨丝），就构成了热导池。热导池可分为双臂热导池和四臂热导池。如将两个材质、阻值完全相同的热敏元件，装入一个双腔池体中（图 18-3）就构成双臂热导池。一臂连接在色谱柱前只通载气，称为参考臂，一臂连接在色谱柱后，通载气加样气，称为测量臂。两臂的电阻分别为 R_1 与 R_2，将 R_1 与 R_2 与两个阻值相等的固定电阻 R_3、R_4 组成桥式电路（图 18-4）。

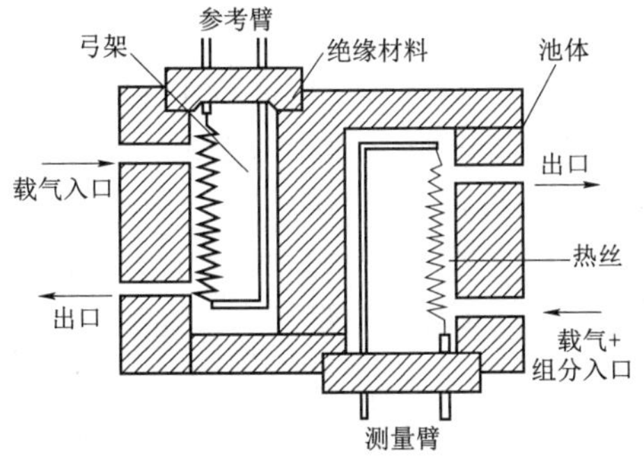

图 18-3　双臂热导池示意图

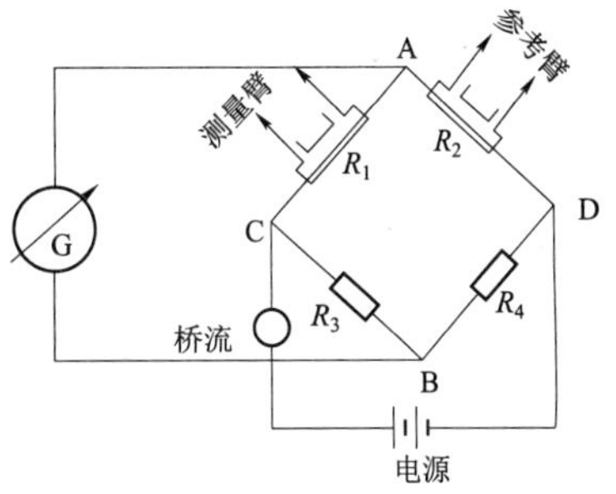

图 18-4　双臂热导池检测原理示意图

热导池通电时，热丝升温，所产生的热量被载气带走，并以热导方式通过载气传给池体。当热量的产生与散失达到动态平衡时，热丝的温度恒定，其电阻值也恒定。若测量臂也只是通载气，无样气通过，两个热导池热丝温度、电阻值相等，则 $R_1=R_2$，$R_1/R_2=R_3/R_4$，电桥处于平衡状态，A、B 两点电位差相等，检流计 G 中无电流通过。

当载气携带样品气进入测量臂，若组分与载气的热导率不等，测量臂热丝温度发生变化，即 R_2 阻值不变，R_1 阻值发生改变，$R_1\neq R_2$，有 $R_1/R_2\neq R_3/R_4$，A、B 两点电位差不相等，检流器 G 有微小电流通过，指针发生偏转，将此微小电流放大、处理后，记录仪上则产生检测信号。

双臂热导池灵敏度低，若把桥式电路中的 R_3、R_4 也换成热敏元件，构成四臂热导池，则其检测灵敏度提高。

（二）注意事项

1. 载气的选择　常用的载气有氢气、氮气、氦气。一般有机化合物与氮气的热导率差别较小，灵敏度较低，有时会出倒峰，所以不用氮气作载气。而氢气和氦气的热导率与有机化合物的热导率差值较大，灵敏较高，因此，常用它们作载气。

2. 桥电流 不通载气不能加桥电流，否则易烧坏热导池中的热敏元件。增加桥电流可提高灵敏度，但桥电流增加，金属热丝易氧化，噪音同时也变大，所以在灵敏度够用的情况下，应尽量采取低桥电流以保护热敏元件。

3. 载气流速 热导检测器为浓度型检测器，在进样量一定时峰面积与载气流速成反比，用峰面积定量时，需保持载气流速恒定。

4. 检测室温度 降低检测室温度有利于提高灵敏度，但是检测室温度不能低于柱温，否则组分分子可能会在检测室中冷凝而污染检测器引起基线不稳。一般来说，检测室温度应高于柱温20~50℃。

课堂互动

气相色谱法分离分析有机化合物时，若选用TCD为检测器，用氮气作载气时，为何会出现色谱峰分离效果较差且有倒峰出现？如何解决？

三、氢焰离子化检测器

微课

氢焰离子化检测器是利用有机物在氢火焰的作用下，化学电离而形成离子流，通过测定离子流强度进行检测。它具有灵敏度高，响应速度快、噪音小，线性范围宽等优点，是目前最常用的检测器。缺点是检测时样品被破坏，一般只能测定含碳有机化合物。

（一）测定原理

氢焰离子化检测器由离子化室、火焰喷嘴、负极（发射极）和正极（收集极）组成（图18-5）。

载气携带被测组分，从色谱柱流出，与氢气混合一起进入离子室，由毛细管喷嘴喷出。氢气在空气的助燃下，经引燃后进行燃烧，燃烧所产生的高温火焰（约2100℃）为能源，使被测有机物组分电离成正负离子。在氢火焰附近设有收集极和极化极，在两极之间加有150~300V的极化电压，形成一直流电场。产生的离子在收集极和极化极的外电场作用下定向运动而形成电流。电离的程度与被测组分的性质有关，一般在氢火焰中电离效率很低，产生的微电流大小与进入离子室的被测组分含量有关，含量愈高，产生的微电流就愈大。产生的微弱电流，经收集、处理、放大后，在记录仪上得到色谱峰。

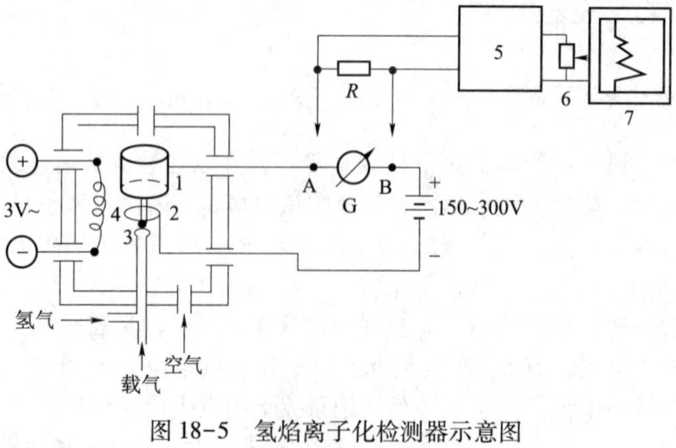

图18-5 氢焰离子化检测器示意图

1. 收集极；2. 极化极；3. 氢火焰；4. 点火线圈；5. 微电流放大器；6. 衰减器；7. 记录仪

氢焰离子化检测器对大多数有机化合物灵敏度很高，故对痕量有机物的分析比较适宜。但对在氢火焰中不电离的无机化合物，如：CO_2、H_2O、NH_3、SO_2等不能检测。

（二）注意事项

1. 气体及流量　氢焰检测器需使用三种气体。载气一般用氮气，燃气用氢气，空气作为助燃气。三者流量关系一般为 N_2：H_2：Air 为 1：（1~1.5）：10。

2. 载气流速　氢焰离子化检测器为质量型检测器，峰高取决于单位时间引入检测器中组分的质量，在进样量一定时，峰高与载气流速成正比，在用峰高定量时，需保持载气流速恒定。

四、电子捕获检测器

电子捕获检测器是一种高灵敏度、高选择性检测器，对电负性物质特别敏感，它主要用于分析测定卤化物、含磷（硫）化合物以及过氧化物、硝基化合物、金属有机物、金属螯合物、甾族化合物、多环芳烃和共轭羟基化合物等电负性物质；元素的电负性越强，检测灵敏度越高，其检测下限可达 10^{-14}g/ml。

（一）测定原理

电子捕获检测器由电离室、β-粒子放射源、收集电极等组成。其结构如图 18-6 所示。在检测器池体内装有一个圆筒状 β 射线放射源（^{3}H 或^{63}Ni）作负极，以一个不锈钢棒作正极，在两极间施加一脉冲电压，用聚四氟乙烯或陶瓷作为绝缘体。当只有纯载气分子进入检测器时，在 β-粒子的轰击下，电离成正离子和自由电子，在所施电场的作用下正离子和电子分别向两极做定向移动，向正极移动的电子被正极收集形成基始电流（基流），在记录仪上产生一平直基线。当载气带有微量的电负性组分进入检测器时，大量捕获电子形成负离子或带电负分子。因为负离子（分子）与载气电离生成的正离子碰撞生成中性化合物，而基流明显下降，这样仪器就输出了一个负的电信号，形成倒峰。经放大器放大，极性转换后，输出正峰信号。信号大小与进入检测器的组分的浓度成正比，因此，电子捕获检测器属于浓度型检测器。

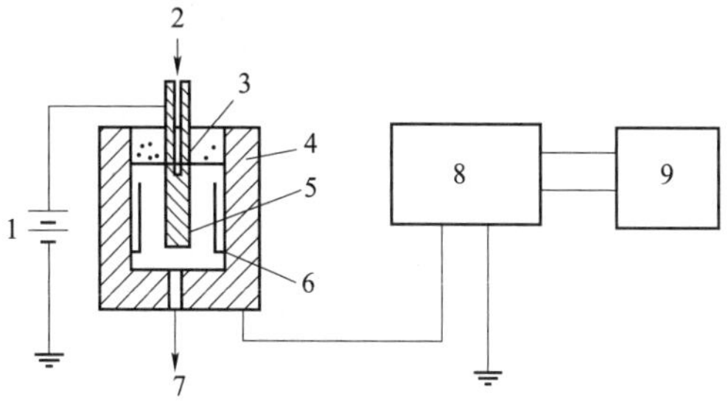

图 18-6　电子捕获检测器

1. 脉冲电源；2. 载气入口；3. 绝缘体；4. 阴极；5. 阳极；6. 放射源；7. 载气出口；8. 放大器；9. 记录器

（二）注意事项

1. 载气　电子捕获检测器的载气常用高纯氮气或氩气，其纯度要求在 99.999% 以上，载气中若含有微量的氧气和水等电负性组分时，对检测器的基流和响应值存在较大的影响，应采用脱氧管等净化装置除去。

2. 流速　载气流速对检测器的基流和响应值也有影响，使用时可根据实验条件选择最佳流速，通常在 40~100ml/min 范围之间。

3. 使用安全　检测器中含有放射源，使用过程中应注意安全，不得随意拆卸。

第四节　气相色谱分离条件的选择

PPT

随着气相色谱法的快速发展，出现了一些高效能、高选择性色谱柱。塔板理论和速率理论的提出，使气相色谱法有了理论基础，并可按照色谱理论，指导实验过程中选择合适的色谱分离条件。

一、气相色谱的速率理论

色谱速率理论方程式 $H=A+B/u+Cu$，将影响塔板高度的因素归纳为三项：涡流扩散项 A、纵向扩散项 B/u 及传质阻抗项 Cu。在气相色谱中各项的物理意义如下。

1. 涡流扩散项（eddy diffusion）A　在填充色谱柱中，涡流扩散项 A 与填充物的平均直径 d_p 和填充物的填充不规则因子 λ 有关：

$$A=2\lambda d_p \tag{18-4}$$

式（18-4）表明，要降低板高 H，提高柱效，必须使涡流扩散项 A 尽可能的小，亦即采用粒度较细、颗粒均匀的载体，且尽量填充均匀。在气相色谱中由于填充柱较长，不宜使用 d_p 太小的填料，d_p 太小不易填充均匀，而且柱阻太大。

2. 纵向扩散项（molecular diffusion）*B/u* 纵向扩散系数 B 与组分在载气中的分子扩散系数 D_g（diffusion in the carrier gas，单位 cm^2/s）和弯曲因子 γ 成正比：

$$B=2\gamma D_g \tag{18-5}$$

组分在载气中的分子扩散系数 D_g 与组分的性质有关，也与载气性质、柱温、柱压等因素有关。D_g 与载气的相对分子质量的平方根成反比，随柱温的升高而增大，随柱压的增大而减小。因此，采用相对分子质量较大的载气（如 N_2），控制较低的柱温，采用较高的载气流速，可以减小分子扩散，有利于提高柱效。但相对分子质量大时，黏度大，柱压增高。因此，载气线速度较低时用相对分子质量较大的氮气，线速度较高时宜用相对分子质量较小的氦气或氢气。

3. 传质阻抗项（mass transfer resistance）*Cu* 包括气相传质阻抗和液相传质阻抗，即：

$$Cu=(C_g+C_l)u \tag{18-6}$$

式（18-6）中，C_g 是指组分在气相和气液界面之间进行质量交换时的气相传质阻抗系数，C_l 为组分在气液界面和液相之间进行质量交换时的液相传质阻抗系数。

$$C_l=\frac{2k}{3(1+k)^2}\cdot\frac{d_f^2}{D_l} \tag{18-7}$$

式（18-7）中，d_f 为固定液的液膜厚度，D_l 为组分在固定液中的扩散系数。

液相传质过程是指组分从气液界面扩散进入固定液，并至固定液深部，进而达到动态分配平衡，然后回到气液界面，该过程需要一定时间。当纯净载气经过时，固定液中该组分分子将回到气液界面，被载气带走，在此时间内，气相中组分的其他分子仍随载气不断向柱出口运动，就造成了进入固定液的组分分子落后于在两相界面迅速平衡并随同载气流动的组分分子，而使色谱峰扩张。若载体表面有深孔，且固定液亦涂入深孔，必然造成较严重的色谱峰扩张，所以不希望载体表面有深孔。同时从式（18-7）也能看出，固定相的液膜涂渍得越薄，组分的液相传质阻抗系数越小，液相传质阻力就愈小，柱效就越高。

载气流速对传质阻抗项的影响很大，当载气流速增加时，传质阻抗项就增大，造成塔板高度 H 增大，柱效较低。

速率理论概括了涡流扩散、纵向扩散和传质阻力对塔板高度的影响，指出了影响柱效能的因素，对色谱分离条件的选择具有指导意义。由以上的讨论可以看出，色谱柱填充的均匀程度、载体的粒度、载气的流速和种类、固定液的液膜厚度和柱温等因素都对柱效产生直接的影响。其中许多因素相互矛盾、相互制约。如增加载气流速，分子扩散项的影响减小，但是传质阻抗项的影响却增加了；柱温升高有利于减少传质阻抗项，但是又加剧了分子扩散。因此应全面考虑各种因素的影响，选择适宜的色谱操作条件，才能达到理想的分离效果。

课堂互动

色谱分离基本方程的含义是什么？它对色谱分离有什么指导意义？

二、实验条件的选择

在进行定量分析时，要求两组分分离度 $R\geq1.5$，即两组分分离完全，才能获得较好的精密度和准确度。要提高相邻组分的分离度，固定液、柱温及载气的选择是分离选择的三个主要方面，用于提高柱效，降低板高，增大分离度。

假设两组分色谱峰宽相等，分离度可与其主要色谱参数（理论塔板数 n、分配系数比 a 及保留因子

k）联系起来，从而可以导出：

$$R=\frac{\sqrt{n}}{4}\cdot\frac{\alpha-1}{\alpha}\cdot\frac{k_2}{1+k_2} \tag{18-8}$$

a b c

式（18-8）称为色谱分离方程式。其中，a 项为柱效项，b 项为柱选择性项，c 项为柱容量项，k_2为色谱图上相邻两组分中第二组分的保留因子，n 为理论塔板数，α 为分配系数比 $\alpha=K_2/K_1=k_2/k_1$。k、α、n 对分离度的影响如图 18-7 所示。增加 k，分离度增大，但使色谱峰变宽；增加 n，色谱峰变锐而使分离度得到改善；增加 α，分离选择性增加而使分离度得到提高。

式（18-8）可知，要获得满意的分离度，需从提高 a、b、c 三项着手，即提高 n、α 及 k。气相色谱法实验条件的选择主要依据是 Van Deemter 方程式及色谱分离方程式，实际应用过程中应从以下几个方面考虑。

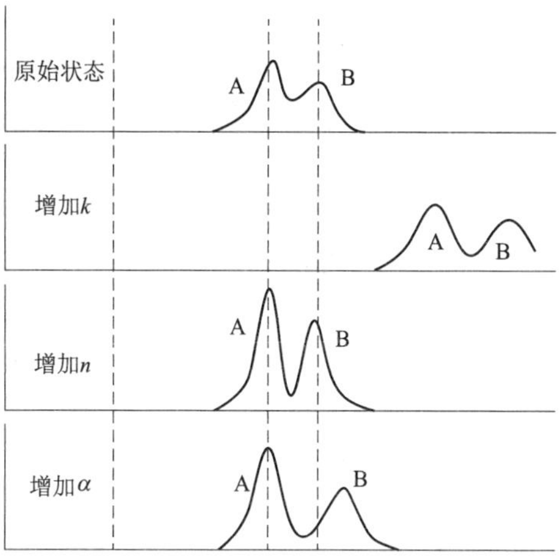

图 18-7 k、α、n 对分离度的影响

（一）固定相

α 和 k 决定于样品中各组分本身的性质，以及固定相和流动相的性质。在气相色谱中，载气种类较少，选择余地不大，主要是如何选择好固定液，以获得合适的分配系数比 α 及容量因子 k 才能使组分得到很好的分离。

分配系数比 α 增大，可使分离度 R 增大。α 是由相邻两色谱峰的相对位置决定的，它反映了固定液的峰位选择性，α 越大，表明固定液的选择性越好。当 $\alpha=1$ 时，无论柱效有多高，分离度 R 为零，两组分不可能分离。

保留因子 k 增大也可以增大分离度，它是由组分色谱峰和空气峰的相对位置决定的，它与固定液的用量及分配系数 K 有关，并受柱温的影响。增加固定液的用量虽可增大分离度，但会延长分析时间，传质阻抗增大，引起色谱峰展宽。

（二）载气流速和种类

载气流速严重地影响着分离效率和决定分析时间，由 Van Deemter 方程式 $H=A+B/u+Cu$ 可知，u 越小，B/u 项越大，而 Cu 项越小。在低线速时（$0\sim u_{最佳}$），B/u 项起主导作用，因此选用相对分子质量较大的载气，如 N_2，可使组分的扩散系数较小，从而减小纵向扩散的影响，提高柱效。在高线速时（$u>u_{最佳}$），u 越大，Cu 项越大，B/u 项越小，此时 Cu 项起主导作用，因此选用相对分子质量较小的载气，如 H_2、He 作载气，可以减小气相传质阻力，提高柱效。

实际工作中，为了缩短分析时间，往往使实际线速 u 稍高于最佳流速 $u_{最佳}$，对于填充柱，N_2的最佳线速度为 10~12cm/s，H_2最佳线速度为 15~20cm/s。

（三）柱温

柱温是一个重要的气相色谱操作参数，它对分离效能和分析速度有直接影响。每种固定液都有最高使用温度，柱温不能超过此温度，以避免固定液流失。

柱温对组分分离的影响较大，提高柱温可使各组分的挥发加快，即分配系数减小，不利于分离。降低柱温，使被测组分在两相中的传质速度下降，使峰形扩张，严重时引起拖尾，并延长了分析时间。总体来说，降低柱温有利于提高分离度。因此，在选择柱温时应综合考虑各方面因素，其选择原则是：在使最难分离的组分能得到良好的分离、分析时间适宜，并且峰形不拖尾的前提下，尽可能采用低柱温。具体柱温按组分沸点不同进行选择。

1. 高沸点混合物（300~400℃） 采用低固定液配比为 1%~3%，柱温低于被测物沸点 150~200℃，使用高灵敏度检测器。

2. 沸点<300℃的混合物 采用固定液配比为 5%~25%，柱温在比平均沸点低 50℃至平均沸点的温

度范围内选择。

3. 低沸点混合物（100~200℃） 采用固定液配比为10%~15%，柱温可选择在约平均沸点的2/3。

4. 宽沸程试样 采用程序升温方法。程序升温是指在一个分析周期内，按一定程序不断改变柱温，以使混合物中所有组分均能在最佳温度下获得良好的分离。程序升温可以是线性的，也可以是非线性的，需根据具体情况选择。

例如，程序升温与恒定柱温分离沸程为225℃的烷烃与卤代烃九个组分混合物的差别。图18-8a为柱温恒定45℃，记录30分钟，只有5个低沸点组分流出色谱柱，且前几个组分分离不是太好。图18-8b为柱温恒定120℃，记录30分钟，因柱温升高，保留时间减小，低沸点组分色谱峰密集，分离度降低，分离效果不理想。图18-8c为程序升温，以5℃/min升温速度使柱温从30℃升到180℃。可以看到，沸点不同的9个组分，在各自适宜的温度下得到分离，且峰形和分离度都比较好。

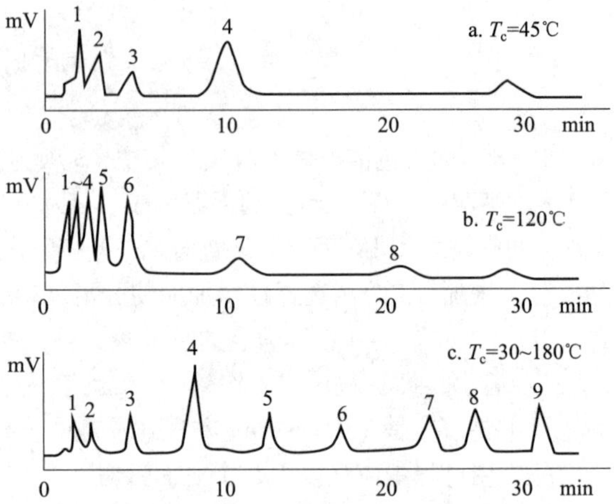

图18-8　宽沸程混合物的恒温色谱与程序升温色谱分离效果的对比

1. 丙烷（-42℃）；2. 丁烷（-0.5℃）；3. 戊烷（36℃）；4. 己烷（68℃）；5. 庚烷（98℃）；6. 辛烷（126℃）；7. 溴仿（150.5℃）；8. 间氯甲苯（161.6℃）；9. 间溴甲苯（183℃）

（四）柱长的选择

从式18-8可看到，分离度随理论塔板数 n 的增加而增加。在不改变塔板高度（H 不变）的条件下，柱长增加，理论塔板数亦增加。分离度、理论塔板数及柱长的关系为：

$$\left(\frac{R_1}{R_2}\right)^2=\frac{n_1}{n_2}=\frac{L_1}{L_2} \tag{18-9}$$

柱长增加对分离有利。但增加柱长使各组分的保留时间增加，延长了分析时间。因此，能够达到一定分离度的条件下，应使用尽可能短的色谱柱。一般填充柱柱长2~4m。色谱柱内径增加会使柱效能下降，柱内径常用4~6mm。

（五）其他条件的选择

1. 气化室温度 选择汽化温度取决于样品的沸点、稳定性和进样量。气化室温度可等于或稍高于试样的沸点，以保证试样迅速完全气化。为了防止试样分解，一般不要超过沸点50℃以上。气化室温度应高于柱温30~50℃。

2. 检测室温度 为了使色谱柱的流出物不在检测器中冷凝，污染检测器，检测室温度应高于柱温20~50℃。

3. 进样时间和进样量 进样速度必须很快，在1秒以内完成。若进样时间过长，试样起始宽度变大，半峰宽变宽，甚至使色谱峰变形。液体试样一般进样0.1~2μl。进样量太大，会使柱超载，峰宽增大，峰形不正常。

三、样品的预处理

对于一些挥发性或热稳定性较差的物质，需进行样品预处理，才可能用气相色谱法来进行分离分析。预处理的方法通常可分为两类：分解法与衍生化法。

1. 分解法 将高分子或大分子化合物分解为低相对分子质量或小分子化合物。借着分析低相对分子质量或小分子化合物来对高分子或大分子化合物进行定性、定量分析。

2. 衍生化法　利用化学方法制备衍生物，增加样品的挥发性或热稳定性，常用的方法有酯化法及硅烷化法。酯化法常用于高级脂肪酸的分析。硅烷化法用于测定含有羟基、羧基及氨基的有机高沸点或热不稳定化合物，已广泛用于氨基酸、糖类、维生素、抗生素以及甾体药物等的分离分析。

PPT

第五节　毛细管气相色谱法

色谱动力学理论认为，气液填充柱由于管内填充有固定相颗粒，载气流路是弯曲与多径的，管内存在涡流扩散且传质阻抗大、柱效低。戈雷（Golay）根据色谱动力学理论推断，于1957年把固定液直接涂在毛细管内壁上发明了空心毛细管柱，又称Golay柱或开管毛细管柱。1958年，戈雷提出了毛细管柱色谱理论，使毛细管色谱法得到快速发展。现代气相色谱仪使用的色谱柱，即可用填充柱又可用毛细管柱。

一、毛细管气相色谱法的特点

与填充柱相比，毛细管柱有以下特点。

1. 分离效能高　毛细管柱柱长可达几十米至几百米，比填充柱的柱长长很多，每米塔板数一般为2000~5000，总柱效可达10^4~10^6塔板数，柱效很高。另外毛细管柱固定液用量少，液膜薄，质量交换快，柱中只有一个流路，没有涡流扩散的影响，也使柱效提高。

2. 柱渗透性好　毛细管柱一般是开管柱，柱阻抗小，载气流速较快，可进行快速分析。

3. 柱容量小　因毛细管柱内径细，固定液液膜薄，涂渍的固定液只有几十毫克，比填充柱涂渍量小得多，因此，毛细管柱的柱容量小，最大允许进样量很小，一般采取特殊进样方式，多采用分流进样。

4. 易实现气相色谱-质谱联用　由于毛细管柱载气流速较小，较容易满足质谱仪高真空度的要求而实现气-质联用。

5. 应用范围广　毛细管气相色谱法具有分析快速、柱效高等特点，在诸多学科和领域都有广泛应用。在医药卫生领域，常用于体液分析、药物中有机溶剂残留量的测定、中药中挥发性成分分析、药代动力学研究及兴奋剂检测等。

二、毛细管气相色谱法速率理论

毛细管色谱法速率理论由戈雷于1958年提出，它是在Van Deemter方程式的基础上进行改进而得到，称为Golay方程式：

$$H=B/u+C_g u+C_l u \tag{18-10}$$

式（18-10）中各项的物理意义及影响因素与填充柱速率理论相同。由于毛细管柱为空心，且固定液液膜很薄，所以，涡流扩散项$A=0$；纵向扩散项弯曲因子$\gamma=1$，$B=2D_g$；由于毛细管柱固定液体积小，液膜薄，因此液相传质阻抗系数C_l比填充柱要小，气相传质阻抗系数C_g是色谱峰扩张的主要因素。Golay方程详细式可如下表示：

$$H=\frac{2D_g}{u}+\frac{r^2(1+6k+11k^2)}{24D_g(1+k)^2}u+\frac{2kd_f^2}{3(1+k)^2D_l}u \tag{18-11}$$

式（18-11）中，r为毛细管半径。随着载气流速增加，纵向扩散项减小，而传质阻抗项增大；因为毛细管柱液膜很薄，液相传质阻抗较小，而气相传质阻抗较大，是影响柱效的主要因素。为了降低传质阻抗项对柱效的影响，需增加扩散系数D_g，所以操作时可采用相对分子质量较小、黏度低的氦气或氢气作载气。实验表明，用氮气作载气时，其最佳柱效与氦气或氢气差不多，考虑安全因素，在毛细管气相色谱中常用氮气或氦气作载气；当保留因子k一定时，柱内径越小，柱效越高，一般可用细内径、短毛细管柱进行快速分析，但内径太细在实际操作过程中会受诸多条件的限制，目前常用0.1~0.35mm内径的毛细管柱为主。

三、毛细管气相色谱柱

（一）毛细管气相色谱柱的分类

根据毛细管柱的材质，可分为金属毛细管柱、玻璃毛细管柱和弹性熔融石英毛细管柱等。毛细管内径一般小于 1mm，根据毛细管柱的制备方式可分为开管型毛细管柱和填充型毛细管柱，气相色谱法中常用开管型毛细管柱。

1. 按柱内壁的处理方式分类

（1）涂壁毛细管柱　直接把固定液涂渍在毛细管内壁上，目前所用的毛细管柱多数是此类型。

（2）多孔层毛细管柱　在毛细管柱内壁上附着一层多孔固体，如熔融二氧化硅或分子筛等。

（3）载体涂层毛细管柱　在毛细管柱内壁上附着一层载体，在载体上再涂以固定液。

（4）交联或键合毛细管柱　通过交联反应使固定液成网状结构或将固定液通过化学反应键合在毛细管内壁或载体上。该类毛细管柱固定液和载体结合牢固，可减少柱流失，增加毛细管柱的使用寿命。

2. 按毛细管内径大小分类

（1）常规毛细管柱　该类毛细管柱内径为 0. 1~0. 35mm，是最常用的一类毛细管柱。

（2）小内径毛细管柱　该类毛细管柱内径小于 100μm，一般为 50μm 的弹性石英毛细管柱，主要用于快速分析。

（3）大内径毛细管柱　该类毛细管柱内径一般为 0. 53mm，其固定液液膜厚度可小于 1μm，又可高达 5μm。大内经、厚液膜毛细管柱可以代替填充柱用于常规分析。

（二）毛细管气相色谱柱的性能评价

毛细管柱在使用之前都有对其进行性能评价，其主要的评价指标如下。

1. 柱效　常用每米有效理论塔板数或有效理论塔板高度表示。由理论塔板数、有效理论塔板数、保留时间、调整保留时间、死时间、保留因子之间关系可以导出：

$$n_{eff}=n\left(\frac{k}{1+k}\right)^2 \qquad (18-12)$$

填充柱保留因子 k 值较大，n_{eff}与 n 差别较小；毛细管柱保留因子 k 值较小，n_{eff}与 n 差别较大。因此，毛细管柱柱效常用有效理论塔板数 n_{eff}和有效理论塔板高度 H_{eff}表示。

2. 柱容量　柱超负荷引起柱效率降低 10% 时的进样量称柱容量。由于毛细管柱内径很小，液膜厚度薄，只有 0. 2~1μm，相应的固定液只有几十毫克，要求进样量必须很小，一般液体进样 1×10^{-3} μl ~ 1×10^{-2} μl，气体进样 1×10^{-7} μl。

3. 涂渍效率　最小理论塔板高度占实际测定理论塔板高度的百分比，用 C_e表示：

$$C_e\% = H_{min}/H\times100\% \qquad (18-13)$$

涂渍效率表明一根毛细管柱达到“理想性”的程度。性能好的色谱柱涂渍效率在 80% ~ 100% 之间。

4. 热稳定性　毛细管柱常常是在高温下或是程序升温到很高温度下使用，所以固定液涂渍的毛细管柱要具有良好的热稳定性。柱的热稳定性常用程序升温基线漂移的大小来进行评价。为了防止检测器的污染，程序升温的最终温度要比最高使用温度低 20~30℃。

第六节　定性与定量分析方法

PPT

一、定性分析方法

气相色谱法能对多种组分的混合物进行分离分析，这是光谱法所不能解决的问题。但其缺点是难以对未知物定性，需要已知纯物质或有关的色谱定性参考数据，才能进行定性鉴别。目前，随着气相色谱与质谱、红外光谱等联用技术的发展，为未知试样的定性分析提供了新的手段。

（一）已知物对照法

在相同的操作条件下，分别测出已知物和未知样品的保留值，在未知样品色谱图中对应于已知物保留值的位置上若有峰出现，则判定样品可能含有此已知物组分，否则就不存在这种组分。

如果样品较复杂，峰间的距离太近，或操作条件不易控制稳定，则准确确定保留值有一定困难，此时可采用加入已知物增加峰高的办法定性。即将已知物加至未知样品中混合进样，与未加已知物时相比较，若待定性组分峰的峰高相对增大，则表示原样品中可能含有该已知物的成分。有时几种物质在同一色谱柱上恰有相同的保留值，无法定性，则可用性质差别较大的双柱定性。若在这两个柱子上，该色谱峰峰高都增大了，一般可认定是同一物质。这是实际工作中首先选用的简便可靠的定性方法，只是当没有纯物质时才用其他方法。

（二）利用相对保留值定性

对于一些组分比较简单的已知范围的混合物，无对照品的情况下，可用此法定性。将所得各组分的相对保留时间与色谱手册数据对比定性。使用这种方法时，先查手册，根据手册的实验条件及所用的标准物进行实验，取标准物加入被检测样品中，混匀，进样，求出 $r_{1,2}$ 再与手册数据对比定性。

（三）利用保留指数定性

许多理化手册上都刊载各种化合物的保留指数，只要固定液及柱温相同，就可以利用手册数据对物质进行定性。保留指数的重复性及准确性均较好，相对误差<1%，是定性较为重要的方法。

（四）官能团分类测定法

此法是利用化学反应定性的方法之一。把色谱柱的流出物（欲鉴定的组分），加入官能团分类试剂中，观察试剂是否发生特征反应，来判断该组分含什么官能团或属于何类化合物。再参考保留值，便可粗略定性。

（五）两谱联用定性

气相色谱对于多组分复杂混合物的分离效率很高，相对来说，定性却比较困难。红外光谱、质谱及核磁共振谱等是鉴别未知物结构的有力工具，却要求所分析的样品成分尽可能单一。因此，把气相色谱仪作为分离手段，把质谱仪、红外分光光度计等作为定性鉴定工具，两者取长补短，这种方法称为两谱联用，是有效的定性方法。

知识拓展

气相色谱-质谱联用技术

气相色谱-质谱（gas chromatography-mass spectrometry，GC-MS）联用技术，简称气-质联用，即将气相色谱仪与质谱仪通过接口组件进行连接，以气相色谱作为样品分离、制备的手段，将质谱作为气相色谱的在线检测手段进行定性、定量分析，辅以相应的数据收集与控制系统构建而成的一种色谱-质谱联用技术。气相色谱法是一种很好的分离手段，可以将复杂混合物中的各种成分分离，但它的定性、鉴定结构的能力较差。而质谱对未知化合物的结构有很强的鉴别能力，定性专属性高，可提供准确的结构信息。GC-MS 可同时完成待测组分的分离、鉴定和定量，被广泛应用于复杂组分的分离与鉴定。目前，在石油化工、环境科学、农业、医药卫生、生命科学等方面，已经成为一种广泛应用的常规分析技术。

二、定量分析方法

气相色谱法对于多组分物质既能分离，又能定量分析，定量精密度为 1%～2%。在实验条件恒定时，峰面积与组分的含量成正比，因此可利用峰面积进行定量，正常峰也可用峰高定量。

目前色谱仪一般都带有数据处理系统，仪器均能自动打印出峰面积和峰高，准确度大致为 0.2%～1%。如遇分离不完全的相邻峰及大峰尾部的小峰等情况，仪器会根据峰形确定切割方式。数据处理系统根据选用的分析方法，可打印出分析结果。

对于正常峰可按下式计算峰面积：

$$A=1.065\times h\times W_{1/2} \tag{18-14}$$

式（18-14）中，A 为峰面积；h 为峰高；$W_{1/2}$ 为半峰宽。

（一）定量校正因子

微课

色谱的定量分析基于被测物质的量与其峰面积成正比关系进行。但是，由于同一检测器对不同物质具有不同的响应值，也就不能用峰面积来直接计算物质的含量。为了使检测器产生的响应信号能真实地反映被测物质的含量，就要对响应值进行校正而引入定量校正因子，校正后的峰面积可以定量代表物质的量。定量校正因子分为绝对定量校正因子和相对定量校正因子。绝对定量校正因子定义为：

$$f'_i=\frac{m_i}{A_i} \tag{18-15}$$

式（18-15）中，f'_i称绝对定量校正因子，表示单位峰面积所代表物质的量。测定绝对校正因子需要准确知道进样量，这是比较困难的。在实际工作中常使用相对定量校正因子 f_i，即为待测物质 i 和标准物质 s 的绝对校正因子之比：

$$f_i=\frac{f'_i}{f'_s} \tag{18-16}$$

使用氢焰离子化检测器时，常用正庚烷作标准物质，使用热导检测器时，用苯作标准物质。

人们最常用的相对校正因子是相对重量校正因子 f_g。

$$f_g=\frac{f'_i}{f'_s}=\frac{A_s m_i}{A_i m_s} \tag{18-17}$$

式（18-17）中，A_i、A_s、m_i、m_s分别代表被测物质 i 和标准物质 s 的峰面积和质量。测定相对重量校正因子时，m_i和 m_s可用分析天平称量得到。

课堂互动

色谱定量分析为什么要使用校正因子？引用手册中的数值时应该注意什么问题？手册上查不到时该如何处理？

（二）定量方法

微课

色谱定量方法主要有归一化法、外标法、内标法、内标对比法等。

1. 归一化法 由于组分的量与峰面积成正比，若在同一分析周期内，样品中所有组分都能产生响应信号，在检测器上得到相应的色谱峰，则可用归一化法公式计算各个组分的含量 $C_i\%$：

$$C_i\%=\frac{A_i f_i}{A_1 f_1+A_2 f_2+A_3 f_3+\cdots+A_n f_n}\times 100\% \tag{18-18}$$

归一化法的优点是：简便、定量结果与进样量无关、准确、操作条件变化时对测定结果影响较小。缺点是：必须所有组分在一个分析周期内都要流出色谱柱，而且检测器对它们都要产生检测信号，否则，算出的分析结果误差较大。归一化法不适用于微量杂质的含量测定。

2. 外标法　在一定操作条件下，用对照品配成不同浓度的溶液，定量进样，用峰面积或峰高对对照品的量（或浓度）作校正曲线，求出斜率、截距；在完全相同的条件下，准确进样与对照品溶液相同体积的样品溶液，根据待测组分的信号，从校正曲线上查出其浓度或用回归方程计算样品的含量，称为工作曲线法。工作曲线的截距通常近似为零，若截距较大，说明存在一定的系统误差。若工作曲线线性好，截距近似为零，可用外标一点法（比较法）定量。

微课

外标一点法是用一种浓度的i组分的对照品溶液对比测定供试品溶液i组分的含量。将对照品溶液与供试品溶液在相同条件下多次进样，测得各自峰面积平均值，用下式计算i组分的量：

$$m_i=\frac{A_i}{(A_i)_s}(m_i)_s \tag{18-19}$$

式（18-19）中，m_i与A_i分别代表在供试品溶液进样体积中，所含i组分的质量及相应峰面积，$(m_i)_s$及$(A_i)_s$分别代表i组分对照品溶液在进样体积中所含i组分的质量及相应的峰面积。

外标法的优点是操作简单、计算简便，不必使用定量校正因子，不必加内标物，不论试样中其他组分是否出峰，均可对待测组分进行定量分析。分析结果的准确度主要取决于进样量的重复性和操作条件的稳定性。为了减小实验误差，应使对照品溶液的浓度与供试品溶液的浓度相接近。

3. 内标法　内标法是指用一定量的纯物质作为内标物，加入准确称量的样品中，根据样品和内标物的质量及其在色谱图上相应的峰面积比，求出某组分的含量。

例如要测定样品中组分i的百分含量$C_i\%$，可于样品中加入质量为m_s的内标物，样品重W，则：

微课

$$m_i=f_iA_i \qquad m_s=f_sA_s \qquad m_i=\frac{A_i f_i}{A_s f_s}m_s$$

$$C_i\%=\frac{A_i f_i}{A_s f_s}\cdot\frac{m_s}{W}\times 100\% \tag{18-20}$$

由式（18-20）可知，本法是通过测量内标物及待测组分的峰面积的相对值来进行计算，因而由于操作条件变化而引起的误差，都将同时反映在内标物及待测组分上而得到抵消，所以可得到较准确的分析结果。

内标物选择非常重要，对内标物的要求：①内标物应是样品中不存在的纯物质；②加入内标物的量应该接近于被测组分的量；③内标物色谱峰位于被测组分色谱峰附近，或位于几个被测组分色谱峰中间，而且要与这些组分完全分离，分离度R≥1.5。

4. 内标对比法　配制一系列不同浓度的对照品溶液，并加入相同量的内标物进行分析，测A_i和A_s，以对照品溶液浓度为横坐标，以A_i/A_s为纵坐标作图，求出斜率、截距后，计算样品的含量。试样液配制时也需加入与对照品溶液相同量的内标物。通常测定结果截距近似为零，因此可用内标对比法（已知浓度样品对照法）定量。

$$\frac{(A_i/A_s)_{样品}}{(A_i/A_s)_{对照}}=\frac{(C_i)_{样品}}{(C_i)_{对照}}$$

$$(C_i)_{样品}=\frac{(A_i/A_s)_{样品}}{(A_i/A_s)_{对照}}(C_i)_{对照} \tag{18-21}$$

根据式（18-21）即可求得样品的含量。此法不必测出校正因子，消除了某些操作条件的影响，也不需严格准确进样体积，是一种简化的内标法。

课堂互动

根据气相色谱法的特点，气相色谱可以在药物分析中发挥哪些作用?

三、气相色谱法应用

气相色谱法具有灵敏度高、分离效果好和专属性强等特点，对于复杂样品中低分子量和易挥发组分的分离和分析具有明显优势。目前，气相色谱技术已经广泛应用于化工、环境、生物、药物和食品等领域，特别是在药物研制及使用过程中，随着药物质量标准的提高和质量控制技术的发展，药物分析要求测定的成分增多、检测灵敏度也相应提高，气相色谱法凭借其独特优势，在药物含量测定、杂质检查和残留溶剂检测等方面被广泛采用。如在中药农药残留检测中应用气相色谱法，可准确获得农药残留成分及残留量等重要信息。在药物残留溶剂检测中，各国药典亦均采用气相色谱法。

色谱联用技术的发展更加拓宽了气相色谱的应用，如气相色谱-红外光谱、气相色谱-质谱、气相色谱-核磁联用等，它们不仅检测速度快、灵敏度高，而且可以同时获取药物的组成和结构信息，适用于复杂样品和未知样品的分析，推动了医药行业的发展。

本章小结

- 气相色谱法
  - 气相色谱仪
    - 载气系统
    - 进样系统
    - 分离系统（色谱柱、柱温）
    - 检测系统（检测器、性能指标）
  - 分离条件
    - 固定相
    - 温度
    - 流动相
  - 定量分析
    - 归一化法
    - 外标法
    - 内标法

练 习 题

题库

1. 气相色谱仪主要包括哪些部分？简述各部分的作用。
2. 气相色谱仪中常用的检测器有哪些？为什么用检测限评价检测器的性能比用灵敏度好？
3. 毛细管气相色谱法有什么特点？说明毛细管柱比填充柱柱效更高的原因。
4. 在气液色谱法中，如何正确选择固定液？
5. 什么是程序升温？与恒温比较，说明其适用范围及优越性。
6. 分离度影响因素有哪些？柱温与固定相如何影响分离度？
7. 色谱常用的定量分析方法有哪些？请比较各种方法的优缺点和适用范围。
8. 什么是内标法？它有哪些特点与用途？如何选择合适的内标物？
9. 化学纯试剂二甲苯是邻、间及对位二甲苯三种异构体的混合物，可采用气相色谱法分析其含量。实验条件如下所述，色谱柱：有机皂土-34+DNP/101 载体，柱长 2m；柱温 70℃；检测器：热导检测器，100℃；载气 H_2，流速 36ml/min。测得数据：对二甲苯，$h=4.95$cm，$W_{1/2}=0.92$cm；间二甲苯，$h=14.40$cm，$W_{1/2}=0.98$cm；邻二甲苯，$h=3.22$cm，$W_{1/2}=1.10$cm。请采用归一化法分别计算三种异构体的质量分数。
10. 用气相色谱法测定正丙醇中的微量水分，精密称取正丙醇 50.00g 及无水甲醇（内标物）0.400g，混合均匀，进样 5μl，在 401 有机载体柱上进行测量，测得：水 $h=5.00$cm，$W_{1/2}=0.15$cm；甲醇 $h=4.00$cm，$W_{1/2}=0.10$cm，求正丙醇中微量水的重量百分含量（相对重量校正因子 $f_{水}=0.55$，$f_{甲醇}=0.58$）。

（杨冬芝）

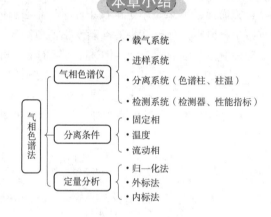

第十九章

经典液相色谱法

学习导引

知识要求

1. **掌握**　薄层色谱和纸色谱法的基本原理，常用的固定相和流动相，比移值和相对比移值、分配系数和保留因子、比移值和分配系数（保留因子）的关系。

2. **熟悉**　平面色谱法的分类，薄层色谱法中薄层板的种类，薄层色谱操作步骤，显色方法，影响薄层色谱比移值的因素。

3. **了解**　各种类型平面色谱的操作方法，薄层扫描法、高效薄层色谱法、柱色谱法等。

能力要求

掌握薄层色谱法和纸色谱法的一般操作方法和步骤。熟悉薄层色谱法的分离鉴定、R_f值及分离度的计算问题。

素质要求

具备应用点样、铺板和分离等经典液相色谱的专业素质快速地分析复杂药物体系，保障现代药品定性鉴别、杂质检查和人民用药安全满意度的提升。

液相色谱法（liquid chromatography，LC）是以液体为流动相的色谱法。按色谱法发展的历史和仪器化程度，可分为经典色谱法和现代色谱法。经典液相色谱法包括薄层色谱法（thin layer chromatography，TLC）、纸色谱法（paper chromatography）和柱色谱法（column chromatography），前两者属于平面色谱法。平面色谱法（planar chromatography）的色谱过程是在固定相构成的平面层内进行，其中，薄层色谱法的固定相涂布在玻璃等载体的光滑表面上，纸色谱法是以滤纸作为固定相的载体。柱色谱法是将固定相装于色谱柱内，色谱过程在色谱柱内进行。

平面色谱法与柱色谱法相比，最大差别在于柱色谱法固定相填于柱管中，而平面色谱法是将固定相涂布于平面的载板上（薄层色谱）或以纸纤维作为载体（纸色谱），流动相通过毛细管作用流经固定相，被分离物质在两相上因分配系数不等而分离。

经典液相色谱法是现代液相色谱法的基础，二者的主要区别在于仪器装置不同，前者手工操作，不需要昂贵的仪器设备，而后者仪器化。其次是使用的固定相不同，前者采用一般固定相，后者采用高效固定相。

第一节　薄层色谱法

PPT

薄层色谱法是平面色谱法中应用最广泛的方法之一。将细粉状的吸附剂或载体（固定相）涂布于玻璃板、塑料板或铝箔上，成一均匀的薄层并将其进行活化，将试样和对照品溶液点于同一薄板的一端（原点），在密闭容器中用适当流动相（展开剂）展开，显色后样品和对照品斑点进行比较，用于定性鉴别和含量测定。

薄层色谱法具有以下特点：分析速度快，一般只需十至几十分钟，且依次可以同时展开多个试样；分离能力较强，分析结果直观；试样预处理简单，对被分离组分的性质没有限制；所用仪器简单，操作方便。

一、平面色谱法的参数

平面色谱与柱色谱的基本原理相同，但操作方法不同，故各种概念（或参数）也不完全相同，以下介绍平面色谱法的定性参数、相平衡参数和分离参数。

（一）比移值 R_f 和相对比移值 R_r

1. 比移值（retardation factor，R_f） 比移值是薄层色谱法的基本定性参数，是在一定条件下，样品展开后溶质移动距离与展开剂移动距离之比，是表征平面色谱图斑点位置的基本参数。其定义式为：

$$R_f = \frac{\text{原点到斑点中心的距离}}{\text{原点到溶剂前沿的距离}}$$

如图 19-1 所示，试样经展开后分为 A、B 两组分，其各自的 R_f 分别为：

$$R_{f(A)} = \frac{a}{c} \qquad R_{f(B)} = \frac{b}{c} \tag{19-1}$$

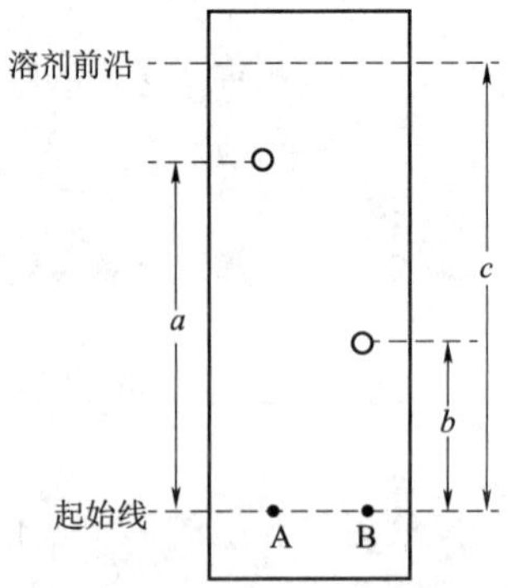

图 19-1　平面色谱示意图

式（19-1）中，a、b 为原点（origin）至组分斑点中心的距离，c 为原点至溶剂前沿（solvent front）的距离。

当色谱条件一定时，组分的 R_f 是一常数，其值在 0～1 之间。当 $R_f=0$ 时，组分停留在原点不随流动相展开，表明组分与固定相之间有较强的作用力；当 $R_f=1$ 时，组分随流动相移动至溶剂前沿，表明组分不被固定相吸附，在固定相上完全不保留。实际工作中，R_f 值适宜范围为 0.2～0.8，最佳范围为 0.3～0.5。物质不同，结构和性质各不相同，其 R_f 也不同，因此可以对物质进行定性鉴别。

2. 相对比移值（relative retardation factor，R_r） 在平面色谱法中，影响 R_f 的因素很多，要想得到重复的 R_f 值，就必须严格控制色谱条件的一致性。在不同实验室、不同操作者之间进行 R_f 比较是非常困难的。如果采用相对比移值 R_r 代替 R_f 值，则可以消除一些实验过程中的系统误差，使定性结果更可靠。相对比移值是指试样中某组分的移动距离与参考物（对照品）移动距离之比，其定义式为：

$$R_r = \frac{\text{原点到样品组分斑点中心的距离}}{\text{原点到对照斑点中心的距离}}$$

如图 19-1 所示，若 A 为待测组分，B 为参考物质，$R_{f(A)}$ 和 $R_{f(B)}$ 分别为组分 A 和参考物质 B 在相同条件下的比移值，a 和 b 分别为组分 A 和参考物质 B 在平面色谱上的移动距离，则：

$$R_r = \frac{R_{f(A)}}{R_{f(B)}} = \frac{a}{b} \tag{19-2}$$

相对比移值与比移值相比具有较高的重现性和可比性。用 R_r 定性时可以选择对照品加入到试样中作为参考物质，也可以直接以混合试样中的某一已知组分作为参考物质。R_r 可以大于 1，也可以小于 1。R_r 与被测组分、参考物质以及色谱条件等因素有关。

（二）分配系数及其与 R_f 值的关系

1. 分配系数和保留因子 同第十七章，在平面色谱法中，分配系数（K）同样表示分配达到平衡时组分在固定相（s）和流动相（m）中的浓度（c）之比。保留因子（k）是二者的质量之比：

$$K=\frac{c_s}{c_m} \tag{19-3}$$

$$k=\frac{m_s}{m_m}=\frac{c_sV_s}{c_mV_m} \tag{19-4}$$

分配系数和保留因子之间的关系：

$$k=K\frac{V_s}{V_m} \tag{19-5}$$

2. 分配系数及其与 R_f 值的关系 K、k 与 R_f 值之间的关系推导如下。设在单位时间内，一个分子在流动相中出现的概率（即在流动相中停留的时间分数）以 R' 表示，若 $R'=1/3$，则表示这个分子的1/3时间在流动相，2/3时间在固定相。对于具有统计学意义的大量待测组分分子而言，则表示有1/3（即 R'）的分子在流动相，2/3（即 $1-R'$）的分子在固定相。组分在固定相和流动相中的量分别用 c_sV_s 和 c_mV_m 表示。V_s 为平面中固定相的体积，V_m 为平面中流动相的体积。因此，

$$\frac{1-R'}{R'}=\frac{c_sV_s}{c_mV_m}=K\frac{V_s}{V_m}=k$$

整理上式，得

$$R'=\frac{1}{1+k} \tag{19-6}$$

R' 也表示组分分子在平面上移动的相对速度，若 $R'=1/3$ 则表示组分分子的移动速度（v）是展开剂分子速度（u）的1/3（v/u），即该组分分子移行的距离是溶剂前沿移动距离的1/3倍。由此可得，平面色谱法中，由于组分分子与流动相分子的移动时间是相同的（定时展开），所以，$R_f=R'$，即

$$R_f=\frac{1}{1+k} \quad k=\frac{1-R_f}{R_f} \tag{19-7}$$

$$R_f=\frac{1}{1+KV_s/V_m} \tag{19-8}$$

$$K=\frac{V_m}{V_s}\left(\frac{1}{R_f}-1\right) \tag{19-9}$$

由式（19-8）和（19-9）可见：

①组分不同，分配系数 K 不同，R_f 不同，故平面色谱可以把不同的组分分离出不同的斑点；

②当 $K(k)<0.01$ 时，$R_f\approx 1$，表示组分不被固定相保留，随流动相移至溶剂前沿；当 $K(k)>100$ 时，$R_f\approx 0$，表示组分停留在原点，完全被固定相所保留。$K(k)$ 越大的组分被固定相保留的程度越大，R_f 越小；

③只要测出某组分的液-液分配色谱体系的 R_f，并已知固定相和流动相的体积比 V_m/V_s，即可测出该体系的分配系数 K。

课堂互动

已知某混合样品中A、B、C三种组分的分配系数分别为440、480、520，问三种组分在薄层上 R_f 值的大小顺序如何?

（三）分离度

分离度（R）是平面色谱法的重要分离参数，表示相邻两斑点之间的分离程度，用两相邻斑点中心的距离与其平均斑点宽度之比表示（图19-2），即：

$$R=\frac{2(L_2-L_1)}{W_1+W_2}=\frac{2d}{W_1+W_2} \tag{19-10}$$

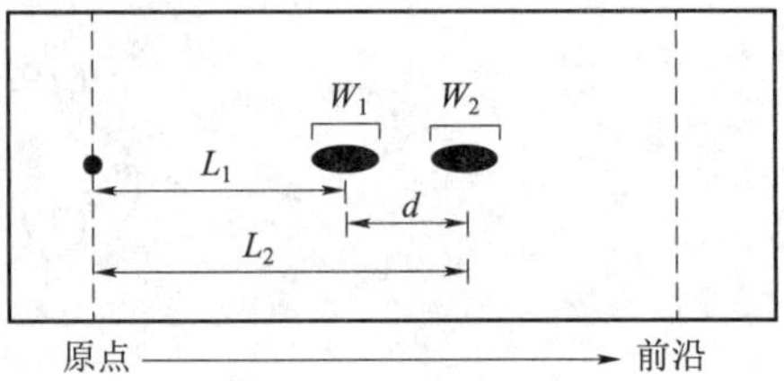

图 19-2　平面色谱法分离度示意图

式（19-10）中，L_2和L_1分别为原点至两斑点中心的距离，d为两斑点中心之间的距离，W_1和W_2分别为两色谱峰宽。平面色谱法中，$R>1$较合适。

二、薄层色谱法的主要类型

根据分离效能不同，薄层色谱法又可分为经典薄层色谱法和高效薄层色谱法。按薄层色谱法的分离机制不同，可将薄层色谱法分为吸附色谱法、分配色谱法、离子交换色谱法和空间排阻色谱法等。其中，吸附薄层色谱法应用最为广泛，分配色谱法次之，本章主要讨论吸附薄层色谱法。

（一）吸附薄层色谱法

吸附薄层色谱法是以固体吸附剂为固定相的薄层色谱法。在吸附薄层色谱法中，将混合 A、B 两组分的试样点在薄层板的一端（原点），在密闭的容器内用适当的流动相（展开剂）展开。此时，组分不断地被吸附剂吸附，又被展开剂溶解而解吸附，且随着流动相向前移动。由于 A、B 两组分在吸附剂中的吸附系数不同，展开剂对 A、B 两组分的溶解和解吸附能力也不同，经过薄层板上进行无数次的吸附、解吸附、再吸附、再解吸附，吸附系数大的组分在薄层板上移动速度慢，R_f值小，吸附系数小的组分在薄层板上移动速度快，R_f值大，由于 A、B 两组分吸附平衡常数不同在薄层板上产生差速迁移而得到分离。在吸附薄层色谱法中，一般极性大的组分迁移速度慢，极性小的组分移动速度快。

（二）分配薄层色谱法

分配薄层色谱法是以液体为固定相的薄层色谱法。在分配薄层色谱法中，试样中各组分是由于在固定相和流动相（展开剂）中的分配系数不同而达到分离。混合组分在薄层板上进行无数次的分配，分配系数大的组分在板上的移动速度慢，R_f值小，分配系数小的组分在板上的移动速度快，R_f值大，在薄层板上产生差速迁移而得到分离。一般根据固定相和流动相极性的相对强弱，分配薄层色谱法可分为正相薄层色谱法和反相薄层色谱法。

1. 正相薄层色谱法　流动相的极性小于固定相极性的薄层色谱法。正相色谱法中组分极性越大，分配系数越大，随展开剂移动的速度越慢，R_f值越小。常用的固定相是含水硅胶，展开剂为极性较弱的有机溶剂。

2. 反相薄层色谱法　流动相的极性大于固定相极性的薄层色谱法。反相色谱法中组分极性越小，分配系数越大，随展开剂移动的速度越慢，R_f值越小。常用的固定相是烷基化学键合相，展开剂为水或水-有机溶剂的混合溶剂。

三、吸附薄层色谱法的吸附剂和展开剂

在吸附薄层色谱法中，吸附剂（固定相）的选择非常重要。选择吸附剂适当，分离工作可顺利进行，否则就难以得到满意的试验结果。吸附剂的选择和吸附柱色谱法一样，一般被分离物极性强，应选择吸附能力弱的吸附剂；被分离物极性弱，则应选择吸附能力强的吸附剂。

（一）吸附剂

吸附薄层色谱法的固定相为固体吸附剂，就性质而言，吸附剂可分为有机吸附剂（如聚酰胺、纤维素和葡萄糖等）和无机吸附剂（如硅胶、氧化铝、硅藻土、磷酸钙和硅酸钙镁等），最常用的是硅胶、氧化铝和聚酰胺等，它们的吸附性能好，适用于多种化合物的分离。

1. 硅胶　硅胶是薄层色谱法中最常用的吸附剂。薄层用的硅胶是多孔性无定形粉末，结构通式为$SiO_2 \cdot xH_2O$。由于硅胶表面带有硅醇基（—Si—OH）而呈弱酸性，通过硅醇基吸附中心与待测组分的极性基团形成氢键而表现其吸附性能。不同组分的极性基团与硅醇基形成氢键的能力不同，从而在硅胶作为吸附剂的薄板上被分离。硅胶吸附水分后，羟基与水作用，形成水合硅醇基而失去吸附能力。但通过将硅胶加热到105~110℃后，吸附的水分能被可逆地除去而提高活性，硅胶吸附能力增加，这一过程称

为“活化”（activation）。硅胶的活度与含水量的关系见表19-1。含水量越多，级数越高，吸附能力越弱，同一组分在此硅胶上的R_f值越大；含水量越低，级数越低，吸附能力越强，同一组分在此硅胶上的R_f值越小。

表19-1　硅胶、氧化铝的活性与含水量的关系

硅胶含水量（%）	氧化铝含水量（%）	活性级	活性	活化
0	0	Ⅰ	高	一般活化
5	3	Ⅱ		硅胶：110℃/30min
15	6	Ⅲ		氧化铝：110℃/45min
25	10	Ⅳ		强活化
38	15	Ⅴ	低	硅胶：150℃/4h
				氧化铝：180℃/4h

课堂互动

某物质在硅胶薄层板A上，以苯-甲醇（1∶3）为展开剂的R_f值为0.5，在硅胶薄层板B上，用相同的展开剂展开，R_f值为0.4，问A、B两种板，哪种板的活度大？

硅胶表面的pH约为5，呈弱酸性，适于分离酸性和中性物质，如有机酸、酚类、氨基酸、甾体等。不适宜用于碱性物质的分离，因为碱性物质与硅胶发生酸碱反应，展开时严重被吸附、斑点拖尾，甚至停留在原点不随流动相展开。

硅胶的分离效率与其粒度、孔径及表面积等几何结构有关。硅胶粒度越小、越均匀，粒度分布越窄，其分离效率越高。经典薄层色谱用硅胶的粒度在10～40μm（湿法铺板）。比表面积大，意味着组分与固定相之间有更强的相互作用，即有较大的吸附力或较强的保留。商品硅胶比表面积一般为400～600m^2/g，孔体积约为0.4ml/g，平均孔径约为100nm。

吸附薄层色谱法常用硅胶有硅胶H、硅胶G和硅胶GF_{254}等。硅胶H为不含黏合剂的硅胶，铺成硬板时需另加黏合剂。硅胶G是硅胶和黏合剂煅石膏混合而成。硅胶GF_{254}含煅石膏，另含有一种无机荧光剂，即锰激活的硅酸锌（$Zn_2SiO_4 \cdot Mn$），在254nm紫外光下呈强烈的黄绿色荧光背景。此外，还有硅胶HF_{254}、硅胶$HF_{254+365}$等。用含荧光剂的吸附剂制成的薄层板适用于本身不发光且不易显色物质的分离鉴定。

2. 氧化铝　氧化铝在薄层色谱法中的应用仅次于硅胶，是由氢氧化铝在400～500℃灼烧而成的，可分为碱性（pH 9～10）、中性（pH 7～7.5）和酸性（pH 4～5）三种，由不同的制备和处理方法而得到。一般碱性氧化铝适用于分离中性或弱碱性化合物，如生物碱、胺类、脂溶性维生素等；中性氧化铝应用最多，凡是酸性、碱性氧化铝能分离的化合物，中性氧化铝也都能分离；酸性氧化铝可用于酸性化合物的分离。氧化铝的活度与含水量的关系见表19-1。含水量越高，活性级数越高，活性越弱。氧化铝和硅胶类似，有氧化铝G、氧化铝H和氧化铝HF_{254}等。

3. 聚酰胺　聚酰胺是由酰胺聚合而成的高分子化合物，色谱中常用聚己内酰胺，其结构如下：

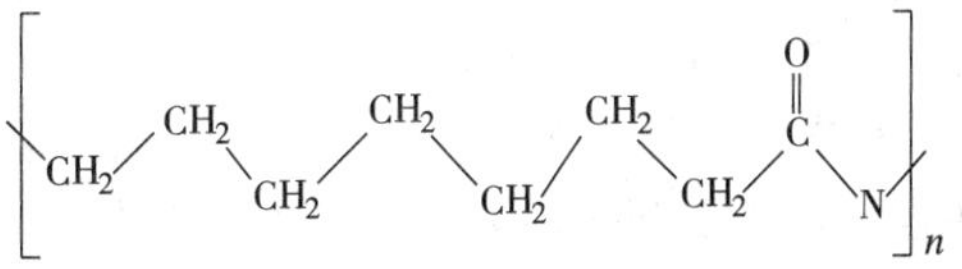

聚己内酰胺为白色多孔的非晶体粉末，不溶于水和一般有机溶剂，易溶于浓矿酸、酚和甲酸。聚酰胺分子内存在着的酰胺基可与酚、酸、硝基化合物、醌类等形成氢键，因而产生吸附作用。由于聚酰胺

与这些化合物形成氢键的能力不同，吸附能力也就不同，从而使各种化合物得以分离。一般来说，能形成氢键基团越多的物质，吸附能力就越强；邻位基团间能形成分子内氢键者吸附力减弱；芳香核具有较多共轭键时，吸附能力增强。

（二）展开剂

薄层色谱法的流动相又称为展开剂。吸附薄层色谱过程是组分分子与展开剂分子争夺吸附剂表面活性中心的过程，展开剂选择是分离成功的重要条件之一。选择展开剂的一般原则：根据被分离物质的极性、吸附剂的活性及展开剂本身的极性三者的相对关系进行选择。

1. 被测物质的结构、性质与吸附力 物质的结构不同，其极性也不同，在吸附剂表面的吸附力也不同。一般规律是：①饱和碳氢化合物为非极性化合物，一般不被吸附剂吸附；②基本母核相同的化合物，分子中引入的取代基的极性越强，吸附能力越强；极性基团越多，分子极性越强（但要考虑其他因素的影响）；③不饱和化合物比饱和化合物的吸附能力强，分子中双键数目越多，则吸附能力越强；④分子中取代基的空间排列对吸附性也有影响，例如，羟基处于能形成分子内双键的位置时，其吸附能力降低。常见化合物的极性由大到小的顺序是：羧酸>酚>醇>酰胺>胺>醛>酮>酯>二甲胺>硝基化合物>醚>烯烃>烷烃。

2. 展开剂的极性 展开剂的洗脱能力主要由其极性决定，极性强的流动相占据极性中心的能力强，具有强的洗脱作用，组分 K 值小，R_f 值大。非极性的流动相分子竞争占据吸附活性中心的能力弱，洗脱作用就弱。TLC 中常用溶剂按极性由强到弱的顺序是：水>酸>吡啶>甲醇>乙醇>正丙醇>丙酮>乙酸乙酯>乙醚>三氯甲烷>二氯甲烷>甲苯>苯>三氯乙烷>四氯化碳>环己烷>石油醚。

3. 吸附剂和展开剂的选择原则 Stahl 设计了选择吸附薄层色谱条件的关系示意图，即被分离物质的极性、吸附剂的活度及展开剂极性三者之间的关系，见图 19-3，三角形 A 角指向极性物质，则 B 角就指向活度低的吸附剂，C 角就指向极性展开剂，以此类推。

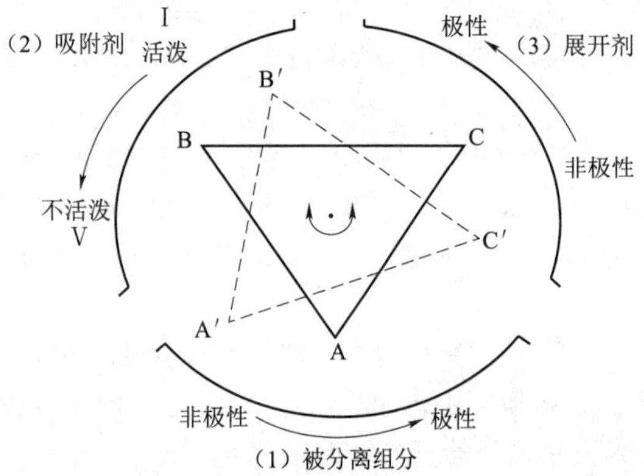

图 19-3 化合物的极性、吸附剂活度和展开剂极性间的关系

以硅胶和氧化铝为吸附剂的薄层色谱分离极性较强的物质时，一般选用活性较低的吸附剂和极性较强的展开剂，使组分获得适宜的保留和分离。如果被分离物质的极性较弱，则宜选用活性较高的吸附剂和极性较弱的展开剂，从而达到更好的分离。中等极性组分采用中间条件进行分离。总之，通过选择吸附剂和展开剂，调整待测组分的 R_f 值在 0.3~0.5 范围内为宜。

TLC 中，通常先选择单一溶剂展开，根据被分离物质在薄层上的分离情况，进一步考虑改变展开剂的极性。对难分离组分，则需要使用二元、三元甚至多元的溶剂。例如，某物质用苯做展开剂展开时，R_f 值太小，甚至停留在原点，说明展开剂的极性太弱，此时可以加入一定量极性较大的溶剂，如乙醇、丙酮、正丙醇等，根据分离效果适当改变溶剂的配比，如苯：丙酮由 8：2 调至 7：3 或 6：4 等；如果 R_f 值较大，斑点在溶剂前沿附近，则应加入极性小的溶剂（如环己烷、石油醚等），以降低展开剂的极性。

分离酸（碱）性组分时，应考虑展开剂和吸附剂的酸碱性：①对普通酸性物质，特别是离解度较大的弱酸性组分，应在展开剂中加入一定比例的酸，可防止拖尾现象；对于多元展开剂，例如苯-丙酮，则可加入二乙胺调整溶剂的 pH 值，使分离的斑点清晰集中；②分离碱性物质，如某些生物碱时，多数情况是选用氧化铝为吸附剂，选用中性溶剂为展开剂。若采用硅胶为吸附剂，则选用碱性展开剂为宜，但对某些碱性较强的生物碱可使用中性展开剂。常用的展开剂中加入的酸性物质有甲酸、醋酸、磷酸和草酸等，碱性物质多为二乙胺、乙二胺、氨水和吡啶等。以聚酰胺为吸附剂时，通常用水溶液为流动相，不同配比的醇-水、丙酮-水以及二甲基甲酰胺-氨水等溶液。

四、薄层色谱实验方法

薄层色谱实验包括薄层板的制备、点样、样品的展开和斑点定位等。

（一）薄层板的制备

薄层厚度及均匀性，对样品的分离效果和R_f值的重复性影响极大，以硅胶和氧化铝为固定相制备的薄板，一般厚度以 250μm 为宜，若要分离制备少量的纯物质时，薄层厚度应稍大些，常用的为 500~750μm，甚至 1~2mm。薄层板一般分为不含黏合剂的软板和含有黏合剂的硬板两种。软板因板面疏松，易被吹散，已很少使用。

常用的黏合剂有羧甲基纤维素钠（CMC-Na）、煅石膏（$CaSO_4 \cdot 1/2H_2O$）和某些聚合物如聚丙烯酸等。用 CMC-Na 为黏合剂制成的薄层板称为硅胶-CMC 板，这种板机械强度好，但在使用强腐蚀性显色剂时，要掌握好显色温度和时间，以免 CMC-Na 炭化而影响检测。用煅石膏为黏合剂制成的薄层板称为硅胶-G 板，这种板机械强度较差，易脱落。

在分离酸性和碱性化合物时，可制备酸性和碱性薄层板来改善分离效果。例如在硅胶中加入碱或碱性缓冲液制成碱性薄层板，可分离生物碱等碱性化合物。下面主要介绍硬板的制备方法。

1. 载板的选择　选择板面平整、光滑洁净的载板作为薄层板，多用玻璃板作为载板，也可用塑料膜和金属铝箔。薄层板的大小可根据实验需要选择，小至载玻片，大的用 20×20cm 的玻片。

2. 硬板的涂铺　薄层板的涂布通常有倾注法、平铺法、机械涂铺法和烧结玻璃板法等四种。

（1）倾注法　取一定量的吸附剂和黏合剂放入研钵中，加入适量的水（如每份硅胶 G 可加 2~3 份水），朝同一方向研磨成稀糊状至均一且无气泡后（呈胶物状，色泽洁白为佳），即得到固定相匀浆。调制好的固定相匀浆立即倾入玻璃板上，用玻璃棒涂布成一均匀薄层，再稍加振动，使整板薄层均匀，表面平坦、光滑、无水层。铺好的薄板置水平台上晾干。上述是最简单的手工铺板方法，缺点是铺多块板时，板面的一致性差，只适用于定性和分离制备，不适于定量。

（2）平铺法　在水平台面上放置适当大小的玻璃平板，再在此板上放置多块准备好的待铺玻板，排列整齐，另在大玻板两边加上玻璃条做成的厚度高出玻板边 0.25~1mm 的边框，将吸附剂糊倒入中间玻板上，再用一块边缘平整的玻片或塑料板由一端向另一端均匀地将糊刮平，然后晾干，活化备用。此法的优点是一次可以平铺多块薄层板。

（3）机械涂铺法　用涂铺器制板，操作简单，得到的薄板厚度均匀一致，适合于定量分析，是目前广为应用的方法。由于涂铺器的种类较多，型号各不相同，使用时应按仪器的说明书操作。

（4）烧结玻璃板法　用玻璃粉和不同比例的硅胶或氧化铝混合涂铺于玻璃板上，在适当温度下烧结而成。由于它不含杂质，耐热和机械性能稳定，所以重复性好，便于携带和保存。这种薄板可多次使用，但不可用硝酸银显色。

3. 薄层板的活化　涂铺的薄层板自然晾干后，在 105~110℃活化 0.5~1 小时，取出冷却至室温即可使用；也可保存于干燥器中；也有些薄层板铺好后阴干即可使用，不必加热活化。用聚酰胺吸附剂铺成的薄层板则需要保存在有一定湿度的空气中，才能获得较好的分离效果。

（二）点样

点样是薄层色谱分离的重要步骤。溶解样品的溶剂、点样量和正确的点样方法对获得好的色谱分离非常重要。

溶解样品的溶剂一般用甲醇、乙醇、丙酮和三氯甲烷等挥发性有机溶剂，最好使用与展开剂极性相似的溶剂，应尽量使点样后溶剂能迅速挥发，以减少色斑的扩散。避免使用水作溶剂，因为水溶液斑点容易扩散，且不挥发。对于水溶性样品，可先用少量水使其溶解，再用甲醇或乙醇稀释定容。

点样量器可用点样毛细管（0.5~1mm），管口应平整，定量点样可使用平头微量注射器或自动点样器。适当的点样量可使斑点集中，点样量过大，易拖尾或扩散；点样量过小，不易检出。点样量的多少，应视薄层的性能及显色剂的灵敏度而定，此外还要考虑薄层的厚度。一般点样量是几到几十微克。若进行制备薄层色谱时，点样量可达 1mg 以上，若进行天然物质或中间产物的分离时，点样量需要 50μg 至几百微克。

吸取一定量样品溶液，轻轻接触于薄层的起始线（一般距离薄层底端 1.5~2.5cm，先用铅笔做好标记），原点面积越小越好，以直径 2~4mm 为宜。若样品浓度较稀，可反复多次点样，每次点样后，使其自然干燥，也可借助红外线或电吹风使溶剂迅速挥干，再点下一次，避免斑点扩散过大。多个样品在同一薄板的起始线上时，其间距以 1.5cm 为宜。点样操作要迅速，避免薄板暴露在空气中时间过长而吸水从而降低活性。定性分析点样量一般 5~10μl，定量分析或需用薄层制备纯品时，点样量可多至几百微克，点样方式也可以由点状点样改为带状点样。自动点样仪可进行程序控制点样。

（三）展开

将点好样的薄板和流动相接触，使两相相对运动并带动样品组分迁移的过程称为展开。常用的展开装置有直立型单槽色谱缸和双槽色谱缸，也有圆形色谱缸和卧式色谱槽。可根据需要和薄层板的形状、性质选择适当的展开装置。

1. 展开方式 薄层板的展开，视薄层板的形状、性质选择适当的展开方式。一般软板常选择近水平展开方式，而硬板常选择上行法展开。

（1）近水平展开　在卧式色谱槽内进行。将点好样的薄板下端浸入展开剂 0.5cm（注意：样品原点不能浸入到展开剂中），把薄层板的上端垫高，使薄板与水平角度约为 15~30°。展开剂借助毛细管作用自下而上进行展开。该方式展开速度快，适合于不含黏合剂的软板的展开。

（2）上行展开　将点好样的薄板放入已盛有展开剂的直立型色谱槽中，斜靠于色谱槽的一边壁上，展开剂沿薄层下端借助毛细管作用缓慢上升。待展开距离达 10~20cm 时，取出薄板，在前沿做好标记，待溶剂挥干后显色。该方式适合于含黏合剂的硬板的展开，是目前薄层色谱中最常用的一种展开方式。

（3）多次展开　取经展开一次后的薄板，挥干溶剂，再用同一种展开剂或改用一种新的展开剂按同样的方法进行第二次、第三次展开，依次类推，以达到更好的分离效果。

（4）双向展开　第一次展开后，取出薄板，挥去溶剂，将薄板旋转 90°后，再改用另一种展开剂展开。

除此之外，尚有径向展开（薄板为圆形）展开方式，自动多次展开仪，可进行程序化多次展开。

2. 展开操作中的注意事项

（1）色谱槽必须密闭良好　为使色谱槽内展开剂蒸气饱和并保持不变，应检查玻璃槽口与盖的边缘磨砂处是否严实。否则，应涂抹甘油淀粉糊（展开剂为脂溶性时）或凡士林（展开剂为水溶性时），使其密封。

（2）注意防止边缘效应　边缘效应是指同一物质的斑点在同一薄层板上出现的两边缘部分的 R_f 值大于中间部分的 R_f 值的现象。主要是由于色谱槽内溶剂蒸气压未达到饱和，造成展开剂的蒸发速度从薄层中央到边缘两边不等。展开剂中极性较弱和沸点较低的溶剂在边缘挥发的快些，致使边缘部分展开剂中极性溶剂比例增大，故 R_f 值相对变大。预饱和可以防止边缘效应。展开之前，将薄层板置于盛有展开剂的层析缸中饱和 15~30min，以加速展开剂蒸气在容器内达到饱和，此时，薄板不与展开剂接触，待展开装置内部空间及放入其中的薄板被展开剂蒸气完全饱和后，再将薄板浸入到展开剂中进行展开。

（3）展开过程中注意恒温恒湿　温度和湿度改变都会影响 R_f 值和分离效果，降低重现性。尤其对活化后的硅胶和氧化铝板，更应注意空气的湿度，尽可能避免与空气多接触，以免降低活性而影响分离效果。

（四）斑点定位方法

为了对薄层分离的组分进行定性分析、定量分析，薄层色谱展开后，必须对从层析缸中取出的薄层板上的斑点进行定位。定位的方法如下。

1. 有色物质斑点定位　日光灯下观察，画出有色物质的斑点位置。

2. 无色物质斑点定位　可采用物理检出法和化学检出法。

（1）物理检出法　属于非破坏性检出法。应用最广的是在紫外灯下观察薄板有无荧光斑点或暗斑。常用波长一般有两种，即 254nm 和 365nm，根据待测组分的化学性质选择使用。例如，生物碱可以选择 254nm，芳香胺则选用 365nm。如果待测物本身在紫外灯下观察无荧光斑点，则可借助荧光薄板进行检出。如用硅胶 HF_{254} 制成的薄板，当用紫外灯照射时，整个背景呈现黄-绿色荧光，而被测物质由于吸收了 254nm 的紫外光而呈现出暗斑。

（2）化学检出法　利用化学试剂（显色剂）与被测物质反应，使斑点产生颜色而定位。显色剂分为通用型显色剂和专属型显色剂两种。

通用型显色剂有碘、硫酸溶液、荧光黄溶液等。碘对许多有机化合物都可显色，如生物碱、氨基酸、肽类、脂类、皂苷等，其最大特点是显色反应往往是可逆的，在空气中放置时，碘可升华挥去，组分恢复到原来状态，便于进一步处理。10%的硫酸乙醇溶液使大多数有机化合物呈有色斑点，如红色、棕色、紫色等，在炭化之前，不同的化合物将出现一系列颜色的改变，被炭化后常出现荧光。0.05%荧光黄的 50%甲醇溶液是芳香族与杂环化合物的通用显色剂。

专用型显色剂是对某个或某一类化合物显色的试剂。例如，三氯化铁的高氯酸溶液可显色吲哚类生物碱，茚三酮则是氨基酸和脂肪族伯胺的专用显色剂，溴甲酚绿可显色羧酸类物质。

常用显色方法有喷雾法和浸渍法，可由喷雾器直接将显色剂喷洒在硬板上，立即显色或加热至一定温度显色。也可将薄层板的一端轻轻浸入显色剂中，待显色剂扩散到全部薄层；或者将薄层全部浸入显色剂中，取出晾干，即可显出清晰的色斑。常用的显色试剂及配制方法可从《分析化学》相关手册查得。

五、薄层色谱分析方法

（一）定性分析方法

1. 比移值 R_f 定性　在一定的色谱条件下，某一组分的 R_f 值是一定的。组分斑点定位后，测出斑点的 R_f 值，与同块薄层板上的已知对照品斑点的 R_f 值及其斑点颜色比较进行定性，R_f 值一致即可初步定性该斑点与标准品为同一物质。必要时更换多种展开系统，组分的 R_f 值及其斑点颜色与对照品比较，进一步认定该组分与对照品是否为同一化合物。

2. 相对比移值 R_r 定性　R_f 值是定性的重要指标，但其影响因素很多，包括吸附剂的种类和活度、展开剂的极性、薄层板的厚度、展开距离、展开缸内流动相蒸气的饱和程度、温度、斑点等，与文献收载的 R_f 值比较进行定性困难较大。采用相对比移值 R_r 定性比 R_f 值可靠的多，可采用与文献收载的 R_f 值比较进行定性，也可与对照品的 R_r 值比较进行定性。

此外，利用斑点与显色剂反应生成的有色斑点也可以初步推断化合物的类型。为了可靠起见，对未知物的定性，应将分离后的各组分斑点或区带取下，洗脱后再用其他方法如紫外、红外光谱法等进一步定性。

（二）杂质检查方法

试样经过薄层色谱展开后，可获得主成分和一个或多个杂质斑点。将杂质斑点的大小和颜色的深浅与随行对照品斑点比较，可以对试样中的杂质进行含量限度检查。TLC 可用于药物有关物质检查和杂质限度检查。

1. 杂质对照品比较法　配制一定浓度的试样溶液和规定限定浓度的杂质对照品溶液，在同一薄层板上展开，试样中杂质斑点颜色不得比杂质对照品斑点颜色深。例如，当规定杂质的含量不超过 1%时，试样溶液的点样量应为对照品的 100 倍，若未发现杂质斑点，或杂质斑点的大小（或深浅）小于（或浅于）对照品斑点，则可以认为试样中杂质的含量小于 1%。

2. 主成分自身对照法　首先配制一定浓度的供试品溶液，然后将其稀释一定倍数得到另一低浓度溶液，作为对照品溶液。将试样溶液和对照品溶液在同一薄层板上展开，试样溶液中杂质斑点颜色不得比对照品主斑点颜色深。

在进行杂质限度检查时，所选择的薄层色谱主成分和杂质应完全分开。

（三）定量分析方法

薄层色谱的定量分析方法包括洗脱法和直接定量法。

1. 洗脱法 在薄层的起始线原点位置上定量点上试样溶液，并于两侧点上已知对照品作为定位标记。展开后，显色两边的对照品，由对照品的位置来确定未显色的试样中的待测斑点的位置。定位后，将试样区带的吸附剂定量取下，如为非黏合板，可将薄板中间部位的待测物质的区带用捕集器收集下来，如为黏合板，可用工具将样品区带定量取下，再以适当的溶剂洗脱后用其他化学或仪器方法如重量法、分光光度法、荧光法等进行定量。在用洗脱法定量时，注意同时收集洗脱空白作为对照。

2. 直接定量法 试样经薄层色谱法分离后，可在薄层板上对斑点直接进行定量测定。直接定量法有薄层扫描法和目视比较法两种。

（1）目视比较法是简易的半定量方法。将一系列已知浓度的对照品溶液与样品溶液点在同一薄层板上展开，点样时要严格控制点样量，可使用微量点样器。显色后以目视法直接比较样品斑点与对照品斑点的颜色深浅和面积大小，求出待测组分的近似含量，精密度一般可达±10%。

（2）薄层扫描法用薄层扫描仪对薄层板上的斑点进行扫描，通过斑点对光产生吸收的强弱进行定量分析。该法精密度可达±5%。

六、高效薄层色谱法

高效薄层色谱法（high performance thin layer chromatography，HPTLC）是在现代色谱理论指导下，以经典薄层色谱法为基础发展起来的一种新型薄层色谱技术。与经典薄层色谱法相比，高效薄层色谱法具有分离效率高、分析速度快、检测灵敏度高等特点。高效薄层板与经典薄层板的比较列于表 19-2。

表 19-2 高效薄层板与经典薄层板的比较

参数	经典薄层板	高效薄层板
板尺寸（cm）	20×20	10×10，10×20
颗粒度，平均（μm）	20	5~15
颗粒分布（μm）	宽（10~60）	窄
层厚（μm）	250~300	200
分离数	7~10	10~20
样品点样量体积（μl）	1~5	0.1~0.2
原点直径（mm）	3~6	1~1.5
分离斑点直径（mm）	6~15	2~5
展开距离（cm）	5~15	2~6
有效塔板数	>600	>5000
展开时间（min）	30~200	3~20
检测限，吸收（ng）	1~5	0.1~0.5
荧光（ng）	0.05~0.1	0.005~0.01
每板分离样品个数	10	18~36

高效薄层板由较小颗粒的固定相（颗粒直径一般为 5μm 或 10μm）采用喷雾技术制成的高度均匀的薄板。高效薄层板由于使用了颗粒直径小、分布窄且均匀的吸附剂，使展开过程的流动相流速慢，容易达到平衡，传质阻抗小，斑点的大小主要由分子扩散系数决定。Guiochou 等研究了吸附剂颗粒直径、分子扩散系数、展开距离及 R_f 值与分离效率的关系，在高效薄层板上，分子扩散系数小和 R_f 值较大的化合物，展开距离短时能得到较好的分离效果。高效薄层板一般为商品预制板，常用的有硅胶、氧化铝、纤维素和化学键合相薄层板。商品预制板厚度均匀，使用方便，适用于定量分析。

高效薄层色谱展距短，要实现高的分离效率必须使展开后的斑点很小。为此，要求点样直径必须小，但点样直径太小易造成样品局部过浓，溶剂遇到斑点不能立刻溶解，反而产生拖尾，分离效率降低。所以点样时应尽可能采用浓溶液一次点样。高效薄层色谱法采用的点样器有铂-铱合金点样毛细管、微量注射器或专用点样仪器。

高效薄层色谱的展开方式、定量分析等操作与经典薄层色谱法相同（详细参照本节“四、薄层色谱实验方法”和“五、分析方法”）

PPT

第二节　纸色谱法

一、纸色谱法的基本原理

纸色谱法是以纸为载体的色谱法，分离原理属于分配色谱的范畴。固定相一般为纸纤维上吸附的水，流动相为不与水混溶的有机溶剂。所以纸色谱属于正相分配色谱。与薄层色谱相同，纸色谱也常用比移值 R_f 来表示各组分在色谱中的位置。纸色谱过程可以看成是溶质在固定相和流动相之间连续萃取的过程。溶质在两相中的分配系数不同，迁移速度不同，R_f 值也不同。

化合物在两相中的分配系数的大小，直接与化合物的分子结构有关。化合物的极性大或亲水性强，在水中分配量多，则分配系数大，在以水为固定相的纸色谱中的 R_f 值小。反之，极性弱或亲脂性强的化合物，则分配系数小，R_f 值大。

影响 R_f 值的因素较多，如展开剂的组成、极性、展开剂蒸气的饱和程度和展开时的温度等。在一定色谱条件下，R_f 值主要取决于物质本身的极性。各类化合物极性顺序见第一节。同类化合物中，含极性基团多的化合物通常极性较强。例如，葡萄糖、鼠李糖及洋地黄毒苷虽属于糖类，但由于分子中所含羟基数目不同，极性不同，R_f 值也不相同，见表 19-3。可以看出，葡萄糖的羟基最多，极性最强，R_f 值最小，洋地黄毒苷分子的极性最小，R_f 值最大。

表 19-3　三种六碳糖的 R_f 值

六碳糖	羟基数目	溶剂系统 R_f		
		正丁醇-水	正丁醇-酸-水（4：1：5）	乙酸乙酯-吡啶-水（25：10：35）
葡萄糖	5	0. 03	0. 17	0. 10
鼠李糖	4	0. 27	0. 42	0. 44
洋地黄毒苷	3	0. 58	0. 66	0. 88

二、纸色谱实验方法

（一）色谱滤纸的选择

（1）要求滤纸质地均匀、平整无痕，要有一定的机械强度。

（2）纸纤维的松紧适宜，过于疏松易使斑点扩散，过于紧密则流速太慢。

（3）纸质要纯，无明显的荧光斑点。

在选用滤纸型号时，应结合分析对象加以考虑。分离极性差别小、R_f 值相差很小的化合物，宜采用慢速滤纸；分离极性差别大、R_f 值相差较大的化合物，宜采用快速或中速滤纸。在选用薄型或厚型滤纸时，要根据分析分离的目的决定。厚纸载样量大，供制备或定量用，薄纸一般供定性用。有时为了适应某些特殊要求，可对滤纸进行一些处理，如分离酸碱性物质时，为了维持滤纸相对恒定的酸碱度，可将滤纸在一定 pH 缓冲溶液中浸渍处理后再使用。常用的国产滤纸有新华滤纸，进口滤纸有 whatman 滤纸。

（二）固定相

滤纸纤维有较强的吸湿性，通常可含20%~30%的水分，而其中6%~7%的水是以氢键缔合的形式与纤维素上的羟基结合在一起，在一般条件下较难脱去。所以，纸色谱实际上是以吸着在纤维素上的水作固定相，而纸纤维则起到一个惰性载体的作用。在分离一些极性较小的物质或酸碱性物质时，为了增加其在固定相中的溶解度，常将滤纸吸留的甲酰胺或二甲基甲酰胺、丙二醇或缓冲溶液等作为固定相。

（三）展开剂的选择

展开剂的选择要从欲分离物质在两相中的溶解度和展开剂的极性来考虑。在流动相中溶解度较大的物质将移动得快，因而具有较大的R_f值。对极性物质，增加展开剂中极性溶剂的比例，可以增加R_f值；增加展开剂中非极性溶剂的比例，可以减小R_f值。纸色谱中最常见的展开剂为水饱和的正丁醇、正戊醇和酚等，即含水的有机溶剂。此外，为了防止弱酸、弱碱的离解，加入少量的酸或碱。如甲酸、醋酸、吡啶等。如采用正丁醇-醋酸-水（4∶1∶5）为展开剂，先在分液漏斗中振摇，分层后，取有机层（上层）为展开剂。

纸色谱的操作步骤与薄层色谱相似，有点样、展开、显色、定性定量分析等几个步骤，具体方法可参照薄层色谱法。但应注意在纸色谱法中不可使用腐蚀性的显色剂（如硫酸）显色。定量分析可用剪洗法，即将色谱溶剂斑点及待分离物质斑点剪下，经溶剂浸泡、洗脱后，用比色法或分光光度法测定。目前，纸色谱法定量已很少使用。

第三节　经典液相柱色谱法

PPT

在玻璃柱或不锈钢管柱中填入固定相的色谱法称为柱色谱法。经典液相色谱法通常采用内径为1~5cm、长度为0.1~1.0m的玻璃常压柱和低压柱。流动相是液体，固定相可以是固体吸附剂、涂布在载体上的液体，也可以是离子交换树脂等。本法仪器简单，操作方便，柱容量大，适于微量成分的分离和制备，应用十分广泛。按分离机制不同，经典液相色谱法可分为吸附柱色谱法、分配柱色谱法、离子交换柱色谱法及凝胶柱色谱法等。

一、硅胶柱色谱法

硅胶柱色谱法一般是液-固吸附柱色谱法，是依靠硅胶表面的羟基对样品中各组分吸附能力的差异，使各组分在色谱柱上迁移速度不同而达到分离的方法。其操作方法如下。

1. 装柱　将硅胶混悬于初始洗脱溶剂中，不断搅拌去除气泡后，连同溶剂一起倾入色谱柱中，平衡至硅胶柱床不再下降为止。

2. 上样　上样方式有湿法上样和干法上样两种。如果试样易溶于流动相（初始洗脱溶剂），可采用湿法上样，即将试样溶解后直接置于硅胶柱的顶端；如试样难溶于流动相，则可用低沸点溶剂溶解试样后，均匀拌于干燥的拌样硅胶上，待溶剂自然挥干后，将其置于硅胶柱的顶端。

上样后，先用初始溶剂洗脱，待柱上端溶剂颜色变为无色时，在试样上面加入硅胶或棉花，以防洗脱时上层试样漂浮，洗脱色带不齐整。

3. 洗脱　一般采用梯度洗脱方式，即选用低极性溶剂作为起始流动相，在洗脱过程中逐步递增流动相的极性。可以借助于硅胶薄层色谱的结果来选择分离条件，但通常柱色谱所用溶剂比薄层色谱的展开剂极性偏低。

二、聚酰胺柱色谱法

聚酰胺柱色谱法既可用来分离水溶性物质，又可用来分离低极性的脂溶性物质。用于洗脱的溶剂系统一般分为含水溶剂系统和非极性溶剂系统。以含水溶剂洗脱时，其色谱行为属于反相色谱；非水溶剂洗脱时，其色谱行为属于正相色谱。

1. 装柱　以含水溶剂系统为洗脱剂时，常将聚酰胺混悬于水中装柱，若以有机溶剂系统为洗脱剂，则混悬于极性较弱的起始溶剂中装柱。

2. 加样　每 100ml 的聚酰胺可上样 1. 5~2. 5g。试样可用洗脱剂溶解；不溶试样可选择易挥发性溶剂溶解，在聚酰胺干粉中拌匀，减压蒸干溶剂，再以洗脱剂浸泡，装入柱中。

3. 洗脱　反相色谱一般用水-乙醇作流动相（逐渐增加乙醇的比例），正相色谱一般用三氯甲烷-甲醇的混合溶剂作流动相（逐渐增加乙醇的比例）。在各种流动相系统中加入少量酸或碱，可克服洗脱中“拖尾”现象。

4. 再生　使用过的聚酰胺一般先用 5% NaOH 冲洗，然后用水洗至 pH 8~9，再以 10% 醋酸冲洗，最后用蒸馏水洗至中性，可供重复使用。

三、离子交换柱色谱法

离子交换柱色谱法是利用被分离组分离子交换能力的差别而实现分离的。其固定相为离子交换树脂，流动相是以水为溶剂的缓冲溶液，被分离的物质是离子型有机物或无机物。按树脂类型，可分为阳离子及阴离子交换树脂两类，除正、负电荷相反外，分离机制是相同的。表征离子交换树脂的性能指标常用交联度、交换容量和粒度等。

1. 交联度　指离子交换树脂中交联剂的含量，常以重量百分比表示，即合成树脂时二乙烯苯在原料中所占总重量的百分比。树脂的孔隙大小与交联度有关，交联度大，形成的网状结构紧密，网眼就小，选择性就好。但是交联度也不宜过大，否则，网眼过小，会使交换速度变慢，甚至还会使交换容量下降。通常，阳离子交换树脂交联度以 8%、阴离子交换树脂交联度以 4% 为宜。

2. 交换容量　在实验条件下，每克干树脂真正参加交换反应的活性基团数称为交换容量。树脂的交换容量一般为 1~10mmol/g。它反映了离子交换树脂进行交换反应的能力，决定于网状结构内所含有的酸性或碱性基团的数目，故交换容量的大小可用酸碱滴定法测定，其单位为 mmol/g 表示。树脂的结构与组成、溶液的 pH 值等都影响交换容量。

3. 粒度　指离子交换树脂颗粒的大小，一般以溶胀态所能通过的筛孔来表示。交换纯水用的树脂多通过 10~50 目筛，分析用的树脂则通过 100~200 目筛。

离子交换柱色谱法广泛用于生产和科研，如去离子水的制备，天然药物中化学成分的分离，各种有机酸、氨基酸的分离制备，抗生素的纯制等。在分析化学中也常用于去除干扰离子和测定某些盐类的含量等。

和硅胶柱色谱、聚酰胺柱色谱法相同，离子交换柱色谱一般操作程序也包括装柱、加样和洗脱等步骤，具体操作方法参照《中国药典》2020 年版（四部）。

四、凝胶柱色谱法

凝胶柱色谱法又称空间排阻柱色谱法或分子排阻柱色谱法，是 20 世纪 60 年代发展起来的一种简便有效的分离分析大分子化合物的方法。其所用的固定相称为凝胶的多孔性填料。因流动相不同又可以分为：以有机溶剂为流动相的疏水性凝胶渗透色谱法（gel permeation chromatography，GPC）和以水为流动相的亲水性凝胶过滤色谱法（gel filtration chromatography，GFC）。

（一）分离原理

凝胶色谱法的分离机制目前尚无确切的说法，空间排阻理论是多数人所接受的理论。该理论认为，凝胶内有许多空隙，类似于分子筛。操作时首先将凝胶颗粒用适宜的溶剂浸泡，使其充分膨胀，然后装入色谱柱中，加样后再用同一溶剂洗脱，在洗脱过程中，各组分在柱中的保留时间取决于分子的大小。由于小分子可以完全渗透进入凝胶内部孔穴中而被带走，中等大小的分子可以部分的进入较大的一些孔穴中，大分子则完全不能进入孔穴中，而只能沿凝胶颗粒之间的空隙随流动相向下流动。由于样品中各组分即按大分子在前、中等分子在中、小分子在后的顺序依次从色谱柱中流出，从而得到分离。

（二）凝胶的结构

1. 亲水性凝胶 目前最常用的亲水性凝胶为葡聚糖凝胶，交联葡聚糖的基本骨架是葡聚糖，是以蔗糖为原料经半合成的方法制备而成。网眼的大小可由制备时加不同比例的交联剂来控制。交联度大，空隙小，吸水少，膨胀也少，适用于小分子量物质的分离。反之，交联度小，空隙大，吸水膨胀的程度也大，则适用大分子量物质的分离。交联度可用“吸水量”或“膨胀重量”表示。商品有 Sephadex G-25、Sephadex G-200 等，Sephadex 代表葡聚糖，不同规格型号的葡聚糖用英文字母 G 表示，葡聚糖 G-25 型，即表示每克干凝胶吸水量为 2.5g。此种凝胶主要用于高分子化合物如蛋白质、核酸、酶以及多糖类物质的分离。

此外，还有聚丙烯酰胺凝胶和琼脂糖凝胶。聚丙烯酰胺凝胶是由丙烯酰胺与交联剂 *N*，*N′*-亚甲基二丙烯酰胺共聚而得到，商品名为“Bio-gel”。琼脂糖凝胶是由 D-半乳糖和 3，6-脱水-L-半乳糖相结合的链状多糖，商品名为“Sepharose”。这些均适合于较大分子化合物的分离。

2. 疏水性凝胶 在交联葡聚糖分子上引入疏水性基团增大其亲脂性，则成为疏水性凝胶。例如在 Sephadex G-25 上引入羟丙基基团成醚链的结合状态：$ROH \rightarrow ROCH_2CH_2CH_2OH$，即葡聚糖凝胶 LH-20。从而使它不仅具有亲水性能吸水，而且膨胀，这就扩大了它的应用范围，适用于难溶于水的亲脂性成分和亲水性成分的分离。

（三）实验技术

1. 色谱柱的选择 一般用玻璃管或有机玻璃管填装凝胶组成凝胶色谱柱。柱管的直径大小不影响分离度，但直径加大，洗脱液体积增大，样品稀释度大。分离度取决于柱长，柱长增加，分离度增加，但由于软质凝胶柱过长将挤压凝胶变形造成柱阻塞，故一般柱长不超过 1m。

2. 凝胶的用量 根据所需凝胶的体积，估计所用干胶的量。一般葡聚糖凝胶吸水后的体积约为其吸水量的 2 倍，例如 Sephadex G-200 的吸水量为 20，1g Sephadex G-200 吸水后形成的凝胶体积约 40ml。凝胶的粒度也可影响分离效果。粒度细，分离效果好，但阻力大，流速慢。

3. 凝胶的准备 商品凝胶是干燥的颗粒，使用前需直接在欲使用的洗脱液中膨胀。自然膨胀需一至数天，所以一般使用加热法膨胀，即在沸水浴中将湿凝胶逐渐升温至近沸，这样可大大加速膨胀，通常在 1~2 小时内完成。

4. 样品溶液的处理 样品溶液若有沉淀应过滤或离心除去。样品的黏度不可太大，否则会影响分离效果。样品溶液的上样体积应根据凝胶柱床容积和分离要求确定。

知识拓展

放射自显影薄层色谱法

放射自显影技术（autoradiography）是利用放射性核素的电离辐射对含有 AgBr 和 AgCl 乳胶的感光作用，对细胞内生物大分子进行定性、定位和半定位研究，通常用目测法作定性分析，激光光密度法进行定量测定。将放射性核素标记的化合物导入生物体内制成切片或涂片，涂上卤化银乳胶，组织中的放射性即可使乳胶感光。经显影、定影等处理显示还原的黑色银颗粒，即可得知标本中标记物的准确位置和数量。由于有机大分子均含有 C、H 原子，故一般选用^{14}C和^{3}H标记。常用^{3}H胸腺嘧啶脱氧核苷（^{3}H-TDR）显示 DNA，^{3}H尿嘧啶核苷（^{3}H-UDR）显示 RNA，^{3}H氨基酸研究蛋白质，^{3}H甘露糖、^{3}H岩藻糖研究多糖。将放射自显影技术引入薄层色谱和纸色谱中可作为定位方法，含放射性物质的化合物在薄层或纸上分离后，薄层或纸上放射性核素的辐射线透过底片感光，显影后由于银粒而显示潜影，放射性物质呈现的暗斑与其浓度成正比，可用薄层扫描仪扫描放射显迹图进行定量分析。

本章小结

- 经典液相色谱法
  - 平面色谱法
    - 分类
      - 薄层色谱法
        - 固定相选择
        - 流动相选择
        - 实验方法及应用
        - 分析方法
      - 纸色谱法
        - 分离原理
        - 实验方法及应用
    - 参数
      - 定性参数
        - 比移值R_f
        - 相对比移值R_r
      - 相平衡参数
      - 分离参数
        - 分离组分性质
        - 固定相和流动相性质
        - 操作条件
  - 柱色谱法
    - 硅胶柱色谱法
    - 聚酰胺柱色谱法
    - 离子交换柱色谱法
    - 凝胶柱色谱法

练习题

题库

1. 在TLC中，以硅胶为固定相，三氯甲烷为流动相时，试样中某种组分的R_f值太小，若改为三氯甲烷-甲醇（2∶1）时，则试样中各组分的R_f值会变大，还是变小？为什么？

2. 化合物A在薄层板上从样品原点迁移7.6cm，溶剂前沿迁移至原点以上16.2cm。（1）计算化合物A的R_f值。（2）在相同的薄层板上，色谱条件相同时，当溶剂前沿移至样品原点以上14.3cm，化合物A的斑点应在此薄层板的何处？

3. 在薄层板上分离A、B两物质的相对比移值为1.5，当B物质在某薄层板上展开后，色斑距原点9cm，溶剂前沿移至样品原点的距离为18cm，问若A在此板上同时展开，则A物质的展距为多少？A物质的R_f值为多少？

4. 在薄层板上分离A、B两组分的混合物，当原点至溶剂前沿距离为16.0cm时，A、B两斑点中心至原点的距离分别为6.9cm和5.6cm，斑点直径分别为0.83cm和0.57cm，求两组分的分离度及R_f值。

5. 今有两种性质相似的组分A和B，共存于同一溶液中，用纸色谱分离时，它们的比移值分别为0.45、0.63。欲使分离后两斑点中心间的距离为2cm，问滤纸条应为多长？

6. 在一定的薄层色谱条件下，当溶剂的移动速度为0.15cm/min时，测得A、B组分的比移值分别为0.47和0.64，计算A和B组分的移动速度。

7. 某分配薄层色谱中，流动相、固定相和载体的体积比为$V_g : V_s : V_g = 0.33 : 0.10 : 0.57$，若溶质在固定相和流动相中的分配系数为0.50，计算它的R_f值和k。

（李云兰）

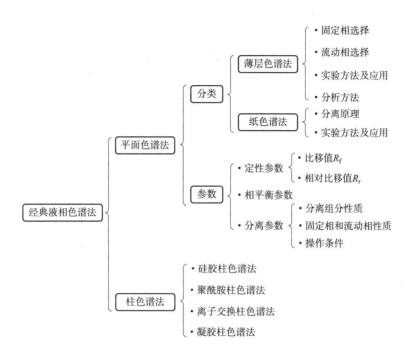

第二十章

高效液相色谱法

学习导引

知识要求

1. **掌握** 色谱法保留行为的主要影响因素和分离条件的选择；反相化学键合相的性质、特点、种类；速率理论及其对实验条件选择的指导作用。

2. **熟悉** 正相键合相色谱法及其分离条件的选择；高效液相色谱仪的构造；紫外和荧光检测器的检测原理。

3. **了解** 离子色谱法、手性色谱法和亲合色谱法及其常用固定相；溶剂极性和选择性，混合溶剂强度参数的计算。

能力要求

熟悉流动相极性对组分分离和色谱保留行为影响的技能。掌握内标对比法、外标法、校正因子法、归一化法等含量测定方法。

素质要求

具有保障人民药品食品安全检测及身心健康的分离分析技能，具备解决复杂样品中主药、杂质和食品添加剂等含量测定问题的专业素质。

高效液相色谱法（high performance liquid chromatograph，HPLC）是在20世纪60年代末发展起来的一种分离分析方法，在经典液相色谱法的基础上，引入了气相色谱的基本理论，采用高压泵、高效固定相和高灵敏度的检测器，实现了分析速度快、分离效率高和操作自动化的现代液相色谱分析方法。

与经典液相色谱法相比，高效液相色谱法克服了经典液相色谱法常压输送流动相传质速度慢、固定相颗粒大柱效低、分析时间长、灵敏度低等不足。与气相色谱相比，HPLC法应用广泛，不受样品挥发性和热稳定性及相对分子量的限制，只要求样品制成溶液即可；另外，HPLC法是以液体为流动相，且液体种类多，性质差别大，可供选择的范围广。

综上所述，高效液相色谱法具有如下优点：适用范围广，分析速度快，分离性能好，检测器灵敏度高，流动相选择范围宽，柱后流出组分不被破坏、易收集，安全方便等，在化学药物、生物制品及中药民族药的有效成分的分离、鉴定与含量测定、体内药物分析、药理研究以及临床检验中均有广泛应用。

第一节 高效液相色谱法的主要类型

PPT

一、高效液相色谱法的分类

高效液相色谱法分类的基本方法同于经典液相色谱法。按照固定相的聚集状态可以分为液-液色谱法和液-固色谱法两大类；按分离机制可以分为分配色谱法、吸附色谱法、离子交换色谱法和分子排阻色谱法四种基本类型色谱法；按流动相和固定相特征可分为正相色谱法和反相色谱法；按分离目的分为分析型色谱法和制备型色谱法。

本章主要讨论分析型色谱法。目前，高效液相色谱法中最常用的固定相是化学键合相，根据流动相和化学键合相的相对极性不同分为正相键合相色谱法（normal phase bonded-phase chromatography）、反相键合相色谱法（reversed phase bonded-phase chromatography）以及由其衍变和发展起来的离子抑制色谱法（ion suppression chromatography，ISC）和离子对色谱法（paired ion chromatography，PIC 或 ion pair chromatography，IPC）。本章重点讨论化学键合相色谱法。

课堂互动

常用的化学键合固定相有哪些类型？化学键合相色谱法与液-液分配色谱法有何关系？

二、化学键合相色谱法

高效液相色谱法应用最广泛的是化学键合相色谱法，是在高效液-液分配色谱法的基础上发展起来的。通过化学反应将固定液的官能团键合在载体表面构成键合相，以化学键合相为固定相的色谱法称为化学键合相色谱法，简称键合相色谱法（bonded phase chromatography，BPC）。键合相色谱法在高效液相色谱法中占有及其重要的地位，适用于分离几乎所有类型的化合物，现已广泛应用于正相色谱法和反相色谱法、离子对色谱法、离子抑制色谱法、离子交换色谱法等诸多色谱法，下面主要介绍药物分析中常用的键合相色谱法。

课堂互动

正、反相色谱法各有何特点？分别适用于分离哪些化合物？

（一）正相键合相色谱法

正相键合相色谱法是采用极性键合固定相和非极性流动相组成的色谱系统，固定相常用极性较大的氰基（—CN）、氨基（$—NH_2$）和二羟基等化学键合相，流动相则是非极性或弱极性的溶剂，烷烃加适量极性调节剂，如正戊烷-二氯甲烷，正己烷-正丙醚等，还可以加入少量醋酸或丙胺、乙二胺等调节流动相的酸碱性和极性，以提高分离效率，改善峰形。

正相键合相色谱法的分离机制亦有各种不同的解释，通常认为属于分配过程，把有机键合层作为一个液膜看待，组分在两相间进行分配；也有人认为是吸附过程，即溶质的保留主要靠它与极性键合基团之间的定向、诱导或氢键作用力。例如，用氨基键合相色谱分离极性化合物（如糖类）时，主要靠被分离组分的分子与键合相的氢键作用力的强弱差别实现分离。若分离含有芳环等可诱导极化的非极性样品时，则主要靠键合相与组分分子的诱导作用力。氰基键合相的分离选择性与硅胶相似，但极性小于硅胶，属于弱极性键合相。许多需要硅胶的分离，可采用氰基键合相色谱柱、非极性流动相完成。

正相键合相色谱法的分离选择性决定于试样的性质、流动相的强度和键合相的种类等。一般地，极性强的组分的 k 大，t_R 也大，分离结构相近的组分时，极性大的组分后流出色谱柱；流动相的极性增大，洗脱能力增加，k 值减小，t_R 减小；反之，k 与 t_R 增大。正相键合相色谱法主要用于分离溶于有机溶剂的极性或中等极性的分子型化合物，如糖类、甾体、氨基酸、胺类或羟基类等。

（二）反相键合相色谱法

常用的反相键合相色谱是采用非极性键合固定相和极性流动相的色谱系统，固定相常用十八烷基硅烷（octadecylsilyl，缩写为 ODS 或 C_{18}）、辛烷基（C_8）等化学键合相，流动相以水作为基础溶剂再加入一定量与水相溶的极性调整剂，常用甲醇-水或乙腈-水等。

反相键合相色谱法分离机制比较复杂，多种理论共存且尚需进一步探讨。反相键合相表面具有非极性烷基官能团以及未被取代的硅醇基，剩余硅醇基的多寡，因覆盖率而定，而硅醇基一般具有吸附性能，故一直存在吸附与分配的争议，而后又有疏溶剂理论、双保留机制、顶替吸附-液相相互作用模型等。

反相键合相色谱法的分离的出峰顺序与正相键合相色谱法相反。即极性强的组分的 k 小，t_R小，先流出色谱柱。

反相键合相色谱法应用广泛，主要用于分离非极性至中等极性的各类分子型化合物。

（三）离子抑制色谱法

离子抑制色谱法是在反相色谱法的基础上，通过在流动相中加入少量弱酸、弱碱或缓冲盐（常用磷酸盐或醋酸盐）作为抑制剂，调节流动相的 pH 从而抑制待测组分弱酸、弱碱的离解，增加溶质与非极性固定相的相互作用，以达到分离有机弱酸、弱碱的目的。离子抑制色谱法适用于 $3.0 \leqslant pK_a \leqslant 7.0$ 的弱酸和 $7.0 \leqslant pK_b \leqslant 8.0$ 的弱碱。组分的保留值除了与反相色谱法有相同的影响因素外，还易受流动相 pH 值的影响。一般地，对于弱酸，当流动相的 pH 小于 pK_a时，组分主要以分子形式存在，k 值增大，t_R值增大，反之，k 值减小，t_R值减小。对于弱减，情况相反。若流动相的 pH 控制不合适，溶质以分子状态和离子状态共存，则可能使色谱峰变宽和拖尾。注意流动相的 pH 不能超过键合相的允许范围，例如，以硅胶为基质的色谱柱填料只能在 pH 2~8 范围内使用，超出此范围可能使键合基团脱落。

（四）反相离子对色谱法

反相离子对色谱法（RP-ion pair chromatography，RPIPC）是将离子对试剂加入到极性流动相中，待测组分的离子在流动相中与离子对试剂的反离子生成不荷电的中性离子对，从而增加溶质和非极性固定相的作用，使分配系数 k 增大，改善分离效果。例如最常用的反相离子对色谱法所用固定相与一般反相键合相色谱相同，在流动相中加入 0.003~0.01mol/L 的离子对试剂，并以磷酸盐缓冲液调至一定的 pH 值，其出峰顺序和一般反相色谱一致。反相离子对色谱法保留机制的理论模型有离子对模型、动态离子交换模型和离子相互作用模型等，以“离子对模型”比较普及。该理论认为，试样离子在流动相中与离子对试剂解离出的离子生成不荷电的疏水性中性离子对，然后溶解或吸附在非极性的固定相上。现以分离碱类物质（B）为例，用离子对模型说明其分离机制。设碱分子 B，离子对试剂为 RSO_3Na，则在弱酸性流动相中有以下反应：

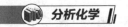

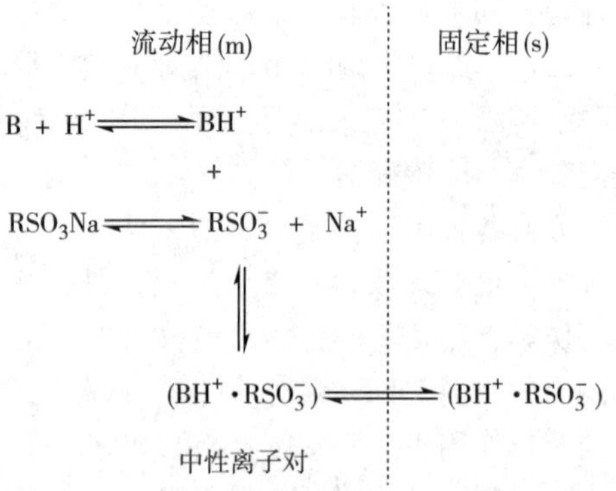

碱分子 B 遇到 H^+生成 BH^+正离子，在流动相中与离子对试剂烷基磺酸钠（RSO_3Na）产生的反离子生成不荷电的中性离子对，比极性分子 BH^+更容易被非极性的固定相所保留，使分配系数 k 增大，t_R明显增加。反相离子对试剂的烷基碳链越长，生成的离子对与非极性固定相的作用越强，使分配系数 k 增大，t_R值增大，从而改善分离效果。

三、其他高效液相色谱法

高效液相色谱法还包括手性色谱法（chiral chromatography）、亲和色谱法（affinity chromatography）、胶束色谱法（micellarchromatography）等，在此不进行详述，请参考相关专著。

PPT

第二节　高效液相色谱法的分离条件

高效液相色谱法的建立以固定相和流动相的选择和优化为主，色谱分离是被分离组分、流动相和固定相三者内部分子作用力的平衡过程，因此对于被分离组分、流动相和固定相的性质和作用必须要有充分的认识和了解。

色谱分离过程影响因素多，色谱优化的策略和方法比较复杂，这里仅介绍高效液相色谱法中常用固定相和流动相的性质、特点以及分离条件的选择等。

一、化学键合相色谱法的固定相

高效液相色谱法的固定相也称为填料或填充剂，与色谱柱的柱效和分离度密切相关，目前填料可分为两大类，一类是液-固吸附色谱固定相，另一类是化学键合固定相，其中以化学键合固定相应用最多，下面重点讨论。

根据键合后固定液官能团的性质，常分为非极性键合固定相、弱极性键合固定相和极性键合固定相三种类型。

1. 非极性键合固定相　也称反相色谱键合相，表面键合非极性烃基，如十八烷基（C_{18}）、辛烷基（C_8）、苯基、甲基（C_1）等，其中十八烷基硅烷键合硅胶 ODS 应用最为广泛，由十八烷基硅烷试剂与硅胶表面的硅醇基经过多步反应键合而成，适合于分离非极性或弱极性的试样，通常用于反相色谱，可选用极性较强的溶剂为流动相，如水、甲醇、乙腈、四氢呋喃或无机盐的缓冲溶液等。

长链烷基可使溶质 k 增大，分离选择性提高；使载样量提高，k 值增大，键合相的稳定性更好，

2. 弱极性键合固定相　常见的有醚基和二羟基键合相，根据流动相的极性，这种键合相可作为正相或反相色谱的固定相。目前这种固定相应用较少。

3. 极性键合固定相　也称正相色谱键合相，表面键合的是极性基团，如氰基（—CN）和氨基（—NH_2），分别将氰乙硅烷基［$\equiv Si(CH_2)_2CN$］和氨丙硅烷基［$\equiv Si(CH_2)_3NH_2$］键合在硅胶上制成。极性键合相一般用作正相色谱的固定相。

二、其他固定相

高效液相色谱法还包括手性固定相、亲和色谱固定相、键合型离子交换剂等，在此不进行详述，请参考相关专著。

三、化学键合相色谱法的流动相

在高效液相色谱分析中，当固定相选定时，主要通过调节流动相的种类和配比改善分离，因此流动性的选择至关重要。

（一）流动相对溶剂的要求

（1）流动相纯度要高。一般应使用色谱纯溶剂，若采用分析纯试剂，必要时需进一步纯化。

（2）化学性质稳定，不与固定相发生化学反应，避免使用会引起柱效损失或保留特性变化的溶剂。

（3）对试样有适宜的溶解度。

（4）溶剂的黏度小，流动性好，以便减小柱压，提高柱效，否则会降低试样组分的扩散系数，造成传质速率缓慢，柱效下降。

（5）必须与检测器相匹配，如使用紫外检测器时，只能选用截止波长小于检测波长的溶剂。

此外还应考虑溶剂的毒性小、价格廉、易回收等。另外，流动相需用微孔滤膜过滤并脱气后方可使用。

（二）流动相对分离的要求

课堂互动

影响 HPLC 分离度的因素有哪些？试讨论如何提高分离度。

高效液相色谱法中影响分离的因素仍用第十七章中提出的分离方程式。

分离方程式为：

$$R=\frac{\sqrt{n}}{4}\cdot\frac{a-1}{a}\cdot\frac{k_2}{1+k_2}$$

其中，n 由固定相及色谱柱填充质量决定，分配系数比 α 取决于两组分的保留因子，主要受溶剂种类的影响，k 受溶剂配比的影响。选择流动相主要是改变溶剂系统的组成和配比，改变其洗脱能力，使 k 调整至合适的水平，使组分的 k 不等而获得较大 α，同时使分离度和保留时间符合要求。通常对流动相的选择和优化的目标是使得两峰间的分离度 R 大于 1.5，组分的保留因子 k 在 1～10 范围内，最好在 2～5，k 值太小，不利于分离，k 值太大，则色谱峰形变差，甚至可能不出峰。

（三）流动相的极性

在化学键合相色谱法中，流动相对组分的洗脱能力直接与极性有关。

1. 正相色谱法中溶剂的洗脱能力 由于正相色谱法的固定相是极性的，所以溶剂的极性越大，洗脱能力越强。描述溶剂极性强弱的方法有多种，最实用的是斯奈德（Snyder）提出的溶剂极性参数（P'）来描述，它是根据罗胥那得（Rohrschneider）的溶解度数据推导出来的，因此可度量分配色谱的溶剂强度。Snyder 选择了乙醇（质子给予体）、二氧六环（质子受体）和硝基甲苯（强偶极体）三种参考物质，用来检验溶剂的质子接受能力（X_e）、质子给予能力（X_d）和偶极作用力（X_n）。X_e、X_d和 X_n分别为这三种作用力大小的相对值，三者之和为 1。将罗氏提供的极性分配系数（K''_g）以对数的形式表示，纯溶剂的极性参数（P'）定义为：

$$P'=\lg(K''_g)_e+\lg(K''_g)_d+\lg(K''_g)_n \tag{20-1}$$

常用溶剂极性参数 P'见表 20-1。P'值越大，则溶剂的极性越强，在正相色谱法中的洗脱能力越强。

多元混合溶剂用极性参数 $P'_{混}$ 来表示极性强弱，其值为各组成溶剂极性参数的加权和：

$$P'_{混}=\sum_{i=1}^{n}P'_i\varphi_i \tag{20-2}$$

式（20-2）中，P'_i 和 φ_i 为纯溶剂 i 的极性参数及该溶剂在混合溶剂中的体积分数。

表 20-1 常用溶剂的极性参数 P'和作用力相对值

溶剂	P'	X_e	X_d	X_n	溶剂	P'	X_e	X_d	X_n
正戊烷	0.0	—	—	—	乙醇	4.3	0.52	0.19	0.29
正己烷	0.1	—	—	—	醋酸乙酯	4.4	0.34	0.23	0.43
苯	2.7	0.23	0.32	0.45	丙酮	5.1	0.35	0.23	0.42
乙醚	2.8	0.53	0.13	0.34	甲醇	5.1	0.48	0.22	0.31
二氯甲烷	3.1	0.29	0.18	0.53	乙腈	5.8	0.31	0.27	0.42
正丙醇	4.0	0.53	0.21	0.26	醋酸	6.0	0.39	0.31	0.30
四氢呋喃	4.0	0.38	0.20	0.42	水	10.2	0.37	0.37	0.25
三氯甲烷	4.1	0.25	0.41	0.33					

2. 反相色谱法中溶剂的洗脱能力 反相色谱法中，由于固定相是非极性的，所以溶剂的极性越弱，其洗脱能力越强。反相键合相色谱法中溶剂的强度或洗脱能力常用另一个强度因子 S 表示。S 越大，其洗脱能力越强。常用溶剂的 S 值列于表 20-2。比较表 20-1 和表 20-2 的数据和顺序可见，正、反相色谱

法中，溶剂的洗脱能力相反。例如，在正相色谱法时，水的洗脱能力最强（P'值最大），而在反相色谱法洗脱时，水的洗脱能力最弱（S值最小）。

反相色谱法的混合溶剂的强度因子$S_{混}$用类似方法计算：

$$S_{混}=\sum_{i=1}^{n}S_i\varphi_i \tag{20-3}$$

表 20-2　反相色谱法常用溶剂的强度因子（S）

水	甲醇	乙腈	丙酮	二噁烷	乙醇	异丙醇	四氢呋喃
0	3.0	3.2	3.4	3.5	3.6	4.2	4.5

3. 溶剂的选择性　Snyder以溶剂和溶质间的作用力作为溶剂选择性分类的依据，将选择性参数定义为：$X_e=\dfrac{\lg(K''_g)_e}{P'}$，$X_d=\dfrac{\lg(K''_g)_d}{P'}$，$X_n=\dfrac{\lg(K''_g)_n}{P'}$

根据溶剂的X_e、X_d和X_n这三种作用力的相似性，Snyder将常用溶剂分为8组（见表20-3）。由表20-3可以看出，Ⅰ组溶剂的X_e值较大，属质子接受体溶剂，以脂肪醚为代表；Ⅴ组溶剂X_n较大，属偶极作用力溶剂，以二氯甲烷为代表；Ⅷ组溶剂的X_d值较大，属质子给予体，以三氯甲烷为代表。处于同一组中的各溶剂的作用力类型相同，在色谱分离中具有相似的选择性，而处于不同组别中的溶剂，其选择性差别较大。采用不同组别的溶剂为流动相，能够改变色谱分离的选择性。

表 20-3　部分溶剂的选择性分组

组别	溶剂
Ⅰ	脂肪醚、三烷基胺、四甲基胍、六甲基磷酰胺
Ⅱ	脂肪醇
Ⅲ	吡啶衍生物、四氢呋喃、酰胺（甲酰胺除外）、乙二醇醚、亚砜
Ⅳ	乙二醇、苄醇、醋酸、甲酰胺
Ⅴ	二氯甲烷、二氯乙烷
Ⅵ（a）	三甲苯基磷酸酯、脂肪族酮和酯、聚醚、二氧六环
Ⅵ（b）	砜、腈、碳酸亚丙酯
Ⅶ	芳烃、卤代芳烃、硝基化合物、芳醚
Ⅷ	氯代醇、间苯甲酚、水、三氯甲烷

（四）流动相常用溶剂

为了方便溶剂的选择，现将HPLC中的常用溶剂的极性参数及主要理化常数按极性由小到大的顺序排列于表20-4。

表 20-4　常用流动相溶剂的性质

溶剂		折光率	黏度	沸点	极性参数
中文名	英文名	（25℃）	（cp）	（25℃）	P'
环己烷	cyclohexane	1.423	0.90	81	0.04
正己烷	*n*-hexane	1.372	0.30	69	0.1
异丙醚	*i*-propylene ether	1.365	0.38	68	2.4
甲苯	toluene	1.494	0.55	110	2.4
四氢呋喃	tetrahydrofuran	1.405	0.46	66	4.0
三氯甲烷	chloroform	1.443	0.53	61	4.1

续表

溶剂		折光率	黏度	沸点	极性参数
中文名	英文名	(25℃)	(cp)	(25℃)	P'
乙醇	ethanol	1.359	1.08	78	4.3
醋酸乙酯	ethyl acetate	1.370	0.43	77	4.4
甲醇	methanol	1.326	0.54	65	5.1
乙腈	acetonitrile	1.341	0.34	82	5.8
水	water	1.333	0.89	100	10.2

在 HPLC 中，正相色谱法流动相使用最多的是正己烷加适量极性调节剂，如三氯甲烷或二氯甲烷，虽然价格昂贵，但大多数顺、反和邻位、对位异构体仍然要用正相色谱来进行分离。反相色谱法流动相首选水或一定 pH 缓冲水溶液，加入甲醇、乙腈或四氢呋喃作为极性调节剂。

四、分离条件的选择

速率理论适用于高效液相色谱法和气相色谱法，但由于两种色谱法的流动相不同，所以其表现形式有所不同。

课堂互动

Van Deemter 方程式在 GC 和 HPLC 中有何区别？如何指导 HPLC 的实验条件？

（一）高效液相色谱的速率理论

1. 涡流扩散项 A

$$A=2\lambda d_p \tag{20-4}$$

式（20-4）中，高效液相色谱法的固定相一般使用 3~10μm 的高效填料，目前有 2μm 以下的固定相，d_p 较小。为了填充均匀，减小填充不规则因子 λ，高效液相色谱法多采用匀浆高压填柱，且常采用球形固定相。

2. 纵向扩散项 H_d

$$H_d=2\gamma D_m \tag{20-5}$$

式（20-5）γ 为弯曲因子，与填充物有关，一般为一常数，扩散系数 D_m 与流动相的黏度（η）成反比，与温度（T）成正比。HPLC 中的流动相为液体，液体黏度比气体黏度大很多，且常在室温下操作，故组分在液相中的扩散系数 D_m 比在气相中小 4~5 个数量级。因此，HPLC 中纵向扩散项 H_d 对色谱峰展宽的影响实际上可以忽略不计。Van Deemter 方程的形式变为：

$$H=A+Cu \tag{20-6}$$

式（20-6）说明，HPLC 中可以近似认为流动相流速 u 与塔板高度 H 成直线关系，A 为直线截距，C 为斜率，流速增大，塔板高度增加，柱效降低。

3. 传质阻抗项 C_u

$$C=C_m+C_{sm}+C_s \tag{20-7}$$

式（20-7）中，C_m 为组分在流动相中的传质阻抗系数，C_{sm} 为组分在静态流动相中的传质阻抗系数，C_s 为组分在固定相中的传质阻抗系数。

（1）流动相传质阻抗（H_m） 当流动相流经色谱柱内的填充物时，靠近填充物颗粒表面处流速较慢，而流路中心的流速则较快，它们与固定相作用力不同迁移速度不同，从而引起色谱峰的展宽。这种传质阻力与线速度 u、固定相颗粒粒度 d_p 的平方成正比，与组分分子在流动相中的扩散系数 D_m 成反比：

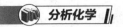

$$H_{m}=\frac{C_{m}d_{p}^{2}u}{D_{m}} \tag{20-8}$$

式（20-8）中，C_m为一常数，是由色谱柱及其填充情况决定的因子。

（2）静态流动相传质阻抗（H_{sm}）　由于固定相多孔性，部分流动相被滞留在固定相微孔内，该区的流动相通常处于静止状态，故有静态流动相之称。流动相中的试样分子要与固定相进行质量交换，必须先自流动相扩散到滞留区，相对晚回到流路中引起峰展宽。如果固定相的微孔又小又深，则滞留就越严重，传质阻抗就越大，色谱峰展宽就越严重。静态流动相传质阻抗在整个传质过程中起主要作用，其值的大小也与固定相颗粒粒度 d_p平方成正比，与组分分子在流动相中的扩散系数 D_m成反比：

$$H_{sm}=\frac{C_{sm}d_{p}^{2}u}{D_{m}} \tag{20-9}$$

式（20-9）中，C_{sm}为一常数，与固定相颗粒微孔及容量因子等因素有关。

（3）固定相传质阻抗（H_s）　这种阻抗主要发生在液-液分配色谱法中，其大小取决于固定液液膜厚度 d_f和组分分子在固定液内的扩散系数 D_s，其关系可表达为：

$$H_{s}=\frac{C_{s}d_{f}^{2}u}{D_{s}} \tag{20-10}$$

由于 HPLC 多采用化学键合相，键合相多为单分子层，即厚度 d_f很小可忽略，因此固定相传质阻抗 H_s值也可以忽略不计，$C_u=C_m+C_{sm}$。

综上所述，由柱内各种因素所引起的色谱峰展宽与塔板高度 H 的关系可归结为：

$$H=2\lambda d_{p}+\frac{C_{d}D_{m}}{u}+\left(\frac{C_{m}d_{p}^{2}}{D_{m}}+\frac{C_{sm}d_{f}^{2}}{D_{m}}+\frac{C_{s}d_{f}^{2}}{D_{s}}\right)u \tag{20-11}$$

上式可简写为：

$$H=2\lambda d_{p}+\frac{C_{m}d_{p}^{2}}{D_{m}}u+\frac{C_{sm}d_{f}^{2}}{D_{m}}u \tag{20-12}$$

课堂互动

影响 HPLC 色谱峰展宽的主要因素有哪些？如何改善色谱峰形？

式（20-12）说明，要使 HPLC 的峰展宽效应小，必须设法降低理论塔板 H，增加柱效，通常采用的方法如下。

①使用细颗粒的固定相　由图 20-1 可见，小的 d_p是保证 HPLC 高柱效的主要措施，近年来许多商品固定相颗粒粒度已小于 2μm。

②降低流动相的黏度（η）　如使用低黏度的甲醇（η = 0.54mPa · s）或乙腈（η = 0.34mPa · s）等溶剂，而不要使用乙醇（η = 1.08mPa · s），柱温适中（一般 25℃ 为宜），增大扩散系数 D_m。

③适当减小流速　由图 20-1 可见，流动相流速提高，色谱柱效降低，因此，HPLC 中流速不宜过快，如分析型 HPLC 采用 1ml/min 的低流量。

④提高装柱技术　采用匀浆法装柱可使涡流扩散项 A 减小，柱效提高。

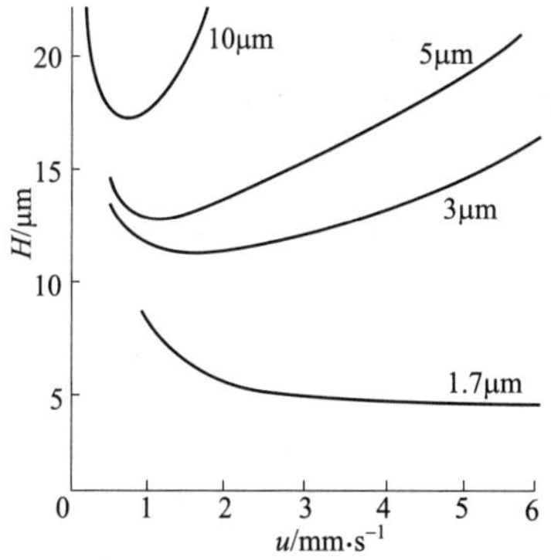

图 20-1　HPLC 固定相颗粒粒度和流动相流速对柱效的影响

（二）正相化学键合相色谱法的分离条件

正相键合相色谱一般以极性键合相为固定相，如氰基、氨基键合相，分离含有双键的化合物常用氰基键合相，分离多基团化合物如甾体、强心苷及糖类常用氨基键合相。流动相通常采用烷烃加适量极性调节剂，极性调节剂常从Ⅰ、Ⅱ、Ⅴ、Ⅷ组（表20-3）选择。例如，以正己烷作为基础溶剂，与异丙醚（Ⅰ）组溶剂组成的二元流动相，通过调节极性调节剂异丙醚的浓度来改变流动相极性 P'，使试样组分的 k 值在1~10范围内。若溶剂的选择性不好，可以改用其他组别的溶剂如三氯甲烷（Ⅷ）或二氯甲烷（Ⅴ），与正己烷组成具有相似 P' 值的二元流动相，以改善分离的选择性。若仍难以达到所需要的分离选择性，还可以使用三元或四元溶剂系统。

（三）反相化学键合相色谱法的分离条件

反相化学键合相色谱法一般以非极性键合相为固定相，既可用于分离分子型化合物，也可用于分离离子型或可离子化的化合物。十八烷基硅烷（C_{18}）键合相是HPLC中应用最广泛的固定相，对各种类型的化合物都有很强的适应能力。短链非极性键合相对于极性化合物可达到较好分离，苯基键合相则适合于分离芳香化合物以及多羟基化合物。

反相化学键合相色谱法的流动相一般以极性最强的水为基础溶剂，加入甲醇、乙腈或四氢呋喃等极性调节剂。一般情况下，甲醇-水已能够满足多数试样的分离要求，且黏度小，价格低，是反相色谱法最常用的流动相。乙腈的黏度更小，其截止波长（190nm）比甲醇（205nm）短，更适用于利用末端吸收进行的检测。

反相色谱法中，流动相的pH值对样品的电离状态影响很大，进而会影响其疏水性，通过向流动相中加入少量弱酸、弱碱或缓冲盐（常用磷酸盐或醋酸盐）为抑制剂，调节流动相的pH，抑制样品组分的解离，有效改善峰形，抑制拖尾，延长洗脱时间，提高分辨率和分离效果。但pH需要在固定相所允许的范围内，以避免损坏键合相。常用的缓冲溶液见表20-5。

表20-5　HPLC中常用的缓冲溶液

缓冲剂	pH缓冲范围	截止波长（nm）	缓冲剂	pH缓冲范围	截止波长（nm）
三氟乙酸	1.5~2.5	210	乙酸/乙酸盐	3.8~5.8	210
磷酸/磷酸二氢钾、磷酸二氢钾	1.1~8.2	200	碳酸氢盐/碳酸盐	5.4~11.3	200
柠檬酸/柠檬酸三钾	2.1~6.4	230	氯化铵/氨	8.2~10.2	200
甲酸/甲酸盐	2.8~4.8	210	盐酸三乙胺/三乙胺	10.0~12.0	200

（四）反相离子对色谱的分离条件

在反相离子对色谱法中，影响试样组分分离选择性的主要因素如下。

1. 离子对试剂的性质和浓度　离子对试剂所带电荷应与试样离子的电荷相反。分析酸类或带负电荷的物质时，一般选用带正电荷的季铵盐作离子对试剂，常用四丁基季铵盐，如四丁基铵磷酸盐（TBA）、溴化十六烷基三甲基铵（CTAB）等；分析碱类或带正电荷的物质时，一般选用带负电荷的烷基磺酸盐或硫酸盐作离子对试剂，如正戊烷基磺酸钠（$PICB_5$）、正己烷基磺酸钠（$PICB_6$）、正庚烷基磺酸钠（$PICB_7$）等。离子对试剂的浓度一般在3~10mmol/L。离子对试剂的选择见表20-6。

表20-6　反相离子对色谱中离子对试剂和pH的选择

序号	试样类型	离子对试剂	pH范围	说明
1	强酸（pK_a<2）（如磺酸染料）	季铵盐、叔铵盐（如四丁基铵、十六烷基三甲基铵）	2~7.5	整个pH范围内均可离解，根据试样中共存的其他组分性质选择合适的pH值
2	弱酸（pK_a>2）（如氨基酸、羧酸、水溶性维生素、磺胺类等）	季铵盐（如四丁基铵、十六烷基三甲基铵）	①5~7.5 ②2~4	①可离解，根据弱酸的 pK_a 值选择合适的pH；②弱酸离解被抑制，不易形成离子对
3	强碱（pK_a>8）（如季铵类、生物碱类化合物）	烷基磺酸盐或硫酸盐（如戊烷、己烷、十二烷磺酸钠）	2~8	整个pH范围内均可离解，根据试样中共存的其他组分性质选择合适的pH值

续表

序号	试样类型	离子对试剂	pH 范围	说明
4	弱碱（pK_a<8）（如儿茶酚胺、烟酰胺、有机胺）	烷基磺酸盐或硫酸盐	①6~7.5 ②2~5	①离解被抑制，不易形成离子对；②可离解，根据弱碱的 pK_a 值选择合适的 pH

2. 流动相 pH 的选择　调节流动相 pH 值使试样组分与离子对试剂全部离子化，将有利于离子对的形成，改善弱酸或弱碱试样的保留值和分离选择性。各种离子对色谱法的适宜的 pH 范围也列于表 20-6。

3. 有机溶剂及其浓度　与一般的反相 HPLC 相同，流动相中所含的有机溶剂的比例越高，流动相的极性越弱，其洗脱能力越强，k 越小，保留时间越短。被测组分或离子对试剂的疏水性越强，需要有机溶剂的比例越高。

第三节　高效液相色谱仪

PPT

由于高效液相色谱技术的快速发展，推动了高效液相色谱仪种类和型号的不断更新。按仪器的功能可分为分析、制备、分析和制备兼用等几种形式。按仪器的结构又可分为整体和组合两种类型。尽管高效液相色谱仪的结构和性能各有差异，但主要组成都相同，如图 20-2 所示，其基本部件包括输液系统、进样系统、色谱柱、检测器和数据记录处理系统。下面简要介绍高效液相色谱仪的主要部件。

微课

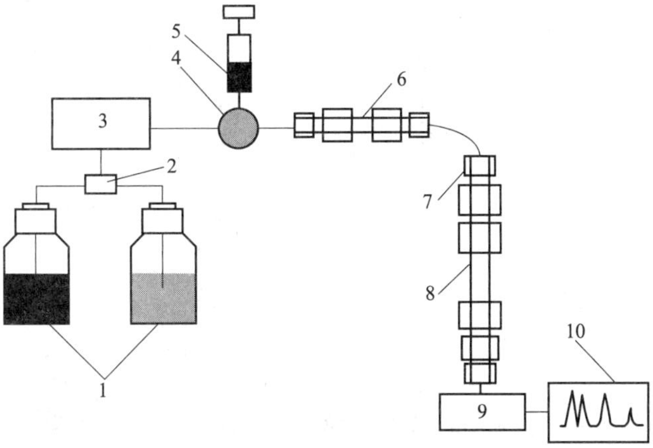

图 20-2　高效液相色谱仪典型结构示意图

1. 溶剂；2. 混合室；3. 泵；4. 进样器；5. 注射器；6. 预柱；7. 接头；8. 色谱柱；9. 检测器；10. 数据记录系统

一、输液泵和洗脱方式

（一）输液泵

高效液相色谱仪的输液装置包括贮液瓶、高压输液泵和梯度洗脱装置，其中最重要的是输送流动相的高压输液泵。泵的性能好坏直接影响整个高效液相色谱仪的质量和分析结果的可靠性。

输液泵应符合下列要求：①具有较高的恒定无脉动的输出压力；②流量应稳定，流量精度 RSD 一般应小于 0.5%；③流量范围宽且可调，分析型仪器的输出范围在 0.01~10ml/min，制备型应该能达到 100ml/min；④液缸容积小，密封性能好，泵体耐腐蚀，适用于各种溶剂及缓冲溶液。

输液泵按液体输出方式可分为恒压泵和恒流泵，恒压泵流量受柱阻的影响，流量不恒定，现多采用恒流泵。恒流泵的优点是输出的溶剂流量恒定，与压力变化无关。恒流泵按结构不同可分为螺旋泵和往

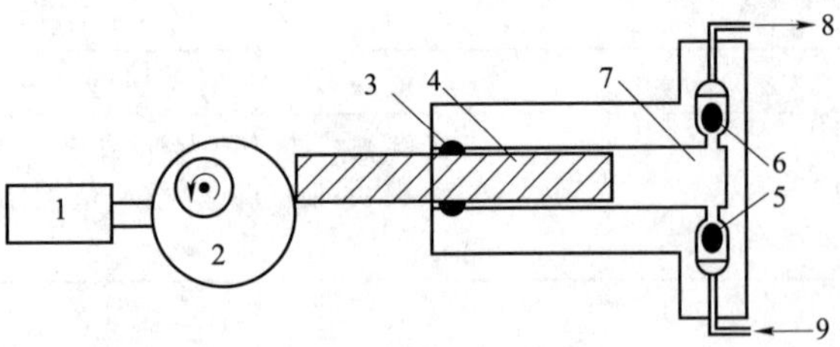

图 20-3　柱塞往复泵示意图

1. 电动机（马达）；2. 偏心轮；3. 密封垫圈；4. 宝石柱塞；5. 入口球形单向阀；6. 出口球形单向阀；7. 液缸；8. 色谱柱；9. 流动相入口

复泵两种，螺旋泵因缸体太大已不用。目前，高效液相色谱仪广泛使用的是柱塞往复泵，其结构如图 20-3 所示。

柱塞往复泵由电动机（马达）带动往复轮（凸轮）转动，再右凸轮驱动柱塞，在密封的液缸内往复运动。当柱塞自液缸内抽出时，出口球形单向阀由于管路中液体的外力迫使它关闭，液体自入口球形单向阀吸入液缸；当柱塞被推入液缸时，泵头出口单向阀（上部）打开，流动相进口的入口单向阀（下部）关闭，液体经液缸输出进入色谱柱。如此往复运动，将流动相源源不断地输送到色谱柱。泵的输出流量，可借柱塞往复运动的冲程或马达的转速来调节。

柱塞往复泵有许多优点，如流量不受流动相黏度和柱渗透性等因素的影响，易于调节控制，液缸容积小，容易清洗和更换流动相，特别适合再循环和梯度洗脱；流量不受柱阻的影响，泵压可高达 100Mpa 以上。目前，多应用双泵系统克服其脉动性。

双泵的连接方式可分为串联和并联两种，串联式因结构简单、价格低廉使用较多。串联式双柱塞往复泵连接方式见图 20-4。泵 1 有一对单向阀，泵 2 没有单向阀，泵 1 的液缸缸体容量比泵 2 大一倍，两柱塞运动方向相反。当泵 1 吸液时，泵 2 输液；泵 1 输液时，泵 2 将泵 1 输出的流动相的一半吸入，另一半被输入色谱柱。如此往复运动，泵 2 弥补了在泵 1 吸液时的压力下降，减小了输液脉冲。

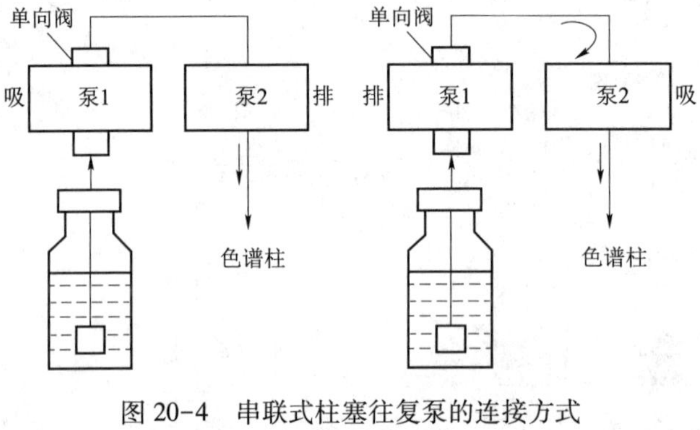

图 20-4　串联式柱塞往复泵的连接方式

为了避免颗粒和气泡进入输液泵流路，造成过高压力，使高压密封圈变形，造成漏夜，流动相溶剂应采用 0.45μm 微孔滤膜过滤和脱气后方可使用。

（二）洗脱方式

高效液相色谱的洗脱方式有等度洗脱（isocratic elution）和梯度洗脱（gradient elution）两种。同一分析周期内采用恒定配比的流动相系统的洗脱方式，称为等度洗脱，适用于组分数量较少、性质差别不大的试样。但对于成分复杂的样品，等度洗脱往往不能兼顾某些性质相差较大组分的分离要求，此时需要采用梯度洗脱，使复杂组分中各个样品都能在各自适宜的条件下分离。

梯度洗脱是指在一个分析周期内按一定的程序控制流动相的配比和极性，如溶剂的极性、离子强度和 pH 值等，通过流动相极性的变化来改变被分离组分的分离效果。和气相色谱法中的程序升温一样，梯度洗脱给分离工作带来很大方便，其优点有：缩短分析周期；提高分离度；改善峰形，减少拖尾；提高检测器灵敏度。但梯度洗脱有时会引起基线漂移，影响重复性。

梯度洗脱可采用两种或三种溶剂，输液泵对多元溶剂的加压和混合方式，可分为高压梯度和低压梯度两种洗脱装置。高压二元梯度洗脱是由两台输液泵各吸入一种溶剂，加压后再混合，混合比由两台泵的流速决定，混合后再送入色谱柱，程序控制每台泵的输出量就能获得各种形式的梯度曲线，如阶梯形、直线、曲线等。低压梯度洗脱是在常压下用比例阀先将各种溶剂按程序控制的比例混合后，加压输送至色谱柱。典型的串联式低压梯度洗脱装置如图 20-5 所示。低压梯度仪器价格便宜，且易实施多元梯度洗脱，但重复性不如高压梯度洗脱。

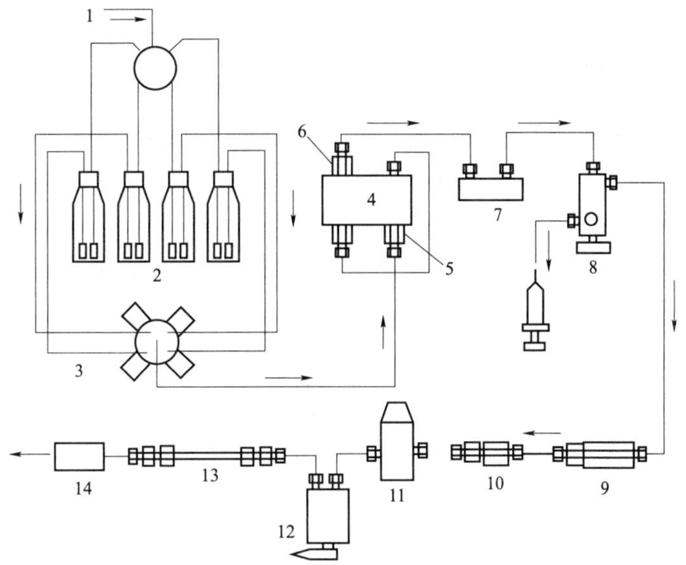

图 20-5　常用串联式四元梯度洗脱装置

1. 脱气装置；2. 流动相贮液瓶；3. 溶剂比例阀；4. 输液泵；5. 入口单向阀；6. 出口单向阀；7. 脉冲阻尼器；8. 清洗阀；9. 保护柱；10. 压力调节器；11. 压力传感器；12. 进样阀；13. 色谱柱；14. 检测器

二、色谱柱和进样器

完整的色谱柱系统包括进样器、色谱柱、柱的进出口接头及至检测器的导管等。下面主要介绍色谱柱和进样器。

（一）色谱柱

色谱柱是高效液相色谱仪实现分离的关键部件。色谱柱由柱管和固定相组成，柱管多用能够承受高压的不锈钢管制成，管内壁要求有很高的光洁度。色谱柱几乎都是直形的，按主要用途分为分析型和制备型两类。常规分析型色谱柱内径为 2～4.6mm，柱长为 10～30cm；实验室制备柱内径一般为 9～40mm，柱长为 10～30cm。

为了保护色谱柱，延长使用寿命，经常在柱前连接装有固定相填料的保护柱（又称预柱），用于除去溶剂中的颗粒或杂质。

色谱柱使用前都要对其性能进行考察，使用期间或放置一段时间后也要重新检查。中国药典规定，用 HPLC 建立分析方法时，必须进行“系统适用性试验”评价所用仪器系统是否达到要求，即在一定色谱条件（试样、流动相、流速、温度）下，测定理论塔板数 n、分离度 R（相邻两组分的 R 应大于 1.5）、对称因子 f_s 等。

（二）进样器

进样器连接在色谱柱的进口处，是将试样送入色谱柱的装置。一般要求进样装置密封性好，死体积小，重复性好，进样时对色谱系统的压力和流量影响小。目前，常用装置有六通阀手动进样器和自动进样器两种。

1. 六通阀手动进样器　结构原理见图 20-6。六通阀有 6 个接口，进样时，先将阀切换到“装样位置”（a），流动相由泵直接进入色谱柱，用微量注射器先将试样注入贮样管，多余的废液由 6 号口排出，转动六通阀的手柄至状态（b）的进样位置，贮样管内的试样随流动相进入色谱柱中，完成进样。

六通阀进样具有进样量准确、重复性好和可带压进样等优点。为了确保进样的准确度，装样时微量注射器量取的试样体积必须大于贮样管的容积。六通阀进样的缺点是阀有死体积，易引起色谱峰展宽。

微课

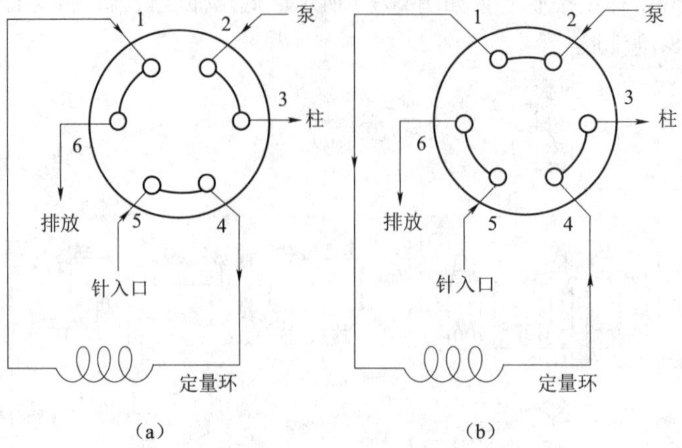

图 20-6　六通阀示意图

(a) 装样位置；(b) 进样位置

2. 自动进样器　目前，有各种形式的自动进样装置，根据预先编制的程序自动完成取样、进样和复位等过程，适用于批量样品的连续分析，实现自动化操作。

三、检测器

高效液相色谱仪的检测器是检测色谱过程中组分浓度随时间变化的装置。理想的检测器应具有灵敏度高、重现性好、死体积小、线性范围宽、适用范围广、适用于梯度洗脱等特性。在实际的分析工作中，很难找到同时满足上述要求的检测器，应根据被测组分的性质选择合适的检测器。高效液相色谱仪的检测器包括通用型检测器和专用型检测器，常见的通用型检测器有示差折光检测器和蒸发光散射检测器等，专用型检测器有紫外检测器、荧光检测器、安培检测器等。

（一）示差折光检测器

示差折光检测器（refractive index detector，RID）是利用光电效应检测组分与流动相的折光率之差进行检测，测得的折光率差值与样品组分浓度成正比。由于折光率是所有化学物质在一定溶剂中具有的物理性质，理论上示差折光检测器对所有样品均可以测定，应用范围宽。但是该检测器对流速和温度敏感，不适用于梯度洗脱，且测定时需维持恒定温度，检测灵敏度较低，检测限仅能达到 1×10^{-7} g/ml，在药学中主要用于糖类的检测。

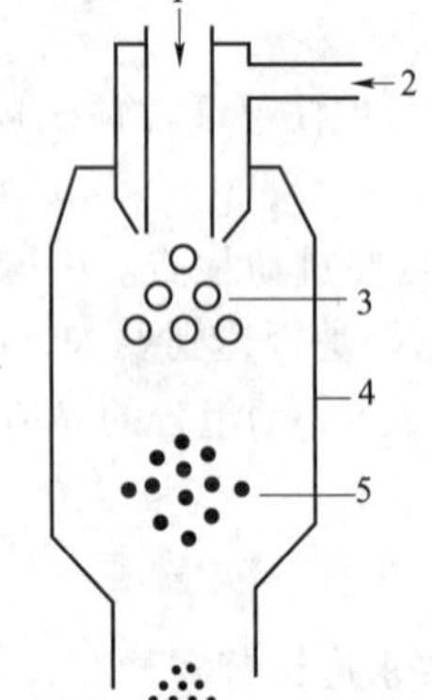

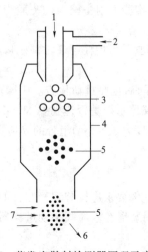

图 20-7　蒸发光散射检测器原理示意图

1. 样品组分的流动相；2. 附加气体（载体）；3. 雾滴；4. 蒸发室；5. 样品组分的气溶胶；6. 泵（抽去溶剂）；7. 光源

（二）蒸发光散射检测器

蒸发光散射检测器（evaporative light scattering detector，ELSD）是 20 世纪 90 年代出现的新型通用质量型检测器。它是将流出色谱柱的流动相及组分引入雾化器与通入的气体均匀混合，形成均匀的微小雾滴，经过加热的漂移管，蒸发除去流动相，而样品组分则在蒸发室内形成气溶胶，被载气带入检测室，用激光或强光照射气溶胶，通过测定样品组分溶胶颗粒对光的散射现象进行检测组分的含量。结构原理见图 20-7。

蒸发光散射检测器适用于挥发性低于流动相的任何样品组分的检测，缓冲盐不容易挥发，因而流动相中不能有缓冲盐。对有紫外吸收的组分检测灵敏度低，特别适用于无紫外吸收样品的检测，故 ELSD 主要用来测定糖类、高级脂肪酸、甾体等化合物。ELSD 可用于梯度洗脱。

（三）紫外检测器

紫外检测器（ultraviolet detector，UVD）是 HPLC 中广泛使用的检测器，它的作用原理是基于被分析试样组分对特定波长的紫外光的选择性吸收，且被测组分浓度与其吸光度之间符合朗伯-比尔定律。紫外检测器的灵敏度较高，噪音低，线性范围宽，可用于梯度洗脱，但它只适用于有紫外吸收的样品的检测。

紫外检测器检测样品组分是通过流通池时对特定波长紫外线吸收，而获得吸光度-时间曲线，即色谱图。紫外检测器包括固定波长型、可变波长型和光电二极管阵列检测器三种类型。

1. 固定波长检测器　波长大多固定在 254nm，由低压汞灯发射，其光源强度大，灵敏度高，用于检测紫外光区有强吸收的物质。由于这类检测器的波长不能调节，不能选择组分吸收波长，现除了某些制备型 HPLC 外已很少使用。

2. 可变波长检测器　目前 HPLC 仪配置最多的检测器，一般采用氘灯为光源，能够按需要选择组分的最大吸收波长为检测波长，有利于提高检测器灵敏度。但是，光源发出的光是通过单色器分光后再照射到流通池上，单色光强度相应减弱，因此，这类检测器对检测元件（光电转换元件）及放大器都有较高要求。

3. 光电二极管阵列检测器（photodiode array detector，DAD）　是在 20 世纪 80 年代中期出现的一种新型的光学多通道检测器，它由光源、流通池、光栅、光电二极管阵列装置、计算机等主要部件组成。其光路示意图见图 20-8。光电二极管阵列检测器与光电二极管阵列分光光度计相似，只是以流通池代替了吸收池。光源发出的复合光透过流通池后，被组分选择性吸收，再进入单色器经光栅分光后，照射在光电二极管阵列装置上，使每个纳米光波的光强度转变成相应的电信号强度，信号经多次累积，即可获得组分的吸收光谱。由于这种记录采用的是并行数据采集方式，不需扫描，能在几个毫秒的瞬间记录流通池中组分的吸收光谱。

利用光电二极管阵列装置可以同时获得样品的色谱图（A-t 曲线）及每个色谱组分的光谱图（A-λ 曲线）。光谱图可用于定性，色谱图可用于定量。经过计算机处理，可将两图谱绘制在一张三维坐标图上（保留时间 t、响应值 A、波长 λ 分别为 x、y、z 轴），该三维光谱-色谱图简称为三维谱，如图 20-9 所示。

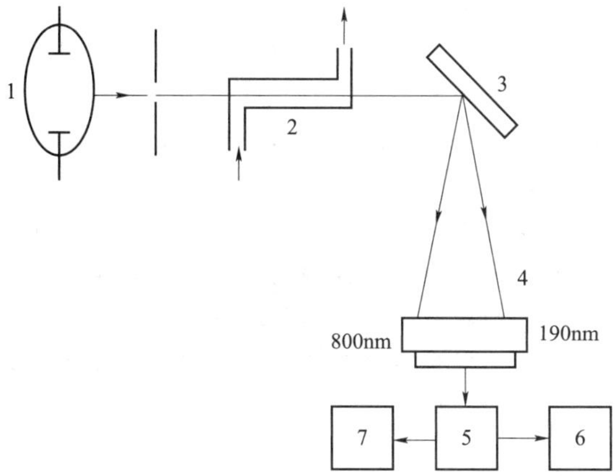

图 20-8　光电二极管阵列装置示意图

1. 光源；2. 流通池；3. 光栅；4. 光电二极管阵列检测器；5. 计算机；6. 显示器；7. 绘图器

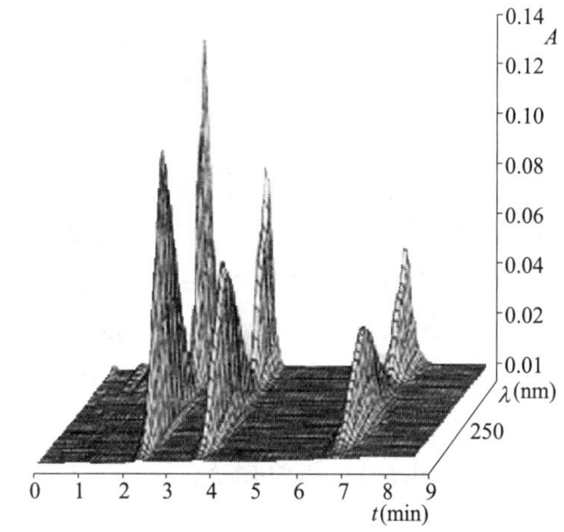

图 20-9　三维光谱-色谱图

（四）荧光检测器

荧光检测器（fluorescence detector；FD）是应用紫外光照射下组分发射出的荧光强度与荧光物质浓度间的线性关系进行检测，也是 HPLC 中常用的检测器。目前使用的荧光检测器多是配有流通池的荧光分光光度计，荧光检测器的检测限可以达到 10^{-12}g/ml，灵敏度比紫外检测器高（约 2~3 个数量级），所需试样量少，选择性高，是体内药物分析最常用的检测器之一。

（五）其他检测器

其他检测器包括质谱检测器、化学发光检测器等，在此不一一叙述，请参阅相关专著。

四、数据采集和处理

现代色谱法的重要特征是仪器的自动化，由计算机控制仪器条件及分析的全过程。目前市场上销售的 HPLC 仪基本上都用微机控制，配备了色谱数据工作站。

HPLC 仪的自动化控制包括自动进样系统的进样方式、输液系统中溶剂流速、多元溶剂系统中溶剂间的比例和混合、梯度洗脱中控制溶剂比例或流速的变化、检测系统的各项参数（紫外检测器波长、响应速度、量程、光谱扫描等）、数据记录及处理等。微机控制能使检测器的信噪比达到最大，提高仪器的准确度和精密度，实现全系统的自动化控制。

色谱数据工作站是 HPLC 仪使用的软件系统，其功能主要为采集和分析色谱数据，它能对来自检测器的原始数据进行分析处理。一般分为通用型和专用型两类。通用型工作站包括软件、数据采集装置和接口，具有数据采集、校正、计算、绘图、贮存、管理等功能，可用于不同型号的仪器，能完成一般仪器系统测试，测定柱效、峰不对称因子、记录峰高、峰面积和峰宽等参数，计算工作曲线和样品含量、绘制色谱图等；专用型是指为一定型号仪器配套的工作站，大都包括了仪器参数的自动控制功能，一般功能较强，如能贮存和履行梯度洗脱程序和自动进样程序，进行各种数据校正，光电二极管阵列检测器的软件可进行三维谱图、光谱图、波长色谱图、比例谱图、峰纯度检查和谱图搜索等工作。

色谱数据工作站的计算机控制系统，既能做数据采集和分析工作，又能程序控制仪器的各个部件，为了满足 GMP/GLP 法规的要求，大多数色谱仪的软件系统具有方法认证功能，使分析工作更加规范化。

知识链接

生物色谱法

生物色谱法是将生物聚合体（如活性生物大分子、活性细胞膜、活细胞等）固定于 HPLC 的载体上，作为一种生物活性填料用于 HPLC，形成一种能够模仿药物与生物大分子、靶体或细胞相互作用的色谱系统，药物与生物大分子、靶体间的疏水性、氢键、范德华力、静电及立体等相互作用能用于色谱中的各种技术参数的定量表征，研究药物与生物大分子、靶体或细胞间的特异性、立体选择性等相互作用，筛选活性成分，揭示药物的吸收、分布、活性、毒副作用、构效关系、生物转化、代谢等机制，探讨药物间的竞争、协同、拮抗等相互作用。细胞生物色谱法（cell biochromatography）是以人或动物的活细胞为固定相研究药物与活细胞相互作用的一种新兴亲和色谱技术。例如，将人红细胞固着在凝胶颗粒中，用于研究红细胞膜上葡萄糖传输蛋白 Glut 1 的活性，由于 Glut 1 选择性地与 D-葡萄糖结合，红细胞膜对 L-葡萄糖来说是非透过性膜，可以实现 D-葡萄糖与 L-葡萄糖的拆分。

第四节　定性和定量分析方法

PPT

高效液相色谱法的定性、定量方法和气相色谱法有很多相似之处。对使用或新建的分析方法应用的色谱系统，首先要按《中国药典》（2020 年版）的有关规定，进行系统适用性试验，考察色谱柱的理论塔板数、分离度、进样精密度和拖尾因子等。定性分析采用的色谱信号以保留时间为主，定量分析可根据具体情况采用峰面积或峰高，但测定样品杂质含量时应采用峰面积。

一、定性分析方法

与 GC 法类似，HPLC 法的定性分析以对样品分离后各峰组分的定性鉴别为主，可分为色谱鉴定法和非色谱鉴定法两类。

（一）色谱鉴定法

色谱鉴定法是利用纯物质和试样的保留时间或相对保留值相互对照以进行定性分析，方法简单易行，是已知范围未知物常用的鉴定方法。

（二）非色谱鉴定法

非色谱鉴定法又可分为化学鉴定法和两谱联用鉴定法。

1. 化学鉴定法 是利用专属性化学反应对分离后收集的组分定性。由于用 HPLC 法收集样品比 GC 法容易，因此，该法在实践中仍有较多应用，官能团鉴定试剂与 GC 法的官能团试剂相同。

2. 两谱联用技术 目前，公认的定性方法是采用色谱-光谱联用技术。将 HPLC 仪与光谱仪（或质谱仪）联接成完整的仪器系统，实现在线检测。HPLC-MS 联用仪是当前最普及的色谱联用仪器，能解决相当多的复杂样品的定性、定量问题，是中药成分分析、药物代谢动力学和临床药理研究的重要分析手段。

二、定量分析方法

类似于其他色谱法，HPLC 的定量分析常用方法主要有外标法、内标法、面积归一化法和主成分自身对照法等。面积归一化法应用较少，药物中杂质检查常用主成分自身对照法。

1. 外标法 外标法是以待测组分的纯品作对照物质，优点是不需要知道校正因子，只要被测组分出峰、无干扰、保留时间适宜，就可以进行计算；其缺点是对结果重复性要求高，仪器必须稳定，进样量要准确。HPLC 法进样量较大（一般 10μl 以上），且六通阀进样误差相对较小，因此，外标法应用较多。外标法又可以分为外标工作曲线法、外标一点法及外标两点法等。当工作曲线通过原点时，可用外标一点法定量。

2. 内标法 内标法分为工作曲线法、内标一点法、内标两点法、内标对比法及校正因子法等。HPLC 中常用内标加校正因子测定样品中某个杂质或主成分含量，可抵消因仪器稳定性差、进样量不准确等原因带来的实验误差。要求有待测组分的对照品或者已知实验条件下待测组分的校正因子。有关内标法的定义、特点、计算公式以及对内标物的要求，同于气相色谱法。

3. 主成分自身对照法 药物中杂质含量的测定常用主成分自身对照法。主成分自身对照法可分为不加校正因子和加校正因子两种。当没有杂质对照品时，可采用不加校正因子的主成分自身对照法。方法是配制与杂质限度（如 1%）相当的溶液作为对照溶液，调整仪器的灵敏度使对照溶液的主成分峰达到一定信号（如满量程的 10%），取同样体积的供试品溶液和对照溶液进样，以供试品溶液色谱图上各杂质的峰面积与对照溶液主成分的峰面积比较，计算杂质的含量。加校正因子的主成分自身对照法要求取得各杂质对照品和样品的主成分对照品，先测定杂质的校正因子，再以对照溶液调整仪器的灵敏度，然后测量供试品溶液色谱图上各杂质的峰面积，分别乘以相应的校正因子后与对照溶液主成分的峰面积比较，计算杂质的含量。详细规定请参考《中国药典》2020 年版（四部）。

知识拓展

超高效液相色谱法

超高效液相色谱（Ultra Performance Liquid Chromatography，UPLC）是分离科学中的一个新兴类型。世界上第一台商品化产品 Waters ACQUITY UPLCTM 超高效液相色谱系统在1996年问世，之后安捷伦、岛津等公司也陆续开始生产超高效液相色谱仪。主要应用于药物分析、生化分析、食品分析、环境分析和化妆品中违禁品的检测等领域。UPLC 的基本原理与 HPLC 相同，但在同样条件下，UPLC 的速度、灵敏度及分离度约是 HPLC 的9倍、3倍及2倍，它缩短了分析时间，同时减少了溶剂用量，降低了分析成本，主要是由于：①小颗粒、高性能微粒固定相，HPLC 色谱柱例如常见的十八烷基硅胶键合柱，它的粒径是5~10μm，而 UPLC 色谱柱，一般可达到3.5μm，甚至1.7μm，更加有利于复杂物质的分离；②超高压输液泵的使用，由于色谱柱粒径减小，使用时所产生的压力成倍增大，故 UPLC 相应使用超高压的输液泵；③高速采样的灵敏检测器；④使用低扩散、低交叉污染自动进样器，配备了针内进样探头和压力辅助进样技术；⑤仪器整体系统优化设计。色谱工作站配备多种软件平台，实现超高效液相分析方法与高效液相分析方法的自动转换。

本章小结

- 高效液相色谱法
  - 主要类型
    - 正相化学键合相色谱
    - 反相化学键合相色谱
      - 反相键合相色谱
      - 离子抑制色谱
      - 反相离子对色谱
    - 其他高效液相色谱
      - 手性色谱
      - 离子色谱
      - 亲和色谱
  - 分析条件
    - 分离条件
      - 固定相选择
      - 流动相选择
    - 操作条件
      - 等度洗脱
      - 梯度洗脱
  - 高效液相色谱仪
    - 输液系统
      - 贮液器
      - 输液泵
    - 进样系统
    - 分离系统
      - 色谱柱
      - 柱温箱
    - 检测系统
      - UVD FD
      - ELSD RID DAD
    - 数据处理系统
  - 分析方法
    - 色谱柱
    - 柱温箱

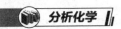

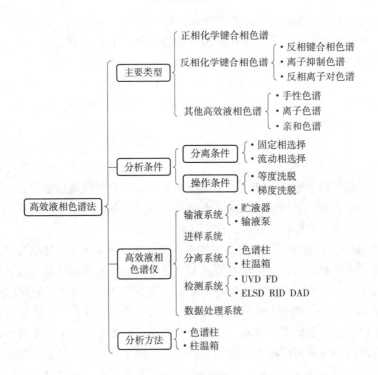

练习题

题库

1. 指出下列物质在正相色谱法和反相色谱法中的洗脱顺序：

（1）正己烷，正己醇，苯；（2）乙酸乙酯，乙醚，硝基丁烷；（3）苯，萘，蒽

2. 宜用何种 HPLC 方法分离下列物质？

（1）多环芳烃；（2）氨基酸；（3）右旋糖酐的相对分子量；（4）极性较强的生物碱；（5）乙醇和丁醇；（6）Ba^{2+}；（7）正戊酸和正丁酸

3. 用液-液分配色谱分离混合物，测得组分 A 的保留体积为 4.5ml，B 的保留体积为 6.5ml，已知固定相体积 V_s 为 0.50ml，死体积为 1.5ml，流动相流速 F 为 0.50ml/min，计算 K_A、K_B、t_{RA} 和 t_{RB}。

4. 在 30cm 的色谱柱上分离 A、B 混合物，A 物质的保留时间是 16.40 分钟，峰底宽 1.11 分钟，B 物质的保留时间是 17.63 分钟，峰底宽 1.21 分钟，不保留物 1.30 分钟流出色谱柱，计算：（1）A、B 两峰的分离度；（2）理论塔板数和理论塔板高度；（3）分离度达到 1.5 所需的柱长。

5. 用长 15cm 的 ODS 柱分离两种组分，已知实验条件下柱效 $n=2.84\times10^4\text{m}^{-1}$，用苯磺酸钠溶液测得死时间 $t_M=1.31$ 分钟，两个组分的保留时间分别为 $t_{R1}=4.10$ 分钟，$t_{R2}=4.45$ 分钟，求：（1）k_1、k_2、α、R；（2）若增加柱长至 30cm，分离度可否达到 1.5？

6. 用 HPLC 法测定生物碱样品中黄连碱和小檗碱的质量分数，称取内标物、黄连碱和小檗碱对照品各 0.2000g 配成混合溶液，测得峰面积分别为 3.6×10^5μV·s、3.43×10^5μV·s 和 4.04×10^5μV·s。称取内标物 0.2400g 和试样 0.8560g 同法配置成溶液后，在相同色谱条件下测得峰面积为 4.16×10^5μV·s、3.71×10^5μV·s 和 4.54×10^5μV·s。计算样品中黄连碱和小檗碱的质量分数。

7. 用 HPLC 外标法计算黄芩颗粒剂中黄芩苷的质量分数。黄芩苷对照品在 10.3～144.2μg/ml 浓度范围内线性关系良好。精密称取黄芩苷颗粒 0.1255g，置于 50ml 量瓶中，用 70% 甲醇溶解并稀释至刻度，摇匀，精密量取 5ml 于 50ml 量瓶中，用 70% 甲醇稀释至刻度，摇匀，即得供试品溶液。平行测定供试品溶液和对照品溶液（61.8μg/ml），进样 20μl，记录色谱峰，得色谱峰峰面积分别为 4.251×10^7μV·s 和 5.998×10^7μV·s。计算黄芩颗粒剂中黄芩苷的质量分数。

8. 在色谱柱上分离一样品，组分 A、B 及非滞留组分的保留时间分别为 2 分钟、5 分钟和 1 分钟，求：（1）B 组分停留在固定相中的时间是 A 组分的几倍？（2）B 组分的分配系数是 A 组分的几倍？

（李云兰）

第二十一章

毛细管电泳法

学习导引

知识要求

1. **掌握** 毛细管电泳法的基本理论和基本术语；毛细管区带电泳和胶束电动毛细管色谱的分离机制。

2. **熟悉** 评价分离效能的参数及影响分离的主要因素；毛细管区带电泳和胶束电动毛细管色谱操作条件的选择。

3. **了解** 毛细管电泳仪的基本构造、工作原理及各组成部件的性能和作用；毛细管电泳法在医药卫生领域中的应用。

能力要求

熟练掌握毛细管电泳仪的基本结构和毛细管电泳仪的基本操作和数据处理能力；学会应用毛细管电泳中的几种分离模式，分析和解决药学领域中相关的定量分析问题。

素质要求

通过毛细管电泳法的基本原理中电泳和电泳淌度、电渗、电渗淌度和表观淌度等重要概念的学习，培养同学们内因与外因、现象与本质的辩证关系。

电泳（electrophoresis）是电解质中带电粒子在电场作用下，以不同的速度向电荷相反方向迁移的现象，利用这种现象对物质进行分离分析的方法称之为电泳法。1937 年，瑞典生物化学家 Tiselius 设计制造了界面电泳仪用于分离人血清蛋白，从而创建了电泳技术。此后出现了纸电泳、醋酸纤维膜电泳、琼脂糖凝胶电泳及聚丙烯酰胺凝胶电泳。这些经典的电泳技术最大的局限性是难以克服由高电压引起的焦耳热，只能在低电场强度下进行电泳操作，分离时间较长，分离效率低，分离度受到严重制约。

毛细管电泳（capillary electrophoresis，CE）是一类以毛细管为分离通道，以高压直流电场为驱动力，利用样品中各组分淌度和分配行为的差异来实现分离分析的技术。由于毛细管散热效率高，可应用高电压，使电泳分离效果大为改善。1981 年美国学者 Jorgenson 和 Lukacs 用内径 75μm 的熔融石英毛细管进行区带电泳，采用激光诱导荧光检测器，30kV 高电压，分离氨基酸和多肽物质，获得了 $4\times10^5m^{-1}$ 的高柱效，充分展现了毛细管电泳的巨大分离潜力。随着 1988 年商品仪器的推出，毛细管电泳技术开始突飞猛进的发展。

毛细管电泳具有分离效率高、快速、运行成本低、所需样品量少、应用范围广等优点。其包含电泳、色谱及其交叉内容，是分析科学继高效液相色谱法之后又一重大进展。与高效液相色谱相比，毛细管电泳的柱效更高，因此也称为高效毛细管电泳（high performance capillary electrophoresis，HPCE）。由于毛细管电泳的试样消耗极少，试样用量仅为纳升级，这使单细胞分析，乃至单分子分析成为可能。但毛细管电泳在迁移时间的重现性、进样准确性和检测灵敏度等方面要弱于高效液相色谱，并且不利于制备性分离。

第一节　毛细管电泳法的基本原理

PPT

一、电泳和电泳淌度

电泳是在电场作用下带电粒子在缓冲溶液中定向移动的现象。电泳迁移速度用 u_{ep} 表示，下标 ep 表示电泳，由下式决定：

$$u_{ep}=\mu_{ep}E \tag{21-1}$$

式（21-1）中，E 为电场强度，μ_{ep} 为电泳淌度（electrophoresis mobility）或电泳迁移率。

电泳淌度是在给定缓冲溶液中，溶质在单位电场强度下单位时间内移动的距离，即单位电场强度下的电泳速度 u_{ep}/E，其单位为 $m^2/(V \cdot s)$。在空心毛细管中一个粒子的淌度可近似表示为：

$$\mu_{ep}=\frac{\varepsilon\xi_i}{4\pi\eta} \tag{21-2}$$

式（21-2）中，ξ_i 是粒子的 Zeta 电势，它近似正比于 $Z/M^{2/3}$，Z 是净电荷，M 是摩尔质量，即表面电荷越大，质量越小，Zeta 电势越大。E 和 η 分别为介质的介电常数和黏度。

在实际溶液中，离子活度系数、溶质分子的离解程度均对粒子的淌度有影响，这时的淌度称为有效淌度，用 μ_{ef} 来表示。

$$\mu_{ef}=\sum\alpha_i\gamma_i\mu_{ep} \tag{21-3}$$

式（21-3）中，α_i 为样品分子中的第 i 级离解度，γ_i 为活度系数或其他平衡离解度。

二、电渗和电渗淌度

（一）电渗和电渗流

电渗（electroosmosis）是一种液体相对于带电的管壁移动的现象。电渗的产生与固液两相界面的双电层有关。

熔融石英毛细管内壁的硅氧基在缓冲溶液中发生电离，而使管壁带负电荷，并吸引溶液中的阳离子，在毛细管内壁形成了一个双电层（图 21-1a）。双电层包括紧密层和扩散层，在电场作用下，固液两相的相对运动发生在紧密层与扩散层之间的滑动面上，该处的电动电势为 Zeta 电势。由于这些离子是溶剂化的，当扩散层的离子在电场中发生迁移时，它们将携带毛细管中溶剂一起移动而形成电渗流（electroosmotic flow，EOF），如图 21-1b 所示。因此，电渗流是指管内溶液在外力电场作用下整体朝一个方向移动的现象。

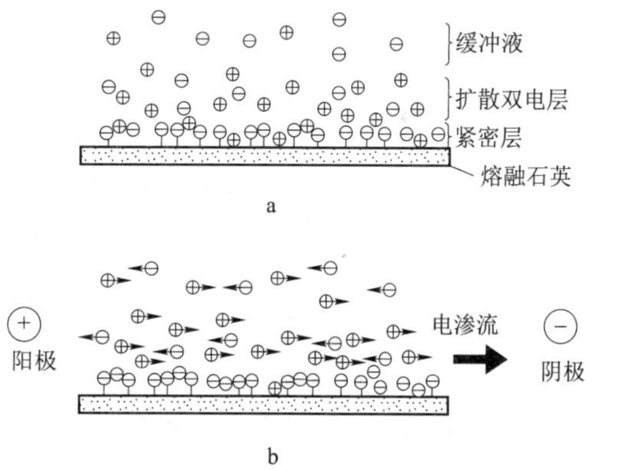

图 21-1　电渗的产生机制

a. 毛细管内壁的硅氧基和被吸附的阳离子构成的双电层结构；b. 扩散层阳离子形成的电渗流

（二）电渗淌度

电渗流的大小可以用速度或淌度来表示：

$$u_{os}=\frac{\varepsilon\xi_{os}}{4\pi\eta}E \tag{21-4}$$

$$\mu_{os}=\frac{\varepsilon\xi_{os}}{4\pi\eta} \tag{21-5}$$

式中，u_{os} 为电渗速度、μ_{os} 为电渗淌度、ξ_{os} 为管壁的 Zeta 电势，ε 为溶液的介电常数，下标 os 表示电渗。

因此，Zeta 电位越大，黏度越小，电渗流就越大。由于电渗的速度一般是电泳速度的 5~7 倍，故不管正离子、负离子或中性分子都将随着电渗流朝一个方向移动。

（三）影响电渗流的因素

由式 21-4 可见，电渗速度取决于 β 、ε、η、E 等四个量，其中管壁的 Zeta 电势 δ 是影响电渗速度的直接因素，而 Zeta 电势与毛细管表面特性、缓冲液性质等密切相关。因此，缓冲溶液的组成、pH、毛细管内表面的状态以及温度成为影响电渗流的间接因素。

1. 缓冲溶液性质的影响

（1）缓冲溶液种类　不同种类的缓冲液导致不同的 γ 、ε、η 值，因而电渗速度不同。在碱金属醋酸盐缓冲液中，电渗速度随 Li^+、Na^+、K^+、Rb^+、Cs^+半径递增而逐渐减小，电渗速度与这五种离子的晶格半径倒数近似成正比。不同的阴离子构成的缓冲液对电渗速度的影响无明显规律，如醋酸盐、磷酸盐、柠檬酸盐、碳酸盐、硝酸盐、硼酸盐、亚硝酸盐等七种缓冲液中的电渗速度测定结果表明，在前四种阴离子缓冲液中，电渗速度大致相同；而在硼酸盐缓冲液中，电渗速度较小。

（2）缓冲溶液 pH　根据样品的性质和分离效率选择合适的缓冲体系的 pH 值，这是决定分离成败的一大关键。pH 能影响样品的解离能力，样品在极性强的介质中离解度增大，电泳速度也随之增大，从而影响分离选择性和分离灵敏度。pH 还会影响毛细管内壁硅醇基的质子化程度和溶质的化学稳定性，pH 在 4~10 之间，硅醇基的解离度随 pH 的升高而升高，电渗流也随之升高。因此，pH 为分离条件优化时不可忽视的因素。

（3）添加剂　在缓冲溶液中加入添加剂，例如中性盐、两性离子、表面活性剂以及有机溶剂等，会引起电渗流的显著变化。表面活性剂常用作电渗流的改性剂，通过改变浓度来控制电渗流的大小和方向，但当表面活性剂的浓度高于临界胶束浓度时，将形成胶束。加入有机溶剂会降低离子强度，Zeta 电势增大，溶液黏度降低，改变管壁内表面电荷分布，使电渗流降低。在电泳分析中，缓冲液一般用水配制，但用水-有机混合溶剂常常能有效改善分离度或分离选择性。

课堂互动

向空心石英毛细管的缓冲介质中加入阳离子表面活性剂，电渗流如何改变?

2. 毛细管表面化学修饰的影响　对毛细管内表面进行化学修饰主要用于减少蛋白质等物质的吸附，但同时也改变了电渗流的大小。化学修饰一般有两种方法，一种是在内表面直接涂渍一层聚合物，它对电渗流的影响决定于聚合物覆盖的程度、聚合物的结构及带电性质，如共价结合的聚乙二醇（PEG）使电渗速度减小，而带正电的聚乙烯亚胺（PEI）以静电引力结合在内表面后，使电渗流方向发生了改变，涂渍一层非极性的聚甲基硅氧烷（MS）则能增大电渗速度；第二种方法是使三甲基氯硅烷（TMCS）、十八烷基三氯硅烷（OTS）等硅烷化试剂和内表面的硅羟基进行硅烷化反应，消除内表面因硅羟基解离所带的负电荷，还可以在此基础上再涂渍一层聚合物，这种方法通常使电渗流减小或消除。

3. 温度　温度影响毛细管电泳的分离重现性和分离效率，控制温度可以调控电渗流的大小。温度升高，缓冲液黏度降低，管壁硅羟基解离能力增强，电渗速度变大，分析时间减短，分析效率提高。但温度过高，会引起毛细管柱内径向温差增大，焦耳热效应增强，柱效降低，分离效率也会降低。

三、表观淌度

在毛细管电泳中同时存在着电泳流和电渗流，若不考虑它们的相互作用，粒子在毛细管内的运动速度应当是两种速度的矢量和，即：

$$u_{ap}=u_{ef}+u_{os}=(\mu_{ef}+\mu_{os})E \qquad (21-6)$$

或

$$\mu_{ap}=\mu_{ef}+\mu_{os} \qquad (21-7)$$

u_{ap}为表观迁移速度，μ_{ap}为表观淌度（apparent mobility）。当被分离样品从正极端加入到毛细管内时，不同类型的组分将按表 21-1 的速度向负极迁移。组分被分离后出峰的顺序为：正离子>中性分子>负离子。中性分子的迁移速度与电渗流速度相等，不能相互分离。

表 21-1　在电泳中组分的迁移速度

组分	表观淌度	表观迁移速度
正离子	$\mu_{ef}+\mu_{os}$	$u_{ef}+u_{os}$
中性分子	μ_{os}	u_{os}
负离子	$\mu_{os}-\mu_{ef}$	$u_{os}-u_{ef}$

四、柱效及其影响因素

（一）理论塔板数

因为毛细管电泳在功能和结果显示形式上，与色谱技术非常相似，所以在讨论毛细管电泳时引入与色谱相类似的处理和表达方法，沿用了色谱的塔板高度 H 和理论板数 n 的概念来表示柱效。

$$n=5.54\left(\frac{t_m}{W_{1/2}}\right)^2 \tag{21-8}$$

式（21-8）中，$W_{1/2}$为时间半峰宽，t_m 为流出曲线最高点所对应的时间，称迁移时间，可用它代替色谱中的保留时间。

设 L_d为进样口到检测器的距离，对于柱上检测的毛细管电泳来说，这称为有效长度。按照 Giddings 的色谱柱效理论，理论板数可表示为：

$$n=\frac{L_d^2}{\sigma^2} \tag{21-9}$$

式（21-9）中，σ^2为以标准差表示的区带展宽，根据 Einstein 扩散定律可得：

$$\sigma^2=2Dt_m \tag{21-10}$$

式（21-10）中，D 为扩散系数，t_m 为迁移时间，它可用下式计算：

$$t_m=\frac{L_d}{\mu_{ap}E}=\frac{LL_d}{\mu_{ap}V} \tag{21-11}$$

由式（21-9）、（21-10）和（21-11）可得毛细管电泳分离柱效方程为：

$$n=\frac{\mu_{ap}VL_d}{2DL} \tag{21-12}$$

式（21-12）表明，理论塔板数与溶质的扩散系数成反比，扩散系数越小的分子的柱效越高。由于分子越大，扩散系数越小，故毛细管电泳法特别适合分离蛋白质、DNA 等生物大分子。

（二）柱效影响因素

在毛细管电泳中，管中液体在电渗流驱动下像一个塞子一样匀速向前运动，整个流型呈扁平型，扁平型的塞子流是导致毛细管电泳柱效高的重要原因。而 HPLC 中为泵驱动，整个流型呈抛物线型。两种流型的示意图如图 21-2 所示。

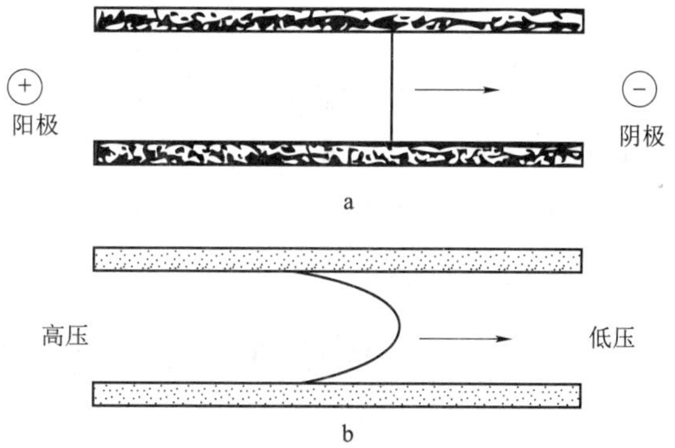

图 21-2　CE 和 HPLC 柱中溶液流型比较
a. CE 中的扁平型电渗流流型；b. HPLC 中的抛物面动力学流型

尽管毛细管电泳的谱带较窄，但仍有两类因素引起谱带展宽，引起柱效下降，一类是柱内溶液和溶质本身，特别是自热、扩散和吸附；二类是来源于系统，如进样和检测。

1. 纵向扩散 在毛细管电泳中，由于没有固定相且毛细管管径很细，故消除了来自涡流扩散和传质阻抗的影响，因此纵向扩散成了影响柱效的主要因素。纵向扩散由溶质的扩散系数和迁移时间决定。扩散系数一般随相对分子质量的增大而降低；迁移时间则受多种分离参数的影响，如外加电压、毛细管长度等。

2. 焦耳热 因电流通过缓冲溶液时产生的热称为焦耳热（或称自热）。当产生的焦耳热经管壁向周围环境扩散时，在毛细管内形成抛物线型的径向温度梯度，如内半径为 100μm 时，轴心和管壁之间的温差为 5.58℃。径向温度梯度引起缓冲溶液的径向黏度梯度，因而产生离子迁移速度的径向不均匀分布，破坏了扁平流流型，导致区带展宽，柱效下降。

3. 毛细管壁的吸附 被分离物质粒子与毛细管内壁的相互作用对分离不利，轻则使谱带展宽，重则使某些被测组分不可逆吸附。造成吸附的主要原因有两个，一是溶质阳离子与带负电的管壁的离子的静电相互作用，二是疏水作用。毛细管的比表面积越大，吸附作用也越大，因此细内径的毛细管不利于降低吸附。在分离生物大分子如碱性蛋白和多肽时，由于它们有较多的电荷和疏水基团，吸附严重时会导致检测不到信号，抑制和消除这种现象需用涂层处理的毛细管柱。

4. 进样体积 由于毛细管很细，进样体积太大时，引起的峰展宽大于纵向扩散，分离效能显著下降。CE 进样量一般为纳升级，这有利于提高灵敏度。

5. 检测器的死体积 柱上直接检测时不存在该问题，但对于柱后检测则应当考虑检测池死体积的影响。因为毛细管很细，很小的死体积都会造成区带展开。

课堂互动

毛细管电泳法比高效液相色谱法的柱效高 1~3 个数量级，主要原因有哪些?

五、分离度及其影响因素

分离度是指将淌度相近的组分分开的能力，毛细管电泳仍沿用色谱分离度 R 的计算公式来衡量两组分程度：

$$R = \frac{2(t_{m_2} - t_{m_1})}{W_1 + W_2} = \frac{t_{m_2} - t_{m_1}}{4\sigma} \qquad (21-13)$$

式（21-13）中，下标 1、2 分别代表相邻两个组分，W 为以时间表示的峰宽。两种组分的分离度还可以用塔板数来表达：

$$R = \frac{\sqrt{n}}{4} \cdot \frac{\Delta u}{\bar{u}} \qquad (21-14)$$

式（21-14）中，Δu 为相邻两组分的迁移速度差。用 μ_{ap} 或（$\mu_{ef} + \mu_{os}$）代替 $\bar{u}$，将式（21-12）代入得：

$$R = \frac{1}{4\sqrt{2}} \Delta\mu_{ef} \left[\frac{VL_d}{DL(\mu_{ef} + \mu_{os})}\right]^{1/2} \qquad (21-15)$$

式（21-15）表明，分离度 R 与下列几个因素有关：①外加电压 V；②有效柱长与总长度之比（L_d/L）；③电泳有效淌度差（$\Delta\mu_{ef}$）；④电渗淌度（μ_{os}）。

第二节 毛细管电泳的主要分离模式

PPT

毛细管电泳法根据分离机制的不同而具有不同的分离模式，包括毛细管区带电泳、胶束电动毛细管色谱、毛细管凝胶电泳、毛细管电色谱、毛细管等电聚焦和等速电泳等。下面对毛细管电泳的主要分离模式进行讨论。

一、毛细管区带电泳

毛细管区带电泳（capillary zone electrophoresis，CZE）也称毛细管自由溶液区带电泳，它是毛细管电泳中最基本和应用最广的一种分离模式。在充满缓冲溶液的毛细管中，CZE 分离是基于样品组分之间质荷比的差异。其主要选择的操作条件是分离电压、缓冲溶液种类、浓度和 pH、添加剂等。

（一）分离电压

分离体系的最佳外加电压值与毛细管内径和长度及缓冲溶液浓度（离子强度）有关。一般情况下，在柱长一定时，随分离电压的增加，电渗流和电泳流速度的绝对值都将增加，迁移时间缩短。尽管电泳流速度的增加视粒子所带的电荷而有所不同，但由于电渗流速度一般远大于电泳流的速度，因此表现为粒子的总迁移速度加快。电压升高，将使柱内的焦耳热增加，缓冲溶液的黏度减小，而黏度和温度的关系是指数型的，因此使操作电压和迁移时间的关系不呈线性，表现为电压高时速度增加更快一些。在一定范围内柱效随电压的升高而升高，过了极值点后，随着电压的升高，由于焦耳热的影响加剧，柱效反而下降。

（二）缓冲溶液

缓冲溶液的种类、浓度和 pH 不仅影响电渗流，也影响样品组分的电泳行为，决定着 CZE 的柱效、选择性和分离度的好坏，分析时间的长短，它们对于 CZE 分离条件的优化具有重要意义。

1. 缓冲溶液的选择　通常需遵循下述要求：①在所选的 pH 值范围内有合适的缓冲容量；②本底检测响应低；③小的淌度（即大体积、低电荷离子），以降低所产生的电流；④为了实现有效进样和有合适的电泳淌度，缓冲溶液的 pH 必须比被分析物质的等电点（pI）高或低 1 个 pH 单位。例如 pH8.6 的缓冲溶液可以用来分析等电点低于 7.6 或高于 9.6 的蛋白质；⑤尽可能采用酸性缓冲溶液，在低 pH 下，吸附和电渗流值都很小，毛细管涂层的寿命较长。

此外，要特别强调的是在配制毛细管电泳用的缓冲溶液时，必须使用高纯蒸馏水和试剂，用 0.45μm 的滤器滤过以除去颗粒等。常用于 CE 的缓冲溶液有硼砂、柠檬酸盐、磷酸盐、琥珀酸盐和醋酸盐等。

2. 缓冲溶液的 pH　对于两性电解质来说，它的表观电荷数受到缓冲溶液 pH 的影响，在不同的 pH 条件下有不同的电荷，因此有不同的质荷比及电荷密度，给迁移带来很大的影响。若缓冲溶液的 pH 低于溶质的 pI 值时，溶质带正电荷，朝阴极泳动，和电渗同向，粒子迁移的总速度较电渗还快；若缓冲溶液的 pH 高于溶质的 pI 值，情况则恰恰相反。

除影响溶质的电荷外，pH 的改变还会引起电渗的相应变化。随着 pH 的升高，电渗增大。若电渗太大又往往会使溶质在分离前即被流出。此时，需要增加毛细管的有效长度，或者减小电渗流。

3. 缓冲溶液的浓度　缓冲溶液及调节剂的浓度对改善分离、抑制吸附、控制焦耳热等均有影响。随着缓冲溶液的浓度的增加，离子强度增加，能减少溶质和管壁之间、被分离组分之间的相互作用，从而改善分离；浓度的增加也会降低电渗率，引起溶质的迁移速率下降，迁移时间延长；浓度的增加还会增加导电的离子数，在相同的电场强度下毛细管的电流值增大，焦耳热增加。

（三）添加剂

在 CZE 分离中，若缓冲体系经各种参数优化后仍无法给出良好的分离结果时，可加入添加剂改善分离。它通过与管壁或与试样溶质之间的相互作用，改变管壁或溶液物理化学特性，进一步优化分离条件，提高分离选择性和分离度。添加剂的种类有中性盐、表面活性剂等。

表面活性剂是毛细管区带电泳中使用最多的一种缓冲溶液添加剂，有阴离子型、阳离子型、两性离子型和非离子型等几种类型。表面活性剂与溶质的相互作用，一是通过端基离子与溶质离子相互作用；二是烷基链与溶质的疏水部分相互作用。

CZE 的应用范围很广，分析对象包括氨基酸、多肽、蛋白质、有机酸和无机离子等。此外，在药物对映异构体的分离分析方面，CZE 也已经成为强有力的手段。

案例解析

苯与环己烷的分离

【案例】 顺铂、卡铂和奥沙利铂是常用的抗肿瘤药物，所有的铂制剂均有较大副作用，若使用剂量不足则达不到治疗效果，但过量会引起很多不良后果，因此准确测定患者血浆中游离的铂制剂浓度，对药效评估有着重要意义。目前测定顺铂、卡铂和奥沙利铂的血药浓度常用方法为高效液相色谱法，高效液相色谱法所需的样品体积较大，且这三种抗肿瘤药物常不能同时测定。

【问题】 如何同时分离抗肿瘤制剂中的顺铂、卡铂和奥沙利铂？

【解析】 由于毛细管电泳法的检测样品量只需纳升级，产生环境毒性更小，因此发展了胶束电动毛细管色谱分离抗肿瘤制剂中的顺铂、卡铂和奥沙利铂的分析方法，如图 21-3 所示。

具体分离条件：50μm×64.5cm，30kV，UV200nm 检测，80mmol/L 十二烷硫酸钠的 25mmol/L 磷酸缓冲液，pH=7.0。水动力模式进样：40mbar，10s。

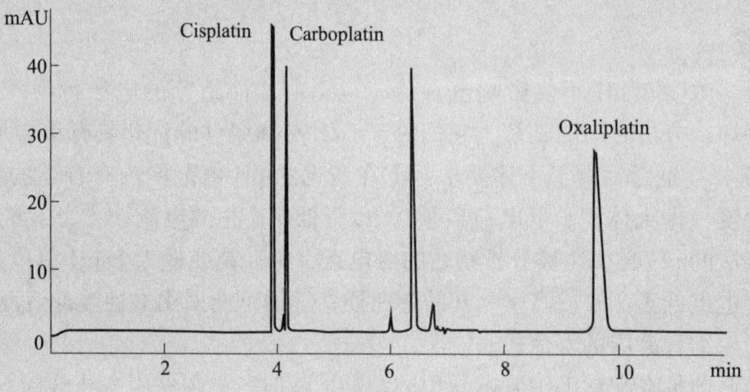

图 21-3　MECC 分离制剂配方中的顺铂、卡铂和奥沙利铂

二、胶束电动毛细管色谱

胶束电动色谱（micellar electrokinetic chromatography，MEKC）是电泳技术与色谱技术的结合，是以胶束为假固定相的一种电动色谱。因其在毛细管中进行，故又称为胶束电动毛细管色谱（micellar electrokinetic capillary chromatography，MECC）。MECC 是向操作缓冲溶液中加入表面活性剂，当溶液中表面活性剂浓度超过临界胶束浓度（CMC）时，表面活性剂分子之间的疏水基团聚集在一起形成胶束（假固定相），溶质不仅可以由于淌度差异而分离，同时又可基于在水相和胶束相之间的分配系数不同而得到分离。因此，在 MECC 中可以分离 CZE 中无法分离的中性化合物。

（一）胶束假固定相

胶束是表面活性剂的聚集体，表面活性分子通常由亲水和疏水基团组成，疏水部分是直链或支链烷烃，或甾族骨架；亲水部分则较多样，可以是阳离子、阴离子，也可以是两性离子的基团。常用的阳离子表面活性剂有季铵盐，如十二烷基三甲基溴化铵（DTAB）、十六烷基三甲基溴化铵（CTAB）等。阳离子表面活性剂分子易吸附在石英毛细管壁上，常可使电渗流转向或减慢电渗流速度，称为 EOF 改性剂。常用的阴离子表面活性剂有十二烷基磺酸钠（SDS）、*N*-月桂酰-*N*-甲基牛磺酸钠（LMT）、牛磺脱氧胆酸钠（STDC）等。表面活性剂在低浓度时，以分子形态分散在水溶液中，当浓度超过某一数值时，分子缔合而形成胶束。表面活性分子开始聚集形成胶束时的浓度，称为临界胶束浓度（CMC）。临界胶束浓度一般小于 20mmol/L。多个分子缔合成胶束，一个胶束所含的分子数称作聚集数（n）。典型的胶束一般由

40~140 个分子组成，如 SDS 为 62，DTAB 为 56 等。

（二）基本原理

胶束电动毛细管色谱比起毛细管区带电泳来说，增加了带电的离子胶束这一相，是不固定在柱中的载体（假固定相），但它与周围介质有不同的淌度，并且可以与溶质相互作用。另一相是导电的水溶液相，是分离载体的溶剂。在电场作用下，水相溶液由 EOF 驱动流向阴极，离子胶束依据其电荷不同，移向阳极或阴极。在多数情况下，EOF 速度大于胶束电泳速度，所以胶束的移动方向和 EOF 相同，都向阴极移动（图 21-4）。若选用阴离子表面活性剂 SDS 胶束，因其表面带负电荷，泳动方向与 EOF 相反，而向阳极方向泳动。中性溶质在水相中电渗流移动，进入胶束中则随胶束泳动，根据其与胶束作用的强弱，因在两相间分配系数不同而得到分离。

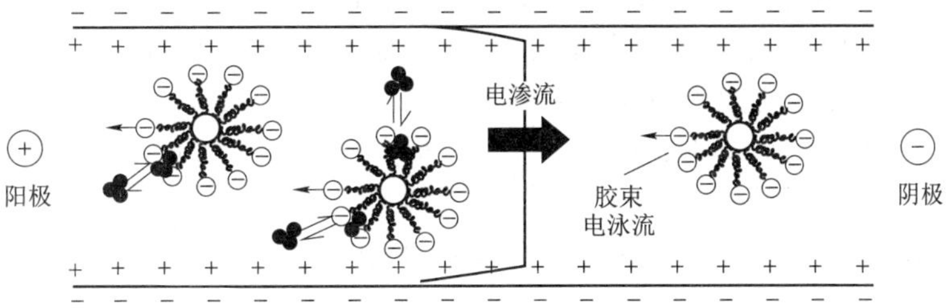

图 21-4　MECC 的分离原理示意图

（三）流动相

在 MECC 中可以通过改变流动相来调节选择性。因溶质在胶束相和流动相之间进行分配，所以改变缓冲体系将会影响溶质的分配系数，进而对容量因子和迁移产生影响。流动相的改变通常包括缓冲溶液种类、浓度、pH 值和离子强度等的改变，也可通过使用添加剂或手性选择剂等方法来改变其选择性。

向缓冲溶液中加入有机添加剂可提高 MECC 的分离选择性。有机添加剂的加入，会改变水溶液的极性，调节被测组分在水和胶束相之间的分配系数，从而提高分离选择性。常用的添加剂有甲醇、乙腈、异丙醇等。

目前 MECC 已经成功用于生物、药物、环境、化工、食品等领域，如氨基酸、小肽、维生素、各种药物及中间体及环境污染物等的分离分析。

三、毛细管凝胶电泳

毛细管凝胶电泳（capillary gel electrophoresis，CGE）是在毛细管中充填多孔凝胶作为支持介质进行电泳。凝胶起着类似“分子筛”的作用，小分子受到的阻碍较小，从毛细管中流出较快，大分子受到的阻碍较大，从毛细管中流出较慢，因此分离主要是基于组分分子的尺寸，即筛分机制。常用的 CGE 凝胶介质有交联聚丙烯酰胺、线性聚丙烯酰胺、纤维素和琼脂凝胶等。

毛细管凝胶电泳在蛋白质、多肽、DNA 序列分析中得到了成功的应用，成为近年来在生命科学基础和应用研究中极为重要的分析工具。

四、毛细管电色谱

毛细管电色谱（capillary electrochromatography，CEC）包含电泳和色谱两种机制，组分根据它们自身电泳淌度差异及其在流动相和固定相中的分配系数不同得以分离。CEC 结合了 CE 的高效和 HPLC 的高选择性，是一种新型的微分离技术。

CEC 可以视为是 CZE 中的空管被色谱固定相涂布或填充的结果，也可以看成是微色谱中的机械泵被“电渗泵”所取代的结果。CEC 的介质选择首先是固定相的选择，其次才是流动相或缓冲溶液的选择。根据固定相的特性（正相、反相等）、缓冲液可以是水溶液亦可是有机溶液。固定相的选择主要依据 HPLC 的理论和经验。目前反相毛细管电色谱研究较多，毛细管填充长度，一般为 20cm。填料为 C_{18} 或

C_8，颗粒直径 3μm，用乙腈-水或甲醇-水等以不同比例为流动相。还可改变流动相的组成、导电大小、pH、散热能力、背景吸收等来改善分离。

填充柱电色谱柱中，在塞子与填料交界处，由于两侧电渗淌度不同，易形成气泡。气泡的存在增大电阻，使分离电流减小，可使分离中断。如果出现这种情况，就必须用高压缓冲液重新冲洗柱子。

五、毛细管等电聚焦和等速电泳

等电聚焦是根据等电点差别分离多肽或蛋白质的高分辨电泳技术，在毛细管中进行的等电聚焦就是毛细管等电聚焦电泳（capillary isoelectric focusing，CIEF）。它是将两性电解质在毛细管内建立 pH 梯度，当被测组分进入毛细管后，施加电场，两性电解质和被测组分在介质中迁移，直到到达不带电的区域（即等电点 pI 处），这一过程称为“聚焦”。最后将聚焦的区带推出毛细管进入检测器，依据推动速度就能计算出区带在毛细管中的聚焦位置，从而得到它们的等电点数据。利用 CIEF 可用来测定多肽和蛋白质的等电点，也可依据等电点不同来分离蛋白质和多肽。

毛细管等速电泳（capillary isotachophoresis，CITP）是一种不连续介质电泳技术，样品区带前后分别使用不同的缓冲体系，前面是前导电解质，充满整个毛细管柱，后面是尾随电解质，置于一端的电泳槽中，前者的淌度高于任何样品组分，被分离的组分按其淌度的不同夹于其中，以一个速度移动，实现分离。利用 CITP 可以同时分离阴离子和阳离子或用来进行样品的柱上浓缩。

第三节　毛细管电泳仪

PPT

毛细管电泳仪主要由高压电源、毛细管柱及冷却系统、电解质贮液槽和进样系统、检测器、计算机管理和数据处理系统组成，其基本结构如图 21-5 所示。

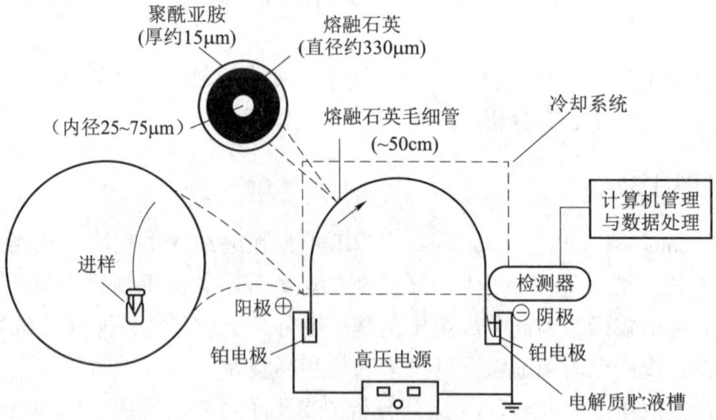

图 21-5　毛细管电泳仪示意图

一、高压电源

毛细管电泳仪所用的高压电源包括电源、电极、电极槽等。高压电源要能提供 0~30kV 连续可调的直流电压。要获得迁移时间的高重现性，则要求电压输出精度应高于 1%。电极由铂丝制成，直径 0.5~1mm，也可用注射针头代替铂丝。电极槽通常是带螺帽、便于密封的小玻璃瓶或塑料瓶（1~5ml）。

在仪器设计和操作过程中，必须注意高电压的安全保护问题。商品仪器通常有自锁控制，在漏电、放电、突发高电流或高电压等危险情况下，高压电源会自动关闭。高压在湿度高的地方容易放电。通常用干燥、隔离或适当降低分离电压的方法防止高压放电。

二、毛细管柱

理想毛细管材料应是化学和电学惰性，能透过紫外可见光，具有一定的柔韧性，耐用且价格便宜。毛细管柱的材料可以用聚四氟乙烯、玻璃和石英制成。石英因其能满足以上这些要求而成为目前首选的毛细管材料，常用的是弹性熔融石英毛细管柱。石英表面有硅醇基且杂质极少，这种硅醇基是构成氢键吸附并使毛细管内产生电渗流的主要原因。

石英毛细管的内径一般在 25～100μm，长度 20～100cm。毛细管的内径越小，分离效率越高，但内径变小，吸附会更严重，造成进样、检测和清洗等技术困难，实际工作中 50μm 内径的毛细管最常用。毛细管越长，分离效率越高，但受到高压电源的限制，长的毛细管将导致电场强度的降低，延长分析时间。一般情况下，毛细管有效长度控制在 30～70cm，实际工作中有效长度 40cm 左右，总长度 50cm 左右的毛细管就能解决大部分的分离问题。

毛细管柱在使用之前最常用的办法是用碱液清洗表面的吸附物，使表面的硅醇基去质子后而变得新鲜。典型的冲洗方法包括用 5～15 倍柱体积的 1mol/L NaOH 溶液冲洗新的毛细管，接着再依次用 5～15 倍柱体积的水冲洗及 3～5 倍柱体积的缓冲液运行平衡。当改变缓冲溶液时，也需要冲洗和平衡毛细管，特别是当其中有一种是磷酸盐缓冲溶液时，更宜如此。这样可以使毛细管有足够的时间和所使用的缓冲溶液建立平衡。没有完全平衡的管柱，结果的重现性较差。

三、进样系统

毛细管电泳采用无死体积的进样方法，让毛细管直接与样品接触，然后由重力、电场力或其他动力来驱动样品流入管中。进样量可以通过驱动力的大小或时间长短来控制。进样方法主要有以下三种。

（一）电动进样

当把毛细管的进样端插入试样溶液并加上电场 E 时，组分就会因电迁移和电渗作用而进入管内。电动进样量主要由电场强度和进样时间两个控制参数决定。

电动进样对毛细管内的填充介质没有特别要求，可实现完全自动化操作，是商品仪器必备的进样方式。不过电动进样对离子组分存在进样偏向，即 u_{ap}大者多进，小者少进或不进，这会降低分析的准确性和可靠性。

（二）压力进样

压力进样又称流体流动进样，它要求毛细管中的填充介质具有流动性。将毛细管的进样端插入试样瓶中，再在毛细管两端产生一定压差并维持一定时间，此时在压差作用下试样溶液进入毛细管。

压力进样没有组分偏向问题，进样量几乎与试样基质无关，选择性差，组分及基质都同时被引进管中，对后续分离将产生影响。

（三）扩散进样

利用浓度差扩散原理亦可将试样分子引入毛细管。当将毛细管插入试样溶液时，组分分子因在管口界面存在浓度差而向管内扩散，扩散进样对管内介质没有任何限制，属普适性进样方法。

扩散具有双向性，在溶质分子进入毛细管的同时，区带中的背景物质同时向管外扩散。由此能抑制背景干扰，从而提高分离效率。扩散也与电迁移速度和方向无关，可抑制进样偏向，提高定性定量的准确性。

四、检测器

在毛细管电泳中，因为毛细管内径很细，所以检测是一个突出的问题，既要求对溶质作灵敏的检测，又不使谱带展宽。通常采用的方法是柱上检测，这是控制谱带展宽的有效途径，使用最广的检测器是紫外可见光检测器和激光诱导荧光检测器。此外还有化学检测器和质谱检测器，但它们均采用柱后检测的方法。

（一）紫外可见光检测器

与 HPLC 中所用检测器相似，毛细管电泳仪中的紫外可见光检测器有固定波长检测器、连续可变波长检测器和二极管阵列检测器。通常在毛细管的出口端适当位置上除去不透明的保护涂层，让透明部位窗门对准光路就可实现柱上检测。聚酰亚胺涂层剥离长度通常控制在 2~3mm 之间。涂层剥离方法有硫灼烧法、酸腐蚀法、刀片刮除法等。

（二）激光诱导荧光检测器

激光诱导荧光（laser induced fluorescence，LIF）检测器结构类似于紫外可见光检测器，主要由激光器、光路系统、检测池和光电转换器等部件组成。进行柱上检测时，在窗口导入激光，引出荧光。为降低背景杂散光的强度，入射激光的倾角应小于 45°。激光的单色性和相干性好、光强高。能有效地提高信噪比，从而可大幅度地提高检测灵敏度，达到单分子检测水平。常用的连续激光器是氩离子激发器，主要输出谱线是 488nm 及 514nm。激光诱导荧光检测的灵敏度高，但大多数物质需要衍生。

知识链接

微芯片毛细管电泳

微芯片毛细管电泳就是将样品处理、进样、分离、检测均集成在一块几平方厘米的芯片上的一项微型实验室技术。该法几乎集中了毛细管电泳法的所有优点，且有分析所用的样品更少，分析时间更短的特点。该法已用于糖类、DNA、蛋白质和多肽的分离分析，在临床诊断、卫生检疫、环境监测、高通量药物合成筛选和农作物的优选优育等领域具有广阔的应用前景。

本章小结

- 毛细管电泳法
  - 基本原理
    - 电泳和电泳淌度
    - 电渗和电渗淌度
    - 表观淌度
    - 柱效及其影响因素
    - 分离度及其影响因素
  - 主要分离模式
    - 毛细管区带电泳
    - 胶束电动毛细管色谱
    - 毛细管凝胶电泳
    - 毛细管电色谱
    - 毛细管等电聚焦和等速电泳
  - 毛细管电泳仪
    - 高压电源
    - 毛细管柱
    - 进样系统
    - 检测器

练习题

题库

1. 毛细管电泳有何特点？
2. 毛细管电泳中液体呈什么形状的流型？为什么？它有何优点？

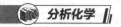

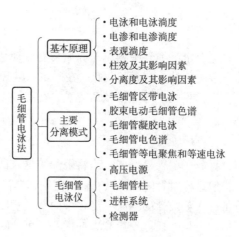

3. 影响毛细管电泳柱效的因素有哪些？

4. 毛细管电泳中常用的分离模式有哪些？每种操作模式的分离机制是什么？

5. 为什么胶束电动毛细管色谱可以分离中性分子，而毛细管区带电泳不能？

6. a、b、c 和 d 四种羧酸类药物的 K_a 值分别为 1.5×10^{-3}、3.6×10^{-4}、5.1×10^{-5} 和 1.9×10^{-6}，请指出它们在 CZE 中的出峰顺序是什么？

7. 某高效毛细管电泳的分离电压为 30kV，柱长 L_d 为 50cm，某离子的扩散系数为 $2.1\times10^{-9}\,m^2/s$，该离子通过柱的时间为 8 分钟。求该毛细管柱的理论塔板数。

8. 用高效毛细管分析某药物，其迁移时间为 6.25 分钟，毛细管的总长度为 65cm，毛细管的有效长度为 56cm，外加电压 28kV，该系统的电渗率为 2.56×10^{-4}，试计算该药物的电泳淌度。

（张梦军）

附 录

附录一 元素的相对原子质量

[按照原子序数排列，以 Ar（^{12}C）=12 为基准]

序号	元素		原子量	序号	元素		原子量
	符号	名称			符号	名称	
1	H	氢	1.00794(7)	43	Tc	锝	[98]
2	He	氦	4.002602(2)	44	Ru	钌	101.07(2)
3	Li	锂	6.941(2)	45	Rh	铑	102.90550(2)
4	Be	铍	9.012182(3)	46	Pd	钯	106.42(1)
5	B	硼	10.811(7)	47	Ag	银	107.8682(2)
6	C	碳	12.0107(8)	48	Cd	镉	112.411(8)
7	N	氮	14.00676(7)	49	In	铟	114.818(3)
8	O	氧	15.9994(3)	50	Sn	锡	118.710(7)
9	F	氟	18.9984032(5)	51	Sb	锑	121.760(1)
10	Ne	氖	20.1797(6)	52	Te	碲	127.60(3)
11	Na	钠	22.989770(2)	53	I	碘	126.90447(3)
12	Mg	镁	24.3050(6)	54	Xe	氙	131.29(2)
13	Al	铝	26.981538(2)	55	Cs	铯	132.90545 (2)
14	Si	硅	28.0855(3)	56	Ba	钡	137.327 (7)
15	P	磷	30.973761(2)	57	La	镧	138.9055 (2)
16	S	硫	32.066(6)	58	Ce	铈	140.116(1)
17	Cl	氯	35.4527(9)	59	Pr	镨	140.90765(3)
18	Ar	氩	39.948(1)	60	Nd	钕	144.24(3)
19	K	钾	39.0983(1)	61	Pm	钷	[145]
20	Ca	钙	40.078(4)	62	Sm	钐	150.36(3)
21	Sc	钪	44.955910(8)	63	Eu	铕	151.964(1)
22	Ti	钛	47.867(1)	64	Gd	钆	157.25(3)
23	V	钒	50.9415(1)	65	Tb	铽	158.92534(2)
24	Cr	铬	51.9961(6)	66	Dy	镝	162.50(3)
25	Mn	锰	54.938049(9)	67	Ho	钬	164.93032(2)
26	Fe	铁	55.845(2)	68	Er	铒	167.26(3)
27	Co	钴	58.933200(9)	69	Tm	铥	168.93421(2)
28	Ni	镍	58.6934(2)	70	Yb	镱	173.04(3)
29	Cu	铜	63.546(3)	71	Lu	镥	174.967(1)
30	Zn	锌	65.39(2)	72	Hf	铪	178.49(2)
31	Ga	镓	69.723(1)	73	Ta	钽	180.9479(1)
32	Ge	锗	72.61(2)	74	W	钨	183.84(1)
33	As	砷	74.921560(2)	75	Re	铼	186.207(1)
34	Se	硒	78.96(3)	76	Os	锇	190.23(3)
35	Br	溴	79.904(1)	77	Ir	铱	192.217(3)
36	Kr	氪	83.80(1)	78	Pt	铂	195.078(2)
37	Rb	铷	85.4678(3)	79	Au	金	196.96654(2)
38	Sr	锶	87.62(1)	80	Hg	汞	200.59(2)
39	Y	钇	88.90585(2)	81	Tl	铊	204.3833(2)
40	Zr	锆	91.224(2)	82	Pb	铅	207.2(1)
41	Nb	铌	92.90638(2)	83	Bi	铋	208.98038(2)
42	Mo	钼	95.94(1)	84	Po	钋	[209]

续表

序号	元素		原子量	序号	元素		原子量
	符号	名称			符号	名称	
85	At	砹	[210]	101	Md	钔	[258]
86	Rn	氡	[222]	102	No	锘	[259]
87	Fr	钫	[223]	103	Lr	铹	[262]
88	Ra	镭	[226]	104	Rf	𬬻*	[267]
89	Ac	锕	[227]	105	Db	𬭊*	[268]
90	Th	钍	232.0381(1)	106	Sg	𬭳*	[271]
91	Pa	镤	231.03588(2)	107	Bh	𬭛*	[272]
92	U	铀	238.0289(1)	108	Hs	𬭶*	[270]
93	Np	镎	[237]	109	Mt	鿏*	[276]
94	Pu	钚	[244]	110	Ds	𫟼*	[281]
95	Am	镅	[243]	111	Rg	𬬭*	[280]
96	Cm	锔	[247]	112	Cn	鿔*	[285]
97	Bk	锫	[247]	113	Nh	鿭*	[284]
98	Cf	锎	[251]	114	Fl	𫓧*	[289]
99	Es	锿	[252]	115	Mc	镆*	[288]
100	Fm	镄	[257]	116	Lv	𫟷*	[293]

注：( ) 表示原子量数值最后一位的不确定性；[ ] 中的数值为没有稳定同位素元素半衰期最长同位素的质量数。

附录二　国际制（SI）单位与 CGS 单位换算表及常用物理化学常数

附表 2－1　国际制（SI）基本单位

物理量名称	物理量符号	单位名称	单位符号
长度	l	米	m
质量	m	千克	kg
时间	t	秒	s
电流	I	安培	A
热力学温度	T	开尔文	K
物质的量	n	摩尔	mol
发光强度	I_v	坎德拉	cd

附表 2－2　国际制（SI）单位与 CGS 单位换算表

物理量名称	cgs 单位		SI 单位		由 cgs 换算成 SI
	名称	符号	名称	符号	
长度	厘米	cm	米	m	10^{-2}m
	埃	Å			10^{-10}m
	微米	μm			10^{-6}m
	纳米	nm			10^{-9}m
质量	克	g	千克	kg	10^{-3}kg
	吨	t			10^{3}kg
	磅	lb			0.45359237kg
	原子质量单位	u			1.6605655×10^{-27}kg

续表

物理量名称	cgs 单位		SI 单位		由 cgs 换算成 SI
	名称	符号	名称	符号	
时间	秒	s	秒	s	
电流	安培	A	安培	A	
面积	平方厘米	cm^2	平方米	m^2	$10^{-4}m^2$
体积	升	L	立方米	m^3	$10^{-3}m^3$
	立方厘米	cm^3			$10^{-6}m^3$
能量	尔格	erg	焦耳	J	$10^{-7}J$
功率	瓦特	W	瓦特	W	
密度	克每立方厘米	g/cm^3	千克每立方米	kg/m^3	$10^3kg/m^3$
浓度	摩尔浓度	M（mol/L）	摩尔每立方米	mol/m^3	$10^3mol/m^3$

附表 2-3　常用物理化学常数

常数名称	单位符号
电子的电荷	$e = 4.80298\times10^{-10}esu$
Plank 常数	$h = 6.626176（36）\times10^{-34}J \cdot s$
光速（真空）	$c = 2.99792458\times10^8 m \cdot s^{-1}$
摩尔气体常数	$R= 8.31441（26）J \cdot mol^{-1} \cdot K^{-1}$
Avogadro	$N= 6.022045（31）\times10^{23}mol^{-1}$
Fraday	$F= 9.648456 \times10^4 C \cdot mol^{-1}$
电子静止质量	$m_c = 9.10953（5）\times10^{-34}g$
Bohr 半径	$a_o = 0.52917706（44）\times10^{-10}m$
元素的相对原子质量	$lu = 1.6605655\times10^{-24}g$

附录三　常用酸碱在水溶液中的离解常数

附表 3-1　无机弱酸的离解常数（25℃）

序号	名称	化学式	K_a	pK_a
1	偏铝酸	$HAlO_2$	6.3×10^{-13}	12.2
2	亚砷酸	H_3AsO_3	6.0×10^{-10}	9.22
3	砷酸	H_3AsO_4	6.3×10^{-3}（K_{a1}）	2.20
			1.0×10^{-7}（K_{a2}）	7.00
			3.2×10^{-12}（K_{a3}）	11.50
4	硼酸	H_3BO_3	5.8×10^{-10}（K_{a1}）	9.24
			1.8×10^{-13}（K_{a2}）	12.74
			1.6×10^{-14}（K_{a3}）	13.8

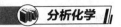

续表

序号	名称	化学式	K_a	pK_a
5	次溴酸	HBrO	2.4×10^{-9}	8.62
6	氢氰酸	HCN	6.2×10^{-10}	9.21
7	铬酸	H_2CrO_4	0.18（K_{a1}）	0.74
			3.2×10^{-7}（K_{a2}）	6.50
8	碳酸	H_2CO_3	4.2×10^{-7}（K_{a1}）	6.38
			5.6×10^{-11}（K_{a2}）	10.25
9	次氯酸	HClO	3.2×10^{-8}	7.5
10	氢氟酸	HF	6.6×10^{-4}	3.18
11	锗酸	H_2GeO_3	1.7×10^{-9}（K_{a1}）	8.78
			1.9×10^{-13}（K_{a2}）	12.72
12	高碘酸	HIO_4	2.8×10^{-2}	1.56
13	亚硝酸	HNO_2	5.1×10^{-4}	3.29
14	次磷酸	H_3PO_2	5.9×10^{-2}	1.23
15	亚磷酸	H_3PO_3	5.0×10^{-2}（K_{a1}）	1.3
			2.5×10^{-7}（K_{a2}）	6.6
16	磷酸	H_3PO_4	6.9×10^{-3}（K_{a1}）	2.16
			6.3×10^{-8}（K_{a2}）	7.20
			4.8×10^{-13}（K_{a3}）	12.32
17	焦磷酸	$H_4P_2O_7$	3.0×10^{-2}（K_{a1}）	1.52
			4.4×10^{-3}（K_{a2}）	2.36
			2.5×10^{-7}（K_{a3}）	6.6
			5.6×10^{-10}（K_{a4}）	9.25
18	氢硫酸	H_2S	1.3×10^{-7}（K_{a1}）	6.88
			7.1×10^{-15}（K_{a2}）	14.15
19	亚硫酸	H_2SO_3	1.54×10^{-2}（K_{a1}）	1.88
			1.02×10^{-8}（K_{a2}）	6.99
20	硫酸	H_2SO_4	1.9×10^{-2}	1.99
21	硫氰酸	HSCN	1.4×10^{-1}	0.85
22	硫代硫酸	$H_2S_2O_3$	2.52×10^{-1}（K_{a1}）	0.6
			1.9×10^{-2}（K_{a2}）	1.72
23	氢硒酸	H_2Se	1.3×10^{-4}（K_{a1}）	3.89
			1.0×10^{-11}（K_{a2}）	11
24	亚硒酸	H_2SeO_3	2.7×10^{-3}（K_{a1}）	2.57
			2.5×10^{-7}（K_{a2}）	6.6
25	硒酸	H_2SeO_4	1×10^{3}（K_{a1}）	−3
			1.2×10^{-2}（K_{a2}）	1.92

续表

序号	名称	化学式	K_a	pK_a
26	硅酸	H_2SiO_3	1.7×10^{-10}（K_{a1}）	9.77
			1.6×10^{-12}（K_{a2}）	11.8
27	亚碲酸	H_2TeO_3	2.7×10^{-3}（K_{a1}）	2.57
			1.8×10^{-8}（K_{a2}）	7.74

附表 3-2　有机弱酸的离解常数（25℃）

序号	名称	化学式	K_a	pK_a
1	甲酸	HCOOH	1.77×10^{-4}	3.75
2	乙酸	CH_3COOH	1.8×10^{-5}	4.76
3	乙醇酸	$CH_2(OH)COOH$	1.48×10^{-4}	3.83
4	草酸	$(COOH)_2$	5.9×10^{-2}（K_{a1}）	1.23
			6.4×10^{-5}（K_{a2}）	4.19
5	甘氨酸	$CH_2(NH_2)COOH$	1.7×10^{-10}	9.78
6	一氯乙酸	$CH_2ClCOOH$	1.4×10^{-3}	2.86
7	二氯乙酸	$CHCl_2COOH$	5.0×10^{-2}	1.3
8	三氯乙酸	CCl_3COOH	2.3×10^{-1}	0.64
9	丙酸	CH_3CH_2COOH	1.34×10^{-5}	4.87
10	丙烯酸	$CH_2=CHCOOH$	5.5×10^{-5}	4.26
11	乳酸（丙醇酸）	$CH_3CHOHCOOH$	1.4×10^{-4}	3.86
12	丙二酸	$HOCOCH_2COOH$	1.4×10^{-3}（K_{a1}）	2.85
			2.2×10^{-6}（K_{a2}）	5.66
13	2-丙炔酸	$HC\equiv CCOOH$	1.29×10^{-2}	1.89
14	甘油酸	$HOCH_2CHOHCOOH$	2.29×10^{-4}	3.64
15	丙酮酸	$CH_3COCOOH$	3.2×10^{-3}	2.49
16	α-丙胺酸	CH_3CHNH_2COOH	1.35×10^{-10}	9.87
17	β-丙胺酸	$CH_2NH_2CH_2COOH$	4.4×10^{-11}	10.36
18	正丁酸	$CH_3(CH_2)_2COOH$	1.52×10^{-5}	4.82
19	异丁酸	$(CH_3)_2CHCOOH$	1.41×10^{-5}	4.85
20	3-丁烯酸	$CH_2=CHCH_2COOH$	2.1×10^{-5}	4.68
21	异丁烯酸	$CH_2=C(CH_2)COOH$	2.2×10^{-5}	4.66
22	反丁烯二酸（富马酸）	$HOCOCH=CHCOOH$	9.3×10^{-4}（K_{a1}）	3.03
			3.6×10^{-5}（K_{a2}）	4.44
23	顺丁烯二酸（马来酸）	$HOCOCH=CHCOOH$	1.2×10^{-2}（K_{a1}）	1.92
			5.9×10^{-7}（K_{a2}）	6.23
24	酒石酸	$HOCOCH(OH)CH(OH)COOH$	1.04×10^{-3}（K_{a1}）	2.98
			4.55×10^{-5}（K_{a2}）	4.34

续表

序号	名称	化学式	K_a	pK_a
25	正戊酸	$CH_3(CH_2)_3COOH$	1.4×10^{-5}	4.86
26	异戊酸	$(CH_3)_2CHCH_2COOH$	1.67×10^{-5}	4.78
27	2－戊烯酸	$CH_3CH_2CH{=}CHCOOH$	2.0×10^{-5}	4.7
28	3－戊烯酸	$CH_3CH{=}CHCH_2COOH$	3.0×10^{-5}	4.52
29	4－戊烯酸	$CH_2{=}CHCH_2CH_2COOH$	2.10×10^{-5}	4.677
30	戊二酸	$HOCO(CH_2)_3COOH$	1.7×10^{-4}（K_{a1}）	3.77
			8.3×10^{-7}（K_{a2}）	6.08
31	谷氨酸	$HOCOCH_2CH_2CH(NH_2)COOH$	7.4×10^{-3}（K_{a1}）	2.13
			4.9×10^{-5}（K_{a2}）	4.31
			4.4×10^{-10}（K_{a3}）	9.36
32	正己酸	$CH_3(CH_2)_4COOH$	1.39×10^{-5}	4.86
33	异己酸	$(CH_3)_2CH(CH_2)_3-COOH$	1.43×10^{-5}	4.85
34	（*E*）－2－己烯酸	$H(CH_2)_3CH{=}CHCOOH$	1.8×10^{-5}	4.74
35	（*E*）－3－己烯酸	$CH_3CH_2CH{=}CHCH_2COOH$	1.9×10^{-5}	4.72
36	己二酸	$HOCOCH_2CH_2CH_2CH_2COOH$	3.8×10^{-5}（K_{a1}）	4.42
			3.9×10^{-6}（K_{a2}）	5.41
37	柠檬酸	$HOCOCH_2C(OH)(COOH)CH_2COOH$	7.4×10^{-4}（K_{a1}）	3.13
			1.7×10^{-5}（K_{a2}）	4.76
			4.0×10^{-7}（K_{a3}）	6.40
38	苯酚	C_6H_5OH	1.1×10^{-10}	9.95
39	邻苯二酚	$(o)C_6H_4(OH)_2$	3.6×10^{-10}	9.45
			1.6×10^{-13}	12.8
40	间苯二酚	$(m)C_6H_4(OH)_2$	3.6×10^{-10}（K_{a1}）	9.3
			8.71×10^{-12}（K_{a2}）	11.06
41	对苯二酚	$(p)C_6H_4(OH)_2$	1.1×10^{-10}	9.96
42	2，4，6－三硝基苯酚	$2,4,6-(NO_2)_3C_6H_2OH$	5.1×10^{-1}	0.29
43	葡萄糖酸	$CH_2OH(CHOH)_4COOH$	1.4×10^{-4}	3.86
44	苯甲酸	C_6H_5COOH	6.2×10^{-5}	4.21
45	水杨酸	$C_6H_4(OH)COOH$	1.05×10^{-3}（K_{a1}）	2.98
			4.17×10^{-13}（K_{a2}）	12.38
46	邻硝基苯甲酸	$(o)NO_2C_6H_4COOH$	6.6×10^{-3}	2.18
47	间硝基苯甲酸	$(m)NO_2C_6H_4COOH$	3.5×10^{-4}	3.46
48	对硝基苯甲酸	$(p)NO_2C_6H_4COOH$	3.6×10^{-4}	3.44
49	对羟基苯甲酸	OHC_6H_4COOH	3.3×10^{-5}（K_{a1}）	4.48
			4.8×10^{-10}（K_{a1}）	9.32

续表

序号	名称	化学式	K_a	pK_a
50	磺基水杨酸	$C_6H_3SO_3HOHCOOH$	4.7×10^{-3}（K_{a1}）	2.33
			4.8×10^{-12}（K_{a2}）	11.32
51	邻苯二甲酸	$(o)C_6H_4(COOH)_2$	1.1×10^{-3}（K_{a1}）	2.96
			4.0×10^{-6}（K_{a2}）	5.4
52	间苯二甲酸	$(m)C_6H_4(COOH)_2$	2.4×10^{-4}（K_{a1}）	3.62
			2.5×10^{-5}（K_{a2}）	4.6
53	对苯二甲酸	$(p)C_6H_4(COOH)_2$	2.9×10^{-4}（K_{a1}）	3.54
			3.5×10^{-5}（K_{a2}）	4.46
54	1，3，5－苯三甲酸	$C_6H_3(COOH)_3$	7.6×10^{-3}（K_{a1}）	2.12
			7.9×10^{-5}（K_{a2}）	4.1
			6.6×10^{-6}（K_{a3}）	5.18
55	苯基六羧酸	$C_6(COOH)_6$	2.1×10^{-1}（K_{a1}）	0.68
			6.2×10^{-3}（K_{a2}）	2.21
			3.0×10^{-4}（K_{a3}）	3.52
			8.1×10^{-6}（K_{a4}）	5.09
			4.8×10^{-7}（K_{a5}）	6.32
			3.2×10^{-8}（K_{a6}）	7.49
56	癸二酸	$HOOC(CH_2)_8COOH$	2.6×10^{-5}（K_{a1}）	4.59
			2.6×10^{-6}（K_{a2}）	5.59
57	乙二胺四乙酸（EDTA）	H_6Y^{2+}	0.1（K_{a1}）	0.90
		H_5Y^{+}	3.0×10^{-2}（K_{a2}）	1.60
		H_4Y	1.0×10^{-2}（K_{a3}）	2.00
		H_3Y^{-}	2.14×10^{-3}（K_{a4}）	2.67
		H_2Y^{2-}	6.92×10^{-7}（K_{a5}）	6.16
		HY^{3-}	5.5×10^{-11}（K_{a6}）	10.26

附表 3－3　无机弱碱的离解常数（25℃）

序号	名称	化学式	K_b	pK_b
1	氢氧化铝	$Al(OH)_3$	1.38×10^{-9}（K_3）	8.86
2	氢氧化银	$AgOH$	1.10×10^{-4}	3.96
3	氢氧化钙	$Ca(OH)_2$	3.72×10^{-3}	2.43
			3.98×10^{-2}	1.4
4	氨水	$NH_3\cdot H_2O$	1.78×10^{-5}	4.75
5	肼（联氨）	$N_2H_4\cdot H_2O$	9.55×10^{-7}（K_{b1}）	6.02
			1.26×10^{-15}（K_{b2}）	14.9

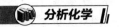

续表

序号	名称	化学式	K_b	pK_b
6	羟氨	$NH_2OH·H_2O$	$9.12×10^{-9}$	8.04
7	氢氧化铅	$Pb(OH)_2$	$9.55×10^{-4}$（K_{b1}）	3.02
			$3.0×10^{-8}$（K_{b2}）	7.52
8	氢氧化锌	$Zn(OH)_2$	$9.55×10^{-4}$	3.02

附表 3－4　有机弱碱的离解常数（25℃）

序号	名称	化学式	K_b	pK_b
1	甲胺	CH_3NH_2	$4.17×10^{-4}$	3.38
2	尿素（脲）	$CO(NH_2)_2$	$1.5×10^{-14}$	13.82
3	乙胺	$CH_3CH_2NH_2$	$4.27×10^{-4}$	3.37
4	乙醇胺	$H_2N(CH_2)_2OH$	$3.16×10^{-5}$	4.5
5	乙二胺	$H_2N(CH_2)_2NH_2$	$8.51×10^{-5}$（K_{b1}）	4.07
			$7.08×10^{-8}$（K_{b2}）	7.15
6	二甲胺	$(CH_3)_2NH$	$5.89×10^{-4}$	3.23
7	二乙胺	$(C_2H_5)_2NH$	$9.5×10^{-12}$	11.02
8	三甲胺	$(CH_3)_3N$	$6.31×10^{-5}$	4.2
9	三乙胺	$(C_2H_5)_3N$	$5.2×10^{-4}$	3.25
10	丙胺	$C_3H_7NH_2$	$3.70×10^{-4}$	3.43
11	异丙胺	$i-C_3H_7NH_2$	$4.37×10^{-4}$	3.36
12	1，3－丙二胺	$NH_2(CH_2)_3NH_2$	$2.95×10^{-4}$（K_{b1}）	3.53
			$3.09×10^{-6}$（K_{b2}）	5.51
13	1，2－丙二胺	$CH_3CH(NH_2)CH_2NH_2$	$5.25×10^{-5}$（K_{b1}）	4.28
			$4.05×10^{-8}$（K_{b2}）	7.39
14	三丙胺	$(CH_3CH_2CH_2)_3N$	$4.57×10^{-4}$	3.34
15	三乙醇胺	$(HOCH_2CH_2)_3N$	$5.75×10^{-7}$	6.24
16	丁胺	$C_4H_9NH_2$	$4.37×10^{-4}$	3.36
17	异丁胺	$C_4H_9NH_2$	$2.57×10^{-4}$	3.59
18	叔丁胺	$C_4H_9NH_2$	$4.84×10^{-4}$	3.32
19	己胺	$H(CH_2)_6NH_2$	$4.37×10^{-4}$	3.36
20	辛胺	$H(CH_2)_8NH_2$	$4.47×10^{-4}$	3.35
21	苯胺	$C_6H_5NH_2$	$3.98×10^{-10}$	9.4
22	苄胺	C_7H_9N	$2.24×10^{-5}$	4.65
23	环己胺	$C_6H_{11}NH_2$	$4.37×10^{-4}$	3.36
24	吡啶	C_5H_5N	$1.48×10^{-9}$	8.83
25	六亚甲基四胺	$(CH_2)_6N_4$	$1.35×10^{-9}$	8.87

续表

序号	名称	化学式	K_b	pK_b
26	2－氯酚	C_6H_5ClO	3.55×10^{-6}	5.45
27	3－氯酚	C_6H_5ClO	1.26×10^{-5}	4.9
28	4－氯酚	C_6H_5ClO	2.69×10^{-5}	4.57
29	邻氨基苯酚	$(o)H_2NC_6H_4OH$	5.2×10^{-5}	4.28
			1.9×10^{-5}	4.72
30	间氨基苯酚	$(m)H_2NC_6H_4OH$	7.4×10^{-5}	4.13
			6.8×10^{-5}	4.17
31	对氨基苯酚	$(p)H_2NC_6H_4OH$	2.0×10^{-4}	3.7
			3.2×10^{-6}	5.5
32	邻甲苯胺	$(o)CH_3C_6H_4NH_2$	2.82×10^{-10}	9.55
33	间甲苯胺	$(m)CH_3C_6H_4NH_2$	5.13×10^{-10}	9.29
34	对甲苯胺	$(p)CH_3C_6H_4NH_2$	1.20×10^{-9}	8.92
35	8－羟基喹啉（20℃）	$8-HO-C_9H_6N$	6.5×10^{-5}	4.19
36	二苯胺	$(C_6H_5)_2NH$	7.94×10^{-14}	13.1

附录四　配位滴定有关常数

附表 4－1　金属离子–无机配位体配合物的稳定常数表

金属离子	离子强度 I	配位体数目 n	$\lg\beta_n$
氨配合物			
Ag^+	0.1	1, 2	3.40, 7.40
Cd^{2+}	0.1	1, …, 6	2.60, 4.65, 6.04, 6.92, 6.6, 4.9
Co^{2+}	0.1	1, …, 6	2.05, 3.62, 4.61, 5.31, 5.43, 4.75
Cu^{2+}	0.1	1, …, 4	4. 13, 7.61, 10.48, 12.59
Fe^{2+}	0	1, 2	1.4, 2.2
Ni^{2+}	0.1	1, …, 6	2.75, 4.95, 6.64, 7.79, 8.50, 8.49
Zn^{2+}	0.1	1, …, 4	2.27, 4.61, 7.01, 9.06
氯配合物			
Ag^+	0.2	1, …, 4	2.9, 4.7, 5. 0, 5.9
Hg^{2+}	0.5	1, …, 4	6.7, 13.2, 14.1, 15.1
Pb^{2+}	0	1, 2, 3	1.42, 2.23, 3.23
Zn^{2+}	0	1, …, 4	0.43, 0.61, 0.53, 0.20
氰配合物			
Ag^+	0～0.3	1, …, 4	–, 21.1, 21.8, 20.6
Cd^{2+}	0	1, …, 4	5.48, 10.60, 15.23, 18.78
Cu^{2+}	0	1, …, 4	–, 24.0, 28.59, 30.30

续表

金属离子	离子强度 I	配位体数目 n	$\lg\beta_n$
Fe^{2+}	0	6	35.4
Fe^{3+}	0	6	43.6
Hg^{2+}	0.1	1, …, 4	18.0, 34.7, 38.5, 1.5
Ni^{2+}	0.1	4	31.3
Zn^{2+}	0.1	1, …, 4	5.3, 11.70, 16.70, 21.60
氟配合物			
Al^{3+}	0.53	1, …, 6	6.11, 11.15, 15.00, 17.70, 19.40, 19.70
Fe^{3+}	0.5	1, 2, 3	5.2, 9.2, 11.9
Pb^{2+}	0	1, 2	1.44, 2.54
TiO^{2+}	3	1, …, 4	5.4, 9.8, 13.7, 17.4
Zr^{4+}	2	1, 2, 3	8.8, 16.1, 21.9
碘配合物			
Ag^{+}	0	1, 2, 3	6.58, 11.74, 13.68
Cd^{2+}	*	1, …, 4	2.4, 3.43, 5.0, 6.15
Hg^{2+}	0.5	1, …, 4	12.87, 23.82, 27.60, 29.83
Pb^{2+}	0	1, …, 4	2.00, 3.15, 3.92, 4.47
Tl^{3+}	0	1, …, 4	11.41, 20.88, 27.60, 31.82
氢氧配合物			
Ag^{+}	0	1, 2	2.0, 3.99
Al^{3+}	0	1, 2	9.27, 33.03
Ca^{2+}	0	1	1.3
Cd^{2+}	0	1, …, 4	4.17, 8.33, 9.02, 8.62
Co^{2+}	0	1, …, 4	4.3, 8.4, 9.7, 10.2
Cr^{3+}	0	1, 2, 3	10.1, 17.8, 29.9
Cu^{2+}	0	1, …, 4	7.0, 13.68, 17.00, 18.5
Fe^{2+}	0	1, …, 4	5.56, 9.77, 9.67, 8.58
Fe^{3+}	0	1, 2, 3	11.87, 21.17, 29.67
Hg^{2+}	0	1, 2, 3	10.6, 21.8, 20.9
Mg^{2+}	0	1	2.58
Ni^{2+}	0	1, 2, 3	4.97, 8.55, 11.33
Pa^{4+}	0	1, …, 4	14.04, 27.84, 40.7, 51.4
Pb^{2+}	0	1, 2, 3	7.82, 10.85, 14.58
Zn^{2+}	0	1, …, 4	4.40, 11.30, 14.14, 17.66
硫氰酸配合物			
Ag^{+}	0	1, …, 4	4.6, 7.57, 9.08, 10.08
Fe^{3+}	*	1, …, 4	2.3, 4.2, 5.6, 6.40, 6.40
Hg^{2+}	0.1	1, …, 4	–, 16.1, 19.0, 20.9
Zn^{2+}	0	1, …, 4	1.33, 1.91, 2.00, 1.60
硫代硫酸配合物			
Ag^{+}	0	1, 2	8.82, 13.46
Cd^{2+}	0	1, 2	3.92, 6.44
Hg^{2+}	0	1, 2	29.86, 32.26

*离子强度不定

附表 4-2 金属-有机配位体配合物的稳定常数表

金属离子	离子强度	配位体数目	$\lg\beta_n$
乙酰丙酮配合物			
Al^{3+}	0.1	1, 2, 3	8.1, 15.7, 21.2
Cd^{2+}	0.1	1, 2	3.84, 6.66
Cu^{2+}	0	1, 2	7.8, 14.3
Fe^{3+}	0.1	1, 2, 3	9.3, 17.9, 25.1
Ni^{2+}	0.1	1, 2, 3	6.06, 10.77, 13.09
Zn^{2+}	0.1	1, 2	4.98, 8.81
磺基水杨酸配合物			
Al^{3+}（0.1mol/L）	0.1	1, 2, 3	12.9, 22.9, 29. 0
Cd^{2+}（0.1mol/L）	0	1, 2	16.68, 29.08
Fe^{3+}（0.1mol/L）	0.1	1, 2, 3	14.64, 25.18, 32.12
Ni^{2+}（0.1mol/L）	0.1	1, 2	6.42, 10.24
Zn^{2+}（0.1mol/L）	0.1	1, 2	6.05, 10.65
酒石酸配合物			
Ca^{2+}	0.1	1, 2	2.98, 9.01
Cu^{2+}	0.1	1, 2, 3, 4	3.2, 5.11, 4.78, 6.51
Fe^{3+}	0.1	1	7.49
Pb^{2+}	0.1	1, 3	3.78, 4.7
Zn^{2+}	0.1	1, 2	2.68, 8.32
乙二胺配合物			
Ag^{+}	0.1	1, 2	4.70, 7.70
Cd^{2+}	0.1	1, 2	5.47, 10.02
Co^{2+}	0.1	1, 2, 3	5.89, 10.72, 13.82
Cu^{2+}	0.1	1, 2, 3	10.55, 19.60
Mn^{2+}	0.1	1, 2, 3	2.73, 4.79, 5.67
Ni^{2+}	0.1	1, 2, 3	7.66, 14.06, 18.59
Zn^{2+}	0.1	1, 2, 3	5.71, 10.37, 12.08

附表 4-3 金属离子 $\lg\alpha_{M(OH)}$ 表

金属离子	离子强度	pH													
		1	2	3	4	5	6	7	8	9	10	11	12	13	14
Al^{3+}	2					0.4	1.3	5.3	9.3	13.3	17.3	21.3	25.3	29.3	33.3
Bi^{3+}	3	0.1	0.5	1.4	2.4	3.4	4.4	5.4							
Ca^{2+}	0.1													0.3	1.0
Cd^{2+}	3									0.1	0.5	2.0	4.5	8.1	12.0
Co^{2+}	0.1								0.1	0.4	1.1	2.2	4.2	7.2	10.2
Cu^{2+}	0.1								0.2	0.8	1.2	2.7	3.7	4.7	5.7
Fe^{2+}	1									0.1	0.6	1.5	2.5	3.5	4.5
Fe^{3+}	3			0.4	1.8	3.7	5.7	7.7	9.7	11.7	13.7	15.7	17.7	19.7	21.7
Hg^{2+}	0.1			0.5	1.9	3.9	5.9	7.9	9.9	11.9	13.9	15.9	17.9	19.9	21.9
La^{3+}	3										0.3	1.0	1.9	2.9	3.9
Mg^{2+}	0.1											0.1	0.5	1.3	2.3

续表

金属离子	离子强度	pH													
		1	2	3	4	5	6	7	8	9	10	11	12	13	14
Mn^{2+}	0.1										0.1	0.5	1.4	2.4	3.4
Ni^{2+}	0.1									0.1	0.7	1.6			
Pb^{2+}	0.1							0.1	0.5	1.4	2.7	4.7	7.4	10.4	13.4
Th^{4+}	1				0.2	0.8	1.7	2.7	3.7	4.4	5.7	6.7	7.7	8.7	9.7
Zn^{2+}	0.1									0.2	2.4	5.4	8.5	11.8	15.5

附录五　难溶化合物的溶度积常数（25℃，I=0）

化合物	K_{sp}	pK_{sp}	化合物	K_{sp}	pK_{sp}
Ag_3AsO_4	1.0×10^{-22}	22	$Cr(OH)_3$	6×10^{-31}	31
$AgBr$	5.0×10^{-13}	12.3	$Cu(C_9H_6NO)_2$	8×10^{-30}	29.1
$AgBrO_3$	5.50×10^{-5}	4.26	$CuBr$	5×10^{-9}	8.3
$AgCl$	1.8×10^{-10}	9.74	$CuCl$	1.2×10^{-6}	5.92
$AgCN$	1.2×10^{-16}	15.92	$CuCO_3$	2.3×10^{-10}	9.63
Ag_2CO_3	8.1×10^{-12}	11.09	CuI	1.1×10^{-12}	11.96
$Ag_2C_2O_4$	3.5×10^{-11}	10.46	$Cu(OH)_2$	4.8×10^{-20}	19.32
$Ag_2Cr_2O_4$	1.2×10^{-12}	11.92	$Cu_3(PO_4)_2$	1.3×10^{-37}	36.9
AgI	8.3×10^{-17}	16.08	Cu_2S	3.2×10^{-49}	48.5
$AgIO_3$	3.1×10^{-8}	7.51	CuS	8×10^{-37}	36.1
Ag_3PO_4	1.4×10^{-16}	15.84	$Fe(C_9H_6NO)_3$	3×10^{-44}	43.5
Ag_2S	8×10^{-51}	50.1	$Fe(OH)_2$	8.0×10^{-16}	15.1
$AgSCN$	1.0×10^{-12}	12.0	$Fe(OH)_3$	1.6×10^{-39}	38.8
Ag_2SO_3	1.5×10^{-14}	13.82	FeS	8×10^{-19}	18.1
Ag_2SO_4	1.4×10^{-5}	4.84	Hg_2Br_2	5.6×10^{-23}	22.24
Ag_2Se	2.0×10^{-64}	63.7	Hg_2Cl_2	1.3×10^{-18}	17.88
Ag_2SeO_4	1.2×10^{-9}	8.91	Hg_2CO_3	8.9×10^{-17}	16.05
$Al(OH)_3$ 无定形	4.6×10^{-33}	32.34	$Hg_2(CN)_2$	5.0×10^{-40}	39.3
$Au(OH)_3$	3×10^{-48}	47.5	Hg_2CrO_4	2.0×10^{-9}	8.7
$Ba(C_9H_6NO)_2$	2×10^{-8}	7.7	Hg_2I_2	4.5×10^{-29}	28.35
$BaCO_3$	5.1×10^{-9}	8.29	HgI_2	2.9×10^{-29}	28.54
BaC_2O_4	1×10^{-6}	6.0	$Hg_2(OH)_2$	2.0×10^{-24}	23.7
$BaCrO_4$	1.2×10^{-10}	9.93	HgS(红)	5.0×10^{-54}	53.3
$Ba_3(PO_4)_2$	5×10^{-30}	29.30	HgS(黑)	2×10^{-53}	52.7
$BaSO_4$	1.1×10^{-10}	9.96	$(HgSCN)_2$	2.8×10^{-20}	16.96
$BaSeO_4$	3.5×10^{-8}	7.46	$In(C_9H_6NO)_3$	4.6×10^{-32}	31.34
$Ca(C_9H_6NO)_2$	4×10^{-11}	10.4	$In(OH)_3$	1.3×10^{-37}	36.9
$CaCO_3$	2.8×10^{-9}	8.54	In_2S_3	6.3×10^{-74}	73.2

续表

化合物	K_{sp}	pK_{sp}	化合物	K_{sp}	pK_{sp}
CaF_2	2.7×10^{-11}	10.57	$La_2(CO_3)_3$	3.98×10^{-34}	33.4
$CaMnO_4$	1×10^{-8}	8.0	$LaPO_4$	3.7×10^{-23}	22.43
$Ca(OH)_2$	6.5×10^{-6}	5.19	$Mg(C_9H_6NO)_2$	4×10^{-16}	15.4
$CaSO_4$	2.4×10^{-5}	4.62	$MgCO_3$	3.5×10^{-8}	7.46
$CdCO_3$	1.0×10^{-12}	12.0	MgF_2	6.6×10^{-9}	8.18
CdS	1.0×10^{-27}	27.0	$MgNH_4PO_4$	2.5×10^{-13}	12.6
$Ce_2(C_2O_4)_3$	3×10^{-26}	25.5	$Mg(OH)_2$	7.1×10^{-12}	11.15
$Ce(OH)_3$	6.3×10^{-24}	23.2	$Mg_3(PO_4)_2\cdot 8H_2O$	6.31×10^{-26}	25.2
$Co(C_9H_6NO)_2$	6.3×10^{-25}	24.2	$Mn(C_9H_6NO)_2$	2×10^{-22}	21.7
$CoCO_3$	1.4×10^{-13}	12.84	$MnCO_3$	1.8×10^{-11}	10.74
$Co(OH)_2$(新析出)	1.3×10^{-15}	14.9	$Mn(OH)_2$	1.6×10^{-13}	12.8
MnS(无定型)	3.2×10^{-11}	10.5	$Pb(OH)_4$	3.2×10^{-66}	65.49
MnS(晶型)	3.2×10^{-14}	13.5	$Pb_3(PO_4)_3$	8.0×10^{-43}	42.1
$NiCO_3$	6.6×10^{-9}	8.18	PbS	3.2×10^{-28}	27.9
NiC_2O_4	4.0×10^{-10}	9.4	$PbSO_4$	1.6×10^{-8}	7.79
$Ni(OH)_2$(新析出)	2.0×10^{-15}	14.7	Sb_2S_3	1.5×10^{-93}	92.8
$Ni(OH)_2$(新析出)	2.0×10^{-15}	14.7	$Sm(OH)_3$	7.9×10^{-23}	22.10
$Ni_3(PO_4)_2$	5.0×10^{-31}	30.3	SnI_2	8.3×10^{-6}	5.08
α-NiS	3.2×10^{-19}	18.5	SnS	1.3×10^{-26}	25.9
β-NiS	1.0×10^{-24}	24	$SrCO_3$	1.1×10^{-10}	9.96
γ-NiS	2.0×10^{-26}	25.7	SrF_2	2.5×10^{-9}	8.61
$PbBr_2$	4.0×10^{-5}	4.41	$SrSO_4$	3.2×10^{-7}	6.49
$PbCl_2$	1.6×10^{-5}	4.79	$ZnCO_3$	1.4×10^{-11}	10.84
$PbCO_3$	7.4×10^{-14}	13.13	$Zn(OH)_2$ 无定型	2.09×10^{-16}	15.68
$PbCrO_4$	2.8×10^{-13}	12.55	α-ZnS	1.6×10^{-24}	23.8
PbF_2	2.7×10^{-8}	7.57	β-ZnS	2.5×10^{-22}	21.6
$Pb(OH)_2$	1.2×10^{-15}	14.93			

附录六　标准电极电位表

电极反应	$\varphi^{\ominus}$ / V
F_2(气)$+2H^++2e = 2HF$	3.06
$O_3+2H^++2e = O_2+2H_2O$	2.07
$S_2O_8^{2-}+2e = 2SO_4^{2-}$	2.01
$H_2O_2+2H^++2e = 2H_2O$	1.77
$MnO_4^-+4H^++3e = MnO_2$(固)$+2H_2O$	1.695
PbO_2(固)$+SO_4^{2-}+4H^++2e = PbSO_4$(固)$+2H_2O$	1.685
$HClO_2+H^++e = HClO+H_2O$	1.64
$HClO+H^++e = 1/2\ Cl_2+H_2O$	1.63
$Ce^{4+}+e = Ce^{3+}$	1.61
$H_5IO_6+H^++2e = IO_3^-+3H_2O$	1.60
$HBrO+H^++e = 1/2\ Br_2+H_2O$	1.59

续表

电极反应	$\varphi^\ominus$ / V
$BrO_3^- + 6H^+ + 5e = 1/2\ Br_2 + 3H_2O$	1.52
$MnO_4^- + 8H^+ + 5e = Mn^{2+} + 4H_2O$	1.51
Au(Ⅲ)+ 3e ══ Au	1.50
$HClO + H^+ + 2e = Cl^- + H_2O$	1.49
$ClO_3^- + 6H^+ + 5e = 1/2\ Cl_2 + 3H_2O$	1.47
PbO_2(固)+ $4H^+ + 2e = Pb^{2+} + 2H_2O$	1.455
$HIO + H^+ + e = 1/2\ I_2 + H_2O$	1.45
$ClO_3^- + 6H^+ + 6e = Cl^- + 3H_2O$	1.45
$BrO_3^- + 6H^+ + 6e = Br^- + 3H_2O$	1.44
Au(III)+ 2e ══ Au(I)	1.41
Cl_2(气)+ 2e ══ 2Cl	1.3595
$ClO_4^- + 8H^+ + 7e = 1/2\ Cl_2 + 4H_2O$	1.34
$Cr_2O_7^{2-} + 14H^+ + 6e = 2Cr^{3+} + 7H_2O$	1.33
MnO_2(固)+ $4H^+ + 2e = Mn^{2+} + 2H_2O$	1.23
O_2(气)+ $4H^+ + 4e = 2H_2O$	1.229
$IO_3^- + 6H^+ + 5e = 1/2\ I_2 + 3H_2O$	1.20
$ClO_4^- + 2H^+ + 2e = ClO_3^- + H_2O$	1.19
Br_2(液) + 2e ══ $2Br^-$	1.087
$NO_2 + H^+ + e = HNO_2$	1.07
$Br_3^- + 2e = 3Br^-$	1.05
$HNO_2 + H^+ + e$ ══ NO(气)+ H_2O	1.00
$VO_2^+ + 2H^+ + e = VO^{2+} + H_2O$	1.00
$HIO + H^+ + 2e = I^- + H_2O$	0.99
$NO_3^- + 3H^+ + 2e = HNO_2 + H_2O$	0.94
$ClO^- + H_2O + 2e = Cl^- + 2OH^-$	0.89
$H_2O_2 + 2e = 2OH^-$	0.88
$Cu^{2+} + I^- + e$ ══ CuI(固)	0.86
$Hg^{2+} + 2e = Hg$	0.845
$NO_3^- + 2H^+ + e = NO_2 + H_2O$	0.80
$Ag^+ + e = Ag$	0.7995
$Hg_2^{2+} + 2e = 2Hg$	0.793
$Fe^{3+} + e = Fe^{2+}$	0.771
$BrO^- + H_2O + 2e = Br^- + 2OH^-$	0.76
O_2(气)+ $2H^+ + 2e = H_2O_2$	0.682
$AsO_8^- + 2H_2O + 3e = As + 4OH^-$	0.68
$2HgCl_2 + 2e = Hg_2Cl_2$(固)+ $2Cl^-$	0.63
Hg_2SO_4(固)+ 2e ══ $2Hg + SO_4^{2-}$	0.6151
$MnO_4^- + 2H_2O + 3e = MnO_2 + 4OH^-$	0.588
$MnO_4^- + e = MnO_4^{2-}$	0.564
$H_3AsO_4 + 2H^+ + 2e = HAsO_2 + 2H_2O$	0.559
$I_3^- + 2e = 3I^-$	0.545
I_2(固)+ 2e ══ $2I^-$	0.5345
Mo(Ⅵ)+ e ══ Mo(V)	0.53
$Cu^+ + e = Cu$	0.52
$4SO_2$(液)+ $4H^+ + 6e = S_4O_6^{2-} + 2H_2O$	0.51
$HgCl_4^{2-} + 2e = Hg + 4Cl^-$	0.48
$2SO_2$(液)+ $2H^+ + 4e = S_2O_3^{2-} + H_2O$	0.40
$Fe(CN)_6^{3-} + e = Fe(CN)_6^{4-}$	0.36

续表

电极反应	$\varphi^{\ominus}$ / V
$Cu^{2+} + 2e \rightleftharpoons Cu$	0.337
$VO^{2+} + 2H^{+} + 2e \rightleftharpoons V^{3+} + H_2O$	0.337
$BiO^{+} + 2H^{+} + 3e \rightleftharpoons Bi + H_2O$	0.32
Hg_2Cl_2(固)$+ 2e \rightleftharpoons 2Hg + 2Cl^{-}$	0.2676
$HAsO_2 + 3H^{+} + 3e \rightleftharpoons As + 2H_2O$	0.248
$AgCl$(固)$+ e \rightleftharpoons Ag + Cl^{-}$	0.2223
$SbO^{+} + 2H^{+} + 3e \rightleftharpoons Sb + H_2O$	0.212
$SO_4^{2-} + 4H^{+} + 2e \rightleftharpoons SO_2$(液)$+ H_2O$	0.17
$Cu^{2+} + e \rightleftharpoons Cu^{-}$	0.519
$Sn^{4+} + 2e \rightleftharpoons Sn^{2+}$	0.154
$S + 2H^{+} + 2e \rightleftharpoons H_2S$(气)	0.141
$Hg_2Br_2 + 2e \rightleftharpoons 2Hg + 2Br^{-}$	0.1395
$TiO^{2+} + 2H^{+} + e \rightleftharpoons Ti^{3+} + H_2O$	0.1
$S_4O_6^{2-} + 2e \rightleftharpoons 2S_2O_3^{2-}$	0.08
$AgBr$(固)$+ e \rightleftharpoons Ag + Br^{-}$	0.071
$2H^{+} + 2e \rightleftharpoons H_2$	0.000
$O_2 + H_2O + 2e \rightleftharpoons HO_2^{-} + OH^{-}$	−0.067
$TiOCl^{+} + 2H^{+} + 3Cl^{-} + e \rightleftharpoons TiCl_4^{-} + H_2O$	−0.09
$Pb^{2+} + 2e \rightleftharpoons Pb$	−0.126
$Sn^{2+} + 2e \rightleftharpoons Sn$	−0.136
AgI(固)$+ e \rightleftharpoons Ag + I^{-}$	−0.152
$Ni^{2+} + 2e \rightleftharpoons Ni$	−0.246
$H_3PO_4 + 2H^{+} + 2e \rightleftharpoons H_3PO_3 + H_2O$	−0.276
$Co^{2+} + 2e \rightleftharpoons Co$	−0.277
$Tl^{+} + e \rightleftharpoons Tl$	−0.3360
$In^{3+} + 3e \rightleftharpoons In$	−0.345
$PbSO_4$(固)$+ 2e \rightleftharpoons Pb + SO_4^{2-}$	−0.3553
$SeO_3^{2-} + 3H_2O + 4e \rightleftharpoons Se + 6OH^{-}$	−0.366
$As + 3H^{+} + 3e \rightleftharpoons AsH_3$	−0.38
$Se + 2H^{+} + 2e \rightleftharpoons H_2Se$	−0.40
$Cd^{2+} + 2e \rightleftharpoons Cd$	−0.403
$Cr^{3+} + e \rightleftharpoons Cr^{2+}$	−0.41
$Fe^{2+} + 2e \rightleftharpoons Fe$	−0.440
$S + 2e \rightleftharpoons S^{2-}$	−0.48
$2CO_2 + 2H^{+} + 2e \rightleftharpoons H_2C_2O_4$	−0.49
$H_3PO_3 + 2H^{+} + 2e \rightleftharpoons H_3PO_2 + H_2O$	−0.50
$Sb + 3H^{+} + 3e \rightleftharpoons SbH_3$	−0.51
$HPbO_2^{-} + H_2O + 2e \rightleftharpoons Pb + 3OH^{-}$	−0.54
$Ga^{3+} + 3e \rightleftharpoons Ga$	−0.56
$TeO_3^{2-} + 3H_2O + 4e \rightleftharpoons Te + 6OH^{-}$	−0.57
$2SO_3^{2-} + 3H_2O + 4e \rightleftharpoons S_2O_3^{2-} + 6OH^{-}$	−0.58
$SO_3^{2-} + 3H_2O + 4e \rightleftharpoons S + 6OH^{-}$	−0.66
$AsO_4^{3-} + 2H_2O + 2e \rightleftharpoons AsO_2^{-} + 4OH^{-}$	−0.67
Ag_2S(固)$+ 2e \rightleftharpoons 2Ag + S^{2-}$	−0.69
$Zn^{2+} + 2e \rightleftharpoons Zn$	−0.763
$2H_2O + 2e \rightleftharpoons H_2 + 2OH^{-}$	−8.28
$Cr^{2+} + 2e \rightleftharpoons Cr$	−0.91
$HSnO_2^{-} + H_2O + 2e \rightleftharpoons Sn^{-} + 3OH^{-}$	−0.91

续表

电极反应	$\varphi^{\ominus}$ / V
$Se + 2e \longrightarrow Se^{2-}$	−0.92
$Sn(OH)_6^{2-} + 2e \longrightarrow HSnO_2^- + H_2O + 3OH^-$	−0.93
$CNO^- + H_2O + 2e \longrightarrow Cn^- + 2OH^-$	−0.97
$Mn^{2+} + 2e \longrightarrow Mn$	−1.182
$ZnO_2^{2-} + 2H_2O + 2e \longrightarrow Zn + 4OH^-$	−1.216
$Al^{3+} + 3e \longrightarrow Al$	−1.66
$H_2AlO_3^- + H_2O + 3e \longrightarrow Al + 4OH^-$	−2.35
$Mg^{2+} + 2e \longrightarrow Mg$	−2.37
$Na^+ + e \longrightarrow Na$	−2.71
$Ca^{2+} + 2e \longrightarrow Ca$	−2.87
$Sr^{2+} + 2e \longrightarrow Sr$	−2.89
$Ba^{2+} + 2e \longrightarrow Ba$	−2.90
$K^+ + e \longrightarrow K$	−2.925
$Li^+ + e \longrightarrow Li$	−3.042

附录七　主要基团的红外特征吸收峰

基团	振动类型	波数（cm^{-1}）	波长（μm）	强度	备注
一、烷烃类	CH 伸	3000～2843	3.33～3.52	中、强	分为对称与反对称伸缩
	CH 伸（反称）	2972～2880	3.37～3.47	中、强	
	CH 伸（对称）	2882～2843	3.49～3.52	中、强	
	CH 弯（面内）	1490～1350	6.71～7.41		
	C−C 伸（骨架振动）	1250～1140	8.00～8.77		
甲基	CH 伸（反称）	2962±10	3.38±0.01	强	
	CH 伸（对称）	2872±10	3.40±0.01	强	
	CH 弯（反称、面内）	1450±20	6.90±0.10	中	
	CH 弯（对称、面内）	1380～1365	7.25～7.33	强	异丙基与叔丁基有分裂
亚甲基	CH 伸（反称）	2926±10	3.42±0.01	强	
	CH 伸（对称）	2853±10	3.51±0.01	强	
	CH 弯（面内）	1465±20	6.83±0.10	中	
叔丁基	CH 伸	2890±10	3.46±0.01	弱	
	CH 弯（面内）	～1340	～7.46	弱	
二、烯烃类	CH 伸	3100～3000	3.23～3.33	中、弱	
	C＝C 伸	1695～1630	5.90～6.13	不定	共轭为双峰
	CH 弯（面内）	1430～1290	7.00～7.75	中	
	CH 弯（面外）	1010～650	9.90～15.4	强	
单取代	CH 伸（反称）	3092～3077	3.23～3.25	中	
	CH 伸（对称）	3025～3012	3.31～3.32	中	
	CH 弯（面外）	995～985	10.02～10.15	强	
	CH_2 弯（面外）	910～905	10.99～11.05	强	

续表

基团	振动类型	波数（cm^{-1}）	波长（μm）	强度	备注
顺－双取代	CH 伸	3050～3000	3.28～3.33	中	
	CH 弯（面内）	1310～1295	7.63～7.72	中	
	CH 弯（面外）	730～650	13.70～15.38	强	
反－双取代	CH 伸	3050～3000	3.28～3.33	中	
	CH 弯（面外）	980～650	10.20～10.36	强	
三、炔烃类	CH 伸	～3300	～3.03	中	
	C≡C 伸	2270～2100	4.41～4.76	中	
	CH 弯（面内）	1260～1245	7.94～8.03		一般无应用价值
	CH 弯（面外）	645～615	15.50～16.25	强	
四、取代苯类	CH 伸	3100～3000	3.23～3.33	不定	三、四个峰，苯环特征峰
	泛频峰	2000～1667	5.00～6.00	弱	
	骨架振动（$\nu_{C=C}$）	1600±20	6.25±0.08	中、强	确定苯环存在最重要峰之一；苯环与不饱和基团或含有 *n* 电子的基团相连形成共轭时出现 1580 峰
		1500±25	6.67±0.10		
		1580±10	6.33±0.04		
		1450±20	6.90±0.10		
	CH 弯（面内）	1250～1000	8.00～10.00	弱	
	CH 弯（面外）	910～665	10.99～15.03	强	确定苯取代位置最重要峰
单取代	CH 弯（面外）	770～730	12.99～13.70	极强	五个氢相邻
邻－双取代	CH 弯（面外）	770～735	12.99～13.61	极强	四个氢相邻
间－双取代	CH 弯（面外）	810～750	12.35～13.33	极强	三个氢相邻
		900～860	11.12～11.63	中	一个氢（次要）
对－双取代	CH 弯（面外）	860～800	11.63～12.50	极强	二个氢相邻
	C＝C 弯	730～690	13.70～14.49	弱	两取代基不同时才出现
1,2,3,－三取代	CH 弯（面外）	810～750	12.35～13.33	极强	三个氢相邻易与间双取代混淆，参考泛频峰
	C＝C 弯	730～680	13.70～14.71	中	
1,3,5－三取代	CH 弯（面外）	874～835	11.44～11.98	强	一个氢
1,2,4－三取代	CH 弯（面外）	885～860	11.30～11.63	中	一个氢
		860～800	11.63～12.50	强	二个相邻氢
五、醇与酚类	OH 伸	3700～3200	2.70～3.13	不定	
	OH 弯（面内）	1410～1260	7.09～7.93	弱	
	C－O 伸	1260～1000	7.94～10.00	强	
	O－H 弯（面外）	750～650	13.33～15.38	强	液态有此峰
OH 伸缩振动					
游离 OH	OH 伸	3650～3590	2.74～2.79	强	锐锋
分子间氢键	OH 伸	3500～3300	2.86～3.03	强	钝峰（稀释向低频移动）
分子内氢键	OH 伸（单桥）	3570～3450	2.80～2.90	强	钝峰（稀释无影响）
OH 弯和 C－O 伸					
伯醇（饱和）	OH 弯（面内）	～1400	～7.14	强	
	C－O 伸	1085～1050	9.22～9.52	强	

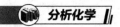

续表

基团	振动类型	波数（cm^{-1}）	波长（μm）	强度	备注
仲醇（饱和）	OH 弯（面内）	～1400	～7.14	强	
	C－O 伸	1124～1087	8.90～9.20	强	
叔醇（饱和）	OH 弯（面内）	～1400	～7.14	强	
	C－O 伸	1205～1124	8.30～8.90	强	
酚类	OH 弯（面内）	1390～1330	7.20～7.52	中	
	Ar－O 伸	1260～1180	7.94～8.47	强	
六、醚类	C－O－C 伸	1270～1010	7.87～9.90	强	
脂链醚					
饱和	C－O－C 伸	1150～1060	8.70～9.43	强	
不饱和	＝C－O－C 伸	1225～1200	8.16～8.33	强	
脂环醚					
四元环	C－O－C 伸（反称）	～1030	～9.71	强	
	C－O－C 伸（对称）	～980	～10.20	强	
五元环	C－O－C 伸（反称）	～1050	～9.52	强	
	C－O－C 伸（对称）	～900	～11.11	强	
六元以上环	C－O－C 伸	～1100	～9.09	强	
芳醚（氧与芳环相连）	＝C－O－C 伸（反称）	1270～1230	7.87～8.13	强	氧与侧链碳相连的芳醚同脂醚
	＝C－O－C 伸（对称）	1050～1000	9.52～10.00	中	
	CH 伸	～2825	～3.53	弱	O－CH_3 的特征峰
七、醛类	CH 伸	2850～2710	3.51～3.69	弱	一般有～2820 及～2720 两个峰
	C＝O 伸	1755～1655	5.70～6.00	很强	
	CH 弯（面外）	975～780	10.26～12.80	中	
饱和脂肪醛	C＝O 伸	～1725	～5.80	强	
	C－C 伸	1440～1325	6.95～7.55	中	羰基相连的碳，受羰基影响而“活性化”，C－C 伸缩出现较强吸收
α，*β* 不饱和醛	C＝O 伸	～1685	～5.93	强	
芳醛	C＝O 伸	～1695	～5.90	强	
	C－C 伸	1415～1160	7.07～7.41	中	与芳环取代基有关
八、酮类	C＝O 伸	1730～1630	5.78～6.13	极强	
	C－C 伸	1250～1030	8.00～9.70	弱	
	泛频	3510～3390	22.85～2.95	很弱	
脂肪酮					
饱和链状酮	C＝O 伸	1725～1705	5.80～5.86	强	
α，*β* 不饱和酮	C＝O 伸	1690～1675	5.92～5.97	强	C＝O 与 C＝C 共轭向低频移动
芳酮	C＝O 伸	1700～1630	5.88～6.14	强	很宽的谱带
	C－C 伸	1250～1030	8.00～9.70	强	
Ar－CO	C＝O 伸	1690～1680	5.92～5.95	强	
二芳基酮	C＝O 伸	1670～1660	5.99～6.02	强	
1－酮基－2－羟基（或氨基）芳酮	C＝O 伸	1665～1635	6.01～6.12	强	

续表

基团	振动类型	波数（cm^{-1}）	波长（μm）	强度	备注
脂环酮					
四元环酮	C＝O 伸	～1775	～5.63		
五元环酮	C＝O 伸	1750～1740	5.71～5.75	强	
六元、七元环酮	C＝O 伸	1745～1725	5.73～5.80	强	
九、羧酸类	OH 伸	3400～2500	2.94～4.00	中	在稀溶液中，单体酸为锐锋在～3350；二聚体是以～3000为中心的宽峰
	C＝O 伸	1740～1650	5.75～6.06	强	
	OH 弯（面内）	～1430	～6.99	弱	
	C－O 伸	～1300	～7.69	中	
	OH 弯（面外）	955～915	10.47～10.93	弱	二聚体
脂肪酸					
R－COOH	C＝O 伸	1725～1700	5.80～5.88	强	
卤代脂肪酸	C＝O 伸	1740～1705	5.75～5.87	强	
α，β不饱和酸	C＝O 伸	1705～1690	5.87～5.91	强	
芳酸					
分子间氢键	C＝O 伸	1700～1680	5.88～5.95	强	
分子内氢键	C＝O 伸	1670～1650	5.99～6.06	强	
十、羧酸盐类	C＝O 伸（反称）	1610～1550	6.21～6.45	强	
	C＝O 伸（对称）	1440～1360	6.94～7.35	中	
十一、酸酐类					
链酸酐	C＝O 伸（反称）	1850～1800	5.41～5.56	强	共轭时每个谱带下降20
	C＝O 伸（对称）	1780～1740	5.62～5.75	强	
	C－O 伸	1170～1050	8.55～9.52	强	
环酸酐（五元环）	C＝O 伸（反称）	1870～1820	5.35～5.49	强	共轭时每个谱带下降20
	C＝O 伸（对称）	1800～1750	5.56～5.71	强	
	C－O 伸	1300～1200	7.69～8.33	强	
十二、酯类	C＝O 伸（倍频）	～3450	～2.90	弱	
	C＝O 伸	1770～1720	5.65～5.81	强	
	C－O－C 伸	1280～1100	7.81～9.09	强	
正常饱和酯	C＝O 伸	1744～1739	5.73～5.75	强	
α，β不饱和酯	C＝O 伸	～1720	～5.81	强	
δ－内酯	C＝O 伸	1750～1735	5.71～5.76	强	
γ－内酯（饱和）	C＝O 伸	1780～1760	5.62～5.68	强	
β－内酯	C＝O 伸	～1820	～5.50	强	
十三、胺类	NH 伸	3500～3300	2.86～3.03	中	伯胺强、中；仲胺极弱
	NH 弯（面内）	1650～1510	6.06～6.62		
	C－N 伸	1340～1020	7.46～9.80	中	
	NH 弯（面外）	900～650	11.1～15.4	强	

续表

基团	振动类型	波数（cm^{-1}）	波长（μm）	强度	备注
伯胺类	NH 伸（反称）	～3500	～2.86	中	
	NH 伸（对称）	～3400	～2.94	中	
	NH 弯（面内）	1650～1590	6.06～6.29	强、中	
	C－N 伸（芳香）	1380～1250	7.25～8.00	强	
	C－N 伸（脂肪）	1250～1020	9.00～9.80	中、弱	
仲胺类	NH 伸	3500～3300	2.86～3.03	中	一个峰
	NH 弯（面内）	1650～1550	6.06～6.45	极弱	
	C－N 伸（芳香）	1350～1280	7.41～7.81	强	
	C－N 伸（脂肪）	1220～1020	8.20～9.80	中、弱	
叔胺类	C－N 伸（芳香）	1360～1310	7.35～7.63	中	
	C－N 伸（脂肪）	1220～1020	8.20～9.80	中、弱	
十四、酰胺类（脂肪与芳香酰胺数据类似）	NH 伸	3500～3100	2.86～3.22	强	伯酰胺双峰，仲酰胺单峰
	C＝O 伸	1680～1630	5.95～6.13	强	谱带 I
	NH 弯（面内）	1665～1510	6.01～6.62	强	谱带 II
	C－N 伸	1420～1400	7.04～7.14	中	谱带III
伯酰胺	NH 伸（反称）	～3350	～2.98	强	
	NH 伸（对称）	～3180	～3.14	强	
	C＝O 伸	1680～1650	5.95～6.06	强	
	NH 弯（剪式）	1650～1625	6.06～6.15	强	
	C－N 伸	1420～1400	7.04～7.14	中	
	NH_2 面内摇摆	～1150	～8.70	弱	
	NH_2 面外摇摆	750～600	13.33～16.67	中	
仲酰胺	NH 伸	～3270	～3.09	强	
	C＝O 伸	1680～1630	5.95～6.13	强	
	NH 弯（面内）＋C－N 伸	1570～1515	6.37～6.60	中	两者重合
	C－N 伸＋NH 弯（面外）	1310～1200	7.63～8.3	中	两者重合
叔酰胺	C＝O 伸	1670～1630	5.99～6.13		
十五、氰类					
脂肪族氰	C≡N 伸	2260～2240	4.43～4.46	强	
α，β 芳香氰	C≡N 伸	2240～2220	4.46～4.51	强	
α，β 不饱和氰	C≡N 伸	2235～2215	4.47～4.52	强	
十六、硝基					
脂肪硝基	NO_2 伸（反称）	1590～1530	6.29～6.54	强	
	NO_2 伸（对称）	1390～1350	7.19～7.41	强	
	C－N 伸	920～800	10.87～12.50	中	
芳香硝基	NO_2 伸（反称）	1530～1510	6.54～6.62	强	
	NO_2 伸（对称）	1350～1330	7.41～7.52	强	
	C－N 伸	860～840	11.63～11.90	强	

附录八 质谱中常见的中性碎片与碎片离子

附表 8－1 常见的分子离子丢失的中性碎片

离子	中性碎片	可能的推断
M－1	H	醛（某些酯和胺）
M－15	CH_3	高度分枝的碳链，在分枝处甲基裂解，醛、酮、酯
	CH_3+H	高度分枝的碳链，在分枝处裂解
M－16	O	硝基物、亚砜、吡啶 *N*－氧化物、环氧、醌等
	NH_2	$ArSO_2NH_2$，$-CONH_2$
M－17	OH	醇，羧酸
	NH_3	—
M－18	H_2O，NH_4	醇、醛、酮、胺等
M－19	F	氟化物
M－20	HF	氟化物
M－26	C_2H_2	芳烃
	C≡N	腈
M－27	CH_2=CH_2	酯、R_2CHOH
	HCN	氮杂环
M－28	CO，N_2	醌、甲酸酯等
	C_2H_4	芳香乙醚乙酯，正丙基酮，环烷烃，烯烃
M－29	C_2H_5	高度分枝的碳链，在分枝处乙基裂解，环烷烃
	CHO	醛
M－30	C_2H_6	高度分枝的碳链，在分枝处裂解
	CH_2O	芳香甲醚
	NO	$Ar-NO_2$
	NH_2CH_2	伯胺类
M－31	OCH_3	甲酯，甲醚
	CH_2OH	醇
	CH_3NH_2	胺
M－32	CH_3OH	甲酯
	S	—
	CH_3^+ H_2O	—
M－33	CH_2F	氟化物
	HS	硫醇
M－34	H_2S	硫醇
M－35	Cl	氯化物（注意 ^{37}Cl 同位素峰）
M－36	HCl	氯化物
M－37	H_2Cl	氯化物

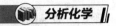

续表

离子	中性碎片	可能的推断
M－39	C_3H_3	丙烯酯
M－40	C_3H_4	芳香化合物
M－41	C_3H_5	烯烃（烯丙基裂解），丙基酯，醇
M－42	C_3H_6	丁基酮，芳香醚，正丁基芳烃，烯，丁基环烷
	CH_2CO	甲基酮，芳香乙酸酯，$ArNHCOCH_3$
M－43	C_3H_7	高分枝碳链的丙基，丙基酮，醛，酯，正丁基芳烃
	NHCO	环酰胺
	CH_3CO	甲基酮
M－44	CO_2	酯（碳架重排），酐
	C_3H_8	高度分枝的碳链
	$CONH_2$	酰胺
	CH_2CHOH	醛
M－45	CO_2H	羧酸
	C_2H_5O	乙基醚，乙基酯
M－46	C_2H_5OH	乙酯
	NO_2	$Ar-NO_2$
M－47	C_2H_4F	氟化物
M－48	SO	芳香亚砜
M－49	CH_2Cl	氯化物（注意 ^{37}Cl 同位素峰）
M－53	C_4H_5	丁烯酯
M－55	C_4H_7	丁酯
M－56	C_4H_8	$Ar-C_5H_{11}$，$Ar-n-C_4H_9$，$Ar-i-C_4H_9$，戊基酮，戊酯
M－57	C_4H_9	丁基酮，高度分枝碳链
	C_2H_5CO	乙基酮
M－58	C_4H_{10}	高度分枝碳链
M－59	C_3H_7O	丙基醚，丙基酯
	$COOCH_3$	$R-C(=O)OCH_3$
M－60	CH_3COOH	醋酸酯
M－63	C_2H_4Cl	氯化物
M－67	C_5H_7	戊烯酯
M－69	C_5H_9	酯，烯
M－71	C_5H_{11}	高度分枝碳链
M－72	C_5H_{12}	高度分枝碳链
M－73	$CO_2C_2H_5$	酯
M－74	$C_3H_6O_2$	一元羧酸甲酯
M－77	C_6H_5	芳香化合物
M－79	Br	溴化物（注意 ^{81}Br 同位素峰）
M－127	I	碘化物

附表 8－2　质谱中一些常见的碎片离子

m/z	组成或结构	m/z	组成或结构
15	$CH_3^{+\cdot}$	36/38（3：1）	$HCl^{+\cdot}$
18	$H_2O^{+\cdot}$	39	$C_3H_3^+$
26	$C_2H_2^{+\cdot}$	40	$C_3H_4^{+\cdot}$
27	$C_2H_3^+$	41	$C_3H_5^+$
28	$CO^{+\cdot}$，$C_2H_4^{+\cdot}$，$N_2^{+\cdot}$	42	$C_2H_2O^{+\cdot}$，$C_3H_6^{+\cdot}$
29	CHO^+，$C_2H_5^+$	43	CH_3CO^+，$C_3H_7^+$
30	$CH_2{=}^+NH_2$	44	$C_2H_6N^+$，$O{=}^+C{=}NH_2$ $CO_2^{+\cdot}$，$C_3H_8^{+\cdot}$， $CH_2{=}(CH)(OH)^{+\cdot}$
31	$CH_2^+{=}O$，CH_3O^+	45	$CH_2{=}OCH_3$，$CH_3CH{=}OH$
47	$CH_2{=}SH^+$	77	$C_6H_5^+$
49/51（3:1）	CH_2Cl^+	78	$C_6H_6^{+\cdot}$
50	$C_4H_2^{+\cdot}$	79	$C_6H_7^+$
51	$C_4H_3^+$	79/81（1:1）	Br^+
55	$C_4H_7^+$	80/82（1:1）	$HBr^{+\cdot}$
56	$C_4H_8^{+\cdot}$	80	$C_5H_6N^+$
57	$C_4H_9^+$，$C_2H_5CO^+$	81	$C_5H_5O^+$
58	$C_3H_8N^+$，$CH_2{=}C(OH)CH_3^{+\cdot}$	111	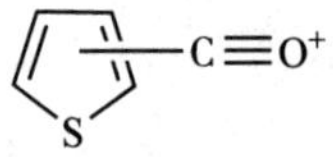
59	$COOCH_3^+$，$CH_2{=}C(OH)NH_2^+$ $C_2H_5CH{=}^+OH$，$CH_2{=}^+O{-}C_2H_5$	121	$C_6H_9O^+$
60	$CH_2{=}C(OH)OH^{+\cdot}$	122	C_6H_5COOH
61	$CH_3C(OH){=}OH^+$，$CH_2CH_2SH^+$	123	$C_6H_5COOH_2^+$
65	$C_5H_5^+$	127	I^+
66	$H_2S_2^{+\cdot}$	128	$HI^{+\cdot}$
68	$CH_2CH_2CH_2CN^+$	130	$C_9H_8^+N^+$
69	CF_3^+，$C_5H_9^+$	135/137（1：1）	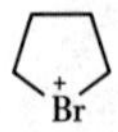
70	$C_5H_{10}^{+\cdot}$	141	CH_2I^+
71	$C_5H_{11}^+$，$C_3H_7CO^+$	147	$(CH_3)_2Si{=}^+O{-}Si(CH_3)_3$
72	$CH_2{=}C(OH)C_2H_5^{+\cdot}$ $C_3H_7CH{=}^+NH_2$ 及异构体	149	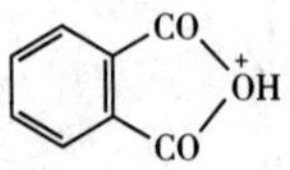
73	$C_5H_9O^+$，$COOC_2H_5$，$(CH_3)Si^+$	160	$C_{10}H_{10}NO^+$
74	$CH_2{\equiv}C(OH)OCH_3^{+\cdot}$	190	$C_{11}H_{12}NO_2^+$
75	$C_2H_5C^+(OH)_2$		

附录九　常用气相色谱固定液

固定液	英文名称与代号	分子式或结构式	最高使用温度（℃）	涂渍用溶剂	相对极性	分析对象（参考）
1. 角鲨烷（0）	Squalane（SQ）	2，6，10，15，19，23－六甲基二十四烷	150	3，7	0	是非极性标准固定液，分离一般烃类及非极性化合物
2. 阿皮松 L（真空润滑脂 L）（143～166）	Apiezon（APL）	高分子量饱和烃的混合物，安处理温度不同而分为 N、L 等各种类型	300	1，5	—	各类高沸点化合物
3. 甲基硅油或甲基硅橡胶（203～229）	Methylsilicone oil（甲基硅油－1 等）Methylsilicone gum（SE－30，OV－1 等）	结构式见十八章	200～230 300～350	1，3，4 1，3，4	+1	非极性与弱极性化合物
4. 苯基（10%）j 甲基聚硅氧烷（423）	苯基甲基硅油（10%）OV－3 等	同上	200～320	1，2，3，4	+1	因引入苯基，芳烃的保留时间稍长
5. 基（20%）甲基聚硅氧烷（592）	OV－7 等	同上	320	1，2，3，4	+1	同上
6. 邻苯二甲酸二壬酯（～767）	Dinonyl phthalate（DNP）	$\begin{array}{c} COOC_9H_{19} \\ COOC_9H_{19} \end{array}$	150（或 130）	1，2，5	+2	芳香、不饱和及含氧化合物
7. 苯基（50%）甲基聚硅氧烷	OV－17 等	见第十八章	320	1	+2	弱至中等极性化合物
8. 苯基（60%）甲基聚硅氧烷（1075）	OV－22 等	同上	300	1	+2	同上
9. 三氟丙基（50%）甲基聚硅氧烷（1500～1520）	Trifluoropropyl-methyl polysiloxane（QF－1 等）	结构式见第十八章	250～275	1	+2	分离沸点相近的烷烃与烯烃；芳烃与环烷烃；醇与酮；卤代物分析
10. β－氰乙基（25%）甲基聚硅氧烷（1785）	Cyanoethyl polysiloxane（XE－60 等）	同上	250	2	+3（或+2）	除上述功能外，还能分离酚与苯酚醚；烃和硝基、氰基化合物
11. 聚乙二醇－20M（2308）	Cabowax 20M 或 polyethylene glycol	$HOCH_2CH_2(OCH_2CH_2)$ $n－OCH_2CH_2OH$	200	1，2，3，5	+3	醇、酮、醛、及含氧化合物等
12. 有机皂土	Bentone－34		200	7	+4	芳烃，对二甲苯异构体有高选择性
13.（聚）己二酸二乙二醇酯（2764）	（poly）diethylene glycol adipate（DEGA or PDE－GA）	250		1，2	+4	C_1～C_{24} 的脂肪酸甲酯
14.（聚）丁二酸二乙二醇酯（3430～3543）	（poly）diethylene succinate（DEGS or PDEGS）		220	1	+4	脂肪酸、氨基酸
15. 1，2，3－三（2－氰乙氧基）丙烷（4145）	1，2，3－tri（2－cya-noethoxy）propane（TCEP）		100	1，6，7	+5	含氧化合物的衍生物
16. β，β－样二丙氰	β，β－oxydipropi-onitrile（ODPN）	$O\begin{array}{l} CH_2CH_2CN \\ CH_2CH_2CN \end{array}$	100	7	+5	芳烃、含氧化合物等

说明：①固定液的顺序按极性（麦氏常数值－括号中数值）由小到大排列。除 2、6、12 及 16 号固定液外，其他 12 个为优选固定液（J Chromatogr Sci，1973；11（4）：201～206）。

②每种固定液只列举代表性固定液，国产固定液可参考选择。

③涂渍固定液用溶剂代号：1－二氯甲烷，2－丙醇，3－乙醚，4－苯，5－二氯甲烷，6－甲醇，7－甲苯。

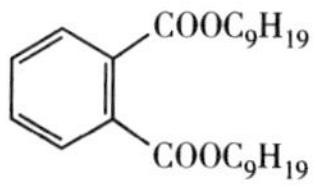

附录十　气相色谱相对重量校正因子（f_g）

物质名称	热导	氢焰
一、正构烷		
甲烷	0.58	1.03
乙烷	0.76	1.03
丙烷	0.86	1.02
丁烷	0.87	0.91
戊烷	0.88	0.96
己烷	0.89	0.97
庚烷	0.89	1.00*
辛烷	0.92	1.03
壬烷	0.93	1.02
二、异构烷		
异丁烷	0.91	
异戊烷	0.91	0.95
2, 2－二甲基丁烷	0.95	0.96
2, 3－三甲基丁烷	0.95	0.97
2－甲基戊烷	0.92	0.95
3－甲基戊烷	0.93	0.96
2－甲基己烷	0.94	0.98
3－甲基己烷	0.96	0.98
三、环烷		
环戊烷	0.92	0.96
甲基环戊烷	0.93	0.99
环己烷	0.94	0.99
甲基环己烷	1.05	0.99
1, 1－二甲基环己烷	1.02	0.97
乙基环己烷	0.99	0.99
环庚烷		0.99
四、不饱和烃		
乙烯	0.75	0.98
丙烯	0.83	
异丁烯	0.88	
正丁烯－1	0.88	
五烯－1	0.91	
己烯－1		1.01
己炔		0.94
五、芳香烃		
苯	1.00	0.89
甲苯	1.02	0.94
乙苯	1.05	0.97
间二甲苯	1.04	0.96
对二甲苯	1.04	1.00
邻二甲苯	1.08	0.98
异丙苯	1.09	1.03
正丙苯	1.05	0.99
联苯	1.16	
萘	1.18	
四氢萘	1.16	
六、醇		
甲醇	0.75	4.35
乙醇	0.82	2.18
正丙醇	0.92	1.67
异丙醇	0.91	1.89
正丁醇	1.00	1.52
异丁醇	0.98	1.47
仲丁醇	0.97	1.59
叔丁醇	0.98	1.35
正戊醇		1.39
戊醇－2	1.02	
正己醇	1.03	1.35
正庚醇	1.16	
正辛醇		1.17
正癸醇		1.19
环己醇	1.14	
七、醛		
乙醛	0.87	
丁醛		1.61
庚醛		1.30
辛醛		1.28
癸醛		1.25

续表

物质名称	热导	氢焰
八、酮		
丙酮	0.87	2.04
甲乙酮	0.95	1.04
二乙基酮	1.00	
3－己酮	1.04	
2－己酮	0.98	
甲基正戊酮	1.10	
环戊酮	1.01	
环己酮	1.01	
九、酸		
乙酸		4.17
丙酸		2.5
丁酸		2.09
己酸		1.58
庚酸		1.64
辛酸		1.54
十、酯		
乙酸甲酯		5.0
乙酸乙酯	1.01	2.64
乙酸异丙酯	1.08	2.04
乙酸正丁酯	1.10	1.81
乙酸异丁酯		1.85
乙酸异戊酯	1.10	1.61
乙酸正戊酯	1.14	
乙酸正庚酯	1.19	
十一、醚		
乙醚	0.86	
异丙醚	1.01	
正丙醚	1.00	
乙基正丁基醚	1.01	
正丁醚	1.04	
正戊醚	1.10	
十二、胺与腈		
正丁胺	0.82	
正戊胺	0.73	
正己胺	1.25	
二乙胺		1.64
乙腈	0.68	
丙腈	0.83	
正丁腈	0.84	
苯胺	1.05	1.03
十三、卤素化合物		
二氯甲烷	1.14	
三氯甲烷	1.41	
四氯化碳	1.64	
1,1－二氯乙烷	1.23	
1,2－二氯丙烷	1.30	
三氯乙烯	1.45	
1－氯丁烷	1.10	
1－氯戊烷	1.10	
1－氯己烷	1.14	
氯苯	1.25	
邻氯甲苯	1.27	
氯代环己烷	1.27	
溴乙烷	1.43	
1－溴丙烷	1.47	
1－溴丁烷	1.47	
2－溴戊烷	1.52	
碘甲烷	1.89	
碘乙烷	1.89	
十四、杂环化合物		
四氢呋喃	1.11	
吡咯	1.00	
吡啶	1.01	
四氢吡咯	1.00	
喹啉	0.86	
哌啶	1.06	1.75
十五、其他		
水	0.70	氢焰无信号
硫化氢	1.14	氢焰无信号
氨	0.54	氢焰无信号
二氧化碳	1.18	氢焰无信号
一氧化碳	0.86	氢焰无信号
氩	0.22	氢焰无信号
氮	0.86	氢焰无信号
氧	1.02	氢焰无信号

练习题参考答案

第一章　绪论

1～6. 略

第二章　误差与分析数据处理

1～5. 略

6.（1）4位；（2）3位；（3）4位；（4）2位；（5）2位

7.（1）6.1；（2）7.1×10^3；（3）53；（4）8.0；（5）3.8×10^2；（6）28

8.（1）0.39；（2）29.3；（3）1.44×10^3；（4）8.01；（5）1.0×10^{-4}

9.（1）$\bar{d}_1=0.20$，$\bar{d}_{r1}=0.37\%$，$S_1=0.27$，$RSD_1=0.51\%$

（2）$\bar{d}_1=0.20$，$\bar{d}_{r1}=0.37\%$，$S_1=0.33$，$RSD_1=0.62\%$；第一组实验数据的精密度更高

10. 数据10.83%应该舍弃，$Q=0.59$. $Q_{90\%,6}=0.56$，$Q>Q_{90\%,6}$，平均值应报11.17%

11. 数据5987应该舍弃，平均值应报5950mg/L，平均值的置信区间为$\mu=5950\pm8$mg/L

12. $t=3.46$，$t_{0.05,4}=2.78$，$t>t_{0.05,4}$，存在显著性差异。

13. $F=2.73$，$t=1.8$，皆小于$P=95\%$时的临界值，精密度和平均值之间均无显著性差异，HPLC法可以替代化学法。

14. 无数据需要舍弃；$F=1.84$，$t=0.18$，皆小于$P=95\%$时的临界值，精密度和准确度无显著性差异。

15. $A=0.0202c+0.0439$，$R^2=0.9982$，$r=0.9991$，$c_x=26.7\mu g/ml$。

第三章　滴定分析法概论

1～4，略

5. 由于失去部分结晶水，会使得一定质量的基准物质中的有效成分增加，在标定时会使得HCl和NaOH的消耗体积增大，因此会使得测定结果c_{HCl}和c_{NaOH}减小，产生负误差。

6. 18mol/L；27ml

7. 0.1058mol/L

8. 0.008621g/ml；0.009581g/ml；0.009262g/ml

9. 461.9ml

10. 41.50%

第四章　酸碱滴定法

1～8. 略（参见教材）

9. −0.55%，0.2%

10. $NaHCO_3\%=22.19\%$，$Na_2CO_3\%=75.03\%$

11. NaOH：24.08%，$NaCO_3$：63.80%

12. $w_{Na_3PO_4}\%=80.66\%$，$w_{Na_2HPO_4}\%=6.98\%$

13.（1）7.0，9.56；（2）2.00，12.00，2.00.17.00

14. 101.0%

第五章　配位滴定法

1～5. 略

6. 0.008842mol/L
7. 能准确滴定，无干扰
8. Mg^{2+}不干扰滴定，Zn^{2+}浓度为3.16×10^{-7}mol/L
9. pH = 1.3 ~ 2.2
10. 0.02250mol/L、0.02259mol/L
11. 99.57%
12. 250ppm
13. -0.02%

第六章　氧化还原滴定法

1~3. 略
4. $\Delta\varphi^{\ominus'} = 0.133V$，$\lg K' = 9$
5. $\varphi^{\ominus'}_{Fe^{3+}/Fe^{2+}} = 0.135V$，反应逆向进行
6. 0.1191mol/L
7. 83.53%
8. 80.34%
9. $w_{PbO} = 37.8\%$，$w_{PbO_2} = 17.8\%$

第七章　沉淀滴定法

1~4. 略
5. 0.07112mol/L
6. 0.1237mol/L
7. 0.1179mol/L，0.1123mol/L
8. 14.88%，85.12%
9. 总氯量 3.95%，无机氯 1.83%，氯乙醇 4.81%

第八章　重量分析法

1~4. 略
5. 20.83%，16.61%
6. 89.20%
7. 23.01%
8. 89.88%，98.78%
9. $M_{氯霉素} = 323$g/mol，$M_{AgCl} = 143.3$g/mol

第九章　电位分析法和永停滴定法

1~5. 略
6. pH = 4.5
7. $n = 2$
8. pH4 的测量绝对误差为-0.20，pH6.86 的测量绝对误差为 0.09。选用的标准缓冲溶液应尽量与待测液的 pH 值相近，以减小测量误差。
9. 3.46×10^{19}
10. 5.91%
11. 8.97mg/L
12. 96.7%，不满足条件

第十章　光谱分析法概论

1~6. 略

7. 解：10^4cm^{-1}；$3\times10^{14}s^{-1}$（Hz）

第十一章　紫外-可见分光光度法

1~4. 略

5. $E_{1cm}^{1\%}=1123ml/(g\cdot cm)$；$\varepsilon=2.65\times10^4L/(mol\cdot cm)$

6. 88.9%

7. 1200ml/(g · cm)；79.17%

8. 0.167mg

9. 18.7mg

10. 解：$V_{B12}\%=94.2\%$　$c=2.46\times10^{-4}g/ml=0.246mg/ml$

11. $\varepsilon_{游离}=90L/(mol\cdot cm)$，$\varepsilon_{络合}=3.20\times10^4L/(mol\cdot cm)$

12. （1）$c_A=2.18\mu g/ml$；$c_B=1.68\mu g/ml$；$A_{300}=0.615$

13. 4.75

14. $K_a=3.16\times10^{-4}$

第十二章　荧光分析法

1~4. 略

5. 0.427μmol/L

6. 每片 36.6μg

第十三章　红外吸收光谱法

1~6. 略

7. （1）非活性；（2）活性；（3）活性；（4）A. 活性；B. 非活性；C. 活性；D. 非活性

8. （1）$\nu_{C=O}$ $1730cm^{-1}$；ν_{C-O} $1327cm^{-1}$；ν_{O-H} $3232cm^{-1}$

（2）ν_{O-H} 与 ν_{C-O} 说明相对折合原子质量越小，伸缩振动频率越大；比较 $\nu_{C=O}$ 与 ν_{C-O} 说明化学键力常数越大、谐振子的振动频率越大。

9. 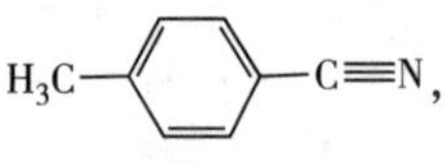，峰归属（略）

10. 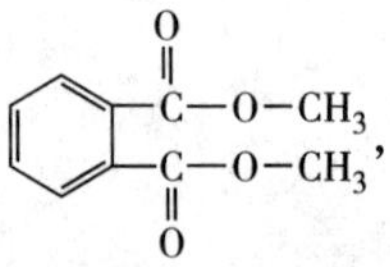，峰归属（略）

11. 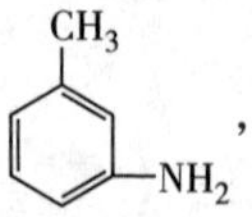，峰归属（略）

12. 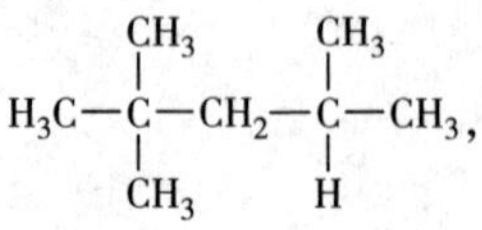，峰归属（略）

13. 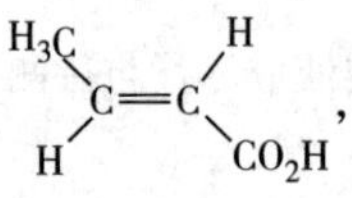，峰归属（略）

第十四章　核磁共振波谱法

1. 双键平面上下方为正屏蔽区，平面周围则为负屏蔽区，烯烃氢核因正好处于负屏蔽区，故其共振峰移向低场，δ 值为 4.5~5.7。碳-碳三键的 π 电子以键轴为中心呈对称分布（共四块电子云），在外磁场诱导下，π 电子可以形成绕键轴的电子环流，从而产生感应磁场。在键轴方向为正屏蔽区；与键轴垂直方向为负屏蔽区，与双键的磁各向异性的方向相差 90°。炔氢质子处在正屏蔽区，所以，化学位移 δ 值明显小于烯烃。

2. 略

3. A为3重峰，M_2为6重峰，X_2为3重峰

4. ①$\delta_a=\delta_b=6.36$（s），磁等价；②$\delta_a 5.31$、δ_b 5.47、δ_c 6.28；③$\delta_a=\delta_b=5.50$（s），磁等价；④δ_{CH_3} 1.73（d）、δ_{CH} 5.86（qua）

5. a大，b小。

6. 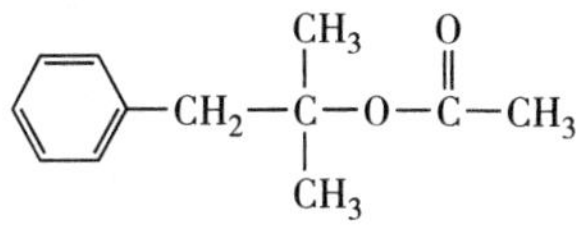

7. 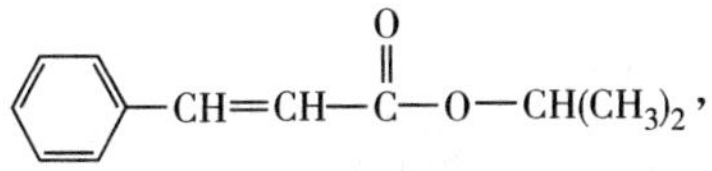，峰归属（略）

8. 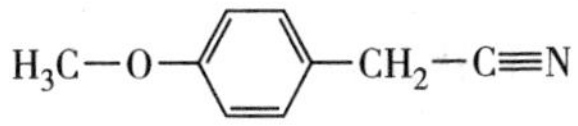

9. 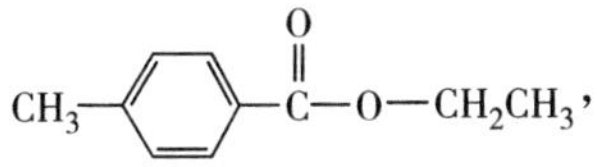，峰归属（略）

第十五章 质谱法

1~4. 略

5. 可能的同位素组合有$^{12}C^{35}Cl$、$^{13}C^{35}Cl$、$^{12}C^{37}Cl$、$^{13}C^{37}Cl$；提供的分子离子峰为M、M+1、M+2、M+3。

6. β裂解产生 *m/z* 69，麦氏重排产生 *m/z* 70的离子峰。裂解过程（略）。

7. 结构为（B），*m/z* 87、*m/z* 59、*m/z* 57、*m/z* 29分别为$C_3H_7—O—C\equiv O^+$、$OC_3H_7^+$、$C_2H_5—C\equiv O^+$、$C_2H_5^+$。

8. $C_6H_5CH_2OC_6H_5$

9. 略

10. 3—庚酮，峰归属（略）

11. $Br—CH_2—CH_2—COOH$

12. $C_6H_5—CH_2—CH_2—O—COCH_3$

第十六章 原子吸收分光光度法

1~4. 略

5. 3.57μg/ml

6. 13.85μg/g

第十七章 色谱分析法概论

1~5. 略

6. 13min，18min；6.5ml，9ml

7. 1.8min，2.0min；0.79

8. 3.7m

9. 0.95，10473

10. 1.79，能

第十八章 气相色谱法

1~8. 略

9. 20.51%，63.54%，15.95%

10. 1.4%

第十九章 经典液相色谱法

1. R_f值变大，原因（略）

2. 0.47，6.72cm

3. 13.5cm，0.75
4. $R_f=1.9$，$R_{f,A}=0.43$，$R_{f,B}=0.35$
5. $L=11$cm，滤纸条至少13cm
6. 0.07cm/min，0.096cm/min
7. 0.87，0.15

第二十章　高效液相色谱法

1~2. 略
3. 6.0，10.0，9.0min，13min
4. (1) $R_{AB}=1.06$；(2) $n_A=3491$，$n_B=3396$，$H_A=0.0859$mm，$H_B=0.0883$mm；(3) $L=0.6$m
5. (1) $k_1=2.13$，$k_2=2.40$，$\alpha=1.13$，$R=1.33$；(2) 若柱长增加后$R=1.88$，能达到1.5
6. $w_{黄}$(%) = 26.3%，$w_{小}$(%) = 27.3%
7. 17.4%
8. (1) 4倍；(2) 4倍

第二十一章　毛细管电泳法

1~6. 略
7. 1.24×10^5
8. $9.1\times10^{-5}cm^2/(V\cdot s)$

参考文献

[1] 熊志立．分析化学［M］．4 版．北京：中国医药科技出版社，2019.
[2] 李发美．分析化学［M］．7 版．北京：人民卫生出版社，2011.
[3] 张梅，池玉梅．分析化学［M］．2 版．北京：中国医药科技出版社，2018
[4] 柴逸峰，邸欣．分析化学［M］．8 版．北京：人民卫生出版社，2016.
[5] 祁玉成．分析化学［M］．2 版．北京：高等教育出版社，2013.
[6] 邱细敏等．分析化学［M］．3 版．北京：中国医药科技出版社，2013.
[7] 荣蓉，邓赞．仪器分析［M］．2 版．北京：中国医药科技出版社，2014.
[8] 毛金银，杜学勤．仪器分析技术［M］．北京：中国医药出版社，2014.
[9] 胡琴，黄庆华．分析化学［M］．北京：科学出版社，2014.
[10] 梁生旺，万丽．仪器分析［M］．北京：中国中医药出版社，2015.
[11] 容蓉，邓赟．仪器分析［M］．2 版．北京：中国中医药出版社，2018.
[12] 赵怀清．分析化学学习指导与习题集［M］．北京：人民卫生出版社，2011.
[13] 黄世德，梁生旺．分析化学（下册）［M］．北京：中国中医药出版社，2014.
[14] 张凌．分析化学（上）［M］．北京：中国中医药出版社，2016.
[15] 梁冰．分析化学［M］．2 版．北京：人民卫生出版社，2012.
[16] 尹华，王新宏．分析化学［M］．北京：人民卫生出版壮，2012.
[17] 尹华，王新宏．仪器分析学习指导与习题集［M］．北京：人民卫生出版社，2013.
[18] 梁生旺，万丽．仪器分析［M］．北京：中国中医药出版社，2012.
[19] 白蓉，杨雪，张彩霞．分析化学中的分析方法与应用研究［M］．北京：中国原子能出版社，2018.
[20] 高春波，景晓霞，彭邦华．分析化学分析方法的原理与应用研究［M］．北京：中国纺织出版社，2017.